建筑视角下的游戏关卡设计

原著第二版

AN ARCHITECTURAL APPROACH TO LEVEL DESIGN

SECOND EDITION

（美）克里斯托弗·W. 托滕（Christopher W.Totten） 著
曹凯中 译

化学工业出版社
·北京·

An Architectural Approach to Level Design 2nd Edition / by Christopher W.Totten / ISBN: 978–0–8153–6136–7

北京市版权局著作权合同登记号：01–2025–4009

图书在版编目（CIP）数据

建筑视角下的游戏关卡设计 /（美）克里斯托弗·W. 托滕 (Christopher W. Totten) 著 ; 曹凯中译 . 北京 : 化学工业出版社，2026. 2. -- ISBN 978-7-122-49408-5

I. TP317. 6

中国国家版本馆 CIP 数据核字第 20256WE605 号

责任编辑：杨 睿 吕梦瑶　　装帧设计：侯沁言
责任校对：李 爽　　封面设计：韩 飞

出版发行：化学工业出版社
（北京市东城区青年湖南街 13 号 邮政编码 100011）
印 装：中煤（北京）印务有限公司
710mm × 1000mm 1/16 印张 34¾ 字数 560 千字
2026 年 2 月北京第 1 版第 1 次印刷

购书咨询：010-64518888　　售后服务：010-64518899
网 址：http://www.cip.com.cn
凡购买本书，如有缺损质量问题，本社销售中心负责调换。

定 价：228.00元　

谨以此版献给

Adeline 和 Margaret，

我们的小小玩家 1 号与 2 号

目录

推荐序

本书并非一本技术指南，而是一部系统探讨关卡设计逻辑、推动设计思维革新的著作。书中尝试将建筑学中的理论方法与人文视角引入游戏与数字艺术领域，构建了一套跨学科的设计方法论。内容兼顾行业实践与学理支撑，涉及心理学、社会学、人类学等相关领域的研究成果。

译者曹凯中老师具有跨学科背景与数字艺术实践经验，为译本的专业性、准确性提供了保障。此书的出版，正值中国传媒大学推进交叉学科建设之际，希望能为国内游戏产业与数字艺术教育的发展提供一定参考。

廖祥忠

中国传媒大学党委书记

中国美术家协会数字艺术艺委会主任

2025 年 11 月 25 日

序

你永远不知道什么知识最终会派上用场。

游戏设计之所以极具挑战性，部分原因在于做好这项工作所需的技能和知识几乎是无穷无尽的。因此，我们很难明确划定一个特定的知识领域，并声称“这就是设计游戏所需了解的一切”。这主要是因为，不同类型的游戏可能会要求设计师掌握各种各样的、看似不相关的知识。

或许是关于晚期罗马帝国政治的百科全书式的知识，或对 19 世纪铁路经济的痴迷，甚至是对爱情小说叙事结构的长期研究。对于职业游戏设计师而言，拥有广泛而多元的知识储备至关重要，尤其是一些晦涩难懂或看似无关紧要的知识。它们往往会极大地丰富你的创作。

即便你正在开发的游戏与你个人的知识背景没有直接关联，上述观点依然成立。例如，了解罗马帝国的衰落不仅能够为设计以该主题为核心的游戏提供帮助，还能为构建任何以中央权力衰退、地方势力崛起为背景的游戏提供启示。同样，了解铁路大亨的经济模式不仅能促进相关题材游戏的创作，也适用于任何涉及经济快速增长及资本与劳工斗争的情境。此外，对浪漫爱情故事的深刻洞察，不仅有助于打造具有时代背景的恋爱模拟游戏，还可以为任何需要玩家与非玩家角色（NPC）建立情感联系的游戏提供参考。

你永远不知道什么知识最终会派上用场。

建筑学在电子游戏设计中扮演着重要角色。乍一看，现实世界中的建筑似乎与游戏设计之间的关联微乎其微。这是因为电子游戏中的关卡设计通常由多边形和材质贴图构成，而非传统的砖瓦结构。在虚拟环境中，我们无须担心建筑结构的合理性或经济可行性。仅需几次鼠标点击，便可以创造出高达数千米的摩天大楼。而在现实世界中，开发者若尝试建造如此规模的建筑，可能会面临破产的风险，即使这些建筑得以建成，其自身的重量也可能导致其倒塌。因此，现实世界建筑几何形态的物理限制，根本不适用于虚拟建筑。

电子游戏关卡的功能与现实世界的建筑不同。在现实世界中，建筑通常被规划为适宜居住的空间、高效的工作环境或安全的庇护所，而不太可能被设计成一系列战斗遭遇或跳跃挑战的展示平台。现实空间的游戏性和流畅性往往较为欠缺，常常表现为过于开阔且相互连通，存在过多未上锁的门户、空旷的走廊，以及通往同一目的地的多条路径。同时，它们也可能显得过于闭塞和分散，包含诸多无趣的死胡同和闲置空间。

我最初意识到这一点是在 20 世纪 90 年代末期，当时游戏 *Rainbow Six* 的开发团队把“红风暴”办公室的模型做成了一个彩蛋。我们原本认为，在一个模拟真实办公环境的游戏空间中自由奔跑并进行射击会带来乐趣。然而，不久后我们便发现，由笔直走廊连接若干开放式团队房间的独立办公室环境，对于第一人称射击游戏而言显得异常乏味，这个关卡最终未能通过灰盒测试阶段。

那么，深入理解现实世界中的建筑设计对游戏开发有何实际益处呢?

这个问题的答案可以从以下层面来剖析。尽管电子游戏的空间设计不应直接复制现实世界的空间，但它们确实需要唤起人们对现实世界的联想。我们大多数时间生活在经过精心设计的环境中，不知不觉间将建筑布局的规则深植于内心。例如，我们知道标准门的尺寸及其在空间中的配置方式，也了解走廊的长度和楼梯的倾斜度。此外，我们能够区分餐厅与厨房的氛围差异，更能体会这两者与工厂车间给人带来的不同感受。

在现实世界中，建筑的内在逻辑是细腻而复杂的，这种逻辑源于其设计目的和实际用途。如果游戏中的建筑布局忽视这种逻辑，玩家在潜意识中会感到不适，这就是游戏关卡设计中的“恐怖谷效应”。虽然游戏关卡设计可能需要对建筑的真实性进行适度调整，以适应特定的游戏情境，但若调整过度，玩家的沉浸感将被破坏。此时，玩家不再感到自己置身于真实的空间，而是仿佛处于一系列随机排列的盒子中。

在恐怖游戏中，设计师有时故意运用空间构造的不合理性来营造怪异的氛围，从而使玩家感到紧张不安。例如，异常狭长的走廊、异常高耸的房间，以及门的数量过多或过少的空间布局，这些空间上的反常设计相互叠加，使得玩家不得不提高警惕，内心充满了不安。

因此，如果你要设计游戏，那么研究建筑学的一个原因是让自己更好地理解真实建筑的样子及其功能。然而，更为关键的原因在于，建筑学为我们提供了一种语言，以探讨人类如何感知空间、描述空间及与空间互动。

在现实世界中，建筑不仅仅是提供庇护的实用空间。建筑的空间配置及其与周围环境的融合，本身就是一种对意义的编码过程。例如，沿着宽阔的阶梯走向宏伟的青铜大门，与沿着曲折昏暗的通道走向锈迹斑斑的铁门，这两种经历所传递的意义是截然不同的。当我们在不同建筑之间穿梭时，各种建筑形态能激发出不同的期待。这些建筑对我们行为和感知的限制，深刻影响着我们对周围环境的认知与理解。

研究建筑学在游戏设计中的重要性在于，无论是现实世界的建筑还是虚拟环境中的建筑，其空间符号学的原理都是相通的。尽管游戏关卡的设计可能因游戏情境的需求而采用非现实主义的布局，但这依然会对玩家的态度、情感和预期产生影响，这与现实世界的建筑效果并无本质区别。而作为一门历史悠久的学科，建筑学在处理这些空间体验问题上积累了比游戏设计更为丰富的经验。人类认真思考如何建造有意义的建筑至少已有 5000 年，或许更久。而游戏设计开始探讨同样的问题才不过几十年。

当然，游戏本身存在的时间至少与人类建造建筑的时间一样长，或许更久。但直到最近，才有人深入思考设计新游戏背后的原则。过去，新游戏的创作往往源于民间传统，通过反复试验逐渐成形，并在无数次的游戏实践中不断完善。那种认为可以依据抽象的游戏设计原理从头开始设计新游戏的概念，直到最近才出现。与此形成鲜明对比的是，数千年来，人们已在书籍、纸莎草卷轴和泥板上记录了关于如何建造建筑的知识。

因此，如果我们试图弄清楚如何构建既富有意义又易于理解的游戏关卡，那么大量借鉴那些已有的、用于解释现实世界空间结构的丰富知识，就显得极具意义。

这便是本书的魅力所在。作者从数千年的建筑知识和实践中汲取精华，并将这些博大精深的专业知识精炼为关卡设计师可直接运用的实用要点。他假定读者此前没有建筑设计方面的知识，因此用清晰而准确的语言阐释了立面、剖面及轮廓等基本概念。此外，他还深入分析了空间符号学，并详细讲述关卡设计如何激发情感、讲述故事及构建社群。

在研究这一关键领域时，作者不断将抽象理论与具体实践相结合。本书通过实际游戏案例清晰地阐释了其设计原则，并配以简洁明了的建筑示意图。实际上，在本书的开篇部分，他甚至还简要介绍了如何亲自绘制这类插图的实践方法。

本书的另一显著优势在于，作者不仅深入阐释了空间在传递意义方面的作用，还系统地提出了实现这一目标的综合方法。他详细概述了构建建筑概念的基本步骤，也清晰地阐明了将原始概念转化为可玩的游戏关卡所需的具体工作流程。最终呈现的著作兼具理论启发性与实践指导性：不仅向读者传授大量有价值的建筑学知识，还激励他们以创新和创造性的方式来思考关卡设计。尽管我已多次阅读并在教学中引用本书，但每次翻阅时，我仍能获得新的启发。此外，我必须说，本书与我在关卡设计和游戏设计方面的理念产生了深刻的共鸣。我始终认为，现有的设计理论过于关注玩家的行为，而忽视了玩家的思维。游戏的体验空间绝非仅仅由累积的交互操作与机制构成。与此同时，在玩家的脑海中，存在着一片广阔的“游玩天地”，那是一片由期待、预期和解读构成的图景，其丰富性和复杂性丝毫不亚于游戏本身所带来的即时挑战。本书探讨了设计这种游戏空间所要面临的挑战。作者几乎没有讨论动态游戏机制，而是专注于如何利用游戏关卡的静态几何结构来构建引人入胜且充满趣味的游戏体验。正如现实世界的建筑一样，一个游戏关卡无须执行动作即可具备游戏性。它能在任何主动与之互动的玩家心中唤起一种愉悦的玩耍感。尽管作者并未直接阐明这一原则，但这种关于游戏可玩性的思考方式代表着我们对游戏及其设计的理解产生了彻底的转变。

Brian Upton

自由职业游戏设计师

工作室 Upton Games 创始人

致谢

我深感荣幸能够出版本书的第二版。在 2013 ~ 2014 年撰写第一版时，我未曾预料到本书会收获业内众多前辈的积极反馈。能得到如此众多的支持，我感到无比荣幸。在此，我要向所有支持我和我的游戏关卡设计工作的人们表达谢意。谢谢你们！

我还曾有幸与许多直接影响我工作的人密切合作，在此我想向他们表示感谢（若有遗漏，还请见谅）。

衷心感谢出版公司 AK Peters 和 CRC 的团队成员，正是他们的努力，才让本书第二版得以顺利出版。在此，尤其要向 Rick Adams 和 David Fausel（本书第一版的项目经理）以及 Jessica Vega（本书第二版与我先前著作 *Level Design: Processes and Experiences* 的项目经理）表达我的感激之情。同时，感谢本书第一版的优秀审稿人 Jeff Howard（他亦帮助我与出版公司建立了联系）和 Helen Stuckey，他们的专业指导显著提升了本书的质量。此外，对于本版的撰稿人 Umran Ali、Robin-Yann Storm、Melanie Stegman、Jerry Belich、Kelli Dunlap 和 Camden Bayer，我十分感激他们就游戏与关卡设计提出的深刻见解。最后，我要特别感谢 Brian Upton，自本书第一版出版以来，他一直给予我支持，并为第二版撰写了序。

对于游戏开发者大会的组织者，我深表感激。他们精心筹备这场盛会，让游戏开发者、撰稿人、教师及学生得以齐聚一堂，建立起珍贵的联系，其中一些联系甚至为本书的出版提供了可能。我特别荣幸能参与大会项目，这已成为我生命中一段美好的经历。

若不是先前有幸在多个场合探讨过本书所涉及的概念，我断然没有勇气编写本书。为此，我必须向 Gamasutra 游戏媒体的 Christian Nutt 表示感谢，正是他引领我步入游戏评论的领域。同时，我也要向位于北卡罗来纳州罗利市的东海岸游戏大会的组织者与电子游戏研究协会（DiGRA）致以诚挚的感谢，感谢他们为我提供在会上发言的机会，并允许我对书中的内容进行适当的“测试”。

关卡设计领域中数个关键团体的大力支持令我深受鼓舞，推动我继续深入探讨关卡设计的相关议题。我特别要向“世界关卡设计网站（The World of Level Design）”的工作人员表达我的感激之情，他们长期以来一直是我在线设计漫谈的支持者。同时，我也要向游戏开发者大会关卡设计研讨会的组织者和指导者们致以诚挚的谢意，特别是 Joel Burgess、Lisa Brown、Mateusz Piaskiewicz、Jim Brown、Claire Hosking、Blake Rebouche、David Shaver 和 Andrew Yoder，感谢他们在过去数年里对关卡设计的精彩讨论。此外，我亦将 Liz England 纳入此感谢名单，对她所创造的那些卓越的 Twitter 机器人表示特别的感谢。

我衷心感谢肯特州立大学的同事们，尤其是 Nicole Willey 博士，她组织的校园写作小组极大地缓解了我对迫近的截止日期的焦虑。同时，感谢 Mike Treanor、Josh McCoy 及 Benjamin Stokes 一直以来对我研究工作的支持。我也要向史密森尼美国艺术博物馆的工作人员表达我的谢意，特别是 Kaylin Lapan、Lauren Kolodkin 和 Gloria Kenyon，感谢他们协助我探索游戏与艺术的世界。此外，我要对国际游戏开发者协会（IGDA）华盛顿特区分会的成员表示感谢，尤其是 Trey Reyher 和 Taro Omiya，你们是许多游戏项目的优秀合作伙伴。我同样感激俄亥俄州新游戏开发社区的支持，比如克利夫兰游戏开发者社区，尤其感谢其中的 Jarryd Huntley 和 Matt Perrin 的支持，这对我的项目来说意义重大。最后，我会永远铭记天主教大学建筑学院的老师们，自我的学术旅程开始以来，他们一直是我坚强的后盾。

最后，我要感谢我的父母，若非他们的指导，我无法构思出这样一个项目；同时，我也要向我出色的妻子 Clara 表示感谢，她的鼓励和支持使我能够将此书出版。

关于作者

克里斯托弗·W. 托滕是美国肯特州立大学建模、动画与游戏创作专业的助理教授。他是美国俄亥俄州东北部一家屡获殊荣的游戏公司“Pie for Breakfast Studios”的创始人。他在游戏产业中积累了丰富的经验，曾担任美术师、动画师、关卡设计师及项目经理等多个职位。此外，他拥有美国天主教大学的建筑学硕士学位，其研究方向为数字媒体。

克里斯托弗·W. 托滕还担任史密森尼美国艺术博物馆游戏展览的执行组织者，并且是国际游戏开发者协会的终身会员。他的学术与专业文章已在多个知名游戏网站上发表，包括 Gamasutra 和 Game Career Guide 等。此外，他经常作为演讲嘉宾参与各类游戏行业会议，如游戏开发者大会（GDC）、中国游戏开发者大会、东海岸游戏大会及游戏开发博览会等。克里斯托弗·W. 托滕的著作 *Game Character Creation in Blender and Unity* 于 2012 年由 Wiley Publishing 出版，他同时还参与了 *Level Design: Processes and Experiences* 一书的编写。

前言

游戏设计师兼理论家 Ian Bogost 曾指出，游戏设计在某种程度上像一门“黑魔法”。[1] 尽管许多非专业人士往往低估了制作电子游戏所需的工作量、专业知识和人员投入，但业内人士对游戏设计的复杂性深感敬畏。国际游戏开发者协会在 2008 年发布的游戏设计教育课程框架凸显了这一复杂性，该框架文件长达 41 页，其中超过 27 页是关于游戏设计教育课程的建议主题列表。[2] 在 *The Art of Game Design: A Book of Lenses*[3] 一书中，设计师 Jesse Schell 亦强调一个成功的游戏设计师必须从 19 个领域中汲取知识。两份文献均提及了商业和经济、编程、美术、心理学及戏剧表演理论等主题。显然，现代游戏设计是一项令人敬畏的挑战。

或许正因如此，作为游戏设计过程中一个重要环节的关卡设计，直到现在才成为严肃的研究课题。在 *Andrew Rollings and Ernest Adams on Game Design* 一书中，作者 Andrew Rollings 与 Ernest Adams 强调了关卡设计的难度，他们认为“不存在一种标准的方法来设计关卡”。[4] Jay Wilbur 与 John Romero 对关卡设计师的工作表达了深切的敬意，他们称“关卡设计是理论落地的关键环节”[5]，并认为“关卡设计师在很大程度上负责游戏中游戏玩法的实现”。[6]

关卡设计不仅是游戏开发的重要环节，也是最令人期待的环节之一。许多有抱负的游戏设计师都是从利用现有游戏的工具集创建自己的自定义关卡起步的。无论是将游戏设计作为一种爱好还是职业，还是创造游戏环境并体验自己创作的乐趣，这些都是令人振奋的体验。诸如游戏 *The Sims*[7]、*Super Mario Maker*[8]、*Little Big Planet*[9] 等，更是直接在包装上宣传其关卡创建工具，以此吸引潜在的消费者。

关卡设计在游戏项目中至关重要，正因如此，它值得作为学术和专业研究主题被细致探讨，本书正是这样一项研究。

本书探讨了什么问题

本书围绕关卡设计展开，同时也探讨如何审视“被设计的空间”——游戏关卡、游戏环境与游戏世界无疑都属于这一范畴。现实世界中的建筑、城市环境和园林同样是被设计的空间。在某种程度上，任何领域的设计师（鉴于设计在多数情况下才具有普遍性）都会面临某些特定问题，而解决这些问题，只有通过设计一个交互式空间才能实现。这类问题可能涉及如何最大化利用窗户引入自然光，如何在设计中体现宗教信仰，如何突出解开谜题的重要线索，或者如何在在线游戏中为玩家提供击败对手的最佳位置。这些空间设计往往能够赢得使用者的青睐，无论是作为家庭生活的居所，还是供人们享受咖啡时光并观察周围环境的广场，抑或是可以从事冒险活动的虚拟城市。

探究关卡设计与建筑设计之间的异同，不仅简单易行，而且能够揭示两者之间先前未被察觉的关联。本书探讨了关卡设计与建筑设计在解决问题和为使用者创造富有意义的体验方面的共通之处。通过这些深入的思考，本书提出了一种“建筑视角下的关卡设计方法”，强调通过空间设计实现用户的深度参与。

我们能从建筑学中学到什么

游戏关卡设计与建筑学的融合，已在业界的讨论、文献及会议演讲中受到越来越多的关注。当人们考虑将建筑学思维融入游戏设计时，通常会聚焦于环境美术风格或借鉴知名建筑。虽然这些元素有助于创造引人入胜的游戏体验，但它们仅触及了游戏设计与建筑设计之间关系的表层。我们不仅应将建筑视为表面视觉元素的参照，更应深入研究建筑师如何规划空间、引导使用者动线。此外，我们还可从建筑及相关领域汲取灵感，以深化对空间规划与组织方式的理解，并妥善处理空间与其使用者之间的关系。

许多关于游戏设计的重要著作和杰出的游戏设计师，并没有将创造游戏体验的方法仅仅建立在游戏设计上。仅靠单一因素来进行设计是非常困难的，因为这种做法可能限制了我们能够借鉴的知识范畴。虽然可以认为游戏的历史与人类的早期历史一样悠久，但电子游戏的历史仅有四五十年。尽管当前的电子游戏设计文本在构建批判性话语方面已取得了一定进展，但仍有大量工作有待完成。

然而，那些借鉴其他领域知识的书籍和设计师，往往填补了游戏设计本身无法填补的空白。如何构建一个富有意义的奖励机制来吸引玩家并使其掌握游戏玩法？可以借鉴 B.F.Skinner 的操作性条件反射理论。[10] 若需要为英雄的壮阔旅程构建筑叙事框架。不妨尝试应用 Joseph Campbell 的单一神话模式（或称“英雄之旅”）。[11] 如何使玩家在其电子游戏环境中感到愉悦？可以参考 Christopher Alexander 编写的图书 *A Pattern Language*。[12]

本书同样适用于关卡设计。我们可以借鉴建筑学原则，并将其作为电子游戏关卡与环境设计的灵感来源。如前所述，关卡设计不是孤立存在的，而是可以汲取人类数千年来累积的知识，这些知识在关卡设计成为一门专业学科之前便已存在。作为被设计的空间，游戏关卡需要从现实建筑中学习很多东西，包括视线、光照条件、光影对比、探索性、方向感、空间节奏，乃至如何营造宏伟空间之感等。

建立游戏与建筑学之间的桥梁

所有关于关卡设计和建筑的讨论都很有意义，但如果最终构建的空间不能融入游戏的整体氛围中，那么这一切都将失去意义。正如 Katie Salen 和 Eric Zimmerman 所定义的：“游戏是一个系统，在这个系统中，玩家参与一场由规则界定的虚构冲突，且冲突的结果是可量化的”。[13]

因此，设计一个游戏就是创建一个系统：包括游戏运行的规则，玩家与游戏互动的规则，系统所要体现的虚构冲突，以及判定系统中结果达成的标准。这与 Salen 和 Zimmerman 对设计的定义高度契合：“设计是设计师创造一个供参与者体验的情境，而意义从这一情境中自然浮现。”[14]

这个定义既适用于游戏设计，也适用于建筑设计。在建筑设计中，建筑师是设计者，建筑或城市空间是背景，参与者是占用空间的任何人，而使用者在空间中的体验则是空间产生的意义。然而，仅仅建立一种平行关系是不够的，还必须在游戏设计和建筑设计之间建立真正的联系。

参考 Rudolf Kremers 对关卡设计的定义："关卡设计的基本目的之一，是对游戏规则进行诠释，并将其转化为最能促进游戏体验的结构（关卡）。另一种表达方式是'关卡设计就是应用游戏设计'。"[15]

Kremers 的定义颇具价值，它既呼应了 Wilbur 和 Romero 所强调的"关卡作为游戏规则载体"的功能，也点明了关卡是设计师创造的结构化实体。但这一定义的局限在于，未能充分体现关卡作为"生成游戏玩法的媒介"，以及其通过空间设计原则创造有意义的用户体验这一核心价值。这些体验可以通过与玩家的认知互动来构建，也可以借助情感层面的引导来实现。所有这些都是通过空间方法实现的，这将在后面的章节中展开讨论。就本书而言，一个更贴切的定义是"关卡设计将游戏玩法巧妙地融入游戏空间，让玩家沉浸其中"。

优秀的关卡设计师不仅会将游戏规则的内容具象化于互动空间中，还能够熟练地运用空间表达手法来增强玩家在该空间中的体验。这些空间表达能预先暗示后续内容，帮助玩家在环境中明确方位，不需要过场动画等直白的叙事手段就能传递剧情线索，还能激发玩家进一步探索的兴趣。

这样的空间就是游戏空间：既能体现游戏玩法，又能推进玩家的游戏进程，让他们能更深入地体验游戏机制。这类空间的设计巧妙之处在于，能让玩家把更多时间投入享受游戏乐趣中，而不是花更多时间去弄清楚如何利用这个空间。数千年来，建筑设计已经提供了创造这类空间的经验，它是教会我们如何创造更出色游戏空间的绝佳范例。

本书将教会你什么

本书探讨了可供关卡设计师在工作中运用的建筑设计方法与理论。书中讲解的方法从多个维度搭建起建筑学与关卡设计之间的联系，既涉及设计师构建空间的实践要素，也涵盖人类与空间互动的体验要素及其背后的原因。通读本书，你将学到以下技能。

空间布局

学习如何创建空间序列是建筑设计研究的重中之重。经过数百年的实践，建筑领域已经形成了一套从设计理念到建筑落成的方法论。这些方法包括通过草图和粗略模型勾勒建筑构想，以及借助平面图、剖面图、立面图、透视图等更精密的图纸，甚至借助现代三维可视化技术来呈现建筑细节。虽然本书不再探讨绘图的细微技巧，但会运用这些方法来展示如何从宏观与微观两个层面审视游戏空间，从而优化事件编排与节奏把控。

还将探讨建筑师处理材料的方式——不仅从结构角度，更从美学层面进行考量。虽然关卡设计师对材料的运用主要停留在视觉层面，但材料使用的实际考量对关卡设计极具参考价值。例如，许多新手关卡设计师都想知道：如何让众多关卡编辑器中固有的盒状空间显得不那么刻板；如何让带有写实风格的纹理表面在玩家眼中更接近其所要表现的真实世界材料。了解建筑师对材料的运用逻辑，将有助于打造更优质的游戏空间。

通过游戏空间唤起情感

如果说运用空间布局技巧是我们为玩家构建“可沉浸其中的场景”的方式，那么这些场景所创造的情感，才是赋予场景生命力的核心。建筑史上的许多经典建筑之所以被铭记，是因为它们唤起了使用者的某种更深层次的想法或情感，优秀的游戏关卡设计也是如此。本书将以游戏的空间布局为切入点，探讨这些布局如何满足玩家的情感需求。

游戏设计师和建筑师的本质差异之一，体现在空间功能的设定上。建筑师的设计通常聚焦于纯粹的功能性需求，或致力于传递积极情感，而游戏设计师则可以自由运用愤怒或恐惧等消极情绪。建筑师总结了设计规则，不仅规定了在设计中应该做什么，还明确了设计中不应该做什么。游戏设计师可以从这两类规则中汲取灵感，通过交错排布“该做什么”的空间，与“不该做什么”的空间，从而创造出充满情感张力的游戏空间。

用建筑理论创建关卡

Rollings 和 Adams 的观点是有道理的，即不存在唯一的、固定的关卡设计方法。例如，本书中反复提及的一种常见的关卡设计技巧——灰盒（Gray Boxing）——对于不同的设计师来说可能有不同的含义。但另一方面，空间布局存在一些共性原则，这些原则不受软件技术的局限。通过研究优秀建筑中使用的空间布局技巧及其营造的体验，关卡设计师无论使用何种工具，都能在自己的作品中创造出类似的体验。

关卡设计对游戏的影响是深远的。正如 Kremers 指出的，“糟糕的关卡设计会毁掉一款好游戏”。[16] 在目前的关卡设计实践中，游戏玩法测试，即通过让人们多次玩关卡来评估关卡的体验功能与技术功能，进而对关卡进行优化，是确保关卡质量的标准方式。除了游戏玩法测试之外，利用建筑领域的空间设计原则能在两方面简化这一过程。其一，设计师在设计之初就可以采用那些历史上被证明成功的空间序列，而不是通过反复试验或复制以前的游戏而取得成功。其二，掌握建筑设计知识可以为关卡设计师提供更多样的手段来创建游戏空间。就像许多设计领域的常见情况一样，关卡设计师或许能通过行业实践或游戏体验了解到许多成功的空间布局案例。然而，一旦关卡设计师掌握了这些布局的技巧，就能将原本模糊的概念转化为具体实用的工具，并能反复使用，从而取得显著效果。

这本书不会教你什么

尽管本书试图广泛探讨能丰富关卡设计的各类设计理念，但仍有许多内容不在其涵盖范围内。在此列出部分此类主题，以避免读者对本书内容产生误解。

环境美术

许多游戏设计师会将关卡设计与环境美术混为一谈。虽然两者都有助于最终完成游戏关卡的设计，但在本书中我们将把它们视为两个不同的学科。关卡设计关注的是游戏关卡中空间的排列顺序，以及这些排列如何为玩家带来更好的游戏体验。而环境美术则是创造美术资产，以营造游戏环境的视觉效果。两者并无主次之分，因为好的环境美术会让关卡设计师打造的空间序列更加生动，通常还会为游戏赋予叙事背景。同样，出色的关卡设计也能将环境美术资源作为视觉传达系统的一部分——通过重复使用特定资产，在游戏的语境中赋予它们特定含义，从而向玩家传达特定信息。

本书探讨了如何利用环境美术与玩家交流，但其中并不包括如何使用3D Studio Max、Maya、Blender、Photoshop 等软件来制作三维模型或二维的纹理与素材等。不过，关于这些主题有很多优秀的书籍，如果你有兴趣使用这些软件创作环境美术，不妨去了解一下。

计算机辅助设计（CAD）软件

本书也不会教你如何使用计算机辅助设计（CAD）或建筑信息模型（BIM）软件。与环境美术创建软件一样，讲解这类软件的使用方法不在本书的范围之内。

关于这类软件对关卡设计师的用途，第 2 章会有所提及：CAD 可作为关卡设计的潜在工具，但其应用原因与建筑师使用 CAD 的原因有所不同。另一方面，建筑信息模型对关卡设计师来说用处不大，它与现实世界中建筑的施工管理功能联系更为紧密。像 Revit 或 ArchiCAD 这类软件，允许设计师使用预制构件（门、窗、结构构件等）绘制建筑图纸，并在每个特定构件中存储施工信息，这些信息可用于订购材料和指导施工人员作业。

游戏引擎

在大多数应用场景中，关卡设计是通过被称为“游戏引擎”的程序实现的，这些引擎专门用于电子游戏的开发。现代游戏引擎提供了一个框架，用以实现屏幕资源渲染、玩家输入响应、人工智能（AI）交互及现实物理模拟等功能。游戏行业中存在多种不同的游戏引擎，有些工作室还会自建引擎供内部使用。尽管某些引擎较为流行，但与其他类型软件不同，该领域尚未形成业界公认的统一标准。

本书介绍了一些在编写时流行的引擎，但没有提供更深入的如何使用这些引擎的软件教程。这样做的原因在于前面提到的缺乏行业标准。举例来说，如果本书纳入 Unity 引擎的教程，那么它就不再是面向多引擎用户的通用指南，而会沦为“Unity 专属书籍”，自然也无法兼顾 Game Maker（游戏制作大师）与虚幻引擎用户的实际需求。随着技术的进步，引擎类型也在不断更迭，因此我们希望，即使在如今这些引擎已经成为历史，你也能从本书中获得更具持久性的知识。本书还列举了一些教授这些游戏引擎使用方法的书籍，感兴趣的话，可以自行探索。

第二版更新的内容

来自未来的问候！或者更确切地说是我写完前言的部分内容几年之后向你问候。在本书第一版出版后的这些年里，关卡设计相关的写作与评论都取得了突飞猛进的发展，这要归功于游戏行业中非常优秀的人才。作为一名设计师，我也在不断成长，随着我构建的关卡越来越多，我也在不断发现新的内容并想分享给大家。对于那些拿到第二版并想知道它与第一版有何不同的读者，我想花点时间介绍一下更新的内容。

新增和扩充的内容。本书新增内容，聚焦于两大主题——教程关卡的设计与程序化内容生成系统。在这些章节中，你将找到针对关卡设计师的相关信息，了解如何在游戏中对这些具有挑战性且微妙的领域进行设计。此外，我也进一步探讨了与这些主题相关的建筑理论，包括空间的进入方式、整体概览与模式语言等。

本书的另一项重要补充，是来自业界专业人士的贡献。他们涵盖了从大型工作室（即“3A”游戏）游戏开发到独立游戏制作和学术研究等多个领域。书中分享了许多我作为关卡设计师的个人经历和参与的项目，但关卡设计从来不是一个人能够单独完成的工作。因此，我邀请了多位关卡设计师，将他们在空间设计方面的专业技能融入本书内容中，期望你能获得更广泛的知识。

此外，我也对第一版中的多个章节进行了回顾与修订，改进了语言表达，并根据近年来实践中采用的新技术进行了更新。例如，原来第一版的第 2 章“关卡设计的工具与技巧”被拆分为两个独立章节：“关卡设计师的绘图指南”与“关卡设计工作流程”。这样一来，我便能对每个章节中的内容进行扩展，为读者提供更丰富的实用信息。其他章节也根据最新的游戏设计趋势进行了调整，增加了新的主题与原则。

参考资料更新。在撰写与游戏相关内容时，一个固有的挑战是“当下流行”的事物变化极快。这与建筑学的参考模式有所不同：一座经典建筑可以成为经久不衰的研究对象。对此，我采取了一种折中的方式。在第一版与第二版间隔期间，我玩了大量游戏，并有意识地将其中具有代表性的作品纳入讨论，以保持书籍内容的时效性。与此同时，我仍坚信，优秀的关卡设计具备跨越时间的生命力，因此你会发现书中仍提及许多经典佳作。除了保留经典案例外，本书也加入了更多近年来的重要游戏实例，而并非用新作替代旧作，这样读者就能在各类游戏中体会空间设计理念。

自第一版问世以来，关于关卡设计的研究与讨论愈发丰富，既有专业层面的内容，也有更多便于爱好者获取的资源，如 YouTube 视频、游戏新闻、博客等。其中，像 Mark Brown 提出的图解方法就极具影响力。在本书中，我记录了自己将这些设计理念融入个人实践后的心得。读者若希望找到优质关卡设计评论内容，建议留意每章的“参考文献”部分，我已尽量在其中补充了最新的资源。

新增配套练习。我很高兴，许多关卡设计教学者将本书第一版用于课堂教学，同时我也收到了不少设计师为实践书中理念而制作的游戏作品。这着实令人振奋。鉴于此，我在每章都增添了配套练习。这些练习题提供了将书中技巧融入实际课堂作业或自主练习中的思路。

作为一名教师，我非常重视教学方法的开放性，因此这些练习被设计为灵活的“设计提示”，而非死板的教学教程。无论你使用的是二维软件、三维工具，还是手绘草图、文字记录，都可以自由地运用这些工具完成练习。我的目标是即使未来软件工具发生变更，本书所传达的设计思维与练习方法也不会过时。

本书适合哪些读者

本书从建筑学与空间体验理论的角度，深入剖析游戏中的关卡设计。虽然书中涉及部分游戏美术相关内容，但本书并非关于环境建模或三维资源创建的技术教程。如果你正在评估是否购买或阅读此书，请参考以下内容。

希望深入理解建筑学并将其融入游戏设计的关卡设计师。许多关于游戏关卡与建筑学的讨论都聚焦于环境美术创作，如某种建筑风格在游戏中呈现出的“酷炫”效果。而本书则将关卡设计师带入核心讨论，探讨那些与游戏空间布局安排相关且对游戏玩法产生影响的空间概念。同时，书中还包含了行业资深人士的建议——他们或长期从事游戏关卡与世界构建工作，或以其他方式推动该领域发展。

希望通过作品更好地与玩家沟通的环境美术师。本书同样关注环境美术在游戏中的作用，尤其是如何通过图形、色彩、形状与材质等美术元素实现与玩家的空间交流。全书提出了多种方法，旨在将游戏的艺术呈现与空间玩法设计相结合，从而打造令人难忘的游戏体验。

游戏设计专业的教师与学生。本书通过案例研究，将多学科知识体系融会贯通后应用于关卡设计领域。随着游戏设计专业的兴起，行业正面临一个隐患：那些从其他领域转行而来的设计师所带来的多元经验可能会逐渐流失。本书通过建筑学相关主题审视游戏创作的重要元素——关卡设计，为游戏设计专业的师生提供了广阔的知识视野。学生尤其可以通过设计师访谈，从行业资深人士那里深入了解关卡设计流程。书中还包含旨在激发深度分析与讨论的练习。

建筑师与空间设计研究者。尽管本书主要聚焦于如何借助建筑原则指导关卡设计实践，但同时也致力于通过运用游戏设计方法为建筑设计注入活力。书中推荐了一种以玩法测试和交互式空间模拟中的受众互动为核心的迭代工作流程。如今，许多建筑师深陷困扰：他们不仅受限于二维空间的表达，在试图通过平面图、立面图与剖面图营造有意义的空间体验时，还不得不依赖大量主观推测。本书将空间与建筑视为一种依赖用户输入的互动媒介——这与历史上对空间和建筑的认知一脉相承。

总的来说，如果你对游戏设计、建筑空间、关卡布局或互动体验感兴趣，本书将提供一种在其他地方无法找到的、专注而实用的关卡设计方法。无论你是一位寻求全新视角的专业关卡设计师、美术师或教师，一位渴望从其他行业获取灵感的游戏设计专业学生，还是一位试图了解这些交互技术如何能为自己所在行业带来变革的建筑师，本书都能为你提供所需内容。随着游戏不断迈向更模糊且难以定义的“艺术”范畴，我们可以从其他擅长塑造优质用户体验的学科中汲取智慧，以深入剖析游戏设计，甚至将其视为传统艺术体系中勇敢的新典范。

如何使用本书

本书通过多个主题，系统地探讨了建筑学与游戏关卡设计中的“体验”概念。本书所讨论的内容大多具有通用性，并不针对特定游戏类型。例如，书中并未设立“第一人称射击游戏中的视线控制”之类的章节，而是探讨可应用于多种类型游戏的空间设计元素。这样的安排旨在以较少规定性的方式呈现设计技术，使设计师能根据自身项目的需求灵活运用。

尽管各章节内容独立成章，不依赖前文也能理解，但本书的每个部分都建立在之前章节的知识基础上。因此，建议你按顺序阅读各章，以避免因某章提及前文内容而产生困惑。

本书为希望实践书中理念的关卡设计师，以及想将本书用于课堂教学的教师和用于学习的学生提供了配套练习。这些练习旨在为设计与分析提供灵感，而非操作教程。我们希望你能将这些提示自然地融入自身工作流程、教学或学习过程。练习形式多样，包括写作练习（如设计日志记录）、绘图练习（建议准备一本素描本）、纸上原型练习、游戏测试练习、数字制作练习（适用于任意游戏引擎）。

硬件和软件要求

本书在软件使用上保持一定的中立性，不将特定应用程序的教程作为必学内容。不过，你可以在几款主流游戏引擎中实践关卡设计方法。当前，多款被广泛应用于个人创作与商业开发的热门游戏引擎均提供了非商业用途的免费版本。你可以访问一些引擎的官方网站，了解其许可政策与下载安装方式。

本书主要内容

本书围绕一系列空间设计的主题展开阐述，探讨了建筑视角下的关卡设计方法。每个主题均结合了对游戏关卡和现实世界建筑案例的研究。通过这些研究，本书总结出适用于二维游戏、三维游戏及多人游戏关卡的空间设计原则。每一章章末还配有相关练习，便于你实践所学内容。以下是各章及其涵盖的主题介绍。

第 1 章　建筑学与关卡设计简史

本章简要概述了与全书内容相关的建筑史，涵盖从史前时代到后现代主义的各类风格与技术。同时，本章还探讨了游戏空间发展的几个里程碑，从早期单屏幕有限移动游戏，发展到如今游戏的庞大三维世界。

行业视角：对游戏虚拟景观的思考

索尔福德大学高级讲师 Umran Ali 博士分享了他的研究项目“虚拟景观”。在这项开创性研究中，他观察了模拟自然景观的游戏环境从早期游戏机时代的雏形到如今的发展历程与演变趋势。

第 2 章　关卡设计师的绘图指南

本章深入讨论了关卡设计的目标，并概述了一些适用于游戏设计的实用绘图技巧。同时，本章还会介绍设计师可用于规划游戏空间的数字工具，其中既包括行业标准工具，也涵盖源自建筑领域的工具。

行业视角：工具与设计

Guerrilla Games 公司的工具设计师 Robin-Yann Storm 阐述了有助于关卡设计师高效工作的优质工具应具备的特质。他还描述了这些工具的不同功能如何影响关卡设计师的工作流程，以及设计师在使用这些功能时应关注哪些方面。

第 3 章　关卡设计工作流程

本章从项目管理角度探讨关卡设计，阐述设计师如何将工作流程分阶段规范化，实现从概念到成品的系统化开发。本章还介绍了关卡设计师如何在多个关卡中逐步完善游戏机制，以打造令人满意的难度曲线，以及如何创造能让玩家轻松理解的游戏世界——该主题将贯穿全书后续章节。

第 4 章　基础游戏空间

本章从建筑空间布局的基本原理出发，探讨了如何将这些原理应用到各种经典游戏空间中，例如线性空间和沙盒游戏空间。然后通过分析知名游戏的空间设计，发掘可用于多种游戏的空间类型。最后，本章探讨了游戏摄像机如何根据其与玩家角色的相对位置，来突出游戏关卡空间的特点。

行业视角：替代控制器游戏的关卡设计

本节中，实验性游戏与体验设计师 Jerry Belich 展示了他的游戏作品，这些作品融合了数字电子技术、现实世界的空间与物体。他的设计过程不仅包括基于游戏机制的规划，还涉及玩家可直接交互的物体的准确度量参数设计。

第 5 章　通过环境美术传达信息

本章不再局限于概述游戏中空间的运用方式，而是深入探讨了如何通过创建可重复的建筑形态让设计师与玩家进行交流。本章展示了如何通过关卡设计改变玩家行为，以及如何在关卡中构建无形的教程，从而引导玩家掌握游戏机制。本章还讨论了如何借助关卡设计帮助玩家持续巩固并深化对游戏规则的理解。

行业视角：采访 Greg Grimsby

乔治梅森大学助理教授、拥有 14 年游戏行业经验的 Greg Grimsby 在访谈中分享了自己的创作灵感来源、关卡设计流程及关卡设计法则。他分享了在担任 *Dark Age of Camelot*、*Ultima Forever* 和 *Warhammer Online: Age of Reckoning* 等游戏的艺术总监期间获得的见解。

第 6 章　用充满危险感的建筑打造刺激的关卡

本章介绍了能让设计师唤起与人类生存本能相关情绪的空间布局和技巧，包括如何通过特定空间类型引导玩家推进游戏进程，以及如何运用照明来激发玩家的好奇心或恐惧感。

行业视角：关卡设计的通用语言

在本书中，Arkane 工作室的关卡设计师 Camden Bayer 分享了关卡设计师的日常工作，以及在行业内使用通用语言的好处。他详细介绍了如何通过游戏测试、密切关注玩家需求及开展可用性研究来持续优化关卡设计。

第 7 章　游戏空间中的奖励

本章结合游戏设计师常用的心理学理论，探讨游戏关卡如何对玩家进行奖励，特别探讨了建筑中的阻隔空间，并展示了如何通过阻隔空间与视线设计来打造能吸引玩家穿行其中的关卡。

第 8 章　关卡 1-1：教学关卡

本章鼓励设计师退一步思考，将设计重心放在游戏的初始关卡上，结合前几章介绍的概念，探讨了游戏关卡如何自然地教会玩家游戏玩法。本章还介绍了运用建筑设计方法、构建有效的空间传达机制及合理利用游戏资源，来打造既有趣又不突兀的教程内容的基本要素。此外，本章还分析了一些教育类游戏如何在关卡中融入教学环节，助力设计师学习如何将教学计划转化为实际的游戏玩法。

行业视角：游戏 *Immune Defense* 案例研究

Molecular Jig 的创始人 Melanie Stegman 博士详细分享了游戏 *Immune Defense* 的开发过程。这篇分享文章展示了她的思考与决策过程：即在多个关卡设计中，如何通过对分子细胞生物学过程进行游戏化模拟，以最佳方式向玩家传授细胞如何保护人体的相关知识。

第 9 章　游戏空间中的叙事

本章聚焦游戏的叙事元素，探讨了游戏空间讲述或推动故事的多种方式。本章讨论了环境美术的变化如何辅助叙事推进，同时还分析了如何将叙事作为玩家通过艰难游戏环节的奖励。

行业视角：*Halo* 系列游戏关卡中的角色心理塑造

游戏设计师兼心理学家 Kelli Dunlap 在此部分分析了关卡如何塑造心理复杂的游戏角色。她以 *Halo* 系列游戏为例，具体阐述了在关卡中玩家可对角色做出的各类选择。这部分内容超越了环境美术叙事的范畴，更深入到通过交互设计实现交互与角色塑造。

第 10 章　可能性空间与世界构建

本章探讨了如何构建游戏关卡，以适配不同玩家的玩法风格，并创造出具有丰富玩法选择的游戏世界。书中分析了部分游戏空间如何根据玩家已具备及后续获得的能力进行扩展，并展示建筑师与游戏设计师如何为其创作的空间提供全景视野，以及日本庭园设计理念对构建游戏世界的启示。

第 11 章　关于程序化生成关卡的实践

本章阐述了关卡设计师在运用程序化内容生成系统时，如何保持人工设计关卡的以人为本的特质。本章先介绍了关卡设计中常用的程序化内容生成系统类型，随后探讨了可用在游戏设计中的模式。本章还展示了几个将程序化内容生成系统与人工设计相结合的游戏案例。

行业视角：采访 Chris Pruett

Oculus VR 第三方发行部门负责人、Robot Invader 工作室创始人 Chris Pruett 在访谈中分享了那些给他带来灵感的关卡，以及游戏之外对他产生深远影响的作品。他还介绍了从平台游戏到冒险游戏等不同类型游戏的关卡设计流程与测试流程。

第 12 章　利用关卡设计影响社交互动

本章探讨了城市规划师如何通过不同功能建筑的布局推动社交互动的产生与游戏中意外事件的自然发生。这些研究成果为单人游戏的任务结构设计提供参考，甚至还能影响大型多人在线游戏中玩家的互动方式。

第 13 章　关卡设计中的声音、音乐和节奏

本章聚焦游戏空间设计中常被忽视的部分——声音设计。它探讨了游戏设计师如何使用声学设计创造不同的空间体验，以及空间节奏与声音韵律对游戏进程的驱动作用。此外，本章还分析了声音设计如何强化前文提及的多种空间类型的表现力。

参考文献

[1] Fullerton, Tracy, Christopher Swain, and Steven Hoffman. *Game Design Workshop: A Playcentric Approach to Creating Innovative Games*. 2nd ed. Amsterdam: Elsevier Morgan Kaufmann, 2008.

[2] Gold, Susan. *IGDA Curriculum Framework: The Study of Games and Game Development*. PDF file, version 3.2 Beta. February 2008. http://www.igda.org/wiki/images/e/ee/Igda2008cf.pdf.

[3] Schell, Jesse. *The Art of Game Design: A Book of Lenses*. Amsterdam: Elsevier/Morgan Kaufmann, 2008.

[4] Rollings, Andrew, and Ernest Adams. *Andrew Rollings and Ernest Adams on Game Design*. Indianapolis, IN: New Riders, 2003.

[5] Saltzman, Marc. *Game Design: Secrets of the Sages*. Indianapolis, IN: Macmillan Digital, 1999.

[6] Shahrani, Sam. *Educational Feature: A History and Analysis of Level Design in 3D Computer Games—Pt. 1*. Gamasutra. http://www.gamasutra.com/view/feature/131083/educational_feature_a_history_and_.php (accessed October 20, 2012).

[7] *The Sims*. Maxis (developer), Electronic Arts (publisher), February 4, 2000. PC game.

[8] *Super Mario Maker*. Nintendo (developer and publisher), September 10, 2015. Nintendo Wii U game.

[9] *Little Big Planet*. Media Molecule (developer), Sony Computer Entertainment (publisher), October 2008. Playstation 3 video game.

[10] Salen, Katie, and Eric Zimmerman. *Rules of Play: Game Design Fun damentals*. Cambridge, MA: MIT Press, 2003, p. 345.

[11] Campbell, Joseph. *The Hero with a Thousand Faces*. 2nd ed. Princeton, NJ: Princeton University Press, 1968.

[12] Donovan, Tristan. *Replay: The History of Video Games*. East Sussex, England: Yellow Ant, 2010. Will Wright was famously inspired to create *The Sims* after reading *A Pattern Language* by Christopher Alexander. The game was originally about building architectural spaces according to Alexander's language of architectural patterns. *The Sims* characters' original purpose was to score the player's use of the patterns.

[13] Salen, Katie, and Eric Zimmerman. *Rules of Play: Game Design Fundamentals*. Cambridge, MA: MIT Press, 2003, p. 80.

[14] Salen, Katie, and Eric Zimmerman. *Rules of Play: Game Design Fundamentals*. Cambridge, MA: MIT Press, 2003, p. 41.

[15] Kremers, Rudolf. *Level Design: Concept, Theory, and Practice*. Wellesley, MA: A.K. Peters, 2009, p. 18.

[16] Kremers, Rudolf. *Level Design: Concept, Theory, and Practice*. Wellesley, MA: A.K. Peters, 2009, p. 3.

第1章

建筑学与关卡设计简史

许多游戏设计师认为，要想从历史案例中得到启发，以丰富游戏中的环境美术，或为游戏构建宏大的背景，就要对建筑学进行研究。在游戏中引入玩家熟悉且带有异域风情的建筑风格，是提升玩家游戏体验的方法之一。这些设计不仅增强了玩家在游戏中对虚拟世界的代入感，还让玩家感受到自身行动对重大事件的影响力。这些都是建筑学在游戏中成功运用的案例，而深入研究建筑历史有助于我们进一步了解空间是如何影响交互体验的。

对设计师而言，借鉴建筑案例还有其他重要意义：除了能够为游戏背景设计提供灵感，历史空间还蕴含着诸多关于空间构成的经验。虽然建筑的形式一直是建筑师关注的重点，但历史建筑在建造时，也极为注重为使用者带来的体验。因此，游戏设计师如果想从建筑学中汲取灵感，通过仔细研究历史建筑学，就能学到诸如视线构图、用关卡叙事、引导社交性玩法等多种空间设计原则的知识。

在本章节中，我们简要概述了建筑史，重点分析那些对后续研究具有重要意义的建筑实例。本章通过研究游戏空间的演变历程，揭示如何在游戏规则约束与技术条件受限的情况下，催生出有趣的设计。此外，本章会探讨一些视觉分析的准则，这些准则将影响我们体验游戏空间的方式。

在本章，你将学到以下内容：

打破关卡设计规则的方法；

建筑体验的发展史；

游戏空间的发展史；

关卡设计的观察法。

1.1 打破关卡设计规则的方法

首先，我们需要明确一个关键问题：关卡设计是一个更依赖软件操作的实践领域，还是一个需要通过理论学习来深入探讨的学术领域？随之而来的另一个问题是：关卡设计的发展应当侧重于新兴软件的应用，还是应基于新理论的探索？这些问题的答案并不显而易见，对于大多数开发者而言，最为关键的因素可能会随时间和环境的变化而变化。

一方面，游戏开发平台的局限性与游戏引擎所支持的工作流程都会对设计师的工作方式产生深远影响。对许多设计师而言，“技术如何影响设计”是一个极具吸引力的话题。电子游戏开发历来被视为与科学、技术、工程和数学密切相关的领域，因此，将技术视为理解游戏世界的关键并不与许多设计师的实际经验相悖。我们经常听到行业资深人士对“游戏研究”这一领域的批评，因为它往往忽略了实际开发工具的应用。对于那些重视设计工具的游戏设计师而言，关卡设计往往是一个依赖于虚拟引擎的构建过程。

另一方面，注重理论的设计师则将技术视为实现设计目标的手段，认为技术是创造沉浸式体验的工具。而这些体验的本质往往由空间心理学、游戏手感等抽象概念定义。对于这些设计师而言，研究其他游戏的设计至关重要，他们能够从以往设计的成功与失败中汲取经验，从而创造出更具创新性和更高质量的新游戏。这使得他们能够以理论指导实践，而非依赖技术的“最佳实践”，从而深入解析游戏体验中更为复杂的元素。

在游戏设计的众多领域中，关卡设计尤为复杂，这是因为该领域缺乏一种普遍适用的有效方法。为某款游戏打造出色关卡的工具与技巧，未必能适用于其他游戏类型。主张所有设计师应专注于某一特定技术或理论的观点在许多方面显得不切实际：有许多游戏围绕理论目标进行设计，却常常忽略了游戏基本的可玩性优化或漏洞修复。此外，一些在技术上表现卓越的案例也存在局限性，例如在游戏引擎中重现现实世界的建筑或城市，却会因为未能构建出引人入胜的游戏关卡而失败。

关卡设计的学习方式与三维游戏美术等领域截然不同。除极少数情况外，三维游戏美术创作遵循一套公认的标准流程，游戏音效制作亦是如此。即便是在游戏引擎中编写脚本，针对特定类别的输入也有既定的规范。然而，针对关卡设计的软件教程，通常依托特定游戏类型（通常为第一人称射击游戏）的引擎。这些教程虽然能够展示特定软件的操作方法，以帮助开发者掌握入门工具，但并不能教会他们如何打造令人难忘的游戏空间。

你是否感到迷茫？请不必担忧：数十年来，游戏设计领域一直存在着身份认同危机，而在撰写本书时，关卡设计也正经历着这样的危机。2003 年以前，关于游戏整体设计与游戏设计理论的书籍极为匮乏，许多被标榜为“游戏设计”的书籍实际上多为软件操作手册或编程指南。Chris Crawford 于 1984 年出版的 *The Art of Computer Game Design*[1] 一书，是专门探讨游戏设计理论的早期著作之一，也是这么多年来为数不多的游戏设计理论书籍之一。步入 21 世纪，Andrew Rollings 和 Ernest Adams 的著作 *Andrew Rollings and Ernest Adams on Game Design*[2]、*Rules of Play: Game Design Fundamentals*[3]、*The Art of Game Design: A Book of Lenses*[4] 及 *Game Design Workshop: A Playcentric Approach to Creating Innovative Games*[5] 等，让游戏设计领域从单纯的计算实践上升为美学实践。这些书籍以更具普适性的视角，向读者阐述如何从机制、叙事或体验等多方面构建游戏。Ian Schreiber 和 Brenda Brathwaite 在 *Challenges for Game Designers*[6] 一书中鼓励读者主动解构游戏，以探索新的知识。通过这种方式，游戏演变为模块化系统，其形态由设计师塑造，而非特定操作手册的产物。此外，许多书籍还汲取了游戏设计领域之外的学科知识以丰富其内容。Salen 和 Zimmerman 不仅分析了知名游戏的设计，还结合心理学、设计、建筑等专业知识，综合探讨了构建游戏的方式。

想推动关卡设计的发展，就需要打破对关卡设计的传统认知。尽管研究特定类型游戏的关卡设计具有其价值，但亦存在诸多可归纳的共性。例如，我们可以说“在第一人称射击游戏中，占据高处进行射击在战术上具有优势”，这或许是设计死亡竞赛地图的一个不错的标准，即设置众多狙击点和交叉通道。然而，若忽略第一人称射击游戏的特殊性，我们亦可认为“在游戏关卡中，高处位置通常在战术上具有优势”。这一观点同样适用于潜行游戏、格斗游戏、平台游戏、第一人称射击游戏等（图 1.1）。理解这一点后，使用特定引擎的开发者就能以最适配的方式运用这一空间知识：在 Unreal 虚幻引擎中创建高大的 BSP 笔刷几何结构，在 Unity 引擎中导入高大的关卡对象，在游戏开发软件中用图块建造高耸结构等。这正是本书探讨关卡设计的思路：将其作为设计师可在自选软件环境中运用的知识内容。

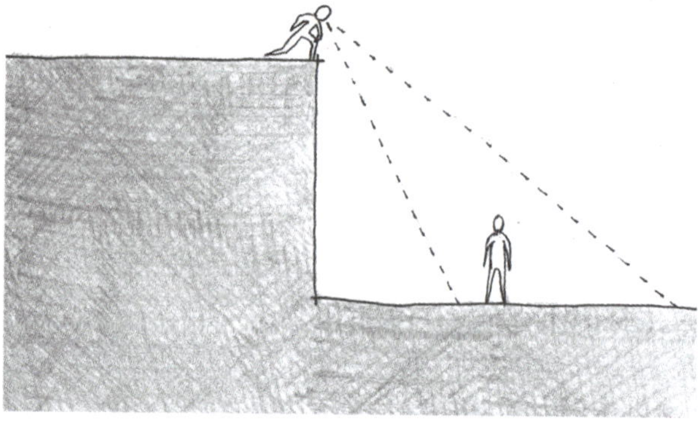

图 1.1 在游戏关卡中，高度通常能为玩家带来战略优势。这一准则适用于多种游戏类型

由此可见，建筑史能为我们构建游戏空间提供诸多启示。一些著名的建筑作品，正是设计师将抽象理念具象化为实体结构的成果——这些建筑既要能支撑使用者，抵御自然侵蚀，又要保证结构稳固。建筑学作为一门基于实践理论的学科，能让关卡设计师洞悉人类对空间的感知方式，同时学习构建空间的巧妙方法。如果我们将关卡设计视为广义空间理论在可交互游戏环境中的实践，那么那些能引发使用者情感共鸣或影响其行为的、富有体验感的建筑，便能成为我们自身关卡设计的范例。

1.2 建筑体验的发展史

探究建筑历史的方法多种多样。部分学者致力于研究结构构件的历史，如柱梁结构、柱式、拱门、穹顶及拱顶等（图 1.2）。另一些学者的研究则聚焦于建筑风格的变迁。一些建筑风格包含的哲学思想能够影响人们对建筑的解读，但人们对其的研究往往聚焦于建筑的形式或雕塑特征等。此外，还有一些研究关注建筑体验的演变。这些体验与建筑所处的时代和地域文化紧密相连，往往最能体现空间设计师和建筑师的设计理念。体验导向型建筑能够利用空间创造特定的体验，或唤起超越建筑本身的更深远的思考。

对于游戏设计师而言，理解建筑历史的多元视角极为有益。在关卡设计中适当添加结构元素，可以增强游戏空间的真实感。若游戏场景中的某根柱子在视觉上不符合现实中建筑的承重逻辑，玩家便会察觉到这一点，进而影响他们

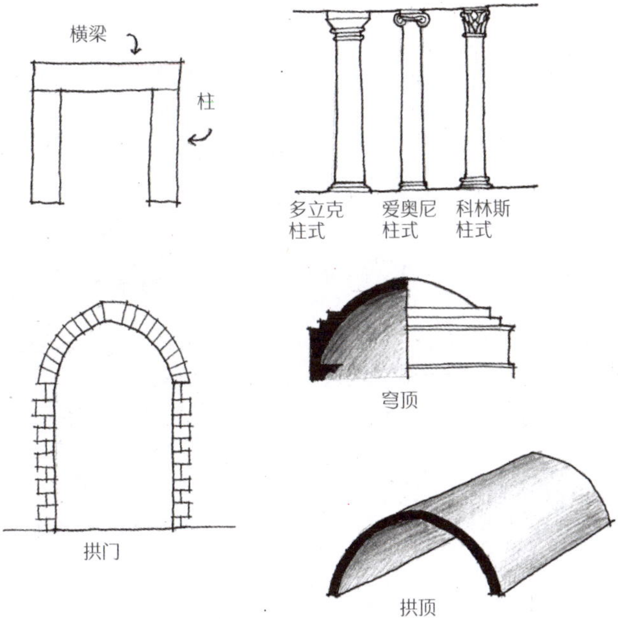

图 1.2 展示了建筑中常见的标准结构组件。这些组件对于致力于在游戏关卡中复现真实建筑元素的游戏设计师和环境美术家而言，具有极高的实用价值

的游戏体验。对建筑风格及其表现形式的了解也有助于美术师确定游戏的视觉风格。不少游戏都借鉴真实建筑风格创作虚拟建筑。以 *Halo* 系列游戏为例，其关卡设计中融入了大量哥特式风格的元素[7]，如游戏 *Halo 4*[8] 的 Requiem 任务关卡（图 1.3）。这种建筑风格有利于为游戏空间设定主题，更能营造恢宏的异域氛围。在 *Halo* 系列游戏中，先行者建筑的垂直结构元素，强化了该种族在游戏中的力量感与神秘性。由于设计风格与形式是游戏设计师与玩家沟通的重要语言，因此本书将重点围绕“风格与形式”展开讨论。

不过，本书主要聚焦于建筑的体验性元素。从多方面来看，关卡设计的本质就是研究玩家如何利用空间。游戏中的关卡空间旨在为玩家打造连贯且富有吸引力的体验。因此，本书并未对整个建筑史进行探讨，因为这一议题本身便足以构成一整本书，并且该领域已有数部相关著作问世。本书关注体验价值突出的建筑作品，虽然其中一些作品的结构或形式元素也值得研究（这些将在后续章节中详加探讨），但在这段历史概述中纳入这些建筑，归根结底是为了实现我们空间设计的目标，即创造富有意义且能引发情感共鸣的用户体验。

图 1.3 展示了游戏 *Halo 4* 的 Requiem 任务关卡结尾处的传送门建筑，其中融入了哥特式建筑风格的元素，如高耸的尖拱和大量的垂直线性元素

1.2.1 建筑与关卡设计的要素

在公元前 40 年左右，古罗马建筑师 Vitruvius 提出了建筑的三大核心要素（建筑三原则）：坚固、实用和美观。[9] 本书以空间设计理论为基础，着眼于关卡构建的实践要素，采用了与 Vitruvius 的建筑三原则相呼应的设计框架。

（1）功能需求

首先，游戏顺畅运行至关重要，这契合关卡设计的“坚固”原则。因此，本书的理论探讨将与关卡构建方法紧密结合。例如，第 3 章探讨了关卡设计的实践要素，包括对不同引擎关卡构建方法的概述。后续章节将探讨相关理论，聚焦如何在关卡设计中利用游戏资源，实现关卡设计的体验目标。

（2）可用性

其次，游戏空间必须具备可用性。因此，我们应关注玩家如何通过视角和游戏摄像机来感知游戏空间，以及他们是如何在关卡中进行导航的。关卡设计的这一要素聚焦于导航和信息传达。正如后续章节所述，关卡是游戏设计师与玩家双方开展间接交流的媒介。因此，游戏关卡应当指导玩家如何操作，并通过易于理解的语言进行传递。

（3）愉悦感

最后，游戏空间应能让玩家在探索过程中获得满足感。这要求游戏设计师必须把握关卡设计的心理层面，理解关卡是如何引导玩家进行情感体验的。请注意，此处规避了“有趣”一词。许多游戏都追求欢乐、刺激的体验，但游戏也完全可以营造出极度恐怖、充满个人共鸣、令人心碎、诙谐幽默乃至悲情伤感的氛围。因此，我们将成功的关卡定义为能引发情感共鸣的设计：伟大的艺术之所以伟大，正是因为它能令人沉思，唤起共情，甚至让人心碎。通过设置挑战和奖励，我们为玩家提供了掌控游戏高潮环节的机会，这是其他媒介形式所无法比拟的。因此，游戏设计师应该当致力于打造尽可能具有吸引力的游戏体验。

值得注意的是，这些体验并不是相互排斥的，在关卡设计中也没有哪个体验比另一个体验更重要（图 1.4）。理解这些元素同样至关重要，因为它们将成为我们探索建筑体验发展史的核心视角。

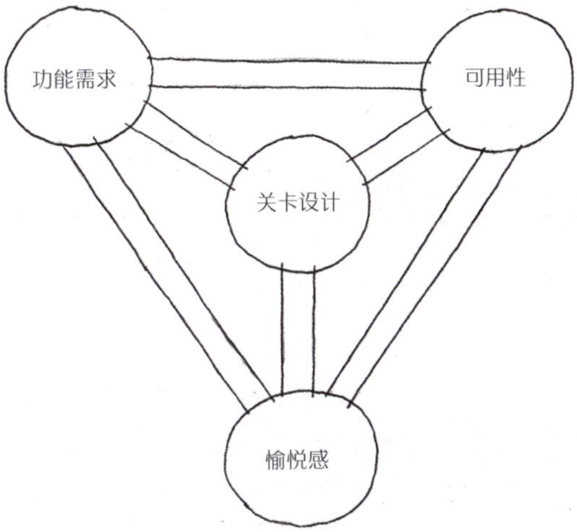

图 1.4　关卡设计的三大要素及其相互关系的示意图

1.2.2　建筑视线设计的起源

建筑最初仅仅是遮风避雨的场所——这是满足功能需求的终极体现。为适应迁徙的生活方式，早期人类选择居住在洞穴中，或者利用动物皮毛和木杆等临时性、可移动的材料来搭建住所。随着人类逐渐步入农业时代，他们开始了定居生活，住所也逐渐演变成小屋的形态。这一转变发生在大约 12000 年前的全新世时期。[10] 随着时间的流逝，聚落逐渐发展成为大型城市，其中最早的城市之一是《圣经》中提到的耶利哥，其诞生于约公元前 8000 年。

随着城市生活的兴起，居民中从事非狩猎或采集活动的角色逐渐增多。其中，牧师及其他社会地位显赫的重要人物掌管着聚落与神祇及来世之间的联系。人们对精神层面的重视，也促进了专门用于宗教仪式（尤其是祭祀和丧葬）的建筑的建造。这些建筑的设计体现了其建造者在生活中对神圣事物的崇敬态度。爱尔兰米斯郡的纽格莱奇墓和英格兰索尔兹伯里的巨石阵等西欧古迹，便是此类建筑的典型代表。

纽格莱奇墓有类似横梁式的开口，冬至日出时的光线可以射入并照亮墓穴的内部（图 1.5）。巨石阵的布局则确保夏至日出时的光线恰好落在其东侧的石头上。基于此，一些学者推测，这些遗址可能是史前时期人们进行天文观测的重要设施（图 1.6）。纽格莱奇墓与巨石阵的例子展示了建筑中视线设计的早期实践。在这两个实例中，建筑结构均经过周密的规划，以实现对特定天文现象的最佳观测。即便在这一早期阶段，我们也能看到设计师如何利用建筑形态来引导使用者的注意力。这对于研究关卡设计中的用户交互至关重要。

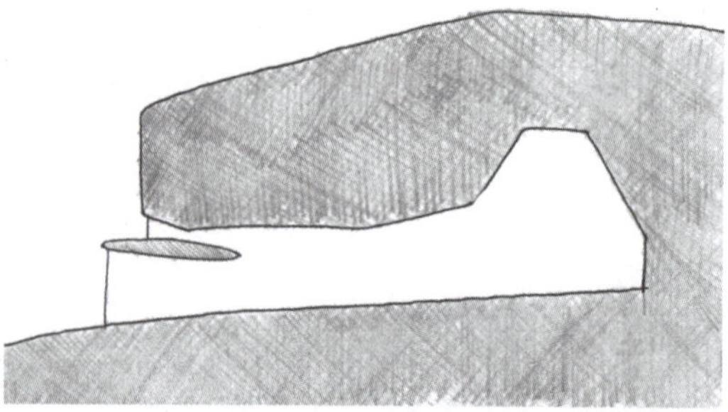

图 1.5 爱尔兰米斯郡纽格莱奇墓（约建于公元前 3100 年）的剖面图，其中包含类似横梁式的开口。该通道使得光线在一年中的特定时间能射入墓室内部

1.2.3 古代美索不达米亚建筑的象征意义

公元前 3500 年，苏美尔人发明了文字，这一创举被普遍视为人类史前时期与历史时期的分界线。苏美尔文明是起源于美索不达米亚地区（今伊拉克、伊朗、叙利亚及土耳其境内）的众多文明之一，被认为是西方文明的摇篮。这片土地孕育了包括苏美尔人、阿卡德人、亚述人和巴比伦人在内的多个民族。

苏美尔人对神祇的崇拜深刻影响了神庙建筑的发展。在新苏美尔时期（约

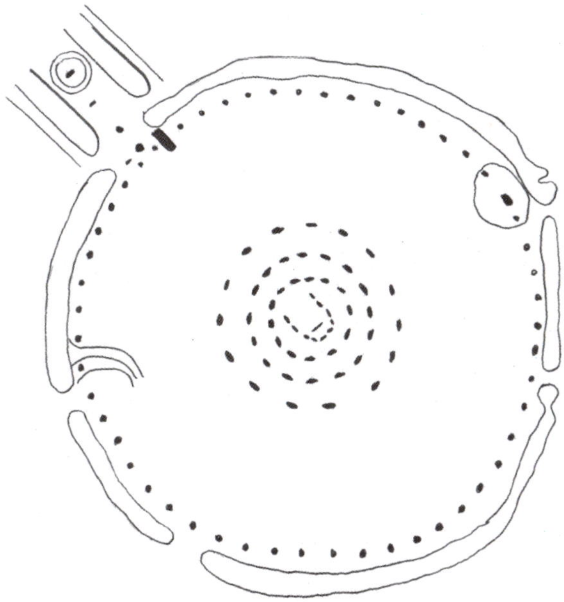

图 1.6 位于英格兰索尔兹伯里平原的巨石阵（约建于公元前 2900 ~ 公元前 1400 年），该结构利用建筑元素塑造视线，以观测重要的天文现象

公元前 2150 ~ 公元前 2000 年），他们创造了金字形神塔，这是一种建在人工土丘上的庙宇，多以烧制的砖块砌筑。金字形神塔的兴起，标志着建筑作为一种象征形式的重要发展。这种金字形神塔（图 1.7）被认为具有双重功能：一是将寺庙抬高至更接近神灵的高度，二是唤起苏美尔人对故乡山脉的回忆。由此可见，苏美尔人已通过建筑的形态或装饰传达了更深层次的意义。

后来的美索不达米亚文明，如巴比伦人和亚述人，同样将建筑作为一种象征形式。特别是好战的亚述人，他们通过建筑来展示自己的力量和野性。他们充分利用了金字塔形建筑，将宫殿建得高于周边的村庄。在萨尔贡二世于公元前 720 年建立的宫殿里，有公牛、老鹰等栩栩如生的动物雕塑与描绘精锐军队的浮雕，这些装饰皆在向来访者发出警告，告诫其不要挑战亚述的力量。宫殿的布局采用了迂回式的房间序列设计，通向王宫大殿等重要房间的路径也错综复杂。这种设计能够使来访者感到困惑，从而进一步强化亚述人的绝对权威（图 1.8）。美索不达米亚文化所采用的表现形式，为研究如何构建游戏世界以及如何运用美术和音效营造环境氛围提供了宝贵的参考。

图 1.7 乌尔金字形神塔（约公元前 2100 年建于乌尔城邦）是金字形神塔的典型代表。这类建筑的作用是将神庙抬高，使其更接近神祇，传言其设计仿照了苏美尔人的故乡的山地景观。乌尔城邦也因是人类最早棋盘游戏之一的发源地而具有重要历史意义

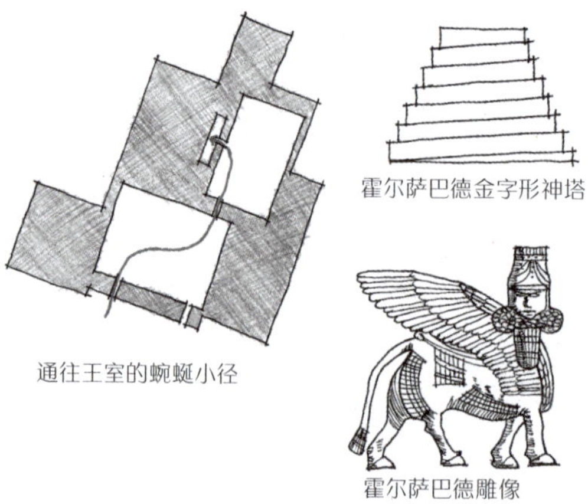

图 1.8 萨尔贡二世的宫殿（约建于公元前 720 年）。该宫殿通过融合建筑结构、雕塑装饰及错综复杂的空间布局，向来访者彰显亚述帝国的威权与辉煌

1.2.4 古埃及将建筑作为权力的象征

古埃及文明始于公元前 3000 年左右，法老 Menes 统一了埃及。古埃及的纪念性建筑着重于建立法老与众神之间的联系。当时的人们相信，法老生前被视为鹰头神 Horus 的化身，死后则与冥界之王 Osiris 相关联。这两位神祇均与太阳神存在关联。因此，许多埃及建筑采用了金字塔造型——有时是整座建筑为金字塔形态，有时则将方尖碑的顶部设计成金字塔状（图 1.9）。这种形式被认为能在法老与太阳神之间建立联结。

公元前 2630 年，法老 Djoser 的宫廷建筑师 Imhotep 设计了最早的金字塔之一。该建筑最初采用埃及传统的建筑形式，即马斯塔巴（平顶石墓），后通过

层层叠加演变为阶梯金字塔。其他著名的金字塔包括为法老 Khufu、Khafre 和 Menkaure 而建的吉萨金字塔群。这些金字塔的内室通过不同的材料传递不同的象征意义，其墓室的位置也同样富含象征意义，例如那些深入金字塔下方的基岩墓室象征着冥界。而胡夫金字塔中的王室墓室等重要空间，则选用红花岗岩等特殊材料以凸显其神圣性。从形式到材料，早期埃及的纪念碑和陵墓的建造都经过精心规划，以彰显主人的尊贵地位。

埃及的建筑风格在后期逐渐从金字塔的形态转变为具有连续空间的神庙结构。哈特谢普苏特女王神庙，建于公元前 1473 ~ 公元前 1458 年，采用了露台和柱廊的设计，以突出墙壁上刻画的女王生平事迹。这些神庙还采用了多柱式的设计，以密集的柱列支撑石质屋顶。从体验上来说，这类大厅借助昏暗的光线与开阔的空间感，营造出一种空灵缥缈的氛围（图 1.10）。有证据表明，埃及对此类立柱（尤其是带棱边的立柱）的运用，后来对希腊的柱式风格产生了影响。

埃及的建筑风格同样影响了我们对空间的理解。一方面，古埃及人将金字塔和柱式等形态标准化，开创了模块化建筑语言的先河；另一方面，他们为这些模块化元素赋予特定含义，使其成为在当时的文化语境中得到普遍认可的象征符号。

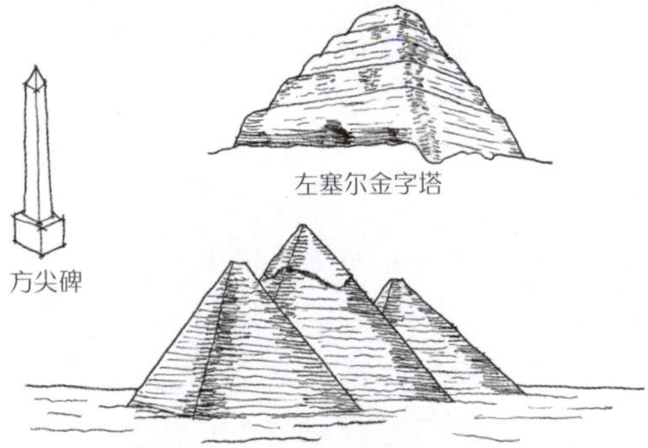

图 1.9　在古埃及文明中，金字塔被用以建立法老与太阳神之间的联系。该图展示了典型的埃及方尖碑、左塞尔金字塔和吉萨金字塔群，这些建筑体现了这一建筑形式的实际应用

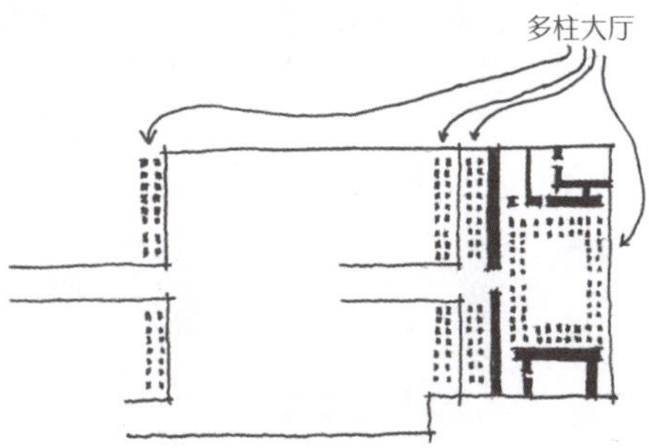

图 1.10　哈特谢普苏特女王神庙中的多柱大厅，通过有序且密集的柱列布局与柔和的光线，营造出宏大的空间感

1.2.5 希腊建筑中空间与符号的关系

在西方，古希腊文明被认为在艺术、建筑、哲学、政治、科学等领域取得了许多进步。因此，希腊建筑能帮助我们理解物体与环境的关系是如何塑造空间体验的。例如，希腊哲学家柏拉图通过形式表达来追求内在之美，即人类借助艺术与建筑来重现这种理想的几何比例。[11]

古希腊建筑强调通过比例与尺寸来确立形式。建筑间的关联通常依托精密规划的轴线或视线布局来实现。在公元前 800 ~ 公元前 480 年的希腊古风时期，神庙建筑以“正厅”形式为基础，将矩形空间的入口设于短边的位置，营造出纵深的空间感。希腊神庙建筑（图 1.11）的设计构建了一系列空间序列，从神庙的前廊（入口）延伸至内殿（放置神像的狭长内部空间），再到后方的后殿（后室）。此时期的建筑亦为后来罗马建筑师 Vitruvius 所归纳的建筑柱式体系奠定了基础，包括多立克柱式、爱奥尼柱式和科林斯柱式。这三种柱式在形态与装饰上分别象征着男性（多立克柱式）、女性（爱奥尼柱式）和年轻少女（科林斯柱式）（图 1.12）。在神庙设计中，这些柱式的运用能够营造出微妙的比例效果。例如，多立克柱式赋予建筑沉重而坚实的特质，而爱奥尼柱式则给人以轻盈之感。比形式特质更重要的是，这些柱式是构成希腊建筑语言的诸多元素之一。这里的建筑语言，通常被称为地方性建筑风格，指的是在特定文化或美学体系中贯穿于各类建筑结构的、具有一致性的设计元素。历史上，各种建筑语言将特定的建筑形式与特定的建筑理念或用途联系起来。具有可识别形式和地方风格元素的建筑被称为“类型”。与埃及人一样，希腊人对这些建筑语言的运用，为我们提供了重要范例：即如何通过构建关卡形态与美术资源的语言体系，来打造游戏世界。

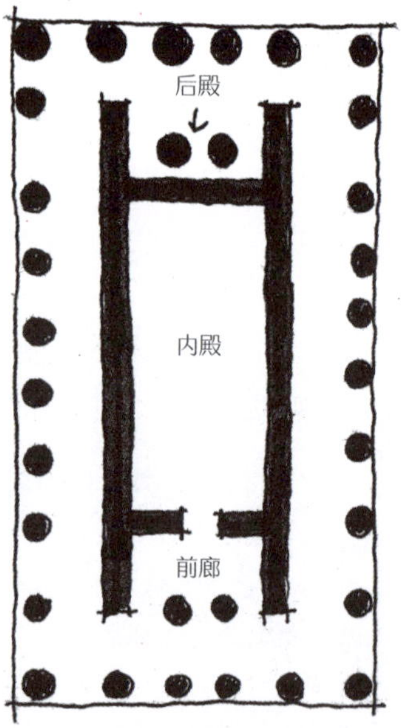

图 1.11 希腊神庙通过一系列递进式空间和狭长的矩形房间，引导来访者前往神祇雕像所在之处

在古典时期晚期（公元前 479 ~ 公元前 323 年），希腊公共建筑将空间层次与序列布局的

图 1.12 希腊柱式的三种类型。它们使得建筑能够呈现出不同的比例效果，并构成了希腊建筑的基础语言

理念推向更突出的地位。雅典卫城通过精心规划的空间序列引导来访者游览并进入其主要建筑——雅典娜胜利神庙、卫城山门、厄瑞克忒翁神庙及帕特农神庙（图 1.13）。通往帕特农神庙的路径虽看似随意，实则为来访者精心设计了一系列视觉体验。首先，来访者登上雅典卫城所在的山丘后，便可远眺卫城；接着，他们来到了卫城的入口门廊——山门。该建筑还提供了路径选择：来访者可径直前往卫城的核心区域，或稍作转向，前往雅典娜胜利神庙。那些选择继续前行抵达卫城核心区域的来访者，可以透过柱廊观赏雅典娜雕像。此时，帕特农神庙以略微倾斜的角度映入眼帘。这种刻意安排旨在引导来访者通过环绕式游览从多角度以透视方式观赏神庙的三维形态，而非单一的正面直视体验。这也让观景构图更具动感，因为正面对视会使建筑显得静态刻板。厄瑞克忒翁神庙的来访者也能感受到帕特农神庙在卫城中的核心地位，因为它采用了与这座更大建筑相似的建筑语言。设计师通过设置门廊，为观赏这座著名建筑的来访者提供了另一处精心构图的视角。

后期的希腊城市建筑，如建于公元前 150 年的雅典广场，不仅沿用了相似的空间规划手法，还借助柱廊（一种用于集会和商业活动的柱式结构）划分了公共空间与私人空间（图 1.14）。在通往卫城的路上，人们可以在雅典广场开阔的公共空间中自由往来，也可以在柱廊下驻足停留。这种公共与私密、动态与静态、开阔与紧凑的二元对立关系，为我们探索游戏空间如何影响玩家行为提供了重要参考。

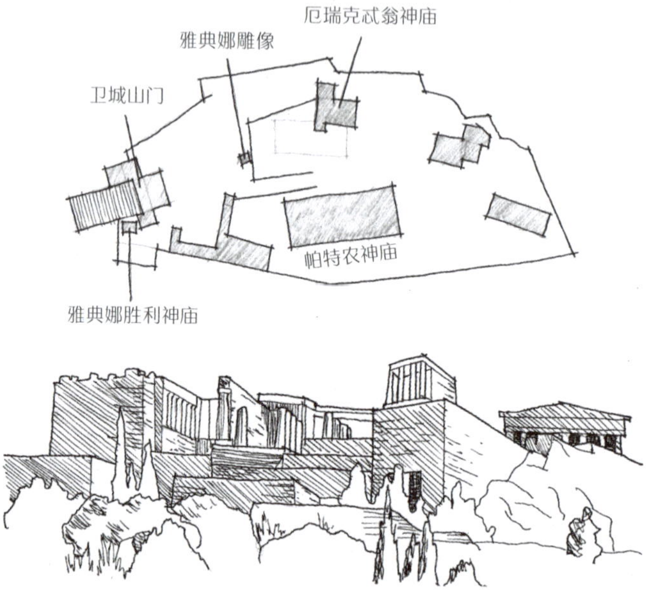

图 1.13 雅典卫城的平面图与模拟其通道的草图。在该空间序列中，设计师反复预设了来访者抵达帕特农神庙时的场景

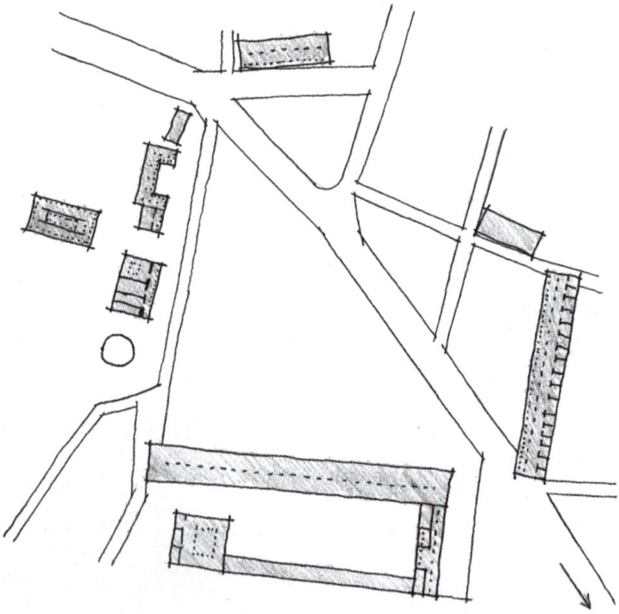

图 1.14 雅典广场融合了公共与私密空间。开阔的公共区域主要为人流和交通提供场地，而封闭的私人空间则更适宜举行会议和其他固定活动

1.2.6 印度、东南亚及亚洲的象征性建筑

当西方文化在美索不达米亚地区蓬勃发展之时，现今巴基斯坦与阿富汗境内的印度河流域也有一些文明聚居区在不断发展。这些文明在早期发展阶段，城市多由房屋和高耸的城堡组成，呈现规则的网格式布局。

公元前6世纪，一些重要宗教，特别是印度教与佛教的兴起，深刻影响了这些地区的建筑形态。佛教建筑强调以垂直性为象征，这是因为佛教认为世界呈垂直格局分布。同时，基于对轮回的信仰，佛教建筑多呈半球状，以此象征天穹之下的大地（图1.15）。

图1.15 佛教建筑，如印度桑奇大塔（建于公元前250～公元250年），通过建筑形态承载重要的宗教信仰

印度教建筑同样通过神圣的形态，搭建起神祇与信徒之间的联结。在印度教中，寺庙被视为神祇的居所。由于神祇喜爱山川和洞穴，因此古印度教的寺庙便以山峦般的垂直形态围合出洞穴式的内部空间。这些寺庙通常为信徒朝圣的场所，象征着印度教神学中重要的圣山与圣洞（图1.16）。

宗教对东亚文化中的建筑体验的发展同样产生了深远影响。在中国，先哲老子与孔子分别创立了道家思想与儒家思想，极大地影响了东亚地区的生活方式。道家倡导通过师法自然实现与外界的和谐共处，这一理念对中国和日本的园林设计产生了深远的影响，促使园林成为对自然景观的模拟。

道教思想在设计理念中得以体现，设计师会依据特定地点的环境特征来

图 1.16 吴哥窟（于公元 1120 年前后建于柬埔寨），其建筑形式象征着印度教神学中的圣地

调整建筑形制。西方建筑理论中也有与建筑风水异曲同工的理念，如“场所精神”，后续章节将对此详加探讨。另一方面，城市规划的原则通常与儒家思想中的等级秩序观念相契合，如北京的紫禁城，设立了多层外墙和大门，使得来访者无法直接进入位于中心的宫殿（图 1.17）。

中国和日本的建筑多采用模块化和统一的建筑形式语言，例如柱子、台基、屏风等元素。园林设计通过岩石、树木、草本植物等元素的布局来模拟自然景观。尽管这些空间形态自然，呈现有机排列，但它们也展现出：即便是室外场景，也能为居住者带来具有引导性的体验。亚洲的寺庙和城市建筑展示了如何

图 1.17 这幅展现紫禁城（建于公元 15 世纪）多层宫门的示意图，体现了儒家思想中的城市规划理念——通过层层宫门的设置，限制来访者进入位于城中心的皇帝居所

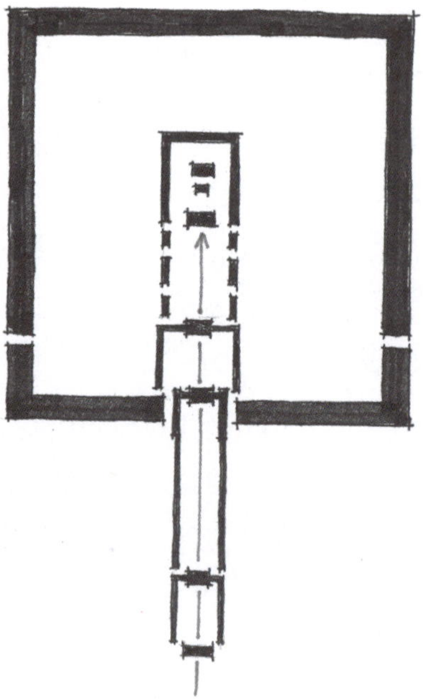

通过象征性的形式和层次化的布局来预示即将到来的体验，同时又在人们深入探索之前，有意地保留和隐藏这种意境。

1.2.7 罗马建筑的线性空间体验

相较于前文所述文明所营造的多元选择与模拟自然景观的建筑体验，罗马人更注重线性空间序列的设计。在罗马帝国，罗马人沿袭了希腊的建筑形式和语言，并在建筑领域实现了工程与结构的重大创新。建于公元 1 世纪的罗马帝国广场群，便采用了与希腊柱廊和集市广场相一致的空间语言（图 1.18）。诸如罗马广场之类的建筑，不仅明确划分了公共与私密空间，还通过沿轴线布置的地标建筑，引导来访者在公共空间中穿行。

罗马万神庙的设计主要强调具有等级重要性的单一视角，而非希腊帕特农神庙所展现的多样化的三维视角。但与其外部设计相反的是，这些神庙为来访者呈现了惊艳的内部景观（图 1.19），这为游戏设计师通过设计惊艳的关卡景观赋予

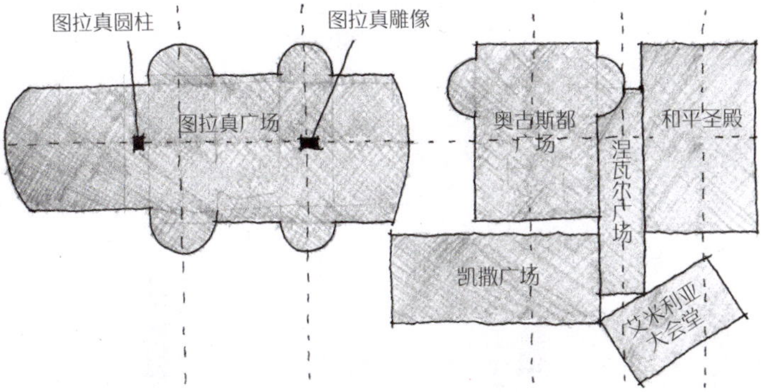

图 1.18 罗马帝国广场群由多个广场组成，包括图拉真广场等重要地标，这些建筑均按照严格的轴线关系进行空间布局（左图）

图 1.19 罗马万神庙（约建于公元 125 年，位于罗马）的内外部草图显示，该建筑独特的外观设计，引导来访者进入充满魅力的内部空间。罗马建筑的显著特征之一，便是以瞩目的外观吸引来访者进入惊艳的内部空间（右图）

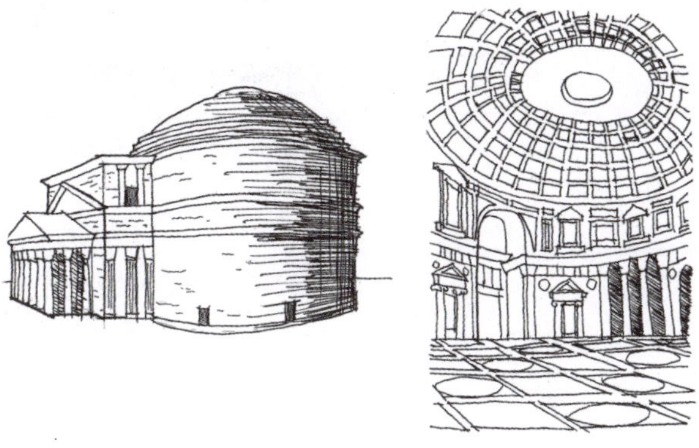

玩家惊喜提供了参考。得益于罗马人对拱门、穹顶和圆顶技术的改进，罗马建筑的内部空间宽敞、恢宏，这是罗马建筑的一大特征。哈德良别墅建于公元117 ~ 138年，它以水景为中心，打造了高低起伏的内部空间。罗马人凭借卓越的工程水平在建筑方面取得了突出的成就，对后世文明产生了深远的影响，后世文明也通过借鉴古希腊与罗马的建筑语言来承载精神理念。

1.2.8 中世纪基督教与伊斯兰教的象征性建筑

罗马帝国时期，一种基于拿撒勒人耶稣教导的新宗教——基督教逐渐兴起。早期基督徒遭到了罗马当局的迫害，不得不隐藏自己的信仰。后来，随着帝国统治者皈依基督教，并正式将其确立为国教，这一宗教的地位发生了根本转变。公元7世纪，伊斯兰教于阿拉伯半岛发端并迅速传播开来。这些宗教的发展及其相互影响，对中世纪建筑产生了深远影响。

与罗马人一样，基督教徒在建筑中也采用了模块化的建筑元素和轴向布局，借此营造天国的象征意象，并凸显神职人员与信徒之间的等级关系（图1.20）。

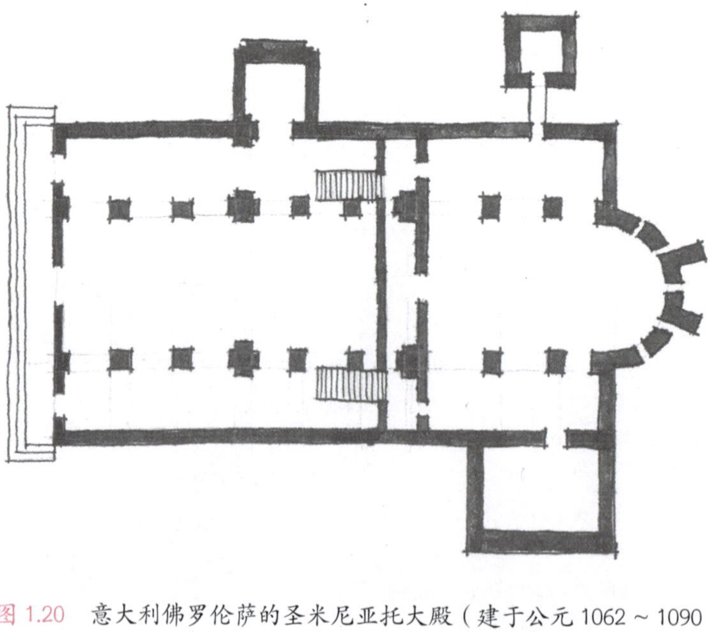

图1.20 意大利佛罗伦萨的圣米尼亚托大殿（建于公元1062 ~ 1090年）的平面布局，体现了基督教教堂布局的设计特点，通向祭坛的朝圣空间以层级化设计构建，以引导信徒向教堂后部的祭坛行进

高侧窗（位于信众头顶上方的窗户）的运用能够调控光线，在教堂内部营造出空灵超凡的氛围。

即使罗马帝国衰落，整个西欧的教堂建筑仍继续发展，其意义也超越了单纯的礼拜空间。公元 476 ~ 1500 年，欧洲处于如今被称为中世纪的历史阶段。尽管此时欧洲并不繁荣，但在文学、哲学、艺术和建筑等领域仍实现了诸多发展。然而，罗马帝国的衰亡所引发的社会变革，导致西欧大部分地区的文盲率居高不下。在此背景下，中世纪教堂的建筑师们力求通过浮雕和镶嵌画将《圣经》中的故事融入设计（图 1.21）。建筑师们也更加善于建造结构精巧的教堂。作为中世纪建筑的巅峰，哥特式风格的显著特征是教堂内部采用极简的承重石材结构，从而得以扩大彩色玻璃窗和玫瑰窗的面积。光线透过这些窗户进入教堂，能够让信徒觉得自己和上帝之间的距离更近了。

伊斯兰教建筑注重宗教理念和叙事的具象化表达。与西方文明不同，伊斯兰文化在中世纪时期高度繁荣，在艺术、建筑、数学和科学方面均取得显著发

图 1.21　中世纪教堂使用浮雕和镶嵌画将《圣经》中的故事传达给几乎不识字的民众

展。与基督教建筑类似，伊斯兰教建筑也运用了含有其圣书经文的装饰元素。将叙事融入建筑意象成为伊斯兰建筑的重要特征，印度的泰姬陵便是典型案例。

基督教建筑和伊斯兰教建筑都将各自宗教的实用元素与叙事表达需求相融合，通过调控光线及区隔外部世界与内部神圣空间，营造空灵超凡的体验。正因如此，这些建筑中有许多在数个世纪间被两种文化交替使用，并增添了最初建造者未曾设想的叙事元素。由此，中世纪时期的基督教建筑与伊斯兰教建筑成了重要的叙事载体与模拟空间。

1.2.9 文艺复兴：回归以人为本的建筑

15 世纪末至 16 世纪初，意大利率先兴起的对古典文化的兴趣，推动了一场涉及文化、艺术及科学多个领域的文艺复兴运动。文艺复兴时期的建筑虽回归了古典时期的建筑语言——拱门、穹顶及古典柱式，并融入了中世纪建筑元素，但更强调对称性和集中式平面布局的核心地位。

然而，更值得关注的是，在文艺复兴时期，人们深受柏拉图著作的启发，更加注重数学比例。相关研究推动了人文主义建筑形式的兴起，其核心理念认为人体比例符合神圣比例（图 1.22）。佛罗伦萨的诸多宫殿通过不同的比例，明确划分公共区域与私密空间。从 15 世纪中叶 Michelozzo Bartolommeo 和 Leon Battista Alberti 的建筑实践开始，富裕的家庭宫殿通常采用这样的设计：第一层

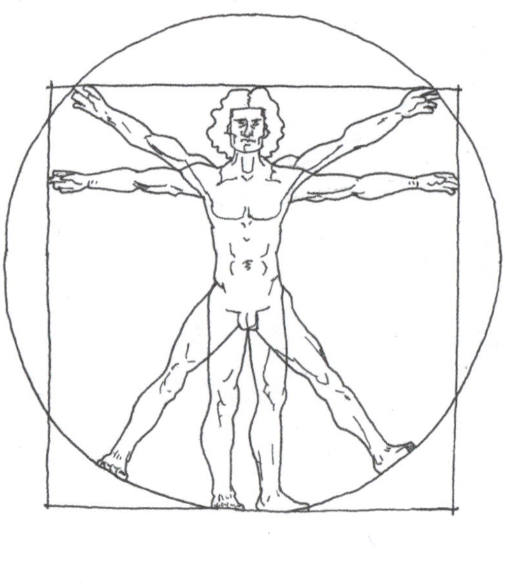

图 1.22 达·芬奇于 1485 年绘制的《维特鲁威人》，体现了“人体比例符合神圣比例”这一理念。这一理念促使文艺复兴时期的建筑师致力于探索与人体比例相协调的几何形态

往往较高，使用粗制的石材，以便在此开展商业活动；第二层为接待宾客的场所，即所谓的“贵族层”，其高度虽低于一层，却常以更精致的窗饰凸显重要性（图 1.23）。文艺复兴时期对人体比例的重视在 Andrea Palladio 的建筑作品中得到了充分体现。他的许多建筑作品，尤其是别墅的设计，着重强调富有韵律感的古典元素与统一的房间尺寸比例。这些建筑借鉴了希腊神庙的建筑形式，凸显了柱式门廊的设计，让居住者能够在此欣赏到壮丽的景色（图 1.24）。在诸多方面，文艺复兴建筑都强调应当基于人体比例进行空间设计，这对关卡设计工作至关重要。理解人类互动的尺度标准，是进行关卡设计的基础。

图 1.23　由 Alberti 设计的鲁切拉宫，于 1446 ~ 1451 年建于佛罗伦萨。该建筑的底层较高，而上层则采用了更为精致的古典装饰，以此彰显空间对建筑主人的重要性

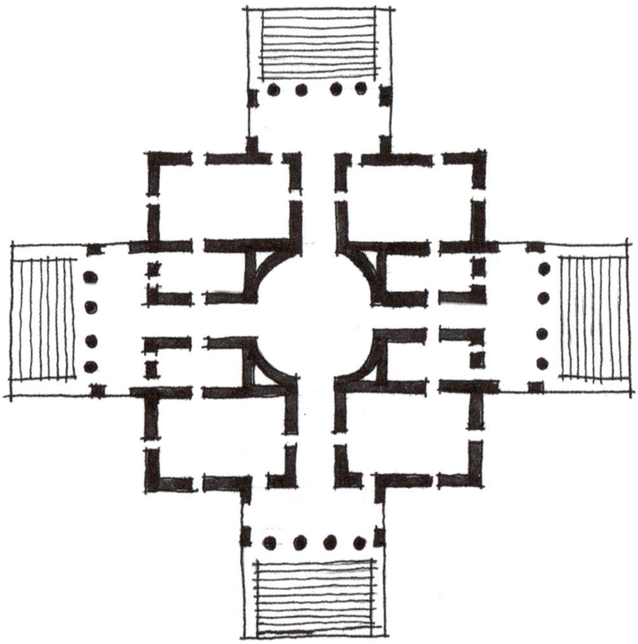

图 1.24 由 Palladio 设计的圆厅别墅建于 1566 ~ 1570 年，其布局和门廊均经过精心设计，使来访者在建筑中可以俯瞰周边广阔的环境

1.2.10 装饰改革与材料革命

文艺复兴后的数百年间，社会发生了许多变化，这些变革也体现在当时的建筑之中。自 Martin Luther 在德国维滕贝格的教堂张贴《九十五条论纲》开始，基督教内部就爆发了一场宗教改革运动，新教由此诞生。作为回应，天主教会发起了反宗教改革运动，着重进行内部改革，引导人们重新皈依天主教。其主要策略之一，便是大力提倡装饰艺术，巴洛克风格也由此应运而生。

巴洛克建筑有两大主要特征，这对研究关卡设计尤为重要。第一是前文提及的建筑中装饰元素的运用，如罗马耶稣会教堂，或由 Borromini 设计的四泉圣嘉禄堂，都采用了层次分明的外部装饰和全新的立面构图，以此反映教堂内部的情况，重现古罗马的宏伟气象。从多个角度来看，这一时期的教堂对装饰的运用，不仅延续中世纪将其作为叙事载体的传统，更将其转化为一种有效的宣传手段。

巴洛克建筑对关卡设计师的另一启示在于其城市规划理念。这类规划的首个重要实践是教皇西克斯图斯五世主导的罗马城重建项目。规划通过构建多条轴向街道，将城中多座主要朝圣教堂连接起来（图 1.25），以引导朝圣者在标

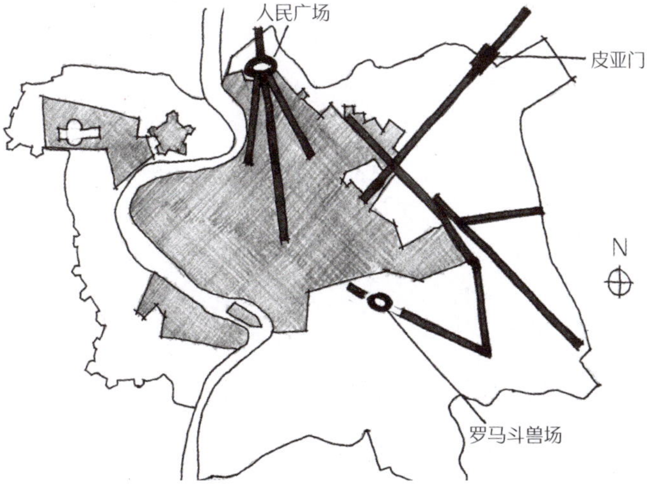

图 1.25 巴洛克式城市规划通过精心设计的视线通廊与轴线系统，将重要节点、集会场所与地标建筑相互连接

志性建筑间穿行。同时，城市中还修建了如人民广场这样的大型城市广场，以容纳大批来访者。这种规划理念也在其他项目中得以体现，例如凡尔赛宫的花园，而凡尔赛宫的规划后来又影响了华盛顿特区的轴向街道与节点式布局设计。

在 18 世纪的启蒙运动时期，欧洲的知识分子对宗教信仰产生了质疑，转而推崇理性思维和科学实践，建筑风格由此回归古典形式。这一时期，新帕拉第奥主义和新古典主义蓬勃发展，哥特式建筑理念也趋于理性化。18 世纪末至 19 世纪中期的工业革命也对建筑风格产生了影响。钢铁技术的革新使建筑师能够建造出更高大、宽敞的建筑空间。在这一时期，建筑材料和建造方式成了争议焦点。随着工程理性主义在工业建筑中的兴起，工艺美术运动应运而生。这些艺术家和设计师主张重新关注艺术品质，而非一味追求工业制成品。1849 年，John Ruskin 在 *The Seven Lamps of Architecture*[12] 一书中，提出了“七盏明灯”，即设计伟大建筑的七个原则。其中包括“真理之灯”与“生命之灯”：“真理之灯”主张建筑应使用手工制作的结构材料，“生命之灯”则强调建筑应反映人类的思维方式和动手能力。Ruskin 的理论对 Philip Webb 等建筑师产生了深刻的影响，Webb 于 1859 ~ 1860 年在英国肯特郡贝克斯利希思建造的红屋，采用了砖、木等温暖的天然材料。该建筑的设计布局满足了居住者对采光和家庭功能空间便捷性的需求（图 1.26）。此类对自然主义的建筑材料和形式的探索，不仅深刻影响了后来的工艺美术运动建筑师，也体现在 Antonio Gaudi 等新艺术运动大师的作品中——他将哥特复兴风格与自然装饰形态相融合（图 1.27），而 Louis Sullivan 则把自然装饰元素有机融入建筑结构之中。[13]

图 1.26 Philip Webb 设计的红屋摒弃了同期建筑的工业化材料，转而采用更天然的建筑材料，并将设计核心聚焦于居住者的实际需求

图 1.27 位于西班牙巴塞罗那的圣家族大教堂始建于 1882 年，至今仍在建造中。该建筑由 Antonio Gaudi 设计，采用哥特式风格诠释自然主义形态

在宗教改革之后的数百年间，各种理念激烈碰撞——例如将装饰视为一种修辞体系，城市应当重新关注市民体验，以及最终促使自然材料回归的工业革

新——在20世纪现代主义建筑的各种流派中达到顶峰。这场运动中的建筑师们（包括本书后续章节将探讨的诸多代表人物）将建筑作为介入人类社会的手段。他们的建筑作品能够通过某种方式对使用者行为产生影响，这一点值得关卡设计师重视，因为设计师创造的游戏空间，本质上也需要协调玩家与游戏机制之间的动态关系。

从用户体验的角度审视建筑史，能够为更好理解本书所探讨的游戏空间奠定基础。史前建造者并不关注建筑的形式表达，而是着重强调建筑的视线设计，以及贴合人类观测天象的实际需求。早期文明和宗教文化则把建筑形式作为记忆和传播的载体，因此其建筑结构或映射重要景观，或展现自身文化理念。建造者将上述元素融入具有引导性的空间体验设计中。他们通过建筑间的轴线连接和体验关联，打造出能引导使用者移动的空间。这些建筑规则后来与内嵌装饰相结合，创造出既强调使用机制，又注重精神叙事理念的空间。最终，新的工业建筑技术引发了一些设计师的强烈反对：他们致力于保留珍贵的建造方法和建筑材料。这些元素，即用户视角与体验、表现形式、信息传播、光线条件和材料选择等，都对塑造玩家的空间体验产生了深远的影响。

在下一节中，我们将对游戏空间的发展历程进行简要梳理，以便在使用者的建筑体验与游戏中的空间体验之间建立对比。

1.3 游戏空间的发展史

与建筑史相似，游戏空间的发展同样受到两方面因素的影响：一是空间（即所运行的游戏）的用途，二是空间建造材料的限制。从很多方面来看，游戏与前文探讨的建筑一样都具有悠久的历史，在早期，很多游戏和建筑几乎同时出现在同一地点。即便在那时，游戏空间与游戏规则的适配性也至关重要。

尽管游戏的发展历程多次得到了详尽的记录，但关卡设计的发展历史仍模糊不清。虽然Level Design.org等网站建立了关卡设计的图像与文献数据库资源，[14] 但历史学家尚未利用这些资源为该领域构建完整的叙事体系。鉴于相关研究工作足以独立成书，本书不会对此进行全面阐述。然而，正如前文对建筑史的探讨一样，我们将回顾若干关键领域，为后续章节的讨论提供背景知识。

1.3.1 早期游戏的棋盘设计

若询问大多数数字游戏设计师，他们都会坦言自己有过设计非数字游戏的经历，或是原型设计，或是出于爱好，抑或是作为增加额外收入的副业。同样，许多游戏设计课程也是从桌面游戏的设计开始的，让学生无须借助计算机就能理解游戏机制。学习非数字游戏设计不仅是对游戏进行快速测试的有效手段，也是探究游戏空间与游戏体验之间历史关联的途径。许多早期游戏将游戏机制与棋盘设计相结合，其应用远超娱乐范畴，还延伸到了宗教、军事和文化领域。

已知最早的两款游戏是乌尔皇家游戏和塞尼特棋，这两款游戏分别诞生于美索不达米亚地区和埃及。作为竞技类游戏，两者的棋盘设计体现了玩家为了获得胜利而必须走过的路径，是如今被人所熟知的双陆棋的前身。特别值得关注的是，塞尼特棋后来逐渐演变为宗教仪式的工具，其棋盘构建的路径象征着通往冥界的旅程。[15]

后来的游戏将棋盘设计与游戏机制相结合，以展示军事战略。象棋与围棋都要求棋手守护各自的领域，并依据己方棋子的移动规则捕捉对方棋子。国际象棋的起源可追溯至印度笈多王朝，其特点是棋子只能按特定的方式在棋盘上移动。这些棋子最初以笈多军队的四个兵种为原型，最终演变为现今人们熟知的兵、马、象和车。[16] 每种棋子均有其独特的移动规则，而棋盘的设计则允许这些移动规则相互组合，衍生出无数种策略。围棋的历史可追溯至公元前 4 世纪，它的所有棋子都遵循相同的简单规则，这极大地丰富了棋盘上可能出现的策略组合。因此，棋盘上的空间不仅承载着游戏规则，也体现了玩家个性化应对这些规则的潜力。与国际象棋类似，围棋的玩法带有学术探索的性质：要想精通它就需要长年累月的研习与实践。在中国古代，围棋是文人雅士阶层必须掌握的“四艺”之一。[17] 玩家围棋棋艺的精进，体现在学习过程中逐步使用更大的棋盘：初学者通常使用 9 × 9 或 13 × 13 的棋盘；而高手则使用完整的棋盘，即 19 × 19 的棋盘。

1.3.2 实体游戏空间与建筑

诸如运动场和竞技场等实体游戏空间，也是为了满足既定的游戏规则而设计的场地。古代类似足球（英式）、篮球、曲棍球等现代运动的项目，就已在设计中运用了空间元素：球门、防线等。当这些游戏演变成规范化的现代形式时，其场地的设计融入了更为明确的空间元素，如边界线和规定球权归属的区域等（图 1.28）。规范化后的比赛往往增设观众区域，以此增添了比赛之外的元素，使其既兼具竞技性和表演性。现代体育设施的设计甚至将比赛的辅助区域纳入建筑设计中。例如，当代棒球场会设置投手练习区，供替补投手在登场前热身。

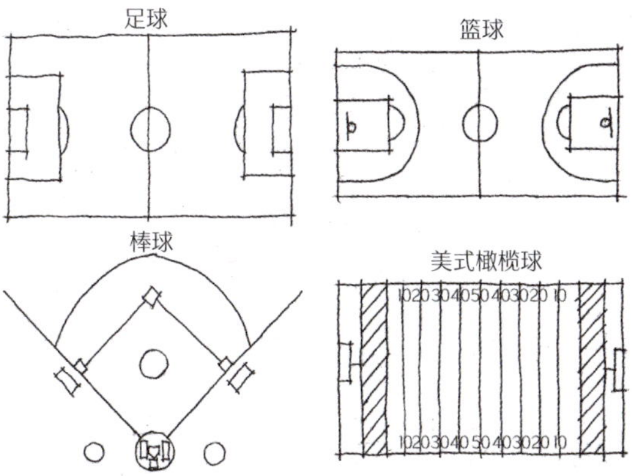

图 1.28　各类运动的场地：足球、篮球、棒球和美式橄榄球。这些场地均包含特定的空间元素，以满足相应的比赛规则，并规范运动员在不同空间中的行为。得分往往与以下行为相关：将球带入指定区域，或通过击球等方式使球员能够抵达得分区域

在 *Man, Play, and Games*[18] 一书中，人类学家 Roger Caillois 提出了游戏的基本分类，其中一类为模仿，涵盖了戏剧和其他舞台表演艺术。[19] 与观赏性强的体育赛事一样，这些活动均在表演区域内展开（如比赛场地或戏剧舞台），因此表演区域需要满足特定的表演需求。体育赛事中，边界线和场地标识将比赛规则具象化。同样，戏剧舞台则需预先适配表演编排：灯光如何布置才能突出表演？是否需要乐池或合唱区？是否能为舞蹈表演提供足够的空间？如何利用舞台布景与灯光烘托表演场景？除了建筑本身，现代戏剧舞台的布景设计也值得关卡设计师关注。

古希腊的圆形剧场已具备诸多现代剧院设计中常见的元素，例如为管弦乐队所设的圆形区域、兼具幕布和后台功能的景屋建筑，以及作为表演区域的前厅。这些剧场的设计不仅满足戏剧表演的需求，还催生出许多突破最初设计意图的表演创新，例如将景屋用作隐形超自然角色念白的空间，或作为演员换装的场所。

这种功能的多样性在弗拉维圆形剧场（即罗马斗兽场）等场馆中也有所体现。该剧场除了举办闻名的角斗比赛，还会利用真实植被和动物重现狩猎场景，以此承办狩猎比赛。[20] 用于角斗士准备和布景运输的轨道均位于观众席下方，有的甚至位于竞技场地面之下。表演区域下方的通道配备了升降机和活动门，用

于将动物引入竞技场。与希腊剧院相似，弗拉维圆形剧场除了举办一些基本比赛，还会根据组织者的创意安排其他活动。2000 年上映的电影《角斗士》[21] 便设想了该剧场的多种可能性，如角斗士对决、战车竞速、历史场景重现，以及让格斗者在环形场地中与野兽搏斗等。

1.3.3 数字游戏空间

20 世纪，电子计算机的发明及其后续电子游戏的开发实践，催生了为游戏设计数字空间的概念。纵观数字游戏的关卡设计历史，一个贯穿始终的共同主题是：构建此类空间的技术如何影响空间的运行方式。如今，这可能体现为特定游戏引擎的特性会影响构建方法，或是光影与纹理的渲染方式。然而，早期游戏空间的发展史本质上也是游戏技术的进步史——具体而言，是游戏在同一时间所能呈现的空间范围在不断拓展。

游戏 *Noughts and Crosses* 于 1952 年问世，是首批可视化电子游戏之一。该游戏作为井字棋的电子版本，遵循着与非数字化的原版相同的空间规则：玩家需将三个己方符号连成一线，同时阻止对手达成同样的目标。该游戏开发的初衷是展示如何在电子延迟存储自动计算机的小型屏幕上呈现可视化的信息。1958 年问世的另一款早期电子游戏 *Tennis for Two*[22]，则借鉴了真实网球运动的游戏空间。该游戏采用侧面视角，而非传统的俯视视角，这使得网球规则必须被简化：只强调球必须击打过网，而忽略了与场地线相关的具体规则（图 1.29）。该游戏的设计师 William Higinbotham 巧妙利用示波器完美呈现了球的抛物线轨迹。后来的网球类游戏，如游戏 *Tennis*[23] 和游戏 *Pong*[24] 则采用抽象的俯视视角呈现

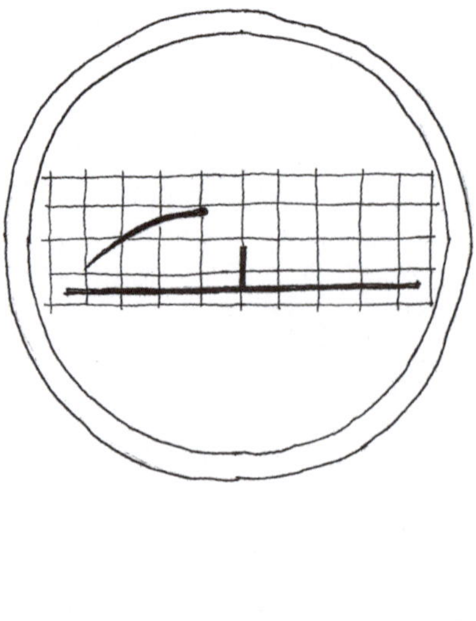

图 1.29　游戏 *Tennis for Two* 必须对网球规则进行简化，以适配游戏的二维视图。玩家无须关注站位或球场边界，只需专注于将球打过球网即可

游戏场景，不再强调必须将球击打过网，转而聚焦于通过移动屏幕上的球拍来控制球的运动（图 1.30）。

1962 年，Steve Russel 带领麻省理工学院的学生团队，开发了一款名为 *Spacewar!*[25] 的游戏。该游戏模拟了两艘飞船在重力井周围的战斗。与游戏 *Tennis for Two* 及后来的游戏 *Tennis*、游戏 *Pong* 一样，虽然这款游戏所有活动都在单一屏幕上进行，但引入了画面环绕功能——当飞船驶离屏幕一侧后，又会从另一侧重新出现（图 1.31）。这一模拟宇宙无限性的设计后来被多款经典游戏沿用，包括 1979 年的游戏 *Asteroids*[26]、1981 年的游戏 *Pac-Man*[27] 及独立格斗游戏 *TowerFall*[28]。该机制让玩家能够在单一屏幕空间内制定复杂的策略。

在数字游戏空间的早期发展阶段，游戏操作基本上都局限于单一屏幕。这既受硬件技术限制，也符合街机游戏的快节奏需求。Williams 公司推出的游戏 *Defender*[29]，是首批具有卷轴画面的热门游戏之一。该游戏横跨多屏的场景设计虽细节简陋，却被视为重大突破。1981 年，日本 Konami 公司发布的游戏 *Scramble*[30]，则是首批具备多个互不相同的卷轴环境的游戏之一。其他街机游戏虽未跟风采用卷轴设计，但它们都开始设计不同的单屏画面来区分各单屏场景，1981 年的游戏 *Donkey Kong*[31] 和 1982 年的游戏 *Ms.Pac-Man*[32] 便是典型案例，游戏中每个屏幕场景都与前一屏幕场景截然不同，为玩家营造出一种推进式的游戏体验。

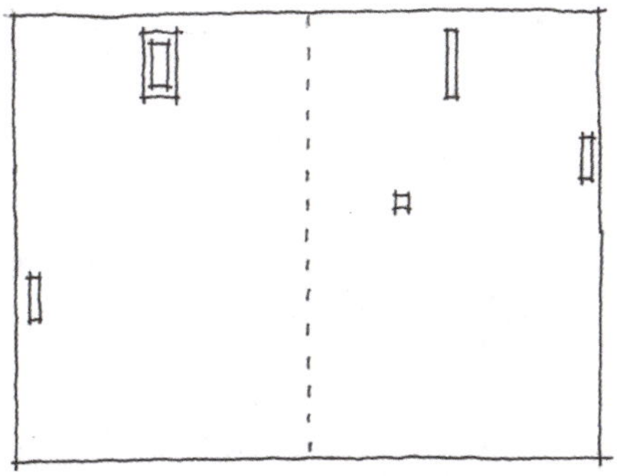

图 1.30 与游戏 *Tennis for Two* 类似，游戏 *Pong* 对乒乓球规则进行了简化，以充分发挥其俯视视角的优势。在该游戏中，玩家无须考虑球网，只需移动球拍以避免漏接球体即可

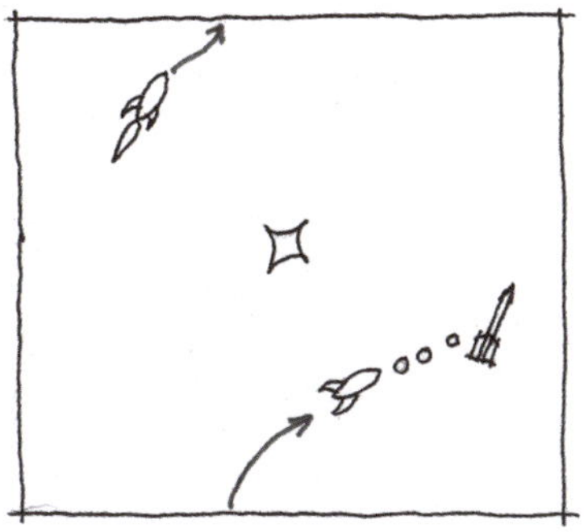

图 1.31 游戏 *Spacewar!* 不仅是最早的电脑游戏和多人游戏之一，也是首款实现游戏空间跨屏衔接的作品

在街机领域，拥有更多的屏幕场景意味着你的游戏比同类竞品更具优势。但是在家庭游戏市场中，拓展游戏空间的目的则截然不同。单屏游戏机制和街机游戏的短暂娱乐体验相契合，但家庭游戏需要更广阔的游戏空间，以满足消费者的价值期待。1979 年，游戏设计师 Warren Robinett 推出了游戏 *Adventure*[33]，通过逐一展示游戏房间的方式，突破了单屏玩法的局限（图 1.32）。这一解决方案在此后多年为众多图像冒险游戏提供了标准范式，例如在游戏 *King's Quest*[34] 中，玩家能够在更为宏大的游戏世界里，从一个屏幕跨越至另一屏幕。此外，另一种在硬件资源有限的情况下构建大型游戏世界的方法，则是完全脱离图形，仅通过文字传递环境信息。这类玩法源于以电传打印机而非屏幕作为输出设备的计算机时代。诸如游戏 *Colossal Cave Adventure*[35] 和游戏 *Zork I*[36] 等，就是通过这种空间形式，构建出引人入胜的游戏世界。

随着计算机与游戏机性能的进一步提升，这些在早期游戏中确立的空间语言被用来构建规模更为宏大的游戏世界。游戏 *Pac-Land*[37] 与游戏 *Super Mario Bros.*[38] 借鉴了游戏 *Defender* 的屏幕卷轴技术，构建了既漫长又丰富多彩的障碍赛道，同时融入游戏 *Adventure* 经典的房间设计形式，在主游戏空间的上下方设置了隐藏奖励关卡，为探索型玩家带来惊喜（图 1.33）。这些游戏空间持续演进并发展成为规模更宏大、结构更复杂、视觉表现更丰富的二维游戏世界。

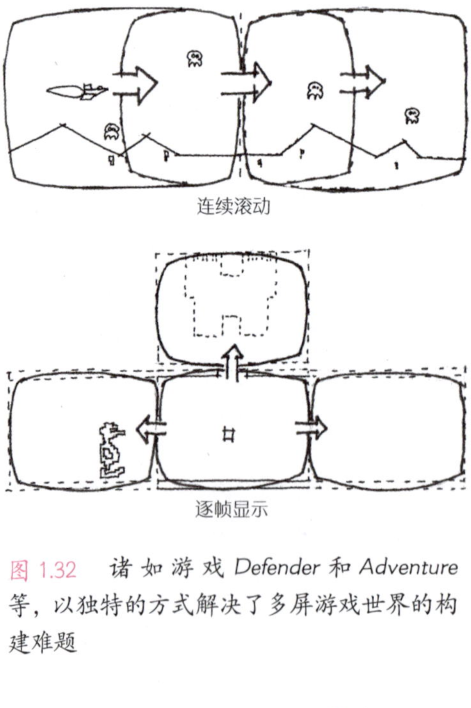

图 1.32　诸如游戏 *Defender* 和 *Adventure* 等，以独特的方式解决了多屏游戏世界的构建难题

与此同时，三维游戏世界也在不断发展。开创性的三维游戏 *Battlezone*[39]，让玩家能在以矢量图形构建的三维世界中驾驶坦克移动。该游戏获得了巨大的成功，甚至促使美国军方与 Atari 公司合作开发类似的坦克模拟器。其他三维游戏则多采用透视或轴测投影（这两种技术将在第 2 章详细探讨），主要追求美学层面的创新。id Software 的开发团队于 1992 年推出的游戏 *Wolfenstein 3D*[40]，这款早期第一人称射击游戏成

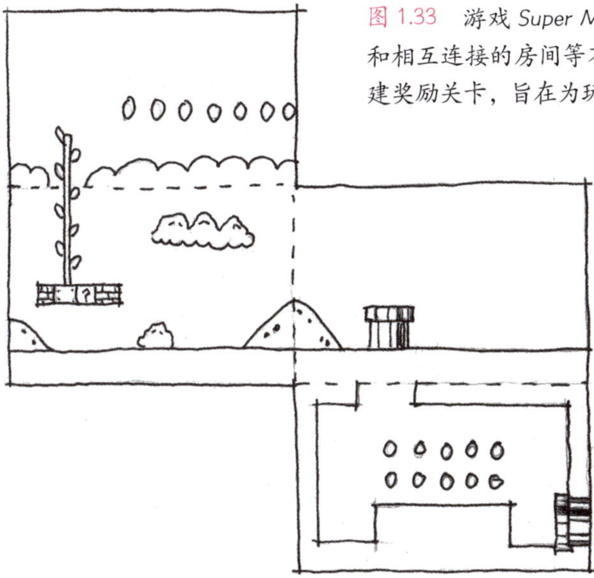

图 1.33 游戏 *Super Mario Bros.* 利用横向卷轴和相互连接的房间等不同类型的二维空间，构建奖励关卡，旨在为玩家带来惊喜与愉悦

为游戏 *Battlezone* 的三维续作（图 1.34）。此后，该公司与其他游戏开发公司继续推动三维技术的发展，这使得构建更庞大、更具互动性的游戏世界成为可能。

游戏空间的发展史既是为适配特定游戏规则与玩法而构建空间的过程，也是这些空间被赋予独特实现方式的历程。这段历史本质上是对游戏运行平台局限性的持续突破——尤其体现在数字游戏领域。这些早期游戏空间展现了如何在有限的硬件条件下，为玩家创造惊艳且意义深远的游戏体验。

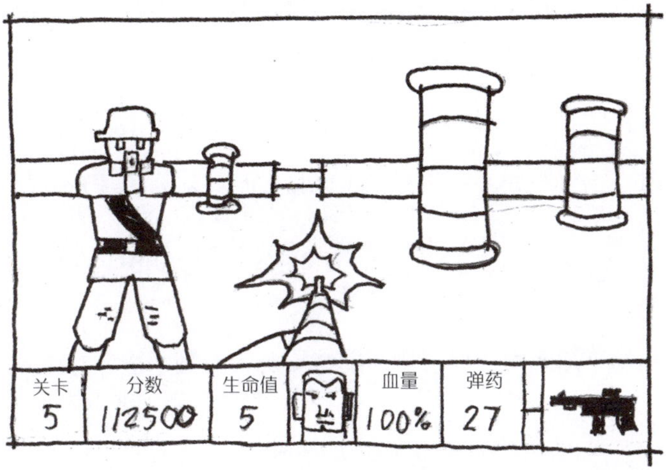

图 1.34 游戏 *Wolfenstein 3D* 是最早引领游戏向三维游戏转型的作品之一，正是这一转型，最终催生出了如今浩瀚广阔的游戏空间

在下一节中，我们将探讨关卡设计师如何从建筑空间与游戏空间的案例中汲取创作灵感。

1.4 关卡设计的观察法

要充分理解关卡设计的空间设计原则，就要对现实建筑和电子游戏的历史案例进行分析。下一章将讨论用于此类分析的绘图技巧。然而，在此之前，我们需了解如何以最佳的方式审视设计空间。得克萨斯大学奥斯汀分校建筑学院名誉教授与前院长 Hal Box，主张应当基于研究和分析，以专业的方式来观察建筑。在这种方法中，“观察”不仅是视觉感知，更包含对空间布局、建筑形式、环境背景及那些赋予建筑独特性的历史元素的深入剖析。

对于关卡设计师而言，这种观察方式可以彻底改变我们向历史游戏关卡中学习的方式——除了向优秀的关卡设计学习，分析糟糕的关卡设计的原因同样具有重要的教育意义。要培养这种观察能力，可能需要打破一些玩家常规的习惯。例如，玩家在玩游戏时通常不会抬头观察。但对设计师而言，他们需要关注垂直空间如何塑造场景的宏大感并提供方向指引。玩家往往倾向于直接奔向下一个动作场景，而非驻足探索游戏环境。因此，设计师应设法巧妙地引导游戏环境的节奏，比如在玩家的行进路线上设置叙事元素，或者通过奖励机制激励玩家进行探索。

在其著作 *Think Like an Architect*[41] 中，Box 提出以下探索和理解建筑的 10 种方法。

① 了解建筑的建造原因、最初用途及如今的功能。

② 行动时先抬头观察——留意视觉元素、形式层次及使用的材料。

③ 通过建筑的尺寸、形状及建筑与光线、声音和其他空间的互动关系来感知空间特质。

④ 训练视觉感知能力，理解建筑的结构逻辑及其承重方式。

⑤ 判断材料的作用方式——是承受压力还是拉力，或是体会材料在视觉与质感上的轻重感受。

⑥ 明确建筑的建造方式与所使用的材料。

⑦ 考察这座建筑所借鉴的历史案例。

⑧ 分析建筑元素的构成、比例及节奏。

⑨ 观察建筑与其所处环境的协调性。

⑩ 解析该建筑区别于其他建筑的特质。

显然，这些方法并非全部适用于游戏关卡。虽然关卡的环境美术能够表现出承受压力或拉力状态的结构，但游戏美术本身并不会真正承受这些力。游戏关卡的许多元素之所以存在，是因为在游戏引擎中，它们并未被认定为刚体（一种见不着、摸不着的理想化的固体）对象，因而不会遵循引擎的物理系统而坍塌。不过，Box 提出的这些观察方法中，很多仍能以现有形式适用于游戏关卡，或经过适当调整后满足我们的需求。关卡设计师可以通过以下方法调整自身的观察方式。

① 确定该空间中存在哪些游戏玩法。该空间支持哪些游戏机制？

② 行动时，抬头观察周围环境，留意那些与周围环境形成鲜明对比或以某种方式吸引注意力的视觉元素。同时，也应该低头观察，判断该空间是否通过反向利用垂直空间制造危机感。

③ 依据空间的尺寸、形状及其与光线、声音和其他空间的交互情况来感受游戏空间。体会其光影或音效为你带来了何种感受。

④ 分析关卡的节奏。关卡是在引导你快速通关，还是提供探索机会？这些探索活动是通关的必经之路，还是对额外好奇心的奖励？

⑤ 该关卡是仅支持单一游戏风格，还是支持多种游戏风格？（例如，死亡竞赛地图是否为狙击手、攻击型玩家、防御型玩家等都设置了相应区域？该关卡是否有利于野蛮人角色，而不适合法师角色？）

⑥ 空间如何表达游戏叙事？它是作为游戏背景存在，还是需通过探索关卡以某种方式让你了解游戏世界？脚本事件是采用实时触发还是通过过场动画来呈现？

⑦ 研究相关的历史案例或游戏玩法案例。游戏中包含哪些类型的空间体验？

⑧ 分析环境美术元素的构成、比例和节奏。

⑨ 关卡的几何结构与角色的行动能力是否匹配？所有设计都在角色能力范围内，还是关卡空间设计对这些能力构成了挑战？是否存在超出角色能力范围的设计？若存在，游戏是否提供了拓展角色能力的途径？

⑩ 哪些环境美术元素是重复出现的？它们是否具有交互性？若具备，是否与特定的游戏机制相匹配？

这些适用于关卡设计的观察方法，以及前文探讨的建筑与游戏空间案例，将为我们探索关卡设计的空间设计提供指导。

1.5 总结

本章介绍了建筑空间的思维模式，深入解析了游戏关卡的设计思路。我们讨论了如何运用理论提升实际关卡设计的质量，以及如何利用游戏设计领域以外的原则搭建分析框架，进一步理解现有游戏空间的构建逻辑。

作为本书研究的基础，我们分析了建筑师 Vitruvius 的建筑三原则，揭示其如何帮助关卡设计师明确关卡设计的要素：功能需求、可用性和愉悦感。这些基本要素同样为我们对不同文明历史建筑的探索提供了视角，也为后续的关卡设计提供了理论依据。我们的研究重点关注建筑设计中的体验要素，如建筑语言、空间序列、艺术表达和材料应用等，这些将在后续章节中进行进一步的探讨。此外，我们还回顾了游戏空间的发展历程，从棋盘游戏、实体游戏及其空间，到随着技术发展不断演进的电子游戏，并解析了游戏要素（游戏规则、场景设定及构建宏大游戏世界的需求）如何影响空间设计。在后续章节中，我们将进一步探讨如何运用建筑的体验性元素优化游戏关卡设计。

最后，我们探索了在建筑与游戏中观察空间的方法。借鉴资深建筑师的建议，我们制定了一套用于关卡分析的观察方法，这有助于我们更有效地识别那些能打造难忘关卡体验的元素。在第 2 章中，我们不仅探讨记录建筑与关卡空间分析的方法，还将学习如何在纸上和计算机上构建自己的游戏空间。

1.6 练习

① 写作练习：列举一款包含虚构建筑的游戏，其建筑风格基于本章所涵盖的某一现实世界建筑风格（本章中，游戏 *Halo 4* 先行者建筑借鉴了哥特式大教堂的设计）。这种建筑风格的运用传达了游戏中该建筑建造者的哪些信息？它营造出了怎样的氛围？

② 写作练习：分析一款非数字游戏的棋盘或场地，如桌游或实体游戏（体育运动、操场游戏等）。棋盘的设计或场地的边界是如何帮助定义游戏玩法的？

③ 写作练习：试玩一款领地控制类棋盘游戏，如国际象棋、围棋或其他策略性游戏。分析游戏是如何通过棋盘定义棋子的移动方式和游戏的获胜条件的。玩家如何利用空间来制定策略？

④ 写作练习：选择一款热门的商业电子游戏。思考如果我们转变其视角，游戏体验会发生怎样的变化？（如游戏 *Pong* 采用俯视视角模拟网球竞技，而游戏 *Tennis for Two* 则从侧面展现网球场景。）

⑤ 写作练习：从一款热门商业游戏或你正在设计的游戏中选择一个关卡，尝试回答关于“关卡设计观察法”的那些问题。

参考文献

[1] Crawford, Chris. *The Art of Computer Game Design*. Berkeley, CA: Osborne/McGraw-Hill, 1984.

[2] Rollings, Andrew, and Ernest Adams. *Andrew Rollings and Ernest Adams on Game Design*. Indianapolis, IN: New Riders, 2003.

[3] Salen, Katie, and Eric Zimmerman. *Rules of Play: Game Design Fundamentals*. Cambridge, MA: MIT Press, 2003.

[4] Schell, Jesse. *The Art of Game Design: A Book of Lenses*. Amsterdam: Elsevier/Morgan Kaufmann, 2008.

[5] Fullerton, Tracy, Christopher Swain, and Steven Hoffman. *Game Design Workshop: A Playcentric Approach to Creating Innovative Games*. 2nd ed. Amsterdam: Elsevier Morgan Kaufmann, 2008.

[6] Brathwaite, Brenda, and Ian Schreiber. *Challenges for Game Designers*. Boston: Charles River Media, a part of Course Technology, 2009.

[7] *The Art of Halo 3*. Roseville, CA: Prima Games, 2008.

[8] *Halo 4*. 343 Industries (developer) and Microsoft Game Studios (publisher), November 26, 2012. Xbox 360 game.

[9] Fazio, Michael W., Marian Moffett, and Lawrence Wodehouse. *A World History of Architecture*. 2nd ed. Boston: McGraw–Hill, 2008, p. 1.

[10] Barker, Graeme. *The Agricultural Revolution in Prehistory: Why Did Foragers Become Farmers?* Oxford: Oxford University Press, 2006.

[11] Bloom, Allan David, and Plato. *The Republic of Plato*. 2nd ed. New York, NY: Basic Books, 1991.

[12] Ruskin, John. *The Seven Lamps of Architecture* (Dover Architecture edition). New York, NY: Dover Publications, 1989.

[13] Fazio, Michael W., Marian Moffett, and Lawrence Wodehouse. *A World History of Architecture*. 2nd ed. Boston, MA: McGraw–Hill, 2008.

[14] Piaskiewicz, Mateusz. http://level–design.org/. October 25, 2009. Accessed May 12, 2018.

[15] Piccione, Peter A. "In Search of the Meaning of Senet". *Elliot Avedon Museum & Archive of Games*. July 6, 2007. Accessed through the Internet Archive Wayback Machine May 17, 2018. https://web.archive.org/web/20080918080211/http://www.gamesmuseum.uwaterloo.ca/Archives/Piccione/index.html

[16] Murray, H. J. R. *A History of Chess*. Oxford: Clarendon Press, 1913. Accessed on the Internet Archive May 17, 2018. https://archive.org/details/AHistoryOfChess

[17] American Go Association. "A Brief History of Go". Accessed May 17, 2018. http://www.usgo.org/brief–history–go

[18] Caillois, Roger. *Man, Play, and Games*. New York, NY: Free Press of Glencoe, 1961.

[19] Salen, Katie, and Eric Zimmerman. *Rules of Play: Game Design Fundamentals*. Cambridge, MA: MIT Press, 2003, p. 307.

[20] Claridge, Amanda, Judith Toms, and Tony Cubberley. *Rome: An Oxford Archaeological Guide to Rome*. Oxford: Oxford University Press, 1998.

[21] *Gladiator*. DVD. Directed by Ridley Scott. Universal City, CA: DreamWorks Home Entertainment, 2000.

[22] *Tennis for Two*. William Higinbotham, October 18, 1958. Oscilloscope game.

[23] *Tennis*. Ralph Baer, August 1972. Magnavox Odyssey game.

[24] *Pong*. Atari (developer and publisher), 1972. Arcade game.

[25] *Spacewar!* Steve Russel et al., 1962. PDP-1 computer game.

[26] *Asteroids*. Atari (developer and publisher), November 1979. Arcade game.

[27] *Pac-Man*. Namco (developer and publisher), 1981. Arcade game.

[28] *TowerFall*. Matt Thorson (developer and publisher), June 25, 2013. Ouya game.

[29] *Defender*. Williams Electronics (developer and publisher), 1980. Arcade game.

[30] *Scramble*. Konami (developer) and Stern (publisher), 1981. Arcade game.

[31] *Donkey Kong*. Nintendo (developer and publisher) July 9, 1981. Arcade game.

[32] *Ms. Pac-Man*. Midway Manufacturing (developer and publisher), January 1982. Arcade game.

[33] *Adventure*. Atari (developer and publisher), 1979. Atari 2600 game.

[34] *King's Quest*. Sierra Online (developer) and IBM (publisher), 1983. Computer game.

[35] *Colossal Cave Adventure*. William Crowther (developer and publisher), 1976. PDP-10 game.

[36] *Zork I*. Infocom (developer and publisher), 1980. Computer text *adventure*.

[37] *Pac-Land*. Namco (developer and publisher), August 1984. Arcade game.

[38] *Super Mario Bros*. Nintendo (developer and publisher), September 13, 1985. Nintendo Entertainment System game.

[39] *Battlezone*. Atari (developer and publisher), 1980. Arcade game.

[40] *Wolfenstein 3D*. id Software (developer) and Apogee Software (publisher), May 5, 1992. Microsoft DOS game.

[41] Box, Hal. *Think Like an Architect*. Austin: University of Texas Press, 2007, pp. 13 - 17.

行业视角：对游戏虚拟景观的思考

Umran Ali 博士
索尔福德大学创意媒体高级讲师

我是一名活跃于高等教育领域的学者，长期致力于创意与数字媒体方向的课程开发、教学及研究工作，尤其专注于计算机和电子游戏的理论与实践。过去十余年，我一直在游戏专业授课，教授游戏设计与游戏制作。同时，引人入胜的自然风光始终令我着迷，因此，我热衷于徒步旅行，并对自然景观摄影产生了兴趣。

我也是资深的电子游戏爱好者。在过去二十年里，作为设计师和艺术家，我致力于解决艺术创作与商业实践前沿的各种技术与创意难题。然而，由于项目资源限制等客观因素，这些挑战往往仅能得到部分解决，甚至被完全搁置。对实践者而言，这些“未解决”的问题常常令人困扰。随着项目经验的积累，许多创意与技术问题仍需深入探讨。

这构成了我研究第一阶段的核心内容：通过语境综述法考察虚拟自然环境 (VNE)，特别是游戏虚拟景观。这项研究整合了我过往的专业实践，以及对 30 年来多平台、多类型数字游戏样本的分析。该综述包含对虚拟景观的详尽文本研究与视觉化历史的深度考察，最终形成基于实践导向的虚拟景观设计探索。

研究面临的一大问题是如何为数字游戏研究选择合适的切入点，以便收集视觉数据并作为后续分析的基础。英国景观摄影师 Jay Appleton 的

著作 *The Experience of Landscape* 探讨了景观与环境的关系，为研究提供了方向。简而言之，“景观并非环境的同义词，而特指被感知的环境，尤其是通过视觉感知的环境”。因此，聚焦宏观虚拟环境中的景观元素不仅更具可操作性，也比直接分析数字游戏中的整个虚拟环境更能有效揭示主流或新兴的环境设计范式。

接下来的问题是构图：我该如何“框定”数字自然景观？在这方面，我从 Charlie Waite 的 *Landscape Photographer of The Year* 系列图书与 Joan I Nassauer 教授的研究中获得启发。Nassauer 在 *Framing the Landscape in Photographic Simulation* 一文中提出：“不同的摄影取景选择能引发观者对景观产生不同的感受。采用大幅图像的取景方式，可以创造宽阔的水平视野，更适于模拟实地体验。”因此，我决定采用全景取景的方式呈现虚拟景观。依据 Appleton 和 Nassauer 的理论，我得出以下结论：全景取景最接近人类自然感知景观的方式，而这种方式反过来又能有力地体现我们对更广阔环境的感知。

主要研究问题

问题一：过去三十年间，计算机和电子游戏领域中的虚拟景观在技术与设计创新方面经历了怎样的发展？其主导设计范式（若存在）是什么？

问题二：鉴于计算机和电子游戏在设计与技术领域的快速发展，如何对虚拟景观的设计流程、技术提出改进建议，或构建新的未来设计框架？

研究发现

纵观三十年间（1980 ~ 2010 年）计算机与电子游戏中虚拟景观的发展，其演变历程可划分为三个相对清晰的时期。每个时期在虚拟景观的呈现方式和设计风格上也体现出鲜明的差异。

虚拟景观的呈现：萌芽时期（1980 ~ 1990 年）

萌芽时期的虚拟景观，最初仅通过基础的形态与结构呈现。最初，由于色彩的缺乏，虚拟景观仅能以黑白形式展现，后来的发展允许使用几种颜色，但范围仍十分有限。在这一时期早期，虚拟景观大多局限于对整体环境的模拟，而非对一系列小型景观的详细描绘。后期的一些游戏，如 1990 年发布的游戏 *King's Quest*，利用有限的屏幕空间展示传统构图技巧：将庞大的游戏环境拆分为多个小型屏幕空间。这与传统景观的表现方式如出一辙。这一过程也利用了其他学科研发的工具和技术（如数字环境绘景技术），在碎片化的二维空间（即热点区域）中模拟三维环境的深度。

萌芽时期的虚拟景观可以通过以下方面进行分析。

① 虚拟景观的表现始于极简的形状与形式，缺乏色彩与光影效果，存在于基础的二维空间内，块状形态被用于呈现虚拟景观的核心特征。例如，1983 年推出的游戏 *Forbidden Forest* 用单一的绿色背景象征森林，用垂直的棕色矩形代表树木。

② 由于技术条件限制，三维空间被抽象为“蚁穴视角”（即截面透视）。这种抽象表达对游戏中真实与虚拟三维空间的重构产生了深远的影响，包括那些试图复原真实自然环境的游戏。此时几乎没有经典意义上的“景观”呈现，更多是对广阔自然环境的粗略模仿。

③ 这一时期的虚拟景观以静态形式呈现，动态效果严重受限（如树木、草地等不会晃动），玩家无法与环境中的任何元素互动。然而，早期游戏也尝试模拟动态环境，如游戏 *Forbidden Forest* 中的昼夜循环、游戏 *CaveLord* 中的落石或流水，已展现出这一媒介的潜力。

④ 虽然 1982 年推出的游戏 *Dig Dug* 沿用了“蚁穴视角”，但通过独特的设计机制，创新性地将环境与游戏玩法相结合。虚拟景观被嵌入核心玩法中，成为游戏不可或缺的一部分。玩家通过挖掘在地下移动，而

地形挖掘的过程在屏幕上被简化为像素的移除。这种表现形式，带有高度的抽象性，因为被挖掘的区域仅以黑色空白显示。

⑤ 这一时期开始出现一些早期迹象，表明人们对环境的运用超越了单纯的美学考量。游戏 *Populous* 成功将玩家的能动性与虚拟景观设计相结合，为“有意义的互动能增强游戏沉浸感”奠定了基础。

⑥ 有限的屏幕空间迫使开发者采用传统的构图方法：庞大的游戏环境被拆分为多个小型屏幕空间。例如，借鉴传统景观的表现手法，并运用与之相通的工具和技术来构建这些虚拟空间。

虚拟景观的呈现：转型时期（1990 ~ 2000 年）

萌芽期因软件、硬件技术限制而依赖的“理想化特定景观”逐渐被摒弃。然而，到了转型期，随着这些技术限制得以消除，设计流程也随之改变，更为广阔的环境开始被用作游戏空间。而在当今时代，景观又重新被视为环境中至关重要的元素。

转型时期的虚拟景观可以通过以下方面进行分析。

① 技术的进步，如数字扫描仪的发明和内存容量的提升，使游戏环境的表现形式发生了显著变化，从最初简单的二维像素块，逐渐演变为精细的数字化景观。例如，1990 年推出的游戏 *King's Quest 5* 和 *The Legend of Kyrandia*，都展现出虚拟景观的视觉质量的显著提升：粗略的模拟空间转变为细节丰富的空间。

② 由于设计师未能充分驾驭新兴的软件和硬件技术，因此伪三维技术（如等距视角和预渲染三维）的引入导致游戏景观的呈现质量下降。

③ Mode 7 等新软件技术的发展，催生了伪三维环境的构建。世嘉 Mega Drive 和任天堂 Super NES 通过其图形处理技术实现了“蚁穴视角”的升级演进——这些技术能够模拟三维景深效果，从而构建出更为丰富且精细的游戏环境。

④ 以环境变化为核心的模拟技术也得到了进一步发展，开始与虚拟景观中的视觉元素深度融合。例如，Bethesda 于 1996 年推出的游戏 *Daggerfall* 等展示了光照技术（如昼夜循环）的进步，同时粗糙的天气系统也开始被纳入虚拟环境。

⑤ 在这一过程中，设计师们开始意识到，虚拟景观设计绝非仅仅是对环境的几何形态复刻，而是还需融入各类其他元素，游戏场景也随之实现了进一步发展。越来越多的天气、气候等要素开始与视觉元素相结合，从而打造出更具真实感与动态效果的游戏环境。

⑥ 在这一时期，“蚁穴视角”被重新诠释为三维形式。例如，任天堂 64 主机所承载的作品中，虚拟景观的构建便是典型例证，这些场景采用拉伸后的块状几何结构来模拟地形中的山丘与山脉。设计师将这种方法用作一种核心的场景管控机制，通过限制玩家对环境特定区域的访问权限，使游戏进程能与玩法设计、剧情叙事保持一致。

⑦ 随着三维技术的兴起，设计与传统艺术学科（如景观绘画）的结合逐渐弱化，转向纯粹的空间设计。

⑧ 转型时期还标志着一种转变——从单纯模仿自然环境转变为开始将自然环境与虚构设定相融合。

⑨ 尽管三维技术已然兴起，但当时虚拟景观的构建仍大幅受限于平面坐标系。不过，早期技术迹象与设计趋势已表明，深度（Z 轴维度）将成为下一阶段虚拟环境设计的核心差异化要素。

⑩ 在转型时期，水体模拟同样面临诸多挑战：多数游戏环境中普遍缺乏水体元素。由于当时技术条件的限制，河流、瀑布和湖泊等自然水体往往难以得到真实呈现。即使有模拟的水域，也仅限于块状“体积”——这些精心放置的独立水域部分，往往与地形粗糙地分离，玩家也完全无法与之产生交互。

虚拟景观的呈现：现代时期（2000 ~ 2010 年）

现代时期可以通过以下方面进行分析。

① 该时期见证了虚拟景观设计与相关技术的飞跃发展，这一进步直接促使虚拟景观在复杂度和丰富性方面发生革命性转变。

② 转型时期出现的“深度差异将成为现代三维虚拟景观特色”这一早期迹象，在本时期得以实现：游戏环境如今被全面模拟为细节丰富的三维空间，允许玩家在 X、Y、Z 三轴上自由移动。这些空间的规模与范围也呈指数级增长。

③ 转型时期游戏环境中显著存在的空间分割现象大幅减少，如今玩家能够探索更多样的虚拟景观。无论是翻越高耸的山脉、穿行茂密的森林，还是进入水下洞穴或隧道，玩家都无须再通过固定的关卡流程来推进探索，可更自由地穿梭于不同场景之间。

④ 跨学科设计自然环境的早期迹象开始显现。例如，Bathesda 公司开发的游戏 *Oblivion*，其开发团队曾向马里兰大学地质系寻求帮助，最终将岩石自然侵蚀等地质过程融入游戏景观设计中。

⑤ 随着复杂环境系统进一步发展，虚拟景观的形态（几何）与美学（图形）元 素也随之演变。天气系统如今能够模拟多种复杂的天气与季节模式。Crytek 公司的游戏 *Crysis*（2007）与 CD Projekt Red 公司的游戏 *The Witcher*（2007）所呈现的天气系统便包含雾气、尘埃、复杂的云层模拟及独特的气象现象（如旋风、龙卷风等）。

⑥ 天气与季节的概念在虚拟景观设计中得到更深入的拓展。季节变化的运用不再局限于改变环境美学，而是被纳入设计考量之中。例如，季节变化为设计师提供了将环境变化与游戏玩法相结合的机会，使玩家能在多样化的环境中进行探索。2001 年发行的游戏 *Soul Reaver 2* 便是典型案例，玩家能够在同一虚拟景观的不同季节中体验到不同的游戏玩法。

⑦ 围绕环境模拟的其他系统（例如动态植物群系统），如今已成为虚拟景观模拟中不可或缺的部分。该系统将物理系统和植物系统相结合，用于模拟随风速变化的植物运动。从一些早期案例（比如 Dunia 引擎的探索）能看出，未来的虚拟景观里，很可能会加入“动态植物生长周期”这个功能。

⑧ 现代时期还标志着一个重要里程碑：水体模拟技术不再构成主要限制，其结果是虚拟景观中水体的应用范围更广、数量更多、内容更丰富。河流、湖泊等水域变得更为常见，水域与地形之间的过渡处理也更为细腻。例如，任天堂的游戏 *Zelda : Wind Waker*（2002）就展示了技术与设计的进步：玩家穿行的虚拟景观以广阔的海洋为基础，周围环绕着众多小型群岛，这可以看出虚拟景观不再局限于单一的大型陆地。

⑨ 受西方文化影响的自然环境呈现方式，过去在文化层面占据主导地位，如今这种局面似乎也在发生转变。游戏 *Phantasy Star Universe* 等作品表明，本土开发的游戏越来越受欢迎，玩家也越来越偏好与自身文化相符的游戏内容。

第 2 章

关卡设计师的绘图指南

在前言中，我们介绍了关卡设计的工作定义，即经过深思熟虑，将玩法落实到游戏空间中，让玩家获得身临其境的体验。在从建筑和游戏设计两个领域探讨历史案例之后，我们将根据这一定义来研究设计游戏关卡的方法。在本章中，我们会探讨关卡设计在打造用户体验方面所起到的作用。之后，我们还将讨论关卡设计中所用到的各类工具，既包括电脑端工具，也包括非电脑端工具。借助本章介绍的这些工具，你可以像建筑师那样分析历史案例，为自己的设计提供灵感，并将自己的创意在专属的游戏空间中付诸实践。

在本章，你将学到以下内容：

关卡设计目标；

非数字关卡设计技巧；

数字关卡设计工具。

2.1 关卡设计目标

创作是令人兴奋的行为。这也是许多有志于成为建筑师和游戏设计师的人的最终追求——在创造中获得成就感。一个让一群游戏设计新手兴奋起来的可靠方法，就是让他们在关卡编辑器中进行创作。而另一种虽技术含量较低，却同样强大的方式，是将想法绘于纸上——把头脑中的创意具象化。无论是在一张白纸上，还是在未完成的游戏引擎中，即兴创造出一个新的游戏空间都会让人兴奋不已。

然而，在没有具体规划的情况下制作关卡，或者仅凭“那样一定很酷”的想法制作关卡，往往在实际制作原型时就会发现结果与设想相去甚远。就像建筑师在没有对场地、预算或承重进行分析的情况下就开始浇筑地基一样，游戏设计师在开始工作前，也应考虑游戏中一个至关重要的元素——玩家。优秀乃至合格的关卡，都需要经过精心的规划。这不仅是为了对关卡有初步构想，更是为了明确设计师希望为玩家营造怎样的体验。因此，在探索关卡设计的各种数字工具之前，重要的是要知道游戏关卡是游戏开发者与玩家之间沟通的主要工具。

如果说游戏关卡是玩法（创造玩家体验的规则系统）的具体呈现，那么它也是游戏设计师用来向玩家传达玩法的媒介。理解这一点非常重要，因为在通常情况下，关卡设计新手打开关卡编辑器后，往往像小孩子拿到一盒新的乐高积木一样，随意在场景中放置物体。虽然玩乐高本身充满乐趣，但带着明确目标去搭建乐高或规划游戏关卡设计，才能造就精心设计的杰作，而非杂乱无章的堆砌。

游戏关卡作为设计师和玩家之间沟通的主要工具，设计游戏关卡时应该牢记三个目标。通过实现这些目标，设计师可以更好地引导玩家进行游戏，并创造出有意义的用户体验：

调控玩家行为；

传达游戏意义；

拓展游戏空间。

本书接下来大部分的内容都是帮助你实现这些目标的。而达到这些目标的游戏空间，既能深刻影响玩家，又能让玩家与游戏系统产生自主互动。在继续探讨之前，让我们简要探讨一下关卡设计的这些目标。

2.1.1 调控玩家行为

许多设计师认为，关卡的主要功能是教会玩家如何玩这款游戏。独立游戏设计师兼艺术家 Edmund McMillen 在接受采访时谈及自己的游戏 *Super Meat Boy* 时提到，在游戏早期设置了一些障碍既能培养玩家的操作技能，也能让玩家掌握游戏知识。[1] McMillen 会在玩家的行进路线上设置障碍，要求玩家逐一运用游戏角色的每一项能力。在这些区域，玩家不仅能了解游戏角色的各种特性，还能因成功掌握玩法而获得成就感。他认为，重复这些场景既能巩固玩家对游戏机制的理解与掌握，又能教会玩家如何将奔跑和跳跃等技能组合成新的动作（图 2.1~ 图 2.4）。

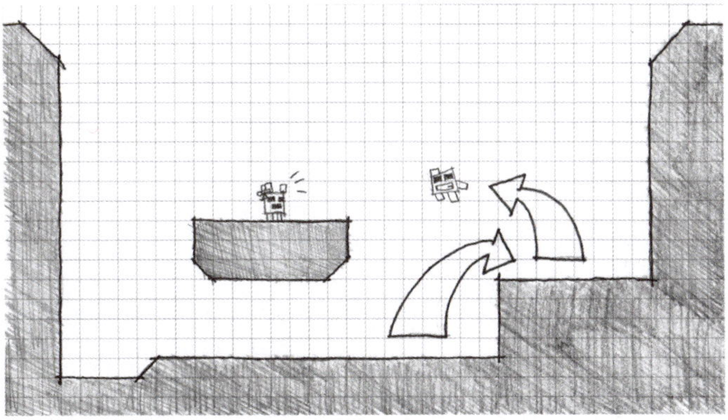

图 2.1　游戏 *Super Meat Boy* 的第一关要求玩家跳跃并拯救女孩

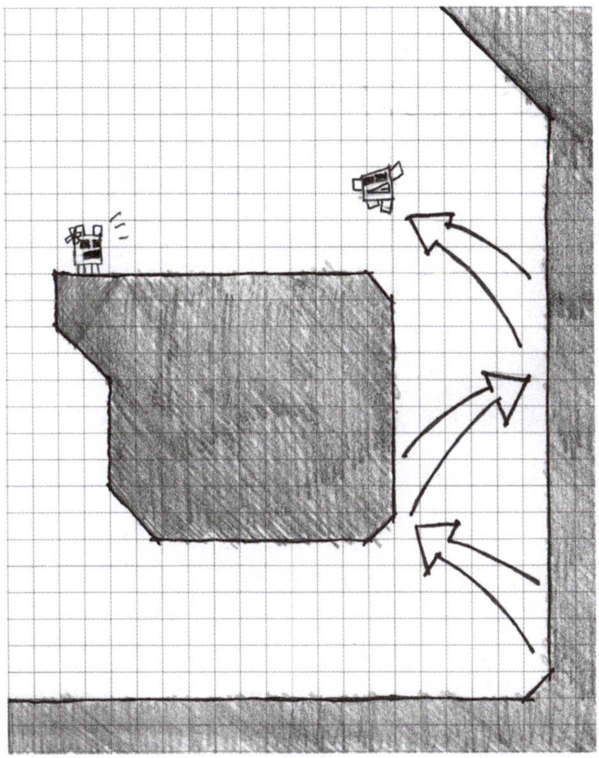

图 2.2　第二关要求玩家运用游戏角色的墙壁跳跃技能

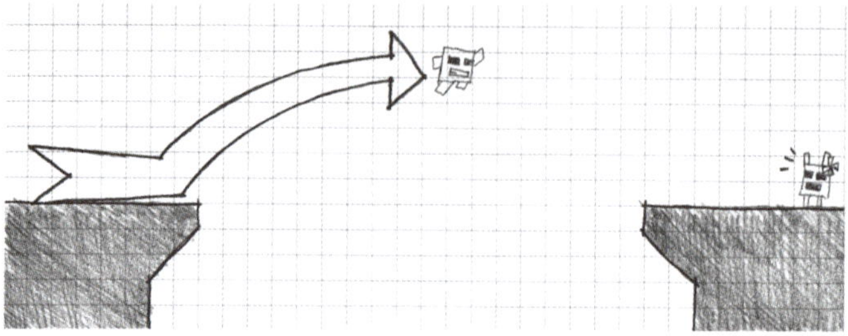

图 2.3 第三关要求玩家将奔跑和跳跃的技能结合起来，实现远跳

图 2.4 在最终关卡中，设计师以非交互的方式向玩家展示锯子，随后这些锯子会在后续关卡中成为障碍

Rudolf Kremers 在 *Level Design: Concept, Theory, and Practice*[2] 一书中也提出了类似的观点，即技能关卡。技能关卡是一种强制性挑战，它会阻碍玩家前进，玩家必须完成特定操作才能通过。这些障碍可以非常简单，例如玩家必须跳过敌人或物体（图 2.5）；也可以很复杂，例如游戏要求玩家运用新获得的能力，从获得该能力的房间逃脱（图 2.6）。

调控玩家行为，既可以通过精心规划的方式实现，也可以通过构建非预设玩法的关卡实现。游戏中一个既受赞誉又遭诟病的特点，就是它让玩家可以自主选择玩法。如果一款游戏为玩家提供多种选择——尤其在大型多人在线游戏中，玩家总能用创造性的方式重塑关卡体验。这一点对于那些允许玩家选择多

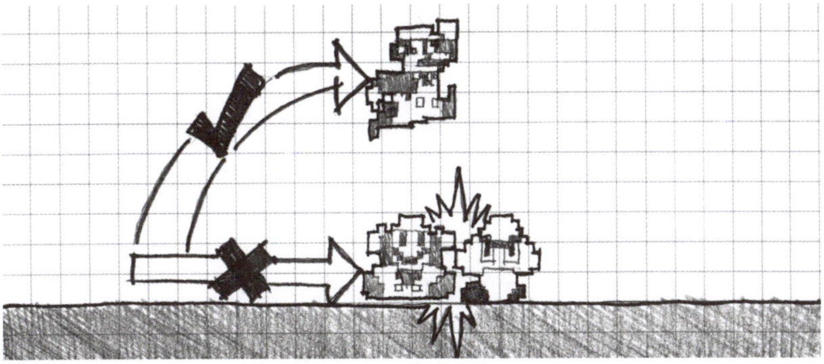

图 2.5　游戏 *Super Mario* 中的一个早期技能关卡要求玩家跳过敌人，或跳到它的身上。这一设计旨在教会玩家跳跃技能

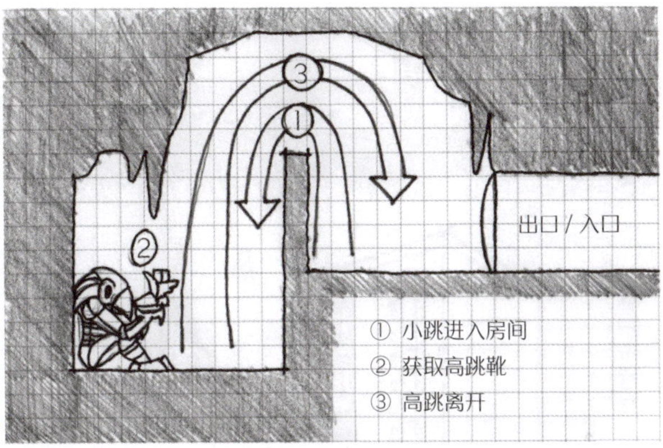

图 2.6　在 *Metroid* 系列游戏中，玩家获得新能力后，通常必须解开与新能力相关的谜题，才能逃出房间

种角色类型的游戏而言尤为重要，例如游戏 *Overwatch* 等。同样，游戏空间通过提供适配不同玩法风格的环境，有效促进玩家间的趣味互动。

建筑学为服务多种类型使用者的空间设计提供了极佳的范例。在不同的文化和历史背景下，建筑师和建造者都曾利用空间布局来引导使用者的活动。在本书中，我们将探讨游戏和建筑在调控使用者行为时所采用的心理学方法。

2.1.2　传达游戏意义

游戏研究领域曾存在一场激烈的争论：理解游戏应依据其玩法机制（游戏学角度），还是其叙事能力（叙事学角度）。但随着时间的推移，这两派已经消除了分歧，现在人们通常根据游戏如何同时利用基于规则的系统和有意义的结构来理解游戏。通过对这种结合的探索，一些新的游戏类型应运而生，如说服性游戏。这些游戏通过玩法传递信息或教会玩家某些东西。

为结构系统赋予意义是建筑设计的一大特点。许多建筑历史都围绕宗教建筑展开，这些建筑通常是为不识字的使用者建造的，通过描绘《圣经》中的场景或神祇形象来传达建筑所象征的意义。有些建筑，例如哥特式教堂，其建造方式旨在模拟建筑师心中的精神圣地。

在游戏领域，游戏对话、美术设计和象征符号中蕴含的叙事信息，会与游戏关卡的形式和结构元素（如移动规则和关卡几何）相互作用。理解这些元素如何协同发挥作用，对打造出富有意义的游戏关卡至关重要。设计师不必仅仅依赖过场动画来讲述故事，还可以让游戏关卡承担起大量的叙事任务。这使得游戏关卡成为修辞系统——即通过交互传递思想的艺术形式。游戏理论家 Ian Bogost 认为，写作和辩论是古典的修辞形式，艺术和图形通过视觉修辞进行论证，而游戏和互动媒体则可以通过程序修辞来表达观点。[3] 在 Bogost 的理论模型中，游戏通过玩家行为与游戏规则之间的因果关系构建其核心表达。本书探讨了这一点，以展示游戏空间是如何辅助叙事或表述相关想法的。

2.1.3 拓展游戏空间

“拓展游戏空间”与“传达游戏意义”紧密相关。在电子游戏中，用户界面和屏幕上的图标将玩家与游戏中的信息数据库（弹药数量、敌人信息等）连接起来。在一些游戏中，关卡可以向玩家提供信息，使其能够对即将发生的情况做出明智的判断。在游戏 *Portal* 中，每个密室的入口处都会有指示灯，以此告诉玩家该谜题涉及哪些机制。关卡设计中的特定模式可以告诉玩家何时会出现首领或其他重要的敌人（图 2.7）。

模式化空间为游戏与玩家之间的高效对话提供机会。在建筑学中，形式符号通常用于传达建筑的功能（图 2.8）。建立一套形式化符号或空间符号体系，甚至能让他们识别出哪些物体是可交互的（图 2.9）。通过这类形式的互动，游戏空间构建起自身的语言体系，既能引导玩家行为，也可以传达意义与叙事。

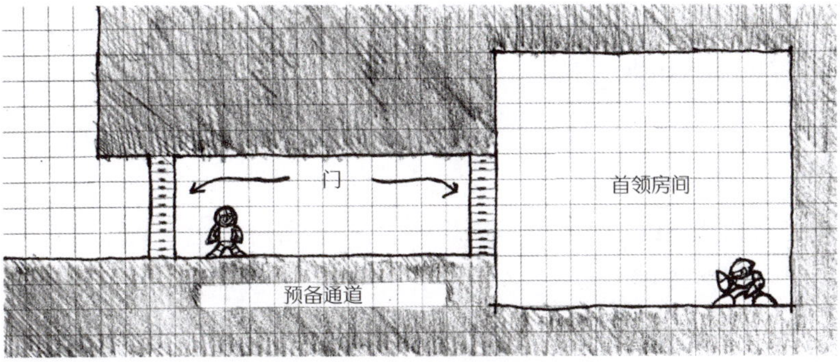

图 2.7 *Mega Man* 系列游戏，通常采用双重大门加一段走廊的设计来标志首领房间的入口。这种标志让玩家知道他们即将与首领战斗，同时通过略微延迟战斗的到来营造期待感。而提前知晓战斗将至，也能让玩家有时间为战斗调配资源

图 2.8 看看这些建筑草图。你认为这是什么类型的建筑？像这样的象征性形式可以帮助人们在没有标牌或文字指示的情况下了解建筑的用途（左图）

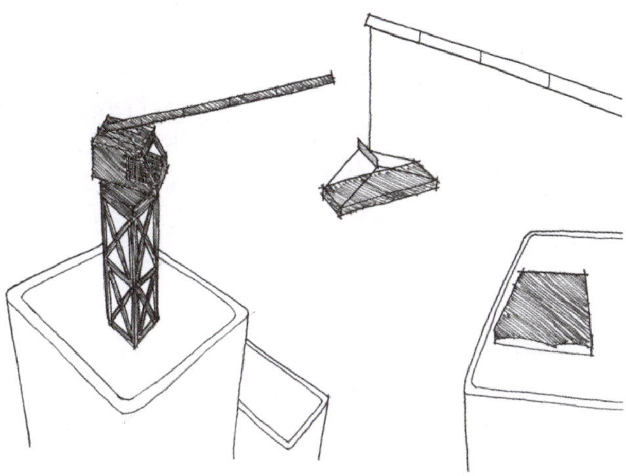

图 2.9 在许多游戏中，按钮、抓钩、开关等交互物体会采用相似的视觉语言，这样玩家就能知道何时使用自己的技能了。游戏 *Mirror's Edge* 采用了一种有趣的方法：在主要是白色的游戏世界中，对交互物体进行颜色编码（右图）

谈到如何设计信息丰富的游戏世界，就不能不提到增强现实（AR）技术——这种技术能将数字信息叠加在现实世界上。借助这种技术，游戏世界就可以扩展到现实环境之中。与在数字环境中创建符号类似，增强现实应用通常被编程为识别现实空间中的特定图像，并将数字信息与之匹配。类似于玩家学习“解读”数字游戏关卡的几何结构，增强现实技术的应用也可以引导玩家学会识别周围的重要结构。以 *Pokémon GO* 等游戏为例，合理放置的路标能引导玩家前往可以带来积极社交体验的场所。

那么，哪些类型的空间应当借助增强现实技术进行扩展，以创造有意义的游戏场景呢？仅仅在任意现实环境中叠加一层数字界面就足够了吗？还是说，存在通过空间感知来设计趣味互动的方法？城市规划理论或许是理解增强现实功能、另类实境游戏（ARGs）及大型游戏（在真实环境中进行的大规模实体游戏）如何向玩家有效地传递严肃理念的关键。

2.2 非数字关卡设计技巧

既然我们已经确定了关卡设计的目标，就可以开始讨论一些设计工具了。与游戏行业的许多事物一样，关卡设计也没有一种完美的工具：大型工作室通常拥有自己的专用工具，而独立开发者则常使用第三方软件。由于选择如此之多，游戏制作实际上是一个非常开放的领域：可以使用多种工具来制作游戏，甚至包括非数字媒体。然而，这也可能让那些寻求单一游戏开发路径的人感到困惑。

由于游戏制作尚未形成标准模式，开发者就需要花时间找到适合自己流程的工具。最流行的工具并不一定是最佳选择。例如，就一个快速开发的二维复古横向卷轴项目而言，使用一款功能强大、能对众多选项进行精细控制的三维引擎可能有些小题大做。本书探讨的主题是构建方法，因此在接下来的两章，我们会从一些基础的建筑设计工具入手，探讨关卡设计实践。这意味着我们游戏设计的起点会让许多新手设计师感到意外——从手绘草图开始。

在设计关卡（尤其是三维关卡）时，设计师应尽快以交互形式制作关卡原型。正因如此，非数字工具在关卡设计中具有重要价值。尽管这些工具无法让设计师立刻在电脑上开展工作并生成成果，但非数字化的草图和地图能在不占用大量制作时间的情况下，解答许多问题。

需要明确的是，本节讨论的重点并非概念艺术中常用的透视图，尽管它们确实在规划中发挥着作用。这里提到的绘图指的是传达设计理念的示意图，以及采用简洁视觉语言展示建筑如何组合的施工图纸。许多资深设计师会将非数字化关卡草图理解为在电脑建模前勾勒关卡的视觉效果图，这确实是规划工作的有效方式。然而，建筑草图也是分析游戏关卡的有力工具——通过解构现有游戏的空间设计，可以帮助你提升设计能力。

2.2.1 基础绘图技巧

华盛顿大学名誉教授 Francis Ching 曾说，绘图既能激发观察力[4]，也能启发想象[5]。绘图不仅是建筑师在设计施工图时的核心部分，也是他们学习其他设计作品的重要途径。因此，如果你想将绘图融入关卡设计工作流程，那么理解建筑设计绘图的基本知识至关重要。但需注意，虽然绘画艺术与建筑分析所需的绘图很相似，但它们之间也存在一些明显的区别。

在建筑绘图中，你需要捕捉三大核心要素：一是形状，即物体的二维边界；二是形态，即物体的三维体积；三是关系，即物体在空间中与其他元素的互动方式。或许最大的差异在于，建筑绘图相较于普通草图更注重传达信息。这类绘图需要清晰描述空间的形状、形态及相互关系，因此必须整洁、精确——避免潦草的涂抹、仓促而就的形状和生硬的笔触（图 2.10）。

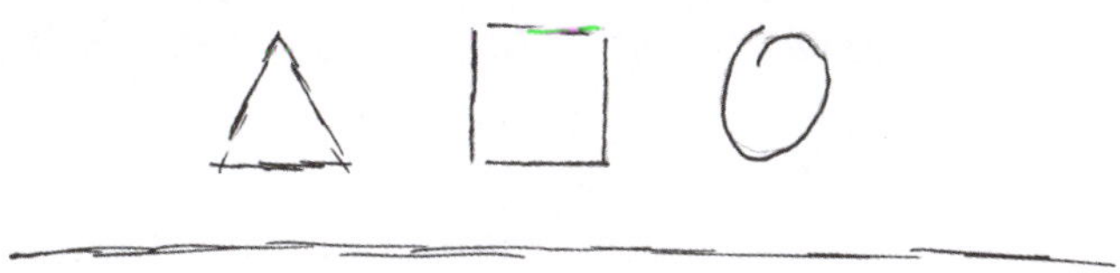

图 2.10 这些是建筑草图中错误的线条和形状示例。潦草的线条和仓促而就的形状会干扰绘图所要传达的信息

（1）如何绘制线条

即使你是一个优秀的艺术家，我们也要从基础开始：绘制清晰的线条和标记，以便绘制出易于辨识的草图。有两种技巧可以帮助绘制出清晰、笔直的线条。其一，在每条线的起点和终点处加一个点或一条短线。点和短线应略微超出实际的线条端点，使延伸至拐角处的线条略微交叉。其二，绘制线条时让线

条微微弯曲。尽管这看似违背直觉，但在画直线时稍微颤动一下笔，可以让你更关注这种抖动而非直线本身，最终反而会画出更直的线条（图 2.11）。

当画非直线的图形时，可以先画出直线参考线并进行定位，而不是直接画出正确的形状。以画一个圆形为例，先画一个正方形，再分别画出穿过正方形的水平中线和垂直中线，然后在每条中线的端点之间画弧线，最终形成一个圆形（图 2.12）。在透视图中，圆形会变成椭圆形，可以使用物体的边缘作为椭圆的端点，或在透视中画一个正方形，以此确定椭圆的形状。

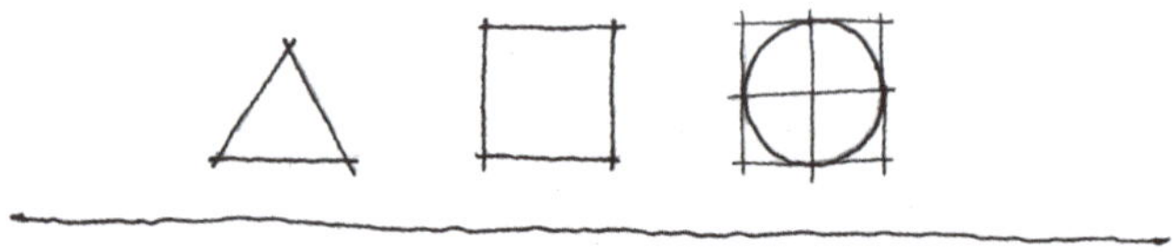

图 2.11　这些线条草图展示了几种不同的绘制技巧，包括给每条线添加起止标记，利用标记使线条略微相交，以及通过轻微抖动绘制出笔直的线条

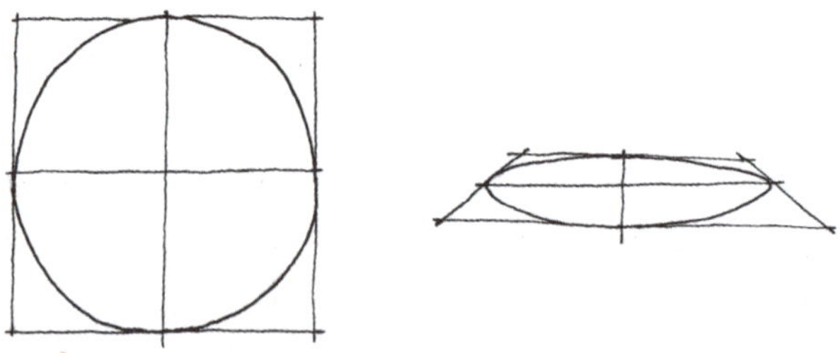

图 2.12　为了准确绘制圆形，可以先画一个正方形和其他参考线，并以此为基础绘制比例协调的圆形。在透视图中，圆形会被压扁，变得更接近椭圆形

（2）轮廓图和线条粗细

本节讨论的绘图类型主要是轮廓图，轮廓图描绘了物体的边缘，描述物体在空间中的位置（图 2.13）。人们学习绘画时，通常会从绘制轮廓图开始。轮廓图还为记录空间环境提供了一种快捷方式。

无论是绘制轮廓图还是进行制图，线条的粗细可以传达物体的远近关系。线条粗细指的是图中线条的宽度或深浅（图 2.14）。在绘制时，最粗的线条用于未与其他物体直接连接的边缘，比如物体或一组物体的外轮廓，而与其他物体直接相接的物体轮廓则使用较细的线条。

图 2.13 该轮廓图展示了建筑、树木和其他自然物之间的相对位置关系

图 2.14 该草图利用线条粗细来表示边缘和轮廓之间的距离。因此，物体的外部轮廓采用最粗的线条绘制

（3）使用参考线绘图

在绘制空间设计图时，参考线的使用方式与绘制图形时大致相同。如果绘图的目的是理解场景中的空间状况，那么使用较浅的参考线将空间中相互对齐的景物元素或建筑形态串联起来，会大有帮助。另外，Ching 还建议将铅笔当作取景器观察空间关系：将拇指放在铅笔中部，这样你就能测量所看到的图像；将手往铅笔的橡皮擦方向挪一挪，就能将铅笔杆用作直尺，以此确定物体之间的角度和关系，从而绘制出参考线[6]（图 2.15）。

（4）明暗处理

尽管轮廓图很实用，但我们有时需要描绘观察到的物体的表面状态，或是某个空间的光照条件。这时我们可以通过明暗处理来表现这些特性。明暗处理就是使用绘图工具来展示光线情况和与色彩相关的色调信息。

明暗处理有多种方法，常用的方法之一是排线法：通过一系列平行线来表现色调深浅。使用这种方法时，线条间距越近，色调越深；间距越远，色调越浅。交叉排线法与排线法类似，是用两组交叉的线条来营造色调层次。排线法与交叉排线法可以交替使用，以表现出不同的色调和质感。

Ching 在他的著作中还介绍了一种潦草排线法：用比排线法和交叉排线法更为随意的线条表现色调深浅。这种方法适用于现场绘制等时间紧张、无法细致绘制整齐排线的场景。只要保持潦草排线的一致性，仍能画出整洁且富有表现力的图画[7]（图 2.16）。

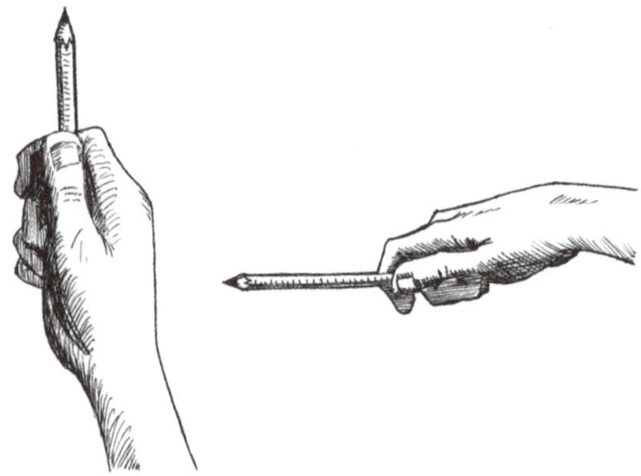

图 2.15 用铅笔作为测量工具和取景器的技巧。通过这些练习，你可以绘制参考线，帮助理解所绘物体间的关系（左图）

图 2.16 两张图片描述了两种明暗处理方法：排线法与交叉排线法、潦草排线法。通过这些方法捕捉色调明暗，可以在素描中表现出三维形态（右图）

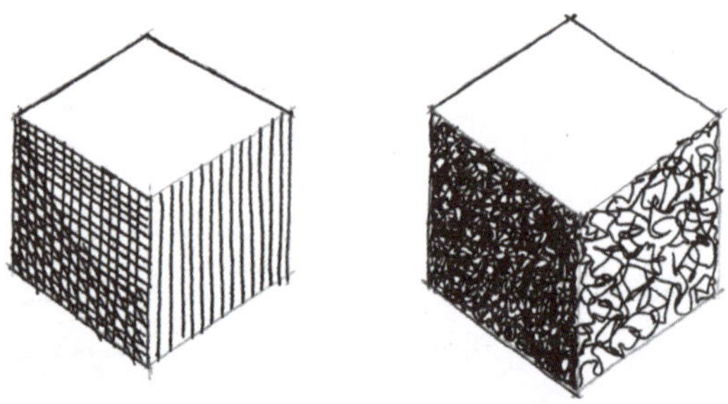

（5）分层绘图

即使掌握了上述方法，也一定要牢记绘图的目的是传达你所观察的空间的环境特征。因此，绘图时应以分层的方式进行，也就是说，绘图时应优先传递核心信息，避免在无关细节上耗费精力。例如，当绘制一座哥特式教堂立面的细节时，最好将重点放在教堂本身，而非教堂周围的行人和景观元素。对于这类次要元素，只需用潦草的线条或粗略的轮廓进行勾勒即可。

在构建视觉层次时，绘图还应突出画面的核心部分。例如，若对绘图中不重要的部分进行明暗处理甚至完全涂黑，反而会让它们在视觉上显得更为突出，从而产生适得其反的效果。复杂的细节或深色调表现，比浅色线条更能吸引观者的注意，因此应将细节刻画与深色调集中于画面里需要突出的部分（图 2.17）。

图 2.17　同一草图的两个版本：一个通过集中关注主体建立视觉层次，是正确方法；另一个因不重要的阴影，分散了对建筑主体的关注。这两幅草图的对象是华盛顿特区的马丁·路德·金纪念图书馆，由 Ludwig Mies van der Rohe 设计，于 1972 年竣工

2.2.2　建筑绘图的类型

在了解了设计绘图的技巧之后，我们将学习建筑师用于表达空间的不同绘图类型。每种类型的绘图都从特定视角出发，展示建筑设计的特定信息。我们将涉及的建筑绘图类型包括平面图、剖面图、立面图、轴测图、透视图。

（1）平面图

平面图是从上方俯视空间的绘图，展示设计中各元素（房间、走廊、楼梯、花园、草坪等）之间的空间关系（图 2.18）。与其他建筑图纸类型一样，平面图绘制时采用无透视的绘制方式，假设观察者从地面以上约 1.38 米处的高度观

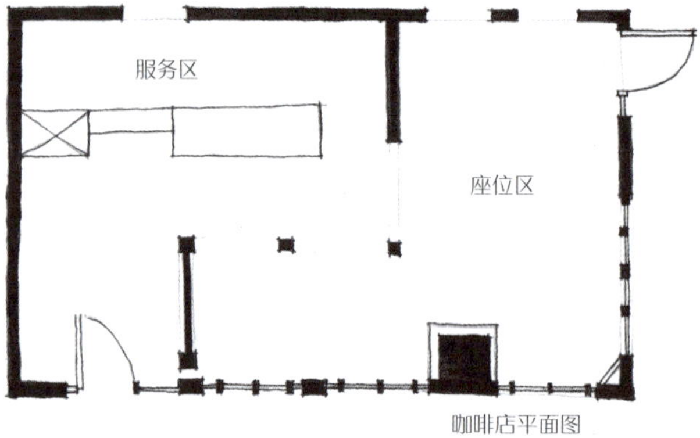

图 2.18 平面图展示了设计中的空间布局与相互关系。涂黑部分表示建筑实体结构。此平面图展示了一个简易咖啡店的布局设计

察设计。诸如墙体或其他穿过该观察平面（可以想象成一个巨大的锯片在地面以上约 1.38 米处切断空间）的实体，其轮廓会通过排线法或涂黑填充法（对被切断形体的轮廓内部进行完全涂黑）来加深显示。有时，建筑师会用不同类型的排线法代替涂黑填充法，以此标示墙体或物体所用的材料类型。

瑞士 - 法国建筑师 Le Corbusier 在 *Towards a New Architecture*[8] 一书中，留下一句名言："平面图是创造之源"。的确，平面图通常是建筑师在设计建筑时绘制的首张图纸。平面图用于呈现设计中的空间布局和动线，其自上而下的视角使其非常适合作为示意图展示空间结构（图 2.19）。许多游戏设计师在设计关卡时，会绘制至少一幅平面示意图或草图，以直观呈现游戏空间的布局方式。尽管

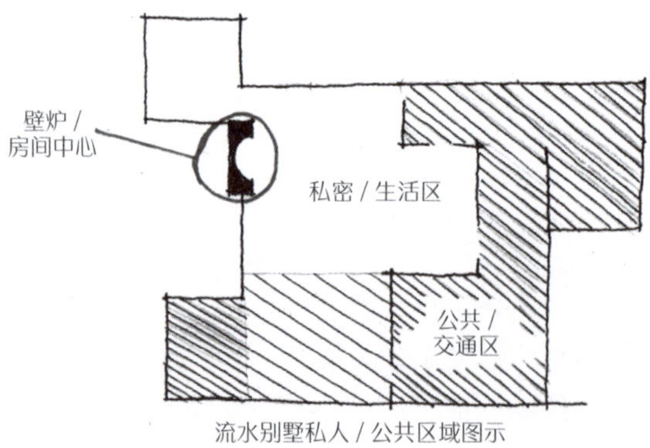

图 2.19 该图展示了如何利用平面图来图解设计中的空间布局关系

平面图常被简单地看作地图，但精心绘制的平面图能够清楚地展示空间布局，有助于呈现关卡挑战、节奏把控等内容。这些将在本章后续部分详细介绍。

尽管平面图具有诸多优点，但也存在明显的局限，其中最主要的就是缺乏立体感。若要表现图纸所示楼层之上或之下的空间，通常使用虚线；但要准确表现多层空间，则需采用其他类型的绘图形式。

（2）剖面图

从技术角度看，建筑剖面图与平面图非常相似，都是通过剖切面展现设计。然而，平面图是沿水平方向剖切以呈现俯视视角，而剖面图则是对建筑进行垂直剖切，从而展现建筑内部的空间形态（图 2.20）。剖面图中被剖切到的实体部分，同样会采用涂黑填充法或排线法标示。大多数剖面图不仅会呈现剖切后的内部形态，还会展示剖切线条以外的形体与物体的立面，不过剖面透视图与其他组合形式的剖面图也十分常见。

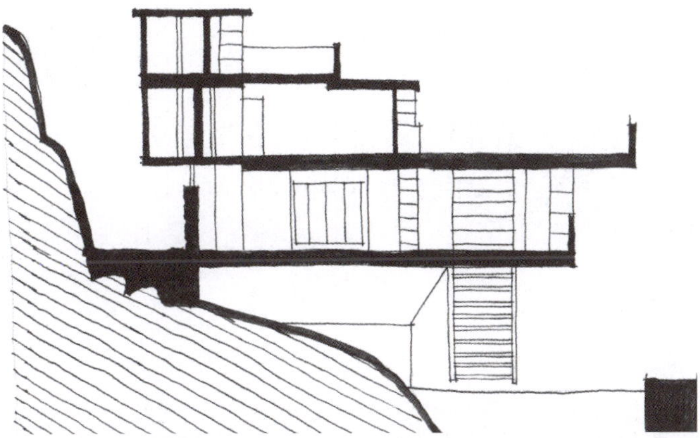

图 2.20 著名建筑师 Frank Lloyd Wright 设计的流水别墅的剖面图。该建筑于 1936～1939 年在宾夕法尼亚州建成

描述三维空间时，可以将剖面图与平面图结合使用。建筑作家 Matthew Frederick 曾指出："优秀的设计师会在平面图和剖面图之间反复推敲，使两者相辅相成。"[9] 剖面图可以帮助关卡设计师规划多层次的空间布局，例如多层谜题的结构设计或多人地图中的战斗位置排布。许多二维游戏都采用侧视视角，而剖面图还能为横向卷轴视角游戏关卡提供全局视角，以便设计师更好地规划关卡节奏。

对三维游戏而言，剖面图尤为重要。如果只在二维平面中进行设计，即便你的游戏是三维的，其关卡也会呈现出二维属性（玩家可观察或移动的上下方向区域极少）。在关卡设计中，绘制多个主要游戏空间的剖面图可以帮助你直观地构想不同空间之间的过渡方式。剖面图可以让你更好地运用基于高度差的空间过渡元素，例如坡道、架空桥梁、可跳下的悬崖等。这些结构在平面图中往往难以完整呈现。

（3）立面图

立面图是第三种建筑绘图类型。立面图与剖面图相似，但它不需要通过剖切设计方案来呈现内容，而是从建筑外部视角进行绘制。立面图用于展示建筑侧面的外观（图 2.21）。

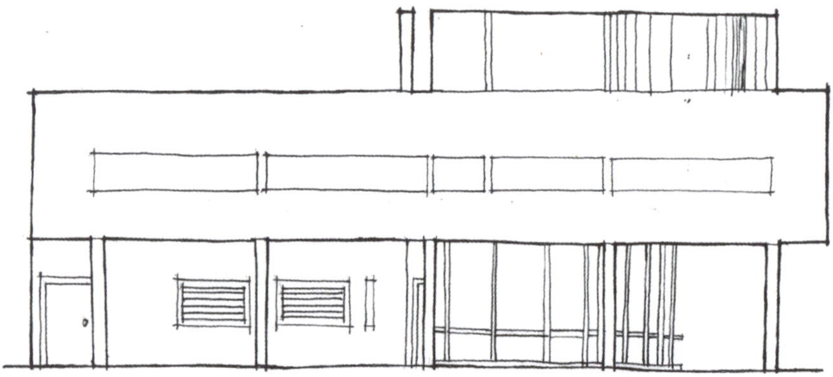

图 2.21　Le Corbusier 设计的萨伏伊别墅的立面图，该建筑于 1931 年在法国伊夫林省普瓦西建成

建筑师主要使用立面图来可视化建筑的外观，这对真实建筑来说至关重要。然而，游戏关卡通常不需要满足真实建筑的条件——既要呈现外部外观，又要构建功能性内部空间。设计师通常只需创建玩家可视范围内的表面即可。即便如此，在设计场景中美观的建筑外观时，立面图依然发挥着重要作用。在关卡设计领域，立面图更多属于概念艺术范畴，而非空间规划范畴。

（4）轴测图

在规划三维电子游戏时，平面图与剖面图必须协同使用，才能准确呈现三维空间。然而，轴测图也可用于表现设计方案的三维形态。绘制轴测图时，设计师会选取已完成的平面图，将其旋转 30 度或 45 度后，再向上投影，即可构建出设计方案的三维形态。

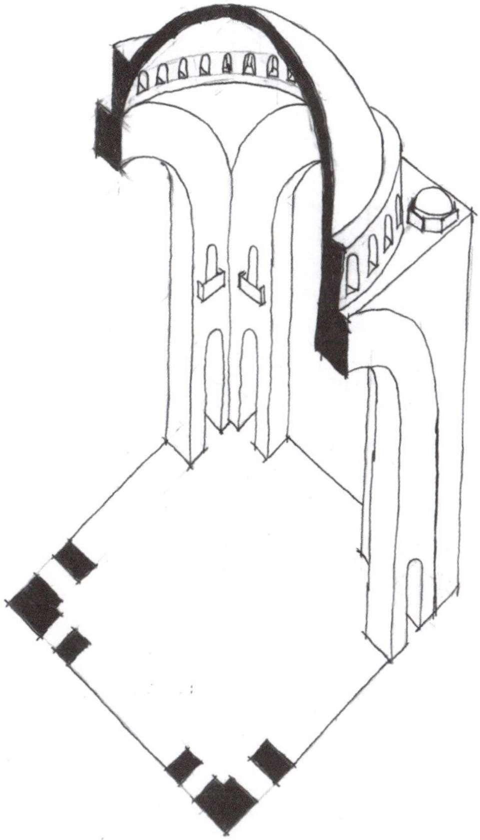

图 2.22 这是一幅剖面轴测图，展示了设计的内在几何结构和作为绘图基础的平面图

轴测图是功能强大的空间规划工具。它们通常融合平面图和立面图，甚至可以结合平面图和剖面图，绘制出剖面轴测图（图 2.22）。由于轴测图是从其他图纸基础上衍生而来的，因此，对关卡设计师而言，是否绘制轴测图往往取决于时间成本。一方面，轴测图的确有助于直观呈现三维空间；另一方面，与其在轴测图上耗费时间，不如直接在游戏引擎中创建关卡原型。

采用轴测图的关卡设计师往往会选择半规划式轴测图。这类图纸能展现游戏空间的三维形态，但未必会完全遵循关卡的平面规划，其绘制目的具有多样性：一是将平面图和立面图结合，以传达最终关卡几何结构的可能形态，为游戏关卡空间提供具有空间规划功能的概念图；二是借助类似轴测图的图纸来展示三维游戏玩法的概念——Valve 公司在多款游戏的规划阶段便采用了这一技巧，例如游戏 *Half-Life 2*[10]。这些轴测图仅将关卡空间作为视觉参考框架，而非呈现实际关卡的平面规划。设计师可以以这个视觉框架为背景，用草图形式展现关卡中将要发生的三维游戏事件，如标注观察点、狙击点或空间谜题的布局。通过这种方式，轴测图既承担了概念艺术的功能，又成为一种游戏设计工具（图 2.23）。

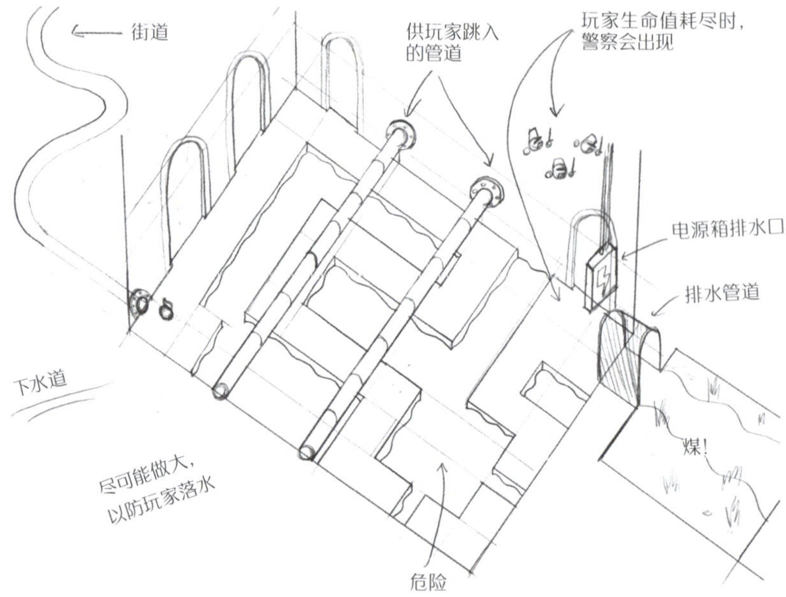

图 2.23　这类轴测图对一个关卡进行图示呈现，并添加了关于游戏玩法场景的注释

（5）透视图

最后介绍的是透视图。与轴测图类似，透视图也能展示三维空间。但不同的是，轴测图绘制时不存在变形，而透视图会根据观察者相对于消失点的位置，呈现物体的变形效果（图 2.24）。

透视图可以有多个消失点。以一个消失点为基础绘制的透视图称为一点透视。在这种透视画法中，物体的一个面会以立面图的形式绘制，且该面不会产生变形。采用两个消失点使物体多侧面产生变形的透视图称为两点透视。两点透视是最接近人眼日常观察的视角。采用三个消失点的透视图称为三点透视，多用于从上方或下方观察高大建筑的场景。

透视图通常用于概念美术创作，虽然它在实际空间规划中的实用性最低，但在构建关卡视觉效果方面作用最为突出。透视图既可以手工绘制，也可以通过三维底图生成。三维底图是设计师在三维美术软件中创建的概念美术场景的简化版本，再由设计师使用数字图像处理软件在其基础上进行绘制。这类底图有助于为同一场景创建多个版本，从而为游戏确定最终的美术风格（图 2.25）。

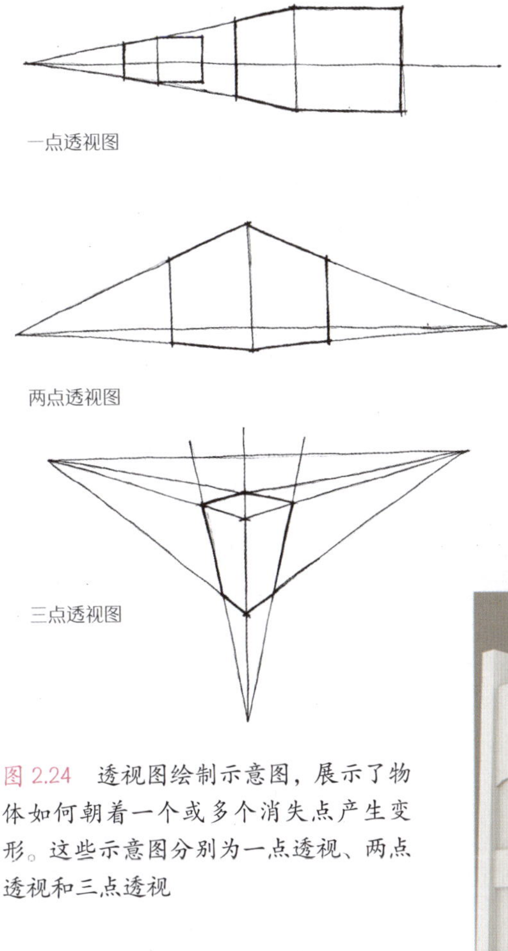

图 2.24 透视图绘制示意图，展示了物体如何朝着一个或多个消失点产生变形。这些示意图分别为一点透视、两点透视和三点透视

图 2.25 这幅建筑透视草图是在简易的三维渲染图基础上绘制而成的。这类底图可用于为同一个模型打造多种不同的视觉效果

现在，你已经了解了几种不同的绘图技法和用于理解空间设计的绘图类型。接下来，我们将展示如何应用这些技法来更好地理解和规划游戏关卡。

2.2.3 草图与设计日志

掌握了绘画技法却无处实践，这些技法又有何用呢？对我而言，关卡设计中最重要的工具之一是我的速写本——一本可以随手携带或是能轻松放入背包的方格纸小本子。在这个本子上，我收集了所有非数字化的关卡设计构思和创意。绘制草图可以帮助建筑师捕捉设计灵感，也可以记录他们在研究某一建筑作品时所观察到的元素（图 2.26）。前文所述的绘图技法正是打造专属设计速写本的核心基础。在灵感涌现时及时绘制草图，日后你能更轻松地回忆起来，或是向他人传达这些想法。

在第 1 章中，我们讨论了一种观察游戏关卡的方法。这种观察方法的核心要点包括：理解关卡为何以这种方式构建，它能带来哪些游戏体验，其历史案例是什么，以及它的空间构成是怎样的。建筑师在学习初期，会被教导将这类观察内容记录在速写本中。若以上一章中关卡设计的观察方法为指导，我们也可以对游戏关卡展开类似的研究。拥有这样一本速写本，对于理解学习关卡设计案例至关重要，它会成为你关卡设计的灵感源泉（图 2.27）。

当然，对于许多游戏来说，玩家很难一边面对敌人一波波的进攻，一边绘制草图并进行分析。在这种情况下，同时记录游戏日志与使用速写本，可以帮助玩家留存对游戏过程的记忆。当玩一款希望借鉴其关卡设计的游戏时，我会在每次游玩结束后或通关每个关卡后，立即在纸上或文字处理器中记录我的想法。在电脑上玩游戏时，可以在游戏过程中截取游戏画面或视频，并将其加入日志中，这是标记后续待分析内容的极佳方式。通过这些截图和笔记，你便能进一步绘制出用于分析的草图。

2.2.4 纸上设计

绘制草图除了能分析设计案例外，在关卡设计领域，还能助力设计师梳理原创想法。在建筑设计中，初步的构思通常会在速写本或描图纸上进行。在纸上形成设计思路的一种标准方法是绘制概念草图。建筑概念草图是一种简单的形式研究，旨在形成建筑最终的形态。这类研究可以在纸上完成，或通过制作建筑模型完成（包括二维或三维的形式）。对于建筑设计而言，概念草图有助于理解指导设计的形式原则和建筑与场地之间的互动关系（图 2.28）。同样重要的是，概念草图研究具有不确定性，这意味着设计师可以快速生成多个方案，而不必在单个设计上投入过多精力、细化过多细节——避免后续发现方向错误

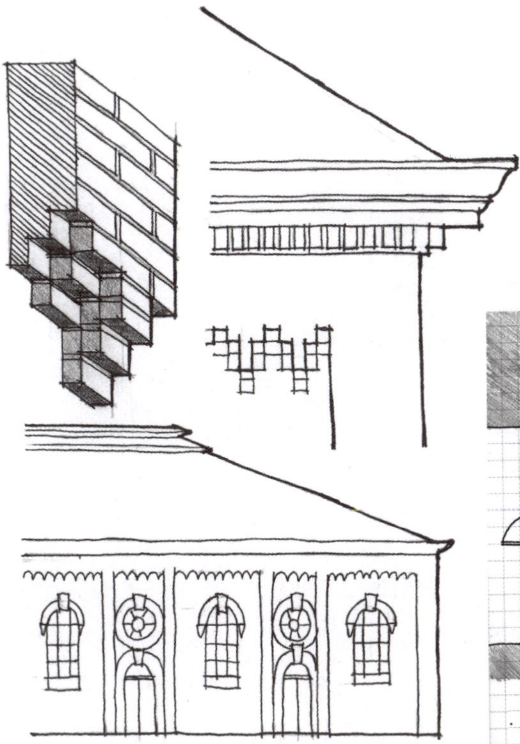

图 2.26　这类草图是帮助建筑师（无论是学生还是专业人士）理解建筑的重要工具。通过草图绘制，建筑师既能凸显设计中重要的元素，又能通过手工绘制重现建筑形态，从而更深入地理解这座建筑

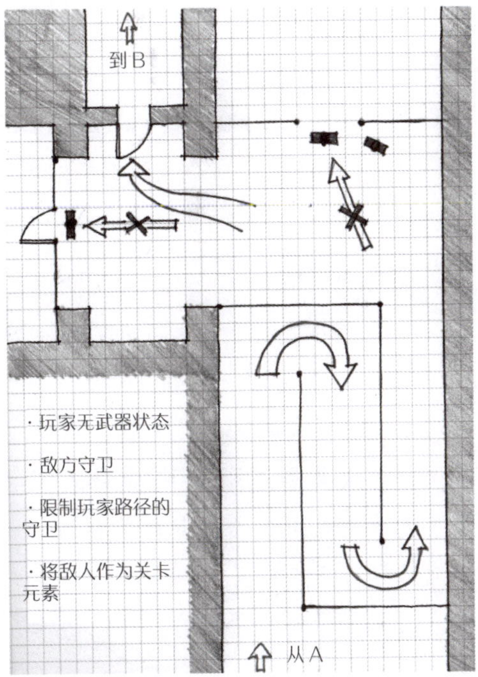

图 2.27　这幅草图展示了游戏 *Half-Life 2* 的环境，源自游戏过程中记录的游戏日志。在游戏过程中记录下自己的感受，并截取游戏画面，有助于设计师标注后续需要用这些草图进行分析的内容

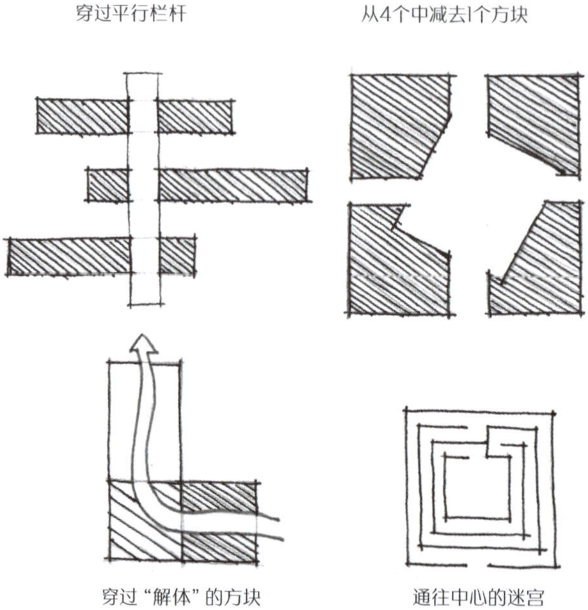

图 2.28 建筑概念草图帮助设计师快速理解设计方案与场地条件的相互关系，还可以帮助设计师快速尝试不同的空间构成与形态组合，而无须拘泥于单一设计方案

而白费工夫。大多数情况下，这些概念草图不涉及具体尺寸，因此设计师可以更多地关注空间构想和形态设计，而非纠结于具体尺寸。之后，我们将进一步探讨概念草图作为关卡设计工作流程要素的具体应用。

而对于更精准的关卡设计绘图而言，方格纸是生成纸上关卡构想的实用工具。方格纸因常用于绘制各种数学函数而得名，其类型多样，建筑工程师最常用的是笛卡尔方格纸——它具有规则的网格结构。虽然建筑师不常使用方格纸，但当直尺、三角板等绘图工具不便使用时，建筑师或工程师会借助方格纸辅助绘图。方格纸尤其适用于确定草图中物体的比例。为此，设计师可以预设方格纸上的一个方格代表特定的度量单位，并以此为基础，快速绘制出兼具准确性与尺寸参考价值的草图。

游戏空间设计也与网格和方格纸关系密切。方格纸是许多为角色扮演游戏 *Dungeons & Dragons* 自制地图的玩家会用到的核心工具。在电子游戏设计中，许多引擎本身就使用基于网格的度量单位来测量空间。因此，绘制类似建筑师使用的方格纸图纸，不仅能清晰地呈现关卡构想，还能帮助设计师确定游戏世界的合理比例。新手设计师常犯一个错误：他们直接在电脑上制作的游戏关卡，与玩家角色尺寸不匹配。在某些极端情况下，甚至会出现玩家角色无法通过门的问题。

要实现关卡的合理设计，关卡设计师必须了解玩家角色的度量参数。度量参数是基于游戏玩法的测量数据，以游戏引擎内的单位表示，用于描述游戏中角色的尺寸和移动属性。可被视为度量参数的测量值包括角色体型大小、跳跃距离、攻击范围、角色奔跑或行走时的移动距离，以及其他各类与移动相关的属性。许多游戏引擎都有自己的基本单位。例如，Unity 游戏引擎中的 1 个单位等于 1 米，这帮助设计师直观了解游戏角色完成某些动作所需的空间距离。

方格纸可以帮助设计师在电脑建模之前确定比例关系。通过设定方格纸上的一个或一组方格对应特定度量单位，关卡设计师能够根据游戏角色的度量参数规划关卡——这与建筑师根据特定度量单位进行设计的方式类似（图 2.29）。

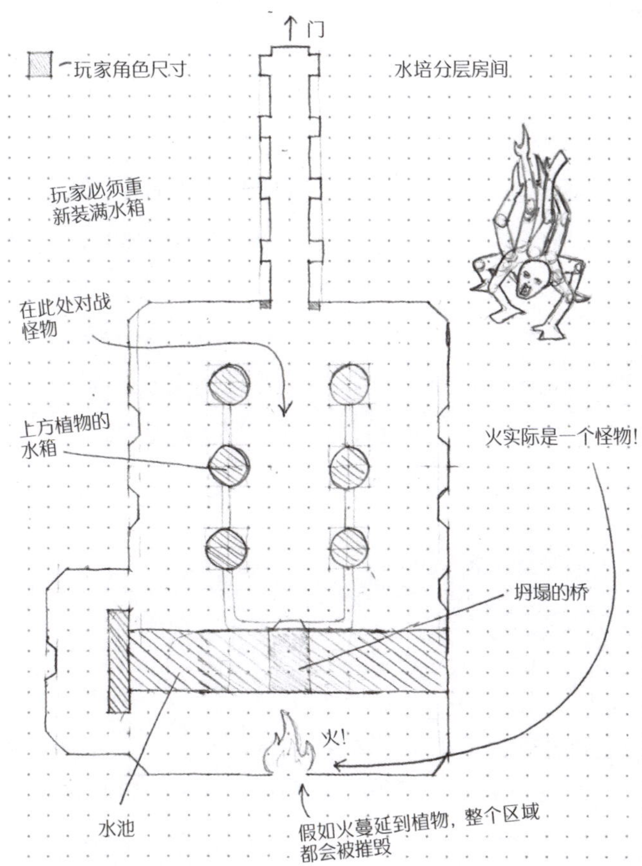

图 2.29　这幅设计草图呈现了关卡的平面布局，设计师利用方格纸在三维游戏中将游戏空间的尺寸与游戏角色的体型大小进行匹配

2.2.5 关卡设计的标注方法

并非所有绘图方法都用于描述游戏关卡的“物理”（电子游戏空间所能具备的实体属性）层面。建筑师和游戏开发者还研发了一套简化的示意图绘制方法，用于描述空间的非物理属性。这些方法可用于呈现用户在空间中的移动流向、移动节奏或其他各类关联关系。

（1）邻近关系图

当一位业主想要建造一栋建筑时，他会先拟定一份建筑任务书，其中列出建筑必须具备的功能与必须包含的空间类型。这种“形式追随功能”的设计思路，同样适用于关卡设计。我们可以将关卡设计与游戏机制相关联，让空间服务于玩法需求。

收到建筑任务书后，建筑师会借助邻近关系图将任务书中的需求转化为建筑空间布局。邻近关系图由圆形气泡和连接线组成。气泡代表建筑中需要包含的房间或空间，其大小根据这些空间所需的面积确定。同样，连接气泡线条的粗细则根据空间的邻近重要性程度来确定[11]（图 2.30）。需要注意的是，邻近关系图并不是实际的空间平面图，只是一种用于分析建筑功能逻辑的工具，不能等同于最终的空间设计方案。[12]

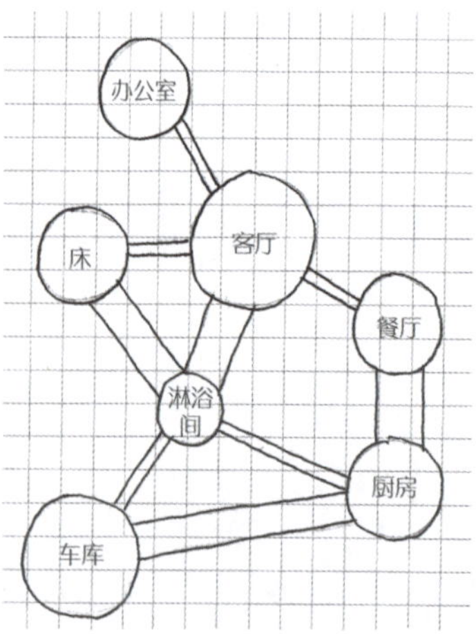

图 2.30 建筑邻近关系图。每个气泡的大小根据空间所需的面积来确定。连接气泡的线条的粗细则表明这些空间在最终建筑中需要彼此相邻的必要性程度

邻近关系图在关卡设计中的应用逻辑，与在现实建筑设计中的应用逻辑一致。每个气泡不只是代表某个功能空间的名称或面积，而是代表一个游戏空间，例如首领房、狙击点或终点线。不同大小的气泡可以表示不同空间的规模类型，而连接气泡的线条的粗细和类型，能够体现空间邻近优先级和空间之间的连接方式。例如，即便玩家需穿过一长串走廊才能抵达狙击点，设计上仍可能要求狙击点能看到地图中的大片开阔空间（图 2.31）。

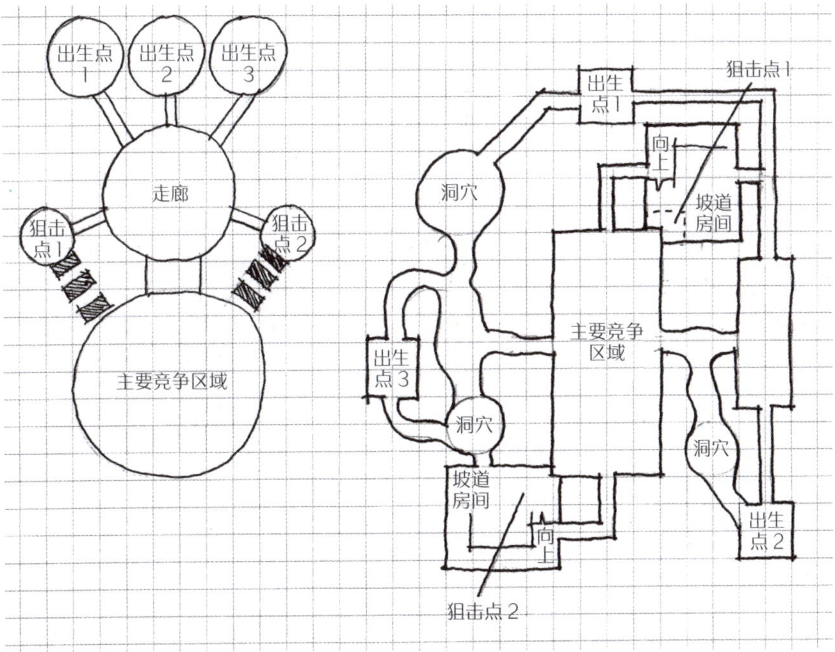

图 2.31 一幅多人第一人称射击游戏关卡的邻近关系图。在这个案例中，每个狙击位置都能看到主要竞技区域，每个出生点都能获得装备。需注意的是，尽管此图呈现了这些关联，但最终的设计可以（也应该）大不相同

（2）概念图解

邻近关系图是极为具体的建筑图解类型，但通过合适的视觉语言，概念图解可以表达多种类型的信息。如果要详尽罗列所有图解符号与表达方式，其内容就足以单独成书。在此，我们将采用建筑工作室中常用的概念图解这一术语——这类图解用于展现设计的核心理念，描述各类空间状况，与概念草图具有相似性。

概念图解的核心特征，并非依赖特定符号或空间描述，而是通过使用一个或多个符号来展示空间设计的概念性维度。例如，常见的图示概念包括公共空间（人群聚集的地方）与私密空间（供单人或小群体独处的区域）的对比关系。这类公共空间与私密空间图解通常采用简化的平面图形式，并通过不同密度的排线来填充和标注房间。

排线可有效呈现设计中不同层级的空间概念，例如图 2.19 展示的流水别墅

的概念图解。此外，排线还可用于描述空间状态的层级差异，如公共与私密的程度、光照的强弱或空间功能属性等。由于排线可采用不同走向或图案的线条绘制，其信息传达方式具有多样性。例如，在父母专属空间（书房、办公室）采用垂直排线法标注，儿童区域（游戏室）采用水平排线法标注，而在厨房或餐厅等公用空间则用交叉排线法标注。

概念图解中常用的视觉元素还有箭头，它们可以用于展示人行交通的方向、主要视线或建筑的轴线（即决定建筑形状的假想线）（图 2.32）。色彩是另一种用于描述空间功能的实用工具，也可以作为排线法的替代选择（图 2.33）。最后，形状和形态也被广泛用于建筑图示中，既可作为建筑内空间的抽象表现，也可作为展示最终形态的核心构思图（图 2.34）。根据这类图纸中图形填充方式的不同，图纸的重点也可放在其负空间（绘制元素之间的留白区域）上。

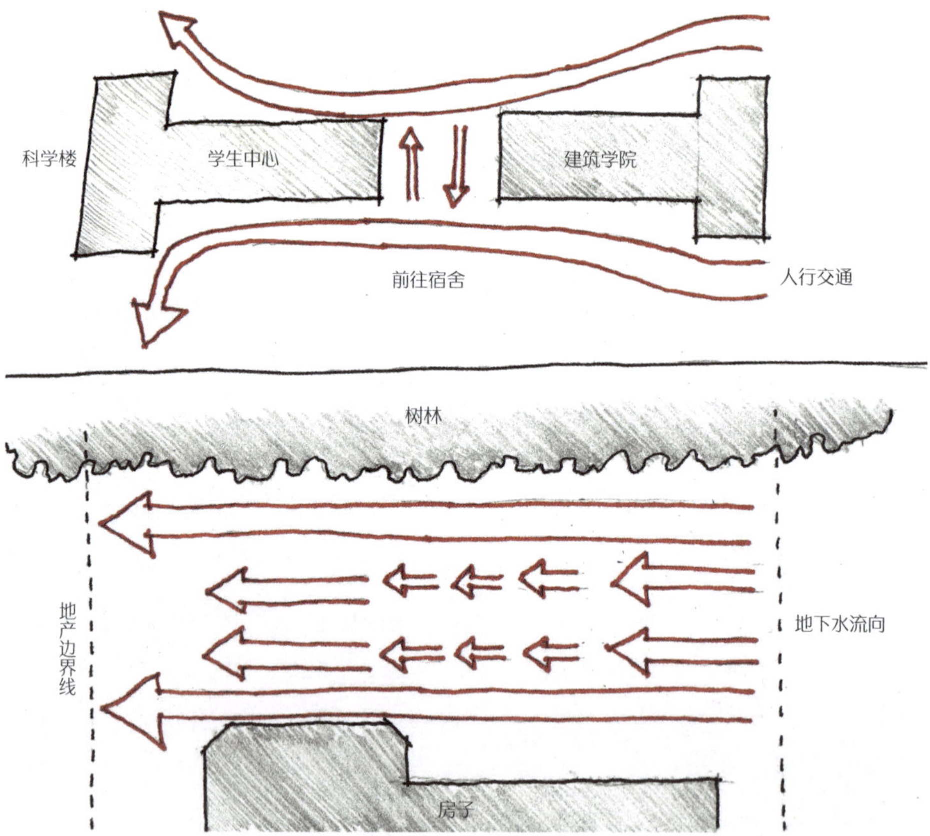

图 2.32 以不同方式运用箭头的示意图

人们很容易认为，存在一些既定的规则，能将符号与概念对应搭配以制作概念图解，但实际上，建筑师绘制图解是为了记录他们的想法和观察，采用的是当时他们认为最适宜的方式。因此，在为自己或他人的游戏设计关卡概念图解时，你应该尝试运用不同的技法，以找到适合自己的图示逻辑体系。

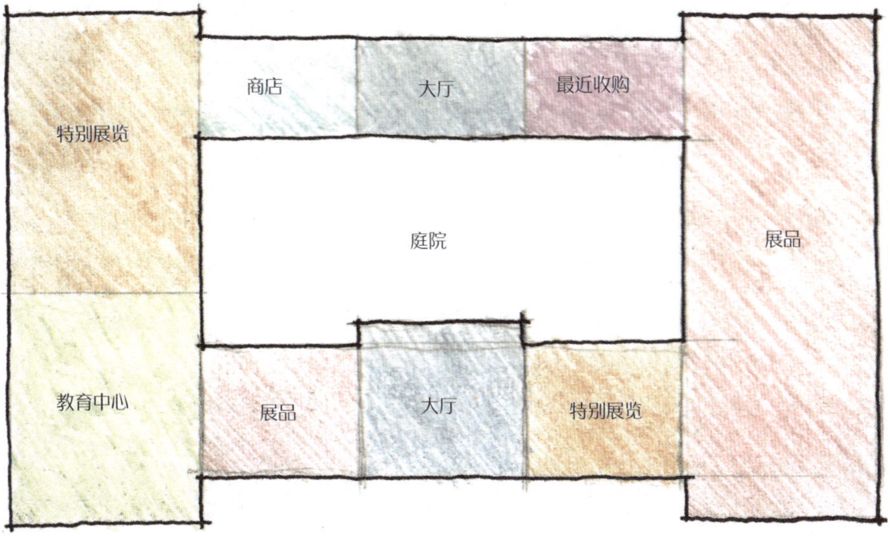

图 2.33 这幅博物馆概念图解，未使用排线，而是采用颜色编码的方式来标注建筑各区域的功能用途

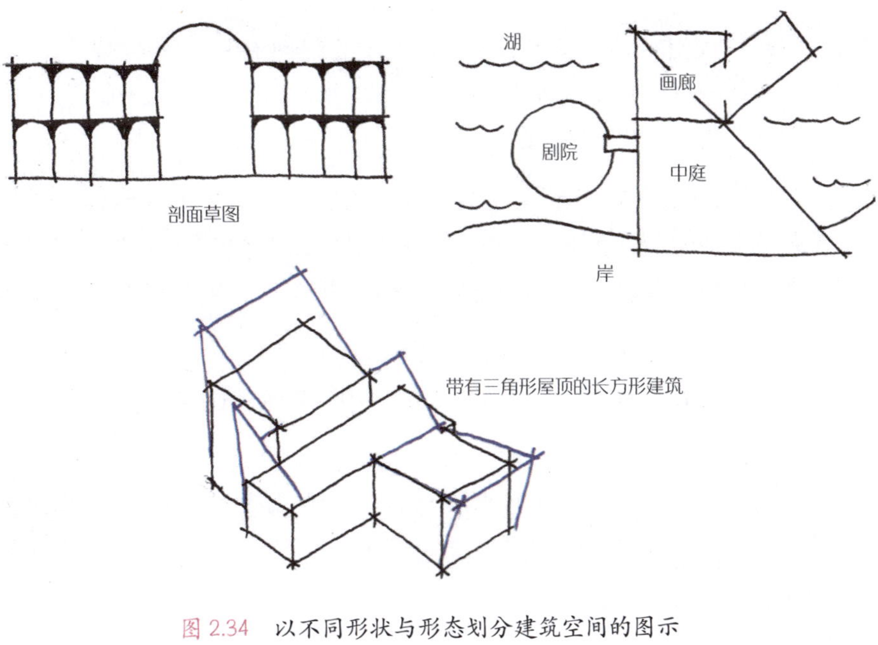

图 2.34 以不同形状与形态划分建筑空间的图示

（3）游戏地图绘制

在游戏关卡图解与精确制图（如草图绘制或方格纸规划）之间，存在着游戏地图绘制这一独特方法。在许多游戏自带自动地图（即游戏用户界面中向玩家展示游戏世界地图的部分）之前，玩家不得不将访问过的区域记录在纸上。尽管这并非明确的建筑师技法，但大多数玩家采用的地图绘制风格，与游戏 *Dungeons & Dragons* 中的方格纸地图与建筑师的平面图、剖面图有许多相似之处。

游戏评论家兼历史学家 Jeremy Parish 对这种地图绘制方式表现出了极大的兴趣，他称其为一种被遗忘的艺术。[13] 在他称之为“卡带制图学”的 YouTube 视频中，他体验了那些具有超大规模世界的游戏，并逐个房间地绘制地图。这些地图唤起的怀旧情感使受众持续关注像 Mapstalgia[14] 这样的复古游戏地图博客，读者可在该网站提交自己的地图以供筛选展示。2014 年，游戏网站 Polygon 的撰稿人 Ben Kuchera 同样呼吁大家分享自己的游戏地图——无论是 20 世纪 80 ~ 90 年代初的作品，还是专门为他的文章而绘制的新作。[15] 他认为，这些地图不仅记录了游戏关卡的实际布局，也承载了玩家对游戏空间的记忆。我曾有过类似的经历：在购买二手红白机游戏 *The Legend of Zelda* 时，随游戏附带的“地图与策略”插页中，地图的空白区域已被前一位所有者填满（图 2.35）。拿起地图，就好像手握另一个人的童年。

除了自身价值外，游戏地图的重要性在于它们既是记录玩家体验的一种方式，也为规划我们自己的游戏空间提供了参考范例。例如，游戏评论家 Parish 的“卡带地图学”地图都经过精心绘制而成，采用不同颜色的图例来表示门、物品拾取点及其他重要物体。纸上的每个方格代表一个特定的度量单位，因此他绘制的地图是游戏空间精确、按比例呈现的关卡地图。这种度量方式有助于设计师分析现有关卡是如何考量角色参数指标的，并将这类设计思路借鉴到自己的设计工作中。

地图还可以与图示化信息结合使用：本书中的方格纸绘图将游戏关卡地图化呈现与箭头、阴影和其他图示符号相融合。我童年时绘制的地图也采用了这种方式。我清晰地记得在地图上标记了我发现过秘密的各个房间，并注明了如何再次找到它们。本书中的方格纸地图，是这种旧时实践与我从建筑学中学到的技法相结合的产物。

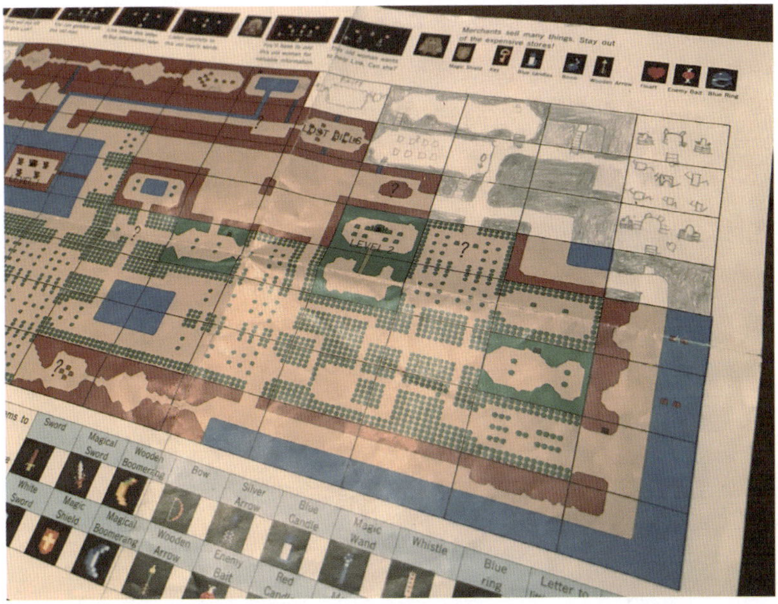

图 2.35　我几年前购买的二手游戏 *The Legend of Zelda*，其附带的“地图与策略”插页上，前主人用手绘地图填满了空白区域—— 这是游戏游玩史上一个逝去时代的珍贵印记

（4）流程图

现在我们回到更抽象的领域，谈谈流程图。许多游戏和软件设计师都使用流程图，用来反映用户在操作某一系统时可以做出的决策过程（图 2.36）。与此前表现关卡“实体”形态的图示不同，流程图试图模拟玩家在游戏过程中的思考逻辑。

流程图是规划具有分支故事情节类游戏或复杂系统管理类游戏的绝佳工具。此外，它们同样适用于标注关卡中的重要节点或玩法节点。例如，如果玩家需要找到一个特定的物品来完成后续的挑战，设计师就可以使用流程图来提示玩家返回探索（图 2.37）。

绘制流程图时，设计师从关卡起点（即开始节点）开始，绘制线条连接至下一个节点。该节点代表玩家需要作出决策或游戏对玩家提出特定要求的环节（如持有钥匙或执行特定动作）。需要再次强调的是，这些节点并非关卡几何结构中的具体位置，而是事件的抽象呈现。从起点出发，设计师需绘制线条连接至其他多个节点，这些节点分别代表玩家可能做出的每一种决策或可能存在的每一种状态（例如“持有钥匙”或“未持有钥匙”）。随后，从每个节点再延伸出线条，指向流程序列中的下一个事件，或指向可能产生多种结果的下一个节点。

在绘制流程图时，最好使用不同形状的气泡来表示不同类型的节点。像所有图示一样，建立并保持一致的视觉语言至关重要。流程图的内容通常是简短的文本，但正如我们将在最后一种图解类型中看到的，采用基于符号的语言来构建流程图，能使其成为一种强大的分析工具。

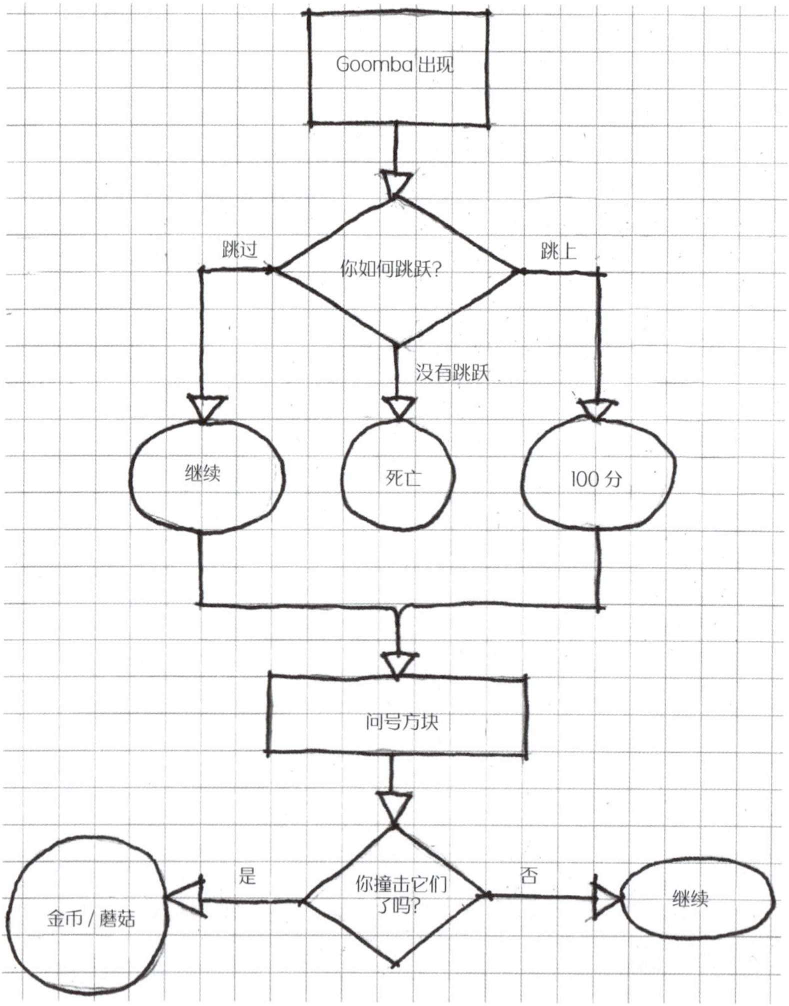

图 2.36 游戏 *Super Mario Bros.* 首屏中玩家可能做出的决策流程图

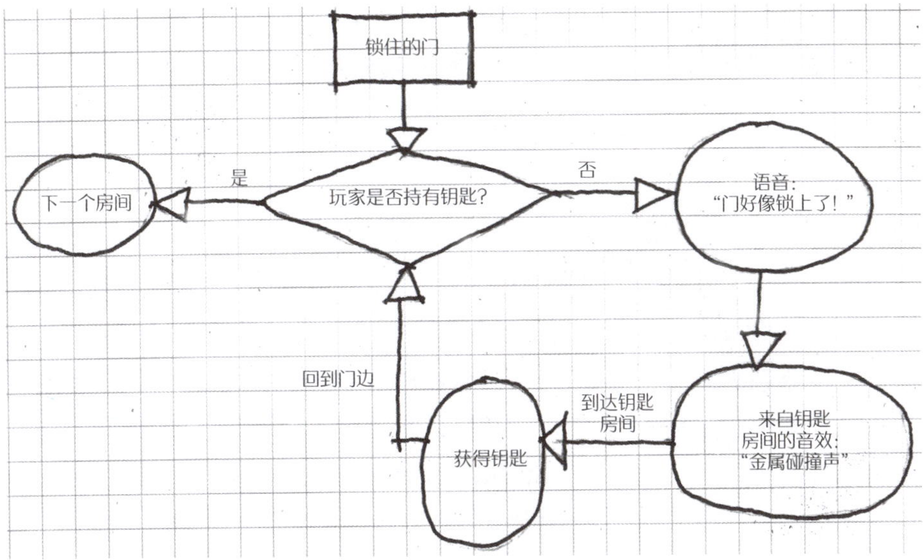

图 2.37 使用流程图梳理玩家持有必备道具和未持有必备道具时的关卡进程

（5）Mark Brown 的地下城设计图解

游戏产业在空间设计理解方面的一次令人印象深刻的进步，当属游戏设计评论家 Mark Brown 的 *Boss Keys*[16] 系列视频。该系列视频专门分析了 *The Legend of Zelda* 系列游戏中的地下城设计。每一期视频都聚焦该系列的一款游戏，从线性程度、钥匙 – 锁具机制和玩家行进路径三个维度展开分析。

在对 2001 年发售的 *Zelda: Oracle* 系列游戏的分析视频中[17]，Brown 提出了一种他称之为“客观且通用”的地下城设计图解方法。每张地下城设计图解都类似流程图：首先在入口与出口之间绘制关键路径，接着在这条路径上标注出存在的锁具数量。然后，在从关键路径延伸出的分支路径上，标出其对应的钥匙。在此基础上，还会标注出需要特殊道具解谜的重要障碍点（如需要特定道具才能激活的开关等）（图 2.38）。在特殊情况下，如果地下城特定的障碍阻碍了玩家的进展，它们也会被视为独特的锁具：绘制时采用与普通锁具相同的标记，但会标注障碍类型，而非使用锁孔符号。

与流程图类似，Brown 的地下城设计图解并不等同于关卡的实际地图，但它们描述了游戏元素之间的结构关系。这些图解能揭示许多在绘制地图时难以直观发现的关卡设计细节，例如玩家是否有多种方式解锁一扇门，或获取某件道具的路径是否存在分支。线性程度是 Brown 的主要分析标准之一，是通过标注玩家在同一时间点面前的锁具与钥匙数量来判断：图解中若多把钥匙对应一个锁具，或一把钥匙对应多个锁具，往往意味着关卡存在开放式探索空间。用 Brown 自己的话说，这些图解有助于展示一个地下城中某一时刻的可探索空间。观察者只需注意玩家在遭遇锁具或需要道具的谜题前，可获取的路径和钥匙数量即可（图 2.39）。值得一提的是，Brown 将这种方法应用于 *Zelda* 系列游戏的二维和三维版本中，证明了该方法的通用性。

即使你不是该系列游戏的爱好者，或者只是想知道这种针对特定游戏系列的图解方法与一般的关卡设计工具有何关联，也希望你能继续耐心阅读。尽管该视频系列专注于 *Zelda* 系列游戏，但 Brown 的方法同样适用于任何具有钥匙 - 锁具机制的游戏，例如角色扮演游戏或点击式冒险游戏。在本文撰写时，Brown 已开始将其方法应用于类银河战士恶魔城（Metroidvania）风格的游戏中——这类游戏

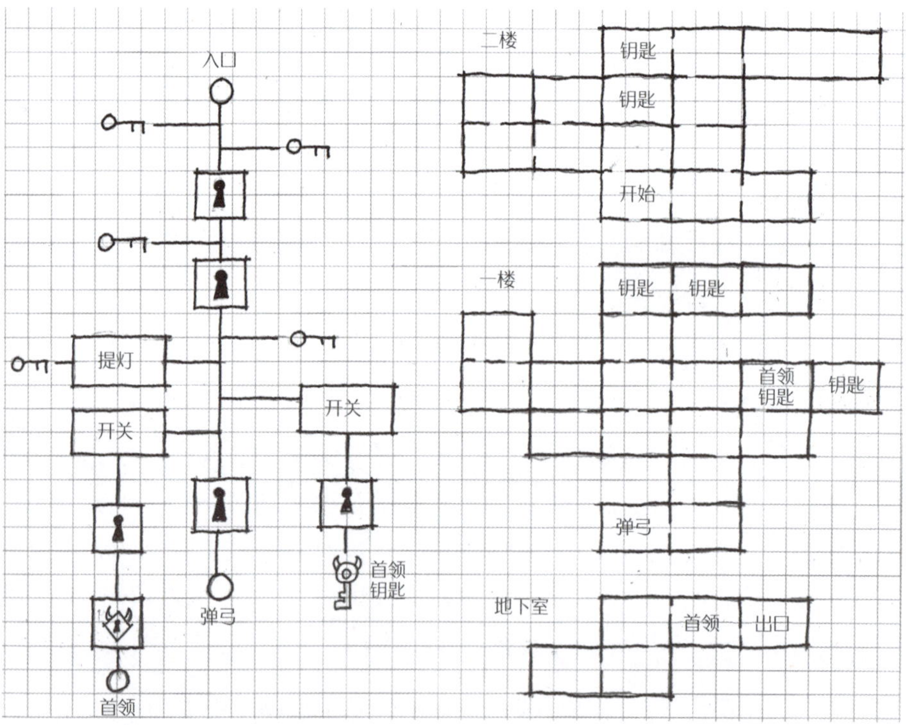

图 2.38　由 Mark Brown 绘制的游戏 *The Legend of Zelda: Oracle of Seasons* 中的地下城设计图解，与该地下城的实际地图并列呈现

与 *Metroid* 和 *Castlevania* 系列相似，均为拥有连贯迷宫式世界的二维横向卷轴游戏。更进一步来看，只要调整图解中的障碍或锁具的类型，该方法同样适用于分析其他游戏类型的关卡设计。例如，2016 年重启的游戏 *DOOM* 中的某个关卡可以用地下城设计图解的方式来呈现（图 2.40）。在此图解中，目标和战斗场所代替了锁具和谜题，展示了如何通过游戏元素布局，避免出现其他第一人称射击游戏中常见的线性走廊式设计。如果你正在尝试创建非线性的关卡结构，这些图解能帮助你客观评估设计中玩家可拥有的选择数量。

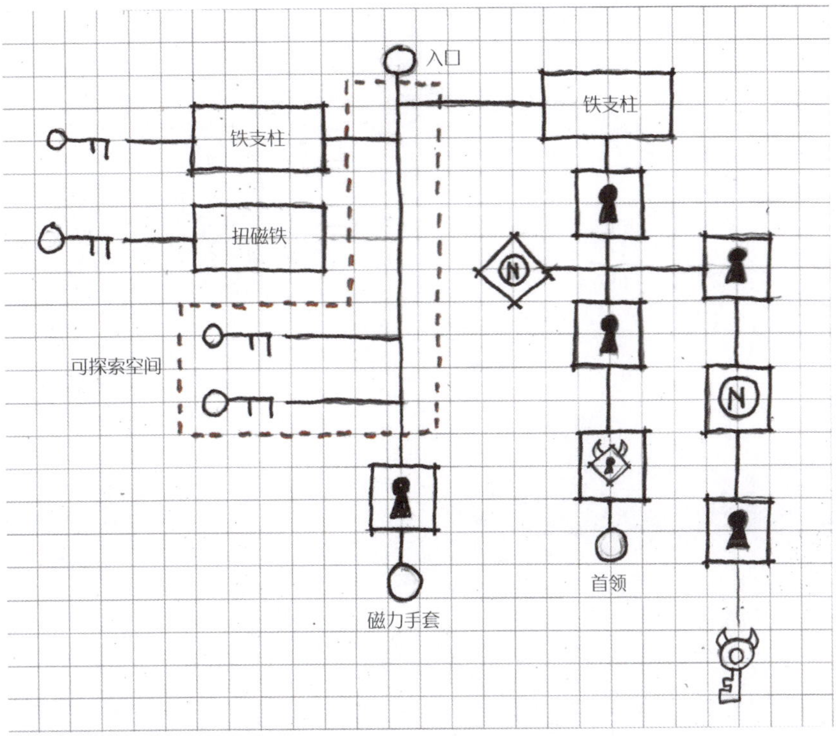

图 2.39　Brown 绘制的游戏 *DOOM* 的地下城设计图解，展示出地下城开始部分有一个可探索空间，玩家可以进入许多房间并获得多把钥匙

借助 Brown 的地下城设计图解与本节中描述的绘图技巧，关卡设计师甚至可以在打开电脑之前就完成大量工作。绘制地图或图表是在游戏过程中学习和积累设计经验的绝佳方法。同样，设计草图也是设定目标、规划后续数字制作阶段工作的有效手段。下一节将涵盖以下内容：关卡设计师在实现数字世界中的关卡时所使用的工具与技术。

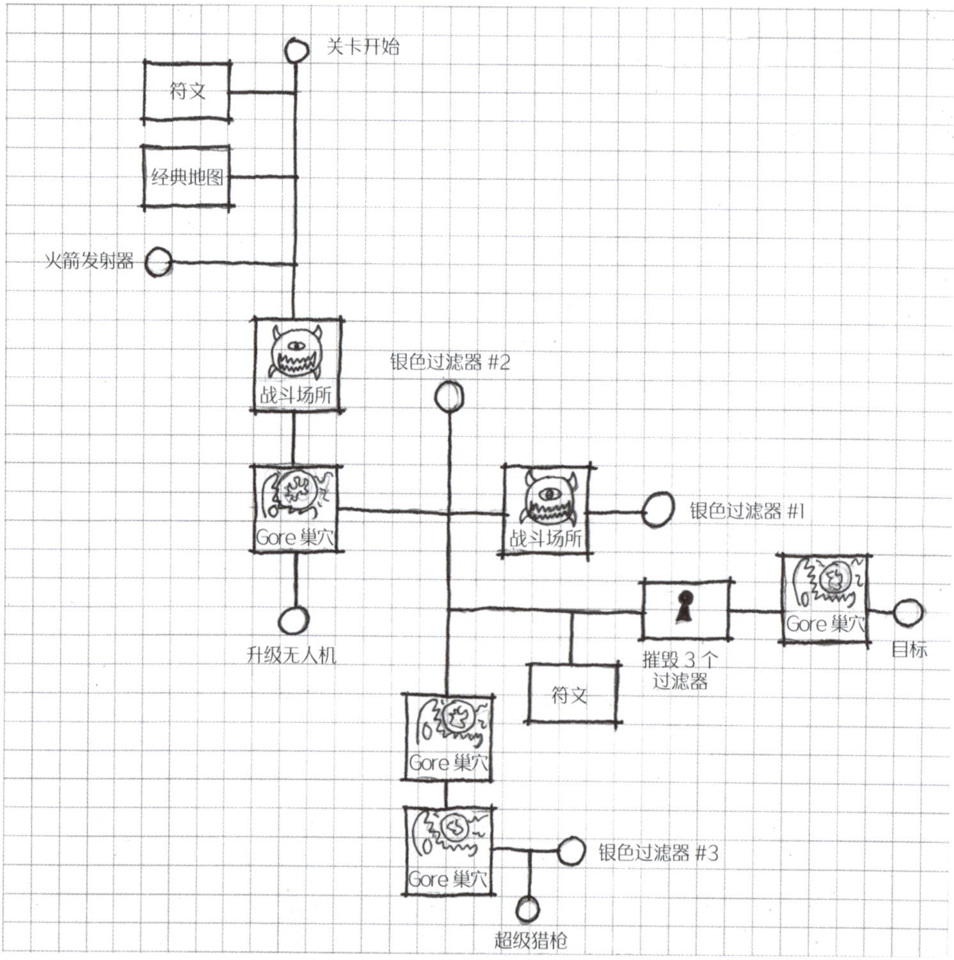

图 2.40 游戏 *DOOM* 的某个关卡用地下城设计图解的方式来呈现，该图展示出此关卡拥有一个庞大的"可探索空间"，并为玩家提供了多个可以按任意顺序完成的目标

2.3 数字关卡设计工具

最终，关卡的非数字化草图和图示需要转化为可交互的形式。脱离电脑的线下设计对于确立项目目标至关重要，而数字原型制作则是帮助设计师进行玩法测试的关键环节。所谓玩法测试，是指设计师通过测试者实际游玩游戏，评估其是否达成初始设计目标的过程。

关卡设计师可以使用许多优秀的数字工具，这些工具能覆盖从设计规划到落地实施的各个步骤。有人可能会疑惑：已经花时间在纸上绘制了关卡草图，为什么还需要额外的规划？正如我们将要探讨的，数字化工具能够帮助设计师规划出超越几何结构本身的空间条件，包括不同表面的材质和光照条件。其中一些工具还支持在绘图阶段就对环境物体的尺寸规格进行规划。

与上一节类似，本节列出的不是强制性清单，而是通过列举各类工具，说明它们在建筑绘图方面的用途及其如何为关卡设计流程提供帮助。需要再次强调，工具的选择应当符合你自身的工作流程，或最适合你所开发游戏的流程。

2.3.1 计算机辅助设计（CAD）软件

尽管本书不提供关于计算机辅助设计（CAD）软件的教程，但 CAD 软件可以帮助那些想要在图纸中展示更多信息的关卡设计师。建筑师常用的传统软件是 Autodesk 的 AutoCAD，但像 Dassault Systemes 旗下的 DraftSight 这样的软件也是不错的替代品，特别适合偶尔使用 CAD 的设计师（图 2.41）。

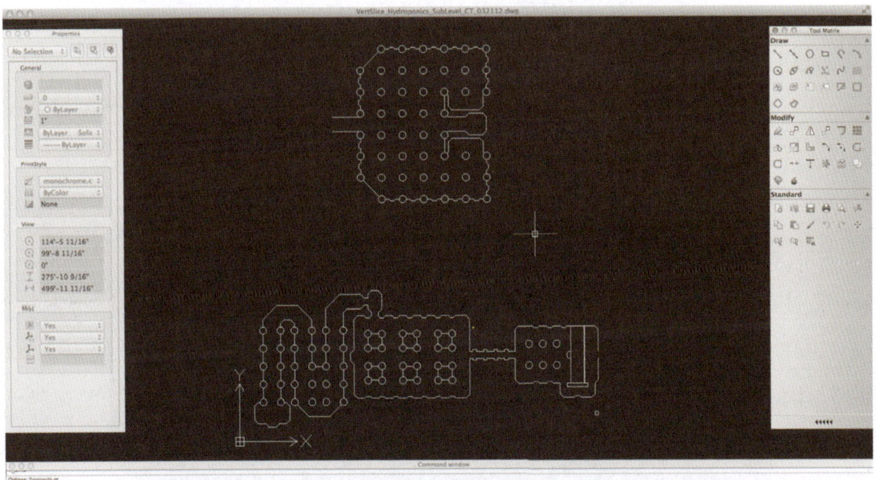

图 2.41　DraftSight 为关卡设计师提供了 CAD 软件所需的全套功能

CAD 软件对关卡设计师而言，有多种潜在的实用用途。最显而易见的是，数字图纸在清晰度上优于手绘图（图 2.42）。清晰的设计图能比潦草的图纸更有效地传递信息。CAD 软件不仅能比大多数人工手工绘制更清晰地呈现结果，还能大幅缩短绘图时间。此外，CAD 软件的一些功能迫使设计师采用符合游戏引擎逻辑的工作方式，这为后续关卡落地提供了便利。

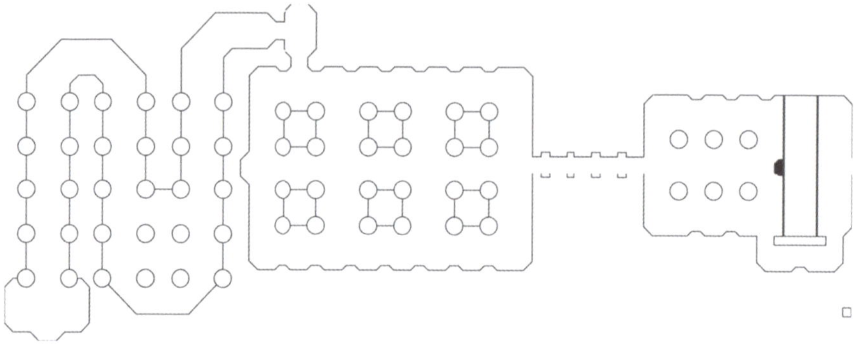

图 2.42 这幅简易的 CAD 关卡平面图，展示了关卡地图所能达到的清晰呈现效果

CAD 软件的一个常见功能是捕捉功能，即当光标处于特定半径范围内时，会锁定或捕捉到空间中的预设点位。类似于方格纸，CAD 图纸可以设置带有捕捉点的点阵网格。该系统另一实用之处在于，网格间距可以按现实世界的度量单位进行设定。对于使用 Unity 或 Game Maker 等游戏引擎的设计师来说，这种网格和捕捉功能能带来极大帮助：开启这些功能后，设计师能以符合游戏引擎的逻辑进行绘图，这样在绘图阶段就能解决尺寸适配问题。除了工作空间层面的优势外，CAD 软件还允许对绘制的线条和形状进行复制、存储及多种方式的修改，这样设计师就可以快速编辑，而无须手动重绘（图 2.43）。

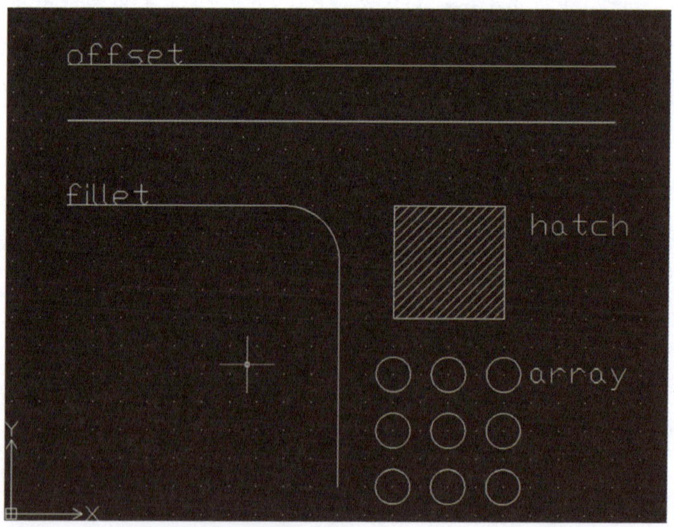

图 2.43 这幅图展示了许多 CAD 软件标配的基础绘图修改功能，图中呈现的线条与形状分别经过偏移、圆角处理、图案填充及阵列复制等操作

在整个关卡设计流程中，CAD 软件的另一个实用功能是模块化设计。在专业建筑设计和关卡设计中，许多设计都依赖预制构件完成，这些构件由厂商生产后直接组装使用。在建筑领域，建筑的许多部件都为预制件：卫生设备、门窗、结构构件、幕墙系统等。许多 CAD 软件允许设计师将门窗和卫生设备等需要多次使用的构件保存为“块”。块是指以独立文件形式存储的绘图元素，设计师后续可根据需求调整尺寸，将其插入到新的设计图中（图 2.44）。

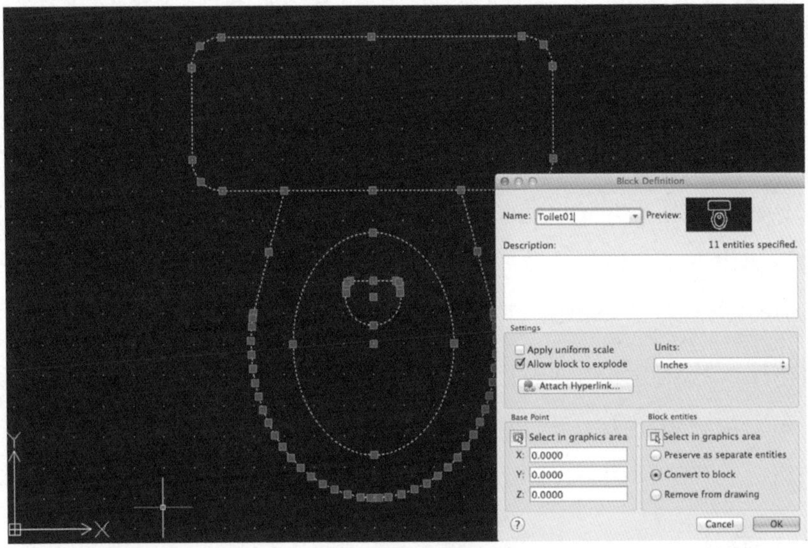

图 2.44 这幅马桶图像已被存储为图块，设计师可以根据需要随时将其插入图纸中

模块化设计在关卡设计中的核心应用，在于帮助设计师识别关卡中可多次复用的组件。关卡设计师可能在使用 CAD 软件或方格纸绘制关卡草图时，发现自己反复使用某一墙体形状或环境物体，此时，设计师便可决定将这类物体制作成预制组件，以便重复调用。当关卡进入制作阶段、开始制作二维美术或三维美术时，设计师就能提供一份核心资源清单，供环境美术团队参考。这种关卡前期规划能让关卡搭建像拼乐高一样高效，而无须为每个场景都进行定制化搭建。

CAD 软件在关卡设计中的另一项实用功能，是生成可用于数字艺术软件的线稿图。虽然平面、剖面和立面的线稿图在规划关卡时非常有用，但它们往往难以营造氛围。此时对这类图纸进行渲染就显得尤为重要。如果设计师使用 CAD 软件，就可以基于清晰线稿进行数字绘画，最终形成极具表现力的渲染图。

2.3.2 数字美术软件

渲染是设计师通过艺术媒介（通常是水彩或彩铅）为图纸添加色彩和光影信息的过程。像 Adobe Photoshop、GNU 图像处理程序（GIMP）或 Krita 这样的数字艺术软件已成为传统媒介的流行数字替代品。在游戏行业中，它们常用于创建游戏环境的概念艺术图，比如关卡的透视图。一些建筑师也使用这些工具来渲染他们的二维设计图，而关卡设计师对关卡设计示意图、平面图、剖面图和立面图进行同样处理，能为这些图纸增添概念艺术图特有的细节内容。

与传统的概念艺术图类似，渲染后的平面图可以用来营造游戏关卡的氛围，而概念透视图则无法做到。虽然概念透视图在营造关卡整体氛围方面效果显著，但除非绘制额外的透视图，否则无法准确呈现氛围的变化过程。而基于关卡建筑图纸（如平面图）进行渲染，设计师仅用一幅图就能展现关卡氛围效果或材质的递进变化（图 2.45）。像平面图这类宏观视角，还能让设计师直观地看到关卡氛围随流程推进的演变规律。

使用这些数字美术软件时，我们一定要理解其最强大的功能——图层。从 Photoshop 开始，数字美术软件就允许用户将图像拆分为独立图层，每个图层可单独添加特效或进行调整（图 2.46）。与大多数概念图创作相似，图层既能用

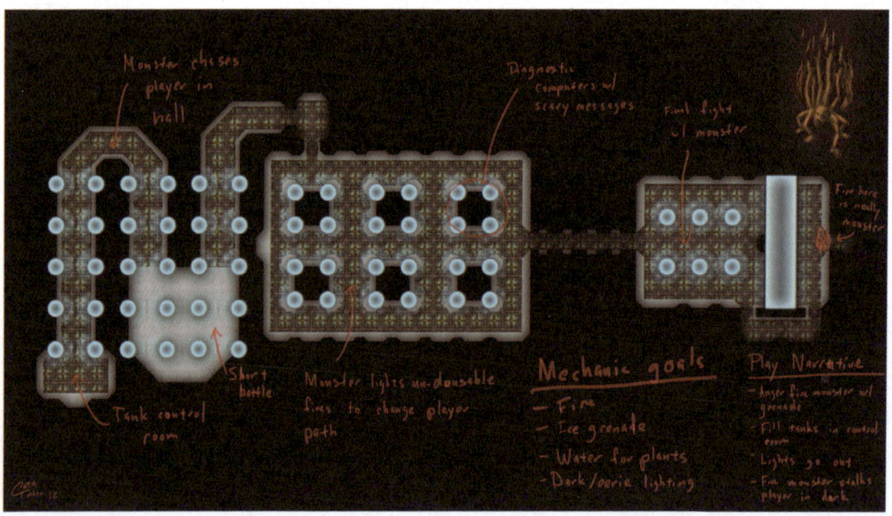

图 2.45 CAD 地图的渲染效果图，展示了如何通过数字美术软件添加材质和光影等额外信息

于添加图像效果，也可用于控制信息的可见性。例如，将注释置于独立的图层中，既可以在设计讨论时显示这些文字信息，也可以在展示成品时将其隐藏。

如果你开发的是二维游戏，并且最终的美术资源需通过数字美术软件制作，那么你可以使用基于像素的度量系统为游戏物体确定尺寸。例如，假设你在纸上或 CAD 中设计了一个角色，宽 1 格、高 2 格且水平跳跃距离为 8 格，此时可以将每个网络单位设为 2 的幂次（如 16、32、64、128、256、512 等像素）——这是许多游戏引擎中网格系统的基础单位。按照这些比例，你可将角色设定为宽 16 像素、高 32 像素、水平跳跃距离 128 像素。通过这种方式，你能确保所有关卡资源的尺寸比例与间距，从而使游戏正常运行。

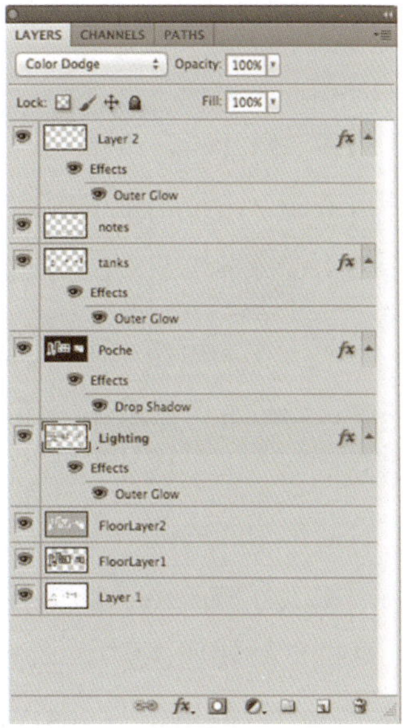

图 2.46 Photoshop 中的图层面板。像本图中这样应用在图层上的各种特效，能显著提升关卡地图概念设计的表现力

2.3.3 引擎基元和占位美术

现在来谈谈游戏引擎。新手设计师常有的一个误区是，认为必须等到游戏美术就绪后，才能在引擎中进行玩法测试。实际上更高效的做法是，在美术资源开发的同时，先完成关卡空间设计并编写必要的脚本（即使游戏元素正常运行的代码片段）。这样，关卡设计师可以通过测试验证其图纸设计能否有效实现预期的游戏体验。

图 2.47 引擎中的基本几何体

要实现这一点，核心是利用引擎基元创建游戏原型——引擎基元指部分游戏引擎自带的简单几何结构。在常规引擎中，基元通常包括立方体或长方体、球体、圆柱体和平面，部分引擎还可能包含楼梯、圆锥体及其他形状（图 2.47）。令

人意外的是，仅用引擎基元就能构建类型丰富的关卡几何结构，事实上，许多引擎的关卡编辑器足够强大，因此关卡中大部分较大的空间几何结构完全可通过基元构建。对于不自带基元的引擎（如许多二维游戏引擎），设计师可以采用占位美术资源。占位美术资源通常由方形、圆形、三角形等简单图形构成，用于在最终美术资源导入前测试游戏玩法。

对于使用方格纸或 CAD 软件绘制草图的设计师而言，基元是一款出色的工具：它们通常严格遵循引擎的网格系统，能轻松实现从图纸到数字模型的转化。部分早期关卡编辑器（如 Valve 公司的 Hammer 关卡编辑器）就要求用户在始终开启捕捉功能的网格上进行设计，这种做法能避免关卡出现裂缝或"泄漏"（此类问题会导致关卡无法编译）。有些编辑器甚至会自动捕捉到 2 的幂测量值：计算机更易处理这类尺寸，且纹理至今仍沿用这些单位。因此，Hammer 关卡编辑器中物体的单位长度通常为 16、32、64、128 等（图 2.48）。现代引擎在关卡构建上维度赋予设计师更自由的发挥空间，但严格遵循基于网格的单位设计，仍然有助于构建符合移动度量参数的关卡。

直接使用引擎基元的另一个好处是设计师能够充分利用引擎系统，包括粒子效果、光照和其他能影响游戏关卡的元素。通过这种方式，他们可以尽早测试不同氛围设定下的游戏玩法情境。结合脚本系统，设计师甚至无须等待完整美术资源就可以创建相当完善的游戏原型（图 2.49）。

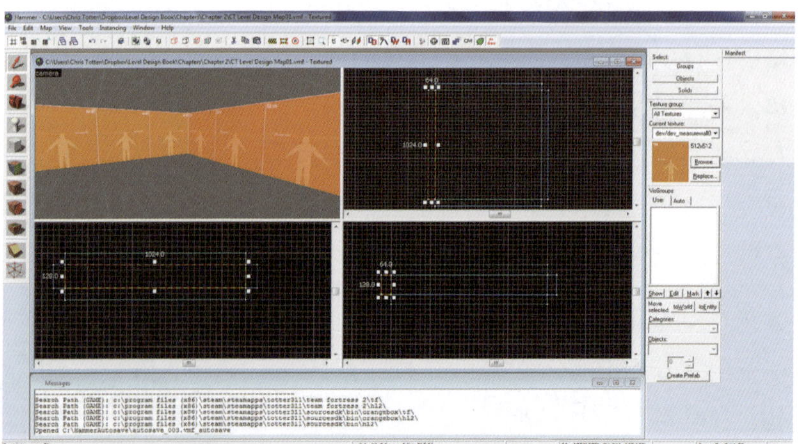

图 2.48 在 Source 引擎中使用基元进行构建时，系统会强制要求用户使用网格捕捉功能，这种功能与 CAD 软件中的捕捉功能类似

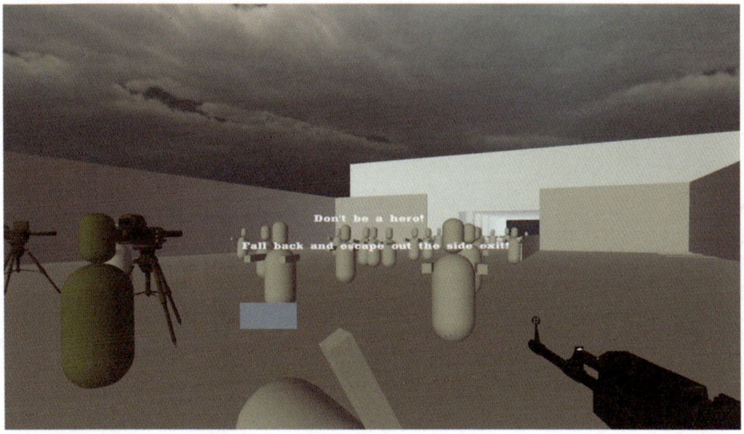

图 2.49 这款僵尸题材第一人称射击游戏原型完全由 Unity 引擎基元搭建而成。开发者通过编写脚本，为敌人和友方单位设定了行为逻辑，从而构建出一个防御场景：玩家需要在僵尸群来袭前，尽可能长时间地坚守阵地

2.3.4 三维建模软件

在三维游戏引擎中，环境物体通常在三维建模软件中设计完成后，再导入引擎。与处理二维关卡资源或关卡基元类似，这些三维资源可以依据规划阶段定义的度量系统创建。不同引擎对三维建模软件的依赖程度存在差异：对于具备强大关卡编辑功能的引擎，主要需导入装饰性元素或特殊物体（家具、机械部件、外星建筑等）。此类情况下，比例问题的影响较小。但若使用的引擎要求大部分关卡几何结构（包括实际房间）都必须从三维建模软件导入，则确保建模软件与引擎间的比例一致性就至关重要。

和游戏引擎一样，三维内容制作软件有自身的比例标准和测量系统，设计师可以基于这些系统构建模型（通常以通用单位作为基准）。如果环境美术师将关卡几何尺寸转化为三维软件的单位系统（例如，1 个网格 =1 个单位），就能确保所有物体都按正确的相对比例构建。

当在内容制作软件与引擎之间切换时，维持导入三维物体比例一致性的简单方法是，直接在三维软件中制作整个关卡的模型（图 2.50）。这种方法让制作环境装饰颇为便捷，因为这些装饰元素可在关卡整体场景的语境下直接构建和摆放（图 2.51）。这种方法还具有节省内存的优点，对于性能较弱的游戏主机、

图 2.50 这片丛林关卡的全部模型均在三维建模软件中制作完成，随后以独立地块的形式导入游戏引擎。像贯穿关卡的河流这类美学元素，其模型是围绕这些地块组件适配设计的。这种制作方式既确保了设计的规范性，又允许在引擎内直接进行调整，而无须返回三维软件修改

图 2.51 通过局部特写可见环境装饰的布置细节。所有装饰元素均在地形模块上直接建模，以确保比例准确。随后这些装饰元素被单独导出至游戏引擎，以便按需进行复制与布局

平板电脑和手机而言，导入单个完整关卡模型的渲染压力更小。但该方法的问题在于，在非交互式软件中建模会导致测试效率变低。虽然通过提前规划单位参数（例如，角色跳跃距离为 4 个单位，那么空隙大小也需要进行相应的调整）可以缓解这个问题，但测试关卡布局仍需反复进行烦琐的导出与导入操作。我在多个游戏项目中采用的替代方式是：在建模软件中创建一套模块化组件，这些组件可以在引擎中以不同方式组合拼接（图 2.52）。这种方法能够同时兼顾两方面的优势：既保证了导入导出时物体比例的一致性，又保留了关卡编辑器的模块化灵活性。若遇到内存限制，还可通过编写脚本将这些组件“打包”，让引擎将其识别为单个模型。

如果在三维建模软件中按标准比例（如前文所述 1 个网格 =1 个单位）构建所有关卡物体，那么全部关卡几何体均应以相同比例导入。例如，若发现物体导入后尺寸仅为预期大小的 1/20，只需将所有比例一致的物体以原尺寸 20 倍的规格导入即可。

图 2.52 游戏中某关卡采用的模块化组件构建系统。这些组件在三维美术软件中制作完成，再导入游戏引擎；通过复用少量组件，即可生成多种不同的关卡设计。所有模型源自游戏公司 Sandrot 的网格资源包

除了在导入时缩放物体，另一种方法是明确三维建模软件单位与引擎单位之间的比例关系。例如，Blender 中的 1 个单位通常等于 Unity 引擎中的 1 个单位。这一对应关系并非适用于所有软件，比如 3ds Max 就可以使用真实世界的单位。因此，设计师可采用公制单位（如 1 个 Unity 单位 =1 米）建模。其他引擎也有类似的比例设定规则。一旦明确了这种单位对应关系，甚至可以在三维软件中创建比例模型：通常是一个按角色或标准单位的基准比例构建的立方体，并将其作为构建关卡几何结构时的标尺使用（图 2.53）。

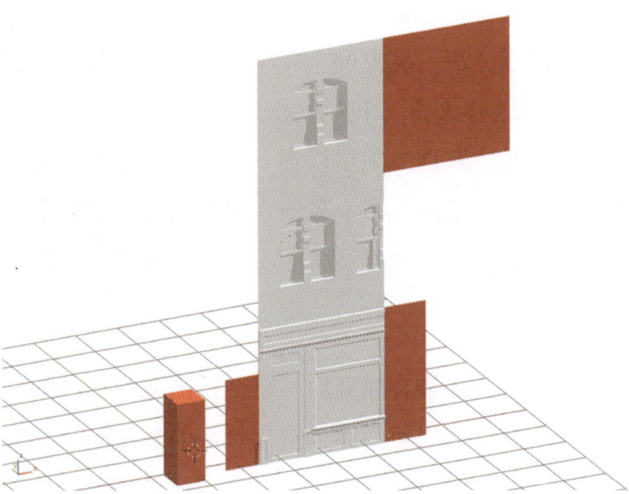

图 2.53 这幅截图展示了建筑侧面的关卡几何模块（较浅色）和参考模型（较深色）。其中长方体模型的尺寸已按角色大小调整缩放，而平面关卡几何结构的参考模型，则已调整为游戏引擎中的标准尺寸——1 单位 ×3 单位和 3 单位 ×3 单位。此外，截图中还呈现了一个门的参考模型

既然已经了解了关卡设计师所使用的数字工具，以及这些工具在关卡构建中的应用方式，那么现在就可以运用这些工具创建自己的游戏关卡了。

2.4 总结

游戏关卡的研究、规划与制作环节涉及种类丰富的工具。这些工具能帮助设计师规划出他们期望玩家获得的体验，并在从图纸设计到三维模型实现的转化过程中快速迭代。通过理解绘制空间关系图与制作空间示意图的不同方法，我们能更敏锐地分析各类游戏空间。采用基于度量参数的关卡规划方式，可让我们为游戏玩法的实际落地做好准备。而将这些设计成果应用到游戏引擎中，并通过迭代流程制作原型，能确保最终的游戏关卡符合我们最初设定的体验目标。

在下一章中，我们将探讨如何将这些工具整合到各类关卡设计工作流程中。

2.5 练习

① 绘图练习：布置一个由日常物品组成的静物场景，用铅笔或墨水绘制静物。尝试运用以下技法：通过测量与参照确保比例准确；利用线条粗细表现物体的远近关系；利用阴影或排线法表现光照效果；完成层次分明的构图，以引导视觉焦点集中在场景中的特定物体上。

② 绘图练习：观察一处建筑空间（可来自游戏或现实世界），空间规模不超过大堂或庭院，室内、室外均可。至少绘制以下三种类型的图纸记录该空间：平面图、剖面图、立面图、轴测图或透视图（可从上述五类图中任选三种），可自由添加注释或绘制图解，突出重要细节。

③ 绘图练习：使用方格纸绘制游戏世界中一小块区域（大小以玩家移动 30 秒至 1 分钟为宜），结合概念图解与注释，标注至少三处体现特定玩法机制的设计节点。

④ 绘图练习：为热门商业游戏或自己设计的游戏关卡绘制流程图，展示玩家在某个关卡或关卡片段中的选择路径。

⑤ 绘图练习：针对热门商业游戏或自己设计的游戏关卡，仿照 Brown 的地下城设计图解范式解析关卡结构。

⑥ 绘图练习：玩一款热门商业游戏，勾勒出环境中重复出现的模块化物体或组件，以此理解关卡的组合方式。

⑦ 数字制作练习：创建一组模块组件（二维或三维关卡组件，也可为环境物体），用于构建你正在制作的游戏中的某个关卡。

参考文献

[1] *Indie Game*: The Movie. Directed by Lisanne Pajot, performed by Jonathan Blow, Phil Fish, Edmund McMillen, and Tommy Refenes. Flutter Media, 2012. Film.

[2] Kremers, Rudolf. *Level Design: Concept, Theory, and Practice*. Wellesley, MA: A.K. Peters, 2009, p. 33.

[3] Bogost, Ian. *Persuasive Games: The Expressive Power of Videogames*. Cambridge, MA: MIT Press, 2007.

[4] Ching, Francis D.K., and Steven P. Juroszek. *Design Drawing. New York*, NY: John Wiley & Sons, 1998, p. 6.

[5] Ching, Francis D.K., and Steven P. Juroszek. *Design Drawing. New York*, NY: John Wiley & Sons, 1998, p. 8.

[6] Ching, Francis D.K., and Steven P. Juroszek. *Design Drawing. New York*, NY: John Wiley & Sons, 1998, pp. 29 – 31.

[7] Ching, Francis D.K., and Steven P. Juroszek. *Design Drawing. New York*, NY: John Wiley & Sons, 1998, pp. 43 – 45.

[8] Le Corbusier. *Towards a New Architecture*. New York, NY: Dover Publications, 1986, p. 47.

[9] Frederick, Matthew. *101 Things I Learned in Architecture School*. Cambridge, MA: MIT Press, 2007, p. 68.

[10] *Half-Life 2: Raising the Bar*. Roseville, CA: Prima Games, 2004.

[11] White, Edward T. *Space Adjacency Analysis: Diagramming Information for Architectural Design*. Tucson, AZ: Architectural Media, 1986.

[12] Yatt, Barry D. Assessing Program. In Draft. *Parti Planning: A Guide to Pre-Design Analysis*. Washington, DC: Catholic University of America, 2006, Chapter 7, pp. 7-35 – 7-54.

[13] Parish, Jeremy. "Rediscovering the (mostly) lost art of mapping" . *Retronauts*. July 27, 2017. https://retronauts.com/article/437/rediscovering-the-mostly-lost-art-of-mapping. Accessed February 6, 2018.

[14] Millard, Josh. *Mapstalgia*. http://mapstalgia.tumblr.com/. Accessed February 6, 2018.

[15] Kuchera, Ben. "Hand-drawn video game maps are physical memories, so let's see yours" . *Polygon*. May 23, 2014. https://www.polygon.com/2014/5/23/5745002/zelda-maps-gaming. Accessed February 6, 2018.

[16] Brown, Mark. *Boss Keys*. YouTube video series. https://www.youtube.com/user/McBacon1337/playlists.

[17] Brown, Mark. *Boss Keys: The Legend of Zelda Oracle of Ages and Seasons' Dungeon Designs*. YouTube video. September 25, 2016. https://youtu.be/fqKGl6exyyY. Accessed February 9, 2018.

行业视角：工具与设计

Robin-Yann Storm
Guerrilla Games 公司工具设计师

工具会影响你的关卡设计，无论你是否意识到这一点。

你脑海中理想的关卡和最终实际创建的关卡之间存在差异，而这种差异在很大程度上取决于你所使用的工具。这种现象不仅发生在关卡设计师身上，也普遍存在于其他设计领域。下面我列举了一些例子，帮助你留意工具在潜意识中影响你工作的情况。如果你发现了这些情况，一定要说出来。请务必告诉工具开发者你遇到的使用困境、问题及因此浪费的时间——无论这些开发者是在你所在的工作室里，还是在千里之外的另一家公司。这些工具的开发者或许完全有能力解决这些问题，从而避免将来出现更多麻烦。以下是工具影响关卡设计师工作的七个例子。

几何结构与网格

如果你使用的是方格纸，你往往会做出更多方形的建筑。并不是因为你想这样做，而是因为直角结构构建起来更加简单、容易。特别是当你很难脱离网格制作几何结构时，你会因为需要付出更多的时间和精力，而本能地减少创建那些能让关卡在视觉和体验上更具吸引力的复杂几何造型。

捕捉功能

如果捕捉操作很困难——比如将两个几何结构拼接在一起，或是让两个模块化资源相互适配——那么你最终可能会用填充素材遮住缝隙。你可能还会无意识地将材质或几何结构重叠，更糟糕的是，如果两面墙之间有微小缝隙，玩家可能会穿过这些缝隙，坠入关卡之外的虚空，从而彻底破坏游戏体验。而要排查这类问题，除了聘请质量保证团队或测试者逐一检查游戏中的每面墙之外，几乎没有更简单的方法。相反，如果有一套便捷直观的捕捉系统，能让两个物体完美对接，就能有效避免这些问题，同时确保美术效果尽可能美观地呈现。

纹理贴图

如果在工具中给几何结构添加纹理的操作既烦琐又麻烦，你可能会在游戏测试阶段遗漏关键信息（图 1）。玩家需要快速识别出几何结构所代表的环境元素，比如岩石、草地、水或熔岩。即便只是给几何面赋予不同的纯色，也能有效实现这一目标（图 2）。

图 1 带有简单纹理的关卡几何结构

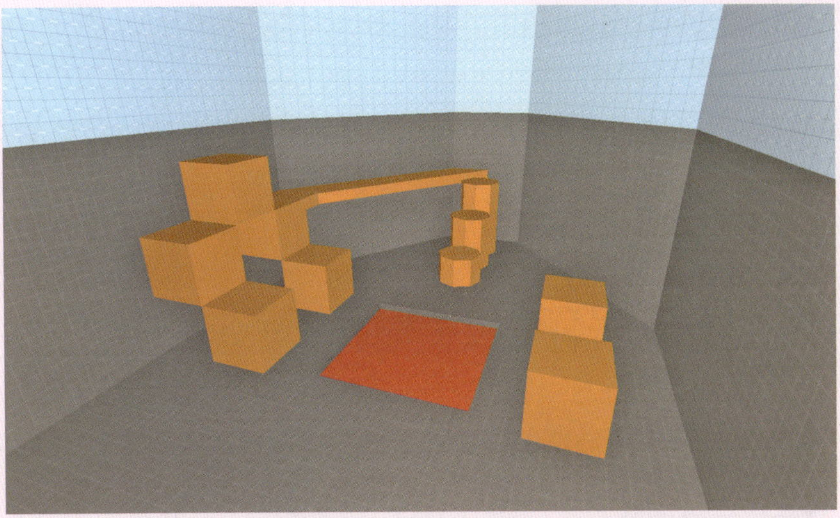

图 2 使用简单色彩模拟应用到关卡几何结构的材质效果

此外，如果你无法快速更换纹理，或难以准确调整纹理缩放比例，那么你的创作会再次受限于工具的能力：这会制约你的设计思路，进而影响测试玩家体验关卡的方式，最终还会波及关卡的质量。

光照

如果需要一段时间才能看到光照的效果（例如必须先编译或渲染才能看到各种光照的大致效果），那么你的光照设计质量会因此大打折扣。没有人愿意花数小时反复编译，在各种光照选项中来回切换，只为判断新添加的聚光灯是否比上一个效果更好。你甚至可能已经忘记了上一个版本的样子，因为等待的时候你开始无聊地看视频或浏览社交媒体，而新版本还没编译完成！

编辑器的可见性设置

在你使用的编辑器中，如果辅助对象（如三维触发器、物理碰撞体及其他具有功能但不会在最终游戏中显示的对象）的可见性开启与关闭操作不够简便，那么你会错失关键错误的排查时机，等到发现时已为时过晚（图3）。例如，无论是大型还是小型的体积框，都能触发至关重要的游戏事件；但与此同时，它们也被用作碰撞体或阻挡体积——这些设置能确保玩家无法进入本不该进入的区域，或是避免玩家卡在造型复杂的几何结构上。如果无法在屏幕上清晰查看这些体积框（避免被屏幕上大量杂乱元素干扰），一旦其中有任何物体放置不当，就会导致开发后期出现问题（图4）。想象一下，如果动画师无法轻松查看骨架中各个骨骼的位置，那么后果将是灾难性的。对于关卡设计师而言，体积框的可见性同样至关重要。

图3 碰撞体和体积框均设为不可见状态的关卡

资源浏览系统

如果资源浏览器无法让你轻松查看项目中的资源、资源的比例、三维形态及当前关卡中可选用或应选用的资源，那么即便是最优秀的关卡设计师也会面临工作质量下降的问题（图5）。缺乏优秀的资源浏览器时，你只能靠记住晦涩的资源文件名来寻找所需内容，而现实中没有人能记住成百上千个资源的名称！这种局限于记忆范围的资源选择方式，会导致反复滥用少量资源，而这种重复性必然会被玩家察觉。虽然这种

图 4　碰撞体和体积框均设为可见状态的关卡

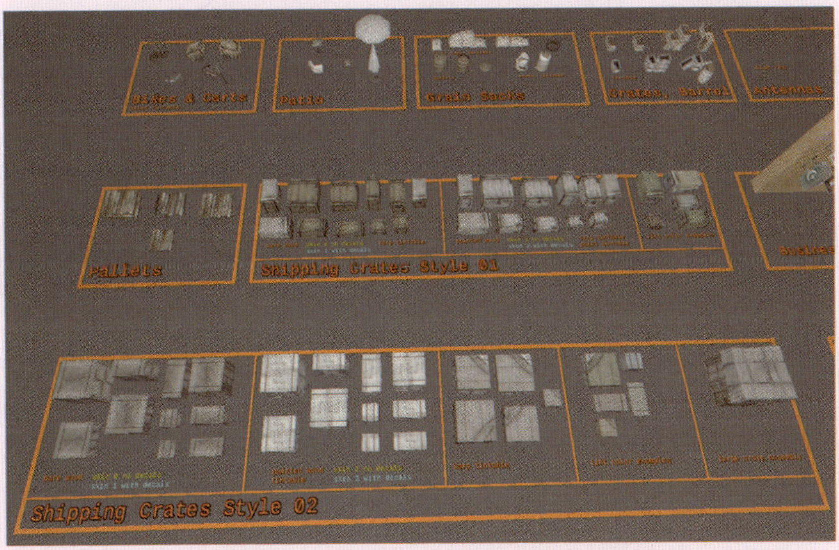

图 5　资源浏览器界面

做法能提升工作效率，但未必能直接提升作品质量。更严重的是，一些优质的资源可能永远得不到使用，仅仅因为你不知道它们的名称，甚至根本不知道它们的存在。

摄像机移动

如果在编辑器中操控三维视口摄像机，或摄像机多数时间移动过快难以精准控制，你可能会遗漏关卡中的关键问题。例如，当使用轨道摄像机模式浏览一个玩家将以第一人称体验的狭小地下城类关卡时，你根本无法以玩家的真实视角来感知关卡布局。当然，通过游戏测试，你能发现 问题，但此时关卡可能已经基本构建完成了。既然如此，为何不一开始就以正确的方式搭建关卡呢？通过实时玩家视角，你可以立即发现“房间是否过于空旷”“玩家穿过门后是否找不到下一步的方向”这类问题。如果在编辑器中就直接以玩家的视角观察关卡，你就能更快速地进行迭代调整。因此，关卡编辑器中一套稳定、好用的摄像机控制系统，是避免此类问题的重要保障。

你可能会想：难道关卡设计师不应该具备克服工具缺陷的能力吗？当然，这是一个理想的目标，但即使最优秀的设计师，也会被劣质工具拖慢进度。虽然凭借专业技能或额外努力，部分工具问题或许能得到规避，但劣质工具会大幅增加问题出现的风险。因此，除了时刻留意这些问题之外，还要记住：如果工具本身存在设计缺陷，那么可能会在你未察觉的情况下给关卡设计埋下隐患。再次提醒，如果你发现这些问题，不要沉默，请提出反馈！这些问题不仅至关重要，而且大多是可以解决的。

第 3 章

关卡设计工作流程

既然我们已经研究了一些关卡设计的历史和工具，现在是时候开始实践了！在本章中，我们将探讨专业关卡设计师在工作中使用的方法，以及建筑学中的方法如何为他们提供启发。同时，本章还会介绍关卡设计在整个游戏制作流程中的定位，以及如何确定内容开发的优先级。

在本章，你将学到以下内容：

形式追随功能；

关卡设计工作流程；

关卡设计进度规划。

3.1 形式追随功能

被誉为摩天大楼之父的美国建筑大师 Louis Sullivan 曾提出“形式永远追随功能”，后来被简化为著名的设计格言“形式追随功能”。这句话阐述了建筑现代主义的核心原则之一，20 世纪初的建筑现代主义运动强调，建筑的形式应源于其功能。在现代主义建筑中，装饰要么是建筑本身的产物，要么服务于特定目的，而非单纯追求美观。Le Corbusier 也曾说过：“住宅是居住的机器。”他与 Frank Lloyd Wright、Walter Gropius、Louis Sullivan 等建筑大师致力于为居住者营造独特的空间体验。

这种理念同样适用于关卡设计。顶尖关卡设计师始终以创造特定玩家体验为目标。Valve 公司资深设计师 Dario Casali 在 2008 年访谈中强调：“体验是关卡设计的核心要素。”[1] 前文探讨的关卡设计目标涉及玩家如何使用游戏空间，以及设计师如何通过这些空间与玩家交流。如果说体验是构建游戏世界的灵魂，那么我们就应该以创造卓越的游戏体验为宗旨进行设计，这正是“形式追随功能”的体现。

本节聚焦于规划环节：如何将体验构想转化为游戏玩法。我们将分析体验目标的设定如何与游戏指标相辅相成，并最终影响关卡的构建方式。我们还将讨论如何通过关卡设计来引入和发展游戏玩法概念。

3.1.1 形式追随核心机制

“形式追随功能”的原则在游戏设计领域通过核心机制这一概念得以充分体现。核心机制被定义为玩家在游戏过程中执行的基本动作。游戏设计师 Aki Jarvinen 在其论文中提出一种以核心机制为中心的设计方法，主张设计师应从动词构思游戏设计。[2] 如果将核心机制视为玩家在游戏中最基础的动作表达，那么可以说这些动词是构建每款游戏独特体验的核心要素。例如，游戏 *Super Mario Bros.*[3] 的核心是跳跃、游戏 *The Legend of Zelda*[4] 的核心是探索、游戏 *Katamari Damacy*[5] 的核心是滚动、游戏 *Angry Birds*[6] 的核心是弹射等。从这个核心出发，再添加其他动作，从而定义出最终游戏产品的规则。

在设计关卡时，心中必须有明确的核心机制理念。虽然新手设计师常认为各关卡只需遵循游戏整体核心机制，但事实上每个关卡都可以定义专属的核心机制。以 Valve 公司的游戏 *Team Fortress 2*（*TF2*）[7] 的 Badwater Basin 关卡为例（图 3.1），该关卡采用的轨道矿车机制，在标准的团队第一人称射击玩法基础上增加了新的变化：“蓝队”必须通过轨道上的矿车将炸弹推入敌方“红队”的基地。这种运载模式不仅改变了游戏玩法机制，更对关卡的空间布局提出特殊需求。

参与 Badwater Basin 关卡设计的设计师 Dario Casali 提到一个典型案例就是该关卡的隧道设计。在关卡的最初原型中，设计师采用了与其他基础地图相同的标准隧道宽度，但在引入轨道矿车机制进行游戏测试时，团队发现必须拓宽隧道才能同时容纳玩家与矿车通行（图 3.2）。这个看似细微的调整，有效解决了玩家被矿车卡在隧道口的问题。

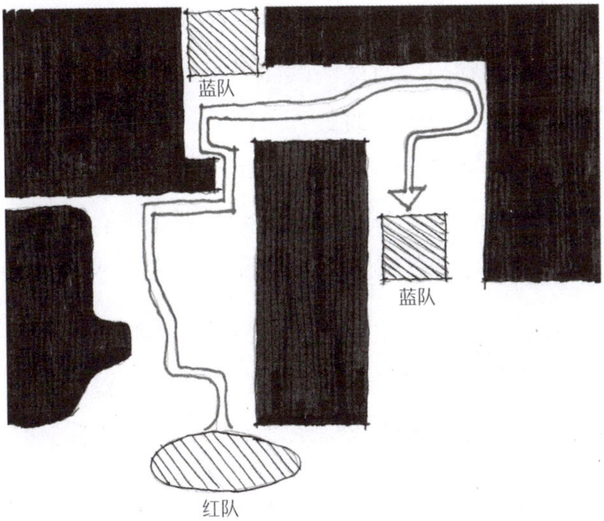

图 3.1　游戏 *Team Fortress 2* 中 Badwater Basin 关卡的平面示意图：图上标记了红队和蓝队的基地、主要通行区域及两个基地之间的蓝队检查点

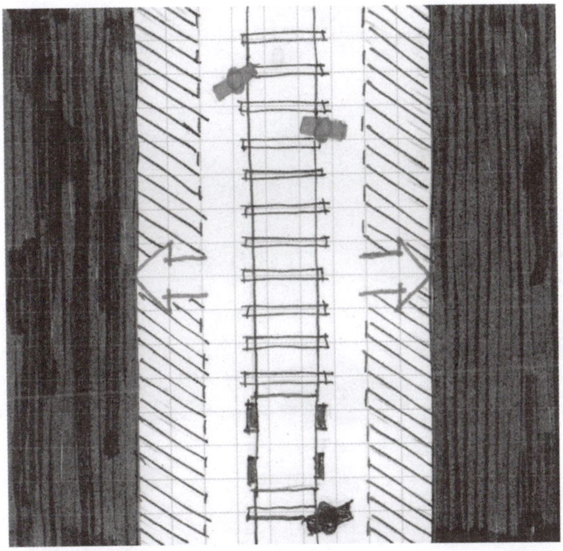

图 3.2　调整游戏中隧道的宽度后，玩家和矿车在关卡中的通行更为顺畅，也降低了进攻方在游戏过程中的挫败感

这一点回归到了基于玩法指标为关卡建立度量系统的核心思路。作为关卡设计师，我们必须根据游戏角色和其他游戏元素在关卡中的实际移动情况进行设计。当关卡空间能舒适地适配这些指标时，玩家的移动体验会更顺畅。正如我们在后续章节中探讨的，当我们创造出将这些指标推向极限的空间时，能实现戏剧性的游戏体验。这类空间包括如游戏 *Super Mario Bros.* 关卡 8–1（图 3.3）中要求角色完成极限跳跃的沟壑设计，或是像游戏 *Resident Evil*[8] 那样通过狭窄走廊限制移动的恐怖游戏设计（图 3.4）。

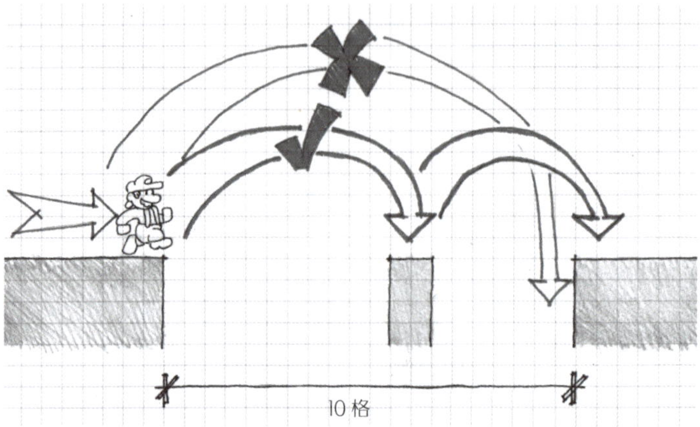

图 3.3 在游戏 *Super Mario Bros.* 的关卡 8–1 中，Mario 的跳跃能力达到了极限。这个 10 格宽的深坑比 Mario 的 9 格冲刺跳跃距离还多一格，因此必须借助中间 1 格宽的小岛。大多数攻略都让玩家先冲刺跳到中间的小岛，然后迅速从 1 格宽的小岛再次起跳，避免玩家因落地时的惯性而跌入深坑

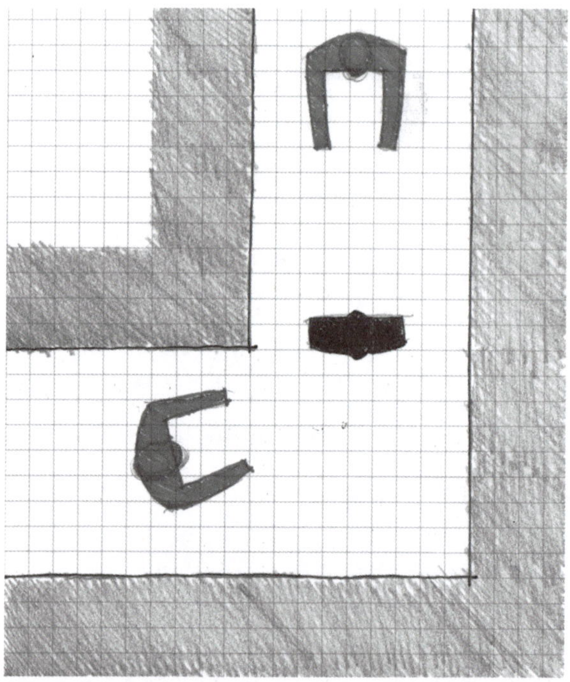

图 3.4 在游戏 *Resident Evil* 中，许多走廊的宽度仅能容纳两个角色并肩站立。在这种空间条件下，走廊中出现的单个僵尸就会成为玩家通行的重大威胁。这种空间条件也为游戏营造了幽闭恐怖的氛围

基于游戏玩法进行设计，也并非只涉及度量参数。设计师还可以围绕特定角色能力（如特殊攻击或移动模式）展开设计。以潜行类游戏 *Metal Gear Solid*[9] 为例，其关卡设计完美诠释了如何通过差异化的角色移动方式构建关卡。在游戏 *Metal Gear Solid* 中，玩家操控的游戏角色拥有贴墙潜行与拐角侦查的特殊能力，这使得 90 度转角不再仅仅是关卡几何结构的一部分，更成了战略性的藏身之处。因此，游戏 *Metal Gear Solid* 中的核武器设施场景设置了大量拐角，以便玩家能够四处潜行，并通过窥视拐角来寻找下一个藏身之所。这种空间布局虽未严格遵循测量标准，却完全适配角色自身的机能——即角色所具备的各类动作及与环境产生互动的所有可能形式。

3.1.2 基于支架式机制的关卡进阶设计

最后需要强调的是，以游戏机制为核心的关卡设计并不意味着所有内容都必须围绕玩家角色本身的设计展开。Mark Brown 在 *Game Maker's Toolkit*[10] 系列视频中指出，游戏 *Donkey Kong Country: Tropical Freeze*[11] 的关卡设计便是基于外部机制实现“形式追随功能”原则的典范。在这款游戏中，尽管玩家操控的游戏角色及其伙伴并无能力升级或变化，但通过平台、开关、危险机关和其他关卡机制，持续为玩家创造新鲜体验。Brown 首先分析了游戏 *New Super Mario Bros. U*[12] 的经典关卡设计：每个关卡都围绕单一的关卡设计机制构建，例如特殊移动平台、追击型敌人、需要护送的发光生物等。每个关卡都会在安全环境（远离陷阱和敌人）中引入核心机制，让玩家逐步掌握其使用方法。教育领域将这种方法称为“支架式教学”：先引入概念，再通过渐进式练习逐步提升难度。

随着游戏 *New Super Mario Bros. U* 的关卡推进，其核心机制会以更复杂危险的方式呈现——从普通平台到熔岩地带，再到有敌人干扰的熔岩场景。Brown 指出，游戏 *Tropical Freeze* 对这一设计理念进行了扩展，在单个关卡中引入两到三种机制，并以支架式教学模式进行创新性组合。例如，某个关卡要求玩家在巨型花朵上跳跃，花茎会因承重产生倾斜，当倾斜达到特定角度时，玩家可跃至下一平台。这个关卡还引入了滚动的带刺果实，这会对玩家造成伤害。关卡末尾有一个巧妙的转折：一个巨型带刺果实出现并追逐玩家，而玩家此时必须在一系列倾斜的花朵平台间跳跃逃生。游戏 *Tropical Freeze* 的许多关卡都遵循这种模式：先引入多种机制，通过支架式教学让玩家逐步熟悉；随后再引入这些机制的组合形式，并同样以支架式设计引导玩家掌握。这种深度挖掘机制的多种互动方式或功能的理念，在独立游戏开发者圈被称为“机制精修”。尽可能从一种机制中挖掘出所有可能的互动方式，是用精简的资源创造丰富游戏体验的重要手段。

虽然上述案例均来自二维平台游戏，但支架式设计理念可广泛应用于各类游戏。以 2016 年版的游戏 *DOOM* 为例，这款第一人称射击游戏中的敌人就承担着类似游戏 *Tropical Freeze* 中关卡机制的功能：当新怪物出现时，玩家会先通过过场动画了解其特征，随后在只面对该怪物或与较弱敌人共存的情境中进行对抗。之后，随着玩家能力的提升，该怪物会与强力敌人组合出现在新的空间环境中（如狭窄的通道或伴随危险元素的环境）。一旦玩家获得能有效克制该怪物的武器，就会有新的怪物出现，以此挑战玩家刚获得的新能力。

在探讨关卡如何与游戏核心机制协同运作时，“关卡设计是游戏理念的实践场”这句行业格言得到了充分印证。关卡设计师的职责在于创造能充分发挥角色的移动能力或巧妙呈现外部机制的游戏空间。将核心机制或特定机制作为你所设计的每个关卡的核心，有助于你打造出有趣且具有自然递进感的关卡。在下一节中，我们将深入解析这些关卡递进设计思路，探讨它们在实际关卡构建中的具体应用。

3.2 关卡设计工作流程

现在，我们终于可以探讨关卡构建了。上一节阐述了游戏核心机制如何影响我们构建关卡和创造玩家体验的方式，也展示了设计师如何通过调整关卡中的玩法创意来保持体验的新鲜感。本节将聚焦当你坐在电脑前时，该如何将这些目标和理念付诸实践。通过探讨从草图构思到最终实现的多种方法，我们将了解如何将功能性游戏机制转化为引人入胜的游戏空间。

3.2.1 关卡设计概念草图

前文提及建筑师的概念草图——建筑师用于确定建筑形态或朝向的基础形

式探索。对于已经明确关卡核心机制的关卡设计师而言，草图是开发关卡空间布局的另一重要工具。

与方格纸或电脑设计不同，概念草图本质上是去尺度化的思维推演。虽然这看似与游戏度量参数相矛盾，但无尺寸限制的草图能让设计师快速形成创意，而无须花费时间规划精确版本。关卡设计师的概念草图的关键在于将玩法创意转化为空间示意图。以图 3.1 展示的关卡 Badwater Basin 为例，其概念草图包含代表两队基地的两部分较大的区域，在这两个区域中间是较窄的通行区，可以设置矿车轨道，同时还有一些供蓝队玩家占领的较小的区域。

在纪录片 *Indie Game: The Movie* 关于关卡设计的讨论中，Edmund McMillen 认为：当设计师创造出环境机制（即影响游戏玩法的关卡交互元素）后，这些机制必须具备多重用途才有价值。在我参与制作的游戏 *SWARM!*[13]（一款操控球体进行滚动与平台跳跃的游戏，玩家需要将敌人引入陷阱）中，程序员兼设计师 Taro Omiya 为此绘制了许多草图。他为游戏中的电网陷阱绘制的一些草图，直观地呈现了这些陷阱的不同用途（图 3.5）。我们同步在电脑和纸上绘制了概念草图，用于可视化关卡的空间结构，如下坡滑道、浮空岛屿和平台跳跃区域（图 3.6）。这些图像并非最终设计，但它们帮助我们在明确这些想法在游戏中的具体运作方式之前，先直观地呈现那些我们认为可能有趣的构想。借助这些游戏场景的形式化、可视化成果，我们就能进一步规划这些区域的具体玩法逻辑。

图 3.5　游戏 *SWARM!* 的设计师在设计电网陷阱后，绘制了许多概念草图，以直观展示陷阱在不同关卡中的运用方式

3.2.2 场景与可读性

概念草图适合记录整体构思，但如果要从更微观的角度思考玩家如何使用关卡，那么以场景为单位进行设计是更好的方法。尽管许多游戏引擎将代表关卡或其他游戏部分的文件称为“场景”，但这里提到的场景是一个更概念化的术语。Anna Anthropy 和 Naomi Clark 在 *A Game Design Vocabulary*[14] 一书中提出了“场景”的概念，指的是玩家当前面对的、一个屏幕范围内的关卡设计空间。Anthropy 将这些场景称为“游戏节奏的最基本单位”，[15] 事实上，它们也是打造丰富游戏关卡时最实用的概念之一。

场景设计有机整合了前文讨论的多个概念，形成了一种易于使用的设计方法。首先，通过以屏幕为单位进行设计，设计师可以细致观察关卡核心机制在每一段游戏进程中如何体现。我在游戏 *Lissitzky's Revenge* 和游戏 *Dead Man's Trail* 中就使用了这种方法。游戏 *Lissitzky's Revenge* 是对游戏 *Yar's Revenge* 的重新诠释，其艺术风格基于平面设计师 El Lissitzky 1920 年的布尔什维克宣传海报。在这款游戏中，每个关卡都被设计成单屏的“互动平面设计海报”，因此，每个谜题都需要在一个场景的空间

图 3.6 游戏 *SWARM!* 的概念草图展示了不同空间形态的可视化效果，如下坡滑道、浮空岛屿和平台跳跃区域等

内完成（图 3.7）。另一款僵尸题材游戏 *Dead Man's Trail* 则采用三维等距视角环境，玩家可以探索并掠夺物资。在掠夺环节，游戏通过随机加载一组“地块”来生成迷宫式关卡。每个地块横向占据 3 个屏幕空间，纵向占据 3 个屏幕空间，整体包含 9 个场景（图 3.8）。

图 3.7　游戏 *Lissitzky's Revenge* 的截图展示了多个关卡。每个关卡的空间范围刚好占据一个屏幕，因此设计团队采用了场景概念进行设计

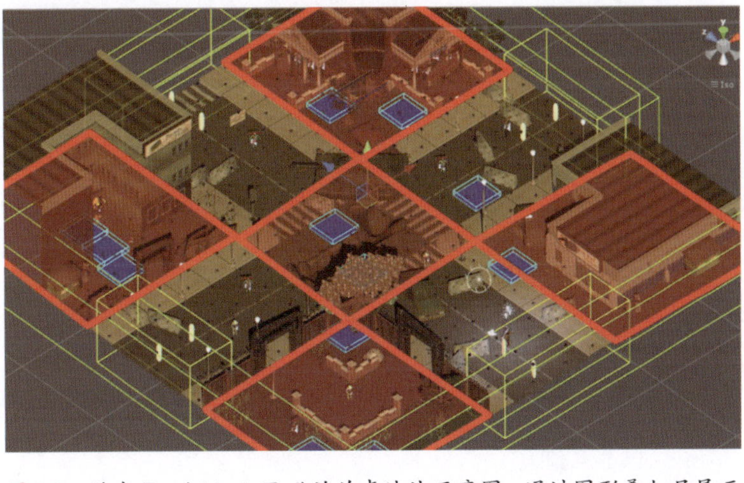

图 3.8　游戏 *Dead Man's Trail* 的关卡地块示意图，通过图形叠加层展示了 1 个地块如何由 9 个场景构成。这些场景采用颜色编码：红色场景是设计师重点设计的区域，其他区域则预留为“通行区”——供玩家和僵尸在区块内移动的通道

在这两个案例中，场景概念对设计师来说都非常重要，因为它可以让玩家更容易理解关卡内容。在游戏 *Lissitzky's Revenge* 中，所有内容限定在单屏空间内，既让设计师能够专注于设计单屏谜题，也让玩家能够一目了然地理解谜题。为了最大化每屏的表现力，关卡设计师会优先设计那些能产生有趣互动的游戏物体。尤其对新手设计师来说，广阔的空间很容易让人忍不住想把所有有趣的元素（比如开关、陷阱、可移动墙体等）都一股脑塞给玩家。然而，正如 Anna Anthropy 本人所强调的，在有限的空间内精心放置少量具有巧妙关联的物体，其设计效果可能同样显著（图 3.9）。

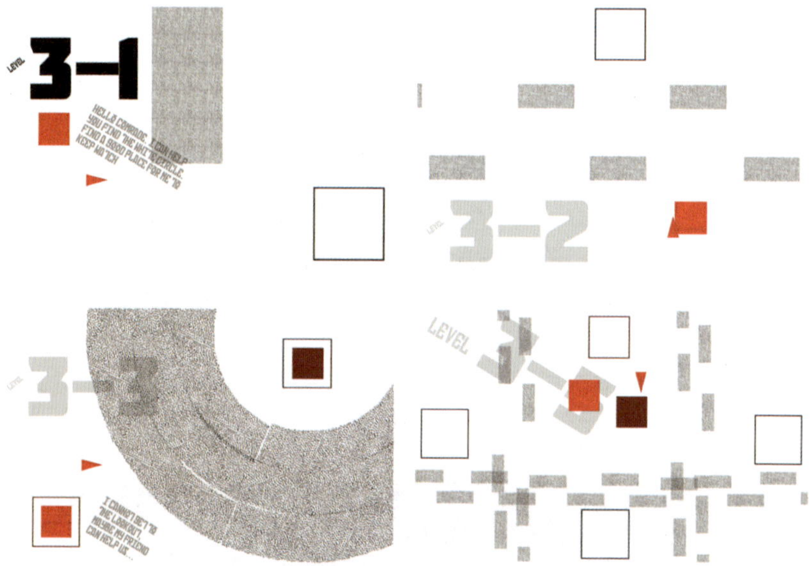

图 3.9 游戏 *Lissitzky's Revenge* 的第三关围绕几个简单的元素构建：红色方块可触发开关，移动的灰色方块会摧毁红色方块但不会伤害玩家，而深红方块则能消灭灰色方块。正如这些截图所示，仅凭这些元素的组合，就能实现效果强化

在游戏 *Dead Man's Trail* 中，掠夺关卡的核心机制是：玩家必须快速获取补给，然后撤离。玩家停留时间越长，关卡中的僵尸群就会越庞大。测试结果表明，当僵尸在关卡中聚集时，玩家需要清晰的路径来摆脱即时遭遇的危险。因此，每个单屏空间都必须设计得既有趣又易于理解。场景概念再次发挥了关键作用：设计师只需专注于让一个屏幕内的机制尽可能丰富。如果出于某种原因（例如设计一片可供僵尸伏击玩家的长玉米地），设计师需要跨越多个场景延伸玩法，他们会通过环境美术确保屏幕间的路径清晰可见。

上述案例展示了场景设计在小型二维和等距环境中的应用，那么如何在开放的三维环境中应用这种设计呢？三维环境通常不具备二维和等距游戏那样固定的镜头视角。Anthropy 从更长的、连续的关卡角度探讨了场景概念，因此，理论上将这种思路应用到三维设计中时，可包含让每个建筑空间都变得有趣的设计，比如一条走廊、一个房间或关卡的其他区域。此外，场景概念也可用于设计空间之间的过渡路径。过渡路径本质上是指空间之间的衔接，我们将在后续章节中多次探讨这一议题。在 2018 年游戏开发者大会的演讲 *Balancing Action and RPG in Horizon Zero Dawn Quests*[16] 中，Blake Rebouche 讨论了游戏 *Horizon Zero Dawn* 如何通过房间设计提升空间可读性。由于该游戏强调从特定角度（通常是入口或过渡区域）观察空间，其可读性设计包含了许多优秀场景的元素。

Horizon Zero Dawn 是一款动作冒险游戏，玩家运用生存战术和潜行技能，在广袤的世界中狩猎机械兽。在 Rebouche 的演讲中，他特别提到了一个经典战斗场景：玩家需要穿过一个有巡逻敌人的房间。成功的房间设计需兼顾两方面：一是房间内导航和与敌人战斗要有趣；二是玩家进入房间时，能从某个制高点看到目标、可行路径，并规划应对敌人的策略。Rebouche 早期设计原型（图 3.10）的反馈指出，其可读性较差：房间出口难以辨认，大型障碍遮挡了敌人，路径设计单调。改进后的设计获得了更好的评价：增加了多个遭遇点、更清晰的目标、可包抄敌人的多条路径与高度变化。除上述元素外，所有敌人与路径都可从房间入口处进行观察。该入口处设有一段带栏杆的楼梯，玩家可在此处停留且不被发现（图 3.11）。

需要注意的是，在三维游戏领域，可读性并非关卡与场景设计中的通用法则。2018 年游戏开发者大会上，Hi-Rez 工作室的设计师 Andrew Yoder 在演讲中，将可读性定位为一种在竞技性多人游戏关卡中兼顾不同水平玩家的设计方式。Yoder 根据“扫描次数”（即玩家需要观察空间多少次才能理解它）来描述适合不同技能水平的可读性层级。在适合休闲型玩家的关卡中，玩家应能站在一个位置、转动一次镜头扫描空间，就能了解房间内有哪些角色与物体（图 3.12）。这类空间被称为单次扫描空间。而竞技型玩家可能更偏好包含藏身之处并能制造突袭效果的空间。因此，这些在 Rebouche 设计的单人游戏原型中不太理想的元素，反而能在高水平对战中发挥作用。玩家若要理解此类空间，需先进行一次扫描，然后移动到障碍的另一侧再次扫描。Yoder 将这类空间称为多次扫描空间（图 3.13）。在多人游戏关卡模型中，可读性是关卡设计中可调整的要素，能够适配不同类型玩家的需求。这表明，由于游戏类型的不同，可读性与场景设计会存在细微的差别。

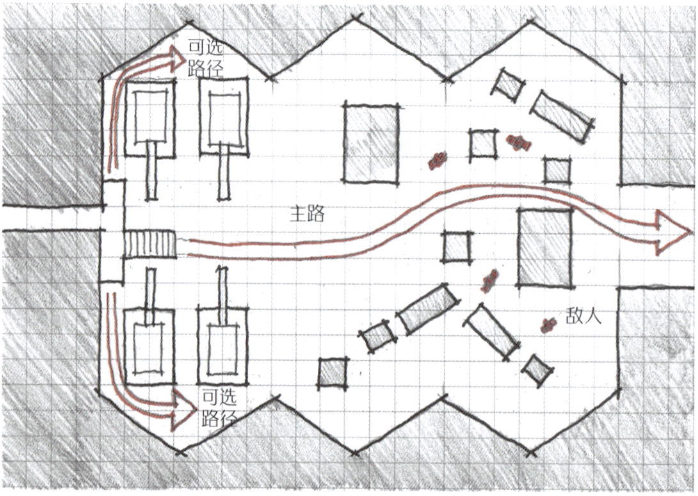

图 3.10 Rebouche 在 2018 年游戏开发者大会演讲中展示的失败的概念草图：其中的障碍物可能遮挡敌人，狭窄的出口不仅降低了可读性，还让玩家难以看清目标

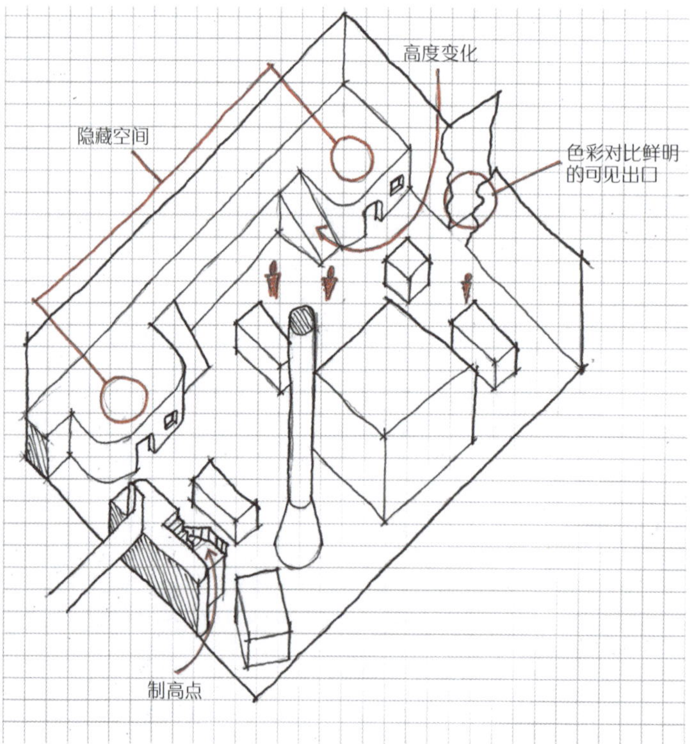

图 3.11 游戏 *Horizon Zero Dawn* 的概念草图。从入口处就能更清晰地看出敌人的位置和关卡内的路径。入口处还新增了一段可供玩家藏身的楼梯。值得注意的是，针对该关卡的不同版本，我不得不将视角从二维平面图切换为三维轴测图——优秀的三维关卡能充分利用三维空间

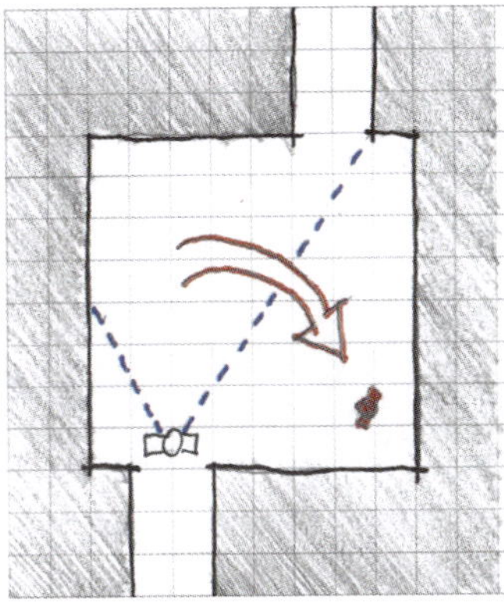

图 3.12 单次扫描空间

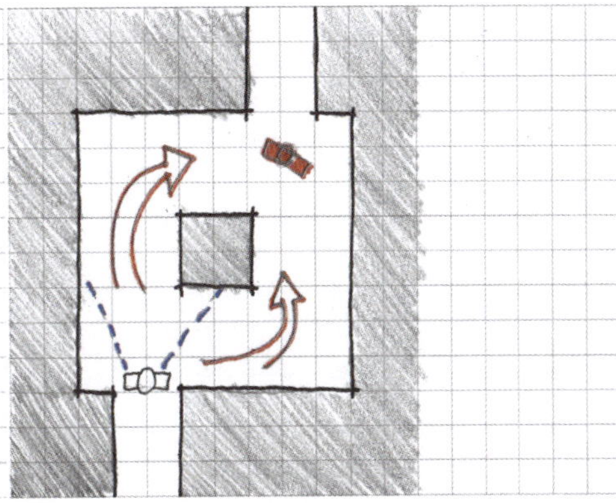

图 3.13 多次扫描空间

场景设计的核心价值在于，它能解决关于“关卡给玩家带来的感受”和“它将创造何种体验”的核心问题。为了测试关卡能否有效创造玩法体验，并在效果不佳时进行调整，关卡设计师会进行大量原型设计。接下来，我们将介绍关卡设计师在工作中使用的原型类型，以及这些原型如何最终演变为成熟的设计方案。

3.2.3 非数字化原型

多年来，游戏开发者要等到游戏进入公测阶段（即发布前的最终测试阶段，此时资源制作已完成）才会进行测试。然而，现在业界普遍认为这种方式存在很大风险，因为当项目推进到公测阶段时，任何基础性设计缺陷都将面临难以修正的困境。当前游戏设计师会采用多种测试方法，在包括创意萌芽期在内的各个设计阶段验证想法。本节将探讨如何通过非数字化原型测试早期的关卡设计思路。

多数关于游戏原型的出版物将非数字原型视为测试完整游戏的工具，但实际上，关卡设计师也能利用非数字化原型。Tracy Fullerton 在 *Game Design Workshop*[17] 一书中提到，EA 公司曾利用真实的沙盒来测试 *Medal of Honor* 系列游戏中的关卡。设计团队使用火柴棍、玩具士兵和战场模型搭建关卡雏形。书中还描述了一款第一人称射击游戏的桌面游戏原型：设计师为六边形网格上的玩具士兵模型制定了移动规则（图 3.14）。

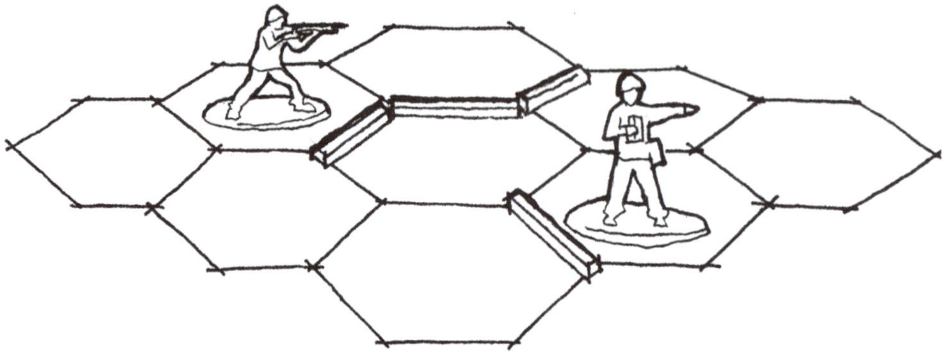

图 3.14 这幅图展示了用六边形网格和玩具士兵构建的第一人称射击游戏非数字化原型。设计师在棋盘上放置火柴棍来界定墙壁。火柴棍非常适合制作简单原型，因为它们可以被轻松拿起并移动，便于设计师快速尝试不同的空间布局方案

非数字化原型可以在宏观（大范围、俯视视角）和微观（小范围、近距离视角）层面定义游戏空间。在面向新手设计师的课程中，我经常会布置一个练习：让他们基于自己喜爱的电子游戏制作一款桌面游戏。这能促使他们思考，那些被认为是电子游戏固有属性的概念如何通过实体道具来呈现。如果做得好，这些作品还能揭示不同类型游戏的空间本质。[18] 在几年前的一期课程中，有个原型设计要求玩家操控骑士角色，在类似游戏 *Candy Land* 的棋盘上历经不同阶段，最终抵达终点找到公主。由于设计师想打造一款剧情丰富的角色扮演冒险游戏，他们选择了带有线性路径、几乎没有分支的棋盘。从很多方面来看，这个棋盘就是整个游戏的交互式草图，体现了设计师的意图——基于特定剧情节点打造线性体验，而非强调玩家的选择。作为宏观层面的游戏环境演示，它让玩家体验到整体玩法情境的线性推进，但无法深入探索每个具体环节。

另一组学生项目则原型化了一款潜行游戏：玩家需要躲避守卫、解救同伴并逃离监狱。这款游戏聚焦于微观层面的游戏玩法原型设计，让设计师能够在监狱的单一房间内探索敌人移动和角色互动等问题。课堂上展示的版本使用了一个完全开放、没有任何墙壁的房间，因为设计师当时正专注于定义角色的移动规则。然而，其后续迭代版本或许能进一步探索这些移动规则在更复杂的走廊和监狱区等环境中如何生效。

尽管非数字化原型能对宏观和微观层面的空间玩法进行抽象化测试，但数

字化原型能让设计师通过一种名为“灰盒测试”的流程，测试特定环境的实际玩法。

3.2.4 数字原型与灰盒测试

当开发团队从非数字化原型过渡到数字原型时，他们会通过“灰盒测试”的流程来构建测试关卡。灰盒测试是指设计师运用基础几何结构（通常采用灰色或快速贴图的方块）构建关卡，以测试其是否能实现预期的玩法目标。在设计流程初期，当设计师试图定义玩家角色的玩法指标等内容时，灰盒测试能有效帮助团队建立精确的度量参数。设计师可以像绘制概念草图那样勾勒关卡的空间特征，在添加具体环境美术资源前，测试不同游戏体验所需的环境尺寸与形状（图 3.15）。

用于灰盒测试关卡空间的几何结构，通常是模拟最终关卡设计中所用碰撞体的最简单形态。碰撞体是游戏引擎中模拟物理对象间交互的组件。当某个关卡的几何结构被附加盒形碰撞体时，无论其环境美术资源的实际造型如何（图 3.16），该对象与其他物体的交互都将按照六面长方体进行运算。碰撞体既可采用简单几何结构，也可精确贴合有机造型进行定制。

Valve 公司在开发游戏 *Portal* 或 *Half-Life 2* 等时，在关卡设计流程中广泛使用灰盒测试。其关卡编辑器 Hammer 中的引擎基元构建规则，允许通过简单精准地搭建快速创建三维关卡原型。设计师先用 Hammer 内置的笔刷系统大致勾勒出关卡空间的形态，随后通过玩法测试验证是否达到了预期的游戏体验效果。关卡设计师会分析哪些设计有效，哪些存在问题，然后通过编辑笔刷调整关卡空间。当主要空间结构基本定型、设计师开始专注于细节优化时，关卡才会进入环境美术加工阶段。

作为迭代流程，灰盒测试要求设计师从近乎概念草图的交互形态起步，待关卡玩法完善后再转向以美术装饰为核心的设计。随着关卡几何结构逐渐明确，设计师能清晰掌握各类物体的使用频率，从而确定环境美术资源的制作优先级——因为此时已能准确判断哪些环境物体对实际工作更具价值。

不过，在深入探讨资源、环境美术等微观层面的关卡设计考量之前，我们应先了解设计师如何兼顾微观和宏观层面的设计。

图 3.15 游戏 *SWARM!* 的灰盒测试场景显示：在添加环境美术资源前，这个用于教学玩家击杀敌人的关键关卡区域，已通过简易几何结构完成了全面测试

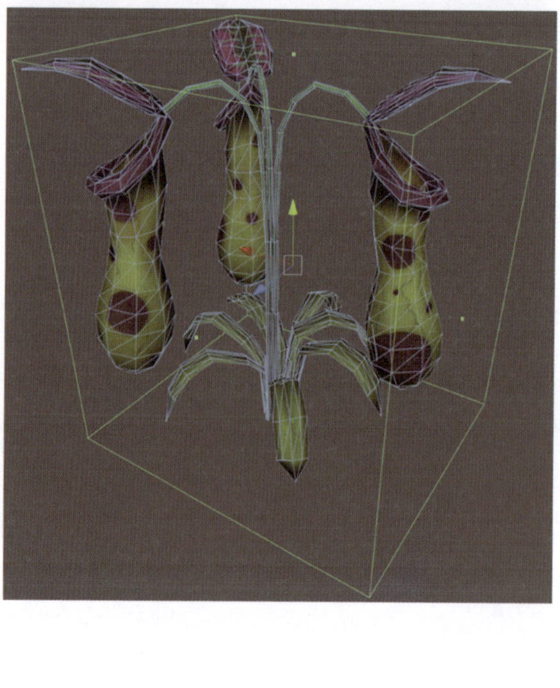

图 3.16 这株植物附加了一个盒形碰撞体。尽管该植物的三维模型呈现出有机形态，但游戏中玩家与其交互时，系统会将其视为一个长方体

3.2.5 利用“任天堂力量”法规划关卡节奏

单独规划游戏玩法的各个片段，最大弊端是难以理解它们在关卡中的相互关系。这时就需要借助方格纸绘图技术和其他基于测量的工具。所谓节奏规划，本质上是设计师对游戏玩法的合理编排。节奏把控的核心理念是：要让游戏中的动作环节显得激动人心，就必须与安静的玩法时刻形成对比——比如解谜、探索，甚至单纯体验角色的移动可能性。正如后续章节将深入探讨的，空间对比对于在游戏和建筑中打造有意义的体验至关重要。因此，我们必须学习如何在游戏中控制关卡的节奏。

实际上，在纸上进行的自上而下式关卡设计应该兼顾两种视角：宏观尺度设计和微观尺度设计。游戏 *Team Fortress 2* 的概念草图属于宏观设计，它展示了整个关卡及其预期玩法的框架。而游戏 *SWARM!* 中陷阱和关卡部件的概念草图，则属于微观设计，它们呈现的是脱离整个关卡的单个玩法场景。许多新手设计师常犯的错误就是将密集的微观玩法单元连续堆砌在关卡中。而合理的节奏设计应该让这类玩法点之间穿插“安静”的玩法时段。

为了避免这个问题，我总结出了一套策略，我称之为“任天堂力量”关卡设计法。《任天堂力量》（*Nintendo Power*）是任天堂于 1988 ~ 2012 年发行的有关游戏策略和新闻的杂志。该杂志曾长期提供任天堂主机游戏的秘籍、提示和通关技巧。该杂志会为多款游戏发布带有标注气泡的详细关卡地图，着重标出游戏中特别值得注意或难度较高的玩法节点（图 3.17）。对于关卡设计师来说，这些地图是学习节奏规划的宝贵教材。

该杂志中的地图展示了关卡的整体情况，让读者能够从宏观角度了解整个游戏；同时，它会突出微观层面的重要玩法时刻，让读者知道要留意哪些地方才能找到秘密房间或突破难关。需要特别注意的是，这些地图中的标注气泡并非密集排列，而是均匀地分布在地图上。这并非杂志排版的结果，更多是游戏设计师合理把控节奏的体现。在设计关卡时，我们可以借鉴这种思路：先在宏观层面规划关卡的整体范围，再将微观层面的高强度玩法区域均匀分布在整个地图中。在这些激烈的玩法时刻之间，应该设置过渡空间：这些空间可用于移动机制、平台挑战、探索甚至角色休整与资源恢复。

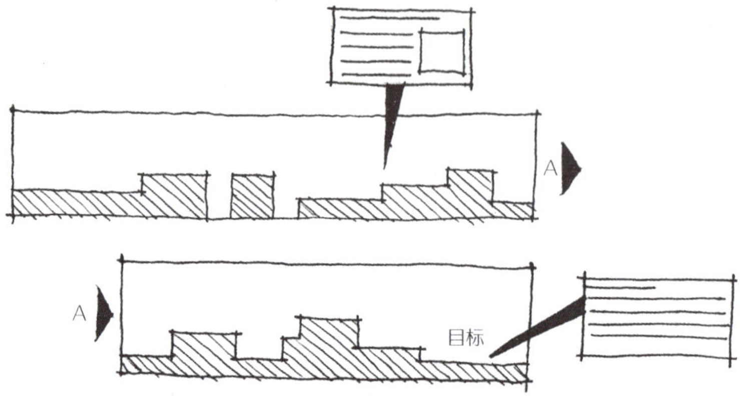

图 3.17 《任天堂力量》杂志发布的关卡地图，展示了关卡的全貌，并在每幅地图上突出标注了难度较高的玩法节点

如果关卡中缺少这些安静时刻与高强度游戏环节的对比，游戏就会变成一场无休止的苦战，而非激动人心的体验。然而，即便是最周密的规划也难免有疏漏。因此，必须尽可能多地进行试玩并邀请他人测试——这将引出我们下一个关卡设计工作流程。

3.2.6 通过游戏测试进行迭代设计

“迭代设计”这个术语源自人机交互设计领域，它描述了一种循环往复的设计流程：设计师制作作品原型，测试用户能否与之正常交互，评估结果后修改设计，再让用户重新测试。这种模式与科学研究方法类似——科学家通过反复实验验证假设。

游戏设计师通过玩法测试验证自己的想法。Salen 和 Zimmerman 在 *Rules of Play: Game Design Fundamentals*[19] 一书中将游戏设计称为二阶设计命题：设计师并非直接塑造玩家行为，而只是在设计系统的规则。他们指出，设计游戏与设计杯子或椅子这类直观物品截然不同——设计游戏是在创造供玩家体验的情境。这与“游戏关卡是玩家与设计师之间的交流媒介”这一理念直接相关。

类似于建筑师邀请业主评估设计方案，游戏设计师也需要邀请“客户”（即玩家）参与游戏测试。要验证关卡是否达到预期体验，必须通过反复测试（无论是数字原型还是实物模型）观察真实玩家的行为模式。在观察过程中，请牢记以下要点。

他们是否理解该关卡的玩法？在讨论行为引导时，我们已经了解到，教学是关卡设计的一项重要使命。如果你打算让某个谜题重复出现，而玩家却对其不甚理解，那么在他们遇到这个谜题的迭代版本并陷入僵局之前，或许需要用更完善、更直观的方式来介绍该机制。

这个关卡对他们来说是否太难？这一点主要适用于游戏的早期关卡，不过无论何时，都应避免在缺乏合理平衡或玩家准备的情况下突然提升难度。如果玩家在游戏开始 10 分钟后就卡在某个挑战或谜题上，或许你应该将这个挑战放到游戏后期，或者设计一些更简单的关卡，把它们放在玩家被卡住的这个挑战之前。玩法测试很重要，因为当你反复玩自己的游戏时，你会变得非常擅长它，从而再也无法察觉哪些地方难度过高了。

不要干扰他们的游戏进程。当人们购买你的游戏时，你不会在他们身边解释游戏应该怎么玩。因此，你不应该打断测试者，向他或她解释应该做什么。如果他或她无法弄明白，你就应该在关卡中增加更多教学环节。

接受“意外收获”。有时，测试者会发现新的策略，以独特的方式解开谜题，或是通过“钻系统空子”创造出新的能力。当你看到玩家以你未曾设想的方式行动或利用关卡时，要评估这种方式是否会破坏游戏平衡。如果它不会破坏平衡，反而能成为一个值得探索的有趣秘密，那就把它保留下来。

针对当前的开发阶段进行玩法测试。引导测试者针对所处开发阶段的关键问题提供反馈：核心玩法反馈应集中在资产制作的早期阶段，而后期反馈则应专注于寻找那些可能影响游戏体验、阻碍进度甚至导致游戏崩溃的错误。举例来说，在发布前一个月本应集中排查漏洞的阶段，就不该再接收关于玩法机制或美术的反馈意见。应当向测试者提出与你所需信息相关的预设问题，或是准备书面问卷让他们填写。

在收集额外意见的同时坚持设计初衷。虽然你需要聚焦核心反馈，但获取补充意见也很重要——测试者可能会提出某些意外的令人惊喜的建议。不过要做好准备，你可能会收到大量荒谬的提议。测试者往往怀着极大热情参与游戏测试，他们会给出“你们绝对应该加入这个”之类的设计建议。你要学会区分：哪些建议确实对当前开发阶段有帮助，哪些会破坏游戏的核心愿景。同时，要学会以友好而不居高临下的方式婉拒糟糕的创意。

如果玩家不理解某个部分，那就说明设计得不够清晰。我经常遇到这样的情况：测试者询问如何触发某个机制或如何知晓当前状态，而我暗自困惑："我明明提示得很清楚了……"经过多次教训后，我总结出一个规律：无论我用了多醒目的标志、粒子效果、音效或其他吸引玩家注意力的游戏内提示元素，通常都需要至少再增加两种提示方式，这样才能确保玩家真正感知到这一事件。例如，在游戏 *Lissitzky's Revenge* 的早期版本中，我们仅通过粒子效果来提示玩家攻击白色圆形敌人的时机，但有测试者反馈："我怎么知道什么时候能攻击？""真希望有个粒子特效……"当时我几乎要脱口而出"明明就在你眼前"，但随即意识到这种想法大错特错，我应该倾听玩家的意见。于是我们添加了更多的粒子效果，补充了音效提示，还让角色闪烁，最终这个提示变得清晰无比。对于新手设计师而言，最难的就是学会从玩家视角看待自己的游戏。但比起固执己见，保持这份同理心才能让你的游戏变得更好。

通过试玩测试来了解玩家需要学习哪些游戏内容。许多游戏设计师想当然地认为应该立即着手制作关卡 1–1。这个问题我们将在后续详细讨论，但此刻需要明白的是，在早期玩法测试中，你应该重点观察哪些机制玩家能自行掌握，哪些需要专门教学。如果你打算用初始关卡作为教程来教授玩家游戏机制，那么你就需要明确这些关卡中应该包含哪些教学内容。你认为需要讲解的机制可能对玩家而言直观易懂，而看似简单的机制若不进行教学，玩家可能永远无法发现它们的存在。通过玩法测试，你可以为游戏教程做出教学安排，从而更好地满足玩家的需求。

在开发过程中，当测试者体验你的关卡时，请详细记录每个原型的成功之处与需要改进的地方。根据反馈不断优化设计，并再次邀请他人测试新的原型版本。随着迭代过程的推进，你的测试需求也会发生变化：初期需要测试来解决宏观设计问题，后期则转为打磨具体的游戏体验细节。到了后期阶段，你需要理解玩家与关卡中每个几何元素的互动关系，并替换那些效果不佳的部分。

3.2.7 模块化关卡设计

采用游戏引擎基础几何体搭建关卡的显著优势在于其标准化特性和高度可重复性。它们是模块化的，即可以轻松复制、组装、拆卸和移动的预制构件。

自工业革命以来，建筑领域就一直采用模块化元素建造，大量标准化部件在工厂预制后运至施工现场组装。现代主义建筑师大力支持建筑的模块化设计。例如，Philip Johnson 和 Ludwig Mies van der Rohe 因其设计采用了预制钢铁和玻璃构件而闻名。Le Corbusier 设计的马赛公寓更是经典案例，其居住单元完全由预制模块堆叠构成（图 3.18）。

我常以乐高积木比喻模块化关卡，其核心依据正是模块化理念。鉴于游戏制作属于高密度劳动型产业，资深设计师会构建可重复使用的游戏资源库，从而避免重复创作美术素材。如果设计师能创建出一套模块化组件，关卡的搭建就可以像组装乐高积木般灵活高效，而非像创作难以修改的定制艺术品那样烦琐。

创建模块化资产还能辅助实现前一章讨论的基于度量参数的设计方法。以游戏 *SWARM!* 为例，我们在部分非有机场景中引入了模块化地砖系统。通过预定义尺寸的地砖构建滑板公园和迷宫等环境时，我们发现 2 单位宽度的地砖是实现游戏倾斜操控平衡的最小单元——更窄的通道会使游戏难度变得不合理。在需要穿越电击地板与酸液池的谜题中，我们采用这种 2 单位地砖来搭建边缘通道。

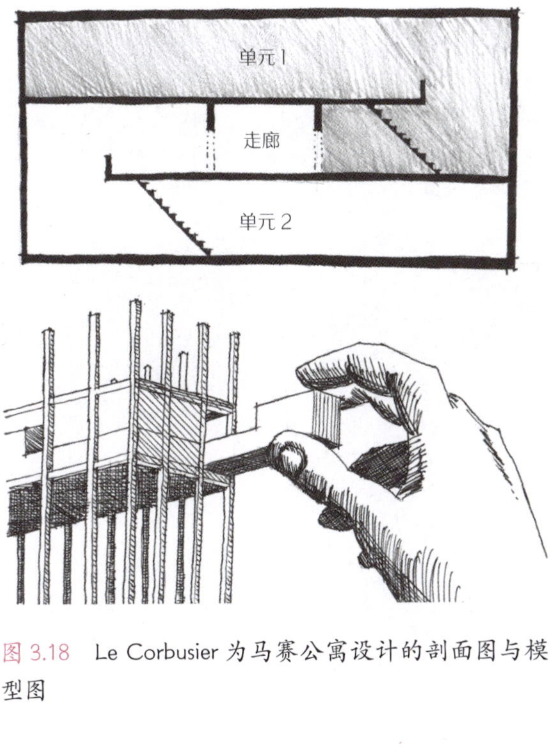

图 3.18 Le Corbusier 为马赛公寓设计的剖面图与模型图

即便是植被、地形等非精确度量的元素，也可采用模块化设计。在游戏 *SWARM!* 中，树木、岩石等非精确度量元素可以自由缩放和旋转以适应斜坡地形需求，且不会产生美术风格冲突。建筑师会采用“建筑明细表”来记录建筑中的模块化组件。该表格详细记载了预制构件（如门窗、管道组件）的规格参数（表 3.1）。关卡设计师使用的模块化组件也可以用非常类似的方式记录，尤其是当这些组件遵循基于度量参数的构建系统时。

表3.1 门明细表

数量	门的类型	门的材质	框架类型	框架材质	门洞尺寸	五金组件
1	1	木头	A	空心金属	约 0.91 米 ×2.13 米	05
2	10	木头与钢化玻璃	A	空心金属	约 0.91 米 ×2.13 米	14
3	1	木头	A	空心金属	约 0.91 米 ×2.13 米	03

在游戏美术设计中，通常会制定“风格指南”，以此来为团队创作确立色彩、图形、尺寸等方面的艺术标准。关卡设计明细表也能为场景构建提供类似帮助。图 3.19 展示的半管式关卡场景的资产明细可参考表 3.2。

即便对于树木、植物等非精确度量的组件，明细表也能通过列出构成某一关卡的所有此类组件，为关卡确立美术风格指南。通过这种方式，明细表不仅有助于列出构成特定环境的组件，还能辅助美术指导工作。

这些只是我和其他设计师在关卡设计中使用的一些工作流程。关卡设计之所以成为一个复杂的话题，部分原因在于它因人而异、因游戏而异。虽然通常没有一种适用于所有关卡设计问题的万能答案，但通用的工作流程可以适应各种情况；而在遇到困惑时，唯有反复测试、测试、再测试。

图 3.19 某三维游戏中的半管式关卡场景

表3.2 资产明细表

数量	模型类型	模型名称	位置
15	半管侧边	Skatepark01_2x2.blend	Skate park 2
8	半管地面	CityFloor_Concrete_2x2.blend	Skate park 2
4	电栅栏	CityTrap_ElectricFence02_2tile.blend	Skate park 2

说到测试，我们已探讨过如何通过玩法测试来确定玩家在玩游戏时需要学习的内容。这一话题我们将在下一节中进一步详细探讨，即关卡构建的顺序安排和时间分配。

3.3 关卡设计进度规划

许多新手设计师不仅好奇关卡设计师的工作方式，更常问的问题是：究竟该从何处入手？Scott Rogers 在 *Level Up! The Guide to Great Game Design*[20] 一书中提到，设计师对“先做哪个关卡”的判断会随着经验积累而变化：新手往往从首个关卡开始制作，而资深设计师更倾向于从中间关卡入手，再回头去制作首个关卡。在 *Retronauts*[21] 游戏播客中，游戏 *Iconoclasts*[22] 的设计师 Joakim Sandberg 则提出了截然不同的流程：他坚持从游戏开篇世界起步，严格按线性顺序推进关卡设计。

虽然这看起来像是一个哲学问题，实则深刻影响着开发进程——既决定关卡优先级，也涉及教学设计的时间分配。关卡构建顺序的选择很大程度上取决于团队的实际生产流程。与本书所有观点一致，我并非要规定“必须如何操作”，而是分享已验证的设计师工作模式，供你根据项目特性选择最适合自身团队的实施路径。

3.3.1 玩具箱

关卡设计的常见起点并非直接构建完整关卡，而是创建一个专门用于构建和测试关卡机制的空间——我将其称为“玩具箱”。创建方法很简单，只需在你所用的引擎中新建一个场景或房间（或引擎中对关卡文件的其他称呼），并将其预留出来，用于构建和测试将要放入关卡中的元素。玩具箱仅供开发者使用，因此它们通常无法从游戏的其他部分进入（即玩家无法选择或到达）。由于其主要用途是实用性质的，因此无须像打造可玩关卡那样精心打磨环境美术。

玩具箱是测试角色与关卡几何结构、机制交互方式，以及不同机制间相互作用的理想场所。图 3.20 展示了我为一款游戏创建的玩具箱，我曾用它来测试机制：角色无法穿越熔岩，但玩家可通过引导水流浇注使其冷却。红蓝挡板会阻隔水流，因此玩家需要操作对应颜色的开关控制挡板状态。这种独立测试空间能让开发者在将这些机制引入正式关卡之前，专注验证各系统间的交互逻辑。

在玩具箱测试空间中，你还可以测试游戏的摄像机系统运作方式——尤其当摄像机是游戏的核心特色时。在 2012 年游戏开发者大会上，Koichi Hayashida 曾分享 *Super Mario 3D* 开发历程，其中提到他的团队构建的一系列测试关卡，这些关卡专门用于探索任天堂 3DS 立体显示屏的特性这些测试内容包括如何利用任天堂 3DS 立体显示屏创造视觉错觉，并确保前景装饰元素不会干扰玩家追踪游戏角色 Mario 的位置。[23]

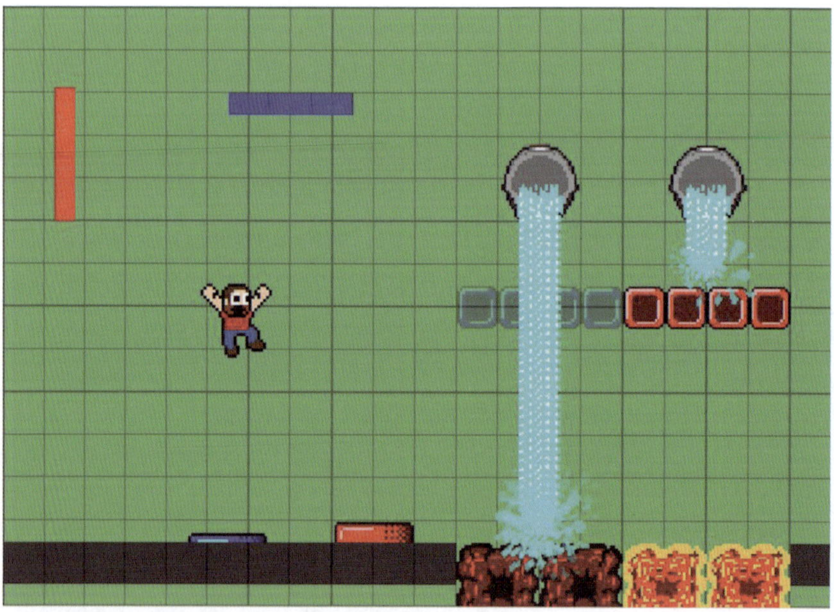

图 3.20 我为游戏 *Ice Bucket Challenge* 制作的玩具箱空间。这个空间无法从游戏其他部分进入，只能通过在游戏引擎中选择相应文件访问，我用它来构建和测试关卡机制

这些对于测试机制很有帮助，但当真正需要开始制作玩家将要交互的关卡时，又该怎么做呢？

3.3.2 从中间开始构建

这种做法初听或许有违直觉，但许多工作室会选择从游戏的中期关卡着手设计，而将承担玩家玩法教学功能的关卡留到最后阶段。这样做涉及多方面考量：可能需要从多个关卡中提取素材制作宣传片；游戏中期的某个关卡可能最适合制作精彩的演示版；预算或人员问题也可能是影响因素等。

在我的设计实践中，关卡构建顺序因项目需求而有所不同，但优先设计中期关卡已成为我的常规策略。这主要是因为这有助于玩家更好地理解游戏机制。在我职业生涯的早期，我总是迫不及待地将所有机制都塞进最先设计的关卡中，这显然不是好的关卡设计：测试者往往无法通关，因为概念引入得太仓促，挑战难度也过高。Laura Hudson 在评论任天堂游戏 *Super Mario Maker*（允许玩家自制并分享关卡的平台游戏）时，针对她在游戏在线社区里看到的“堆砌所有元素”式关卡设计现象这样写道：

“单纯的愿望满足并不能带来良好的游戏体验，若你真正追求的是设计趣味关卡而非炫耀操纵板的神力，那么更应该问问自己是否应该这样做”。[24]

虽然 *Super Mario Maker* 玩家社区的“堆砌所有元素”式关卡是个极端例子，但它们让我想起刚开始设计商业游戏关卡时获得的教训。那些让测试者举步维艰的关卡虽有不错的创意，但对于初次接触游戏的玩家来说过于复杂。后来我改为从中期关卡开始设计，就是因为最初由于经验不足做出了难度过高的首个关卡，经过测试后将其调整成了第三或第四关。从这些经历中我学到，应该先制作一个能充分展现我所设计的机制的理想关卡，再反向设计前期关卡，循序渐进地引导玩家为迎接这个理想关卡做好准备。

优先开发中期关卡是更为审慎的做法。在游戏 *Dead Man's Trail* 开发中，我们首先对游戏的掠夺模式进行了反复打磨，在这一模式中，玩家要在等距三维环境中寻找资源。Daniel Cook 在其 *Steambirds:Survive: Goodbye Handcrafted Levels*[25] 一文中详细阐述了模式优先设计的理念：与其设计大量带有独特机制的关卡，不如先确立核心玩法概念，再通过每次进入该模式时改变场景条件来创造变化。对于一款空战策略游戏而言，这意味着在任务开始时，玩家就要面对不断变化的敌方编队类型。

在游戏 *Dead Man's Trail* 中，我们设计了一个模式，玩家需要在僵尸潮到来之前，快速从城市里掠夺物资。这一模式的核心理念与机制包括：有限的物品携带量、有限的战斗效能、较快的奔跑速度，以及标示僵尸群逼近的倒计时系统。之后我们设计了多个关卡，通过调整移动空间的大小、地图的复杂程度、撤离出口的数量等要素，考验玩家对这些机制的运用能力。我们采用随机组合关卡主题与生成条件的方式进行测试，观察哪些内容玩家能凭直觉理解，哪些会让他们觉得难以应对。同时我们也记录哪些机制需要主动教学，哪些内容可以被玩家自行领悟。经过数月的此类测试，我们最终确定了一套教学体系，以此作为设计游戏首个关卡教程的基础，也明确了构成游戏 *Dead Man's Trail* 简单关卡的标准，以及哪些内容应安排在游戏的后期。

3.3.3 按顺序构建

并非所有项目都需要设计师耗费精力去寻找完美的关卡顺序。对于需要沿难度曲线逐步引入玩法机制的动作游戏，或是复杂度较高的游戏，从中间开始构建更为合理。然而，如果一款游戏较为简单，或者有其他规划关卡顺序的方法，那么从首个关卡开始按顺序设计就有诸多优势。

在本节开头，我提到了游戏 *Iconoclasts* 的开发者所说的“从头到尾”设计该游戏的方式。该游戏属于典型的类银河战士恶魔城风格的游戏，这一名称源于 *Metroid* 与 *Castlevania* 系列游戏对该风格的典型应用。“类银河战士恶魔城”通常用来描述一种横向卷轴游戏：玩家需要在一个大型、连续的迷宫中进行探索和逃脱。在这类游戏中，玩家通过提升角色的移动能力来推进游戏进程，从而进入迷宫的更多区域。设计师在制作这类游戏时，不仅需要考虑地图本身，还需规划玩家何时获得哪些能力升级。因此，从游戏起始部分开始设计是合理的：游戏地图本质上是近乎线性的能力升级链的延伸。从玩家体验角度来看，按顺序构建关卡的方法对于这类以线性元素（如剧情驱动或能力升级）为核心体验的游戏尤为适合。它能有效强化玩家的探索乐趣：通过探索空间寻找关键物品，逐步完善能力体系，或揭晓后续剧情。

选择顺序构建的另一原因在于游戏机制本身很简单，不需要设计复杂的教学关卡。当玩家需要掌握复杂机制且你需要快速了解玩家的理解能力时，从中期关卡开始构建是理想选择，但某些设计简单的游戏并不需要这种方法。根据我的经验，顺序构建适用于设计街机风格的游戏。这类游戏通常关卡流程简短，核心机制数量有限。这类游戏的复杂性通常来自外部环境而非玩家角色本身。这意味着玩家操控的游戏角色移动或操作方式非常简单，但关卡机制会让角色以不同方式移动，或者敌人和物品会改变玩家的策略，从而增加游戏的复杂性。

Lissitzky's Revenge 是我按顺序构建的一款游戏。其核心机制为：玩家操控一个红色三角形，必须在每个场景中找到白色圆形，蓄力并发动致命一击将其消灭。在第一关中，玩家无须面对任何阻碍就能完成这一系列操作。而随着游戏进程的推进，难度逐渐增加——白色圆形会向玩家反击，接着会出现不断升级的移动障碍和谜题。这里充分体现了模式优先于关卡的设计理念：游戏的核心机制非常简单，因此设计师更容易构思出从简单到困难的关卡配置。另一款体现这一理念的游戏是 *Interstellar Invaders*[26]。它融合了游戏 *Breakout* 和 *Space Invaders* 的玩法：玩家通过挡板反弹导弹攻击外星人。游戏初期仅呈现基础外星敌人与反弹机制，但在后续关卡中，新的强化道具、更多的敌人及不同类型的敌人会增加游戏的复杂性。对于这两款游戏而言，设计中期关卡完全没有意义：一个教授玩家核心玩法的初始教程关卡很容易构建和迭代，由于玩家对核心机制有了清晰的理解，他们能轻松应对新敌人或新机制。因为这些设计本质上是对核心玩法的微调。

尽管上述工作流程并非面面俱到，但目前已探讨的内容已涵盖关卡设计的主要方法。剩下的关键是工具选择，建议设计师根据项目特性尝试不同的软件（如 Unreal、Unity、Game Maker、Construct、Tiled 等），找到最适合自己的工具。通过本章阐述的规划工作流程与不同软件的功能相结合，将帮助你确定适合自己的个人开发流程。

3.4 总结

在游戏关卡的研究、规划与执行方面，存在各种各样的工具，这些工具可以协同工作，创造出更好的游戏体验。通过以度量参数为核心的关卡规划方式，我们可以为实际游戏体验做好充分准备。将这些研究成果导入游戏引擎，并通过迭代过程制作原型，可以确保我们的游戏关卡达到最初设定的目标。实际上，以玩家为中心的设计是这些工作流程的关键所在，而“将游戏视为一系列能帮助我们与玩家进行清晰沟通的场景”这一核心理念将贯穿全书。

在下一章中，我们将运用这些经验，探索现实世界和游戏世界中存在的各类空间形态。通过系统地分析这些空间类型及其观察视角，我们将掌握如何巧妙运用它们，构建富有深度的游戏体验。

3.5 练习

① 绘图练习：设计一种玩家在关卡中必须做出应对的玩法机制（参考游戏 *Donkey Kong Country: Tropical Freeze* 中倾斜的花朵或带刺的果实）。针对以下三种情境绘制关卡局部示意图：在安全条件下向玩家演示该机制，让玩家在轻度危险场景中应对该机制，让玩家在高风险挑战中应对该机制。

② 绘图练习：玩一款商业游戏，并绘制其中三个场景的布局图。详细说明这些场景有效的原因与创造的游戏玩法体验。

③ 绘图练习：选择一款商业游戏，从该游戏中选择三个房间或空间，绘制其可读性示意图，分析这些空间是为哪种类型的玩家或哪种挑战难度级别而设计的。

④ 纸上原型练习：为你想在数字游戏中创建的关卡制作纸质原型。为非数字化组件设计移动规则，使其至少能部分模拟数字游戏中的移动方式，并为运用游戏的其他核心机制制定使用规则。尝试平衡玩家花在移动上的时间与花在互动或练习非移动类核心机制上的时间。

⑤ 数字制作练习：在游戏引擎中创建一个灰盒关卡，并将体验聚焦于某一特定机制。如果你在练习④中创建了纸质原型，可将该关卡进行灰盒化处理，以便在数字环境中使用。

⑥ 绘图练习：为你正在制作的关卡（包括练习⑤中的灰盒）或某款商业游戏的关卡，绘制一幅“任天堂力量”式的地图。为重要的游戏区域添加标注框，并观察它们的分布间距，据此这个来判断游戏场景的节奏是否合理。

⑦ 游戏测试练习：对你正在开发的游戏（例如练习⑤中灰盒）进行玩法测试，或让他人试玩一款其从未接触过的商业游戏。在测试时避免干扰玩家，但要详细记录：卡关位置、关卡设计不明确处及其他影响用户体验的问题。

⑧ 数字制作练习：选择一个你能熟练编写脚本的游戏引擎。创建包含至少三个简单游戏机制的“玩具箱”关卡。找出至少两种让这些机制协同工作以产生新交互的方式（例如，用水扑灭火、让火焰点燃油池从而减缓玩家移动速度等）。

参考文献

[1] Casali, Dario. Interview by author, personal. Valve Corporation, Bellevue, WA, October 27, 2008.

[2] Jarvinen, Aki. GameGame. *GameGame*. http://gamegame.blogs.com/ (accessed January 3, 2013).

[3] *Super Mario Bros*. Nintendo (developer and publisher), September 13, 1985. Nintendo Entertainment System game.

[4] *The Legend of Zelda*. Nintendo (developer and publisher), February 21, 1986. Nintendo Entertainment System game.

[5] *Katamari Damacy*. Namco, Now Productions (developer), Namco (publisher), September 22, 2004. Sony Playstation 2 game.

[6] *Angry Birds*. Rovio Entertainment (developer), Chillingo (publisher), December 11, 2009. Mobile device game.

[7] *Team Fortress 2*. Valve Corporation (developer and publisher), October 9, 2007. PC game.

[8] *Resident Evil*. Capcom (developer and publisher), March 22, 1996. Sony Playstation game.

[9] *Metal Gear Solid*. Konami Computer Entertainment Japan (developer), Konami (publisher), September 3, 1998. Sony Playstation game.

[10] Brown, Mark. "*Donkey Kong Country: Tropical Freeze* – Mario's Level Design Evolved" *Game Maker's Toolkit*. https://www.youtube.com/watch?v=JqHcE6B4OP4. June 16, 2017. Accessed February 27, 2018.

[11] *Donkey Kong Country: Tropical Freeze*. Retro Studios and Monster Games (developers), Nintendo (publisher). February 14, 2014. Nintendo Wii U game.

[12] *New Super Mario Bros. U*. Nintendo EAD. November 18, 2012. Nintendo Wii U game.

[13] *SWARM!*. e4 Software (developer and publisher), January 2, 2013. Mobile device game.

[14] Anthropy, Anna and Naomi Clark. *A Game Design Vocabulary: Exploring the Foundational Principles Behind Good Game Design*. Boston, MA: Addison Wesley Professional, 2014.

[15] Anthropy, Anna and Naomi Clark. *A Game Design Vocabulary: Exploring the Foundational Principles Behind Good Game Design*. Boston, MA: Addison Wesley Professional, 2014. p. 40.

[16] Rebouche, Blake."Level Design Workshop: Balancing Action and RPG in '*Horizon Zero Dawn*' Quests". Game Developers Conference. San Francisco, CA. March 2018.

[17] Fullerton, Tracy, Christopher Swain, and Steven Hoffman. *Game Design Workshop: A Playcentric Approach to Creating Innovative Games*. 2nd ed. Amsterdam: Elsevier Morgan Kaufmann, 2008.

[18] From the Introduction to Game Design course at George Mason University's Computer Game Design Program. Taught by Prof. Christopher Totten.

[19] Salen, Katie, and Eric Zimmerman. *Rules of Play: Game Design Fundamentals*. Cambridge, MA: MIT Press, 2003, p. 168.

[20] Rogers, Scott. *Level Up! The Guide to Great Game Design*. San Francisco, CA: Wiley, 2014.

[21] Parish, Jeremy. "The *Metroid* sisterhood – Scurge Hive and *Iconoclasts*". *Retronauts*. Podcast audio, April 9, 2018.

[22] *Iconoclasts*. Joakim Sandberg. January 23, 2018. Multi-platform downloadable game.

[23] Hayashida, Koichi. "Thinking in 3D: The Development of *Super Mario 3D Land*". Game Developers Conference. San Francisco, CA. March 2012.

[24] Hudson, Laura."Your *Super Mario Maker* level has no chill". *Boing Boing*. September 14, 2015. https://boingboing.net/2015/09/14/super-mario-maker-levels.html. Accessed April 24, 2018.

[25] Cook, Daniel. *Steambirds: Survive:* Goodbye Handcrafted Levels. *Lost Garden*. December 3, 2010. http://www.lostgarden.com/2010/12/steambirds-survival-goodbye-handcrafted.html. Accessed April 24, 2018.

[26] *Interstellar Invaders*. Interstellar Tortoise. May 1, 2018. Multi-platform downloadable game.

第4章

基础游戏空间

建筑是深思熟虑的空间创造，其意义远非功能的简单堆砌。

——Louis Kahn

著名建筑师 Louis Kahn 的这句箴言，与我们的关卡设计理念相通，也将引出我们接下来对游戏空间的讨论。在前两章中，我们探讨了一些设计游戏关卡的实用工具和方法，从纸上规划到在游戏引擎中构建关卡结构皆有涉及。现在，我们将讨论基础的空间布局方式，这些方式能帮助我们在游戏关卡中创造更好的体验。

首先，我们将学习建筑设计中一些简单的空间原则：图底关系、虚实关系等。接下来，我们将探索迷宫等历史悠久的游戏空间形式，了解这些古老空间类型如何影响现代游戏的结构。基于这些核心概念，我们将探索现代游戏中其他常见的空间类型，并分析如何利用它们实现不同的玩法机制。最后，我们将从玩家的角度出发，了解第一人称、第三人称和其他镜头视角各自的优势与劣势。

在本章，你将学到以下内容：

建筑空间布局；

历史游戏空间结构；

空间尺度类型；

分子级关卡空间；

枢纽空间；

沙盒游戏空间；

视角的运用；

将敌人视作替代性建筑。

4.1 建筑空间布局

在之前的章节中，我们都会先介绍与建筑相关的作品和概念，这为我们如何处理游戏空间提供了参考，本章也不例外。之前我们主要讨论了在游戏引擎环境中的实用工具和技术，本章我们将讨论适用于游戏的常见空间布局。

游戏和建筑的不同之处在于，现实世界的建筑通常需要符合现实世界的规则。例如，现实世界的建筑必须包含内部结构和外部结构，而且两者相互影响彼此的形态。现实世界的建筑还必须考虑气候条件、地质特征、区域法规和建筑结构的实际情况。游戏空间则不必处理这些问题。典型案例可见一些实验性的建筑结构，例如 Atelier Ten 建筑事务所和 GMO Tea Cup Communication 公司设计的“环球博物馆”[1]——一个由悬浮立方体构成的巨型椭圆结构（图 4.1），或 Hidenori Watanave 设计的、以巴西建筑师 Oscar Niemeyer 生平[2]为主题的可交互数据库雕塑——它们都曾是虚拟世界游戏 *Second Life*[3] 中的建筑。然而，对于更加日常的关卡设计而言，这意味着游戏空间无须受制于内外空间的硬性区分。由此产生的空间布局更加自由，完全基于玩家移动模式、叙事事件或游戏机制构建（图 4.2）。事实上，在游戏空间中，“内部”和“外部”不过是游戏空间装饰艺术衍生出的描述而已。

鉴于这些差异，游戏设计师可以在游戏设计环境允许的范围内，充分借鉴建筑领域的经验。其中一些经验甚至与许多现代游戏引擎中关卡的构建方式存在概念上的联系。

4.1.1 图底关系

我们要探讨的第一种建筑空间布局的原理是图底关系。这一概念源自艺术创作中的正负空间理论：正空间指作品主体占据的区域，负空间则指主体之外或主体之间的空间（图 4.3）。

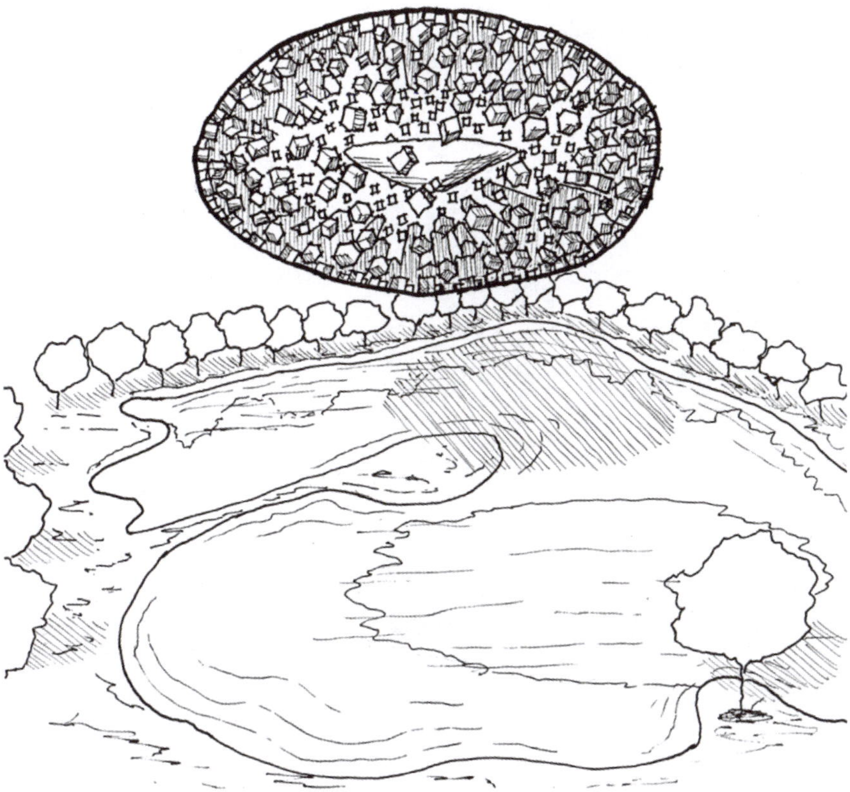

图 4.1 Atelier Ten 建筑事务所和 GMO Tea Cup Communication 公司设计的“环球博物馆”的草图。该建筑建于虚拟世界中，其主体由数百个立方体构成，不需要任何支撑结构。设计师在 Microsoft Excel 中设计了建筑的形态，再通过自动建模程序生成了该建筑的几何结构

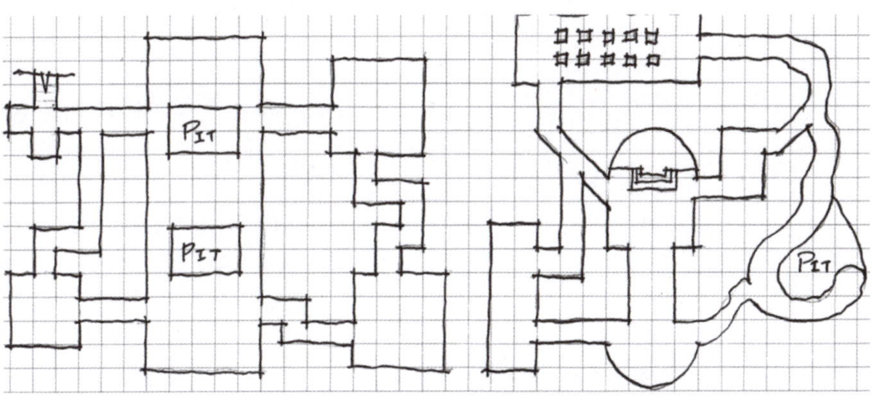

图 4.2 关卡设计的概念草图。游戏关卡可以采用独特的形式特征，无须像真实建筑那样，必须匹配对应的内部与外部空间结构

图 4.3 这幅被称为“鲁宾之壶”的插图，诠释了正负空间的概念与相互转换机制。观察者若将画面的黑色部分视为负空间，则该图呈现出两张相对的侧脸；观察者若将画面的白色部分视为负空间，则该图呈现出一个花瓶

建筑学中的图底关系理论，源于正空间图形（通常为黑色体块表示的建筑实体）在负空间背景中的布局关系。当以平面图观察时，设计师能发现建筑实体如何通过布局在基底中塑造出空间。事实上，在图底关系图中，这些被塑造出的空间与图形本身的放置同样重要（图 4.4）。建筑设计师 Matthew Frederick 认为，图形经过布局后形成的空间本身就是正空间，因为它们现在和图形一样有了自己的形态。[4] 从城市设计的角度来看，这些被框住的空间通常是广场、庭院、公园、枢纽及其他可供人们停留的集会场所，而剩下的负空间则是供人们通行的区域。[5]

Frederick 还指出，在运用图底关系时，图形元素和空间都可以是“隐含的”[6]——要么通过结构元素划分空间，要么创造与附近图形形态相似的负空间（图 4.5），这与理论神经学家 Gerd Sommerhoff 的观点不谋而合，正如建筑师 Grant Hildebrand 所引述：“大脑希望未来的事件和图像组合与既往经验相符。当以前的经历重复出现时，大脑会做好重新体验这一组合的准备。如果预期得到证实，这种模式就会得到强化，从而产生愉悦感。”[7]

由此可见，图底关系是关卡设计师在许多游戏引擎中创造加减空间的强大工具。许多引擎允许在二维或三维负空间中排列叠加的图形元素。游戏空间通常以负空间的移动机制为基础，利用平台边缘、支撑结构等正空间元素为玩家打造行进路径。在其他机制下，通过在实体形态之间构建空间，设计师能创造出房间、走廊等场景供玩家在其中奔跑、追逐和躲藏。此外，设计师还可以通过隐含的边界或突出显示的空间与玩家交流，这些空间正是运用了 Sommerhoff 所述的图底关系表达手法（图 4.6）。

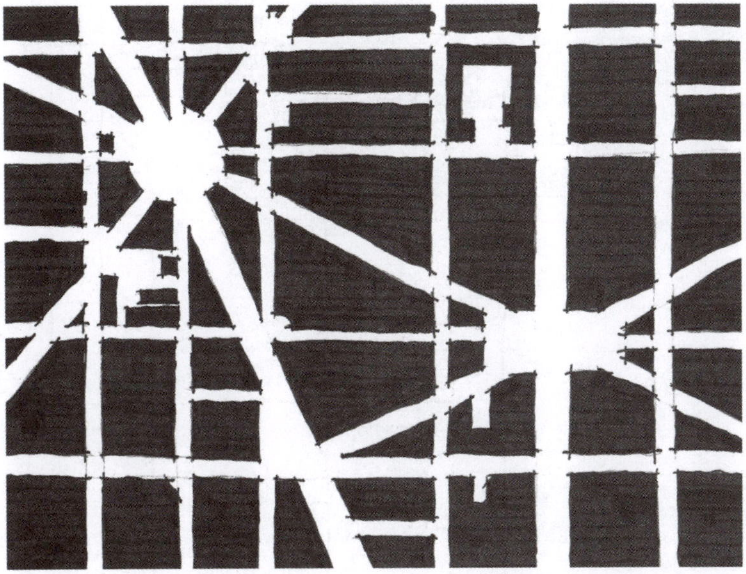

图 4.4 运用图底关系规划空间时，重要的是观察正空间的图形如何从负空间背景中塑造出的空间。这些拥有自身形态的空间，也可以被视为正空间

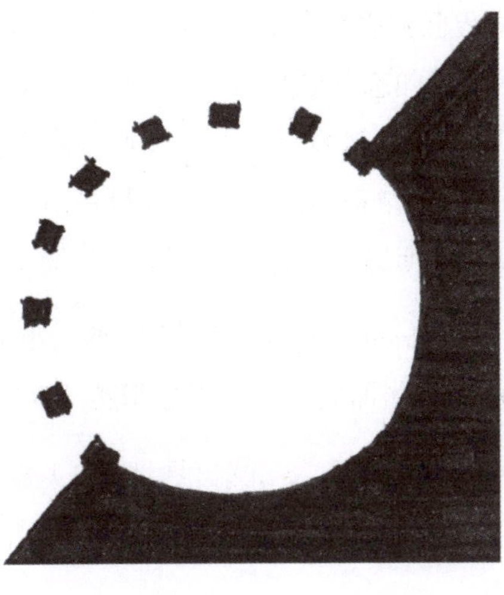

图 4.5 这幅示意图展示了如何运用图底关系来暗示空间或元素的构成

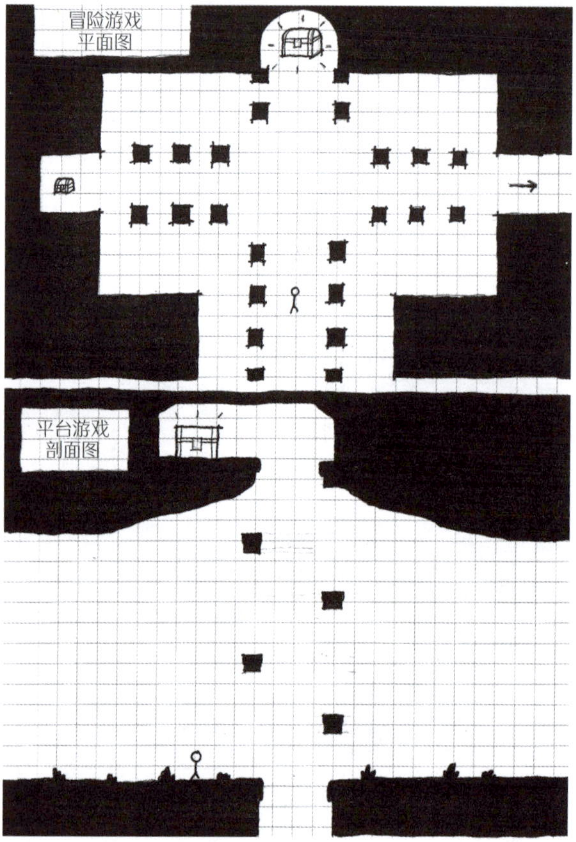

图 4.6 这幅图展示了图底关系在游戏空间设计中的运用，表明通过空间关系的巧妙处理能够有效向玩家传递信息

4.1.2 虚实关系

就很多方面而言，虚实关系是图底关系在三维空间的演进。这是图底关系在非俯视视角游戏空间中的自然应用（图 4.7）。虚实关系理论认为，从实体中雕琢出来的空间具有自身的形态。

图底关系是利用大体量元素划分区域从而进行空间布局的，虚实关系则是通过增加体块或消减空间进行布局的。第 3 章中介绍的游戏引擎都能够体现虚实关系——允许设计师放置几何形态，或从一个无限延伸的实体中雕琢出形态。同样，三维建模软件让设计师能对形体进行加减操作，即使用数学公式以叠加或消减的方式组合三维模型。建筑师 Peter Zumthor 设计的瓦尔斯温泉浴场和建筑师 Mario Botta 设计的比安奇之家均位于瑞士，都利用虚实关系雕琢出阳台、门廊、窗户、私密空间及其他功能区域（图 4.8）。在游戏中，此类增减空间的方式可以用于打造隐藏壁龛、秘密通道、狙击点，甚至还可用于突出关卡目标。

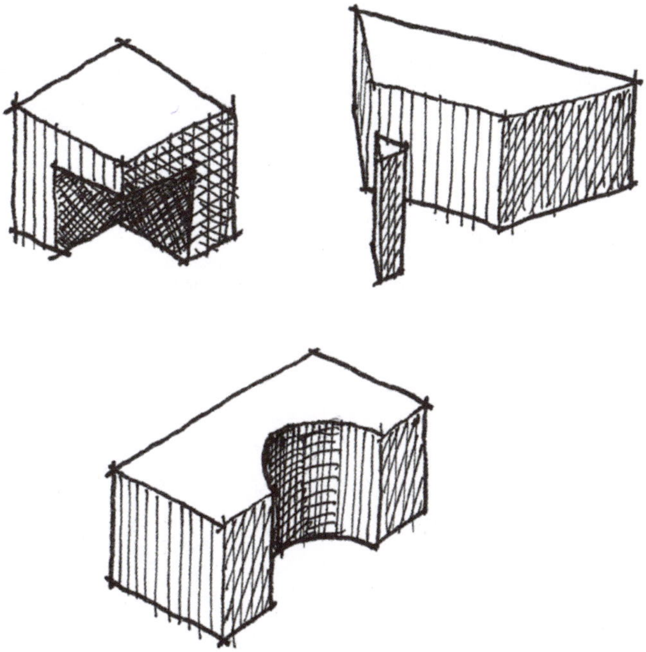

图 4.7 一些关于形体之间虚实关系的案例

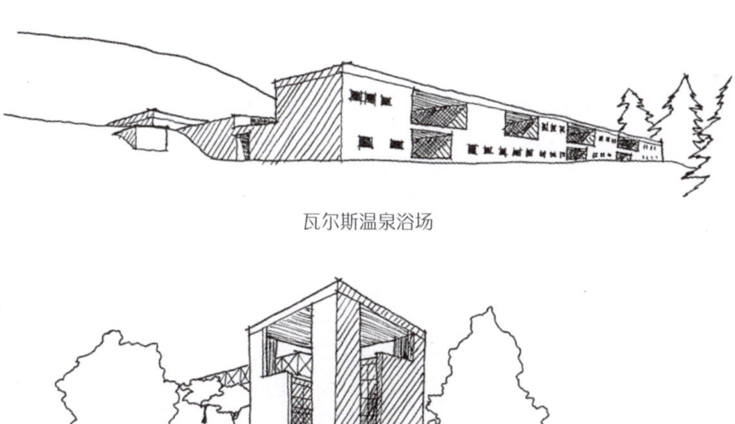

瓦尔斯温泉浴场

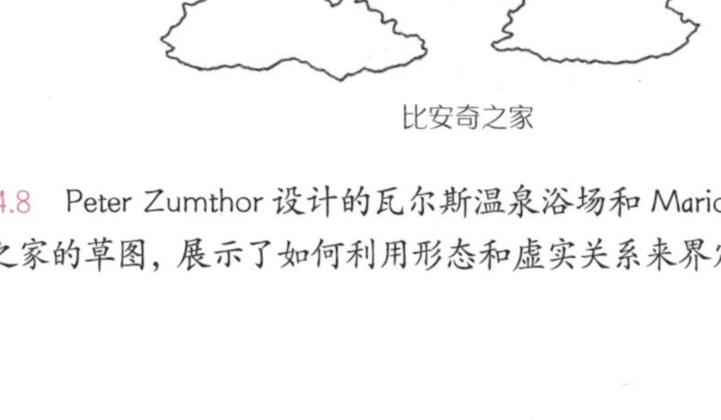

比安奇之家

图 4.8 Peter Zumthor 设计的瓦尔斯温泉浴场和 Mario Botta 设计的比安奇之家的草图，展示了如何利用形态和虚实关系来界定空间

4.1.3 抵达体验

正如我们在图底关系和虚实关系中看到的，关卡设计是一门对比的艺术。它同时也是视线引导、路径规划、戏剧性铺垫及目标模糊性的艺术。所有这些元素共同构成了“抵达体验”——玩家进入某个空间时的感知方式。

我们与玩家的交流很大程度上是通过空间抵达来实现。也正是通过这种抵达机制，空间能够引导玩家前往下一个目的地，或允许他们自主选择路径。当玩家抵达一个空间时，其体验很大程度上取决于抵达前的空间状态：若要让玩家获得抵达宽敞空间的体验，那么上一个空间应该是封闭的，这样新的空间看起来会更大。同理，明亮的空间前应有黑暗的空间，安全的空间前应有危险的空间，冷清的空间前应有热闹的空间等。建筑师 Donlyn Lyndon 和 Charles W.Moore 在 *Chambers for a Memory Palace*[8] 一书中，特别提到亚特兰大凯悦酒店中庭正是此类抵达空间的典范。评论家戏称其为“惊叹之地”，这是因为在酒店建成初期，商务人士从低矮的空间进入这栋 22 层高的中庭，往往会在抬头向上看时发出“天哪”的感叹。类似的空间体验在探索类游戏中也很常见，例如游戏 *The Legend of Zelda* 系列游戏或游戏 *Journey*，它们通过这种设计来铺垫重要的敌人遭遇、物品获取或剧情事件（图 4.9）。

玩家抵达空间时的另一个重要因素，是他们从抵达点获得的视角。正如本章后续内容将探讨的，游戏中的镜头角度对玩家如何理解空间有显著的影响。当玩家透过一扇门观察新抵达的空间时，他们的行动规划能力在很大程度上取决于他们对刚抵达的空间的解读能力。控制玩家视野中所能呈现的信息非常重要，如果处理得当，可以打造出更令玩家满意的体验。在古典建筑中，通往希腊雅典帕特农神庙的行进式路径就完美诠释了如何通过视角引导实现戏剧化呈现。来访者攀登卫城的台阶时，首先从低处仰视神庙；穿过卫城的门廊式入口，他们会从西北角一览帕特农神庙四分之三面的风景，而不是从正立面直视获得单调的二维景观。接下来，来访者不得不绕着神庙行走，最终才迂回至神庙入口。与直接走到入口相比，这种强制性路径设计使来访者在观赏帕特农神庙时可以获得更戏剧性的体验（图 4.10）。

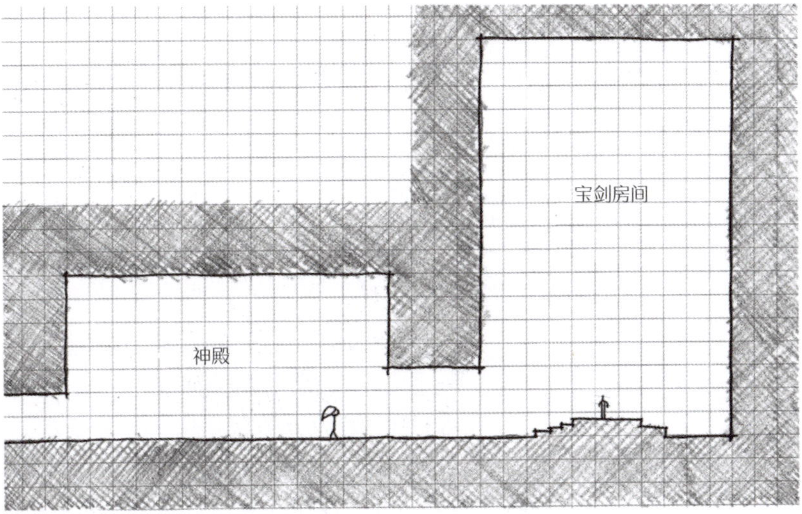

图 4.9 许多游戏会通过设置截然不同的空间，突出通往核心玩法区域（如首领房间或目标点）的路径。这幅示意图描绘了游戏 *The Legend of Zelda: Ocarina of Time* 中的神殿，玩家会在此获得具有剧情推动作用的重要道具——宝剑。通过该图可看到，设计师设置了截然不同的空间，并采用了拜占庭风格的设计，以凸显宝剑所在房间的重要性

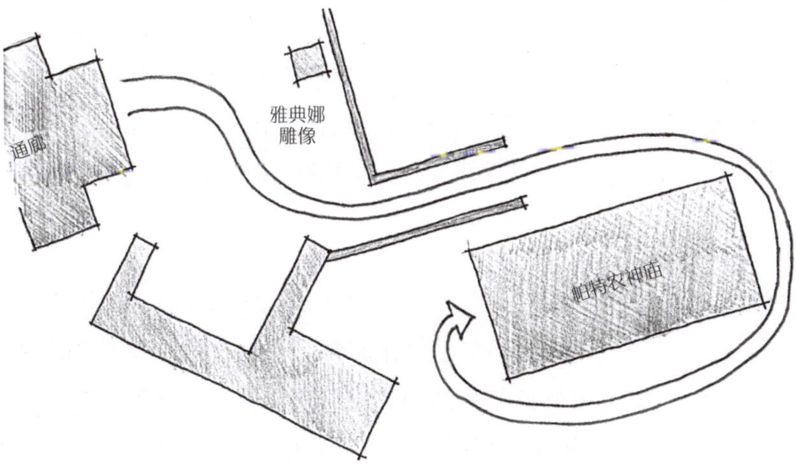

图 4.10 帕特农神庙入口路径示意图。来访者不是从入口的一侧进入，而是从某个角落进入，随后需绕建筑而行。由于建筑的所有立面都错综复杂，来访者在绕路前往入口的途中，可以从各个角度观赏建筑

4.1.4 场所精神

我们最后要讨论的建筑空间概念，与其说是布局方法，不如说是设计空间的又一重要目标——场所精神。这一术语来源于罗马人的一种信仰：神灵会保护城镇或其他聚居地，成为当地的守护神。20 世纪后期的建筑师们利用这个词来描述场所的标志性特质或情感体验。一些人将遵循场所精神的设计称为“场所营造”，即在设计空间中创造难忘或独特的体验。

在第 3 章中，我们讨论了“任天堂力量”的关卡设计方法，设计师先构建宏观空间方案，再像为游戏杂志绘制关卡地图般分布重点玩法节点。这些重点玩法节点——无论是遭遇战、动态谜题，还是休整点——都有可能蕴含着独特的场所精神。这些空间是用于休息还是战斗？玩家在这些游戏空间中应该感到放松、紧张还是陷入沉思？答案很大程度上取决于你所制作的游戏，但这能帮助你明确游戏关卡的情感基调。

除了单个玩法场景，关卡设计师还可以在整个游戏空间中植入场所精神，并将其作为引导玩家从一个地点前往另一个地点的工具。场所精神可以通过调控光线、阴影、空间组织和空间规模来实现，后续章节将详细讨论这些内容。如果你正在为一款恐怖游戏设计关卡，那么你应该仔细调控环境美术、灯光、音效和其他游戏资产，营造充满恐惧感的场所精神。而游戏中那些几乎不具备场所精神的空间可以成为过渡空间，玩家需要通过此类空间抵达下一个目的地。根据你设计的游戏玩法，过渡空间可以是玩家在密集的遭遇战之间的休整之处，也可以是在玩家抵达下一个难忘的玩法节点前营造悬念的工具。

在讨论了一些更为通用的空间概念后，我们将继续探索一些历史游戏空间原型，这有利于我们整合目前掌握的工具和技巧，并将其运用于经典的游戏玩法结构中。

4.2 历史游戏空间结构

许多游戏和谜题的灵感都来自经典文学作品中描述的空间或现实世界中建造的空间。这些经典空间不仅定义了游戏环境中的特定空间状态，还为如何构建游戏世界提供了重要范式——无论是线性、分支还是互联的结构方式。

4.2.1 单径迷宫

首先来看经典的迷宫。据希腊传说记载，克里特岛国王 Minos 曾命建筑师 Daedelus 建造迷宫，用于囚禁半人半牛的怪物 Minotaur。早在罗马帝国时期，艺术作品中的迷宫就被描绘为蜿蜒曲折、相互环绕最终通向终点的通道（图 4.11）。虽然人们经常容易混淆迷宫与分支式的路径，但如 Hermann Kern 这样的艺术家等已经对二者做出了明确区分：经典迷宫是单路径的，由一条曲折蜿蜒的路径构成。[9] 此外，迷宫在许多中世纪教堂中还被用作地面图案，沙特尔大教堂便是典型例子——在那里，沿迷宫路径行走被视为一种冥想修行仪式的重要形式。

迷宫是理解线性导航游戏空间的重要模型。正如 Salen 和 Zimmerman 所言，游戏往往是最低效的任务完成方式。[10] 迷宫也证明，即使是在线性空间中，字面意义上的曲折路径和玩法上的转折与挑战，都能为原本单调的路线增添趣味。除了单独的关卡，许多游戏本身就如迷宫般复杂，要求玩家遵循预设的事件路径进行游戏。这种结构适用于那些要向玩家传达内嵌叙事、主题或观点的游戏。

图 4.11 一幅古典迷宫示意图

4.2.2 分支迷宫

分支迷宫是一种分支状的空间谜题，要求参与者或玩家在布满死路的复杂路径中寻找出口（图 4.12）。与单径迷宫不同，这种迷宫因其分支性质被认为是多路径的，即存在不止一条明确的路径。对于关卡设计师而言，区分分支迷宫和单径迷宫至关重要，因为这两种独特且有用的空间类型能够创造不同类型的游戏玩法。值得注意的是，尽管名为迷宫，希腊神话中克里特的迷宫实为多径式结构。这也导致当代语境中“maze”与“labyrinth”常被混用。据说这座迷宫的建造者在完成这座建筑时，自己都差点迷失在其中的诸多岔路中。因此，英雄 Theseus 在执行杀死 Minotaur 的任务时，需要借助一团线来标记退路。

从文艺复兴时期到 19 世纪，建筑师们还在大庄园的花园中设计了树篱迷宫——由高大灌木构成的多径式通道。树篱迷宫最初是单径迷宫，后来演变成包含多个小景点的分支迷宫。值得一提的是凡尔赛宫的花园迷宫，其中布置了 39 座描绘伊索寓言的雕塑（图 4.13）。独立游戏 *Slender: The Eight Pages*[11] 就采用了类似的布局，玩家必须在漆黑的森林迷宫中搜寻笔记本残页，同时要躲避敌人的追捕（图 4.14）。值得注意的是，该游戏中的分支迷宫体验并非通过墙壁（尽管某些小区域结构和分支迷宫类似）而是通过模糊的场景和漆黑的环境来营造。

分支迷宫，甚至欧式树篱迷宫及其美式衍生物“玉米迷宫”，都是游戏中极为常见的空间类型。其分支路径与潜在死路构成了“风险 - 回报”机制。在这种机制下，游戏要求玩家权衡各种不确定选项后作出最有利的选择。就游戏

图 4.12 一幅分支迷宫示意图

机制而言，迷宫关卡常与强大敌人、时间限制等元素结合，从而营造出充满张力的游戏情境（图 4.15）。

分支迷宫中的死路并非总是负面设计。许多包含可探索地下城的游戏，例如 *Final Fantasy* 或 *The Legend of Zelda* 系列游戏，往往通过分支路径和死胡同来激励玩家探索。玩家通常通过探索这些分支路径可以获得宝藏或其他奖励。小型分支路径也可以应用于更简单的游戏世界中，例如，我参与制作的游戏 *SWARM!* 在该游戏的关卡中，从常规路线延伸出的小型岔路，往往通向藏有硬币与其他奖励的区域（图 4.16）。

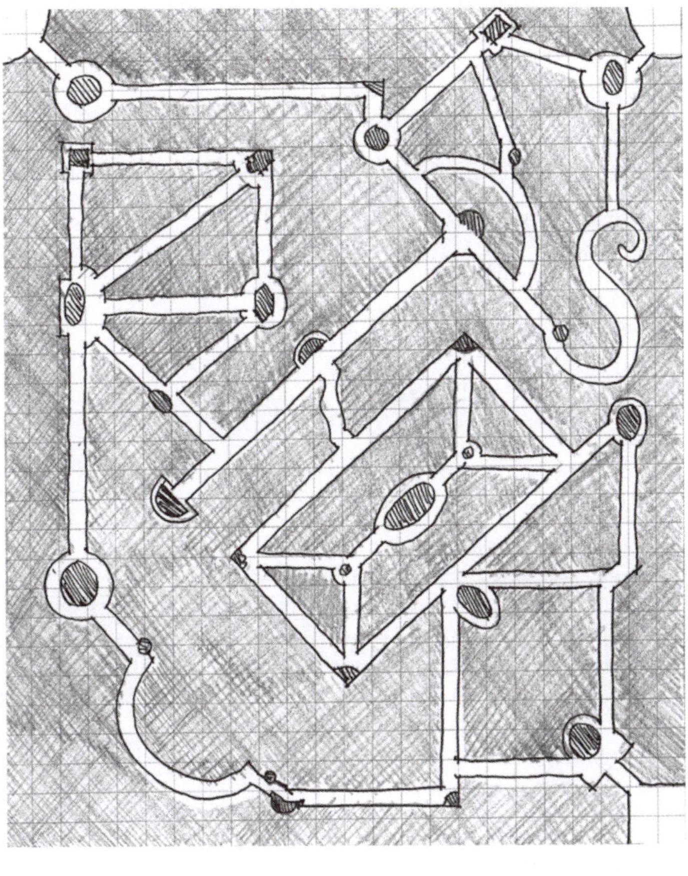

图 4.13 凡尔赛宫花园迷宫平面图，展示了多条分支路径的结构特征

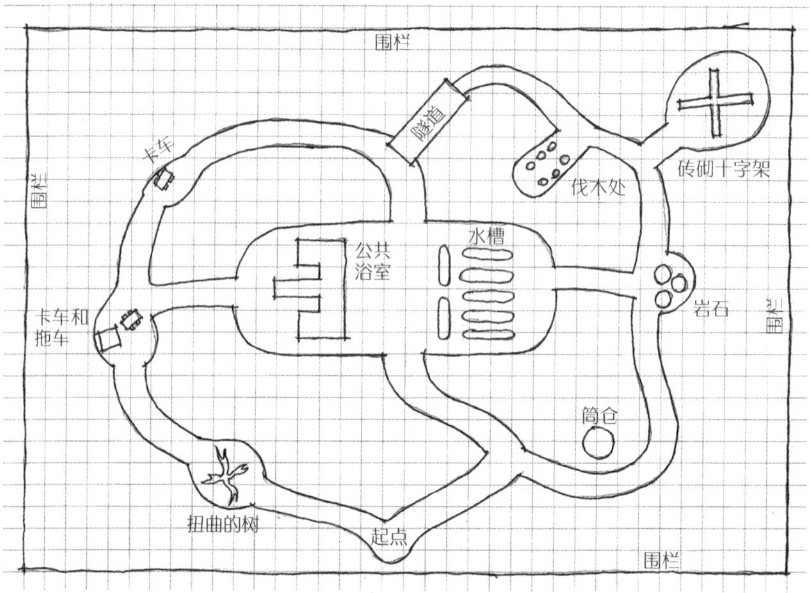

图 4.14 游戏 *Slender: The Eight Pages* 中的森林地图。针对玩家可找到“八页纸”的所有地点，设计师统一采用类似的布局和节点式结构设计

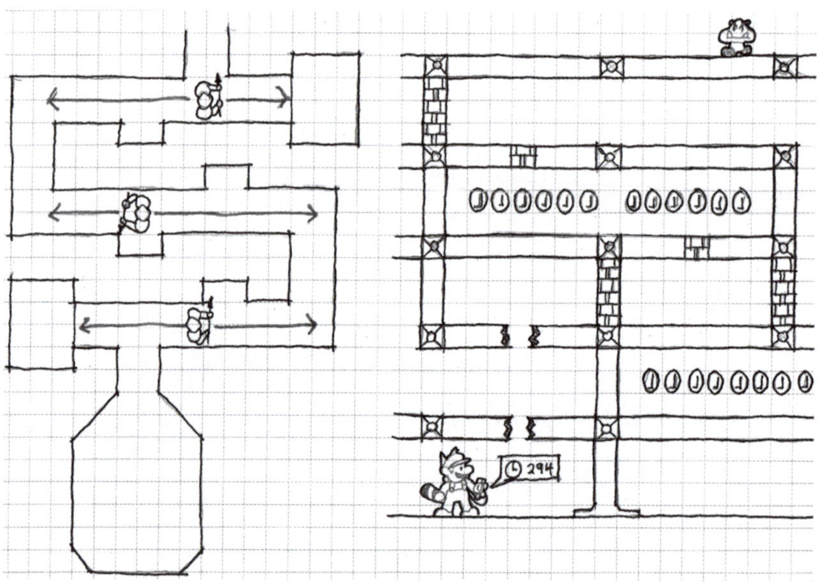

图 4.15 游戏 *The Legend of Zelda: Ocarina of Time* 和游戏 *Super Mario Bros. 3* 中的迷宫关卡，展示了设计师如何运用迷宫结构来强化戏剧性元素——前者依靠的是强力敌人的设计，后者则借助时间限制机制

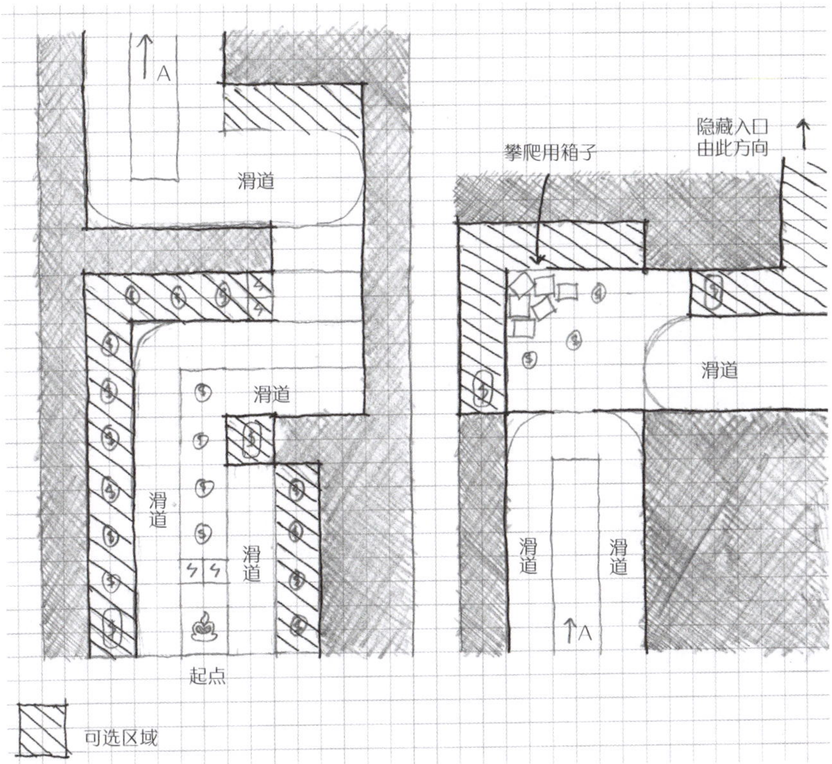

图 4.16 游戏 *SWARM!* 平面草图展示了主路径旁延伸出的小型岔路。虽然和传统的分支迷宫有所不同，但这些分支路径运用了与复杂游戏相同的设计方法，成功激发了玩家的好奇心

4.2.3 根茎

单径迷宫和分支迷宫都是建筑术语，而根茎这个术语则源自植物学。根茎是由植物地下茎形成的地下茎网络。哲学家 Gilles Deleuze 和 Félix Guattari 在他们的著作 *Capitalism and Schizophrenia* 中借用了这一术语。根茎作为一个哲学概念，主要描述了一种无明显入口和出口、横向延展的信息与数据表征结构。在 *A Thousand Plateaus* 一书开篇，Deleuze 和 Guattari 概述了根茎的特征，就我们的研究目的而言，其中最重要的一点是：根茎中的每个节点都同时与其他所有节点相连[12]（图 4.17）。鉴于此，根茎一词被用于描述互联网，[13] 因为在互联网中，用户通过输入统一资源定位符（URL），可以从任意其他网站跳转至某一网站并访问其信息。

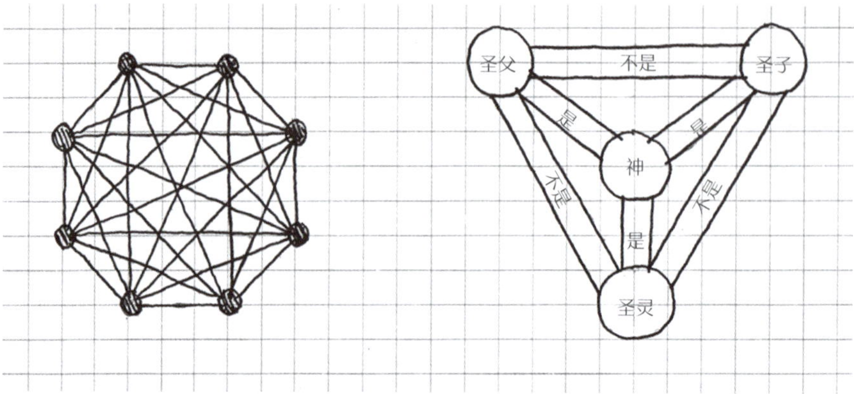

图 4.17 一幅根茎式结构示意图。在数学领域，这类结构被称为完全图，即一个几何图形上的所有顶点都与其他所有顶点相连。此类结构常见于宗教图示中，例如基督教三位一体护盾符号

从空间角度来说，根茎可指任何能从其他任意地点瞬间抵达的场所。在现实世界中，航空旅行在某种程度上实现了这一点。在游戏领域，大型冒险游戏中有一种机制颇受欢迎，该机制允许玩家通过“即时传送”功能快速跨越远距离。例如，在游戏 *Pokémon* 中，玩家最终会获得一项能力：将自己传送至已探索过的区域。*The Legend of Zelda*、*Final Fantasy* 和 *Elder Scrolls* 等诸多系列游戏中也存在类似能力，帮助玩家在广阔的游戏世界中高效移动。这种让玩家在游戏初期就能使用这类功能的设计，已成为“现代”开放世界设计的标志性特征之一。

ActiveWorlds[14]、*Second Life* 和其他大型虚拟世界都具有类似的功能，但与游戏不同，它们通过允许用户输入目标地点坐标，将空间移动纳入标准操作指令。在 *ActiveWorlds* 中，世界地图上沿 X 轴和 Y 轴的坐标点 [例如坐标点（45,0）或（0,45）] 与两轴间中心对角线上的坐标点 [例如坐标点（45,45）] 因其易于抵达和便于记忆的特性，成了主要的商业与开发要道。[15] 同样，在游戏 *Second Life* 中，用户只能通过坐标系统访问环球博物馆的内部——这进一步证明了该建筑只能存在于虚拟世界中。游戏开发者具有将此类选项编写进游戏的能力，促使根茎成为在数字游戏中构建世界逻辑和几何空间的独特选择。

从宏观角度来看，单径迷宫、分支迷宫和根茎结构对于描述单个关卡和整个游戏世界的结构都非常有用。接下来我们将讨论关卡中更微观的部分是如何与玩家产生情感共鸣的。在下一节中，我们将聚焦于游戏空间的大小，探究其如何影响玩家和环境之间的关系。

4.3 空间尺度类型

游戏空间的尺寸差异看似平淡乏味，但实际上它们能在游戏关卡中创造出充满趣味的场景。我们将探讨三种关卡设计师可在工作中运用的空间尺度类型。这些类型适用于多种玩法场景，既可作为情境化教程，又可通过生存场景营造戏剧效果。

4.3.1 狭窄空间

我们要讨论的第一种尺寸类型是狭窄空间，在这种空间中，人们会感到行动受限、无法移动。[16] 结合度量参数来看，游戏中的狭窄空间的标准宽度通常以玩家角色体型参数为设计基准，其通道宽度往往仅能容纳两个角色勉强并行（图 4.18）。狭窄空间是电子游戏中重要的空间类型，可用于多种戏剧化场景或考验技巧的情境。

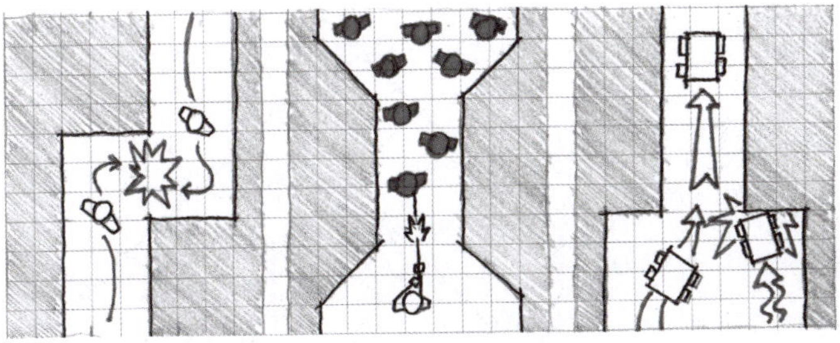

图 4.18 狭窄空间的平面图。这些示例展示了如何利用狭窄空间在玩家和非玩家角色之间构建冲突场景

狭窄空间通过制造空间稀缺性营造紧张氛围。当空间数量有限时，空间本身就成了一种宝贵的资源。在这种模式下，冲突可能源于玩家与其他玩家或非玩家角色对空间的争夺。在玩家对抗的场景中，狭窄的空间可被用来设置伏击和陷阱的瓶颈地带，或在竞速游戏中创造紧张的“狭路相逢”时刻。

当空间收窄至接近玩家行动极限的程度时，玩家会产生一种在其他场景中能完成的诸多动作此刻却无法施展的感觉。这一点凸显了狭窄空间的另一项功能——通过限制玩家的移动选择来营造脆弱感。这是许多恐怖游戏的常见设计手法，以 *Resident Evil* 系列游戏为例，逼仄的走廊配合反直觉的“坦克式操控”，成功加剧了玩家的幽闭恐惧感（图 4.19）。而在较新的游戏 *Resident Evil 7* 中，虽然取消了坦克式操作，但通过相似的狭窄空间设计依然延续了这种压迫感。

游戏甚至暗示这两座庄园是由同一家建筑公司设计的。这是一个独特的设计案例，将游戏玩法的相似性巧妙转化为一种虚拟建筑风格。

潜行游戏对狭窄空间的应用颇为有趣。以 *Metal Gear Solid* 系列游戏为例，该游戏为玩家提供了大量的藏身空间。其中一些空间能让游戏主角 Solid Snake 从容地侦察下一个藏身点，但另一些空间，如储物柜、通风管道或匍匐通道，则会限制 Solid Snake 的移动能力和玩家对环境的观察范围（图 4.20）。这一特点存在于诸多潜行游戏中，强调了潜行游戏和恐怖游戏的共通性：在这两种游戏类型中，玩家操控的游戏角色往往比对手更弱。

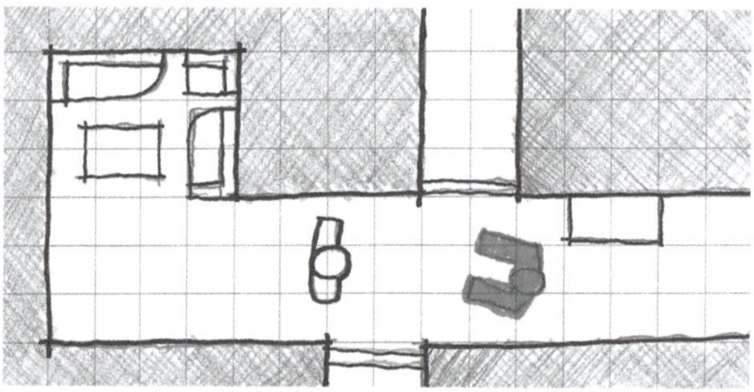

图 4.19 游戏 *Resident Evil* 中典型的走廊空间示意图。狭窄的走廊构造出幽闭、恐怖的环境。玩家无法在敌人周围自由移动，且与敌人相遇对玩家造成极大威胁

图 4.20 *Metal Gear Solid* 系列游戏中的狭窄空间虽然能为玩家提供隐蔽场所，但代价是移动能力和视野范围都会受到限制

4.3.2 舒适空间

下一种空间尺度类型被称为舒适空间。舒适空间既不狭窄也不过分空旷[16]。事实上，舒适空间可以被称为尺寸适配的空间，其大小能舒适地适配游戏角色的体型和移动尺度（图 4.21）。在舒适空间内，交互界面或空间元素都在游戏角色固有能力可及的范围内。在某些游戏中，这类空间的大小还可能与角色的特殊能力（如高空跳跃能力等）相匹配。

图 4.21 舒适空间指的是空间内的所有事物，游戏角色仅凭借其基础能力就能触及

许多游戏空间可以被认为是舒适空间。在走廊射击游戏和多人竞技场中，玩家位于平坦的地面上，空间的上方、下方都没有明显的优势点位，这样的游戏空间可以被视为多边舒适空间（图 4.22）。在多人游戏场景中，舒适空间为多个参与者创造了一个在空间上公平的竞技环境。尽管玩家的操作有所差异，但没有玩家能凭借空间获得优势。在赛车游戏中，如果赛道足够宽，能容纳多辆汽车，那么玩家之间就会相互竞争，争夺比赛排名，而非抢占赛道空间。在此类场景中，狭窄空间与舒适空间的对比，不仅能够创造出有趣的游戏情境，还能促使玩家规划多种行进策略。

图 4.22 这幅剖面图显示了多人射击游戏的角色在一处舒适空间竞技场中对战的场景。诸如坡道、细微的高低差和少量障碍等，并未打破该关卡在空间上的公平竞技环境

单人游戏中的舒适空间能带来多重益处。由于这种空间内任何地点都可以轻松到达，它们通常是游戏剧情中的“友好区域”。游戏 *Super Mario 64* 中，城堡内部就是典型的舒适空间，玩家可以轻松到达城堡内的多个平台，而不必陷入任何重大危险之中——这里没有陷阱，也没有敌人会威胁游戏角色的生命或导致游戏结束。这类空间还能充当游戏的教程区域，让玩家可以按照自己的节奏练习游戏角色的各种技能。另一个类似的空间是游戏 *Super Mario Odyssey* 中的城市空间：建筑之间的距离较近，玩家可以充分利用游戏角色的墙壁跳跃技能，轻松到达摩天大楼的顶部。

Batman: Arkham 系列游戏以有趣的方式运用了舒适空间。在该系列游戏的第一部作品 *Batman: Arkham Asylum* 中，开发商 Rocksteady 首次创造了“捕食者玩法”这一术语，用以描述游戏中的潜行猎杀机制。与传统潜行游戏中主角在某种程度上弱于敌人的设定不同，开发者强调该游戏主角 Batman 应如漫画和电影中那般强大且掌控环境。[17] 为了配合 Batman 的滑翔、钩索和无声制敌等技能，关卡设计师打造了包含制高点与开阔视野的立体空间（图 4.23），使玩家能充分发挥角色的独特能力。而与多人游戏侧重为玩家群体创造舒适空间不同，单人游戏中的舒适空间能够为玩家创造相对于敌人的战术优势。

图 4.23　游戏 *Batman: Arkham Asylum* 中的舒适空间的运用体现在玩家操控的游戏角色的能力所及的制高点与视线范围上。凭借这些能力，玩家对关卡空间的利用程度远超敌人，因此在这种情况下，舒适空间为单人游戏体验提供了空间上的优势

4.3.3 前景空间

有时，游戏会将玩家置于游戏 *Batman: Arkham Asylum* 中敌人所处的境地：在广阔开放的空间中徘徊，随时可能遭受攻击。这就是第三种空间尺度类型，被称为前景空间（图 4.24）。[18]Hildebrand 将前景空间描述为古代人类为寻找食物、水和其他必需品而不得不冒险前往的地方——没有洞穴的庇护，既面临捕食者的威胁，又暴露于恶劣的天气之中。

图 4.24　这幅图展示了前景空间如何通过开放性设计使玩家暴露在敌人攻击威胁之下的运作原理

游戏空间中的前景空间有多种形式。在多人游戏的地图中，任何能让玩家获得空间优势的区域，例如居高临下的有利位置，都属于前景空间。在单人游戏中，前景空间通常被用作首领房间：在宽敞开放的空间中玩家无法借助自身能力获得空间优势，只能与单个强大的敌人进行战斗。这种空间在 *Mega Man* 系列游戏中频繁出现，玩家必须在这样的空间内与强大的机器人首领战斗（图 4.25）。

前景空间和狭窄空间在激发玩家恐惧感方面具有相似性，但激发的方式却截然不同。如果说狭窄的空间利用幽闭空间打造恐怖感，那么前景空间则会唤起广场恐惧症——这是一种包含对开阔空间产生恐惧的焦虑障碍。在多人死亡竞赛地图的前景空间中，玩家通常会感到脆弱，而这种感觉会通过雾气、音乐、阴影等氛围元素的强化进一步加剧，从而塑造了游戏空间的场所精神。以游戏 *Slender: The Eight Pages* 为例，其整体环境是一片笼罩在漆黑中的前景空间，这给玩家的印象是邪恶的反派角色 Slender Man 主宰了游戏空间，并潜伏于玩家的视野盲区之中。设计师通过编程实现了特定的行为模式：游戏中的反派角色会随机出现在玩家面前，且当玩家转身时会不断靠近（图 4.26）。他们的移动跨越了前景空间，让玩家认为其具有超自然的瞬间移动能力。从移动尺度的角度来说，该空间的设计是为了强化反派角色的移动能力，却让玩家自身的移动显得异常缓慢。

前景空间和其他空间类型的实际应用远比上述特性复杂。在后面的章节中，我们将讨论如何将此类空间与其他类型的空间混合搭配，从而创造出富有戏剧性的空间表达。不过，接下来我们将探究一种空间类型，它能够有机整合前文论述的各类基础空间单元，在游戏环境中构建起完整的空间系统。

图 4.25　*Mega Man* 系列游戏中的首领房间通常开阔宽敞，玩家必须直接应对敌人的攻击

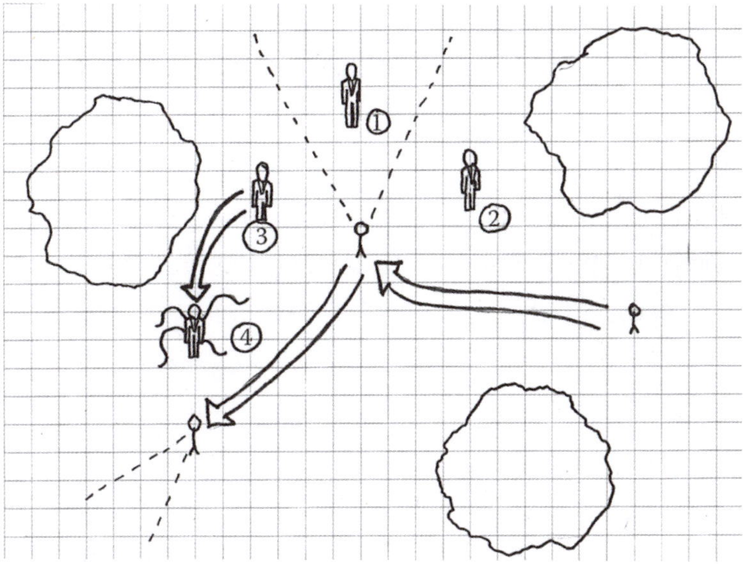

图 4.26　在游戏 *Slender: The Eight Pages* 中，反派角色会随机出现在玩家周围，如平面图所示，让玩家觉得反派角色完全掌控了这片漆黑的前景空间（图中位置 1、2 和 3）。如果玩家转身，反派角色就会迅速追赶，进一步强化其移动迅捷的印象（位置 4）

4.4　分子级关卡空间

在讨论了多种独立游戏空间后，我们需要了解如何以有趣生动且易于理解的方式将这些空间连接起来。设计师 Luke McMillan 和建筑师 Nassib Azar 在他们发表于 Gamasutra 网站的文章 *The Metrics of Space: Molecule Design*[19] 中，提出了一种基于游戏空间布局的空间组织方法。该方法探讨玩家如何从一个空间抵达另一个空间，以及设计师如何通过允许或禁止空间之间的通行来创造有趣的游戏场景。这一方法借鉴了数学图论（前文在讨论根茎时有所涉及），他们将其称为“分子设计”。在本节中，我们将讨论分子设计的基础理论，并进一步拓展该理论的实际应用。

4.4.1　分子设计的基础

McMillan 和 Azar 提出的分子设计概念主要聚焦于游戏空间之间的关系——在他们的图表中，这些关系被抽象为节点和边。节点代表游戏空间本身，即存在重要敌人遭遇战、物品拾取点、出生点或行动机会的区域。边则描述这些空间之间的关联，包括视觉上的关联（比如能看到彼此）和空间上的关联（比如可以从一个空间移动到另一个空间）。这些分子的示意图类似于邻近关系图。邻近关系图是建筑师用来确定建筑内部房间相邻关系的工具。在邻近关系图中，空间的大小和重要性通过代表这些空间的气泡大小来体现。气泡通过不同粗细的线条连接，线条的粗细表明不同空间需要彼此相邻的必要性程度，这和 McMillan 和 Azar 用边连接游戏玩法节点的方式相似。我们将借鉴邻近关系图的表达方式，结合 McMillan 和 Azar 所提及的理念，建立一套独特的视觉语言体系。通过这种分子结构图，我们可以明确节点之间的邻近关系，以及边的粗细和类型所代表的含义。在图 4.27 中，线条呈现空间之间的关联关系，实线表示可以从一个空间移动到另一个空间，实线箭头表示空间通行是单向的，没有箭头的粗线则表示节点之间是直接路径。图中还包含了关卡平面图和剖面图，以展示基于这种分子结构图可能设计出的关卡空间。

需要注意的是，这些分子结构的形态不一定是关卡的布局，而只是对空间之间交互关系的描述。为了证明这一点，图 4.28 展示了另一组可从图 4.27 中的分子结构图衍生而来的关卡设计图。

理解分子结构图的抽象本质对于运用 McMillan 和 Azar 提出的最后一个关键概念——斯坦纳点——非常重要。斯坦纳树是一个空间谜题：假设有 A、B、C 三点，其中 A 与 B 相连，B 与 C 相连，但 C 与 A 不相连，玩家需要找到连接这三点的最短路径。根据 McMillan 和 Azar 演示的案例，该谜题的答案带有一点取巧的性质，玩家可以直接在三个节点的中间添加一个节点，使其分别与 A、B、C 相连，这个中间节点就是斯坦纳点（图 4.29）。在关卡设计中，斯坦纳点可出现在任何允许玩家垂直进入游戏空间的场景中。也就是说，玩家可以从一个节点游戏空间通过攀爬或跳跃到达斯坦纳点空间，再进入分子结构图中的另一个节点游戏空间（图 4.30）。本质上，斯坦纳点是关卡路径中的捷径：玩家既可通过从高台跳至低台来节省时间，开发者也可通过放置强化道具或稀有物品来激励玩家使用这些捷径。

既然我们已经讨论了 McMillan 和 Azar 提出的分子设计原则的基础，接下来，我们就将探讨如何进一步将这些原则与我们自身的建筑设计方法相融合。

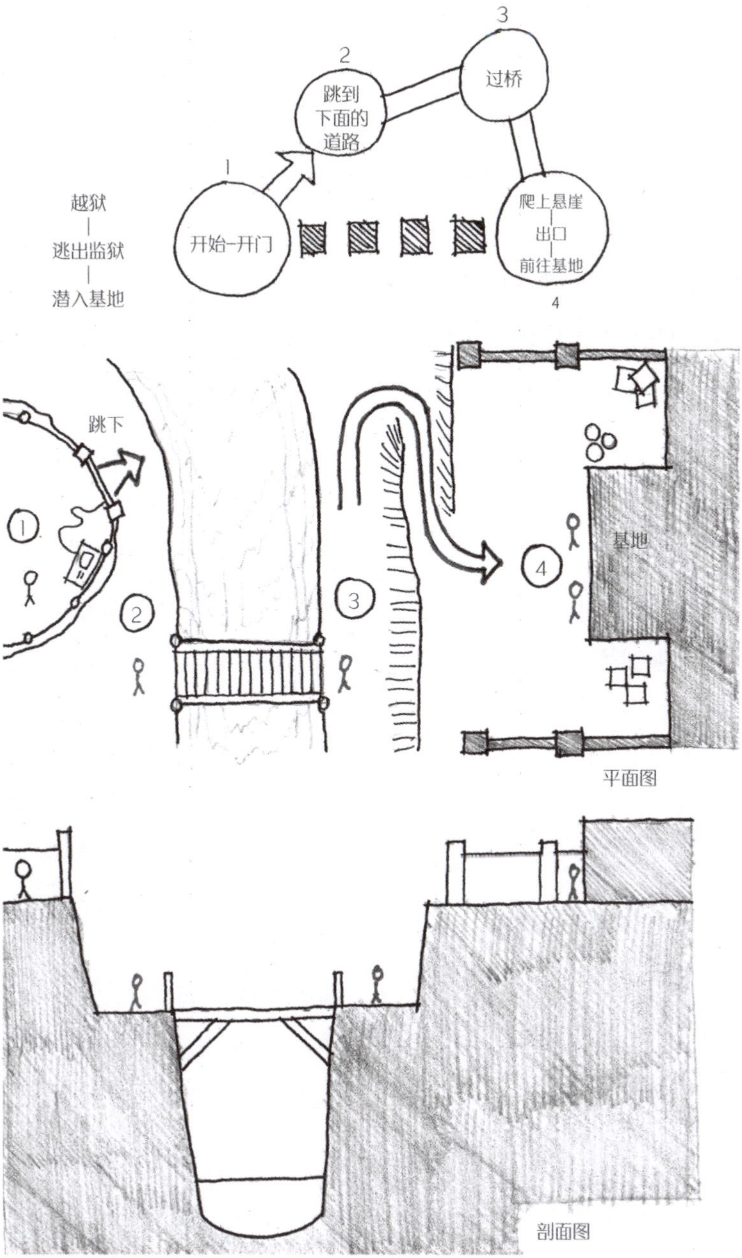

图 4.27　这幅分子结构图表示通过边建立了各节点游戏空间之间的关联。正如所附关卡平面图和剖面图所示，一套用于边的视觉语言已建立，以辅助描述（空间的）三维元素

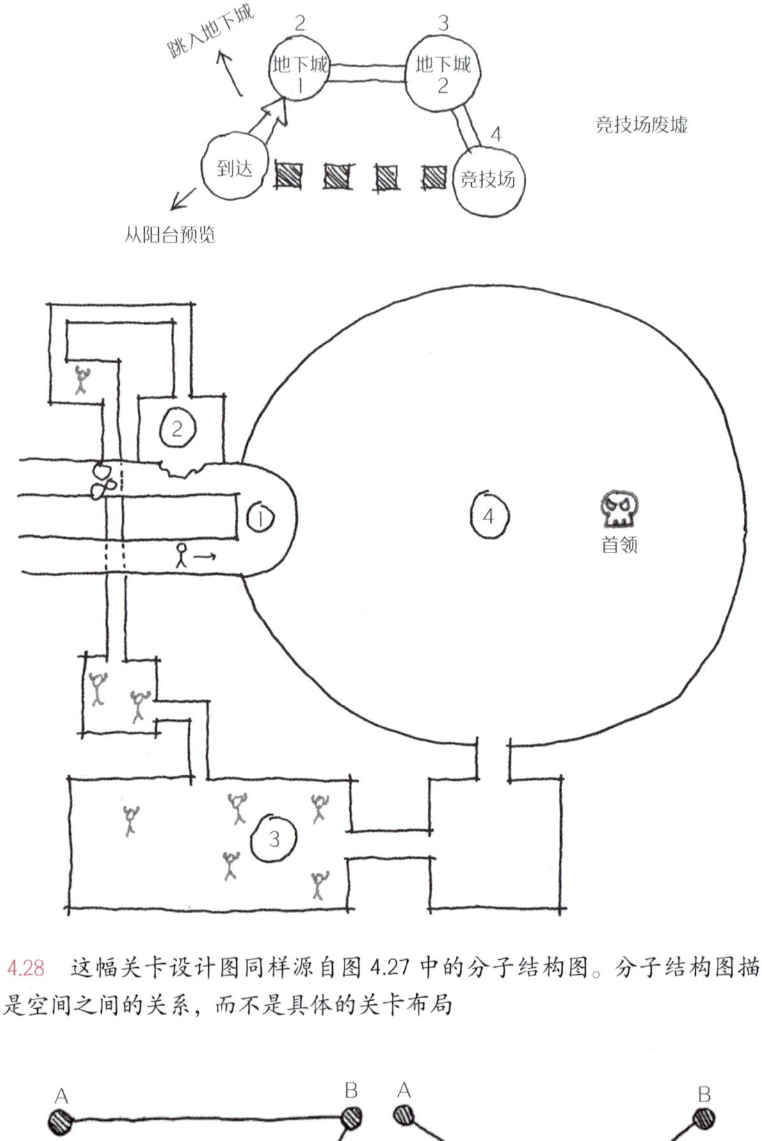

图 4.28 这幅关卡设计图同样源自图 4.27 中的分子结构图。分子结构图描述的是空间之间的关系，而不是具体的关卡布局

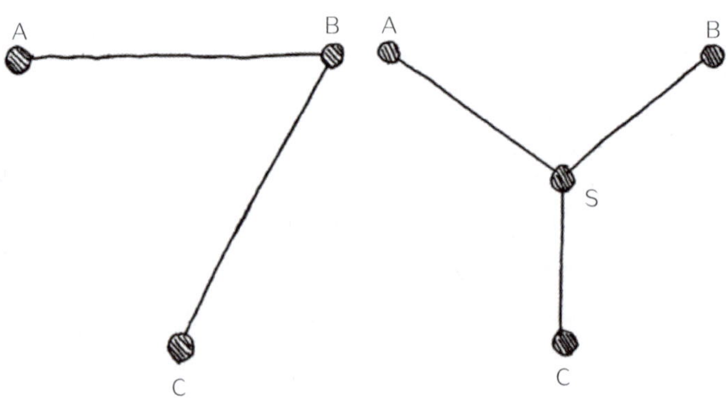

图 4.29 这幅图展示了斯坦纳树谜题和利用斯坦纳点得出的答案

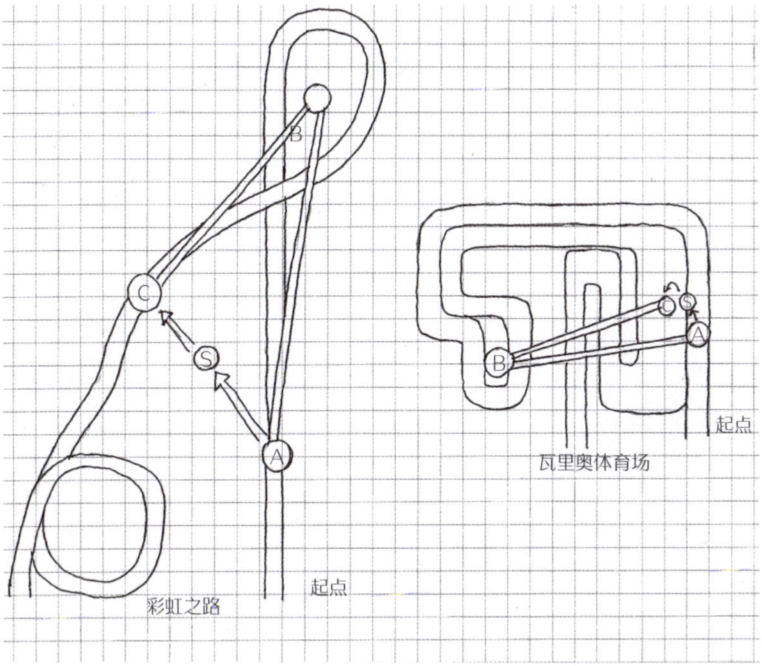

图 4.30 在关卡设计中，斯坦纳点可用于构思隐藏路径或捷径。这些来自游戏 *Mario Kart 64* 中的赛道图示表明，玩家可以借助斯坦纳点所构成的捷径（以及一定的操作技巧），跳过游戏中两条最长赛道的大部分路段

4.4.2 作为分子节点和边的空间类型

分子结构图具有高度的抽象性。因此在确定哪些元素可作为关键玩法节点时往往需要设计者自行判断。我们已经探讨过许多有助于定义此类节点的空间原则。我们早已明确，在关卡设计中，形式往往遵循核心机制。同样，在你自己的分子结构图中，节点游戏空间对应于玩家运用核心机制进行特殊或高强度操作的区域，例如大型枪战、急转弯路段、首领战、高难度的平台跳跃等。这些节点同时承载着塑造场所精神的功能。再以 *Slender: The Eight Pages* 为例，森林迷宫里的每一个地标都承载着与其他区域截然不同的独特体验。例如，在著名的澡堂场景中，游戏世界原本开阔的视野结构突然转变为狭窄的走廊迷宫，反派角色可能出现在任何一个角落。虽然这些地标节点之间的过渡边缘为玩家与反派角色的遭遇创造了机会，但它们最终的作用是将玩家引导至更具标志性的游戏玩法节点。

这款游戏还展示了将空间类型作为节点运用的一个重要特性：虽然游戏整体采用凡尔赛宫式的迷宫结构，但多个节点内部又包含自成体系的小型迷宫空间。

引导玩家从一个节点前往另一个节点的过渡空间可能是高度线性的，节点本身也可能如此。图 4.31 展示了我基于华盛顿特区的萨克勒艺术馆设计的关卡。这座地下博物馆设有螺旋向下的坡道。该博物馆的结构使节点和边的对比尤为明显：过渡空间（边）借助向下的坡道将玩家引导至不同的游戏玩法空间；而更加紧张刺激的区域（节点），则采用单通道走廊或供敌人藏身的紧凑迷宫等设计。

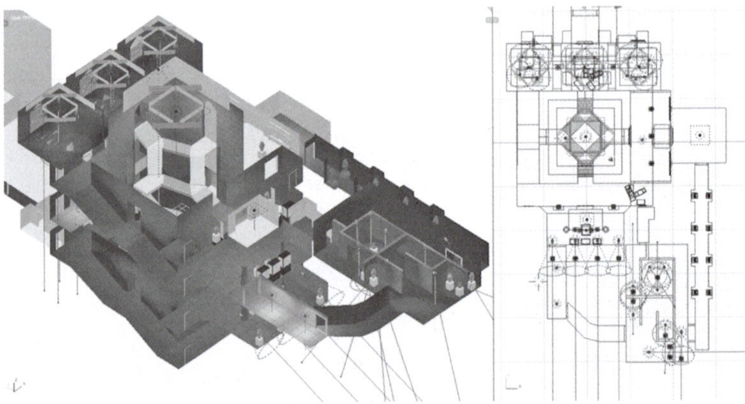

图 4.31　这幅原型关卡的图展示了过渡空间（螺旋向下的坡道）可以是线性的，而节点游戏空间则可在更小的范围内遵循自身的线性或分支路径

分子结构图还可用于描述空间尺寸发生显著变化的场景。如前所述，尺寸变化本身就能创造出特殊的游戏场景。McMillan 和 Azar 在他们的文章中特别提到了“出生点”：玩家开始关卡或在多人对战中复活的空间。这类空间可能是宽敞的舒适空间，允许玩家在重新加入战斗之前收集资源。同样，过渡空间也可能是舒适空间，玩家在其中时处于公平的竞技环境，但这些空间会通向开阔的前景空间，使玩家能在那里获得空间上的优势（图 4.32）。在单人游戏中，由于玩家能更关注关卡细节，因此从舒适或狭窄的过渡空间进入前景空间的过程，往往能通过游戏强度的变化，创造出更具震撼力的游戏体验。

若将这种动态关系反转，具有开阔视野的过渡空间就能充分利用斯坦纳点。在前文提到的萨克勒美术馆关卡原型中，整个过渡空间都可被视作一个斯坦纳点。玩家可利用角色从高处坠落而不受伤害的能力进行移动。但游戏 *Metroid Prime 2: Echoes* 则将过渡空间转化为挑战：在某些需要攀爬平台才能推进游戏的区域，斯坦纳点所依赖的高处跳跃能力反而成了障碍（图 4.33）。而之后当玩家需要从高处的游戏空间返回时，斯坦纳点又变成了一条捷径。

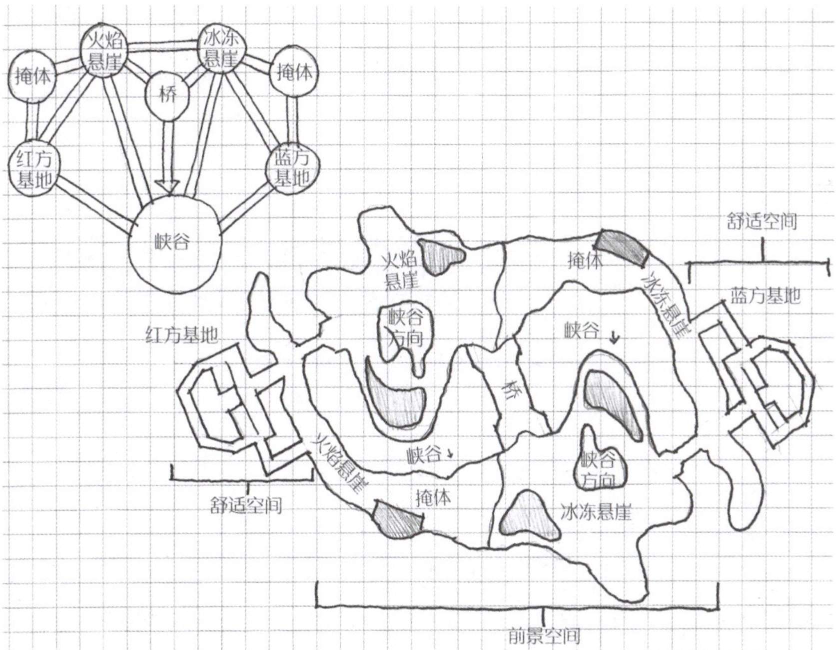

图 4.32 游戏 *Halo 4* 的多人游戏地图及其分子结构图，显示了玩家如何从舒适的走廊空间进入前景空间。在这些前景空间中，玩家相较于对手能获得更多的战略优势

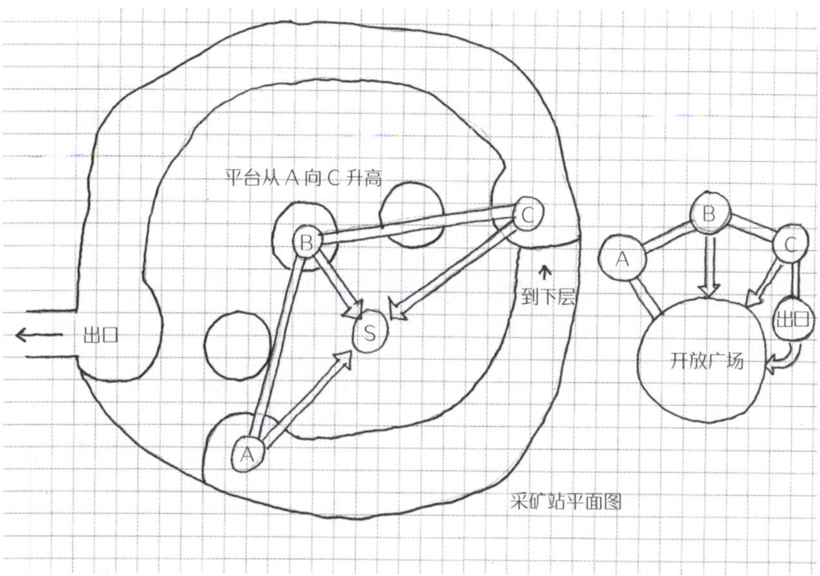

图 4.33 游戏 *Metroid Prime 2: Echoes* 的场景手绘图及其分子结构图，展示了斯坦纳点对玩家造成的障碍：如果没能跳跃到可推进游戏流程的平台上，玩家就会返回之前的区域

至此我们已探讨了关卡空间组织的若干方法，接下来将研究游戏中常见的世界构造，分析它们如何通过空间布局来实现易用性与趣味性。

4.5 枢纽空间

在了解了一些用于组织关卡的基本空间概念后，我们将继续讨论常见的关卡结构。第一种是枢纽空间。关卡设计师也将其称为“枢纽－辐射式空间”，但我们主要关注的是这一系统中的枢纽部分。枢纽空间属于舒适空间，其功能类似大厅，玩家可在此进入游戏的不同关卡（即辐射部分）。枢纽空间大多是安全的，玩家可以在其中按照自身角色的能力范围进行探索。枢纽空间和沙盒等（后文将详述）开放游戏世界结构的区别在于：它通过传送门、普通门或其他装置，将关卡和更紧张刺激的游戏空间分隔开来（图 4.34）。

枢纽空间在早期的三维游戏 *Super Mario 64* 和游戏 *Banjo-Kazooie* 中颇受欢迎，因其能够为玩家在不同环境之间穿行提供便利。鉴于此，枢纽空间呈现“半根茎”结构：它提供了一个中心点，玩家可从这里跳转至各个游戏空间。从性能角度而言，枢纽空间支持关卡逐个加载，而不是一次性全部加载。这种关卡加载方式效率显著，但会失去沙盒环境中那种无缝衔接的感觉。此外，对于那些希望让角色穿越冰川、火山、丛林等主题世界的游戏来说，枢纽空间提供了叙事上的合理过渡。

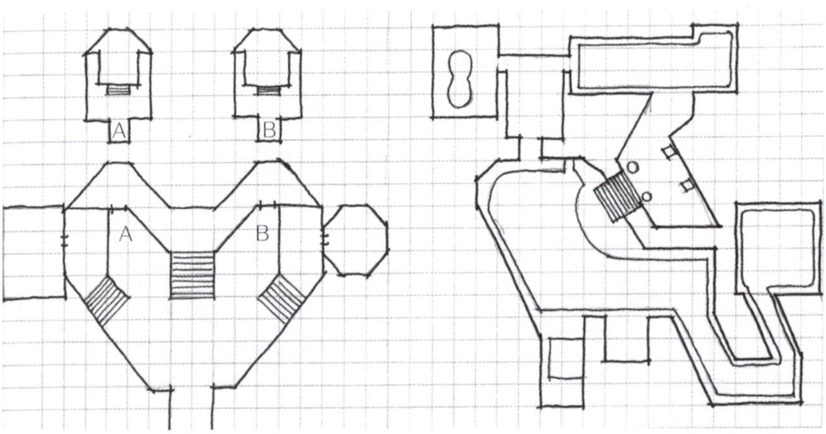

图 4.34 枢纽空间包括游戏 *Super Mario 64* 的城堡和游戏 *Sonic Adventure* 的车站广场等空间。此类空间既引导玩家在不同环境间穿梭，又允许玩家回溯和自由探索

从玩法设计的角度来看，枢纽空间的显著特点在于对玩家目标的管理。以枢纽为基础的游戏通常围绕资源收集展开，例如收集金币、星星等。这些资源既能帮助玩家推进游戏进程，又能解锁新的传送门。随着玩家完成更激烈的玩法挑战，收集到的解锁资源会不断增加，从而获得进入新关卡的权限。尽管这类游戏通过关卡的整体推进顺序呈现出一种类似迷宫的线性框架，但也赋予玩家极高的自由度：玩家可以决定执行哪些任务、何时执行任务、何时回溯，以及花多长时间探索每个关卡（图 4.35）。

在许多方面，枢纽空间兼具线性玩法与开放玩法的优势。下一节中，我们将探讨另一种空间类型，它能为玩家提供几乎完全自由的游戏体验。

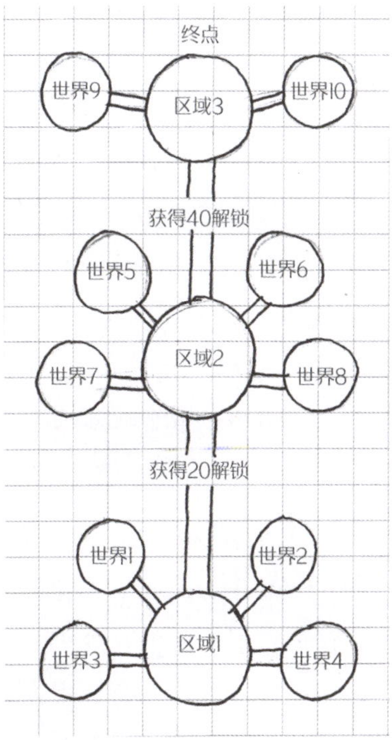

图 4.35　这幅示意图展示了以枢纽为基础的游戏通常采用的结构。这类游戏如同某种阶梯：整体进程是线性的，但玩家如何攻克每一级“阶梯”（即完成各关卡的具体方式），很大程度上由玩家自主决定

4.6　沙盒游戏空间

开发者可以通过打造沙盒（或称开放世界）游戏空间，营造出宏大开放世界的体验。沙盒世界得名于其特性：既存在确定的边界，又允许玩家以相对不受限的方式进行游玩。它通常是一个很大的区域，如城市或岛屿。玩家在其中

可自由选择大量活动，有时甚至能自主构建新的关卡几何结构。在单人游戏中，*Grand Theft Auto* 和 *Saints Row* 系列游戏就是典型的代表，玩家既可以选择跟随主线剧情，也可单纯自由漫步。在多人游戏中，沙盒机制常见于“大逃杀”类游戏，如游戏 *PlayerUnknown's Battlegrounds (PUBG)* 和游戏 *Fortnite*，玩家既可以在广阔的竞技环境中展开对抗，也可以进行建造与搜刮。人们可能会认为设计沙盒世界很简单：只需给玩家提供大片开放空间和系列活动选项即可。然而，庞大的空间往往伴随着玩家定位与场景认知的问题。

正如许多现实世界的空间设计师所了解的，这些都是城市规划师经常遇到的问题。因此，许多广受欢迎的沙盒世界其本身就是城市环境，这或许并非偶然。在本节中，我们将探讨一些可用于打造成功沙盒空间的城市设计原则。

4.6.1 借助“建筑诱饵”进行路径引导

或许沙盒空间最重要的元素之一，其灵感源于创意先驱 Walt Disney：他的工作室在拍摄有狗的实景电影时，经常需要让狗穿过场景。为此，他们会使用香肠来引诱动物朝预定方向奔跑。Disney 认为其主题公园中的高大建筑对于游客也具有类似的作用，可以帮助游客辨别方向。Jesse Schell 是 *The Art of Game Design: A Book of Lenses* 一书的作者，也是游戏 *Pirates of the Caribbean: Battle for the Buccaneer Gold* 的设计师之一，他将游戏中用于吸引玩家前往目标点的地标称为“建筑诱饵”。[20]

建筑诱饵是沙盒空间不可或缺的部分。它们在保持沙盒世界开放性的同时，引导玩家前往设计师希望他们去的地方。Scott Rogers 等设计师都表示迪士尼乐园为他们的关卡设计提供了诸多灵感。在迪士尼乐园的设计中，睡美人城堡、飞溅山等景点不仅能够吸引游客，而且像路标一样帮助游客定位自己的位置。在游戏 *Grand Theft Auto IV*[21] 的自由城中，幸福女神像、鹿特丹大厦等地标也具有类似的功能：不仅能够吸引玩家前往，而且能够在玩家漫游时充当方位参照。在 Schell 的案例中，“建筑”一词不仅指关卡设计师打造的建筑空间，还包括设计的自然空间。在游戏 *Battle for the Buccaneer Gold* 中，喷发的火山、着火的城镇和其他引人注目的景观都被用作诱饵。Schell 对这些元素的定义也表明建筑诱饵的形式远不止高楼建筑。

游戏 *Half-Life 2: Episode 2*[22] 对建筑诱饵的运用堪称精妙。在某个场景中，玩家必须使用无线电提醒盟友外星人即将发起攻击。这段剧情要求玩家先进入一栋建筑，发现无线电的存在及其无法启动的问题。然后，玩家必须探索附近的建筑，找到并打开这个建筑群的总电源（图 4.36）。为了在保持场景开放性的同时引导玩家行动，开发者将无线电所在建筑设为明亮的红黄色调，而旁边的塔楼则采用单调的棕色。尽管无线电建筑体量较小，但在以绿、蓝、棕为主色调的林地环境中，鲜艳的配色使其脱颖而出，成为有效的建筑诱饵。

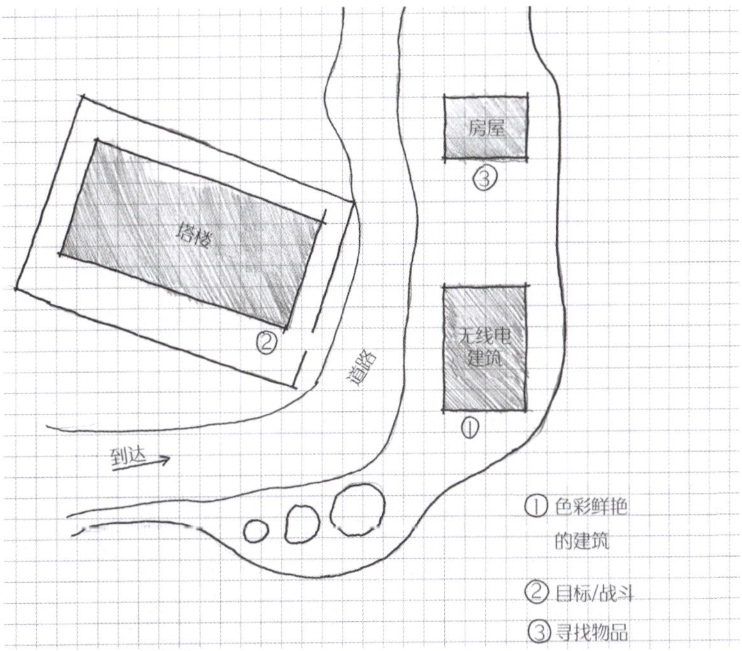

图 4.36 游戏 *Half-Life 2: Episode 2* 中的建筑群平面图。虽然无线电塔建筑较小，但其采用了鲜艳的色彩，与景观的绿色和蓝色形成鲜明对比。这使得玩家的注意力首先被它吸引，而不是关注棕色的塔楼

有些游戏将诱饵本身作为制高点，或与制高点结合使用，以便玩家俯瞰游戏世界中的大片区域。在 *Far Cry* 系列游戏和游戏 *The Legend of Zelda: Breath of the Wild* 中，高塔吸引玩家前往，玩家登塔后便可寻找下一个目标。以游戏 *Breath of the Wild* 为例，未探索的神庙会发出明亮的橙色光芒，玩家在高塔上眺望时，可以清楚地看到这些橙色光芒与自然景观形成鲜明对比。游戏 *No Man's Sky* 拥有浩瀚的宇宙背景，它或许是将建筑诱饵运用得最独特的案例之一。该游戏的

环境都由计算机生成，但其星球生成算法会在山顶生成由珍贵资源构成的高耸巨石。这些巨石非常有用，不仅能够为玩家提供建造所需的材料，还能让玩家纵览周边的地貌。诱饵元素能纳入程序化世界生成的算法中，这足以证明其在开放世界关卡设计中的灵活性与重要性。

显而易见，建筑诱饵可以呈现多样形态，也能发挥多种作用，包括引导玩家行为、辅助玩家更好地在游戏空间中导航等。在下一节中，我们将探讨这一概念和其他概念如何进一步帮助玩家在沙盒世界中穿行。

4.6.2 沙盒空间的规划

如前所述，在大型开放空间中辨明方向并非易事。鉴于此，城市规划师们提出了诸多用于构建城市空间的组织原则。城市规划理论家 Kevin Lynch 在其颇具影响力的著作 *The Image of the City*[23] 中，公布了一项为期五年的研究结果，揭示了人们如何构建城市心理地图。基于此研究，Lynch 提出通过五大要素来优化城市空间组织，以帮助来访者更好地认知城市：地标、路径、节点、区域和边界。这种组织方式能够为城市观察者提供可读性，[24] 而这正是我们在设计沙盒游戏空间时应追求的目标。本节将依次介绍这五大元素，探讨如何将其应用于电子游戏的沙盒空间设计。

（1）地标

地标就是城市空间中具有辨识度的元素，可作为人们的向导。[25] 这个定义听起来应该与建筑诱饵的概念非常相似——两者本质是一样的。正如我们在上一节中所讨论的，地标不仅能够吸引玩家的注意力，还能让玩家通过观察自身与空间中地标的相对关系来确定自己的位置。由于许多游戏的沙盒世界并不局限于城市主题（常见的还有奇幻、后末日或历史景观等），这些地标可以是自然物体，也可以是与周围环境形成鲜明对比的人造元素。

游戏 *Half-Life 2* 对地标的运用方式颇为有趣，与沙盒游戏中地标的典型运用方式有所不同。虽然它本身不是沙盒游戏，但该游戏通过最小化的关卡过渡（无菜单、无过场动画、无其他显眼的场景切换）营造出宏大且无缝的世界感。游戏早期就确定了远处的高塔——Citadel——是反派的大本营，而玩家的终极目标是抵达并摧毁它（图 4.37）。在大多数游戏关卡中，玩家都可以看到这座高耸的建筑，还可以通过观察自身与该建筑的距离，推测目前的游戏进度。

图 4.37 游戏 *Half-Life 2* 中的高塔是一个非常有用的地标，通过该建筑，玩家不仅可以定位他们在游戏宏大世界中的位置，还可以推测出目前的游戏进度。游戏在早期就已明确，故事的高潮部分将在那里上演

高塔展示了地标的多重功能：既能够指导玩家行动，又能帮助玩家在大型沙盒空间中确定自己的位置，还能通过距离变化让玩家感知游戏进度。

(2) 路径

我们已讨论过连接重要游戏空间的流通空间。Lynch 在其著作中将此类空间称为“路径”。[26] 城市设计中的路径包含街道、人行道及其他可供人们穿行的通道。

从关卡设计角度来看，这些路径是连接重要游戏空间的线条。它们可能包含一些挑战，但通常属于尺度紧凑、缺乏显著美学特征的过渡空间。其目的是引导玩家进入下一个重要的玩法节点。前文提到的自由城中的街道、人行道等路径空间与 Lynch 所定义的类型一致。

另一方面，*The Elder Scrolls V: Skyrim* 等游戏中的沙盒世界并非都是大型城市空间，而是开放的自然景观。因此，城镇、地下城和堡垒之间的许多路径并不那么直接，实际上更像是开阔的原野。这样一来，玩家可以在地标之间选择直达路线，自行创造斯坦纳点。虽然这些路径并不具有明显的设计特征，但它们仍然可以被识别。不过，这也容易使玩家迷失在游戏巨大开放空间中。为了缓解这种情况，设计师会运用如土路、路标或河流等微小的地理特征，模拟城市规划中更直接的路径形态。

对于使用游戏引擎进行设计的开发者而言，在使用引擎内置的地形编辑器等工具时一定要牢记这些准则，从而创建兼具美感与体验的游戏世界。

（3）节点

在许多游戏的城市空间中，路径的交汇处为吸引人们参与活动提供了多种可能。它们可以成为导航的参照点，例如，在为他人指路时，你会告诉他，他要去的公司在哪个路口。它们还可以成为人们聚集或互动的场所（图 4.38）。Lynch 将这些交叉点称为节点，并特别说明了它们是如何成为庞大道路网络的重要焦点的。

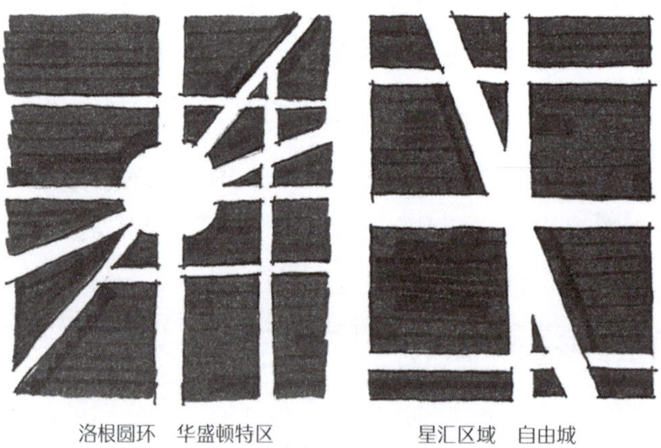

图 4.38　在路径交汇处的节点，玩家不仅能够做出战略性抉择，确定其在游戏世界中的后续行进路径，还能够和聚集于该处的非玩家角色或其他玩家进行互动

节点可以作为地标所在地，将不同的路径导向同一最终目标。正如 Lynch 所指出的，节点也可以成为战略决策点，[27] 观察者可在此决定下一步选择哪条路径。在开放世界游戏中，此类战略决策点无处不在，迫使玩家规划时间优先级：是先前往城镇执行任务，还是先去地下城展开探索？

当这些决策涉及道德或叙事层面时，它们会变得更加有趣。以 Rockstar 温哥华工作室开发的以高中为主题的沙盒游戏 *Bully*[28] 为例，在游戏中，玩家可以探索虚构城镇和私立学校校园，为学校里的各种小团体执行任务。玩家在每个小团体（恶霸、体育生、书呆子、飞车党和预科生）中的声望构成了游戏的道德系统。如果玩家做了让书呆子们印象深刻的事，那么体育生对玩家的好感度将下降，反之亦然。从空间设计角度看，游戏设置了大量节点，玩家不仅可以在这些节点上与非玩家角色互动，还可以选择对特定小团体友好的场所，如健身房、图书馆或汽车修理厂（图 4.39）。

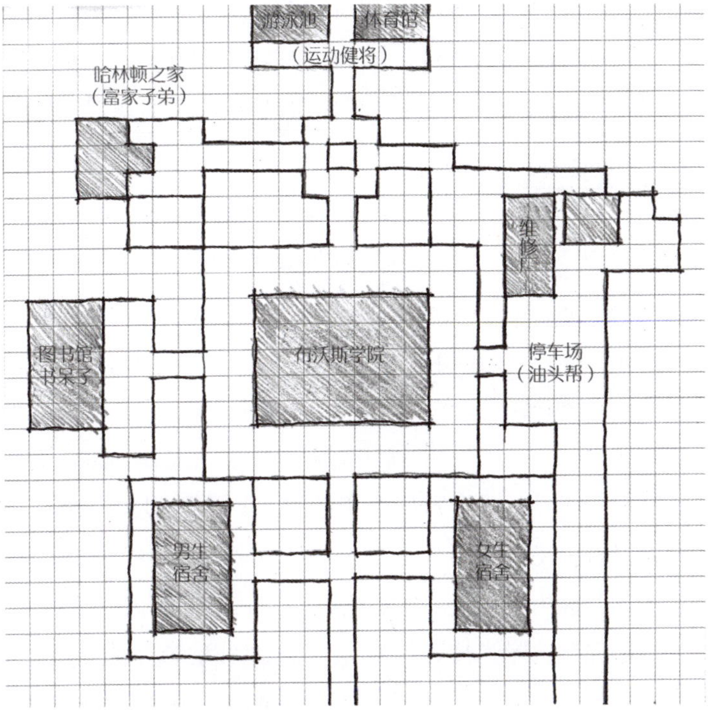

图 4.39 游戏 *Bully* 中，布沃斯学院校舍外的露天场地是一个节点，从这里可以通往多个对游戏中各类小团体而言至关重要的地标。学院楼本身既是地标，也充当着建筑诱饵的角色——玩家根据自身与它的空间关系便能确定自己的位置

（4）边界

Lynch 认为，边界是由非路径构成的界限，它们是线性元素，标志着从一个连续区域或状态向另一个区域或状态的过渡。边界可以是墙壁、成排的建筑物、植被的变化或其他能够体现该区域特征（即场所精神）发生改变的标记。在沙盒游戏中，通过设置具有不同场所精神的区域，玩家可以感受到游戏世界的多样性，就像那些按冰、火、森林等鲜明主题划分关卡的游戏一样（图 4.40）。

1949 年，神话学家 Joseph Campbell 在他的著作 *The Hero with a Thousand Faces* 中描述了英雄之旅的单一神话模式。[29] Campbell 所总结的英雄之旅如下：

“英雄从日常世界出发，进入超自然的奇迹之地；在那里遭遇神奇的力量，并取得决定性的胜利；最终从这场神秘的冒险中归来，带着能造福同胞的力量。”[30]

图 4.40 沙盒世界中不同类型的边界

在 *Origins of Architectural Pleasure*[31] 一书中，建筑师 Grant Hildebrand 从空间角度诠释了这一神话模式——这一诠释聚焦于旅程的物质性。这里的物质性指的是对表面纹理与视觉特质的认知。Hildebrand 指出，在英雄之旅中，英雄踏出熟悉的世界，其周遭环境的物质性会从舒适的状态，逐渐过渡到壮阔的荒野，而在遭遇最终敌人时，环境的物质性往往会转变为黑暗、腐朽的状态。该模式广泛存在于许多文学、电影和游戏作品中，从史诗 *Beowulf*[32] 到 *The Legend of Zelda* 系列游戏都是如此。

从制作的角度来看，边界标志着艺术风格的转变。所使用的建筑或植被模型类型可能会发生转变，以此表明进入了一个新的区域。同样，地表材质之间的过渡能够让玩家感知到边界的存在。这些过渡可以是快速的，也可以是渐进式的。快速过渡往往会有明确的边界，并且通常会搭配墙壁和大门等建筑细节，因为自然景观很少出现急剧转变。这种设计在以下场景中尤为适用：即将进入一个发生特定事件的区域（如战场、火灾现场、外星生物遭遇地等），或是要进入某个特定群体的领地。另一方面，渐进式过渡有助于为抵达新区域营造期待感。烧焦的树木、箭矢及其他从景物中凸显出来的物体，能给人一种即将进入危险区域的感觉。它们也能暗示玩家正接近不同环境类型之间的自然边界，比如从平原到森林、从沙漠到峡谷的过渡等。

（5）区域

Lynch 提到的最后一个元素是区域，他将其描述为城市中能让观察者产生置身其中之感且具有某种识别特征的片区。在上一节中，我们讨论了艺术风格、环境美术元素和材质的变化如何使沙盒世界中的环境发生变化。玩家一旦越过这些边界，即进入了一个特定区域（图 4.41）。

除了风格上的变化，游戏中的区域还通过玩法机制的差异来区分彼此：比如非玩家角色的类型、敌人种类、事件内容或迷你游戏的不同。区域可以作为独特叙事事件或玩法挑战的载体。以迪士尼乐园为例，整个园区被划分为不同的区域：明日世界、幻想世界、探险世界等。每个区域都具有自己的独特特色和主题游乐设施。同样，游戏 *Grand Theft Auto IV* 的自由城也划分出几个不同的区域：Algonquin 区以摩天大楼和夜店为特色，而 Broker 区则相对贫困，是玩家初次接触城市中犯罪势力的区域。

如果沙盒世界没有不同的区域，或者各个区域不具备独特的玩法元素，那么沙盒世界会让人感觉空洞。游戏 *No More Heroes*[33] 中的 Santa Destroy 城就是个反面案例，这座城市虽然有许多地标，但缺乏差异化的城镇区域。整座城市都采用了南洛杉矶风格的环境设计，只有少数不同风格的商店和地点可供玩家探索和执行任务。而这款游戏的战斗关卡则设置在与沙盒世界分离的、更具辨识度的线性环境中。正如评论家 Mark Bozon 所言，“如果游戏仅依赖于开放世界模式，那将令人感到非常失望”。[34] 若能将其战斗关卡的独特风格融入沙盒世界中，这座城市不仅能带来更丰富的探索体验，其城市空间也更具真实感。

显然，一个成功的沙盒世界取决于玩家能否轻松“读懂”并理解它。在许多游戏中，如同现实世界的建筑设计，视线引导和对玩家视角的把握至关重要。然而，若游戏采用第三人称视角，甚至是二维视角，设计师该如何运用我们前文讨论的、主要基于现实世界的第一人称视角的空间设计经验呢？下一节中，我们将探讨玩家的视角如何影响游戏空间设计。

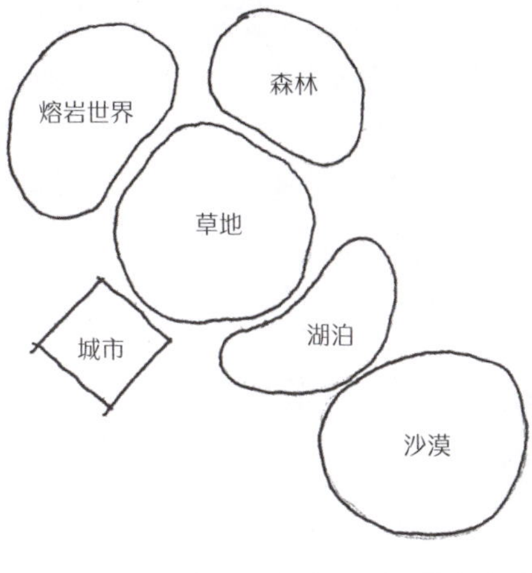

图 4.41　一幅展示区域的理论性游戏地图

4.7 视角的运用

自 1975 年德国赛车游戏 *Nurburgring 1*[35] 和 1976 年美国赛车游戏 *Night Driver*[36] 问世以来，第一人称游戏便成为游戏领域的一部分。然而，直到 id Software 公司推出游戏 *Wolfenstein 3D*[37]，第一人称游戏才确立了其当今的主导地位。事实上，在游戏 *Wolfenstein* 问世以前，许多第一人称游戏都采用了抽象的矢量图形，要么只能展示静态图像，要么无法呈现实时渲染的三维环境。与此同时，其他游戏则采用二维视角：一种是从玩家角色侧面观察的横向卷轴视角（图 4.42），另一种是从玩家角色上方俯瞰的俯视视角（图 4.43）。甚至还有基于轴测视角（俗称等距视角）的游戏，如游戏 *Zaxxon*[38] 和 *Q*Bert*[39]（图 4.44）。

在许多现代游戏引擎中，视角设定取决于设计师放置摄像机的位置——摄像机是玩家观察游戏过程的载体。第一人称游戏将摄像机绑定在玩家对象上，并通过脚本实现自由环视功能。二维游戏通常采用顶部或侧面视角，并关闭透视选项以获得正交投影视图。轴测视角和等距视角则通常从高处俯视玩家。在本节中，我们将讨论摄像机的布置如何为游戏空间的视觉呈现带来不同的限制和机会。

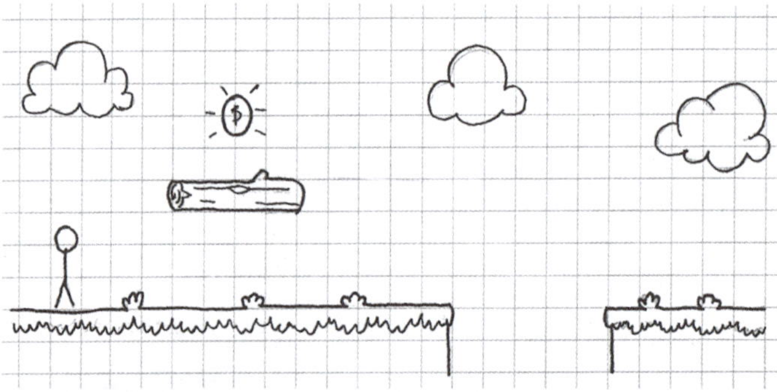

图 4.42 一款二维横向卷轴视角的游戏，这种视角可称之为游戏空间的剖面图

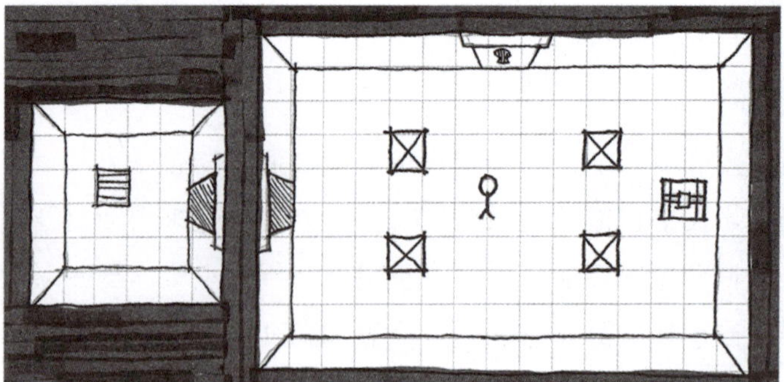

图 4.43 一款二维俯视视角的游戏。这种视角可称之为游戏空间的平面图

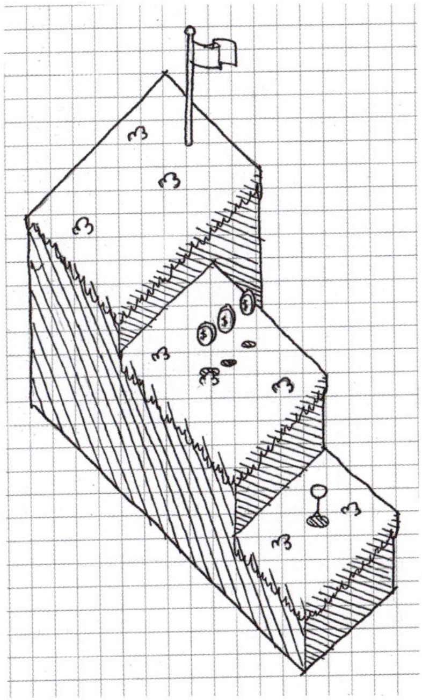

图 4.44 一款二维轴测视角的游戏

4.7.1 三维视角

由于大多数现代游戏都是三维的，且建筑在多数情况下也是以三维形式被来访者所感知，因此我们将首先探讨游戏中的三维视角。三维游戏中最常见的两种视角是第一人称视角和第三人称视角——后者的摄像机位于玩家角色身体之外。尽管这两种视角的差异不大，但某些游戏场景会更适合其中一种视角，我们将在此展开探讨。

（1）第一人称视角

第一人称游戏是指将摄像机置于玩家角色模型“头部”（如果游戏为玩家角色设定了明确模型），并从角色眼部高度观察游戏动作的视角。这是最自然的游戏视角，因为它模拟了人类观察现实世界的视角（图 4.45）。

在第一人称游戏中，关卡设计师可以充分利用书中讨论的许多建筑概念。这也是设计师必须采用最多建筑技巧来吸引玩家注意力的地方。因为与其他游戏类型不同，在第一人称游戏中，玩家可以自主控制摄像机的观察方向。游戏 *Half-Life 2* 及其后续借鉴该游戏“非被动叙事”场景设计的作品中，设计师必须设法让玩家在非玩家角色演绎剧情时停留在叙事事件附近。无论是叙事事件还是游戏过程中，设计师都需要构建视线引导，将玩家注意力引向关键细节或指引其移动方向。由于从这一视角无法看到游戏空间的外部轮廓，因此必须借助空间尺度设计、建筑诱饵及其他布局手法，引导玩家在游戏空间中行进。

从玩法角度看，第一人称游戏能够营造极具沉浸感的体验，能让玩家更好地代入游戏主角的角色。但第一人称视角也存在着一些限制，例如平台跳跃和近战格斗机制往往更适合开阔的视角。

图 4.45 第一人称游戏将摄像机设定在玩家角色的眼部高度，能最大限度地利用视线引导

（2）第三人称视角

第三人称游戏是指摄像机被放置在玩家角色身体外部某处的游戏。即便在第三人称游戏中，也存在多种不同的视角类型。第一种是旋转摄像机视角，摄像机围绕玩家移动，移动控制权可由玩家掌握或由系统控制。第二种是跟随视角，摄像机固定在玩家后方的某个位置，实现方式通常是将摄像机设为玩家对象的子对象。第三种是越肩视角，这是一种介于第一人称与第三人称之间的半混合视角，摄像机紧贴玩家角色后方，并允许玩家移动摄像机以观察角色所注视的方向（图 4.46）。

第三人称游戏与第一人称游戏在空间设计上有诸多相似的可能性，最显著的是两者都能构建完整的三维环境，并利用视线引导和其他视觉技巧吸引玩家注意力。第三人称游戏还为玩转摄像机的透视感提供了可能：通过改变许多游戏引擎中第三人称摄像机的视角选项，设计师可以营造出迷幻角度与透视效果（图 4.47）。第三人称摄像机也被用于如 *Resident Evil*[41] 或 *Killer 7*[42] 等固定视角游戏中，以创建电影化的镜头角度，如仰拍、正拍、特写等。这些角度可以显著增强某些场景的戏剧效果，但往往会以牺牲玩家角色操控的流畅性为代价。

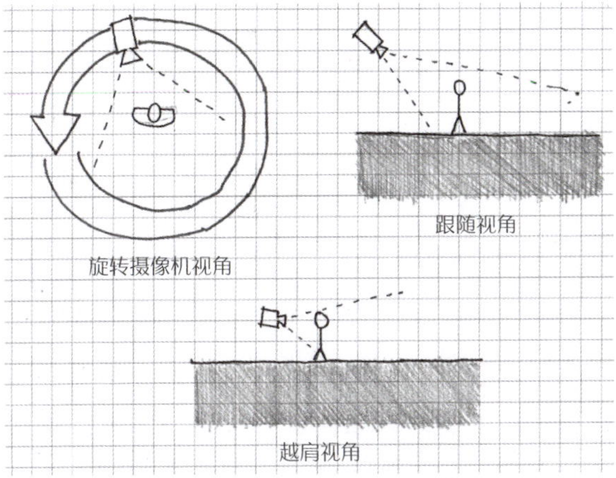

图 4.46 游戏中常见的三种第三人称视角类型

图 4.47 这幅截图取自短篇游戏 *The Nightmare Over Innsmouth*[40]，是我为中国游戏开发者大会演讲所准备的。通过调整摄像机镜头角度，我营造出扭曲透视的特殊视觉效果

第三人称游戏为三维游戏类型提供了更多可能性，而这些类型在第一人称游戏中往往难以实现。其中最显著的是平台跳跃玩法，因为玩家可以清楚地看到角色双脚的落点。设计师通常会在角色脚下添加阴影，以进一步帮助玩家判断落点。这在包含更多杂技式平台动作的游戏中尤为实用，例如在游戏 *The Prince of Persia: Sands of Time*[43] 中，玩家可以慢慢调整角色的位置，使其与可攀爬的柱子、秋千、边缘及其他障碍对齐。该游戏还包含需要玩家在敌群中穿梭进退的格斗式近战系统，这种战斗模式若采用第一人称视角将难以操作。

第三人称游戏的劣势恰恰是第一人称游戏的优势所在——瞄准。众所周知，镜头人工智能的代码编写难度较大，因此“坑人的镜头”（指视角卡顿、遮挡视线等问题）是第三人称游戏的常见问题。越肩视角在一定程度上缓解了这一问题，但某些视线与空间关系的判断，仍以第一人称视角更为直观。

4.7.2 二维视角

在技术尚未实现精美三维画面的时代，二维游戏曾主导整个游戏产业。从视觉表现来看，二维游戏的表面质感比早期许多三维游戏的矢量生成表面更具真实感。在玩法机制方面，三维游戏能实现的诸多玩法，如平台跳跃、射击、探索等，在二维游戏中同样可以实现。二维游戏的黄金时代恰逢游戏设备性能不足以生成逼真图形的时期，因此长期以来，三维游戏被认为在表现形式上优于二维游戏。而如今，借助现代游戏技术，二维游戏得到重新审视与发展，其表现风格开始模仿绘画、雕塑、手工艺甚至编织等手工艺术形式。

采用二维视角的游戏拥有一项大多数三维游戏不具备的特殊能力：向玩家展示超出角色视线范围的事物。在 *Metroid* 系列游戏中，玩家常能看见深埋岩层中等待获取的强化道具，尽管从逻辑上而言，游戏角色本应对此一无所知。这种手法与导演 Alfred Hitchcock 在其电影中制造悬念的技巧极为相似。

Hitchcock 最喜欢的一个例子是这样一个场景：镜头先展现两个人坐在桌前，随后下移，露出桌下的炸弹。用餐者对即将到来的厄运浑然不觉，这却为看到炸弹的观众制造了悬念。[44] 游戏 *Metroid Fusion*[45] 中就运用了这一手法：当女主角 Samus Aran 的邪恶克隆体 SA-X 穿过玩家下方的走廊时，虽然女主角只能听到克隆人的脚步声，但玩家能惊心动魄地目睹自己与死亡擦肩而过的瞬间（图 4.48）。遗憾的是，这种技术在二维游戏中没有得到充分利用，但针对两种最常见的二维视角（横向卷轴视角与俯视视角），开发者仍创造了其他专属的镜头表现技法。

（1）横向卷轴视角空间

横向卷轴游戏空间是从玩家角色侧面观察的视角，类似查看建筑的剖面图。由于在路径设计方面可发挥的空间不多，横向卷轴游戏可能是空间限制最严格的关卡形式之一。玩家也很难在横向卷轴关卡中追踪自己的位置，尤其是在 *Metroid* 和 *Castlevania* 系列游戏开创的、被称为“类银河恶魔城”风格的大型开放世界二维游戏中。

横向卷轴游戏的简洁性使其能高效地传授自身机制：玩家需要了解的所有信息，都在角色所处的屏幕范围内呈现。这类游戏通常擅长呈现从侧面视角最易理解的动作，例如跳跃、攀爬、飞行和射击。因此，在设计横向卷轴关卡时，重要的是尽量避免让玩家进行“盲跳”。即使是大型深坑的设计，也应确保在玩家所处位置的一个屏幕宽度内，能显示出深坑的另一侧边（图 4.49）。横向卷轴游戏需遵循独特的视觉度量标准：除了确保障碍物清晰可辨外，敌人及其投射物从进入屏幕到接触玩家的时间必须充足，确保玩家有机会做出反应并躲避（图 4.50）。

遗憾的是，横向卷轴游戏使得我们迄今为止讨论的许多路径寻找和定位方法都失去了作用。不过有些游戏通过引入深度轴进行了创新实验：将二维关卡环境分层处理，允许玩家在前后维度移动。游戏 *Shantae: Risky's Revenge*[46] 就运用这种技术赋予游戏村落更真实的层次感。该游戏中的迷宫也更为复杂，因为玩家不仅要在左右（X 轴）和上下（Y 轴）方向移动，还要在前后（Z 轴）方向穿梭（图 4.51）。

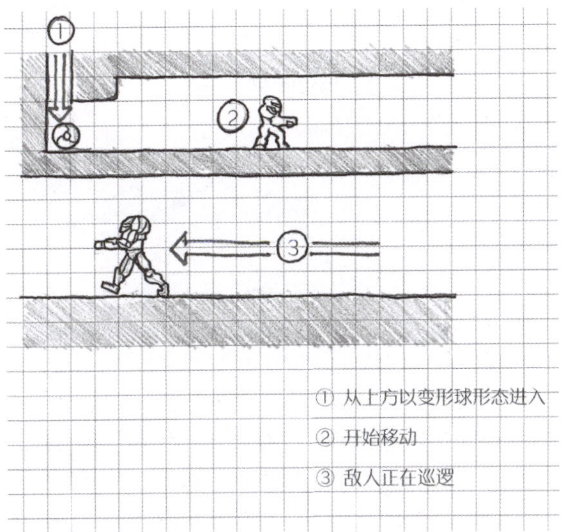

图 4.48　*Metroid* 系列游戏使用二维视角向玩家展示隐藏物品和通道的位置。同时，设计师利用这种视角打造出具有悬念感的场景

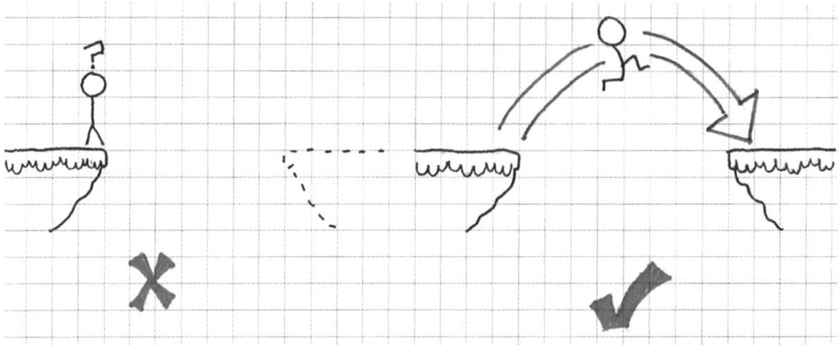

图 4.49 设计师应避免加入“盲跳”机制，且务必让玩家在一个屏幕宽度范围内就能看到障碍的另一端

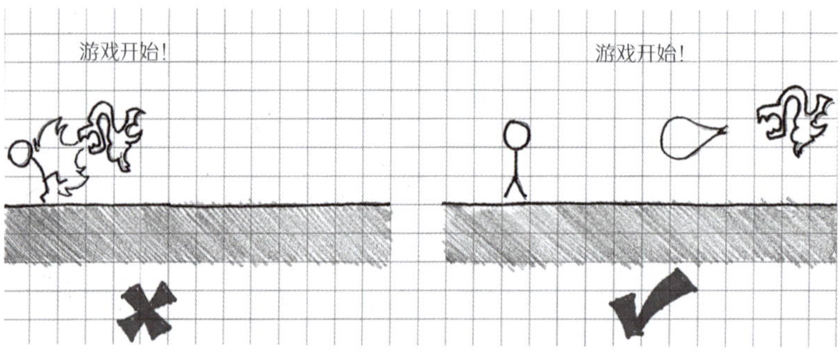

图 4.50 在二维横向卷轴游戏中，敌人及其投射物从进入屏幕到接触玩家的时间必须充足，以确保玩家有机会做出反应并躲避

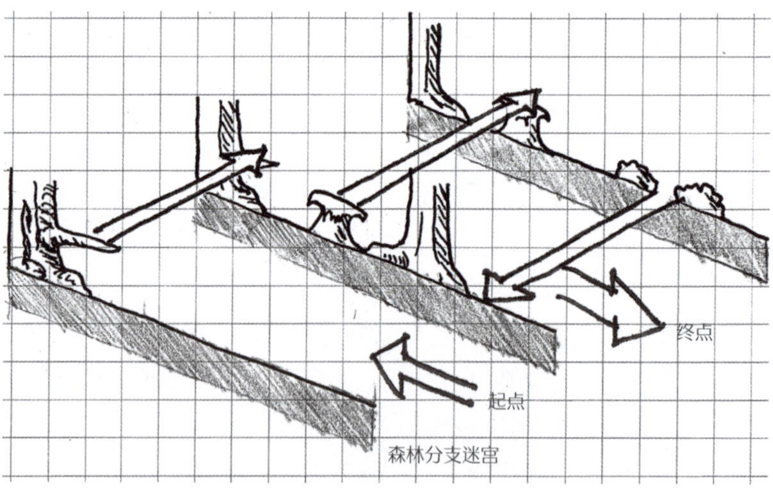

图 4.51 游戏 *Shantae: Risky's Revenge* 中的许多场景允许玩家在横向卷轴环境的多层空间中前后穿梭。下城为游戏中的迷宫和地牢增添了另一重深度，这在多数横向卷轴游戏中并不常见

（2）俯视视角空间

在俯视视角游戏空间中，玩家从角色上方俯瞰游戏世界，类似查看建筑的平面图。事实上，许多早期游戏的界面就如同地图和建筑图纸。一方面，俯视视角游戏在营造视线引导等三维游戏的常见要素方面有所局限；但另一方面，它们能为玩家提供卓越的方向定位，这是因为玩家可以通过平面视角理解大多数游戏空间。这些空间遵循东、南、西、北四个基本方向，玩家得以借助地标等设施在大型游戏空间中导航。

与横向卷轴游戏类似，俯视视角游戏也能设置悬念，因为它们同样能向玩家展示游戏角色未必能观察到的事物（图 4.52）。同样地，设计师应确保敌人从出现在屏幕边缘到接触玩家之间有足够的时间间隔，让玩家能够做出反应并进行躲避。

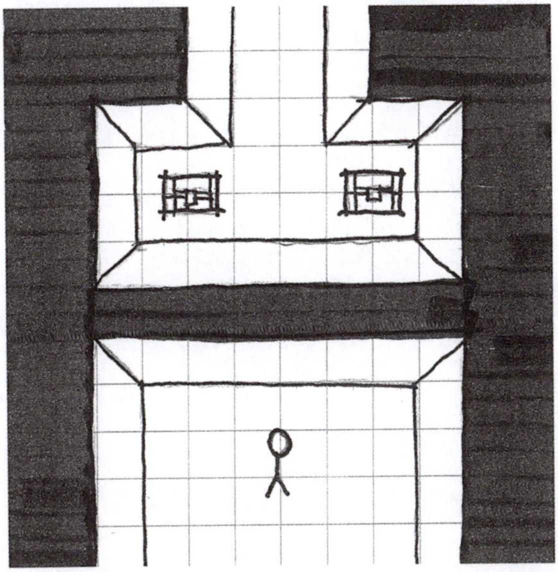

图 4.52　与横向卷轴游戏一样，俯视视角游戏也能向玩家展示游戏角色未必能观察到的事物

俯视视角游戏通常适合呈现在广阔世界中展开的玩法机制，如探索或与非玩家角色互动。与横向卷轴游戏一样，俯视视角也特别适合需要玩家对准目标的动作机制，如射击、刀剑格斗乃至基础跳跃。另一方面，俯视视角游戏对即时反应的要求通常低于横向卷轴游戏，因此更多环境信息可以隐藏在屏幕之外（图 4.53）。实际上，在俯视视角游戏空间中隐藏自然环境或建筑特征的全貌，反而会激发玩家进一步探索的欲望。

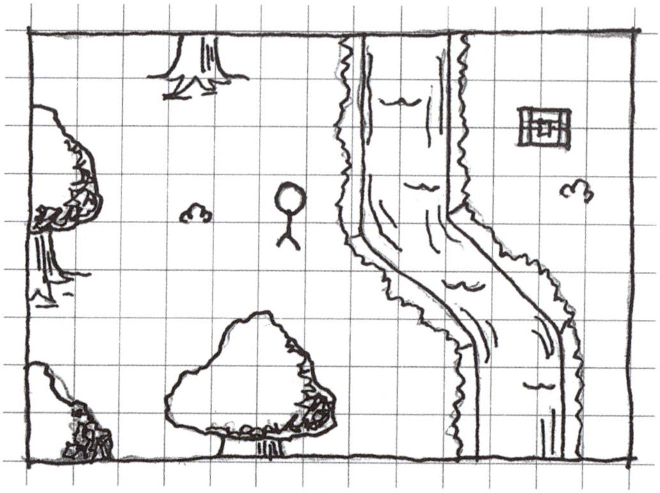

图 4.53 由于许多俯视视角游戏都涉及对广阔世界的探索，因此可以将部分信息隐藏在屏幕之外。向玩家提供不完整的信息，例如在一幅截图中只显示部分陆地或河流，能够激发玩家进一步探索的欲望

通过在关卡几何结构和背景绘制上融入创意，二维俯视视角游戏甚至能够呈现三维游戏所擅长的壮丽远景效果。视差滚动技术让不同图层以不同速度移动，常被用于二维游戏中，使屏幕元素产生仿佛处于三维空间的错觉。在俯视视角游戏中，视差滚动能营造出“背景远低于实际游戏区域”的层次感。早期经典案例可见于游戏 *Final Fantasy IV* 中的山：山下的森林与玩家周围的几何环境以独立速度滚动，尽管该游戏画面风格原始、关卡呈明显块状，但这一效果仍成功营造出高山的巍峨感。2016 年推出的独立游戏 *Hyper Light Drifter* 开篇也有类似的设计：玩家站在悬崖上时，能看到远处山峰上倒伏的巨型生物的遗骸。随着玩家在区域间不停移动，最终会抵达该地点。这一设计不仅展现了俯视视角空间如何模拟三维远景，更证明了它能成为高效的叙事工具。

目前，我们已经讨论了三维游戏和二维游戏视角各自具备的可能性，接下来我们将关注一种介于这两者之间的游戏空间类型。

4.7.3 轴测视角与等距视角

20 世纪 80 年代初，游戏开发者采用了一种新的游戏视角类型——轴测视角游戏，它通过二维美术设计营造三维空间效果。继早期轴测视角游戏如 *Zaxxon* 和 *Q*Bert* 之后，这种视角在游戏 *Knight Lore*[47] 和游戏 *Starcraft*[48] 中持续流行。在游戏领域，这种视角通常被称为等距视角，因其采用轴测投影构建游戏美术。

经典轴测视角游戏的画面通常无透视变形，也就是说，屏幕上的物体不会沿汇聚于消失点的视线排列。虽然纯粹的轴测图可以营造出强烈的三维效果，但也会削弱玩家的深度感知能力。轴测图因容易产生视觉错觉而闻名（图 4.54）。因此，在构建轴测游戏空间时，必须清晰呈现表面之间的垂直关系，避免玩家对物体的空间位置产生混淆。同样重要的是，在这类空间中，设计师需对前景物体进行遮挡处理（即停止渲染），防止角色移动到建筑后方时被完全遮挡，导致玩家丢失目标。

现代三维游戏开发者用“等距”一词来描述一种俯视玩家角色且摄像机自身启用透视功能的视角。这种透视实际上有三个消失点：线条不仅汇聚于两点透视中常见的水平消失点，还会汇聚于关卡下方的垂直消失点。与实际的等距或轴测视角不同，在这种视角下，场景的高度变化能被轻松感知。无论是在经典二维版本还是现代三维版本中，这种视角既能呈现细节丰富的三维环境，又能让设计师向玩家展示角色本身无法看到的事物。

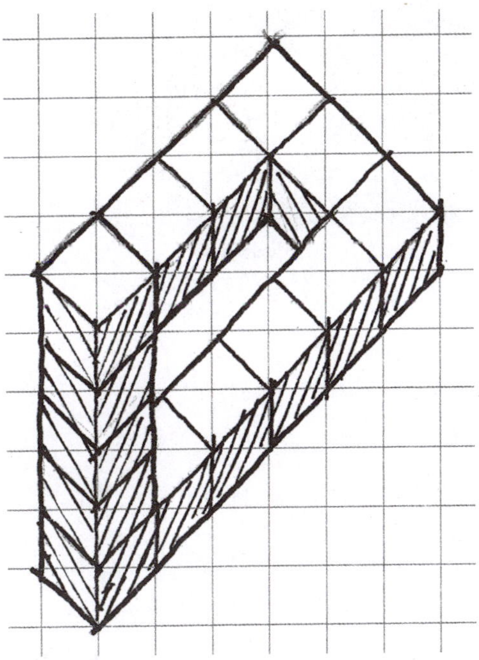

图 4.54 轴测图如果绘制不当，很容易让玩家迷失方向。因此，在构建这类游戏空间时，一定要想办法清晰呈现表面之间的垂直关系

轴测视角可能让玩家难以在空间中定位自己。与二维俯视视角不同，玩家无法借助基本方向导航，且由于摄像机向下倾斜，视线引导也难以发挥作用。因此，除非游戏世界像二维俯视视角游戏那样广阔，否则，应尽可能将信息呈现在屏幕内。不过，等距视角游戏让设计师能充分利用不同类型的空间营造戏剧化效果：玩家能直观地看到角色与周围环境的比例关系。设计师仍能通过狭窄空间营造幽闭恐惧感，或通过开阔区域传递类似广场恐惧症般的空旷感。事实上，这些空间的三点透视的特性，允许设计师在开阔区域中通过有节奏地排列垂直元素（如高耸的建筑、柱状结

构），塑造史诗级的宏大感，当玩家从俯视视角望向角色时，甚至能产生眩晕感（图 4.55）。

既然我们已经探讨了摄像机视角，以及它们如何与玩家对游戏空间的感知相关联，接下来，我们将探讨最后一个基础空间概念。这一概念将帮助我们利用游戏的独特元素，来操控玩家对周围游戏空间本质的感知。

图 4.55　在这幅截图中，实验室环境中规律排列的生物槽，从摄像机视角向下延伸至玩家角色周围，营造出一种眩晕感。尽管玩家是以第三人称视角进行游戏，但这一设计仍着重凸显了游戏空间的垂直维度

4.8　将敌人视作替代性建筑

在 *Chambers for a Memory Palace* 一书中，Lyndon 和 Moore 提出了“同盟体”的概念：指那些与使用者尺度相近的雕像、矮柱等建筑元素。[49] 他们指出，这些元素除了具有图像意义之外，还能让空间更具亲和力。在游戏中，非玩家角色承担了类似功能——他们通常因游戏性需求存在于空间中，如给玩家发布任务、守卫通道等。触发任务的非玩家角色往往通过设定条件限制玩家通行，从而帮助设计师引导玩家与游戏世界的互动。

游戏空间与真实建筑的显著差异在于，敌人同样能成为空间的构成要素。

敌人以其与玩家的对抗关系，成为关卡设计师手中一种独特的“建筑同盟体”。友善的非玩家角色仅通过任务条件限制玩家通行，而敌人则通过伤害威胁实现空间封锁。玩家若想直接穿过敌人，必然面临受伤的风险。因此，游戏中的敌人可被视为一种“替代性建筑”。以游戏 *Half-Life 2* 开头的火车站场景为例，外星士兵便扮演了替代性建筑的角色：许多游戏用锁着的门或不可交互的门暗示玩家“此路不通”，而该游戏则在整个火车站都设置了哨兵——如果玩家试图通过，会被他们推回；若继续尝试，则会触发敌人亮出武器的威慑行为。

相比普通的锁门设计，使用可交互的敌人有多重作用：它无须通过冗长的叙述就能构建游戏的乌托邦叙事，引导玩家在车站内的移动路径，同时营造车站有人居住的氛围。这正契合 Lyndon 和 Moore 所述的建筑同盟体的核心作用。

将敌人作为关卡的建筑元素，并与狭窄空间搭配设计时，它能成为关卡设计师的强大工具。例如，在初代 *Resident Evil* 游戏中，僵尸充斥在狭窄的走廊中。当僵尸逼近玩家时，不仅阻断了走廊通路，同时也缩小了玩家的安全活动空间。在这种情况下，玩家必须决定：是冒险冲过僵尸，还是将其射杀。

正如游戏 *Resident Evil* 的僵尸所展示的那样，即使敌人设计得很简单，它们也能成为调控空间的有力工具。Matthew Weise 在他的论文 *The Rules of Horror: Procedural Adaptation in Clock Tower, Resident Evil, and Dead Rising* 中提出了一个他称之为僵尸电影中“收缩堡垒”的概念。[50] 在电影 *Night of the Living Dead*[51] 呈现的“收缩堡垒”情境中，主角被一大群敌人包围，这些敌人持续推进并侵占原本安全的区域。以电影 *Night of the Living Dead* 为例，幸存者在农舍内为保护自己而战，最终一楼被攻破，英雄们只能退守地下室。游戏可以通过切断先前可通行区域的剧情事件，重现这种压迫性的空间叙事。

“收缩堡垒”这一概念在实时游戏中的运用效果更为显著。设计师可利用强大或难以击杀的敌人，将玩家驱赶到预设的目标区域（图 4.56）。要让这种策略奏效，敌人需要具备以下特征：数量上占据绝对优势、具备强力攻击手段或极高生存能力。这类场景通常需要广阔的关卡空间，但成群的敌人会营造出空间狭窄的压迫感。诸如此类的应用案例充分说明，关卡设计师完全可以突破传统认知，将敌人、非玩家角色及其他非建筑元素转化为空间建构工具，塑造建筑层面的空间体验。

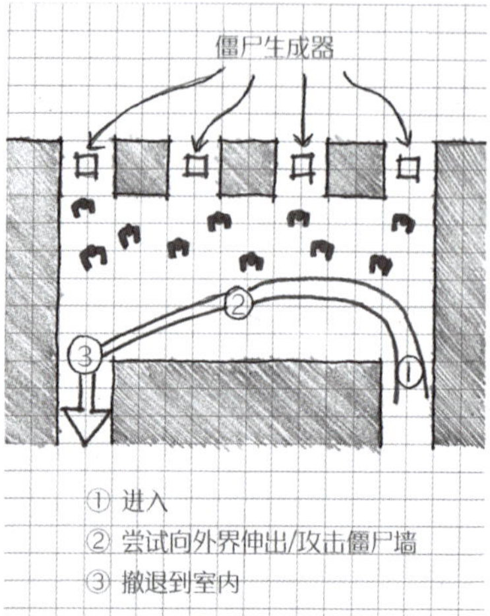

图 4.56 设计师可以利用敌人将玩家驱赶到预定区域。为实现此目标，游戏中应该设置大量难以击杀的敌人

4.9 总结

在本章中，我们探讨了一些可用于构建游戏世界的基础空间类型。从微观层面上叠加空间与消减空间的表达，到枢纽、沙盒和经典游戏空间结构等世界结构，我们已掌握了一套可通过游戏引擎工具实现的空间配置方法。我们还了解了如何通过空间尺度类型，使游戏空间适配我们期望的各类玩法体验。为了合理安排这些元素的节奏，或研究它们之间的相互作用，我们可以运用分子结构图与邻近关系图。我们也能通过城市设计原则来组织庞大的游戏世界。从玩家体验角度出发，我们可以根据游戏内摄像机所呈现的视角，来打造贴合玩家的游戏空间体验。最后，我们不仅可以利用友好的非玩家角色，还能借助敌人来丰富游戏世界，强化本章所讨论的空间类型，并引导玩家的行为。

在第 5 章中，我们将更直接地探讨如何设计向玩家传授游戏机制的游戏关卡，并在整个游戏过程中持续强化这些机制。

4.10 练习

① 绘图练习：为某电子游戏关卡或你正在制作的关卡绘制图底关系图。尝试捕捉空间中实体如何界定自身的负空间。

② 数字制作练习：用灰盒创建一个抵达场景。通过空间尺寸对比或其他元素（光线、阴影等），玩家明确感知自己已进入一个独特的空间。

③ 写作练习：找一款采用单径迷宫结构、分支迷宫结构及根茎结构的游戏或关卡。分别描述其世界构建和关卡设计是如何适配这些空间尺度类型的。

④ 数字制作练习：为你正在制作的游戏创建灰盒，在其中分别构建一个狭窄空间、舒适空间和前景空间。描述这些空间可能发生的活动类型。

⑤ 绘图练习：为符合下列主题的关卡绘制分子结构图："争夺制高点""枢纽空间""单一路径""线索引导"。

⑥ 数字制作练习：根据分子结构图（如你在上一个练习中绘制的）创建一个灰盒关卡。

⑦ 绘图练习：玩一款具有沙盒式环境的游戏。绘制该环境的示意图，标注出这些元素：地标、节点、边界、路径、区域。

参考文献

[1] Watanave, Hidenori. Archidemo: The Museum of the Globe. Archidemo. http://archidemo.blogspot.com/2008/07/museum-of-globe.html (accessed February 20, 2013).

[2] Watanave, Hidenori. Archidemo: Oscar Niemeyer in *Second Life*. Archidemo. http://archidemo.blogspot.com/p/oscar-niemeyer-in-second-life.html (accessed February 20, 2013).

[3] *Second Life*. Linden Research (developer and publisher), June 23, 2003. Online virtual world.

[4] Frederick, Matthew. *101 Things I Learned in Architecture School*. Cambridge, MA: MIT Press, 2007, p. 3.

[5] Frederick, Matthew. *101 Things I Learned in Architecture School*. Cambridge, MA: MIT Press, 2007, p. 6.

[6] Frederick, Matthew. *101 Things I Learned in Architecture School*. Cambridge, MA: MIT Press, 2007, p. 4.

[7] Hildebrand, Grant. *Origins of Architectural Pleasure*. Berkeley, CA: University of California Press, 1999, p. 95.

[8] Lyndon, Donlyn, and Charles Willard Moore. *Chambers for a Memory Palace*. Cambridge, MA: MIT Press, 1994, p. 212.

[9] Borries, Friedrich von, Steffen P. Walz, and Matthias Böttger. *Space Time Play*

Computer Games, Architecture and Urbanism: The Next Level. Basel: Birkhauser, 2007.

[10] Salen, Katie, and Eric Zimmerman. *Rules of Play: Game Design Fundamentals*. Cambridge, MA: MIT Press, 2003, p. 97.

[11] *Slender: The Eight Pages*. Parsec Productions (developer and publisher), June 26, 2012. PC game.

[12] Deleuze, Gilles, and Félix Guattari. *A Thousand Plateaus: Capitalism and Schizophrenia*. Minneapolis, MN: University of Minnesota Press, 1987.

[13] Koh, Chuen-Ferng. Chapter 1: Internet-Rhyzome. *Internet: Toward a Holistic Ontology*. http://wwwmcc.murdoch.edu.au/ReadingRoom/VID/jfk/thesis/ch1.htm (accessed February 26, 2013).

[14] *ActiveWorlds*. *ActiveWorlds* (developer and publisher), 1997. Online virtual world.

[15] Jakobsson, Mikael. Activity Flow Architecture: Environment Design in *ActiveWorlds* and EverQuest. In Borries, Friedrich von, Steffen P. Walz, and Matthias Böttger. *Space Time Play Computer Games, Architecture and Urbanism: The Next Level*. Basel: Birkhauser, 2007, pp. 164 - 167.

[16] Totten, Christopher W. Designing Better Levels Through Human Survival Instincts. Gamasutra—The Art & Business of Making Games. http://www.gamasutra.com/view/feature/6411/designing_better_levels_through_.php?print=1 (accessed February 27, 2013).

[17] *Batman: Arkham Asylum* Video—Silent Knight Challenge Mode Extended Cut | GameTrailers. GameTrailers. http://www.gametrailers.com/videos/dfhan4/batman--arkham-asylum-silent-knight-challenge-mode-extended-cut (accessed February 27, 2013).

[18] Hildebrand, Grant. *Origins of Architectural Pleasure*. Berkeley, CA: University of California Press, 1999, p. 22.

[19] McMillan, Luke, and Nassib Azar. Gamasutra—Features—*The Metrics of Space: Molecule Design*. Gamasutra. http://www.gamasutra.com/view/-feature/184783/the_metrics_of_space_molecule_.php (accessed February 27, 2013).

[20] Salen, Katie, and Eric Zimmerman. *Rules of Play: Game Design Fundamentals*. Cambridge, MA: MIT Press, 2003, p. 353.

[21] *Grand Theft Auto IV*. Rockstar North (developer), Rockstar Games (publisher), 2008. Xbox 360 game.

[22] *Half-Life 2: Episode 2*. Valve Corporation (developer and publisher), 2007. PC game. Developer commentary.

[23] Lynch, Kevin. *The Image of the City*. Cambridge, MA: MIT Press, 1960.

[24] Lynch, Kevin. *The Image of the City*. Cambridge, MA: MIT Press, 1960, p. 2.

[25] Lynch, Kevin. *The Image of the City*. Cambridge, MA: MIT Press, 1960, p. 48.

[26] Lynch, Kevin. *The Image of the City*. Cambridge, MA: MIT Press, 1960, p. 47.

[27] Lynch, Kevin. *The Image of the City*. Cambridge, MA: MIT Press, 1960, p. 72.

[28] *Bully*. Rockstar Vancouver (developer), Rockstar Games (publisher), 2006. Playstation 2 game.

[29] Campbell, Joseph. *The Hero with a Thousand Faces*. 2nd ed. Princeton, NJ: Princeton University Press, 1968.

[30] Campbell, Joseph. *The Hero with a Thousand Faces*. 2nd ed. Princeton, NJ: Princeton University Press, 1968, p. 23.

[31] Hildebrand, Grant. *Origins of Architectural Pleasure*. Berkeley, CA: University of California Press, 1999.

[32] Heaney, Seamus. *Beowulf: A New Verse Translation*. New York, NY: Farrar, Straus, and Giroux, 2000.

[33] *No More Heroes*. Grasshopper Manufacture (developer), Ubisoft (publisher), 2008. Nintendo Wii game.

[34] Bozon, Mark. *No More Heroes* Review—IGN. Video Games, Wikis, Cheats, Walkthroughs, Reviews, News & Videos—IGN. http://www.ign.com/articles/2008/01/22/no-more-heroes-review (accessed March 6, 2013).

[35] *Nurburgring 1*. Reiner Foerst GmbH (developer and publisher), 1975. Arcade game.

[36] *Night Driver*. Atari (developer and publisher), 1976. Arcade game.

[37] *Wolfenstein 3D*. id Software (developer), Apogee Software (publisher), 1992. PC game.

[38] *Zaxxon*. Sega (developer and publisher), 1982. Arcade game.

[39] *Q*Bert*. Gottlieb (developer and publisher), 1982. Arcade game.

[40] *The Nightmare Over Innsmouth*. Chris Totten (developer), 2011. Unreleased PC game.

[41] *Resident Evil*. Capcom (developer and publisher), 1996. Sony Playstation game.

[42] *Killer 7*. Grasshopper Manufacture (developer), Capcom (publisher), 2005. Nintendo GameCube game.

[43] *The Prince of Persia: Sands of Time*. Ubisoft Montreal (developer), Ubisoft (publisher), 2003. Nintendo GameCube game.

[44] Alfred Hitchcock on Mastering Cinematic Tension. YouTube. http://www.youtube.com/watch?v=DPFsuc_M_3E (accessed March 7, 2013).

[45] *Metroid Fusion*. Nintendo R&D1 (developer), Nintendo (publisher), 2002. Game Boy Advance game.

[46] *Shantae: Risky's Revenge*. Tim and Chris Stamper (developers), *Ultima*te Play The Game (publisher), 1984. Sinclair ZX Spectrum game.

[47] *Knight Lore*. Way Forward Technologies (developer and publisher), 2010. Nintendo DSiWare game.

[48] *Starcraft*. Blizzard Entertainment (developer and publisher), 1998. PC game.

[49] Lyndon, Donlyn, and Charles Willard Moore. *Chambers for a Memory Palace*. Cambridge, MA: MIT Press, 1994, p. 164.

[50] Weise, Matthew. The Rules of Horror: Procedural Adaptation in *Clock Tower, Resident Evil*, and *Dead Rising*. In Perron, Bernard. *Horror Video Games: Essays on the Fusion of Fear and Play*. Jefferson, NC: McFarland & Co., 2009, pp. 238 - 266.

[51] *Night of the Living Dead*. Film. Directed by George A. Romero. Pittsburgh, PA: The Walter Reade Organization, 1968.

行业视角：替代控制器游戏的关卡设计

Jerry Belich
实验游戏与体验设计师

撰写关于关卡设计、建筑或空间的内容对我来说格外困难，因为我的游戏设计通常以比较特殊的方式呈现。我猜这也是克里斯让我探索此话题的原因。我设计的游戏通常被称为替代控制器游戏、实验游戏、沉浸式体验或干脆被归类为硬件游戏。这类游戏虽仍借助计算能力，但至少有一部分体验发生在物理空间内，因此其空间设计需要采用“由外而内”的思路，因为真实的人类玩家便是我的“虚拟化身”。为了更好地阐述替代控制器游戏，请看图 1 所示的三张图片。第一张图展示的是一款名为 *Please Stand By* 的互动游戏，它模拟了 20 世纪 50 年代的电视机。玩家可以通过转动旋钮、调节天线（俗称兔耳天线），甚至拍打电视机侧面进行游戏！这是一种绝妙的错觉，但你可以在第二幅图中看到，其控制系统的输入仅依赖相对简单的线路组。而第三幅图中正在启动的 Mac Mini，则负责运行着相应的软件。

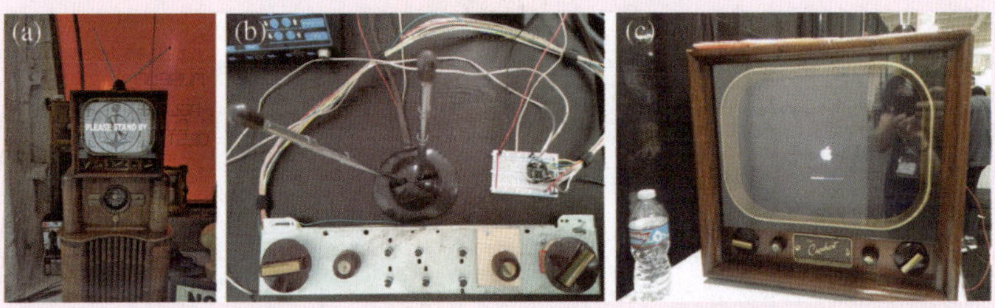

图 1　这是一款模拟电视机的替代控制器游戏

我猜想，其他大多数游戏设计师都采用“由内而外”的方式解决关卡设计问题：这里的“内”指的是数字空间，随着数学边界的扩展，这片空间会为身处其中的数字化身提供更广阔的探索空间。这种扩展近乎无限，却始终不会触及我们的物理世界。它始终是封闭的、独立的，牢牢限制于“另一个世界”的语境中。由于我使用沉浸式技术（如上述所示，结合了材料、电子设备和软件）来创造游戏和体验，因此，我并不经常使用“关卡设计”这样的术语，而是将其类比为游戏空间设计。鉴于我的作品通常具有模拟属性，这样的描述更为贴切。根据具体语境和表意需求，我偶尔也会使用一些修饰词，如“交互的”或“沉浸式的”。

事实上，在继续深入前，有一点需要澄清：尽管我的大部分作品都属于“游戏”范畴，但有些作品可能仅包含游戏元素，有些像玩具一样具备互动性，还有些只是被动响应。我将统一用“体验”一词来指代我的设计，用“受众”或“玩家”来指代体验者。我所论述的内容，无论是否属于游戏，都适用于我的任何作品。

鉴于篇幅限制，在描述我对多个作品的设计思路时，我将聚焦两个具体主题：边界与体验渗透。

边界

我认为边界是一种双向挑战。我需要界定游戏空间中的设计边界，同时也要认清现实世界给我的设计带来的边界（我刻意不将这些称为“限制”）。体验应该从哪里开始，又要在哪里结束？现实的边界会给我带来哪些限制？你可能已经了解到约束有助于找到设计路径，即便这条路径有时曲折迂回。数字游戏在虚拟空间中没有固定的边界，但在物理现实中却有硬性的边界。例如，如果你想限制玩家在数字游戏空间中的感知，那么你必须设计并实现战争迷雾或视野距离这类功能，而我或许只需简单地挡住你的视线即可。

圆柱装置的边界

试想将电脑屏幕包裹在一个圆柱体上，让边缘相接形成一个连续的显示屏——不妨称之为视频圆柱。再在上面运行一款简单的多人街机游戏，如 *Combat*（坦克对战游戏），让玩家围在圆柱周围，每人手持一个无线操纵杆（图 2）。数字游戏空间的边界是圆柱体本身，而现实游戏空间的边界则是玩家围绕游戏进行观察和物理移动（或更常见的是快速跑动）的圆形区域。在现实空间中，三维物体的特性在于，你无法同时看到它的所有面，从而限制了你的感知。而在这款游戏中，这一特性在单个显示屏上为每位玩家都生成了专属的战争迷雾！大多数人都很熟悉这种街机风格游戏的玩法，几乎无须考虑“体验渗透”。接下来，我们将对此问题展开详细讨论。

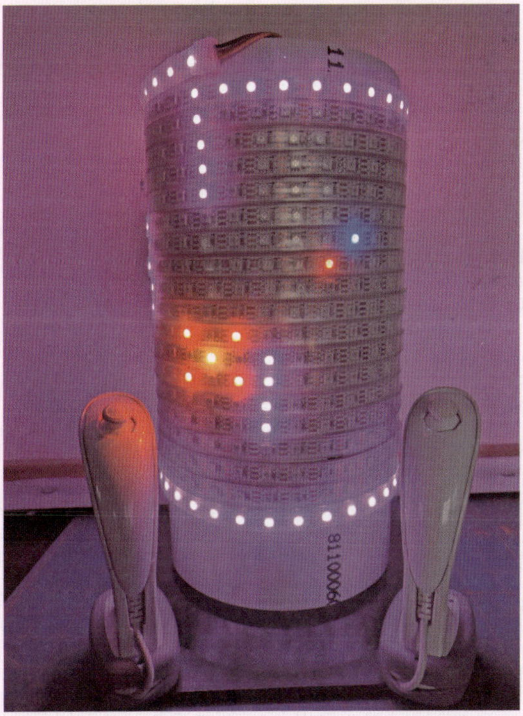

图 2　带有两个无线控制器的圆柱装置

体验渗透

平面媒体从业者都知道，出血是指为了取得理想的效果而预留容错空间。要实现完美的满版印刷，印刷范围需要超出实际页面边缘，并根据需要进行裁剪。在设计一种体验时（即使是纯数字化的），我们必须认识到体验没有硬性边界，而且其边界位置并不会和我们的预期一致。

体验渗透主要受两大因素影响：一是受众，二是体验开始或结束时受众所处的环境。一旦前者（也就是受众）进入场景，便超出了你的控制范围（你能控制的是他们是否有机会接触到你的体验）。而后者，也就是受众所处的环境，是你最能施加影响的地方。当他们开始体验时，他们当下的环境就会开始渗透到你为他们设计的环境中；而当他们结束体验时，你设计的环境又会渗透到他们的现实环境中。物理空间中的设计会进一步强化了这种效果。考虑到这一点，你就可以更好地控制体验所受到的影响，甚至可以有意义地将体验刻意延伸到受众的生活深处。你也能更好地掌控体验的终止节点。再举一个项目例子。

游戏 *A. F. T. E. R. G. L. O. W.* 中的体验渗透

游戏 *A.F.T.E.R.G.L.O.W.* 的虚拟道具手提箱的设计概念源自 20 世纪 70 年代公文包的物理形态与苏联时代的工业美学。该游戏重新利用了诸如旧电话旋转拨号盘等界面材料，以此增强那种谍报活动曾是生活日常的时代感（图 3）。游戏的显示设计极为简约：一圈 LED 灯模仿旋转拨号盘的布局，而且只能通过从打开的手提箱中延伸出来的观察镜看到（这是对边界的极致运用）。当箱体闭合时，它看起来就像一个平平无奇的旧手提箱；但一旦打开，立刻会让人感到危险。显然，这绝对是你在机场不愿被安检发现的神秘装置！

A.F.T.E.R.G.L.O.W. 的体验渗透经过精心设计：游戏开始时，试图让玩家与现实产生强烈的剥离，而在游戏结束时，又有组织地引导玩家回归现实。这种设计通过两种方式实现。首先，复古美学风格的热敏打印

机会将玩家的得分和姓名缩写打印成实体记录，既为玩家提供可分享的实体纪念物，也让他们记住这段游戏体验。这引出了第二种干预方式：若玩家的成绩跻身前十，打印机便会将其同步更新至高分推特账号。玩家由此突然与其他玩过这款游戏的庞大社群产生关联，这或许会激发他们的竞争意识，促使他们更多地参与游戏。

图 3 *A.F.T.E.R.G.L.O.W.* 手提箱

乌托邦密室逃脱

密室逃脱（或任何实景游戏空间）是我们前文所概述内容的极端案例。它们所涵盖的不只是像公文包这样的物品空间，而是整个房间这样的环境，通常还包含多个房间。我曾与我出色的设计搭档 David Pisa 合作，在明尼苏达州明尼阿波利斯市设计并安装了一个名为“乌托邦”的密室，这是一个科技感十足且能在 1 小时游戏过程中自主运行的体验项目，主题带有浓重的反乌托邦色彩。尽管该设计足以单独成书，但我们还是来看看它与我们所探讨的主题有何关联。

一般来说，密室逃脱的边界由空间中的建筑结构（墙壁、门、天花板和地板）严格界定。乌托邦最初的边界（图 4）清晰且统一，但在游戏过程中，这些边界开始逐渐消解，玩家被卷入更深的谜团之中，并沉浸在这个主题鲜明的探索中——揭示秩序背后的混乱、洁净表象下的污秽、善意伪装下的恶意。这些边界既指明了游戏的可行区域，也为探索提供了契机。

图 4　进入乌托邦密室逃脱后的第一眼景象

分隔现实与游戏空间的边界，正是我们能观察到体验渗透效应的地方，也是我们通过补偿或操控来提升整体体验的关键切入点。密室逃脱和实景游戏空间的独特之处在于，这种效应会受到时间的影响。玩家会将他们当下的情境带入其中，包括他们的烦恼、压力、后续计划、对即将到来的社交场合的应对方式、刚吃过的墨西哥卷饼，所有一切！我在观察其他密室逃脱玩家时发现一个常见问题：他们刚进入密室开始游戏时，都会浪费一些时间。我估计这段无效游戏时间长达 5 分钟，在一场 60 分钟的游戏里，这超过了游戏时间的 8%！就像裁剪印刷品时，首先要界定空间范围，然后确保出血线超出界定范围，这样裁剪才不会切掉重要内容。在密室逃脱中，我们将 60 分钟定为标准，因此我们希望“裁切”之后的体验能包含完整的 60 分钟，而不是 55 分钟和一些浪费的时间。

那么该如何解决这个问题呢？不要止步于那些显而易见的边界。游戏或许只有在进入房间后才开始，但体验可以在玩家进入大楼时就启动，甚至更早。通过在核心体验之前设置不同程度的主题铺垫，你可以逐渐将玩家的注意力从他们之前做的事情上转移到即将要做的事情上。对于密室逃脱而言，或许可以让过渡空间与游戏主题相呼应，或者让游戏管理员进行演绎，而不只是简单地宣读一段描述场景的文字。提醒邮件或电话也可以融入叙事，同时提供实用信息。当玩家开始游戏时，他们应该已经全神贯注，准备好沉浸在你创造的世界之中。

交互式小说打印机

最后一个案例与其他案例有些不同。“Choosatron”是一台交互式小说热敏打印机（图 5）。试想一部经典的“选择你的冒险”式故事书——当你做出选择时，它会直接打印出下一段故事，最终你会得到一长条纸，这张纸代表了你在这段多变的冒险中所选择的独特路径。其他案例都侧重于构建特定叙事，并且与周围空间有着清晰的关联（或边界），而这台打印机更像是一个平台，因为它可以承载多种不同类型的故事。作为设计师，当考虑它在游戏空间中的存在方式时，我无法预知人们会选择体验什么样的故事。

这一点很重要，因为该设计的核心驱动力就在于消除体验与打印机所处物理空间之间的边界——主要通过彻底移除所有数字界面或输出设备的痕迹来实现。玩家通过实体按钮和纸张互动，做出决定并开始游戏。通常情况下，阅读是一项个人活动，偷看别人阅读更是一种文化禁忌。即便你在手机上玩叙事类游戏，突然发现有人在偷瞄后续剧情，那种被侵犯的感觉想必不难想象吧？

纸张的打印过程颇具吸引力。当人们站在附近或排队等待游玩时，纸张发出的沙沙声会吸引旁观者，并且该设备本身也摆脱了移动设备通常会承诺的隐私文化契约。所有这些都形成了一种积极的体验渗透——玩家愿意参与到彼此的游戏历程中，为本应属于个人的选择提供建议或提醒。这也强化了体验渗透最关键的部分，即玩家带走的实体纪念品。故事结束后，他们会撕下并保存这张纸，往往会兴奋地对比自己和他人的体验，或者之后与朋友分享。该体验萦绕在玩家心头，挥之不去，并成为一个锚点，承载着他们能不断回味的记忆。

尽管我的游戏可能更深入地根植于物理世界，但我希望这能帮助大家理解：体验从来都不是受限的——即便是在你设计的纯数字游戏世界中亦是如此。在此，我建议你们深入思考：你们所遵循的、创造的或试图打破的设计边界是什么？同时也请思考，从受众进入你们的世界之前，到他们离开之后很久，这种体验会以怎样的形式存在。

图5 交互式小说打印机新打印完成的故事目录

第 5 章

通过环境美术传达信息

为了充分发挥自己的组织能力，画家必须将自己的感知从茫然中唤醒，并将其纳入自己的规划中。

——Leo Steinberg[1]

作为信息交互系统，游戏关卡设计通过感官信息与玩家建立联系。就当前的游戏形态而言，这种交互主要通过视觉、听觉手段来实现，并辅助触觉来反馈。[2] 在本章中，我们将重点讨论游戏关卡的视觉效果，探究如何利用视觉效果进行教学，以及如何引导玩家对游戏有更深入的理解。

正如我们前面所讨论的，游戏关卡最重要的目标之一在于引导玩家行为。在前面几章中，我们讨论了模块化游戏资源如何提升开发效率。在本章中，我们将探讨环境美术如何帮助设计师向玩家传递游戏中的因果逻辑。

正如上文引用的艺术评论家 Leo Steinberg 的话所指出的，作品中的视觉元素必须经过精心策划和布局，而不是随意摆放，这样才能成为有效的交流工具。在本章中，你将了解到现代游戏中的各种教学方法，学习如何赋予美术资源符号化意义，使其成为传达关键信息的媒介，以及如何通过直接或间接的视觉叙事逻辑组织这些资源以实现玩法教学目标。最后，我们将探索如何利用视觉信息将游戏关卡转化为信息空间，从而在玩家心中唤起确定感与不确定感。

在本章，你将学到以下内容：

游戏关卡的教学理论；

游戏中的符号和视觉设计；

建筑形式与类型；

记忆宫殿中的信息控制。

5.1 游戏关卡的教学理论

为了理解我们将用来引导玩家行为的空间工具，我们必须首先理解支撑这些方法的理论。正如我们在本书中始终强调的，向其他领域借鉴是游戏设计不断发展的重要部分。本节不会涉及如何构建一个教程关卡（这将在后续内容中探讨），而是重点探讨影响游戏视觉传达的心理学基础。在本章中，我们将梳理游戏设计师通常考虑的三种教学模式——行为理论和操作性条件反射、蒙台梭利教学法及建构主义，将它们作为视觉传达方法的框架。

5.1.1 行为理论和操作性条件反射

行为理论又称行为主义，是研究有机体可观察行为的学科。John B.Watson 于 1913 年发表 *Psychology as the Behaviorist Views It.*[3] 一文中，将行为主义确立为心理学的一个学流派。Ivan Pavlov 的经典条件反射实验（他在给狗喂食前摇铃，使狗听到铃声就会流口水）对行为主义学派产生了深远影响。[4]

心理学家 B.F.Skinner 于 1938 年提出“操作性条件反射”这一术语，极大推动了行为主义的演进。Skinner 摒弃了 Watson 和 Pavlov 对反射行为与非自愿行为的强调，“认为学习主体应当发挥更主动的作用”。[5] 操作性条件反射通过正强化、负强化和惩罚改变主体的自愿行为。

在 Skinner 操作性条件反射箱——俗称“斯金纳箱”（Skinner box）——实验中，他让老鼠对特定刺激（通常是听觉或视觉信号）做出拉杆反应（图 5.1）。在研究正强化的实验版本中，当老鼠对信号做出拉杆反应时，会得到食物颗粒作为奖励；而在错误时间拉杆则会受到惩罚，通常是电击脚部。这个箱子还能用于研究负强化，即教会实验主体通过行动消除不利条件。例如，拉杆可以停止轻微电击或噪声等负面刺激，从而强化老鼠拉杆的行为。[6]

Skinner 在教育领域也颇有建树。目前的学生评分制度——以高分奖励成功，低分惩罚失败——常被视为其哲学思想的延伸。Skinner 主张不把重点放在

图 5.1 一个典型的操作性条件反射箱。箱内装有多种类型的实验装置，包括可作为刺激物的灯光和扬声器、食物分配器、操纵杆及能通过箱底传递电击的电网

讲座和辅导课上，而是将大型任务分解成一系列较小的任务。当每个任务被执行时，正确行为会得到强化，从而使学生逐步学会正确的执行方式。[7] 这一方法也常应用于试图摒弃冗长解释性教程的游戏设计中。例如在游戏 *Super Meat Boy*[8] 的前几个关卡中，游戏玩法机制会被拆解成一个个独立任务，并通过强化与重复让玩家掌握。如第 2 章所述，游戏 *Super Meat Boy* 的前几个简短关卡聚焦于跳跃、奔跑、墙壁跳跃、引入障碍物等单一玩法机制的教学，最终使玩家全面掌握游戏角色的能力。

Skinner 式强化机制与教学模型被广泛应用于许多游戏关卡与谜题中。在许多游戏中，玩家在解开谜题、击败敌人后会得到资源或新物品等游戏内奖励。游戏设计师通常会以这样的方式构建游戏场景：玩家必须消除负面条件，如毒气、不断出现的敌人或敌占区，这样才能安全通行或推进剧情发展（图 5.2）。

图 5.2 游戏 *Batman: Arkham Asylum* 中的一个早期场景，展示了负强化谜题如何改变空间属性。当玩家首次进入疯人院的某个房间时，房间里充满了毒气，游戏角色 Batman 需要在狭窄的通道上跳跃前行。待毒气清除后，房间空间变得开阔，可以正常通行。从“领地”的角度来看，玩家会将这个区域视为被敌人侵蚀的地方，必须将其夺回。此外，作为首个使用蝙蝠镖解谜的教学场景，此处还具有重要的玩法引导功能

“斯金纳箱”模型也被用于描述不断重复单一动作的机制。因此，它在移动平台的免费游戏市场中常被用作贬义，指代那些要求玩家长时间等待才能完成简单操作的游戏，如游戏 *The Simpsons: Tapped Out* 或 *Tiny Tower*。就我们的研究目的而言，我们将把操作性条件反射看作更大的交互系统的一部分，用于指导玩家如何或何时运用游戏机制。

5.1.2 蒙台梭利教学法

“这个世界不希望他在这里失败。世界在催促他，但以一种温柔的方式。”

——*Thomas Was Alone*, Mike Bithell[9]

游戏设计属于二阶设计问题，[10]这意味着设计师通过游戏间接与玩家交流。因此，我们可以把游戏关卡视为“为互动理解而准备的环境”。这正是我们接下来要探讨的关卡设计教育模型——蒙台梭利教学法。

蒙台梭利教学法（Montessori Method）由意大利医生兼教育家 Maria Montessori 于 1907 年正式创立。这种方法强调以感官作为理解信息的媒介，再通过理性思考将这些信息转化为解决实际问题的方法。由美国蒙台梭利学会 (AMS) 和国际蒙台梭利协会 (AMI) 所推行的现行蒙台梭利教学标准强调，课堂是一个由教师准备好的自由的学习环境，其中包括多个年龄段的学习小组、不同的活动选择，以及不被打扰的工作和互动时间等。[11,12] 与蒙台梭利教育体系配套的是一系列感官教具，其中包括方块、圆柱积木及其他物体，用于帮助学生学会利用感官对物品进行组织或排列（图 5.3）。类似的教具也被应用于在德国图林根州巴特布兰肯堡创办的幼儿园。著名建筑师 Frank Lloyd Wright 儿时也曾收到过这样一套积木玩具，并表示这些道具对自己的建筑学习产生了重大影响。[13]

Ian Bogost 在其著作 *Persuasive Games* 中提出，蒙台梭利教学法可作为一种替代视角，补充传统上以行为主义为核心的游戏教学理论。[14] 他认为，蒙台梭利教学法视角下的游戏强调在整个游戏过程中提升玩家的技能与解决问题的能力。在游戏初期的谜题中，玩家会先熟悉角色的移动能力，再于后续更复杂的谜题中运用并检验这些能力。Bogost 以游戏 *Ninja Gaiden*[15] 为例解释了这一观点：在游戏早期关卡中，玩家可在安全环境中练习墙壁跳跃，即使失败也能反复尝试；随后，玩家需在陷阱上方或者在复杂模式中运用该技能。若设计师理解这种教学方法，可将早期关卡的重点聚焦于教会玩家如何独自应对障碍，后期再通过组合这些障碍创造更复杂的谜题（图 5.4）。若设计师已创建了一套模块化资产，便能直接在游戏引擎环境中对这些资源进行组合搭配，从而高效完成关卡设计。

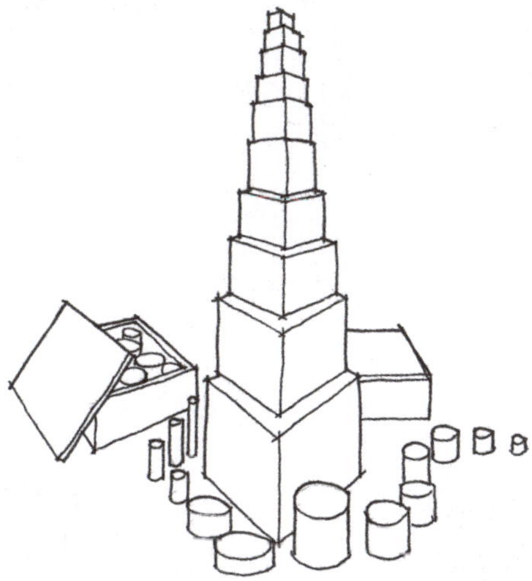

图 5.3　两套蒙台梭利感官教具：粉色积木塔和彩色圆柱体。孩子可以根据喜好和这些物体互动，进行多种类型的配对、堆叠和排列活动。每件教具的视觉特征都旨在强化物体的正确排列方式，如从大到小、从高到矮等

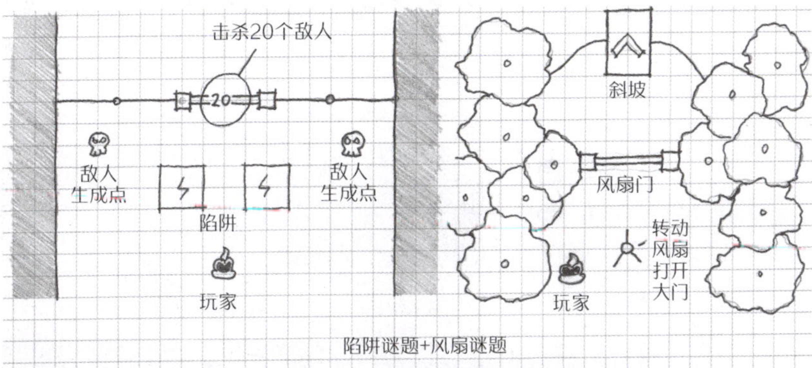

图 5.4　在游戏 *SWARM!* 中，设计师首先引入了两个单独的基础谜题：一个是杀死敌人以打开大门，另一个是旋转风扇以打开大门——随后将它们以不同方向组合起来，玩家需要自行摸索解法

这种游戏教学观点不同于操作性条件反射模式：它不以强化或惩罚作为玩家解决游戏内情境后的直接反馈。以技能关卡为例，玩家如果未掌握克服特定障碍的方法，将无法推进游戏进程。技能关卡具有自我强化的特性，例如，如果玩家没有意识到跳跃可以越过挡路的方块，就会被困在原地，而这种停滞本身，会促使玩家主动探索解决方法。

5.1.3 建构主义

我们要探讨的最后一种教学方法是建构主义。建构主义的理论根源可追溯至 Maria Montessori 等理论家的研究，他们倡导以感官和实践活动为基础的学习方法。影响建构主义的其他早期学者如 David Kolb 也主张对练习结果进行强化反馈。[16] 建构主义学习模式广泛应用于现代成人教育课程、设计或艺术类院校中，在以项目和演示为基础的课程（如建筑学院的课程）中也颇受欢迎。在许多工作室实践课程中，学生会在教师的指导下解决设计问题，教师仅监督而不直接干预学生的设计过程。这种“自主探索 + 反馈指导”的结合，使建构主义比单独的操作性条件反射或蒙台梭利教学法更能全面地反映玩家在游戏中的学习方式。

Kolb 与 Ronald Fry 共同提出了体验式学习的方法论：具体经验、观察与反思、形成抽象概念、在新情境中检验[17]（图 5.5）。若将此方法用于理解玩家与游戏的互动过程，则可转化为尝试克服障碍、观察与反思游戏结果、形成策略和检验新策略。正如心理学家 Pamela Brown Rutledge[18] 和游戏设计师 Jane McGonigal[19] 所言，游戏通过强化来构建问题解决的循环模式：一是建立自我效能感，让玩家相信自己能通过行动获得成功；二是降低试错风险，从而鼓励玩家探索。

关卡设计中的建构主义教学模式，将蒙台梭利教学法与操作条件反射理论融入交互式问题解决系统。设计师需要为玩家打造可供探索的互动环境和挑战。在这样的体系中，玩家可以自由地解决预设问题，甚至可以探索捷径、利用斯坦纳点或非常规技巧来“玩转系统”。在玩家解谜过程中，设计师需要在游戏中设置反馈节点，从而让玩家的行为获得奖励——这种机制会在玩家通关过程中持续强化。奖励玩家非常重要，因为设计合理的挑战往往需要玩家多次尝试

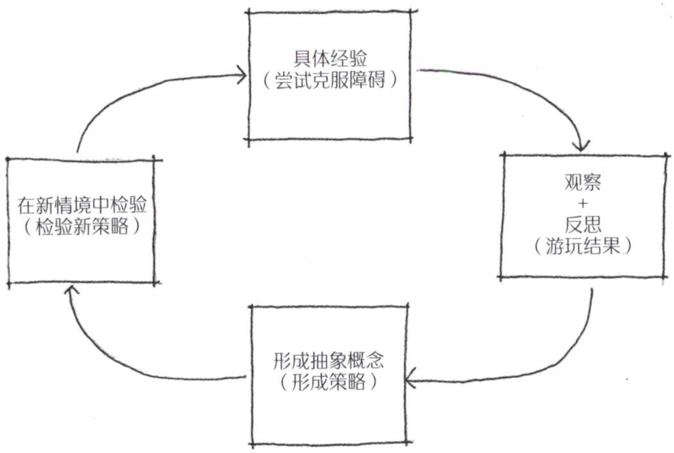

图 5.5 Kolb 和 Ronald Fry 的学习模型围绕四个要素形成一个迭代循环。当应用到游戏中时，它与科学方法式的游戏交互过程高度相似

才能攻克。对于建构主义模式来说，惩罚机制（如死亡或进度重置）同样重要，但应避免极端的惩罚或挫折，只需要让玩家退回到便于再次挑战的节点即可。

像 *Halo 4*[20] 这类战斗游戏，擅长在玩家突袭敌人据点的过程中，构建具有迭代性的挑战。固定的敌人位置可以帮助玩家在多次尝试过程中摸索与强大势力对战的策略。此类游戏还设置了大量的存档点，便于玩家在可以轻松重试单个挑战的位置保存游戏状态，而非完全重启整个关卡。此外，熟悉了敌人及其武器后，玩家可以根据以往的经验优化作战策略。

正如 *Halo* 系列游戏与同类游戏所展现的那样，模块化关卡构建方法允许设计师利用预制游戏资源创造额外挑战。过往出现过的可识别的游戏元素有助于玩家更快地理解新挑战的规则。完善的检查点系统或检查点物体的合理分布至关重要（图 5.6），它们通常应设置在重大挑战之前。

在实践中，这三种学习方式经常被结合运用来教授玩家如何掌握游戏机制。操作性条件反射通过成功时的奖励与积极反馈、失败时的惩罚措施，持续强化玩家对游戏机制的理解与运用。蒙台梭利教学法为我们提供了框架，帮助我们了解如何在游戏过程中构建一系列谜题或挑战，让玩家能够通过识别过往出现的游戏元素（即使这些元素以新方式使用）推导出解决方案。而建构主义则展示了如何设计挑战、反馈和惩罚机制，从而激励玩家通过反复迭代操作来克服并掌握游戏挑战。

图 5.6　这幅图展示了使用模块化资产创建的几个不同的敌人据点。可识别的资源有助于玩家以蒙台梭利式的思维理解关卡结构，并制定策略。每个挑战开始处设置的存档点有助于构建一种迭代式的问题解决型玩法

在下一节中，我们将探讨前文提及的模块化资产与环境美术资源，并阐述关卡设计师如何将其作为关卡视觉修辞的关键要素。

5.2 游戏中的符号和视觉设计

在上一节中，我们深入探讨了游戏关卡的教学方法——行为主义、蒙台梭利教学法和建构主义。通过这些方法，我们与玩家建立对话，教他们如何玩我们的游戏。这些方法的共同核心在于模块化、可重复使用的资产。在行为主义中，奖励和惩罚分别被用来强化玩家对不同感官信息的积极响应行为和消极回避行为。在游戏过程中，蒙台梭利教学法的应用建立在玩家对过往游戏资源的识别基础之上。而建构主义将游戏关卡视为空间谜题，玩家必须通过试错来理解每个关卡元素的意义，进而解决谜题。

游戏之所以高度适配这些教学模式，除开发层面的构建逻辑外，更关键在于其视觉化教学特性——这一特性核心体现于关卡几何构造与环境美术设计，

即构建游戏环境的三维模型、纹理及其他资源。在本节中，我们将探讨并揭示环境美术的功能不只是“填充关卡的酷炫装饰”，并深入探究环境美术如何辅助设计师进行游戏玩法教学。

1928 ~ 1929 年，比利时艺术家 Rene Magritte 创作了画作 *The Treachery of Images*[21]（图 5.7），画中描绘了一个烟斗，烟斗下方的标题是“Ceci n'est pas une pipe”（意为“这不是一个烟斗”）。Magritte 通过并置图像与标题，提出了一个自我指涉的观点：艺术家和设计师并不创造事物本身，而是创造事物的图像表征。画中的烟斗实际上是油画颜料在画布上涂抹构成的烟斗形象，而非真正可用于吸食烟草的实体烟斗。

艺术家 Genee Cosden 在向知名 T 恤衫设计网站 Threadless[22] 提交的作品中，将相同文字与游戏 *Super Mario Bros.* 中的绿色下水道和食人花并列呈现[23]（图 5.8）。这幅作品无论有意或无意都将 Magritte 的理念投射到电子游戏中的物体上：它们并非真实物体，而是物体的视觉表征。这些游戏内物体与脚本行为相结合，会呈现出一些现实世界中对应物体的行为特征：刀剑和枪械类物体会对敌人角色造成伤害；急救箱的三维模型，其视觉形象与“提升玩家生命值数值”的功能相关联。游戏物体中视觉美术与程序行为的结合，让玩家能在游戏物体与玩法机制之间建立强烈联想，这些物体因此成为其所代表的玩法机制的符号载体。

图 5.7 艺术家 Rene Magritte 的画作草图

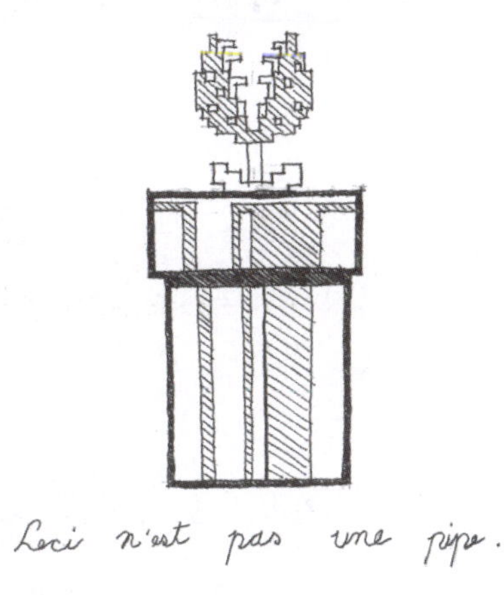

图 5.8 艺术家 Genee Cosden 的 T 恤衫设计草图

5.2.1 游戏中符号的应用

符号是游戏中一种强大的工具，既可作为构建方法，也可用于本章前文讨论过的各类教学方法。我们此前以 *Halo* 系列游戏与同类游戏为例讨论的预制资源，本质上就属于这类符号。例如，玩家一看到游戏中的敌人 Grunt 时，立刻就能知晓这类敌人会采用何种战术，以及该如何击败它们。设计师在关卡中放置此类敌人时，通常会使用预制敌人资源的几种变体，并将其散布在关卡各处。这意味着敌人的行为模式会保持一致，而且玩家会通过其脚本化行为逐渐构建起对敌人行为模式的认知体系。

关卡物体与建筑结构同样遵循这一原则。正如我们在对 Unity 等引擎的简要探索中所见，利用预制资源进行关卡构建是高效的设计方式。一旦创建了这些资源，设计师就可以在整个游戏中反复使用。玩家也能识别这些物体，并将其与特定的玩法机制关联起来。在 *Halo* 系列游戏中，攻击敌方堡垒的玩家可以看到空中悬浮的紫色平台。这个贯穿游戏始终的物体通常标志着敌方狙击手的存在。经过一两次接触后，玩家就会将其视为“即将与狙击手交战”的符号化指示。

对于环境美术密集型游戏而言，需明确哪些场景元素属于玩法符号，哪些仅是环境美术。例如，游戏 *L.A.Noire*[24] 构建了模拟 1947 年洛杉矶市的广阔环境，但仅部分建筑具有游戏交互意义。设计师将交互式建筑的门把手或其他入口硬件设施设置为金色，以此区分可交互与不可交互的建筑。

游戏 *L.A.Noire* 中可交互门与不可交互门的差异不仅限于门把手的颜色。作为引擎中的游戏物体，可交互门很可能是附加了某种脚本的三维模型，这些脚本规定了门对玩家交互的响应方式：要么与玩家的碰撞交互脚本协同工作，要么完全由门自身的人工智能驱动。不同的是，不可交互门仅是门体的三维模型，或更大建筑模型的组成部分。这些物体属于环境美术，其功能仅体现为阻挡玩家通行。

总之，在构建游戏环境符号时，必须遵循以下两条规则。

① 每个符号都必须具备独特外观，即便与外观相似的环境美术物体相比，也应有明显的区别。

② 每个符号必须反复出现，以便玩家通过反复接触理解其含义。

遵循这两条规则，便可将预制游戏物体转化为游戏视觉语言的组成部分。随着玩家不断接触这套语言系统，他们会逐渐形成对它的认知能力，从而在游戏过程中自然而然地学会解读其中蕴含的信息。

5.2.2 运用符号进行游戏教学

建筑师 Adolf Loos 在 1910 年的一次演讲中提出了著名的观点："装饰即罪恶"。[25] 这一观点是对华丽的新艺术运动的反驳，其核心逻辑是：装饰会限制物品风格的持久性，因此使用装饰是不道德的。这一思想有助于巩固现代主义建筑的视觉风格，该风格通常以简洁、朴素的表面和直线为特征。

Loos 的论点核心在于认为装饰是无足轻重的美学细节。然而，正如前文所述，游戏中所运用的环境物体不仅是单纯的装饰，也可以成为一种符号：即那些与特定理念或游戏机制建立关联的视觉物体。游戏通过多种相辅相成的方法开展教学，而作为玩法符号的预制游戏物体具有可重复特性，这使得它们能够成为先前研究的教学方法的强化载体——包括操作性条件反射、蒙台梭利教学法和建构主义。

（1）符号的引入方式

正如我们在讨论游戏 *Super Mario Bros.* 和 *Super Meat Boy* 时所发现的，这些游戏通过让玩家运用角色能力与场景互动（图 5.9），将实际游戏物体或关卡的空间布局转化为符号系统。以游戏 *Super Meat Boy* 为例，玩家在前期 1–2 关卡了解到垂直墙壁是可互动的，游戏角色能够攀爬墙面。这一机制在其他几个谜题中也会重复出现，而玩家在每关末尾见到特定游戏角色后就可获得奖励。同样，游戏 *Super Mario Bros.* 的玩家在从下方顶撞砖块获得金币和强化道具后，会逐渐建立"跳跃顶砖"的行为模式。随着游戏的推进，玩家会再次遇到这些符号，而正是因为最初几次条件反射式的接触，玩家能够立刻明白这些符号的作用。

在游戏 *SWARM!* 中，我们面临的挑战是向玩家介绍一种非常规的核心机制：引诱敌人进入陷阱，而非直接与之战斗。这一机制还用于解锁关卡的门：当某个区域的所有敌人被消灭后，门才会开启。为了让玩家理解角色、敌人和环境谜题之间的关系，我们首先在没有陷阱的区域引入敌人，让玩家发现无法用游戏角色默认能力直接击败敌人；接下来，将敌人生成点设置在被陷阱包围的区域，让玩家观察敌人触发陷阱并爆炸的过程；最后将玩家置于可主动引导敌人进入陷阱的场景中——而敌人被消灭后，对应的门就会开启（图 5.10）。这一谜题的三个元素（陷阱、敌人和门）均位于同一屏幕的视野范围内，便于玩家轻松察觉它们之间的关联。在后续迭代的谜题中，由于玩家已理解基础谜题模式，设计师可以将元素放置得更远，以此创造出新的挑战。这让我们再次看到了 Anna Anthropy 的“场景”概念的价值——单个屏幕大小的空间，在此时成了教学玩法的工具。[26]

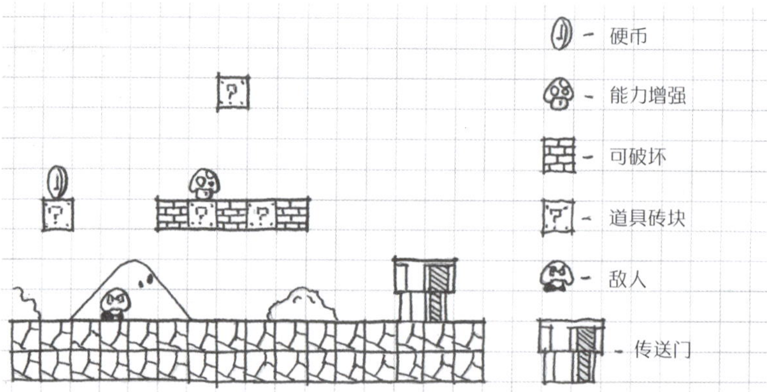

图 5.9　游戏 *Super Mario Bros.* 的经典初始区域，引入了大量视觉符号，这些符号将在游戏后续 32 个关卡中成为反复出现的关键玩法元素

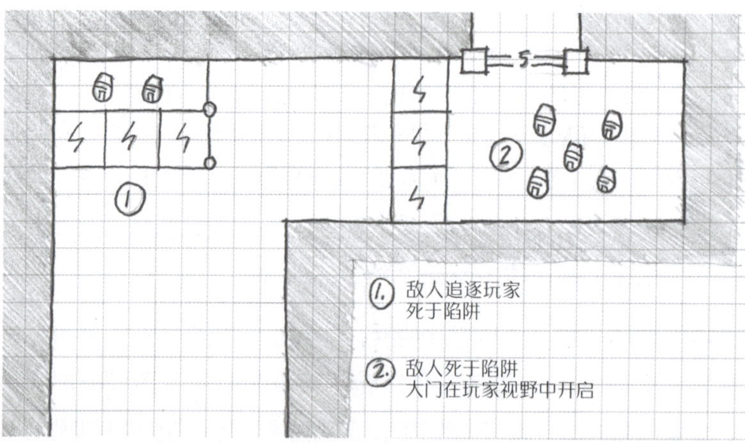

图 5.10　这幅关卡设计示意图显示了游戏 *SWARM!* 的设计师引入敌人的步骤，以及玩家要击败敌人所必须采用的独特方式

（2）符号的引导作用

如前所述，符号不仅是游戏初期介绍机制的重要工具，也是游戏过程中向玩家传达“该采取何种行动”的信息。游戏 *Portal*[27] 就巧妙地运用环境符号来呈现玩法机制：一方面，游戏中实验室谜题起始处设有警示标志，标明关卡中存在的危险。玩家进入新的房间，看到这些符号并亲自体验后，便能将符号与特定机制相对应。另一方面，关卡几何构造本身也承载着符号功能——墙面面板与实体的特定布局，会根据具体动作的规则进行设计。因此，当玩家进入房间时，看到惯性谜题标志，再遇到与游戏惯性谜题一致的深坑、宽谷和倾斜墙板时，便可知晓该采取何种行动（图 5.11）。

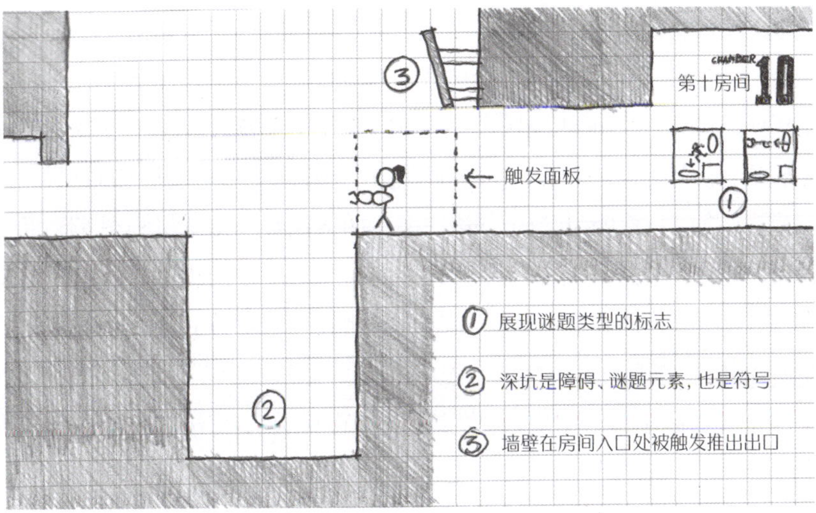

图 5.11　游戏 *Portal* 利用详细的标识和前后一致的关卡几何结构类型，向玩家提示解谜所需的战术。玩家通过前期关卡的玩法和奖励掌握这些关联后，便能在后续游戏中主动识别这些标识，并运用相应的战术

游戏 *Portal* 充分证明：玩家早期与符号的接触，能帮助设计师在关卡中践行蒙台梭利教学法与建构主义模式。由于该游戏的模块化程度极高，各种符号在整个游戏过程中被反复使用，同时又以新颖有趣的方式重新组合。就连游戏中的纹理材质也可具有符号意义——每种纹理都有其专属的材质特性，而这些特性直接决定了它们与传送门互动的规则。白色表面表示可以设置传送门，而黑色表面则表明玩家无法在此处生成传送门。玩家可以借助几何结构、纹理材

质和符号尝试并摸索解谜新方法。在这个过程中，房间仿佛与玩家间展开了丰富的对话。这样一来，玩家再遇到新的关卡场景，就如同又展开了一次可以参与其中的新对话。当玩家理解每个符号的含义后，他们就会主动寻找这些符号，将其作为下一步行动的指引。

在我开发的游戏 *Lissitzky's Revenge* 中，我也使用了类似的策略来设定物品的颜色和图案。游戏的艺术风格源自俄罗斯艺术家 El Lissitzky 于 1920 年创作的抽象风格布尔什维克宣传海报 *Beat the Whites with the Red Wedge*（图 5.12）。为了与这幅海报与 Lissitzky 的其他作品风格保持一致，游戏的画面完全由几何图形构成。在游戏过程中，玩家通过移动和改变图形排列进行游戏，每一幅截图都能成为独特的平面设计。不过，为了让游戏真正具备可玩性，我建立了一套严格的视觉系统，让抽象的图形也能有效传达信息。例如，红色始终代表对玩家“友好”的物体。这既贴合原作中“红色楔形象征布尔什维克”的寓意，又清晰指示了场景中哪些元素是友好的。这类友好图形的例子包括游戏第三世界中的红色与酒红色方块，其设计源自 Lissitzky 的著作 *About Two Squares*（1922）（图 5.13）。该关卡中还包含具有多重功能的点状图案：在早期关卡中，这些图案是保护玩家的屏障；但当玩家触碰到带有该图案的方块时，方块便会爆炸。构建视觉语言，并赋予材质和图案一致的含义，这是强化机制的另一种方式。此后，材质或图案含义中新出现的细微变化，会在几个关卡中逐渐显现出来（图 5.14）。形态、材质与图案是将符号巧妙融入关卡的方式，这些符号会随着玩法新元素的加入而不断演变。

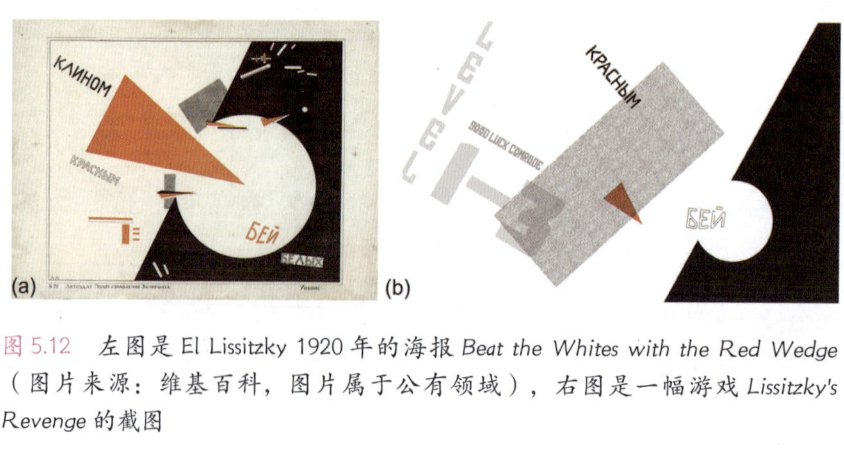

图 5.12　左图是 El Lissitzky 1920 年的海报 *Beat the Whites with the Red Wedge*（图片来源：维基百科，图片属于公有领域），右图是一幅游戏 *Lissitzky's Revenge* 的截图

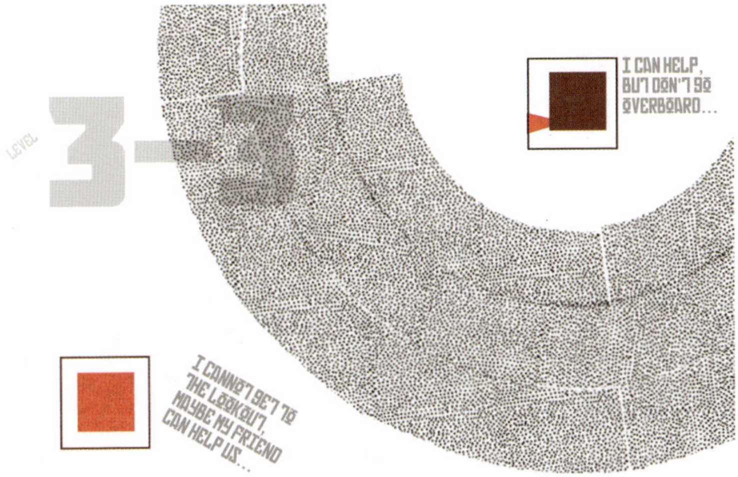

图 5.13 游戏 *Lissitzky's Revenge* 的截图，展示了玩家化身“红色楔形”与友好方块互动的场景。不同深浅的红色楔形被用来塑造独特的角色，同时向玩家传达“这些图形对玩家是友好的”这一信息

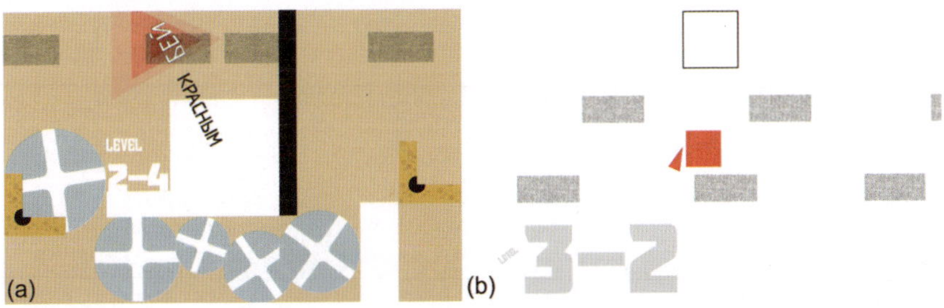

图 5.14 游戏 *Lissitzky's Revenge* 中两个不同关卡，均以带点状图案的图形为核心元素。在其中一个关卡中，这些图案作为盾牌保护玩家躲避敌人的攻击；而在另一个关卡中，当方块触碰到点状图案时，方块会发生爆炸。这种设计赋予视觉符号多重含义与多种玩法用途，设计师可以围绕这种双重性构建关卡

5.2.3 有效传达信息的符号设计与布局

正如我们所看到的，明确哪些物体是符号、哪些不是，以及每个符号代表什么，对于通过视觉与玩家沟通至关重要。我们还发现，符号必须有别于其他环境美术，就像游戏 *L.A.Noire* 的金色门把手或游戏 *Portal* 的白色墙面。游戏的视觉传达原则不仅对每个符号的美学呈现至关重要，还能让它们从其他非符号化的环境美术元素中凸显出来。

视觉传达还能以其他方式辅助关卡设计。其中最重要的是在环境中引导玩家。正如我们在第 4 章研究 Kevin Lynch 的城市设计原则时所了解到的，地标和其他醒目的几何结构可以帮助玩家在大型环境中辨别方向。此外，游戏环境美术中采用的其他更微妙的设计原则，也可以帮助玩家在狭小的空间中找到路径。

（1）基础色彩理论

在许多游戏中，色彩是与玩家进行视觉沟通的重要工具。原因有两个：一是色彩之间的相互关系，二是色彩所承载的情感或隐喻联想。色彩理论是一套用于理解色彩混合规律的知识体系，其中包含多种用于解析色彩的模型。

数字艺术中最常用的色彩模型之一是色相、饱和度和亮度。[28] 该模型（HSB）通过色相（大多数人认同的色彩名称）、饱和度（色彩的纯度）和亮度（色彩的明暗程度）来描述颜色。HSB 模型常见于 Photoshop 或 GIMP 等软件，这些工具允许用户直接调整这三个参数来选取和定义颜色。

其他色彩模型还包括基于光的传播原理的加色模型，以及应用于绘画和印刷领域的减色模型。加色模型以红、绿、蓝为三原色。近距离观察彩色显示器或电视屏幕，会发现每个像素均由红、绿、蓝三种色点构成。这些原色相互叠加会产生不同色彩，当三种加色原色完全融合时，最终会形成白色（图 5.15）。基于此模型原理，数字艺术软件中设有 RGB 色彩模式，专门用于创建适合屏幕显示的图像（如电子游戏中使用的诸多图像和纹理）。

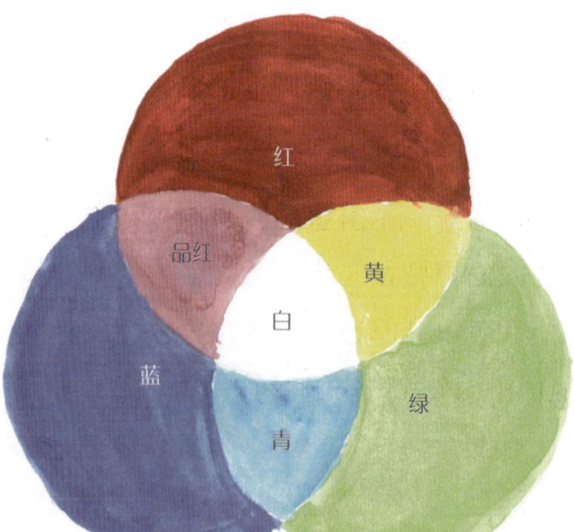

图 5.15 在加色模型中，光的三原色——红、绿、蓝——相互混合形成新的颜色，当三原色完全混合时，最终形成白光

减色模型基于两组不同的原色体系：红、黄、蓝 (RYB) 或青、品红、黄 (CMY)。当这些原色相互混合时，理论上会形成黑色。CMY 体系常用于三色印刷和平面设计领域。RYB 体系则构成了我们通常理解的色轮（图 5.16），其中包含三原色与由其混合产生的间色和复色，为我们理解色彩之间的搭配关系提供了基础框架。

色轮是关卡设计师的重要工具。色轮上三种相邻颜色的组合被称为类似色，可以用于营造特定的氛围。例如，将蓝色、蓝紫色和紫色搭配使用，可以在关卡中营造出阴沉或冰冷的氛围。而使用互补色——色轮上处于彼此相对位置的颜色——可以产生强烈的视觉效果，我们将在下一节对比度内容中进行讨论。

理解不同文化中特定颜色的隐喻联想也很重要。例如，蓝色和紫色的组合会给人一种寒冷的感觉，红色、橙红色和橙色的组合则会带来温暖或炎热的感觉。除了温度，颜色还能代表情绪——在西方文化中，红色被视为激情或爱情的象征，蓝色被视为悲伤或宁静的象征，黄色被视为快乐的象征等。这些联想还延伸到游戏设计中：通常红色或绿色会被用于生命值物品，因为这些颜色让人联想到血液、药物或成长；蓝色在许多游戏中代表魔法或魔力，因其带有神秘色彩；绿色还经常被用于塑造外星生物或怪物，因为它容易让人联想到核材料或沼泽。关卡设计师在规划游戏环境时，应当注意这些色彩联想。

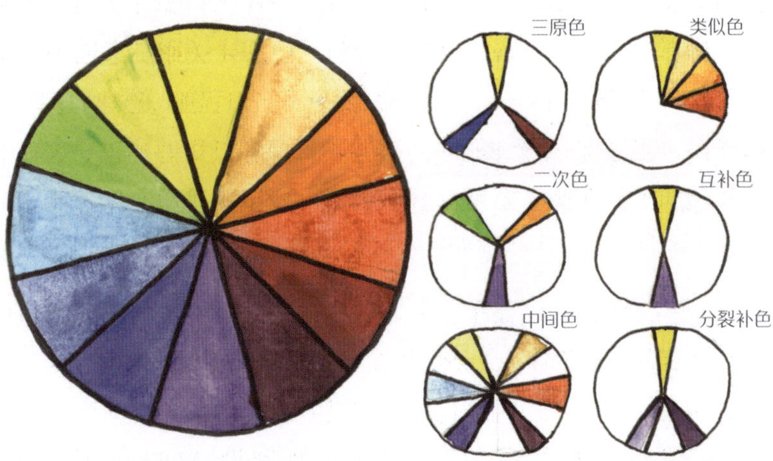

图 5.16　色轮上相邻的三种颜色被称为类似色，而位于色轮相对两侧的颜色则被称为互补色。在视觉设计中，使用互补色有助于增强元素间的对比效果

另一方面，关卡设计师还应关注不同群体对色彩的认知差异。色彩在不同文化中可能有着不同的意义。一个著名的案例是，在西方，新娘会穿上白色礼服；而在印度，白色则常用于葬礼。关注文化差异，能让游戏在更广泛的群体中产生共鸣。可访问性也是需要考虑的因素：设计师应确保色盲玩家能清晰识别游戏中的色彩标识。针对这部分玩家的解决方案包括使用无障碍色板，或在选项菜单中为不同类型的色盲群体提供专属显示模式。虽然本书无法全面提供适合不同玩家的设计色板，但设计师始终应该考虑不同玩家群体的需求。

（2）对比

在游戏视觉设计中，对比不仅是色彩运用的核心原则，更是贯穿形状、物体尺寸等所有视觉元素设计的基础法则。对比的本质是将物体并置，使其在尺寸、色彩、形态或风格等某种特质上形成鲜明反差。设计师运用对比手法，通常是为了引起玩家对不寻常元素的注意。常见的对比包括：在暗色调环境中设置一个明亮的物体；将物体的颜色设为场景主色调的互补色；或是在一群矮小物体中放置高大物体。

游戏 *BioShock Infinite*[29] 是使用互补色让环境元素形成对比的经典案例。当玩家操控的游戏角色进入空中浮空城市哥伦比亚时，教堂场景以蓝色为主色调并搭配昏暗灯光。每个房间都有多条通道，但通往主线路径的出口处会设置一些明亮的元素，例如身穿白色长袍的信徒（与昏暗灯光形成对比）或明亮的黄橙色灯光（与环境的主色调构成互补）。而其他通常包含可收集资源的通道，则采用与场景蓝色基调相近的类似色，如紫色、蓝紫色。

对比在引导玩家穿行游戏环境方面起着关键作用。我们已经讨论过游戏 *Half-Life 2: Episode 2* 中的建筑群区域，在该区域中，设计师通过环境美术引导玩家在不同建筑间移动，最终向盟友发送信号。在这个解谜环节中，重要的位置使用了明亮的暖色调纹理，与背景的冷蓝色调、绿色调及不重要建筑的深褐色和黑色形成鲜明对比。无论是在开放世界中，还是在走廊、庭院、房间等小型空间里，对比对于打造 地标都至关重要。

（3）框景设计

对关卡设计师而言，视觉设计中另一个极具价值的概念是框景设计。框景设计指利用前景元素围合重要环境内容，形成如画框般的视觉聚焦效果（图 5.17）。这种技巧在强化重要游戏场景的抵达感方面效果显著：当玩家在游戏空间中移动时，框架式的开口或空间拓展可以增强或预示玩家即将抵达某个关键节点。

图 5.17　树木、柱子和门框等垂直元素，能有效地帮助设计师勾勒场景，为环境过渡与场景呈现增添戏剧张力

这种简洁而关键的视觉构成手法，能将环境过渡转化为引导标志。若将其与色彩理论、对比度等环境设计技巧相结合，游戏中的路径和抵达地点就会变得易于辨识且具备戏剧张力。

游戏 *BioShock Infinite* 的开场场景为框景设计提供了经典范例。玩家预设路径上的重要建筑区域，被装饰元素巧妙地构建出视觉框架。这些环境美术元素还刻有游戏中知名人物的名言——通过这种嵌入式环境叙事，逐步构建出游戏中的世界观与角色特质。

（4）三分构图法

最后一个视觉设计概念是三分构图法。三分构图法要求设计师将画面沿垂直和水平方向各分为三等份（形成九个区域），并将构图元素沿这些分割线进行排布（图 5.18）。相比直接将主体元素置于画面中心的构图方式，这种设计能让画面在视觉上更具吸引力。

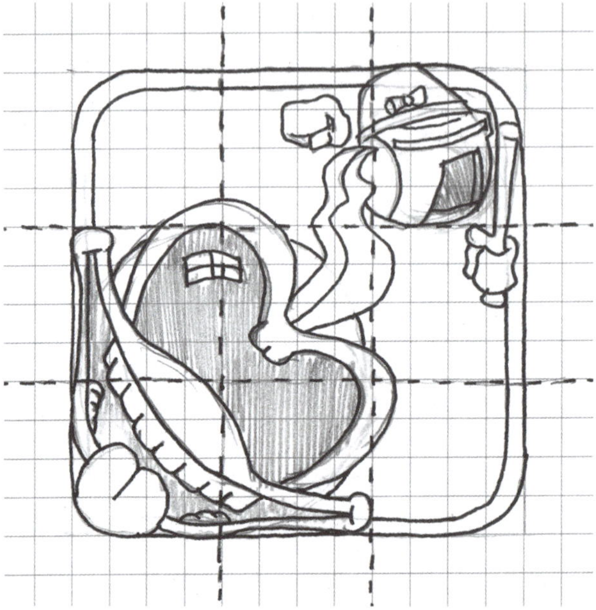

图 5.18 这幅图展示了如何运用三分构图法

这一概念基于这样一种理念，即视觉构图应引导观者的视线在画面中移动，而非停留在某一处。在遵循三分构图法的画面中，将主体放置在分割线上，能促使观者的视线游走于整个画面，而非聚焦于画面中心。将物体偏离中心放置，可以帮助设计师改变画面的平衡感，或暗示动态效果。

在游戏关卡设计中，将关卡物体略微偏移视线中心，能打造出视觉上更具吸引力的视线引导路径。在游戏 *Journey*[30] 中，游戏角色通常位于屏幕的左三分之一区域。在首个关卡中，玩家操控的游戏角色被设置在中央地标的左侧。而像游戏初始画面中那样，那些被放置在中央标记两侧的元素，会将玩家的视线引向关键内容（图 5.19）。其他标志则引导玩家略微向左或向右移动，相比让玩家一味直行，这样的设计能打造出更富变化的路径。而且，在这些路径变化的终点处，设计师往往设置了象征特定机制的游戏物体，因此，无论是从视觉构图还是符号构建的角度来看，该场景的视觉表达都极具层次感与丰富度。

符号无疑是关卡中通过视觉传达实现教学的重要元素。通过我们探讨的教学方法，设计师可以引入并强化符号的含义，或是让玩家熟悉特定的关卡几何结构。有效运用色彩、对比度和构图，能够让符号化的几何结构从游戏场景中凸显出来。在下一节中，我们将探讨如何利用预先形成的建筑形态符号关联，在大型游戏世界中与玩家进行沟通。

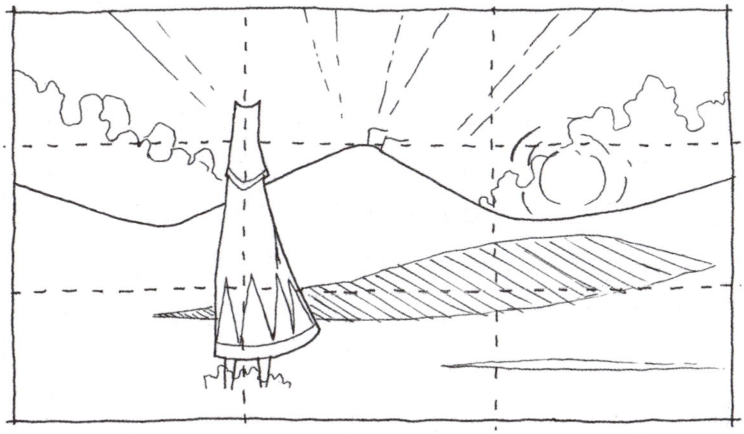

图 5.19　游戏 *Journey* 初始关卡的草图展示了视觉元素如何以三分构图法分布在屏幕上，其中也包括玩家操控的游戏角色本身。这些偏离中心的元素将玩家的视线引向画面中心的地标

5.3　建筑形式与类型

我们刚刚讨论了游戏物体和关卡几何结构如何作为符号使用：它们可以直观地呈现玩法机制。当利用环境引导玩家理解游戏玩法时，这些关联需要结合前文讨论的各类教学方法来建立。不过，我们还可以借鉴日常建筑中的符号联想来引导游戏内的玩家。

建筑类型通过自身形态来体现建筑的用途（图 5.20）。在许多文化中，具备相同用途的建筑往往采用相似的形式。随着时间的推移，建筑形式会与建筑用途形成关联，最终形成特定类型。例如，在西方文化中，斜屋顶的方形建筑通常被理解为住宅。与符号类似，建筑类型的形式承载着超越建筑本身的强烈含义。

在游戏中，建筑类型能够实现与其现实世界中同类建筑相似的功能。*Dragon Quest*[31]（2005 年之前在美国发行时称为 *Dragon Warrior*）系列游戏通过建筑类型来帮助玩家在游戏城镇中辨别方向。与符号一样，玩家通过游戏内的教导与演示逐渐理解这些建筑类型的游戏功能。例如，需要复活队友或解除诅咒的玩家必须找到教堂建筑——其游戏功能包括状态恢复和保存进度。作为一种固定建筑类型，教堂可通过融入建筑结构的宗教符号（星星、十字架等）被识别，这与现实中的教堂和寺庙通过符号标识自身属性的方式类似（图 5.21）。这些游戏建筑类型通常大量借鉴现实世界建筑的形式，例如，游戏 *Dragon Quest* 中的教堂会采用前厅、半圆壁龛等形式元素（在早期不显示建筑外观的作品中尤为明显）或彩色玻璃等美学元素。

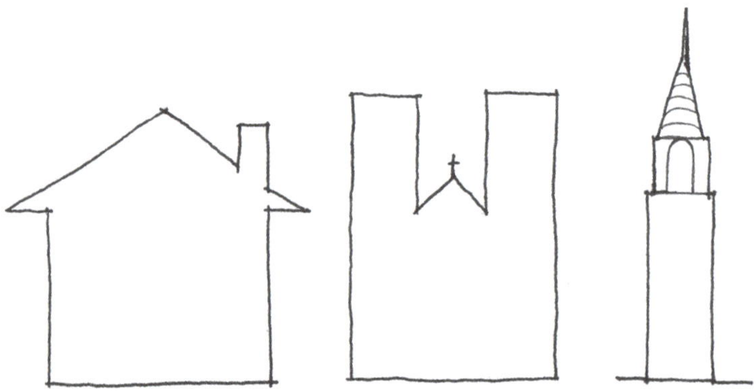

图 5.20 这些形状代表了西方文化中不同的建筑类型。基于社会对建筑用途与建筑形式的关联认知，这些建筑类型可以让观察者快速了解自身所处的环境

图 5.21 游戏 *Dragon Quest* 系列早期与近期作品中教堂的设计草图。在该系列早期作品中，建筑的外观并没有展示出来，教堂只能通过宗教符号和平面布局形态来体现。在系列游戏的后续作品中，设计师让建筑的外观更贴近真实世界中的西方教堂

Pokémon[32] 系列游戏中使用的建筑类型则更为直白。与多数角色扮演游戏相同，每个城镇都包含若干对应不同游戏功能的建筑类型，包括用于治疗和与其他玩家交流的建筑、用于购买道具的商店，以及通常供玩家挑战游戏首领的道馆。与游戏 *The Elder Scrolls V: Skyrim*[33] 类似，这些建筑凭借与其建筑类型相匹

配的外观，能够让玩家轻松识别。但与游戏 *Dragon Quest* 不同的是，*Pokémon* 系列游戏中同一种建筑类型的每一处建筑，都采用相同的二维图像或三维模型。通过这种设计手法，游戏中的建筑类型呈现出模块化资产的特性：这些建筑通过自身的建筑类型传递信息，并且能在不同城镇间重复使用。即使像 *The Elder Scrolls V: Skyrim* 这类画面更复杂的游戏，在传递建筑类型信息时也会使用统一的元素：铁匠铺必有铁砧和熔炉，商人总在摊位或柜台后，而马匹可以在谷仓式的马厩中购买。虽然游戏 *Skyrim* 的丰富细节赋予建筑独特的外形，但上述统一元素仍能让玩家理解这些建筑的功能。

将游戏空间视为一种语言和交流系统，是关卡设计领域的核心理念之一。在下一节中，我们将探讨一种建筑设计理念，该理念会运用本章所阐述的方法来调控玩家接收和运用信息的方式。

5.4 记忆宫殿中的信息控制

如前文所述，游戏空间可包含大量信息，这些信息不仅存储于游戏中，还能通过明显或隐晦的方式传达给玩家。游戏空间可被视为“记忆宫殿”。记忆宫殿是罗马演说家、哲学家、政治家 Cicero 用于记忆演讲内容的一种记忆技巧。[34] 记忆宫殿又称“位置记忆法”，其核心要求是让使用者在脑海中构建一座宫殿或其他建筑空间，空间内的每个房间以独特风格对应一条信息。演讲时，演说家想象自己穿行于各个房间，并依次串联起各个论点。

第 4 章提及游戏 *Second Life* 等的自定义功能，玩家可在其中创建数字博物馆或雕塑，以向其他玩家传达信息。游戏 *Minecraft* 和游戏 *Little Big Planet* 的玩家经常搭建精美结构，或作为钟爱的媒体佳作的纪念性地标，[35] 或用于探索理论体系，[36] 甚至能制作出可运行的计算机。[37] 这些结构本质上是功能性的交流系统，旨在将设计师的想法具象化以供他人感知。

正是像这样在游戏关卡中嵌入知识，我们才能将游戏空间转化为玩家创造情感体验的工具。在 *Chambers for a Memory Palace*[38] 一书中，Donlyn Lyndon 和 Charles W.Moore 描述了建筑如何通过营造令人难忘的交流时刻来建造记忆宫殿。在许多方面，这些建筑的特性可以帮助关卡设计师控制传递给玩家的信息类型和数量：情节元素、敌人和障碍的位置、谜题组件等。在 *Rules of Play: Game*

Design Fundamentals[39] 一书中，Katie Salen 和 Eric Zimmerman 根据数学家 Richard Epstein 的研究，提出游戏中包含三个层级的信息：确定性、不确定性和风险。通过在游戏关卡中构建情感体验的不同方式，设计师可以精准调控玩家在游戏中接触这些信息的节奏。在探讨如何通过建筑体验概念创造情感体验之前，我们必须先理解这些信息层级的本质特征。

5.4.1 确定性

Epstein、Salen 和 Zimmerman 描述的第一级信息是确定性。具有确定性的游戏，其结果是可预知的。Salen 和 Zimmerman 指出，在衡量游戏结果方面，具有确定结果的游戏很难被称为真正的游戏。目睹经验丰富的玩家在多人电子游戏中击败新手，或在体育赛事中看到一支球队被技术更胜一筹的对手彻底压制，这确实没有那么令人兴奋。

在游戏的微观层面，这种通过关卡中持续稳定的元素构建确定性的做法，可以有效吸引玩家探索或继续游戏。本章大部分内容围绕符号构建、模块化资产的运用展开，并探讨了如何通过视觉系统传递玩法信息。当玩家学会识别游戏内符号时，也会逐渐掌握这些符号出现的情景规律。例如，在游戏 *Super Metroid*[40] 中，武器补给房间通常紧邻敌人首领所在的房间，而且首领房间之后总会设置某种奖励（通常是新武器或新能力）。这种模式在游戏初期便已建立，并贯穿始终。

在 *Dead Space*[41] 等恐怖游戏中，存档房间通常被设计成一种固定模式。虽然游戏整体氛围充满了紧张和不安，玩家随时可能遭遇敌人突袭，但存档室在游戏初期就被确定为安全区域。这种认知并非依靠说明文字或叙事手法实现，而是通过玩家多次进入存档房间却未遭遇敌人的体验自然建立起来的。像游戏 *Dead Space* 和游戏 *Super Metroid* 的设计，实则在向玩家传递游戏的节奏信息。确定性的模式和节奏感能帮助玩家判断何时可以放松，何时需要为即将到来的战斗做好准备，也能在玩家游玩过程中或结束当前会话时维持他们的兴奋感——玩家因为预感到“有大事将发生”而愿意继续当前进度或在退出后仍有动力回归游戏。此外，确定性还为游戏设计师提供了制造戏剧性转折的机会。想象一下，一个足以摧毁存档房间或安全区域的强大威胁，这无疑会令人毛骨悚然！

5.4.2 不确定性

如果说确定性描述了游戏结果完全已知的情况，那么不确定性则指玩家对游戏内容毫无预期的情况。Salen 和 Zimmerman 认为，这种情景类似于素未谋面的人一起玩游戏的场景，例如两个互不相识的人在公园的棋盘前坐下对弈。

在关卡设计中，不确定性可从不同角度进行解读。一方面，完全不确定的关卡空间可能会让玩家因遭遇未知障碍而感到沮丧，如被未知陷阱杀死。关卡设计师应尽量减少玩家被迫盲目陷入危险的情况。如果游戏目标是吸引玩家重复体验，那么关卡设计中的不确定性似乎缺乏合理性。

关卡设计中的不确定性，往往是设计欠佳或环境美术存在问题的体现。如果玩家在关卡的 T 形路口无法判断最佳的前进方向，他们会认为任何选择都具有主观随意性。这种令人困惑的游戏区域通常是因为环境美术的单调重复，或过度使用无意义的空间布局（而不是有目的地设置用于存档、治疗等功能的重复性符号化房间）。相反，若一个路口能传递每个分支的信息，即使是隐晦的，玩家也能做出合理的决策。回到我们假设的 T 形路口案例：如果左侧通道有玩家所属派系的标志喷绘，而右侧通道有适合掩护的堆叠木箱或之前战斗的痕迹，这样的空间就具有更强的信息传达能力。基于这些符号在之前关卡中的反复出现，玩家可推断左侧通道的资源能为右侧通道的战斗提供补给（图 5.22）。

然而，不确定性也有其价值。在许多具有实验性机制或试图颠覆玩法常规的游戏中，不确定性可以成为在玩家和设计师之间建立信任的有力工具。Jonathan Blow 设计的游戏 *Braid*[42]、Terry Cavanagh 设计的游戏 *Don't Look Back*[43] 等都有这样一个场景：玩家必须跳下看不见底部的悬崖。游戏 *Braid* 有时间回溯机制，因此每一次跳下悬崖都是学习障碍位置的机会，进而为下次尝试提供便利。玩家可通过反复尝试积累经验，直到最终抵达底部。

游戏 *Don't Look Back* 改编自 Morpheus 和 Eurydice 的神话，玩家必须跳下悬崖才能进入冥界。在游戏中遇到悬崖时，玩家仅能水平移动和跳跃，而之前的几个场景中几乎没有什么物体，因此玩家清楚没有什么需要折返寻找的东西。基于这些设定，玩家开始意识到唯一的选择就是跳下悬崖。于是，他们选择相信设计师不会在下方设置一个瞬间致死的陷阱。这种“玩家必须盲目信任设计师”的时刻，能创造充满情感张力的游戏体验。

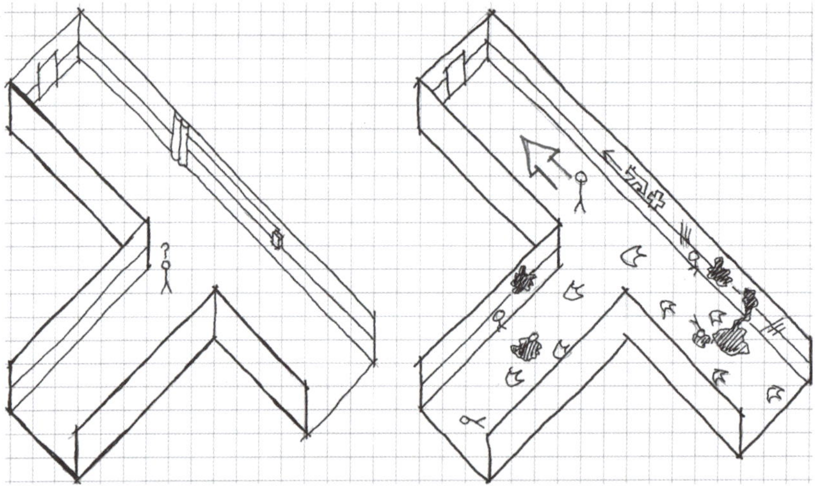

图 5.22 这两幅草图展示了第一人称射击游戏中的 T 形路口，表明通过合理融入多样化环境美术元素能够减少游戏空间中的不确定性。第一个例子几乎没有向玩家提示应选择的前进方向。要想了解每条走廊尽头的情况，玩家就必须走回头路。在第二个例子中，环境为玩家提供了认知线索，使其在选择路径时能做出明智的决策

5.4.3 风险

游戏 *Braid* 和 *Don't Look Back* 的案例表明，即使在通过不确定性构建玩家与设计师信任的场景中，也仍有机会让玩家获得尽可能多的相关信息。根据 Salen 和 Zimmerman 的观点，当玩家知晓不确定性的本质时，此时的不确定性就变成了“风险”。风险是不确定性的一种变体——此时，玩家虽无法完全预知不确定性背后的信息，但能依据外部线索推断后续行动方案。在游戏的三个层级中，风险可能是最具成效的，正是它赋予游戏刺激感。风险让玩家感受到，他们的决策有可能带来成功的结果；即使未能成功，尝试过程所积累的经验也会给他们提供足够的信息，促使他们再次冒险，这正契合本章前文所述的建构主义模型。

在游戏关卡中，风险与玩家奖励之间的博弈（游戏设计中常称为“风险－奖励机制”）对创造有趣的情感体验至关重要。风险是通过将传播性符号（确定性）与新颖且模糊的挑战（不确定性）进行对抗而产生的，例如前文讨论的第一人称射击游戏中的走廊或黑暗洞穴场景。

5.4.4 在记忆宫殿中整合所有元素

我们已经了解每个信息层级的运作方式，但是视觉符号、教学和信息类型是如何在真实游戏空间中协同作用的？虽然本章不深入探讨教程设计（后续章节将展开），但我们可以分析设计师如何将这些元素整合为一个信息传达系统。

游戏 *The Legend of Zelda: Breath of the Wild* 有一个广阔无垠的世界，包含大量嵌入式信息。这个世界同时由简洁易懂的交流系统构成。游戏开篇是一片高原，玩家操控的游戏角色 Link 若想离开这片区域，稍有不慎便会坠落身亡。要想成功逃离，Link 必须克服一系列挑战并获得滑翔伞，才能抵达下方的原野。在游戏开始时，Link 在一座神庙的洞穴中苏醒——他已经沉睡了一个世纪。一个神秘的声音引导他完成某些操作，除此之外，玩家可以操控游戏角色自由探索并收集物品。这个区域没有敌人，因此玩家可以开始识别物体及其功能：宝箱里有升级道具，发光基座可以打开上锁的门，矮墙可以攀爬等。当玩家走出墓穴来到悬崖边时，会看到一览无余的远景。这幅令人印象深刻的画面不仅是一种奖励，更隐含了若干重要信息——画面中的地标建筑如喷吐着浓烟与熔岩的火山、城堡及嶙峋的悬崖，日后将成为玩家的目标。回顾这一过程：打开宝箱的行为会因获得装备奖励而得到强化；解开一个简单的技能关卡谜题（开门）后，玩家又以戏剧性的场景展示形式获得了视觉奖励——这是另一种强化。

当玩家重新获得对 Link 的控制权时，他们会在地面发现一些资源：一件简易武器和一些恢复健康的物品，并被提示捡起它们。根据此前的互动经验，玩家可以推断出能用相同的方式与这些新物品互动。至此，玩家掌握了物品收集的基本知识，也知晓了囤积资源的益处。随着探索的深入，玩家会遇到更多新的游戏元素：具有攻击性但击败后能获得新武器和食物的敌人、可以攀爬的树木，以及最终出现的神庙。

尽管这听起来与许多其他开放世界游戏相似，但游戏 *Breath of the Wild* 的独特之处在于核心符号的高频重复。游戏中虽有多个不同的村镇，但常见的是彼此十分相似、如同复制粘贴的驿站。与以往 *Zelda* 系列游戏风格迥异的地下城不同，游戏 *Breath of the Wild* 的每座神庙外观都如出一辙。这绝非开发人员的懒惰，而是为了让可能显得繁杂的开放世界变得易于玩家掌控——玩家可以通过识别建筑类型来找到下一个目标。游戏中单个屏幕视野内就包含如此多的建筑类型，以至于玩家总能找到前进的方向。这也让独特区域对玩家更具吸引力。

与其他开放世界游戏相比，游戏 *Breath of the Wild* 的敌人类型相对较少。这种设计同样是为了增强游戏空间的可读性，让玩家能更清晰地感知自身在其中的状态。即使装备不足的玩家，也能轻松击败小群敌人，这让玩家确信能从这些敌人身上获得装备。随着游戏进程的推进，玩家会遇到更大规模的敌人团体，它们需要借助强力装备或潜行技巧才能击败，而这些敌人正守护着丰厚的宝藏。此时，不确定性与风险便开始发挥作用。玩家深知突袭敌人营地属于高风险与高回报的行为，但玩家通过识别有利物体（如红色炸药桶）与不利物体（如强大的银色敌人）的数量对比来评估风险。战斗中过于鲁莽的玩家，可以利用对世界符号的认知来隐匿或疗伤，再继续行动。

游戏 *Breath of the Wild* 中的海拉鲁大陆，若从占地面积看，确实比单一宫殿大得多。但它通过引入可识别信息并构建记忆空间的方式，使其成为一个强大的记忆空间。较小规模的案例如游戏 *Castlevania: Symphony of the Night* 中的德古拉城堡，本质上就是一座拥有不同风格房间的宫殿。玩家在这些空间中探索，可以通过环境确定自身方位，从而判断当前拥有的能力是否能突破前方的障碍。更小尺度的案例如游戏 *Dishonored* 中的酿酒区，其视觉语言在游戏进程中会发生多次变化。随着玩家多次造访，区域内的危险机关会新增或失效，而玩家的能力也会提升。随着时间推移，视觉语言发生变化，玩家在酿酒厂区穿越阳台与小巷的策略也会随之调整——玩家必须不断更新他们的记忆宫殿。

在下一章中，我们将重点探讨如何构建玩家可识别的关卡几何结构。届时我们将进一步探索关卡设计如何不仅实现信息传递，更能引发情感共鸣。

5.5 总结

本章在使用可复用资源构建游戏空间与玩家情感之间建立了重要桥梁。设计师可以通过不同的心理学方法引导玩家理解游戏机制：奖励玩家正确使用关卡元素的行为；允许玩家通过互动探索关卡，并借助前期关卡中的经验为后期挑战提供参考；还能让玩家从过往的错误中学习，最终掌握游戏玩法。

我们还看到，可复用的美术资源和建筑类型能用于与玩家沟通。这些具有象征意义的符号，能在关卡设计与玩家交互之间搭建起“对话”的桥梁。视觉传达原则（如色彩理论、对比度等）让这一过程更加简便，它们让具有象征意义的符号和几何结构能够从海量场景信息中脱颖而出。最后，我们了解了这些符号如何通过信息控制承载玩法意义，将关卡转化为令人在情感上耐人寻味的记忆宫殿。随着探讨的深入，这类场景将持续影响我们对玩家在游戏空间中的体验的探讨。

5.6 练习

① 写作练习：列举一款你接触过的、运用了行为主义教学系统的游戏，并说明它如何使用这一系统。对蒙台梭利教学系统和建构主义系统做同样的分析。这些系统在游戏中用于教授什么内容？

② 绘图练习：玩一款游戏并画出你在游戏中看到的符号资源，记下每个符号资源所代表的内容（游戏机制、指示器等）。

③ 数字制作练习：创建用于你设计的关卡的符号资源。

④ 绘图练习：根据你玩过的某款游戏的某个关卡的色彩和光照方案，绘制该关卡的示意图。标注或添加图形指示，以说明色彩在哪些地方被用于指示路径、给玩家提供提示或营造空间氛围。

⑤ 数字制作练习：为一个入口区域创建灰盒模型（或使用其他章节的模型），以某种方式将框景设计融入入口空间。

⑥ 绘图练习：玩一款拥有大型开放世界环境的游戏，分析环境如何将建筑类型作为符号整合，让玩家理解空间用途（如充满敌人的堡垒、用于治疗的建筑、购物广场等），绘制定义这些类型的建筑或图形元素的示例。

⑦ 数字制作练习：为一个存在风险的空间制作灰盒。使用符号资源暗示空间中可能存在或不存在的内容，但不要向玩家直白地透露任何信息，以激发他们的好奇心。

参考文献

[1] Steinberg, Leo. The Eye Is Part of the Mind. In *Reflections on Art: A Source Book of Writings by Artists, Critics, and Philosophers*, ed. Susanne Katherina Knauth Langer. Baltimore, MD: Johns Hopkins Press, 1959 - 1958.

[2] Rumble features of many game controllers, introduced with the Nintendo 64 Rumble Pack in 1997, provide touch-based feedback during game events such as collisions or climactic events. They also have potential to allow players to navigate space by feeling around and finding where level geometry is with rumble feedback. Mobile devices allow players to interact directly with their hands, but require them to see or hear what is happening on the screen in order to understand what it is they are "touching."

[3] Watson, John B. Psychology as the Behaviorist Views It. *Psychological Review* 20 (1913): 158 - 177. http://psychclassics.yorku.ca/Watson/views.htm (accessed April 6, 2013).

[4] Pavlov, Ivan P. Classics in the History of Psychology. http://psychclassics.yorku.ca/Pavlov/ (accessed April 6, 2013).

[5] Salen, Katie, and Eric Zimmerman. *Rules of Play: Game Design Fundamentals*. Cambridge, MA: MIT Press, 2003, p. 345.

[6] What Is Negative Reinforcement? Maricopa Center for Learning and Instruction. http://www.mcli.dist.maricopa.edu/proj/nru/nr.html (accessed April 6, 2013).

[7] Skinner, B.F. *The Technology of Teaching*. New York, NY: Appleton-Century-Crofts, 1968, pp. 93 - 113.

[8] *Super Meat Boy*. Team Meat (developer and publisher), October 20, 2010. Xbox Live arcade game.

[9] *Thomas Was Alone*. Mike Bithell (developer and publisher), July 24, 2012. PC game.

[10] Salen, Katie, and Eric Zimmerman. *Rules of Play: Game Design Fundamentals*. Cambridge, MA: MIT Press, 2003, p. 168.

[11] Introduction to Montessori. American Montessori Society. http://www.amshq.org/Montessori%20Education/Introduction%20to%20Montessori.aspx (accessed April 6, 2013).

[12] Montessori in the Home. Association Montessori International USA. http://www.amiusa.org/montessori-in-the-home/ (accessed April 6, 2013).

[13] Hersey, George L. *Architecture and Geometry in the Age of the Baroque*. Chicago, IL: University of Chicago Press, 2000.

[14] Bogost, Ian. *Persuasive Games: The Expressive Power of Videogames*. Cambridge, MA: MIT Press, 2007, pp. 238 - 239.

[15] *Ninja Gaiden*. Tecmo (developer and publisher), March 1989. NES game.

[16] Kolb, David A. *Experiential Learning: Experience as the Source of Learning and Development*. Englewood Cliffs, NJ: Prentice-Hall, 1984.

[17] Kolb, David A., and Ronald Fry. Toward an Applied Theory of Experiential Learning. In *Theories of Group Process*, ed. C. Cooper. London: John Wiley, 1975.

[18] Rutledge, Pamela Brown. Video Games, Problem-Solving and Self-Efficacy Part 1. *Psychology Today*. http://www.psychologytoday.com/blog/positively-media/201208/video-games-problem-solving-and-self-efficacy-part-1 (accessed April 6, 2013).

[19] McGonigal, Jane. Jane McGonigal: Gaming Can Make a Better World. Video on TED.com. TED: Ideas Worth Spreading. http://www.ted.com/talks/jane_mcgonigal_gaming_can_make_a_better_world.html (accessed April 6, 2013).

[20] *Halo 4*. 343 Industries (developer), Microsoft Game Studios (publisher), November 8, 2012. Xbox 360 game.

[21] Magritte, Rene. *The Treachery of Images*. Oil on canvas, 1928 - 1929. Los Angeles County Museum of Art, Los Angeles, CA.

[22] www.threadless.com.

[23] Cosden, Genee. *This Is Not a Pipe*. T-shirt design, 2006. Threadless.com.

[24] *L.A. Noire*. Team Bondi (developer), Rockstar Games (publisher), May 17, 2011. Xbox 360 game.

[25] Loos, Adolf. *Ornament and Crime: Selected Essays*. Riverside, CA: Ariadne Press, 1998.

[26] Totten, Christopher W. *SWARM!*—An Academic Postmortem. Game career guide. http://gamecareerguide.com/features/1181/swarm_an_academic_.php (accessed April 15, 2013).

[27] *Portal*. Valve Corporation (developer and publisher), October 9, 2007. PC game.

[28] Ahearn, Luke. *3D Game Textures: Create Professional Art Using Photoshop*. 2nd ed. Amsterdam: Focal Press/Elsevier, 2009, pp. 18 - 28.

[29] *BioShock Infinite*. Irrational Games (developer), 2K Games (publisher), March 26, 2013. Xbox 360 game.

[30] *Journey*. Thatgamecompany (developer), Sony Computer Entertainment (publisher), March 13, 2012. Playstation 3 game.

[31] *Dragon Quest*. Chunsoft (developer), Enix (publisher), May 27, 1986. Nintendo Entertainment System game.

[32] *Pokémon Red and Blue*. Game Freak (developer), Nintendo (publisher), September 30, 1998. Game Boy game.

[33] *The Elder Scrolls V: Skyrim*. Bethesda Game Studios (developer), Bethesda Softworks (publisher), November 11, 2011. Xbox 360 game.

[34] Lyndon, Donlyn, and Charles Willard Moore. *Chambers for a Memory Palace*. Cambridge, MA: MIT Press, 1994, p. xi.

[35] *Minecraft*. Pixel Art Templates. http://www.*minecraft*pixelarttemplates.com/ (accessed May 21, 2013).

[36] meunierc2008. Turing Machine in *Little Big Planet*—LittleTuringMachine. YouTube. http://www.youtube.com/watch?v=eUXgfnC9Tao (accessed May 21, 2013).

[37] Tutorials/Redstone Computers—*Minecraft* Wiki. *Minecraft* Wiki—The *Ultimate* Resource for All Things *Minecraft*. http://www.*minecraft*wiki.net/wiki/Tutorials/Redstone_Computers (accessed May 21, 2013).

[38] Lyndon, Donlyn, and Charles Willard Moore. *Chambers for a Memory Palace*. Cambridge, MA: MIT Press, 1994.

[39] Salen, Katie, and Eric Zimmerman. *Rules of Play: Game Design Fundamentals*. Cambridge, MA: MIT Press, 2003, p. 175.

[40] *Super Metroid*. Nintendo R&D1 (developer), Nintendo (publisher), March 19, 1994. Super Nintendo game.

[41] *Dead Space*.Visceral Games (developer), EA (publisher), October 14, 2008.Xbox 360 game.

[42] *Braid*.Number None (developer), Microsoft Game Studios (publisher), August 6, 2008.Xbox Live arcade game.

[43] *Don't Look Back*.Distractionware (developer), Kongregate (publisher), 2009. Internet Flash game. http://www.distractionware.com/games/flash/dontlookback/.

行业视角：采访 Greg Grimsby

2013 年，我采访了 Greg Grimsby。Greg 在游戏行业工作了 14 年，曾参与过游戏 *Dark Age of Camelot* 系列和游戏 *Ultima Forever* 等的制作。他担任游戏 *Warhammer Online: Age of Reckoning* 的美术总监，负责监督整个游戏世界的构建工作。他拥有詹姆斯麦迪逊大学美术学士学位，如今在乔治梅森大学任教，教授三维美术、建模和动画等课程。

你能说一个给你留下深刻印象的游戏、关卡或关卡设计师吗？原因是什么？

虽然有些老派，但 Epic Games 公司在 *Unreal Tournament* 系列游戏中呈现的关卡设计，始终让我印象深刻。该系列的死亡竞赛关卡设计，充分体现了设计师对流程、地标设置和视觉冲击力的深刻理解。我从这些游戏的关卡设计中学到了很多，因为死亡竞赛关卡的设计要求布局和视觉效果之间高度协同。关卡布局的优劣又直接决定游戏体验的成败。当然，玩家也可以在一片开放的场地中体验死亡竞赛的乐趣，但这种乐趣往往在 30 秒后就会消失。一个优秀的死亡竞赛关卡会为玩家提供掌握关卡布局、利用关卡获取优势的机会。一张优秀的死亡竞赛地图就像一个好故事——它有重要的情节、平缓的叙述和精彩的高潮。死亡竞赛地图通过流程和焦点设计，将这些元素融入结构中。在此基础上，再结合出色的环境美术设计、建筑造型和视觉引导元素，便能打造出优秀的关卡。

除了游戏之外，还有什么其他媒介会给你的工作带来灵感？

我从各类古典大师的画作中汲取灵感，无论是肖像画还是风景画。他们对色彩、构图、叙事、象征和光影的理解，让我们得以理解美的构成原理，并揭示了自身创作杰出艺术作品的潜在可能。

请描述一下你的关卡设计流程——你是如何开始的？使用什么工具（电脑上的或电脑外的）？

① **玩法目标**。我的关卡设计流程是从熟悉关卡的玩法目标和需求开始的。如果设计师不熟知关卡的玩法目标，那么流程的第一步就是通过设计文档或与设计师交流，了解该关卡在玩法功能层面需要实现的内容。之后进入第二步。

② **主题**。我会对关卡的视觉主题或环境展开头脑风暴。这个关卡是地狱深处的冒险吗？是在残破的太空船中进的行死亡竞赛吗？是在低重力的弹跳屋中进行的彩弹大战吗？我会尽力构思出一个在视觉上极具吸引力的环境。

③ **兴趣点**。一旦明确了视觉主题和地点，我就会勾勒出兴趣点，并头脑风暴可能出现在关卡中的精彩小场景。我会提出很多问题：我们在哪些区域可以设置悬念或进行铺垫？有哪些可能很酷的“精彩镜头”？怎样才能让玩家发出“这看起来棒极了”的赞叹？我会画出相关草图，记录下可能很酷的遭遇战和战斗情境。

④ **头脑风暴与绘制流程**。接下来我会确定地图的基本流程：它是线性的吗？是否会循环折返？是枢纽辐射式设计吗？

⑤ **绘制地图草图**。在这一步，我会将之前产生的各种想法整合起来，绘制成一系列地图草图或整个关卡的概念草图。

⑥ **白盒原型**。有了地图后，我会使用三维软件制作白盒原型。这样做的目的是构建出基本框架，以便进行测试。我会验证流程的连贯

性、远景视野的呈现效果、角色跑动所需的时长及视线引导的合理性。这些设计是否足够出色？我会思考哪些区域需要增设更多的地标，以及通过哪些调整能优化关卡流程与路径指引。接下来还会进行更多的测试和迭代。

⑦ **让它变美。**当通过测试验证了关卡布局的合理性后，就可以开始制作最终美术资源，以此提升整体视觉效果了。

你测试关卡的流程是什么？

这取决于测试的目的。如果是玩法测试，那么我会进入游戏，在关卡中进行各种操作——在空间中行走、与敌人战斗等。我会评估视觉设计，并评判布局是有助于还是阻碍了玩法。我会思考可以移动、添加、调整或移除哪些元素来强化玩法目标。而视觉测试则关注非常不同、非常“美术总监式”的内容。

你觉得美术设计和氛围效果是设计师与玩家沟通的重要工具吗？有什么具体的例子吗？

在我们的视觉语言中，有许多工具可以向玩家传达我们想要表达的信息。美术和特效正是其中的重要组成部分。我们运用这些工具来传递情绪氛围并支撑核心玩法。当然，仅靠白盒（原型），关卡在某种基础层面上也能运行，而且如果游戏对视觉、光照和特效营造氛围的依赖程度不高，白盒甚至可能带来一定的趣味性。如果没有美术团队打造的光影与氛围效果，游戏 *Dead Space* 就不会那么恐怖。除了营造氛围，美术设计还能让人感觉这个游戏世界是有历史的、真实可信的。建筑设计、文字符号和标识、服装设计、表面处理和色彩运用，都可以告诉游戏世界中的玩家这个世界是什么样的。我们在游戏 *Warhammer* 中大量运用了这些手法，使每个区域都拥有独特的氛围，并清晰地体现出哪些独特种族生活在这些环境中。

你如何教玩家使用你的关卡（不借助图形用户界面）？

优秀的关卡会包含很多引导性提示，例如路径、目标建筑、光照、远景等，因此无须过多刻意引导。玩家之所以知道要沿着“黄砖路”前行，是因为人类本身就理解与空间互动的某些常规逻辑。我们通过酷炫的视觉效果、奇遇或游戏战利品来奖励玩家，无疑能激励他们沿着你设计的路径探索关卡。

如何吸引玩家探索游戏关卡（不借助图形用户界面）？

视觉焦点能神奇地将玩家的注意力引向远处。我们可借助兴趣点引导玩家移动，让他们按我们的预期探索地图的各个部分。但很多时候，我们并不希望玩家探索关卡的每一寸空间。在游戏 *Warhammer* 的广阔区域中，玩家当然可以离开道路，在山林间漫游，但那里的遭遇战少得多。从本质上讲，若玩家仅靠漫步探索，其获得的经验值与投入的游戏时间之比会非常低。反过来，如果你想吸引玩家四处探索，就需要让探索的回报比按主线任务推进时获得回报更有价值。设计师可以随机地让玩家遭遇稀有敌人或物品，这本质上是用“胡萝卜”吸引玩家进行探索。但问题在于，你真的希望玩家探索吗？你能让整个游戏世界的美术设计都保持同等水准的酷炫吗？显然不能。那么，你愿意让玩家深入地图的角落，从而发现那里粗陋的美术内容吗？

如果玩家在某个关卡中迷失了方向，他们如何才能回到他们应该去的地方（不借助图形用户界面）？

玩家可使用“召回戒指”传送返回。此外，结合清晰视觉引导的枢纽辐射式设计，以及设置一些从远处就能看见的显眼地标，同样能有效帮助玩家重新定位方向。

你如何在关卡中引导玩家的行为？如何鼓励玩家以不受约束的方式进行游戏？

流程是引导行为的核心。如何利用道路、墙壁和通道来引导和分流玩家，这决定了玩家的行动范围与行为选择。玩家往往倾向于沿着右手边的墙行走，也更偏爱开阔空间而非狭窄区域。地图的布局、各区域的连接方式，以及在关卡的每个部分所能看到的景象，都可实现对玩家的自然引导。视觉兴趣点和光照在聚焦玩家注意力方面也发挥着关键作用。我们会被视觉上突出的元素吸引——那些因其规模、光照或内容而显得更重要的元素。关卡设计师需要在作品中构建重要性层级，从而弱化非核心区域的设计。因此，设计内容需区分主次。设计师无法引导玩家体验所有内容，游戏中可能存在供玩家自由探索的区域，例如在地下城里游荡的普通怪物。非主线剧情的路径与内容本身便能促使玩家自由探索，但必须谨慎控制次要信息对核心体验的干扰。也就是说，所有内容都会争夺玩家的时间和注意力，而设计师希望玩家将时间投入最出色的内容上。

你在自己的工作中总结出了哪些任何设计师都应该知道的“关卡设计法则”？他们应该避免什么？

① 把你的美术精力投入玩家最容易看到的地方。

② 以简单的布局作为复杂视觉设计的框架，确保在精美细致的外表之下，有着易于理解的流程。

③ 屏幕上应始终有视觉上酷炫的东西。

④ 深入了解环境的构造，并将其融入你所构建的游戏世界中。你的作品中应体现基于真实建筑结构或自然规律的一套规则体系。比如森林里有树，树会死亡，所以森林里会有枯树；在树木遮蔽、光照不足的地方，草长得稀疏。这就是基于真实森林构成原理的规则体系的示例。

你的关卡需要体现这类逻辑。如果你在创造自己的世界，那么要设计专属的规则体系并严格遵循它。

⑤ 尽早放入占位元素，包括色彩占位符。在游戏 *Warhammer* 中，我们很早就制作了简单的纯色纹理，并从概念图中截取图案，以此来快速模拟和验证我们的色彩搭配。

⑥ 利用前景、中景、地平线和视差效果构建丰富的远景景观。

当然，还有许多其他重要法则，但上述几点尤其有助于提升设计的艺术性。

作为美术总监，你如何解决为游戏世界创作美术作品这一问题？你是首先考虑其游戏功能和用途，还是首先考虑其美学元素？

创建游戏美术世界，意味着美术团队必须在创作所有内容时服务于游戏愿景，这既是艺术创作，也是项目管理任务。即便美术团队对游戏的视觉风格和包含元素有清晰的构想，所有这些美术资源仍需完成三大核心任务：实际制作落地、为游戏玩法提供支撑、满足游戏引擎的技术限制。几乎不可能将游戏的视觉呈现与其技术实现的性能表现割裂开来。同样，如果美术无法为出色的玩法提供支撑，那它存在的意义是什么呢？这种关联性要求游戏开发团队之间进行深度沟通，以确保所有目标都能实现。这种沟通发生在前期制作阶段，这时要对游戏的愿景做出明确界定，而这种愿景不仅仅是游戏的视觉风格，还包括游戏手感、核心玩法、基调及基本的设计理念和目标。沟通与合作会一直持续到游戏完成。这样才能打造出既实用又美观的游戏世界。

你认为环境美术更多是用于提升美学价值，还是作为玩法指示器？

从制作的视觉层面来看，我认为美术师往往会先从视觉角度出发，这是他们的职责所在——守护游戏的视觉品质，并确保将优质的视觉效果融入游戏设计中。因此，环境美术总会优先实现视觉目标，这就像在游戏设计师的工作中，游戏资源会优先满足玩法需求，其次才考虑视觉效果。

在游戏 Warhammer Online 中，每个任务都会作为故事章节的一部分，在营地发布的。这些营地是如何被设计成游戏内多任务枢纽的呢？

游戏 *Warhammer Online* 中的每个章节都围绕世界的一个区域展开。编剧和设计师会根据该区域的视觉风格和主题，构建对应的故事情节和内容，使其与区域的难度级别相匹配，并延续贯穿整个游戏的情节。每个章节枢纽以视觉地标为中心，通常是城镇或战争营地。美术师和设计师会共同合作打造这些章节枢纽：首先，设计团队依据一份记录了在该区域所有待开展任务的书面文档开展工作。由于这些任务需要额外且独特的美术设计，设计师实际上会获得一个“预算”，用于制作非玩家角色、道具和兴趣点——确保在按时完成开发的前提下，将枢纽打造成功能与视觉的统一体。大量的迭代设计与游戏测试，则能保障每个枢纽流程顺畅、规模与内容匹配，并在主线任务接近完成时引导玩家前往下一个枢纽区域。大多数情况下，玩家会通过任务指引前往下一个枢纽。

像游戏 Warhammer Online 这样的多人世界是如何促进玩家为实现共同目标而展开协作的？又如何强化玩家间的冲突对抗呢？

该游戏为大型多人在线游戏引入了公共任务的概念。公共任务是指玩家只需身处任务区域即可自动参与的任务类型。例如，某一公共任务可能是在古老的废墟中与亡灵战斗，任何进入废墟的角色都可以参与其中。这是该游戏促进玩家之间合作的一种方式——完成公共任务就有机会获得酷炫的奖励。即使在没有设计公共任务的区域，玩家也有可能与同区域其他玩家临时组队。此外，在像 *Warhammer Online* 这样拥有阵营对抗 (RvR) 系统的游戏中，存在大量的合作与团队协作：玩家必须联手在阵营对抗场景和战场中与敌方阵营作战。

作为拥有美术背景的从业者，你认为传统媒介形式在哪些方面为游戏设计师提供了学习的机会？游戏和美术如何形成对话并创造新的体验？

任何创作过程都存在具有普遍意义的设计原则，而这些原则在纯艺术领域中被重点强调。艺术家们学习如何评估每一个设计决策，如何用敏锐的眼光去观察，如何在作品中追求连贯性与和谐感，如何实现形式与功能的统一。他们学习了许多视觉传达的规则——而游戏本身就是一种视觉传达。这就是为什么任何游戏开发者，无论是程序员、内容设计师、编剧，还是游戏美术师，都能从纯艺术背景中受益。如果游戏团队中的每个人都对构图、色彩和设计的连续性有基本的理解，那么我们就能做出更优秀的游戏。当然，我也可以反过来说，每位美术师都应该接受一些软件工程方面的培训，以此掌握系统导向的设计原则、状态机原理，同时对编码实践有大致的了解。

第 6 章

用充满危险感的建筑打造刺激的关卡

这个世界充满了危险，一切都让人无法信赖。Thomas 感觉这个危机四伏的世界随时都会让他失望。

——*Thomas Was Alone*, Mike Bithell[1]

对多重层次的同步感知会让观察者陷入挣扎与犹疑，却也让其感知更为鲜活。那些同时兼具优点与缺陷的案例，或许能从某个角度诠释建筑大师 Louis Kahn 那句耐人寻味的话：“建筑既需要优质空间，也离不开劣质空间。”

——*Complexity and Contradiction in Architecture*, Robert Venturi[2]

在前面的几章中，我们一直在强调关卡设计是一门对比的艺术：打造令人兴奋的关卡需要穿插安静的游戏时刻，想突出鲜艳色彩就要用深色作为背景，高大的建筑应成为明确的路标，诸如此类。建筑师 Robert Venturi 在 *Complexity and Contradiction in Architecture* 一书中主张，建筑应该运用微妙的“矛盾”，使其“内涵丰富而不直白”。[3] 此前，本书探讨了有助于实现关卡设计清晰化的理念，如围绕核心机制设计关卡、为符号元素赋予明确含义等。在本章和下一章中，我们将更深入地探讨如何利用这些元素，通过对比使空间变得丰富而刺激。在本章中，我们将介绍游戏具备而大多数建筑不具备的设计工具：危险。

游戏和建筑领域的设计师都承认，人类的生存本能是实现愉悦设计的关键。对于建筑而言，遵循人类从古至今公认安全的空间原则能带来安全感和愉悦感。游戏则是利用克服危险后的情感释放作为愉悦感的来源：比如打败巨型怪物、成功跨越无底深渊，或者突袭敌人堡垒。在本章中，我们将讨论关卡设计师如何利用令人愉悦与令人不适的建筑法则，来创造令人兴奋的游戏体验。

在本章，你将学到以下内容：

生存本能和游戏复杂性；

前景和庇护所设计；

荫蔽区、阴影和模糊性；

高度的双重性。

6.1 生存本能和游戏复杂性

游戏空间通过兼顾玩家操控的游戏角色的生存需求与安全空间的历史概念来营造戏剧张力。要实现这一点，我们必须将游戏空间不仅视为机制最大化的关卡，更要看作创造戏剧张力与提供选择机会的场所。现代主义建筑师将建筑视为承载生活行为的场所，Le Corbusier 就有句名言：“住宅是居住的机器”。建筑师 Robert Venturi 认为，现代主义者在这方面做得或许有点过头了。他在著作中指出，现代主义者虽成功设计出简洁的平面方案，但只解决了某些设计问题，而忽略了其他方面。针对 Mies van der Rohe“少即是多”的名言，Venturi 反驳道，“少即是乏味”。

我之所以强调这点，是因为有趣的关卡需要复杂精妙的设计。2011 年，我曾写道：“如果对建筑师来说，住宅是居住的机器，那么游戏关卡就应该是生存、死亡，以及利用其间一切制造张力的机器。”要打造出这样的关卡，就必须了解一些空间心理学知识，并懂得如何在关卡设计中运用对比手法和微妙细节。

让我们重新回顾前文提及的 Blake Rebouche 在游戏开发者大会上发表的关于游戏 *Horizon: Zero Dawn* 的演讲。该游戏中的多个空间在加入空间矛盾元素后，从过于简单的设计演变为富有层次感的设计。Rebouche 设计的某一空间初稿被否决，原因是设计欠佳——那只是一片开阔区域，仅有几面墙可作为掩护，而玩家需要在该空间中突破一群巡逻敌人的防线。在本书前文，我们已经对该空间做过分析（图 6.1）。如前文所述，改进该空间的措施之一是优化玩家进入空间的方式。Rebouche 团队在最终设计中还加入了其他改进：高低地势的变化、更优的观察点、可供隐藏的地点等。图 6.2 再次呈现了最终的空间设计。这个案例特别值得研究，它证明单一的设计思路会让游戏变得乏味。

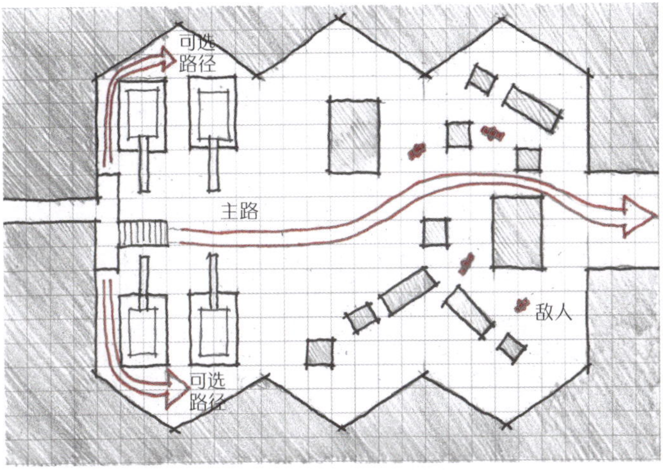

图 6.1 游戏 *Horizon: Zero Dawn* 中一个空间的早期设计初稿，设计师的上司认为该版本过于简单

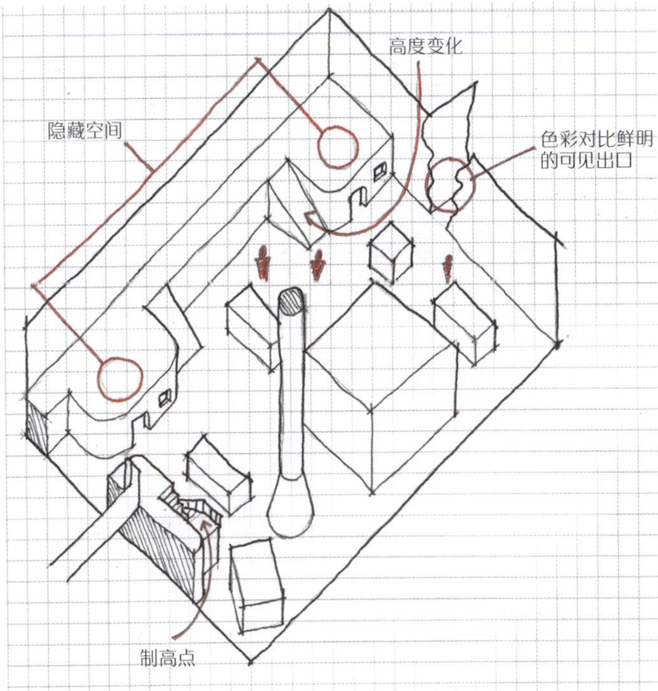

图 6.2 Rebouche 团队改进后的空间示意图，着重呈现了地势变化、隐藏地点及其他复杂元素，正是这些元素让该关卡更具趣味性

Rebouche 设计的初稿是一个纯粹的前景空间——一个巨大的开放空间里仅有少量掩体。我们也简要探讨过为游戏机制赋予多种用途的做法，即独立游戏圈所称的“机制精修”。改进后的最终版关卡场景被充分“精修”：玩家的潜行能

力因高度差与藏身处时而被强化，时而被威胁。Venturi 曾探讨过建筑空间的“亦此亦彼”与“非此即彼”，意思是一个空间可以具备多种功能：结构、精神、实际用途等。[4] 潜行游戏的玩家对此深有体会：只要策略得当，整个场景都能成为对付敌人的武器，但如果走错路线或判断失误，同一空间就可能变成负担。

在关卡设计中，设置矛盾性元素是构建沉浸式空间的有效手段。在本章中，我们将探讨游戏玩法的基础组成部分——失败与损失状态——如何能被用来吸引玩家。

6.1.1 Maslow 的需求层次理论

在游戏设计理论中，尤其是聚焦于社会学的学术理论中，将死亡视为游戏失败的象征是一个热门话题。游戏失败意味着无法继续游戏。在早期的街机游戏中，这体现了游戏经济学：玩家必须投币才能继续游玩。如今虽然以“生命值”作为核心机制的游戏逐渐减少，但阻碍玩家前进的机制仍是游戏的重要组成部分。如果我们仍将避免游戏内死亡视为驱动玩家的因素，那么这就为关卡设计师提供了一个吸引玩家的工具——玩家的生存本能。Abraham Maslow 在 *A Theory of Human Motivation* 一文中提出了需求层次理论，描述了人类对不同动机的优先级排序。在这一层次中，生理需求（如住所、食物、睡眠）处于最重要的位置，而自我实现需求（如创造力、解决问题的能力）则处于最次要的位置[5]（图 6.3）。即使是现在，这些层次化的需求仍然影响着我们对周围世界的感受。在 *Origins of Architectural Pleasure* 一书中，建筑师 Grant Hildebrand 研究了人类基于庇护所的生存本能，并基于人类历史上认定为安全的建筑形式，提出了一系列创造愉悦空间的原则。

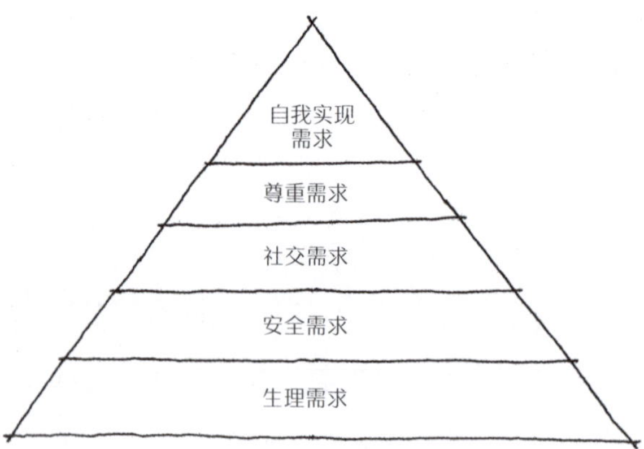

图 6.3 Maslow 的需求层次理论

6.1.2 危险空间：将脆弱性作为游戏机制

游戏角色的死亡是让玩家产生共鸣的一种方式。作为维持游戏进程的资源，游戏角色是有价值的，必须加以保护。这种脆弱性恰恰唤起了我们自身的生存本能，以及对抵御外部威胁的需求。然而，建筑设计和关卡设计在处理危险元素的方式上存在差异。Hildebrand 认为，建筑师通过安全和危险区域的对比来打造令人愉悦的空间，最终使建筑更安全、更舒适。而在关卡设计中，我们可以更大胆地使用危险元素，因为通过死亡或失去游戏机会而失败的风险，本就是游戏体验中根深蒂固的一部分。这种差异同样体现在游戏对敌人的运用上：除了 Daedalus 设计的迷宫和怪物 Minotaur 的传说之外，很少有建筑师在设计时加入“怪物”元素。但敌人恰恰是许多电子游戏关卡的重要组成部分，应作为游戏空间体验的一部分进行精心设计。

在上一章中，我们讨论了解到：关卡通过玩家能力和几何结构之间的关联，关卡可转化为玩家的记忆宫殿。在游戏 *Metal Gear Solid* 中，玩家操控的游戏角色具备与关卡几何结构直接互动的能力，比如躲在物体下面、靠在墙壁上观察等。通过这种方式，游戏空间不再是单纯的背景板，而成为玩家谋划获胜策略时可灵活调用的“组件集合”。在游戏 *Dishonored* 或游戏 *Metroid Prime* 中，玩家学会的动作技能可以升级或扩展，这不仅改变了玩家对环境的利用方式，也为创造更加复杂的游戏玩法提供了可能。玩家必须找到能够提高自身能力和探索游戏世界的方法，以解锁更多游戏世界区域。这种结构可由游戏世界的设计来调控，并为探索行为和成就导向的目标提供实现空间。

优秀的游戏关卡擅长利用生存机制，设计复杂的路径，让目标达成的过程充满风险与刺激。借用著名建筑师 Louis Kahn 的理念来说，游戏中的危险空间就是我们设计的让玩家处于特定且令人兴奋的危险情境中。在不同场景之间，甚至单个场景内营造安全空间与危险空间的对比，是提升关卡复杂度和实现关卡设计“机制精修”的有效方式。首先，我们需要了解玩家的脆弱性如何在整个游戏结构及微观游戏场景中发挥作用。

（1）游戏机制的脆弱性

允许玩家随时间推移逐步降低脆弱性的游戏，符合人类追求个人成长和能力提升的本能。冒险游戏 *The Legend of Zelda*[6]、角色扮演系列游戏 *Metroid*[7] 和

游戏 *Dragon Quest*[8]，其整体架构均基于这一理念：玩家初期被强大的敌人或无法跨越的环境障碍封锁在大地图的一小块区域内。玩家在探索有限空间的过程中，必须找到提升能力的方法和关键道具，才能打败怪物、突破障碍。这种模式会在游戏中反复出现：随着玩家的探索和推进，游戏环境也在持续扩展。最终，玩家操控的游戏角色可以探索整个地图，并轻松克服曾经难以逾越的障碍。从游戏结构设计视角来看，以脆弱性为内核的设计本质上与环境交互形成深度关联，典型案例如游戏 *The Legend of Zelda* 中的海拉鲁大陆、游戏 *Metroid Prime* 中的 Zebes 星球，皆通过此类设计创造出令人难忘的游戏世界。

（2）个体游戏挑战中的脆弱性

从纯粹的空间设计角度看，脆弱性的游戏架构并不复杂，但当玩家突破自身极限时，这种结构能带来强烈的成就感与戏剧张力。若将这种游戏架构融入具体场景中，就能打造出跌宕起伏的游戏时刻。我们看到，这一切都依赖于生存机制的系统化设计。

Eric Schwarz 在 *Seeing Red: The Pitfalls of Regenerating Health*[9] 一文中提出，游戏中“再生生命值”机制（即玩家操控的游戏角色在未受伤害时生命值会随时间恢复）的加入，从根本上改变了游戏关卡与挑战的结构。他认为，这种机制让玩家可以暂时停下恢复生命值后再开始下一个挑战，无须为寻找资源而探索，这使挑战节奏更均匀且连贯。这一机制虽然适合多人在线游戏的节奏，但也削弱了玩家通过探索发现隐藏物品的乐趣。Schwarz 撰写该文时，只能以单人游戏作为后一种玩法风格的代表案例。但如今像游戏 *Fortnite* 这类结合开放世界与多人对战、复兴资源型生命机制的游戏，为我们提供了同时兼顾竞技与探索的关卡设计范例。

要理解生命值系统是我们探索关卡设计中生存机制的核心，也是处理个体遭遇战中角色生存机制的关键。如果形式确实遵循核心机制，那么我们必须理解单个场景中的戏剧张力是如何通过游戏的生存机制产生的，并围绕最大化这些机制来构建关卡设计。以游戏 *Halo：Reach*[10] 为例，玩家操控的游戏角色通过再生机制内化了多种资源功能，其高潮和低谷时刻的结构更为直接：战斗发生在广阔区域，玩家通过寻找掩护或夺取敌人装备进行防御（图 6.4）。

在玩家必须管理外部生存资源的游戏中，玩家遭遇敌人的空间所带来的体验会因空间设计与玩家状态的结合而有所不同。这是因为这类游戏能够呈现多样的游戏状态——在设计术语中，这指的是玩家在任一时刻的状态。那些游戏状态在短时间内会发生变化的游戏（如需要玩家管理与生存相关资源的游戏），可以通过关卡设计创造风险与收益并存的戏剧性场景。

以设有潜伏敌人的狭窄迷宫为例，玩家操控的游戏角色进入时的状态不同，玩家最终获得的体验也会天差地别（图 6.5）。对于生命值偏低的玩家，这样的场景会引发强烈焦虑，因为此时他们正处于最脆弱的状态，而且进入的空间对其十分不利。对于生命值充沛的玩家，这种空间同样存在很大的风险：他们需要权衡能否在危险的区域中维持优势状态，以及是否冒险探索隐藏区域获取稀有物品。这种挑战与奖励的互动关系所形成的关卡设计，远比资源可再生型游戏的线性设计更复杂（图 6.6）。

如前文所述，“脆弱性”作为许多游戏的核心要素，不仅能构建游戏框架，更能通过风险回报机制驱动玩家探索游戏空间。在分析了生存情境如何塑造游戏情感体验的基础之后，接下来我们可以深入探讨：关卡中不同的形式元素与氛围元素如何共同构建出富有戏剧性的游戏场景。

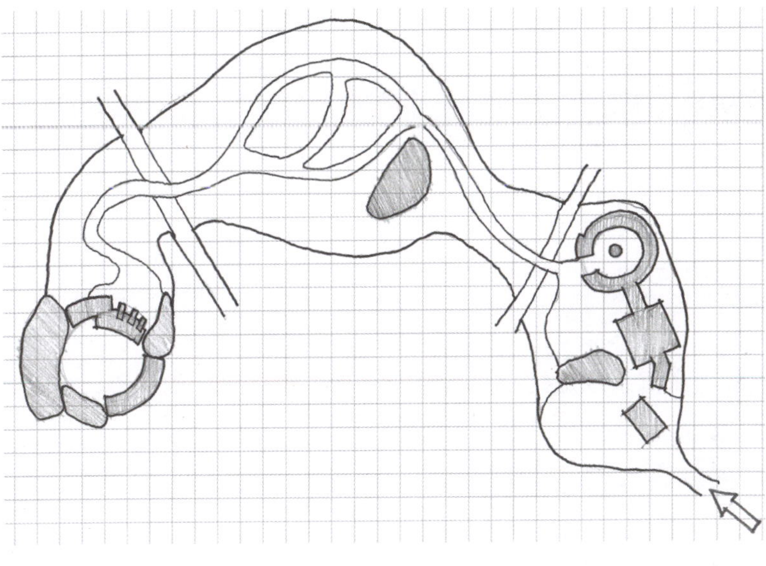

图 6.4 在依赖再生系统处理资源管理的游戏中，关卡往往具有很强的线性特征，其设计重心是引导玩家从一个挑战过渡到下一个挑战。玩法高潮时刻通常发生在最复杂的环境中，这些环境必须满足玩家操控的游戏角色躲避敌人、寻找新工具（如拾取敌人掉落的强化武器）的双重需求

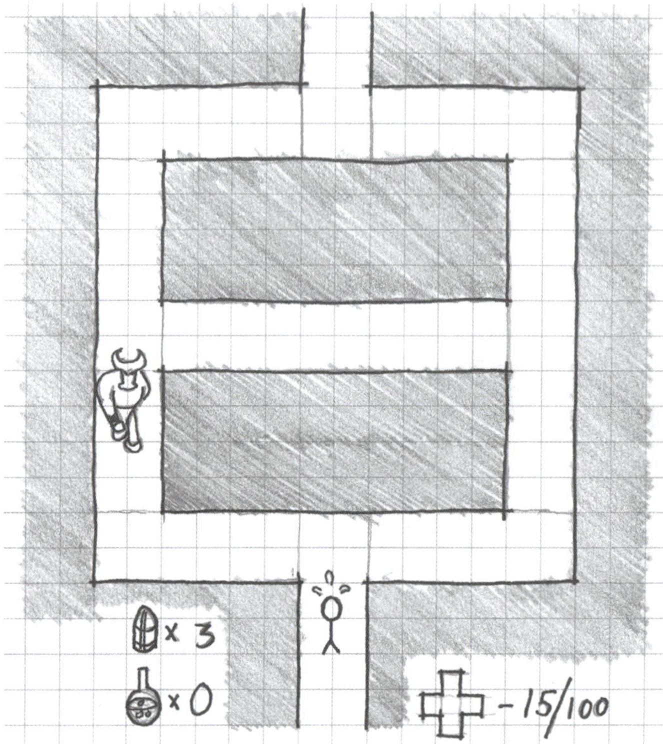

图 6.5 在那些游戏状态会随玩家资源数量变化的游戏中，关卡设计能够为创造戏剧性时刻提供契机

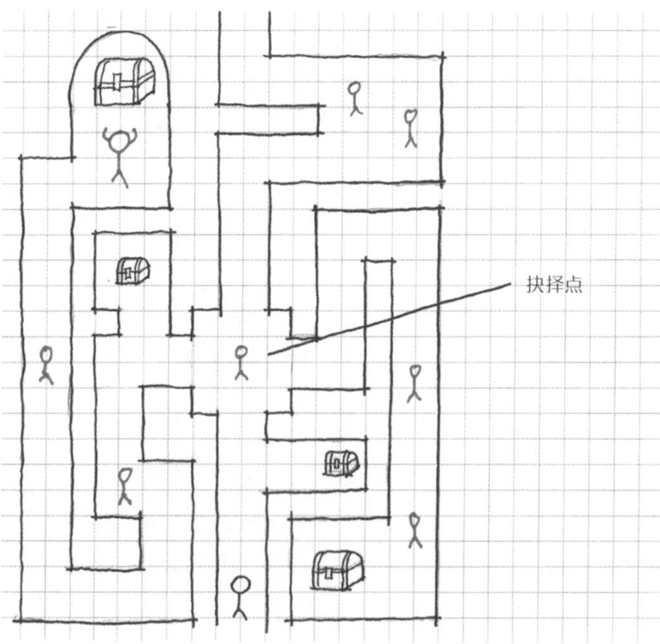

图 6.6 在玩家必须管理生存资源的游戏中，如果设计师能为玩家创造机会——让他们冒着失去生命值的风险去获取更大的奖励——关卡设计就可以采用非线性的形式

6.2 前景和庇护所设计

在第 4 章中，我们定义了三种空间类型：狭窄空间、舒适空间和前景空间。这些空间类型通过不同的方式将关卡形式与玩家角色的尺寸、跳跃能力等基础指标进行对比，帮助设计师构建差异化的情感体验，最终使玩家在游戏空间内产生不同程度的舒适感。

Hildebrand 基于生存本能的建筑概念的核心在于：通过将不同空间进行对比，构建安全空间与不安全空间相互关联的序列。他将这些空间称为“前景空间”和“庇护所”。[11] 在关卡中对这两种空间进行对比，是创造令人满意的关卡复杂性的一种方式。

我们将前景空间定义为开放空间，在此类空间中玩家易受攻击——这与早期人类寻找食物和其他资源时需探索的广阔平原相似。相反，庇护所与前景空间形成鲜明对比，是人类捕猎后返回的场所：它是私密空间，能遮蔽视线，人们可以从这里向外观察前景空间，以评估潜在威胁（图 6.7）。在讨论前景空间和庇护所时，评估威胁的能力至关重要，正是庇护所与前景空间之间的这种关系，让我们能够运用这一概念设计游戏空间。

6.2.1 利用庇护所、前景空间和次级庇护所规划路径

人们通常会认为庇护所指的是永久性的固定住所，但事实并非如此。Hildebrand 借用 D.M.Woodcock 的观点[12]，将前景空间和庇护所进一步划分为主要前景空间、主要庇护所、次级前景空间和次级庇护所。主要前景空间和主要庇护所是我们直接接触的空间，即我们当前所处的庇护所及从庇护所向外观察的前景空间。次级庇护所和次级前景空间则位于远处，即主要前景空间另一侧的庇护所及更远处的前景空间（图 6.8）。

从关卡设计的角度来看，设计师需要系统规划所有这些空间类型；但从玩家体验出发，核心在于处理主要庇护所、主要前景空间与次级庇护所之间的关系。合理布局这些空间能创造出刺激的游戏体验，例如在射击游戏中，玩家从一个掩护点跑到另一个掩护点；在潜行游戏中，玩家从一个藏身点移动到另一个藏身点

等（图 6.9）。这种空间衔接可以在多种尺度的空间中实现，既适用于小规模竞技场，也适用于开放世界。玩家在庇护所之间的移动距离，会显著影响游戏节奏。

图 6.7 庇护所既能抵御外部危险，又能提供一个可供规划下一步行动的场所

图 6.8 次级庇护所是从主要庇护所向远处眺望、越过前景空间后所能看到的保护性空间。通过主要庇护所、主要前景空间与次级庇护所的交替设置，能够创造出有趣的游戏场景

图 6.9 主要庇护所、主要前景空间、次级庇护所的交替出现可以创造有趣的游戏场景

6.2.2 建筑中的前景空间与庇护所

前景空间和庇护所是现实世界建筑设计的核心元素。在许多作品中，这两种空间被用来营造公共与私人空间的对比——在设计中为社交活动和个人活动分别设置独立空间。公共区域或流通空间可以设计成开阔的前景空间，而私密活动空间则被安排在封闭的庇护所内。正如 Hildebrand 所指出的，建筑的庇护所与前景空间往往处于不同的水平面：高处提供有利的视野，低处提供隐蔽、藏身的空间。他还强调，天花板高度是区分这两种空间的关键——较低的天花板会给人更强的保护感。[13] 因此，前景空间被认为是不适合人类长时间停留的场所，其功能通常与移动相关；而建筑中庇护所的功能则多为静态停留。

哥本哈根信息技术大学的中庭，是将前景－庇护所形式转化为公共－私密空间的典型案例（图 6.10）。中庭作为大型公共前景空间，主要功能是引导学生在教室之间通行；而教室则是悬挑于中庭上方的封闭私人庇护所，使用者可从中眺望外部中庭。

前景和庇护所的概念深深根植于两位最著名的现代建筑师 Le Corbusier 和 Frank Lloyd Wright 的设计理念中。Le Corbusier 的很多建筑被普遍认为具有强烈的前景空间主导特征。[14]Le Corbusier 在著作 *Towards a New Architecture*[15] 中概述了其建筑五要素（图 6.11）。

架空柱：构成建筑结构的细混凝土柱，通常呈网格状排列。

图 6.10 哥本哈根信息技术大学的中庭是一个大型的前景空间，学生可以穿过这里前往私密的教室，而悬挑于中庭上方的庇护所则提供了俯瞰整个中庭的视角

自由立面：由于立面不承担结构功能，因此可以自由设计而不需考虑结构构件。

条形窗：长而水平的窗户，可以让大量光线和空气进入。

开放式平面：室内房间的设计不受约束，因为所有墙体均不承担结构作用。

屋顶平台：供居住者使用的平屋顶。

Le Corbusier 的这些建筑要素强调开放性与空间之间的视觉贯通性，这一点在他最著名的作品——1929 年建于塞纳河畔普瓦西的萨伏伊别墅中体现得尤为明显。别墅宽阔的起居空间由细柱支撑，四周视野开阔，可以看到房屋的外部景色（图 6.12）。斜坡从底层的佣人房一直延伸到三层的屋顶平台，每一层都能更好地俯瞰下方开阔的空间（图 6.13）。浅色且未加装饰的混凝土墙，让光线在室内充分反射，从而进一步强化了空间的开放感。

与之相反，Frank Lloyd Wright 的建筑则多以庇护所为核心。他的作品以低矮宽阔的天花板、天然材料为特色，这与草原学派的建筑风格一致。[16] 他认为壁炉是住宅的核心元素，并在诸多著名作品的中心位置突出展现这一元素特征。他还采用了下沉式休息区（图 6.14）、遮蔽内部空间的大型外挑屋檐（图 6.15），并规定其设计方案的透视图必须呈现被树木环绕的效果（图 6.16）。正如 Hildebrand 所言，这些手法表明 Wright 的许多作品都蕴含着隐匿倾向。[17]

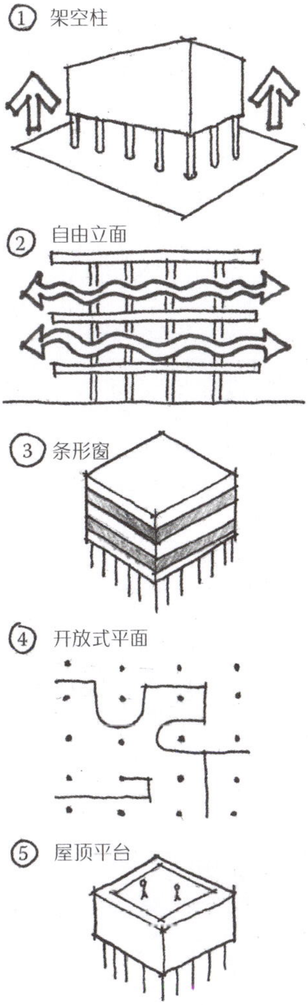

图 6.11 Le Corbusier 的建筑五要素

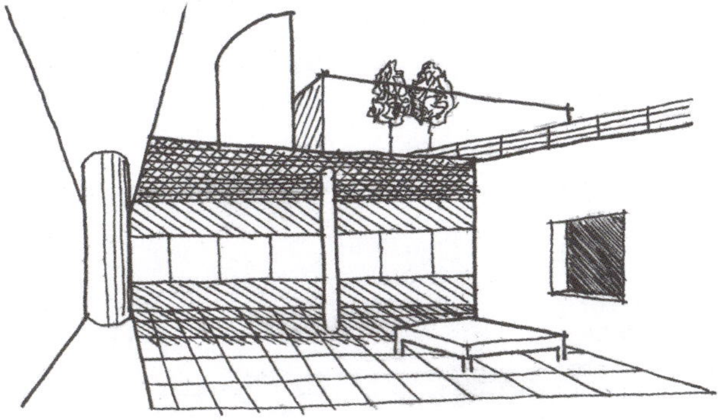

图 6.12 萨伏伊别墅二层居住空间的草图

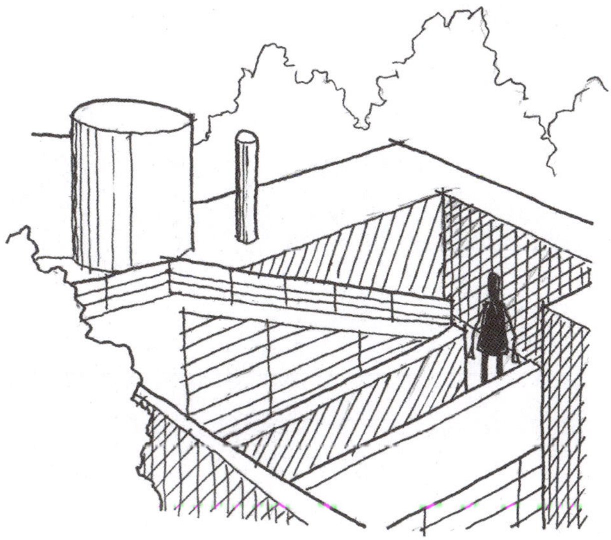

图 6.13 从屋顶平台俯瞰萨伏伊别墅斜坡通道的草图

图 6.14 Frank Lloyd Wright 建筑风格典型休息区的剖面图

图 6.15 罗比住宅局部的剖面图：建筑外部与内部视线对比分析

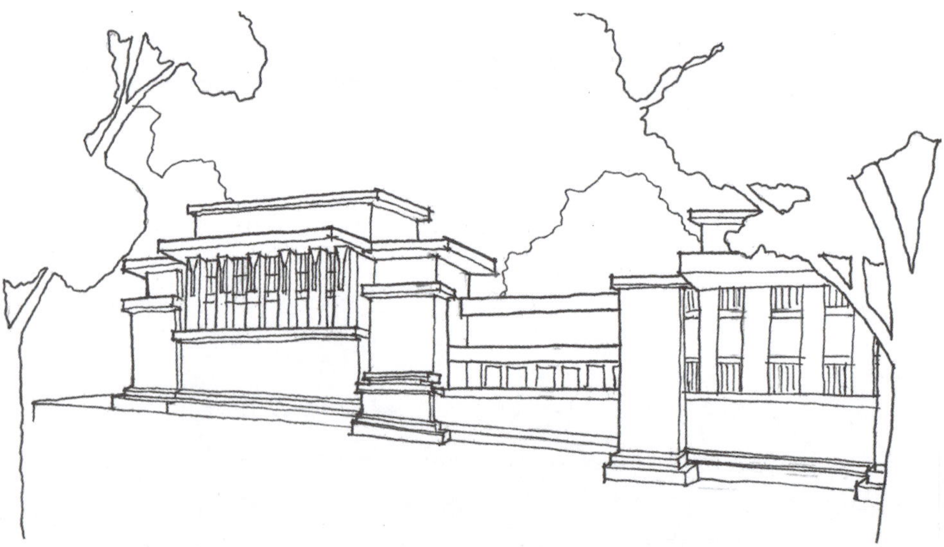

图 6.16 Frank Lloyd Wright 设计的联合教堂的外观草图，该建筑于 1905 ~ 1908 年在美国伊利诺伊州建成。图中的教堂被掩映在茂密的树丛中，但实际上，该教堂位于美国芝加哥市的郊区

6.2.3 电子游戏中的前景空间与庇护所

游戏中对于前景空间和庇护所的典型应用体现在潜行类游戏中，如 *Metal Gear Solid*[18] 系列游戏。在该系列游戏中，玩家需通过寻找庇护所观测前景区域的敌方守卫位置，并制定行进路线通过游戏关卡。一旦确认位置，玩家就可以穿越前景空间抵达次级庇护所，以此类推（图 6.17）。这一设计展示了如何利用前景空间和庇护所在游戏中构建清晰的路径。

当以这种方式运用前景 – 庇护所的玩法时，敌人会成为重要元素，而关卡本身则转化为空间谜题。在游戏 *The Nightmare Over Innsmouth*[19] 中（这款游戏是我为自己在游戏开发者大会上的演讲 *Designing Better Levels Through Human Survival Instincts*[20] 所创作的配套作品），敌人的行为设计与布局对于将庭院转化为前景 – 庇护所游戏空间至关重要。该游戏改编自小说 *The Shadow Over Innsmouth*[21]，玩家需穿过屋顶横梁、潜入庭院并经由空屋逃亡，同时躲避邪恶敌人的追捕。庭院设计从多方面运用了前景空间和庇护所机制：玩家从房屋底层进入庭院，房屋底层低于入口庭院的地面（图 6.18）。这个庇护所营造出类似游戏 *Horizon* 的抵达感：它与周围区域处于不同的垂直平面，玩家可以从这里观察敌人。玩家在此处能望向庭院，看到安全屋入口（橙色灯光与庭院蓝色灯光形成鲜明对比）和几个镇民的巡逻路线。预设在巡逻路点的镇民在庭院入口至安全屋路径间循环移动。这些敌人被设定为在多个路径点之间巡逻，而这些路径点恰好位于从庭院入口到安全屋的直达路线上（图 6.19）。对于不想与敌人正面遭遇的玩家而言，他们必须利用在庇护所的时间研究敌人的巡逻模式，并找到转移至次级庇护所的最佳时机。

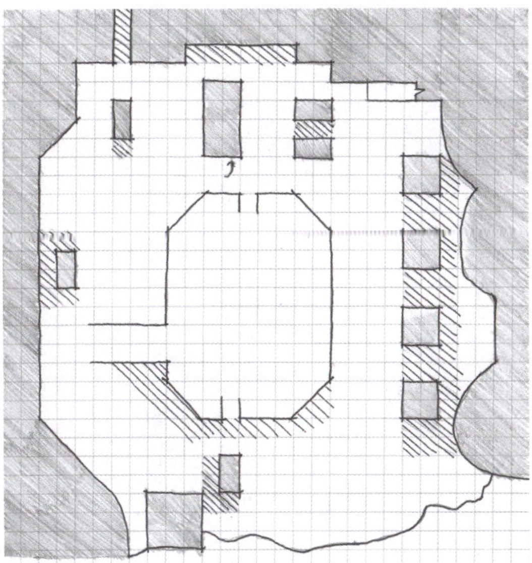

图 6.17 游戏 *Metal Gear Solid* 中某关卡的平面图，显示了前景空间与庇护所

前文所述的建筑领域中前景空间与庇护所的案例，也能帮助我们理解这两种空间在电子游戏中更精妙的运用方式。Le Corbusier 的萨伏伊别墅展示了如何通过开阔的空间尺度、俯瞰的视觉优势及开放式布局，打造以前景空间为主导的场所。这类空间在第一人称射击游戏的多人地图中极为常见。[22] 游戏 *Halo: Reach*[23] 中的多人对战地图采用浅色建筑风格，这一设计可追溯至 Le Corbusier 的当代城市构想——一个拥有广阔的公园、巨大的堤道与闪耀塔楼的“光辉城市”[24]（图 6.20）。

图 6.18 在游戏 *The Nightmare Over Innsmouth* 中，玩家可以将庭院的下沉式入口用作庇护所

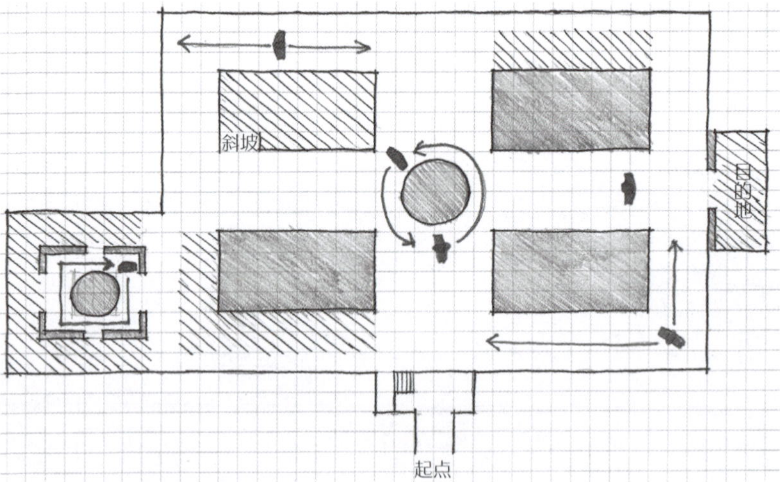

图 6.19 游戏 *The Nightmare Over Innsmouth* 中庭院的平面图，展示了敌人的路径和庇护所位置

另一方面，庇护所在那些需要玩家搜寻隐藏通道和秘密的游戏中发挥着关键作用，游戏 *Metroid Prime*[25] 便是典型案例。该游戏的隐藏空间中设有隐蔽的壁龛和悬挑结构，用来藏匿众多隐藏物品（图 6.21）。这些环境设计以私密而有机的氛围，体现了 Frank Lloyd Wright 的设计理念。

在关卡设计中，利用前景空间和庇护所，能在一套游戏机制内创造出截然不同的玩法体验。例如，*Mega Man*[26] 系列游戏通过改变战斗的环境条件，让其简单的核心机制（跑、跳、射击）产生了多样的体验。在与飞行敌人的战斗中，房间内可能设有多个平台，供玩家躲避自由移动的敌人。与远程射击敌人的战斗通常发生在敌人可以跳进或跳出掩体的区域附近。而这些游戏中的首领房间往往没有庇护所，属于完全开放的前景空间，因此玩家可以与这些独特的敌人决一胜负（图 6.22）。

图 6.20 游戏 *Halo: Reach* 中的多人对战地图（右）与 Le Corbusier 的当代城市地图（左）的对比

图 6.21 游戏 *Metroid Prime* 的环境草图，展现了这些游戏空间如何运用 Wright 风格的细节和天然材质，营造出隐秘而有机的视觉效果

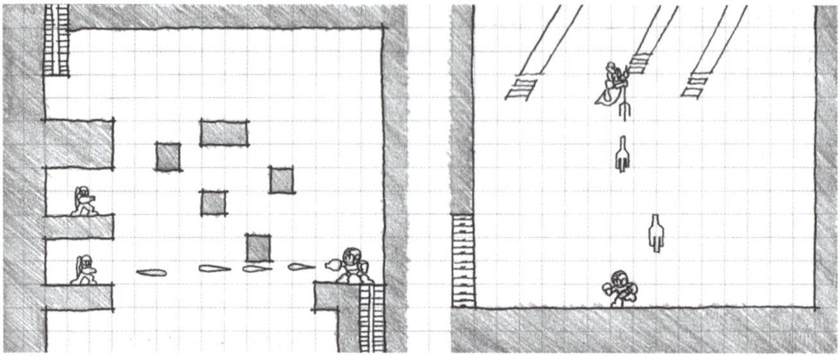

图 6.22 尽管 *Mega Man* 系列游戏保持着一致的核心机制，但游戏中的环境通过改变玩家遭遇特定敌人时的前景 – 庇护所条件，创造出多样化的游戏体验

值得注意的是，游戏 *Half-Life 2*[27] 中运用了一种独特的前景 – 庇护所体验，其中的前景空间本身对玩家角色而言是危险的，这一设计借鉴了儿童游戏 *Hot Lava* 的玩法：玩家必须在不接触沙子的情况下穿过一片海滩，因为海滩下生活着危险的外星昆虫。玩家可以使用武器移动残骸，在悬崖峭壁之间架起桥梁，从而穿越海滩。在这种情况下，海滩就是前景空间，岩石就是庇护所。与前景 – 庇护所的典型应用不同，这里的一切都是开放的。该设计通过利用安全与不安全的空间对比，创造出了一种独特而难忘的游戏体验。

即使是在单个小型游戏空间或场景中，关卡设计师也能够通过前景和庇护所的对比来创造丰富的空间体验。这种对比在构建线性序列和包含多个庇护所的多路径空间时都极具实用性。在下一节中，我们将进一步深入探讨对比这一主题，具体分析一种在安全与危险间切换的空间状态——照明。

6.3 荫蔽区、阴影和模糊性

我们刚刚研究了前景空间和庇护所，即开阔明亮的空间和舒适封闭的黑暗空间。这些空间可以相互配合，创造出有趣的游戏组合，也可以在同一空间中并存，增加游戏的复杂性。在前景 – 庇护所的空间关系中，人们对空间尺度的心理反应机制仍有待深化研究：如果空间过小，令人压抑，玩家会感到不适；而当空间尺度与游戏角色的能力相匹配时，玩家就会感到愉悦。

然而，这些空间的照明条件之间的关系并非如此清晰。在谈及庇护所时，

Hildebrand 认为，昏暗的照明条件可以帮助玩家躲避明亮前景中的外部危险。但他随后也提到，其他从明到暗的过渡“并不那么令人愉快”，他认为这源于“暗处观察者”获得的“能看见他人而不被他人看见”的战略优势。[28] 当人从暗处走向亮处时，情况可能就会反转——自己反而可能成为被注视的对象。

另一方面，建筑师 Christopher Alexander 主张用照明条件引导使用者穿越空间。在 *A Pattern Language: Towns, Buildings, Construction*[29] 一书中，Alexander 描述了设计师如何在意图引导使用者前往的节点处使用光线（图 6.23）。建筑师 Venturi 在探讨复杂性时，推崇形式与功能的模糊性，即同一建筑元素或空间在不同条件下可以承担多种功能。在游戏设计中，这种模糊性体现在具有多种用途的关卡机制上，尤其是当这些用途相互矛盾时：在一种情境下具有危险性，在另一种情境下则具备实用性，例如，某些开关在触发时可激活隐藏的平台，同时关闭其他平台。在某类场景中，它们可以帮助玩家前进；而在另一种场景中，如果开关触发了玩家脚下的平台，则会造成危险（图 6.24）。照明的含义同样十分模糊。在之前关于色彩和视觉传达的讨论中，光照是强调路径节点的重要元素。在此，我们将探讨明暗的矛盾性，以及它们如何创造戏剧性的游戏体验。

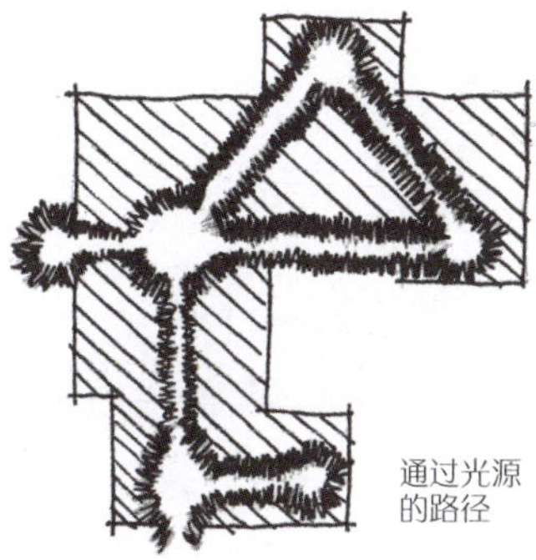

图 6.23 这幅仿照 Christopher Alexander 绘制的草图，展示了光线如何在路径上的关键节点发挥作用

图 6.24 这些是我制作的一款游戏 *Ice Bucket Challenge* 的截图，它们呈现了游戏物体如何具备模糊的含义和功能：在一种状态下，这个开关能激活辅助平台、关闭挡路的平台，帮助玩家通过关卡；而在另一种状态下，它却会成为一种危险——关闭玩家脚下的平台，使其坠入深坑

6.3.1 荫蔽区

关于纯粹明暗条件的讨论并未涉及关卡设计师在游戏空间中可以运用的其他多种可能性，荫蔽区便是其中之一。荫蔽区是通过窗帘、屏风或彩色玻璃让漫射光线进入空间而形成的。这是哥特式建筑的一大特色，这类建筑力图创造一种被称为“新光”的空灵意境，这种光影效果也被称为“神秘之光”。荫蔽区也是恐怖类型游戏作品中的常见元素，因为危险常被薄雾所掩盖。

无论荫蔽区最终应用于安全空间还是危险空间，都会激发人类的探索欲。正如 Hildebrand 所指出的，不完整的视觉信息会吸引人们去探索，以完善他们对所见事物的认知。[30] 科尔多瓦大清真寺的立柱（图 6.25）或 Carlo Scarpa 修复的意大利维罗纳古堡博物馆（图 6.26）中规律排列的开口与部分显露的门廊，会进一步吸引人们在空间中穿梭，当这些元素与荫蔽区结合，便能激发人们无法抗拒的空间探索欲。

荫蔽区是许多电子游戏的重要元素，因为它既能象征神圣空间，也能象征邪恶空间，从而营造出氛围上的模糊性——由于空间中同时存在友好、敌对与模糊的空间信号，玩家无法确定该空间是否安全。例如，游戏 *The Legend of Zelda: Twilight Princess*[31] 在许多地下城的内部设计中，既运用了荫蔽区，也融入了前景空间。玩家在游戏世界中探索时需高度警惕，因为荫蔽区笼罩的广阔空间既可能藏匿神圣遗物，也可能潜伏致命怪物（图 6.27）。

图 6.25 科尔多瓦大清真寺（始建于公元 786 年前后）内的荫蔽区与韵律感十足的立柱共同营造出一个充满诱惑力的空间，吸引人们不断探索

图 6.26 Carlo Scarpa 修复的意大利维罗纳古堡博物馆，通过相邻展厅之间的开口设计，以富有韵律的排布和门廊两侧若隐若现的遮蔽效果，营造出强烈的探索吸引力

图 6.27 *Zelda* 系列游戏经常使用荫蔽区和前景空间的组合来营造充满不确定性的地下城环境：玩家无法确定即将获得重要物品还是遭到攻击

游戏 *The Nightmare Over Innsmouth* 利用荫蔽区和彩色灯光营造出氛围上的模糊性，引导玩家进入庭院。玩家穿过一系列屋顶横梁后，必须从一扇窗户进入房屋。这个房屋空间是安全的，实际上是“紧张的平衡挑战”与“即将到来的潜行挑战”之间的暂时休息时刻；但这个区域既保持了关卡的情感张力，又让玩家从紧张的游戏中获得片刻解脱。从房屋内部能听到吟唱声，还能看到诡异的绿光——这是环绕着小祭坛的蜡烛发出的光芒。当玩家走下高高的楼梯时，祭坛的景象和灯光效果会逐渐呈现在玩家眼前（图 6.28）。

图 6.28 *The Nightmare Over Innsmouth* 利用荫蔽区在高强度行动节点之间，营造出玩法上的模糊时刻。这些时刻不仅在挑战间隙让玩家稍作休息，更能维持游戏紧张的气氛

这种效果可以通过在引擎中巧妙地放置照明物体来实现。尽管必须留意实时照明的图形渲染开销，但戏剧性的光照效果可通过内容创作程序中的“光照烘焙”技术实现——让程序为包含环境光照信息的环境渲染色彩纹理。许多引擎具备光照贴图功能，能生成包含光照信息的纹理，从而在光照变化不大的区域减少对实时照明的需求。

在手机游戏 *SWARM!*[32] 中，由于目标设备的性能限制，设计师只能使用一种定向光源——向单一方向投射无限光束的光源，类似太阳。因此，每个光源必须按照设计团队期望的场景光照角度放置，并调整光源对象的设置。由于该游戏基于 Unity 引擎开发，因此这些设置包括关卡场景的环境光颜色、灯光强度及色彩。通过一些调整，仅使用一种光源就营造出多种不同的光照条件（图 6.29）。

游戏设计师 Christine Love 在她的博客中描述了任天堂 Game Boy 有限的四级灰度调色板如何实现了类似的视觉效果。在关于彩色化技术的文章中，她提到，当整个游戏环境仅能使用四种颜色时，游戏 *World Heroes 2 Jet*[33] 和游戏 *King of Fighters' 96*[34] 反而比那些完全着色的街机游戏[35] 更能营造出极具沉浸感的氛围。尽管现代二维游戏的调色板已丰富多样，但从中仍能看出：通过构建以主色调为核心的场景，即可实现荫蔽区效果。

图 6.29 游戏 *SWARM!* 的截图显示，即使每个关卡环境只能使用一种光源，也能营造出多种不同的光照效果

6.3.2 阴影

荫蔽区是光线的漫射，处于光明与黑暗之间的过渡状态，而阴影则是物体遮住光源后形成的无光区域。与荫蔽区类似，阴影的用途也有正面和负面之分。

例如，阴影符合 Hildebrand 前文所述的庇护所内的光照特征——它能遮蔽内部的人，使其不被发现，从而获得相对于对手的战略优势。这与 Junichiro Tanizaki 等作家对阴影的情感共鸣不谋而合：他在散文 *In Praise of Shadows*[36] 中剖析了日本美学与阴影的内在关联，盛赞其含蓄沉思的特质，以此对比西方器物浮夸的光泽与亮度。

游戏 *Tom Clancy's Splinter Cell*[37] 的开发团队在设计游戏关卡时也意识到这一点，他们将游戏环境中的阴影视为与光亮区域不同的空间，并创造了“阴影空间”这一术语，用于描述游戏主角可在其中潜行而不被发现的独特区域。[38] 位于西班牙的阿尔罕布拉宫中的狮子庭院也运用了阴影空间，从而营造出独立空间的错觉（图 6.30）：拱廊环绕着庭院，将下方空间与明亮的庭院分隔开来。尽管这些空间彼此完全开放，但立柱和光线的设计让人感觉它们是彼此独立的。

图 6.30　阴影空间指的是在单一空间内，通过改变光照条件，利用阴影营造出独立空间感的特殊区域。该术语由游戏 *Splinter Cell* 的开发者提出，其理念可用于建筑作品中，例如西班牙阿尔罕布拉宫的狮子庭院（建于 1362 ~ 1391 年）

阴影与实体建筑元素一样，也能营造出韵律感。在游戏 *The Nightmare Over Innsmouth* 中，酒店房间外窗投射的阴影与玩家视线垂直，这种排列形成了一种节奏，引导玩家沿着主路径继续前进（图 6.31）。正如艺术家 Randy Lundeen 指出的。阴影也能在与玩家视线平行的表面上创造出线性元素，这些元素将玩家引向目标终点。[39] 由于透视变形，建筑构件产生的阴影，会自然形成具有指向性的线条，这些线条最终会汇聚于画面中的消失点；若将这种设计沿水平方向运用，便能在游戏中为玩家提供强烈的方向指引信号（图 6.32）。

同时，我们还需注意阴影的负面联想。当人处于光亮中时，阴影会对人产生心理压迫，它们让玩家有一种危险潜藏其中的感觉，而这种危险在电子游戏中很可能是真实存在的。例如游戏 *Half-Life 2* 中，黑暗的壁龛是敌人出现的预兆——这些小生物会向玩家扑来，或把非玩家角色变成僵尸。几乎所有恐怖主题的游戏都存在这一元素：黑暗不仅会隐藏敌人，还会以更强烈的方式影响玩家的心理。

图 6.31 游戏 *The Nightmare Over Innsmouth* 开篇场景的平面渲染图，展示了如何将阴影融入环境设计中，从而营造出韵律感。该区域的布局设计，还借鉴了 Carlo Scarpa 修复的意大利博物馆，旨在为这个恐怖主题关卡增添神秘感与刺激感

图 6.32 这幅透视草图展示了阴影如何构建强烈的线性引导元素——它们会吸引玩家的视线，并最终引导玩家穿过空间

6.3.3 负空间

即使洞穴或游戏空间的黑暗角落中不存在危险，未知带来的心理影响也不容忽视。在游戏、建筑和媒体领域，黑暗只是设计师构建负空间感知的一种方式。在艺术和平面设计中，负空间是作品中未被使用的空白区域，是暴露的背景。延伸至游戏设计中，负空间指玩家、观者或使用者未知的空间。在叙事中，负空间可能指那些围绕玩家行为动机的谜团；在关卡设计中，负空间通过让玩家对周围环境一无所知来制造焦虑感。

从诸多层面来看，负空间能增强前景空间效果——当游戏空间让玩家感觉存在视野之外的延伸区域时，这种设计效果最为显著。游戏 *Slender: The Eight Pages*[40] 就是一个典型案例。在该游戏中，玩家必须在被反派角色追捕的过程中，仅靠一个手电筒在黑暗的树林中寻找八页纸稿。游戏的结构本身就围绕负空间展开：游戏环境是被浓密阴影笼罩的开阔林地前景空间。反派角色并非处于固定位置或按照固定轨迹移动，而是通过脚本设置[41]在玩家周围随机生成。这种设计为游戏增添了神秘感，因为玩家在移动过程中无法确定反派角色会出现在何处。浓重的阴影环境与反派角色的随机移动方式相结合，使反派角色仿佛出现在游戏的各个角落。即使反派角色不在屏幕上，玩家也深知反派角色可能存在于环境的任何角落。游戏的音效设计更强化了这种感觉。因此，Slender Man 不再是一个简单的角色，而是成了阴影的化身。

除了和阴影结合使用，负空间还被用来为水体或建筑空间等环境元素增添邪恶未知的氛围。在电影 *Jaws*[42] 中，导演 Steven Allan Spielberg 在影片前一小时内始终不展示大白鲨的全貌，仅以鲨鱼视角展示其追踪游泳者的过程。这一设计让鲨鱼与海水融为一体。同样，许多科幻题材的游戏都利用声音设计来营造这样一种感觉：玩家周围的世界远大于游戏角色身处的空间。游戏 *Dead Space*[43] 通过阴影和音效，营造出怪物在大型飞船的通风管道和其他结构中穿梭的假象。游戏 *Metroid Prime* 则运用更接近音景而非旋律的音乐主题。

有效运用光照条件和负空间不仅能让玩家置身于可能遭遇未知敌人的趣味生存场景中，还能通过隐藏信息或营造不确定的氛围来吸引玩家。

在本章的最后一节，我们将探讨另一种可通过对比创造丰富游戏体验的危险空间工具：高度。

6.4 高度的双重性

在我们所见的诸多热门商业游戏案例中，最有趣的关卡往往都包含一个共性元素：高度变化。无论是悬浮平台、斜坡、楼梯、高空走道还是其他机制，高度的变化都是关卡设计师打造视觉趣味空间的重要方式。不过，当我们把危险空间视为营造空间戏剧感的手段时，高度变化就有了全新而微妙的含义。虽然恐高是常见现象，但身处高处也能带来战略优势，因为高处的人可以俯瞰下方的对手。在多人游戏中，狙击点是玩家争抢的关键区域，因为这些区域既能提供庇护，又能为玩家提供开阔的视野。许多策略游戏也设有此类机制：位于较高地形的玩家可以获得额外的攻击或防御能力。从这些方面看，高度确实益处显著。

然而，在游戏空间中，高度也可能带来强烈的危险感：如果将游戏角色置于高处且直面随时坠落的危险，玩家就会产生强烈的压迫感（图 6.33）。

游戏 *The Nightmare Over Innsmouth* 在关卡初期便展现了高度的双重属性（图 6.34）。游戏开场，玩家必须穿过塌陷屋顶的横梁才能抵达安全区域。由于横梁宽度仅容角色通过，因此，穿越过程十分危险，玩家必须缓慢移动。塌陷建筑的窗户和支撑横梁的立柱更进一步强化了高度感。这些垂直元素与前文讨论的阴影线条作用相同：由于透视变形，它们看似汇聚于一点，形成一种向下的视觉牵引力，使高度带来的压迫感更为强烈（图 6.35）。这种设计手法借鉴了哥特式教堂，例如法国的沙特尔大教堂——其结构立柱并非单一整体，而是由多个线性元素构成，这些元素从教堂地面向上一直延伸至拱形教堂顶部，营造出仰望苍穹的沉浸感（图 6.36）。游戏 *Half-Life 2* 也采用了类似手法：联合城堡的垂直阴影与建筑内部的阴影设计，延续了同样的设计思路。设计通过线性元素，将视线引向其消失点。垂直阴影的运用，进一步营造了高度带来的危险感。

游戏 *The Nightmare Over Innsmouth* 中的关卡设计同样展现了高度的实用价值。玩家穿过横梁后，便可俯视他们的下一项主要挑战——那个兼具视野与庇护属性的庭院。这使玩家能像查看关卡平面图一样观察敌人的移动模式，而不必置身于地面的危险之中（图 6.37）。与本章讨论的许多空间概念一样，关卡设计师可以利用高度的双重属性，为玩家创造有趣的体验。

图 6.33 身处高处的玩家与高空边缘的关系，直接决定了该空间所带来的体验。当玩家和坠落风险之间存在中间建筑时，高度会带来舒适感与优势；而当两者之间毫无阻隔时，高度则会带来危险感

图 6.34 游戏 *The Nightmare Over Innsmouth* 展示了高度的双重属性：既是优势，也是危险

图 6.35　在这幅截图中，垂直结构元素和窗户将视线引向建筑的底部，让高度带来的压迫感愈发强烈

图 6.36　这幅草图绘制的是法国的沙特尔大教堂，该建筑建于 1194 ~ 1230 年，它展示了结构元素从地面向上一直延伸至教堂顶部。这些元素将视线引向高空，仿佛直指苍穹

图 6.37 这幅截图展示了高度如何让玩家俯瞰敌人，并获得战术优势。截图中的角色可以利用在屋顶上的时间记住敌人的移动模式，从而使接下来的潜行玩法变得更加容易

6.5 总结

我们已开启了对如何打造情感共鸣的游戏空间的探索，初步研究了与原始生存本能与对比相关的空间导向。前面的章节讨论了关卡中的纯粹概念，而现在我们开始认识到，那些人类与之存在模糊关系的对比元素——明与暗、高与低等——如何能产生戏剧性效果。我们还探讨了“生存建筑”，这为我们利用前景空间和庇护所打造游戏场景提供了思路。

虽然这些建筑设计常与恐惧这一原始情感相关联，但它们也可以通过颠覆玩家对空间脆弱性的认知，唤起其他情感。这种空间的复杂性与模糊性正体现于此：将本应具有危险性的事物颠覆为有利因素。游戏 *Flower*[44] 中，玩家突破阴影笼罩的环境，为单色世界带来光明与色彩；游戏 *Batman: Arkham Asylum*[45] 则颠覆了前景空间与庇护所的传统定位，使游戏的前景空间完全适配游戏角色的能力，让游戏角色从可能陷入危险的探索者转变为空间中潜伏的恐怖化身。这种赋予玩家主动权的设计，不仅能创造令人振奋的体验，更为对比研究增添了新维度。当玩家成功驾驭或利用我们设计的对比空间后，我们该如何回应？这一问题我们将在下一章中进行探讨。

6.6 练习

① 写作练习：回想一款利用玩家角色的脆弱性来限制游戏进程的游戏。游戏设置了哪些障碍来限制行进？其中是否有一些不是实体门或墙壁？

② 绘图练习：借鉴分子结构图的形式，绘制一个运用前景 – 庇护所设计的关卡。

③ 数字制作练习：为基于前景 – 庇护所逻辑的关卡创建灰盒（可以是你在上一个练习中用分子结构图绘制的关卡）。注意在规划时考虑前景空间和庇护所之间的视觉关联。

④ 数字制作练习：使用游戏引擎的照明工具，为正在制作的关卡添加不同的光照条件。利用荫蔽区和阴影构建空间，使之符合不同的主题："路径""安全与紧张""好奇""惊奇"。

⑤ 写作练习：玩一款利用未知空间或负空间元素营造恐惧等情感体验的游戏。分析该游戏的关卡设计是如何强调这种恐惧情绪的？游戏中的其他元素（如音效、物理或环境美术）是如何增强负空间效果的？

⑥ 数字制作练习：制作一个灰盒关卡，交替呈现高度带来的不同体验：安全或具有优势的高度和危险的高度。

参考文献

[1] *Thomas Was Alone*. Mike Bithell (developer and publisher), July 24, 2012. PC game.

[2] Venturi, Robert. *Complexity and Contradiction in Architecture*. Second Edition. New York, NY: Museum of Modern Art Department of Publications, 1977.

[3] Venturi, Robert. *Complexity and Contradiction in Architecture*. Second Edition. New York, NY: Museum of Modern Art Department of Publications, 1977: p. 16.

[4] Venturi, Robert. *Complexity and Contradiction in Architecture*. Second Edition. New York, NY: Museum of Modern Art Department of Publications, 1977: p. 26.

[5] Maslow, A.H. A Theory of Human Motivation. *Psychological Review* 50, no. 4 (1943): pp. 370 – 396.

[6] *The Legend of Zelda*. Nintendo (developer and publisher), February 21, 1986. Nintendo Entertainment System game.

[7] *Metroid*. Nintendo R&D1 (developer), Nintendo (publisher), August 6, 1986. Nintendo Entertainment System game.

[8] *Dragon Quest*. Chunsoft (developer), Enix (publisher), May 27, 1986. Nintendo Entertainment System game.

[9] Schwarz, Eric. Gamasutra: Eric Schwarz's Blog—*Seeing Red: The Pitfalls of Regenerating Health*. Gamasutra—The Art & Business of Making Games. http://gamasutra.com/blogs/EricSchwarz/20120902/176928/Seeing_Red_The_Pitfalls_of_Regenerating_Health.php (accessed May 29, 2013).

[10] *Halo: Reach*. Bungie (developer), Microsoft Game Studios (publisher), September 14, 2010. Xbox 360 game.

[11] Hildebrand, Grant. *Origins of Architectural Pleasure*. Berkeley, CA: University of California Press, 1999, pp. 24 - 28.

[12] Woodcock, D.M. Functionalist Approach to Environmental Preference. Ph.D. dissertation, University of Michigan, 1982.

[13] Hildebrand, Grant. *Origins of Architectural Pleasure*. Berkeley, CA: University of California Press, 1999, p. 32.

[14] Hildebrand, Grant. *Origins of Architectural Pleasure*. Berkeley, CA: University of California Press, 1999, p. 39.

[15] Le Corbusier. *Towards a New Architecture*. New York, NY: Dover Publications, 1986.

[16] Frank Lloyd Wright—The Prairie Style: From Theory to Practice. Frank Lloyd Wright's Westcott House. http://www.westcotthouse.org/prairie_style.html (accessed May 29, 2013).

[17] Hildebrand, Grant. *Origins of Architectural Pleasure*. Berkeley, CA: University of California Press, 1999, p. 33.

[18] *Metal Gear Solid*. Konami Computer Entertainment Japan (developer), Konami (publisher), September 3, 1998. Sony Playstation game.

[19] *The Nightmare Over Innsmouth*. Christopher Totten (developer), 2011. Demonstrative PC game for GDC China presentation.

[20] Totten, Christopher. Designing Better Levels Through Human Survival Instincts. Half-day tutorial presentation at the Game Developers Conference, Shanghai, China, November 12 - 14, 2011

[21] Lovecraft, H.P., and S.T. Joshi, eds. *The Shadow Over Innsmouth*. In *The Call of Cthulhu and Other Weird Stories*. New York, NY: Penguin Books, 1999, pp. 268 - 335.

[22] It is this author's belief that Le Corbusier would have been an amazing designer of FPS deathmatch maps.

[23] *Halo: Reach*. Bungie (developer), Microsoft Game Studios (publisher), September 14, 2010. Xbox game.

[24] It should be noted that (as will be discussed in a later chapter) Ville Contemporaine was built to separate the mechanics of one's life—living, working, shopping, etc.—into discrete districts separate from one another, so the comparison to Boardwalk is mainly a stylistic one. The city's own scale was massive, as Le Corbusier designed the city around the use of cars and airplanes, which he loved and figured everyone would have in the future. If Boardwalk were to truly be something out of Ville Contemporaine, players would never even see one another, much less have a deathmatch.

[25] *Metroid Prime*. Retro Studios (developer), Nintendo (publisher), November 17, 2002. Nintendo GameCube game.

[26] *Mega Man*. Capcom (developer and publisher), December 17, 1987. Nintendo Entertainment System game.

[27] *Half-Life 2*. Valve Corporation (developer and publisher), November 16, 2004. PC game.

[28] Hildebrand, Grant. *Origins of Architectural Pleasure*. Berkeley, CA: University of California Press, 1999, p. 54.

[29] Alexander, Christopher, Sara Ishikawa, and Murray Silverstein. *A Pattern Language: Towns, Buildings, Construction*. New York, NY: Oxford University Press, 1977, pp. 645 – 646.

[30] Hildebrand, Grant. *Origins of Architectural Pleasure*. Berkeley, CA: University of California Press, 1999, p. 51.

[31] *The Legend of Zelda: Twilight Princess*. Nintendo EAD Group No. 3 (developer), Nintendo (publisher), November 19, 2006. Nintendo Wii game.

[32] *SWARM!*. e4 Software (developer and publisher), January 2, 2013. Mobile device game.

[33] *World Heroes 2 Jet*. ADK (developer and publisher), April 26, 1994. Game Boy game.

[34] *King of Fighters' 96*. SNK (developer and publisher), July 30, 1996. Game Boy game.

[35] Love, Christine. Fuck the Super Game Boy: Fighting Games. Love Conquers All Games. http://loveconquersallgam.es/post/2361219481/fuck-the-super-game-boy-fighting-games (accessed May 31, 2013).

[36] Tanizaki, Jun ichiro. *In Praise of Shadows*. New Haven, CT: Leete's Island Books, 1977.

[37] *Tom Clancy's Splinter Cell*. Ubisoft Montreal (developer), Ubisoft (publisher), November 17, 2002. Xbox game.

[38] Borries, Friedrich von, Steffen P. Walz, and Matthias Böttger. *Space Time Play Computer Games, Architecture and Urbanism: The Next Level*. Basel: Birkhauser, 2007, pp. 84 - 85.

[39] Lundeen, Randy. Interview by author. Personal. Valve Corporation, Bellvue, WA, October 27, 2008.

[40] *Slender: The Eight Pages*. Parsec Productions (developer and publisher), June 26, 2012. PC game.

[41] Technically there's no such thing as true randomness with scripting, but this is the best word for it.

[42] *Jaws*. DVD. Directed by Steven Allan Spielberg. Universal City, CA: Universal Home Video, 1975.

[43] *Dead Space*. Visceral Games (developer), Electronic Arts (publisher), October 14, 2008. Xbox 360 game.

[44] *Flower*. Thatgamecompany (developer), Sony Computer Entertainment (publisher), February 12, 2009. Sony Playstation 3 game.

[45] *Batman: Arkham Asylum*. Rocksteady Studios (developer), Eidos Interactive (publisher), August 25, 2009. Xbox 360 game.

行业视角：关卡设计的通用语言

Camden Bayer

Arkane 工作室关卡设计师

我在环境美术和关卡设计方面的经验是通过沉浸式实践积累的。我会打开编辑器（或其他三维工具）进行创作，然后我的同事或主管会试玩我做的内容，接着我会根据他们的反馈进行修改。在相互点评作品时，我们常因缺乏精准的描述关卡设计意图的术语而陷入循环讨论——大家反复争辩某个设计是否有效，通常要等到各种玩家体验后，我才能真正明白问题所在。

就好像我们开车时虽然盯着后视镜，却迫切地希望能看清前方的路。

我们需要的是一套关卡设计的“批判性语言”。这里有一个发生在八年前的典型案例，体现出我们在掌握这套语言之前的困境。

“为什么每个人都站在那里？”我坐在可用性研究实验室的地板上，静静地看着 8 个人玩我设计的游戏关卡，心里满是困惑。我是游戏 *Red Faction: Armageddon*“感染模式”的环境美术师，这个模式是四人合作的波次生存模式（本质上就是包含跳跃型外星生物、防御据点和可破坏建筑的“生存战”模式）。

我一次又一次震惊于玩家们选择的战术，因为我知道在那个关卡中选择这些战术意味着“自杀”。所有玩家都集中在中央杀戮区，而外星人则从四面八方对他们进行围攻。玩家们忽略了外围区域——那里有所有的庇护所和补给品，是向杀戮区构建交叉火力的绝佳阵位！这与关卡的最佳玩法完全背道而驰。

那时我刚看过关于游戏 *Mega Man X* 中视觉传达的视频，并在游戏 *Mass Effect 2* 中观察到许多有效的视觉引导技巧。作为环境美术师，我认为自己有责任通过视觉设计，引导玩家做出符合关卡逻辑的选择。可究竟为什么玩家要站在那里呢?

那一刻，我突然明白了问题所在。

关卡中真正具备实用价值的区域（包含庇护所和防御点的地方）被设计成废弃的洞穴城镇。为了呈现荒废、破败的感觉，我在各处布置了一堆堆燃烧的残骸。为增强恐怖感，我还制作了一些可破坏的掩体。这些掩体被装饰成飞船面板，其中铝制骨架伸出框架外，被削成尖刺状。为了配合这种诡异氛围，灯光师利用残骸上的火焰作为光源为这些掩体营造出闪烁的背光效果；同时为形成背景对比，将外围区域设计得一片漆黑。

与此同时，中央杀戮区域则使用明亮、友好的顶灯照明。杀戮区域明亮友好，而关卡实用区域却如同黑暗的燃烧地狱。这种设计显然是失败的。

我迅速做了记录，溜出可用性研究实验室，快步走到照明小组的房间。我向他们解释了我观察到的玩家困惑，提出修复建议，分享了改进计划，对要求返工深表歉意，同时表示非常欣赏他们设计的火焰效果，对改动深感遗憾，随后便匆匆回到自己的工位。

我立即删除了大部分火焰，在外围区域增加了一些照明装置，并在杀戮区域添加了大量血腥贴纸。几天后，灯光师向我展示了他那边的修复成果。这完全达到了预期的效果。后续的游戏测试显示，玩家对关卡区域的选择明显改善了。

这次教训让我深刻地认识到，精美的美术设计若缺乏焦点引导，也会干扰玩家的本能判断，使其采取“自寻死路”的游戏策略。心灰意冷的玩家会指责游戏不公，继而放弃它去寻找其他娱乐。因此，游戏美术和游戏玩法必须在微妙的情感层面达成协同。这意味着团队中的美术师和设计师需要能从引发情感的角度来沟通设计。

几个世纪以来的艺术理论术语，在过去的一个世纪里通过营销心理学和电影研究得以完善，形成了海量的知识体系，任何有效的艺术课程都会涵盖这些内容。不过，要想深入了解关卡设计的心理学原理，就需要更系统地探索。这正是 Chris 的研究价值所在。

你是否曾经听到过某个深刻的观点，迫使自己重新审视过往所有认知，并将其纳入新的思考框架?

Jeff Touchstone 是我的一位同事，他在一场关卡设计工作坊中向我介绍了关卡设计的批判性语言范例，其中就包括基于生存的设计术语。这套通用语言的出现，对我个人作为开发者的成长而言是个关键节点，也有效助力我们团队提升了专业技能。

工作坊结束后不久，我注意到我们在工作坊中讨论过的各种生存空间元素，都出现在我女儿最喜欢的室内游乐场里。这些游乐场里遍布各种庇护所，供年幼的孩子躲避奔跑更快的大孩子；与此同时，大孩子们则在前景空间花费更多时间，并逐渐探索游乐场中更复杂的区域（通常是高处）——这简直就像一款循序渐进的电子游戏!

随着我对许多游戏关卡中这些元素的深入思考，我发现不仅要考虑关卡中的基础战术设计，如掩护、流动、射击和通过狭窄空间等，还要思考庇护所、前景空间、舒适空间、狭窄空间之间的相互作用所承载的情感意图。这种思维转变让我在收集参考资料和绘制新空间草图时，创作思路更加清晰，思维也更具多样性。它帮助我更深刻地理解艺术与设计如何融合成一种体验。

当我们把这些术语融入实践时，清晰的思路也让关卡设计的互评环节更有意义。“我们需要在入口后方增加一处庇护所，再设计一些高度差，以便更好地勾勒出前景空间，让玩家能提前规划路线；同时添加一些引导线，或再用特定颜色或光线元素指向出口，以防玩家在侧翼包抄时迷失方向。”这样的表述不仅更具指导性，还能激发更多创意，远胜过那句老生常谈的“玩家总被击中，我们需要更多掩护”。

当然，体验彼此的作品，并在之后围绕设计交流学习，这依然至关重要，但从打造更优质的空间入手，能让我们的评审更高效、更有成效。此外，有一些可查阅的资料，系统描述了与我们行业工作相关的理论，这实在是太棒了。

第 7 章

游戏空间中的奖励

高尔夫最贴切的定义，是一场由无数次悲剧构成的无尽旅程，只是偶尔也会有奇迹发生。

——佚名[1]

如果你看到的一切远不止表面那么简单呢？如果你身旁的人是一位战士，而那片看似空旷的地方，实则是通往另一个世界的门？如果出现了本不该存在的事物呢？你要么对其不予理会，要么接受这个世界其实比你想象得更为复杂。也许真的有这样一扇门，如果你走进去，就会发现很多意想不到的东西。

——Shigeru Miyamoto[2]

上述引文凸显了本章将要探讨的因果关系，本章将探讨游戏中的奖励机制及能让奖励更有价值的空间导向设计。我们此前已讨论过奖励的相关要素，包括奖励在教学中的运用，以及通常出现在奖励之前的挑战。上一章则探讨了对比和模糊性：阴影、高度、庇护所等元素会因其使用方式而赋予空间积极或消极的特质。现在，我们将探讨游戏关卡中的另一种对比元素——那些能打破危险与冲突时刻的愉悦性奖励。除教学功能外，这些奖励还能帮助关卡设计师调控游戏节奏，激励玩家进一步探索游戏世界。

本章聚焦于奖励本身带来的体验，尤其关注是什么让获取奖励的过程令人满足，以及我们首先该如何让玩家注意到这些奖励。我们会观察奖励如何影响玩家在游戏中的心路历程，接着剖析游戏中的奖励类型，以及它们如何引导玩家在游戏空间中移动。最后，我们将探讨奖励如何转化为目标，进而构建整个游戏世界的结构。

在本章，你将学到以下内容：

奖励的目的；

游戏空间的奖励类型；

通过延迟满足使奖励更有吸引力；

目标与奖励机制。

7.1 奖励的目的

从表面上看，奖励在游戏中的目的似乎显而易见：让玩家在参与游戏、达成特定目标或提升表现时获得回报。然而，在关卡设计中，设计师能够借助空间布局暗示奖励的存在，从而影响玩家的路径选择——是直奔主线玩法，还是选择更漫长的探索之旅。因此，我们可以认为，关卡设计中奖励的目的包括：

激励游戏内行为；

吸引探索；

激发好奇心。

这三个目标将构成我们本章看待奖励的基础，也将成为我们定义奖励在游戏空间中如何运用的依据。在展开论述之前，我们应该进一步剖析这些目标。

7.1.1 激励游戏内行为

游戏设计中奖励机制的运用，大部分源自 Ivan Pavlov、B.F.Skinner 等行为主义学者的研究。行为主义学者关注有机体的可观察行为，并探索如何改变这些行为。Pavlov 和 Skinner 等行为主义学者开展的经典实验，都包含通过奖励让实验对象认知到某些行为具有可取性的设计。

与经典行为主义理论一样，奖励在游戏中可有效激励并强化玩法机制。通过奖励玩家正确执行特定操作，设计师可以潜移默化地完成教学引导。同时，奖励还能吸引玩家参与游戏，并促使他们投入更多时间。正如体育哲学家 Bernard Suits 在 *The Grasshopper: Games, Life, and Utopia*[3] 一书中所论述的：游戏总是以看似低效的间接方式达成目标。他以拳击和高尔夫为例——如果想让他人倒地 10 秒，你会使用远超拳头的力量；如果你想让球进洞，你不会在数百米外用球杆击球。然而，击倒对手的拳击手既赢了比赛又提升了排名，高尔夫球手则以低于标准杆数的成绩打完一洞而自豪。尽管这些行为在现实中看起来很低效，但获得游戏内奖励的愉悦感足以驱使人们这样做。

从空间设计角度来看，奖励可以促使玩家承担风险或偏离主线去探索新区域。在第 6 章中，我们探讨了一些人类本能认为危险的区域：易受攻击的开放区域、阴暗的空间及高处。此外，还存在一些看似不合逻辑的路径选择——如果你曾“绕远路看风景”而非直奔目的地，就体验过这种情况。就像现实中人们常被美景或者难忘的地标所吸引而选择替代路线一样，游戏中的额外奖励也激励着玩家对游戏世界进行深入探索。

7.1.2 吸引探索

作为一种资源，奖励往往具有某种稀缺性或实用价值，这使其变得珍贵，比如恢复或增强玩家生命值、新武器、弹药，或是重要的任务物品。关卡设计师若想为玩家提供探索游戏空间的机会，直接让玩家察觉到奖励的存在是一种有效的手段。这正是玩家视线（本书始终强调的重要概念）再次发挥作用的场景。如果奖励出现在玩家的视线范围内（图 7.1），但玩家又难以够及，那么这些奖励就能有力地促使玩家跳出明显的常规路线，去探索当前所处的关卡。

贝聿铭在位于华盛顿特区的美国国家美术馆东馆的设计中就采用了这种方法。来访者进入建筑宏大的中庭，能看到展品、其他设施，以及通往这些空间

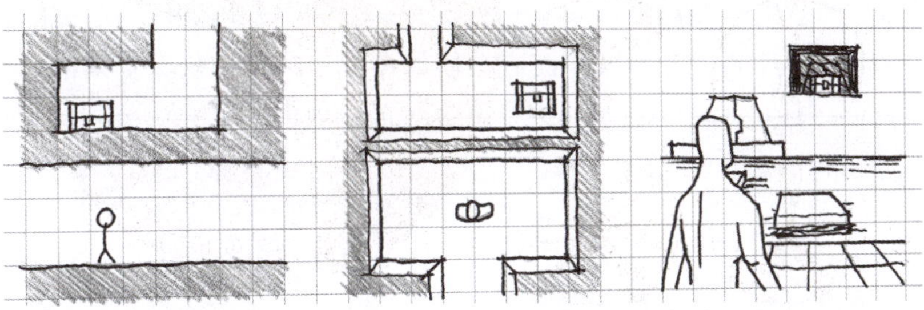

图 7.1　这些草图展示了如何在不同的镜头视角下向玩家展示奖励。将奖励置于玩家视线范围内，但遮蔽通往该奖励的路径，可以激发玩家进一步探索的欲望

的路径。通过这种方式，来访者会自主选择通往这些诱人空间的路线。现实世界与游戏世界探索机制结合的典型案例是游戏 *Pokémon GO!*。在这款游戏中，玩家会看到一幅叠加了 Pokémon 角色形象的现实位置地图。如果玩家抵达这些角色所在的位置，就能将它们收入自己的收藏，甚至能与它们结伴同行。我自己玩这款游戏时，会在通勤路上打开游戏，然后停下脚步去寻找新的 Pokémon。我不止一次因此走错路，甚至还发现了一些原本可能永远不会留意的公园、纪念碑和公共艺术品。

当设计师展示奖励却隐藏或仅暗示获取路径时，玩家的探索欲望会更为强烈。要实现这一点，可以让玩家必须穿过其他房间才能抵达奖励处，或是将路径隐藏在墙壁后面，仅通过窗户或缝隙对路径稍作暗示等。如此一来，寻找路径的责任交到了玩家手中，让他们去解开一个谜团。

7.1.3 激发好奇心

好奇心是游戏开发中至关重要的情感。尽管激发玩家的好奇心与吸引玩家的概念类似，但前者更为抽象。不同于直接向玩家展示奖励，这种方法通过提供线索暗示奖励可能存在，从而激发玩家探索验证的欲望。这种效果可以通过模块化资产、材质、灯光技术或任何可预制并在游戏中重复用作符号的元素来实现。

贝聿铭设计的位于美国俄亥俄州克利夫兰市的摇滚名人堂再次诠释了这一理念。与美国国家美术馆东馆不同，来访者在摇滚名人堂的阶梯式露台上只能看到部分展品，而流通空间也被刻意遮蔽。来自 Moby、Gwen Stefani 和 Weezer 等风格鲜明的艺术家的霓虹灯牌和相关藏品，会吸引来访者走向通往更神秘、更具历史感的展品的路径。这让人感觉博物馆就像一个摆满神秘物件的架子，邀请来访者去探寻它们。在探索这些空间的过程中，来访者会被引导经过一些原本可能错过的展区。

正如第 2 章所述，关卡设计的主要目标之一是通过信息来增强空间的功能性。玩家可以通过游戏空间中的奖励模式和模块化资产获取信息（图 7.2）。当这些奖励模式被明确展示时——比如游戏 *Half-Life 2*[4] 中友好基地或武器藏匿点附近的 λ 符号——玩家就会主动寻找更多获取奖励的机会。在那些玩家

图 7.2 如果玩家在探索特定类型场景或具有某些视觉元素的区域时获得奖励，那么他们会逐渐形成认知：在游戏中再遇到类似场景时，奖励可能就在附近。这种机制会持续激发玩家的探索欲

必须通过持续解锁奖励才能推动剧情发展的游戏中，好奇心会成为游戏核心体验的关键要素，既能帮助玩家找到必备道具，也能发现额外物品。在游戏 *Castlevania: Symphony of the Night* 中，玩家在探索城堡时，经常被无法触及的平台或无法打开的门所吸引。这些元素对玩家来说十分醒目，因此当玩家获得新技能（如更高的跳跃能力或开门的咒语）时，就能回忆起并回到那些可以运用这些技能的地方。

奖励机制对玩家的持续吸引力及其对游戏玩法的强化效果，取决于所采用的奖励类型。接下来我们将探讨游戏中的几种奖励类型，以及它们如何应用于游戏的空间设计中。

7.2 游戏空间的奖励类型

既然我们已经理解了奖励在游戏关卡中的作用，现在可以探讨游戏空间中可运用的奖励类型。在 *Rules of Play: Game Design Fundamentals* 一书中，Katie Salen 和 Eric Zimmerman 描述了以下几种奖励类型。

荣誉奖励：指通过完成游戏挑战或赢得游戏获得的成就感，这类奖励并不一定属于游戏机制的一部分。[5]

生存奖励：用于维持玩家在游戏内状态的物品，如生命值、弹药、魔法等。

权限奖励：玩家获得的此类物品或资源，可用于解锁此前无法进入的区域，例如钥匙等一次性使用的道具。奖励也可能包括叙事类物品（如视频日志）或游戏外信息（如概念设定图）。

能力奖励：为玩家提供新能力，以某种方式扩展其操作技能组合。此类奖励可能（但非必然）附带解锁新区域的功能。[6]

这些奖励在通用游戏设计中发挥作用，用以描述游戏对玩家产生的影响，以及如何通过资源分配作为克服障碍的奖励。这在很大程度上涵盖了其中多种类型，尤其是生存奖励和能力奖励。然而，这些奖励主要以物品为基础，如资源补给、钥匙、强化道具等。在关卡设计中，我们关注的是奖励物品的空间布局，但还有一些特定类型的关卡空间或游戏体验本身就可以作为奖励。本节将讨论这些奖励空间的类型，以及它们与 Salen 和 Zimmerman 提出的物品奖励与机制奖励之间的对应关系。这些空间包括：

奖励宝库；

奖励性景观；

冥想空间；

叙事舞台。

正如下文即将讨论的，这些空间设计有效解决了节奏把控、视线引导和脚本事件编排等问题。通过剖析这些空间以何种方式赋予玩家获得感，我们便能掌握以此构建趣味性关卡的核心方法。

7.2.1 奖励宝库

游戏中最显而易见的奖励空间是奖励宝库，这类空间包含构成 Salen 和 Zimmerman 所定义的游戏玩法奖励类型的物品、信息和其他资源。它们可用于实现游戏进程管理功能，例如存档室。在形式和构造方面，这些空间经常通过照明、音乐或空间特性与关卡内其他空间形成区隔。就像教堂的后殿，这类空间通常较为小巧，可能会采用高耸的天花板或拱顶结构，从建筑角度彰显这个空间的特别之处（图 7.3）。

Metroid 系列游戏中的道具房间是奖励宝库的典型案例。在初代游戏

Metroid [7] 中，这些房间采用统一的建筑语言，并配有专属音乐。这种独特性强化了一个理念：该空间具有区别于常规游戏玩法的特殊功能。此外，那些伸展着双手的仪式性雕像让人联想到古神庙建筑，这些雕像托举着奖励物品。该系列后续作品采用立柱、拱门和其他神庙元素进一步装饰这些空间。

游戏 *BioShock Infinite*[8] 则呈现了更隐蔽的奖励宝库形式：玩家能在偏离主路径的储藏室里找到藏匿物品。这些储藏室往往需要玩家进行短暂探索或使用开锁工具才能进入。虽然这些储藏室没有华丽的装饰，但仍然包含着如生命值、弹药和身体补给等生存奖励，或如音频日志等权限奖励。

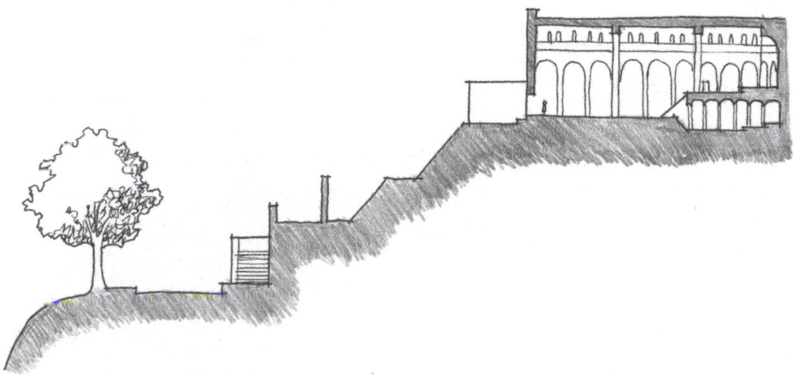

图 7.3　在许多西方的基督教教堂中，祭坛通常位于教堂纵轴的末端，并配有半球形穹顶结构，这幅图为意大利佛罗伦萨圣米尼亚托大殿（建于 1062 ~ 1090 年）的剖面草图。在建筑设计中，这一区域被称为教堂的后殿。来访者要攀爬建筑内外的一系列楼梯，才能到达教堂和这个重要的内部空间

7.2.2 奖励性景观

游戏空间中，一个重要却常被忽视的奖励是赏心悦目的景观，也可以说是令人印象深刻的风景视野。与荣誉奖励类似，这些奖励通常不提供游戏玩法资源，却对于节奏把控至关重要，可以在激烈的游戏过后为玩家提供情绪释放的窗口（图 7.4）。

奖励性景观通过呈现有趣或独特的游戏美术画面吸引玩家驻足观赏：林间山谷、日落、外星建筑的能量核心、城市或其他“养眼”的景观。这一概念由 Valve 公司的设计师提出，在游戏 *Half-Life 2: Episode 1*[9] 和游戏 *Half-Life 2: Episode 2*[10]

中被大量运用。作为第一人称射击游戏，玩家常需一路奔向下一个枪战地点。然而，当他们看到引人入胜的视觉景观或动画时，便会停下脚步稍作休息。像第一人称射击游戏这样的全程充满动作场面的游戏，奖励性景观为玩家创造了片刻的宁静，又不会严重拖慢游戏节奏。

除了节奏把控，奖励性景观还可用于庆祝玩家在空间探索中的成就，如攀爬高大建筑后的回报。在游戏 *Batman: Arkham Asylum*[11] 中，探索疯人院外高大建筑的玩家能俯瞰远处哥谭市的风景。游戏 *The Legend of Zelda: A Link to the Past*[12] 则通过展示游戏场景外的森林和云层，奖励那些爬到死亡山谷上迷宫般洞穴的玩家。

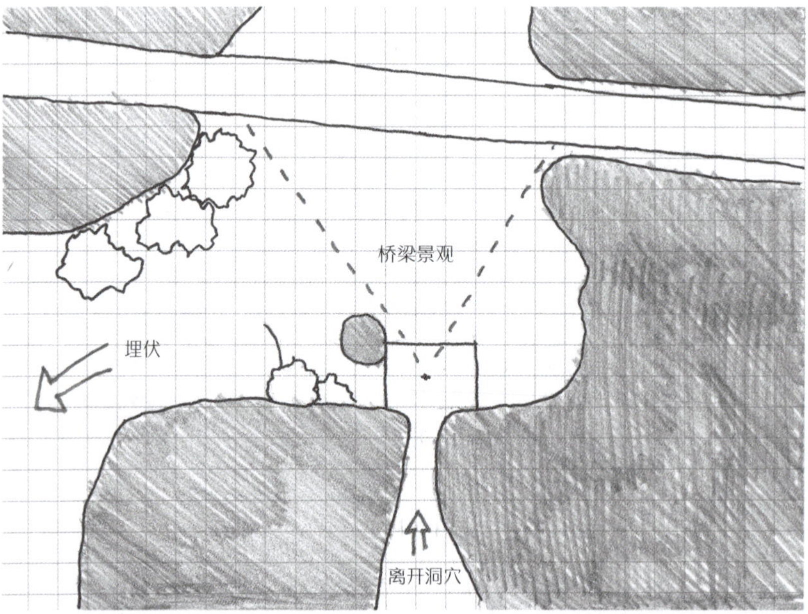

图 7.4 奖励性景观能在高节奏的动作游戏环节后，为玩家带来片刻的平静

7.2.3 冥想空间

冥想空间是奖励性景观的一种极致形式。与奖励性景观类似，冥想空间也为玩家提供低强度的游戏时刻，这对于合理把控游戏节奏至关重要。冥想空间的规模通常较为小巧，要么能让玩家尽情体验所操控角色的移动韵律，要么能营造出真正的冥想氛围。

在游戏 *The Prince of Persia: The Sands of Time*[13] 中，喷泉场景有效间隔了激烈的战斗与平台跳跃环节。当玩家操控游戏角色在喷泉区域活动时，会感受到柔和光线与流水音效营造出的放松氛围。由于玩家在这里可以喝水疗伤，因此这些空间也属于奖励宝库，但其核心价值在于为持续高强度动作的游戏流程提供缓冲间歇。

在 *Portal*[14] 系列类游戏中，玩家通过电梯在谜题室之间穿梭。这些空间既没有奖励性景观，也不提供资源，却能分割游戏进程。玩家在电梯中能短暂地脱离解谜的压力，为迎接下一场挑战做好准备。

7.2.4 叙事舞台

Salen 和 Zimmerman 未曾提及的一种奖励类型是叙事奖励，即向玩家交代背景信息的部分。作为一种交互式叙事媒介，游戏可将叙事作为完成诸如大型战斗或技能挑战等游戏内任务的奖励。第 9 章将详细探讨游戏空间中叙事的运用，但需明确的是，游戏常将叙事作为一种奖励形式。

在设计包含脚本叙事事件的关卡时，设计师需为这些事件的发生提供空间。与我们探讨过的其他奖励性空间一样，这些空间也会通过如拱顶、拱门、穹顶等标志性建筑结构与其他空间区形成区隔（图 7.5）。*Final Fantasy* 系列游戏将关键剧情节点安排在宏大的标志性建筑场景中——塔顶、神庙内殿、观景平台。在早期作品中，玩家在场景中移动时会随机触发战斗，而靠近叙事舞台的空间则会刻意移除敌人，以此暗示“非战斗的叙事时段”。*Metal Gear Solid*[15] 系列游戏则通过开阔空间——高耸的天花板和巨型单体建筑——与游戏中遍布的隐蔽角落形成鲜明对比，为角色对话创造专属舞台。在这两个案例中，无敌人的空间设计让玩家脱离战斗状态，得以放松并获得叙事信息，即使随后又将迎来一场激烈的战斗。

与奖励性景观和冥想空间类似，叙事舞台通过节奏变化为玩家提供休憩机会。不过，这些空间还能提供额外奖励：让玩家了解游戏故事接下来的发展。

这些类型的奖励空间并非独立存在。如游戏 *The Prince of Persia* 中的喷泉场景所示，奖励空间可以实现多重功能组合：既是冥想空间又提供实质奖励，既呈现壮丽景观又推进剧情发展。其核心设计目的是让玩家获得成就感，为后续的高强度游戏玩法做好铺垫。奖励空间还与那些阻碍玩家获取奖励的空间相互影响。虽然我们已经探讨过危险空间，但若将其他空间布局方式与奖励及奖励空间结合使用，还能进一步激发玩家对游戏关卡的探索欲望。

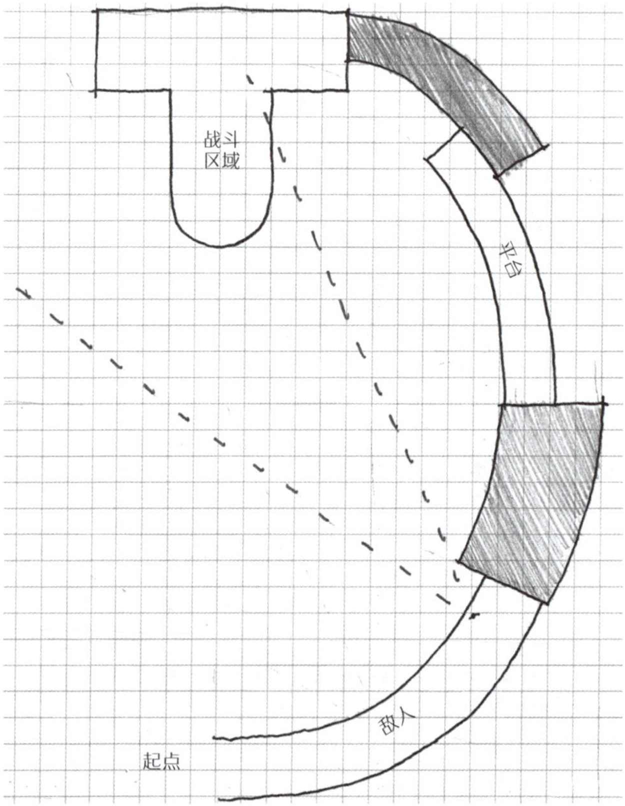

图 7.5 叙事性奖励空间通常具有显著的建筑特征，如穹顶等标志性元素。这样，它们既可以为游戏中史诗般的叙事事件提供一个有趣的舞台，又易于玩家寻找和识别

7.3 通过延迟满足使奖励更有吸引力

奖励空间之所以有价值，一个重要原因是它们出现在危险空间或过渡空间之后，这会让玩家产生“通过努力赢得回报”的感受。因此，这种空间借助空间阻隔——暂时不让玩家获得奖励——能够强化奖励空间的愉悦效应。虽然我们之前探讨的危险空间本身就具有延迟特性，但还存在其他空间布局方式：它们既能暗示奖励存在，又对奖励的真实本质保持神秘。这些空间通过让玩家察觉到奖励的存在，并提供不完整的信息来激发好奇心，从而吸引玩家探索。本节将探讨建筑师们认为有助于实现空间阻隔的几种空间布局方法。

7.3.1 禅意视野

作为影响玩家空间体验的空间布局方法，延迟机制的核心在于控制玩家对奖励空间的视线或感知。这一理念最早源自 Christopher Alexander 的 *A Pattern Language* 一书中的“禅意景观”，他本人如此描述其起源：

> “一个僧人住在高山上的小石屋里。在山顶上，他可以看到远处美丽的大海。但在僧人的屋内与通往房子的路上都无法直接看到大海。然而，石屋前面有一个庭院，庭院四周堆满了厚厚的石墙。来访者会穿过一扇门进入庭院，然后斜穿过庭院走向石屋的前门。在庭院的另一边，石墙上有一道狭长的斜向缝隙。当来访者穿过庭院时，只有走到与缝隙对齐的特定位置，才能看到大海，然后继续前行，进入屋内。”[16]

这段关于庭院窗口的故事，描绘了一种禅意视野。这种视野指的是人们在前往某个目的地（在此处指图 7.6 中的僧人石屋）途中，偶然获得的、短暂却刻意营造的空间体验奖赏。Alexander 将这种体验与那些用宽大观景窗来展现景观的房屋进行了对比：当景观被持续暴露并作为终极目标时，其感染力反而会消退。而僧人石屋的小窗口只允许人们在短时间内看到海景，并未将其视为目的地，从而让窗外的景致始终保有独特的体验感染力。

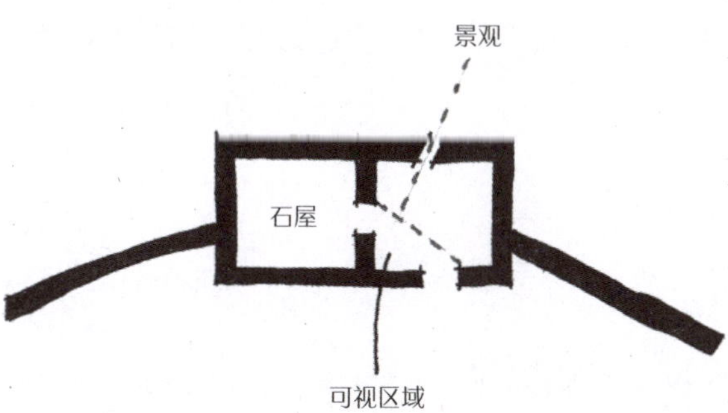

图 7.6 Christopher Alexander 所描述的僧人石屋的示意图。庭院石墙上的窗口控制着居住者对远方景观的视野。这种对开阔视野的刻意遮蔽，使有限的体验更具奖励感

在游戏中，禅意视野通常是玩家与奖励或奖励空间的第一次认知互动（图 7.7）。这类视野与不同的奖励空间的互动方式各有不同。对于奖励性景观和叙事空间——正如前文所述，这类空间通常以宏大的建筑规模为特征——禅意视野的作用与 Alexander 的案例高度类似：提供对奖励的短暂一瞥，以此激励玩家努力抵达。在此类奖励宝库中，玩家通常会看到一个奖品如物品、宝箱等，但通往奖励的路径却被遮蔽，玩家需要自行探索寻找路径。

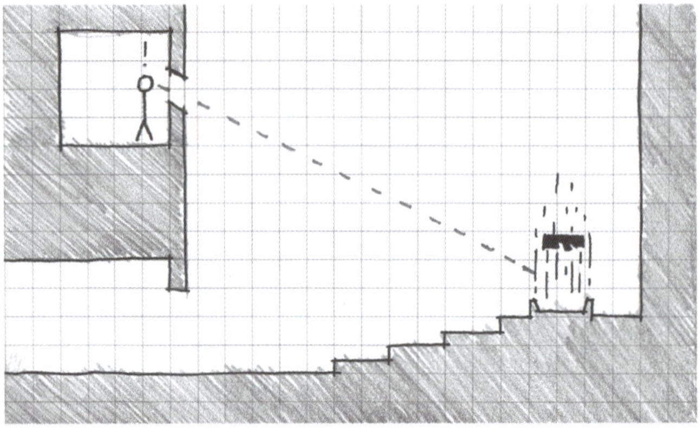

图 7.7 游戏中的禅意视野有多种作用：奖励性景观和叙事空间往往通过真实的禅意视野来暗示其存在。虽然奖励宝库可以展示给玩家，但通往奖励的路径是被遮蔽的

需要注意的是，冥想空间虽然可以通过暗示来引导玩家，但仅靠禅意视野往往不足以实现这一目的。这类空间作为惊喜或庇护所时效果最佳，通常作为叙事手段的一部分与游戏场景的其他区域相隔离。在游戏 *Abzû* 中，玩家偶尔会进入一个空间，它是玩家旅程中的重要元素，又处于与游戏其他世界相隔绝的独立维度。这使抵达该空间与其他游戏中类似空间的过程充满惊喜，难以被提前预知。除了禅意视野外，音乐等其他元素也能暗示此类空间的存在。当玩家接近这些空间时，音乐会渐渐响起，这不仅能吸引玩家探索，还能改变玩家的交互模式：受伤的玩家会冲向音乐所在的地方，寻找安全与疗愈的空间。从空间设计的角度来看，对冥想空间的预先呈现更为微妙，其入口处常被分叉路径部分遮蔽。这些微妙的预先呈现正是 Frank Lloyd Wright 住宅设计的重要元素，我们接下来将探讨这一内容。

7.3.2 汉纳住宅

汉纳住宅位于加利福尼亚州斯坦福大学校园内，它与建筑师的其他设计有所不同，其中最重要的一点是：这是这位建筑师首次在建筑平面中采用蜂窝状网格结构而非矩形网格（图 7.8）。传统方形或矩形网格形成的 90 度直角会让居住者难以看清角落另一侧的情况，而汉纳设计的住宅的是带有 120 度钝角的六边形结构。这种设计能让居住者看到钝角角落另一侧的部分景象，既提供了空间延伸的局部视野，又要求来访者必须移动至转角后方才能获得房间的完整景象。

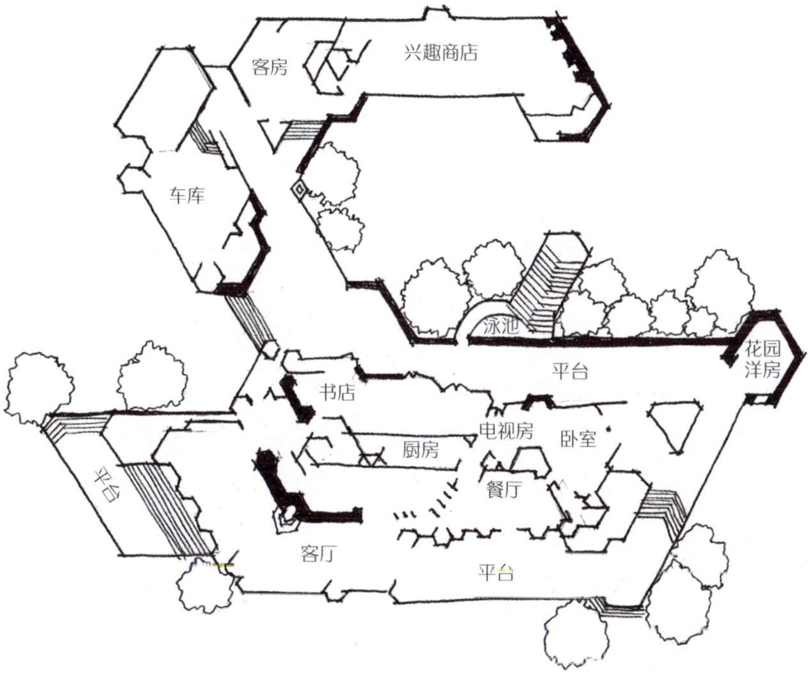

图 7.8 Frank Lloyd Wright 设计的汉纳住宅平面图，该建筑建于 1937 年，位于美国加利福尼亚州

人类大脑具备一种非凡的能力，可以处理部分视觉信息并自动补全画面。当熟悉的事物（如字母、符号或电子游戏中的常见物品）的部分图像被遮蔽时，大脑仍能识别出该物体是什么。平面设计师经常利用这种能力创造视觉错觉——比如前文提及的“鲁宾之壶”的插图，可以被解读为一个花瓶，也可以被解读为两张面孔在对视，或是设计残缺但仍可识别的字体（图 7.9）。Hildebrand 将这种能力描述为一种重要的生存策略：大脑可以将复杂或不完整的信息解析，使其变得易于识别。[17] 他还强调这种本能可以激发好奇心：大脑会先假定不完整信息所对应的事物，然后寻求验证。

在游戏中，钝角可以展示部分奖励、敌人遭遇或其他重要事件。它们通过提供模糊的信息，暗示或预警即将发生的事情，从而促使玩家探索。这会营造出一

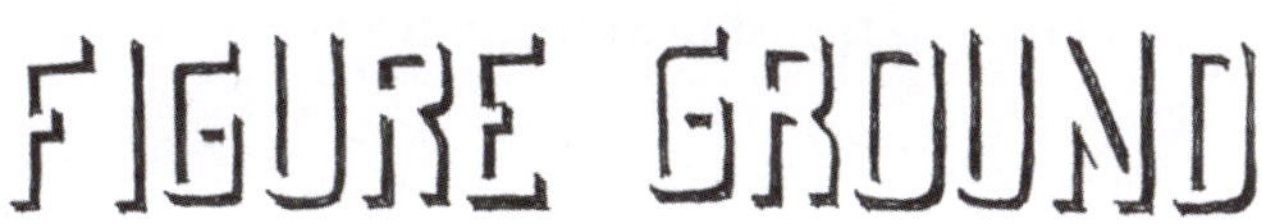

图 7.9 即使视觉信息不完整，这些字母依然能够被辨认出来

图 7.10 蜂窝状网格或钝角空间通过向玩家展示部分信息来激发探索欲望，既能营造风险悬念感，又能有效打破现代游戏引擎所使用的标准化网格结构

种风险感：转角的另一侧可能藏着宝箱，也可能埋伏着敌人。这类通道可能遮蔽冥想空间，使其远离关卡的主要路径，但又通过部分展露来暗示其存在。

从实际关卡构建来看，汉纳住宅风格的通道可能很难创建。许多游戏引擎在使用预制的正方形或矩形物体时往往效果最佳。然而，通过外部内容创建程序精心设计六边形关卡物体，或在引擎内置关卡编辑器中精心构建，仍然可以实现这种设计。这种做法的额外优势在于能够“打破网格”，弱化大多数引擎关卡构建固有的方块化网格痕迹（图 7.10）。最终呈现的是兼具美学价值与情感共鸣的游戏空间。

我们接下来要探讨的这类阻隔空间，其设计核心围绕情感体验展开。这类空间会借助空间阻断的手法，将抽象的概念具象化呈现。

7.3.3 宗教建筑和东方庭园设计

历史上，宗教空间或具有精神象征意义的场所，在建筑设计上既与周边环境相分隔，又保持着一定的关联。正如第 1 章所述，英国早期的墓葬与宗教建筑会利用竖井将光线引入被遮蔽的内部结构。《圣经》记载的所罗门圣殿设有专门安置约柜的“至圣所”，唯有圣殿的大祭司可进入。在东方文化中，寺庙和房屋的来访者通常必须穿过层层园林空间，这些园林空间旨在隔绝外界纷扰，使来访者在抵达最终目的地之前完成精神上的净化。

这种层级递进的空间主题常见于角色扮演或动作类游戏的地下城设计。在游戏 *God of War*[18] 中，玩家操控的游戏角色突破神庙的重重阻隔才能找到潘多拉魔盒。同样，不少地下城游戏都采用“向下探索”的主题——通过逐层向下移动到达关卡目的地。*Quests: Design, Theory, and History in Games and Narratives* 一书的作者 Jeff Howard 指出，“向下探索”的主题标志着玩家从一个目标向另一个目标的推进过程。随着玩家穿过层层结构向下移动，他们会面临更艰巨的挑战与更丰厚的奖励。Howard 认为，这种下行的空间结构能让玩家预判谜题与奖励挑战的节奏。[19]

正如前面的例子所示，玩家在获取奖励前需穿越多层阻隔空间，而阻隔设计可通过水平与垂直双重维度实现。正如东方园林设计案例所展示的，其多层阻隔空间即可通过蒙台梭利式的渐进挑战来构建。例如，若玩家需通过 3 个房间才能得到奖励，那么首个房间应呈现挑战的基础形态以展示机制，第二个房间的挑战难度适度增加，第三个房间则设置为最高难度（图 7.11）。

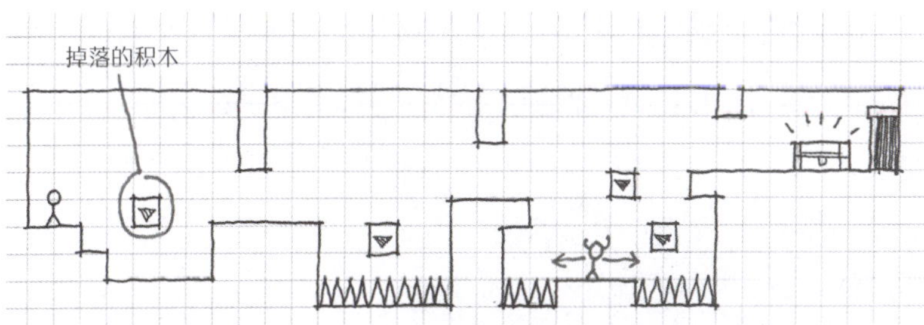

图 7.11 循宗教建筑布局逻辑的分层阻隔空间，既可以沿水平方向展开，也能以垂直方向布局，还能融入蒙台梭利式的渐进式谜题与挑战序列

对于向下探索、穿越外层空间及逐层递进的庭园这类场景而言，只有当玩家明确知晓探索的尽头存在奖励时，这些场景的设计效果才能达到最佳。在游戏 *God of War* 中，叙事脉络早已明确铺垫神庙中藏有关键任务道具。同样，游戏 *The Elder Scrolls V: Skyrim*[20] 的地下城会通过环境线索暗示有用物品的存在：古墓与洞穴中散落着有用的装备与遗物，它们会引导玩家探索更丰厚的奖励。这样的地下城通过环境美术传递自身的重要性：墙壁装饰有旗帜和石刻，而不是光秃秃的岩石墙壁。这些装饰细节会引发玩家对隐藏物品的联想。

这类空间更多是作为关卡结构发挥作用，而与之类似的体验也可通过配置独立的游戏资产来创造。

7.3.4 分层墙体设计

正如汉纳住宅案例所示，当居住者能够感知其他空间中发生的事情时，室内环境会更具趣味性。汉纳住宅通过角度设计，对每个角落后方的景象进行暗示，同时又加以部分遮挡。不过，还有其他方法可以暗示建筑内其他空间的状况。分层墙体就是其中一种有效的方法，既能通过层次制造悬念，又能暗示其他空间中的事物。这种方法不采用实心屏障来分隔空间，而是用能让空间相互产生联系的结构（如门道、窗户、格子架和屏风）来划分区域。

在游戏 *Dead Man's Trail*[21] 中，玩家必须在城镇中掠夺物资，我们将环境美术元素转化为“阻隔界面”。游戏的等距视角让玩家可以透过栅栏和墙体观察区域内的物资情况，以此判断这个空间是否值得探索。虽然杂物会阻碍玩家直接获取战利品，但它也向玩家展示了在探索过程中可能获得的回报。由于游戏机制要求玩家在敌人部落到达之前迅速掠夺城镇，这种吸引探索的方式会让玩家权衡风险：是耗费时间深入探索，还是放弃可能的高级物资。

分层墙体还能在阻挡玩家获取奖励的同时，让其在挑战中始终明确目标方向。游戏 *The Legend of Zelda*[22] 经常使用这种分层墙体设计。在游戏 *Ocarina of Time* 中，Gerudo 关卡的终点是一座迷宫，玩家必须利用在地下城其他区域获得的钥匙才能进行探索（图 7.12）。最终奖励为强力魔法武器“冰之箭”。设计师没有使用坚固的石墙，而是采用了透明的金属栅栏，使玩家能透过迷宫的走廊看到自己的目标。游戏 *Twilight Princess* 中的某个房间需要玩家多次触发开

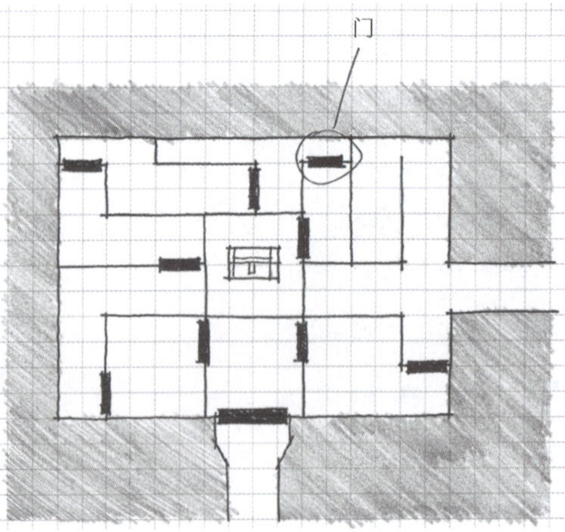

图 7.12 在游戏 *The Legend of Zelda: Ocarina of Time* 的 Gerudo 关卡场景中，设计师利用栅栏迷宫结构，让玩家始终能看到位于迷宫中央的巨大宝箱。这让玩家在整个地下城探索过程中都能感知到目标的存在

关，使分层墙体在两种布局之间切换。每层墙体都设有一个开口，玩家操控的游戏角色可以通过这个开口向开关射箭。墙体上的空隙在为玩家提供解谜思路的同时，持续向玩家显露最终目标。当玩家在房间内与敌人周旋或收集宝物时，这些始终可见的终点景象能让玩家始终专注于任务。

最后，这类阻隔空间的设计还将涉及分层墙体的运用——这类墙体既能暗示相邻空间的存在，又将宗教建筑中特有的空间层次结构融入其中。

7.3.5 奥空间

在日本的空间设计中，有一个名为“奥”的概念。正如日本建筑师 Fumihiko Maki 所述，奥是一种空间布局：街道、小巷等空间如同洋葱的层层外皮般相互缠绕。这些层中隐藏着小型休憩区、广场和聚会空间，唯有人们走上蜿蜒小径时方能发现它们（图 7.13）。某些层还提供了透过其他层次窥见这些空间奖励的机会，将它们呈现给那些愿意花时间寻找的探索者。

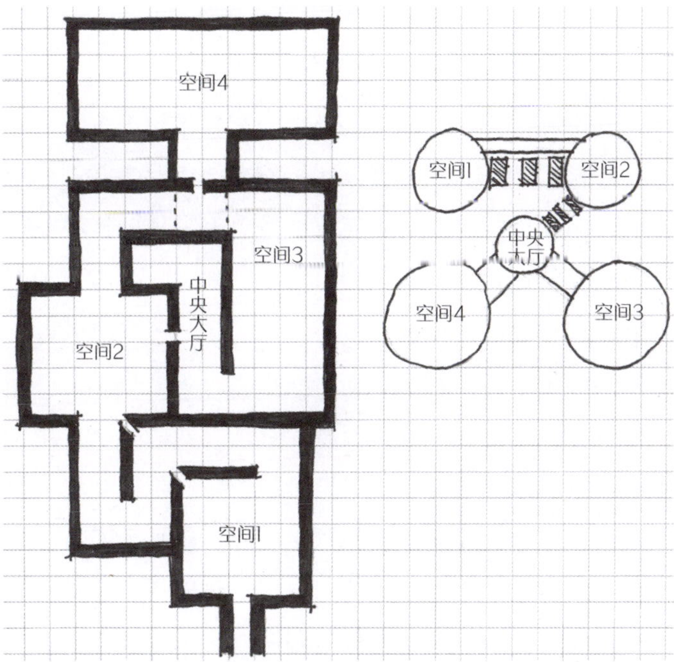

图 7.13 遵循“奥”原则布局的空间，设有蜿蜒层叠的步道层，这些步道层将集会与休憩场所隐藏起来，同时又加以暗示。这类空间综合运用多种形式的视觉阻隔手法，营造出强烈的神秘感

从许多方面来看，奥空间都是前面讨论过的所有阻隔空间类型的融合：它借助城市肌理的分层墙体展现出城市其他层级的禅意视野，以非 90 度的转角刺激探索者，并以层层蜿蜒的通道遮蔽奖励空间。奥空间还彰显了迷宫的力量，它们不仅是游览的谜题，还能通过选择性地揭示信息与玩家互动。在玩家可以观察迷宫其他层次的场景中，玩家有机会通过观察敌人、收集挑战信息和寻找奖励等方式获得优势。

奥空间并非仅存在于第一人称和第三人称的三维游戏中。游戏 *Pac-Man*[23] 中的迷宫在诸多方面都契合奥空间的原则。该迷宫有着蜿蜒曲折的层级结构，其中周期性地散布着能量豆、水果等奖励。俯视视角的二维画面让玩家能够清晰感知到这些奖励所在的空间。这种感知会促使玩家在必要时刻奔向这些奖励，从而躲避敌人或获得分数。

在探讨了包含奖励与那些阻碍玩家直接获取奖励的空间类型后，我们将进一步研究如何通过奖励的节奏设计来激励玩家持续推进游戏进程。

7.4 目标与奖励机制

如前文所述，多种多样的奖励和奖励空间可用于吸引玩家持续投入游戏。通过空间阻隔延迟玩家获取奖励的时间，反而能使奖励的获取过程更具吸引力。从很多方面来看，阻隔空间与奖励的交替，是关卡设计的核心——挑战围绕玩家能力指标展开，而奖励则激励玩家参与挑战。

当设计师通过可见奖励、叙事描述或其他方式，先让玩家意识到即将到来的奖励，再激励他们主动获取时，奖励便转化为玩家的目标。目标是游戏设计的关键要素。一方面，玩家常通过推进游戏进程来达成叙事目标：拯救爱人、拯救世界、创造新的星球等。这些目标虽然与游戏实际机制关联不大，却能为游戏内行为增添趣味。另一方面，诸如获得高分、找到进入新区域的物品、抵达重要地点等游戏玩法目标，可在游戏关卡中进行编排，以打造特定的体验。本节将探讨游戏目标的不同方面，了解它们如何激励游戏内行为并延长玩家的游戏参与时间。

7.4.1 长期目标和短期目标

根据游戏的复杂程度和时长，游戏通常会包含多个目标。例如，游戏 *Super Mario Bros.* 的长期目标是从邪恶的敌人手中拯救公主。然而，游戏 *Super Mario Bros.* 有 32 个关卡，如果仅以游戏主角 Mario 是否救出公主作为游戏成败的唯一标志，那么大量的游戏过程将变得无意义，玩家也会感到沮丧。实际上，这款游戏还有其他目标：消灭敌人、获得能量、收集金币和额外生命、抵达每个关卡的终点等。游戏机制甚至支持玩家设定自己的目标。在华盛顿特区史密森尼美国艺术博物馆举办的“电子游戏的艺术”[24] 展览期间，参观者们曾进行过一场竞赛，看谁能在限定的 3 分钟游玩时间内，成功抵达关卡 8–1。

游戏 *Super Mario Bros.* 能够一直保持玩家的兴趣，关键在于它既有长期目标，也有短期目标，还为玩家提供了自定义目标的机会，这体现了目标系统在游戏中的可扩展性。长期目标通常是重要的叙事奖励或任务的终点，是玩家需要长期努力才能达成的成就。短期目标则更为直接和即时：通过某个关卡、击败敌人、找到生命恢复道具等。

许多以任务为特色的游戏（玩家必须在任务过程中找回物品或完成特定行动），都会通过长期目标和短期目标的组合，引导玩家推进游戏进程。在游戏 *Ultima IV: Quest of the Avatar* 中，玩家需要进入 8 座神庙并在游戏世界中践行 8 种美德，以此掌握这些美德。此外，游戏还包含寻找神器和探索地下城等任务。虽然掌握所有美德和成为圣者是贯穿游戏的长期目标，但就玩家在游戏中的进度而言，掌握每种单独的美德也可以是一个长期目标。例如，进入某一美德的神殿必须持有对应的符文，此时玩家找回符文就是即时的短期目标，而掌握该美德本身则是一个服务于“掌握 8 种美德”这一更长期目标的关键子目标。

7.4.2 多部件之杖

这种寻找或获取若干物品以推动游戏进程的任务结构在游戏中十分常见。例如，游戏 *Ultima IV* 中对美德的掌握、游戏 *Super Mario Land 2*[25] 中用于解锁城堡的 6 枚金币，以及游戏 *Golden Sun*[26] 中激活元素灯塔的设定。Howard 将此类任务类比为“多部件之杖”——这是一种故事结构，指游戏角色必须收集魔法神器的多个部件。他认为这种结构是标记游戏关卡和叙事进展的机制：杖的第一部件可能在游戏叙事中偶然获得，而后续部件则需要玩家在游戏中进行进一步探索才能获得。[27]

这一结构在游戏设计中之所以常用，是因为它能在关卡中建立连贯的目标与奖励节奏。杖的一个部件（或某一个具体载体，如水晶、硬币、少女等）通常会成为游戏中特定关卡（如地下城）的目标。每个关卡又被分解为一系列小型挑战：谜题、敌人遭遇战、障碍赛道等。

7.4.3 奖励机制

按照可预测的节奏设置目标与奖励，可以让玩家对即将获得的奖励产生期待。这在很多方面类似 Ivan Pavlov 提出的经典条件反射实验——比如玩家知道在击败地下城之后会获得一件物品。目标和奖励的节奏安排对维持玩家的游戏热情至关重要，它让玩家明确何时能获取奖励，进而激励其继续游戏。

“多部件之杖”绝非游戏中唯一的奖励机制。在街机游戏中，玩家每通过一个关卡就能获得奖励，而且往往在经过两三个常规关卡之后，必定会触发特殊奖励关卡。如果玩家在第三关中途失败，就会有动力投入更多游戏币，以求抵达奖励关卡。同样，像 *Fortnite* 这类在线游戏会设置“赛季”，玩家只要在现实世界的一段时期内持续游戏，就能获得逐步递增的奖励。这种设计催生“再玩一局”的心理，促使玩家不断回归游戏以积累虚拟货币并兑换心仪物品。

就关卡设计而言，奖励机制对于激励游戏内行为、吸引玩家探索及通过连贯性激发好奇心至关重要。如果玩家知道奖励和物品会以稳定的节奏出现，例如在地下城中每隔几个房间便有一个奖励，他们就会为获取下一个奖励而继续游戏。即使不能立即获得奖励，玩家也可能会被激励去探索他们预期会有奖励的房间。

这一原理同样适用于象征性美术资产。如果游戏设定砸碎箱子或罐子能获得资源，玩家就会主动探索游戏空间去寻找这些物品。奖励是玩家探索游戏空间的重要动力，而奖励机制的规律性则有助于玩家形成对下一次回报的期待。

7.5 总结

在本章中，我们探讨了游戏奖励作为关卡设计中激励玩家的核心要素。我们研究了游戏奖励对关卡产生的多重影响：激励游戏内行为、吸引玩家探索和激发好奇心。我们还研究了游戏和游戏空间中的奖励类型，包括存放物品的奖励性空间、让玩家从快节奏动作中获得喘息的区域，以及展现更多游戏叙事的场景。此外，我们还探讨了通过延迟奖励获取机制以提升其价值的空间设计，以及如何通过规划这些空间和奖励的节奏来设定目标并构建奖励机制。上述每个主题，都以独特的方式共同塑造了玩家对游戏体验的个性化叙事。

既然我们已经讨论了沟通、对比、危险和奖励，接下来我们将大幅回溯游戏进程的起点，去探索游戏的初始关卡。虽然这些关卡看似简单，但它们却给关卡设计师带来了一项极其艰巨的任务：教会玩家如何玩这款游戏。孤军奋战是很危险的，但我们可以利用我们目前学到的技巧和下一章将要介绍的更多方法，来打造出色的教学关卡。

7.6 练习

① 绘图练习：为一个关卡绘制分子结构图，要求在图中向玩家展示奖励，但初始时阻止玩家获取，迫使他们进行探索。

② 数字制作练习：使用灰盒构建一个关卡（可沿用练习①中的结构图），要求向玩家展示奖励，但玩家必须经过探索才能获取。

③ 游戏测试练习：让一名玩家玩一款热门的商业游戏（该游戏需通过延迟机制暗示奖励）或你自己制作的灰盒关卡。观察玩家的行为，分析在发现奖励后，玩家通过关卡的路径是否发生变化，以及如何发生变化。

④ 写作练习：找到一款游戏，其至少使用本章提到的四种奖励空间类型中的三种（奖励宝库、奖励性景观、冥想空间、叙事舞台），分析这款游戏如何交替使用这些空间类型，不同类型的奖励如何引导玩家穿越空间，以及它们的分布节奏是怎样的。

⑤ 游戏测试练习：选择（或制作）两个关卡——一个使用非正交网格（非 90 度角），另一个使用正交网格。让玩家游玩这两个关卡，观察其探索行为是否因视野对兴趣点的引导方式不同而产生变化。

参考文献

[1] Furlong, Ron. 50 Greatest Golf Quotes of All Time Bleacher Report. http://bleacherreport.com/articles/540759-50-greatest-golf-quotes-of-all-time/page/30 (accessed June 5, 2013).

[2] Sheff, David. *Game Over: Press Start to Continue*. New York, NY: Cyberactive, 1999.

[3] Suits, Bernard Herbert. *The Grasshopper: Games, Life, and Utopia*. Toronto: University of Toronto Press, 1978.

[4] *Half-Life 2*. Valve Corporation (developer and publisher), November 16, 2004. PC game.

[5] Since *Rules of Play*'s publication, many game consoles and online services have begun offering achievement systems that, in a way, quantify these types of rewards.

[6] Salen, Katie, and Eric Zimmerman. *Rules of Play: Game Design Fundamentals*. Cambridge, MA: MIT Press, 2003, p. 346.

[7] *Metroid*. Nintendo R&D1 (developer), Nintendo (publisher), August 6, 1986. Nintendo Entertainment System game.

[8] *BioShock Infinite*. Irrational Games (developer), 2K Games (publisher), March 26, 2013. Xbox 360 game.

[9] *Half-Life 2: Episode 1*. Valve Corporation (developer and publisher), June 1, 2006. PC game.

[10] *Half-Life 2: Episode 2*. Valve Corporation (developer and publisher), October 10, 2007. PC game.

[11] *Batman: Arkham Asylum*. Rocksteady Studios (developer), Eidos Interactive (publisher), August 25, 2009. Xbox game.

[12] *The Legend of Zelda: A Link to the Past*. Nintendo EAD (developer), Nintendo (publisher), November 21, 1991. Super Nintendo game.

[13] *The Prince of Persia: The Sands of Time*. Ubisoft Montreal (developer), Ubisoft (publisher), 2003. Nintendo GameCube game.

[14] *Portal*. Valve Corporation (developer and publisher), 2007. PC game.

[15] *Metal Gear Solid*. Konami Computer Entertainment Japan (developer), Konami (publisher), September 3, 1998. Sony Playstation game.

[16] Alexander, Christopher, Sara Ishikawa, and Murray Silverstein. *A Pattern Language: Towns, Buildings, Construction*. New York, NY: Oxford University Press, 1977, p. 642.

[17] Hildebrand, Grant. *Origins of Architectural Pleasure*. Berkeley, CA: University of California Press, 1999, pp. 92 - 97.

[18] *God of War*. SCE Santa Monica Studios (developer), Sony Computer Entertainment (publisher), March 22, 2005. Playstation 2 game.

[19] Howard, Jeff. *Quests: Design, Theory, and History in Games and Narratives*. Wellesley, MA: A.K. Peters, 2008, pp. 50 - 51.

[20] *The Elder Scrolls V: Skyrim*. Bethesda Game Studios (developer), Bethesda Softworks (publisher), November 11, 2011. Xbox 360 game.

[21] *Dead Man's Trail*. Pie For Breakfast Games and e4 Software (developers), upcoming. Indie game on Steam.

[22] *The Legend of Zelda: Ocarina of Time*. Nintendo EAD (developer), Nintendo (publisher), November 23, 1998. Nintendo 64 game.

[23] *Pac–Man*. Namco (developer and publisher), 1981. Arcade game.

[24] *The Art of Video Games*. Smithsonian American Art Museum, Washington, DC, March 16 - September 30, 2012.

[25] *Super Mario Land 2: 6 Golden Coins*. Nintendo R&D1 (developer), Nintendo (publisher), November 2, 1992. Nintendo Game Boy game.

[26] *Golden Sun*. Camelot Software Planning (developer), Nintendo (publisher), November 11, 2001. Nintendo Game Boy Advance game.

[27] Howard, Jeff. *Quests: Design, Theory, and History in Games and Narratives*. Wellesley, MA: A.K. Peters, 2008, pp. 87 - 88.

第 8 章

关卡 1-1：教学关卡

因此，一款好游戏的定义是："在玩家结束游戏之前，教会他们游戏的所有内容。"

——Raph Koster[1]

为你的死亡次数自豪吧！死亡越多，你学到的就越多。继续努力！

游戏 *Celeste* 加载界面提示语[2]

目前，我们已探讨了游戏及类游戏空间的历史背景、空间传递信息的方式，如何利用对比和危险帮助我们打造富有戏剧张力的空间，以及空间如何给予使用者奖励。接下来，我们将讨论用户首次进入空间时的体验，以及游戏是如何引导新玩家了解其机制的。在本章中，我们将讨论首个关卡的设计。

虽然现在才讨论首个关卡的设计好像有点太晚，但这样的安排实则蕴含深意。在本章中，我们将细致剖析首个关卡的特殊用途，以及帮助它们达成目标的构建模块。除了教学本身之外，我们还将深入探讨关卡设计师如何确定关卡要教授的内容，以及关卡设计师介绍游戏机制的方法。

在本章，你将学到以下内容：

首个关卡的多重功能；

教学设计的构建模块；

确定玩家需求；

游戏内教学的测试；

教学资源与媒介；

通过广告式方法教授游戏玩法。

8.1 首个关卡的多重功能

想象一下初次加载一款电子游戏的场景。除了游戏标志、标题画面和菜单之外，你很可能会通过一个专门设计的引导关卡开始接触这款游戏。同样，想象你进入一栋从未进入过的建筑，尤其是像办公室、教堂或博物馆这样的公共场所。在这两种情况下，你进入的空间是什么样的？是开放、友好的，还是狭小、不起眼的？它是通过可见的通道、走廊和互动物体吸引你进一步探索，还是像目录或教学文本那样用文字罗列信息（图 8.1）？它是让你慢慢探索，还是告诉你“别在大厅逗留，赶紧上电梯”？它有没有让你对这栋建筑里有什么东西有个大致概念？

游戏中的首个关卡承担的任务比其他关卡都更为重要。首个关卡（或初始区域、片段等，取决于游戏空间之间的关联方式）不仅要激发玩家的兴趣，

图 8.1 克利夫兰拱廊的内部设计，让来访者一进入建筑就能看到内部的商铺和通道。与仅有文字目录和电梯的办公楼相比，你在这种探索体验中获得的信息量更大

还要让他们想继续玩下去。如果游戏有宏大的叙事，那么首个关卡就是向玩家介绍你所构建的世界和角色的地方。许多游戏会利用首个关卡教会玩家如何操作——要么通过专门的教学环节，要么通过设计特定场景，让玩家自行探索游戏的核心机制。有些游戏在实现上述功能的同时，还会设置剧情引子：通过一场极具史诗感且看似高潮的对决，向玩家展现投入时间深入体验后将获得的精彩内容。

8.1.1 建筑中的抵达体验

本书迄今提到的建筑案例大多包含“抵达”场景——使用者从一种环境进入另一种环境的过渡。玩家或使用者完成这种过渡的特定构造，叫作传送门。建筑历史学家 Philippa Lewis 在 *Portals: Gates, Stiles, Windows, Bridges & Other Crossings* 一书中指出，传送门可以是门、窗、拱门、入口，甚至是篱笆中的一道缝。[3] 她进一步阐述了传送门的象征意义，认为传送门蕴含着“穿越”的概念——通往新机遇、取得进展、进入崭新世界。优秀的建筑抵达体验和出色的游戏开场设计有着相似的目标：最令人兴奋的设计总能诱发进一步探索的欲望。此前我多次提到贝聿铭的博物馆设计，特别是美国国家美术馆东馆和摇滚名人堂。当来访者进入这些建筑时，展示区域不仅展示了博物馆的展品，还呈现了通往展区的路径。同样，建筑师 Christopher Alexander 的“路径与目标”模式强调创建具有多个兴趣点的路径系统。沿着路径行进的人会被一个接一个的兴趣点所吸引，而路径网络能为他们提供多个目的地的选择（图 8.2）。这些示例强调了互动性和探索性：向使用者展示空间的内容，而非单纯告知，同时让他们知道如何抵达目的地。

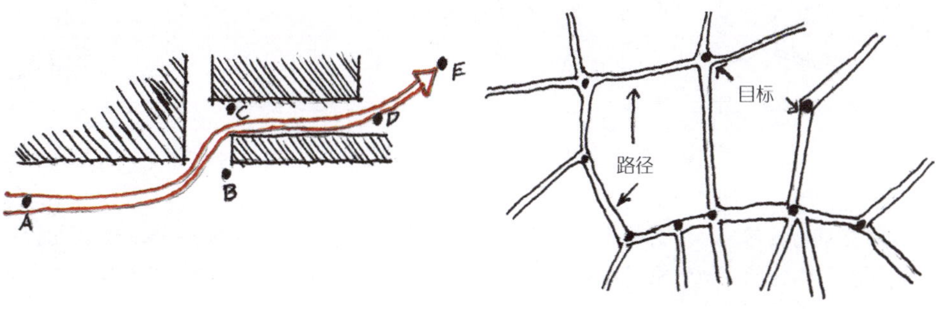

图 8.2 这是 Christopher Alexander 提出的“路径与目标”示意图

8.1.2 互动式抵达关卡

我一直以来最喜爱的游戏首个关卡之一是游戏 *Star Wars Rogue Squadron II: Rogue Leader*[4] 中的“死星攻击（Death Star Attack）”关卡。就首个关卡所需承担的引导任务而言，它以不显眼但又令人兴奋的方式完成了上述所有功能。关卡一开始就通过游戏内的画面再现了电影 *Star Wars Episode IV: A New Hope* 中敌对飞行员接近死星的场景，这不仅是对当时刚发布的任天堂 GameCube 主机的技术展示，也向玩家传递了一个信息：在这款游戏中，玩家将沉浸式体验原版电影 *Star Wars* 中的经典时刻。关卡本身的玩法涵盖多个场景片段，每个片段都有其独立的目标：摧毁塔楼、击退帝国战斗机、飞入狭窄的壕沟，以及向空间站核心发射鱼雷。

实际上，这三个部分是关于游戏操作的递进式教学（图 8.3）。第一部分几乎不设置障碍，让玩家在没有时间限制的情况下练习基本的飞行和瞄准。接下来的部分会出现移动的敌人，敌人的抵抗力有所提升但仍处于可控范围，玩家可在此学习与敌人空战的技巧，该阶段同样不设时间限制。最后，玩家进入狭窄的壕沟，这要求玩家在操作难度更高的环境中应用此前掌握的移动和射击技能。在电影和游戏中，敌军飞行员通过船上的无线电通信联络，这意味着故事内容和教学信息可以通过适合场景设计的旁白传递。将音频和微妙的视觉、用户界面提示相结合，能使引导过程更为自然。

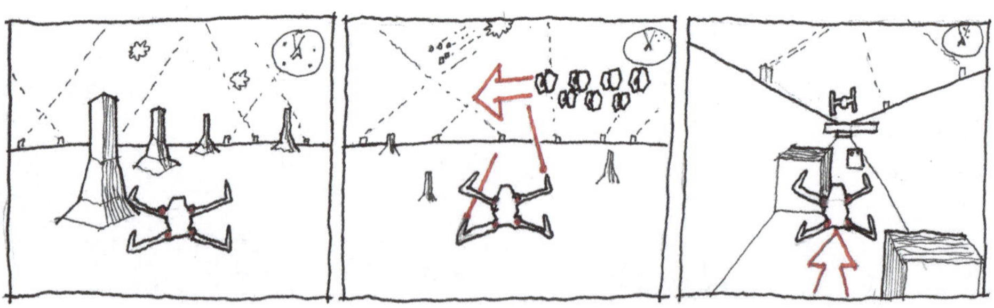

图 8.3 游戏 *Star Wars Rogue Squadron II: Rogue Leader* 中“死星攻击”关卡的 3 个教学区域。前两个场景提供了开阔的区域，玩家可以在几乎没有阻力的情况下练习飞行、射击及与敌机空战的技巧。关卡的最后部分是一个狭窄的壕沟，这里布满了障碍和敌人，用以检验玩家学到的技能。通过重现电影中的最终战斗，这个教学关卡以循序渐进的节奏，让玩家获得了极大的成就感

这一关卡为玩家提供了练习游戏基本操作的机会，而且整个过程始终笼罩在充满张力的背景氛围中：炮塔无差别地开火，无数战斗机漫无目的地飞行射击，并伴随着激昂配乐。之后的关卡节奏舒缓，只有少数还原电影场景的关卡能带来如此震撼。这样的关卡向玩家尤其电影爱好者传递了一个信息："欢迎来到我们的游戏，摧毁这颗死星吧！这不是很有趣吗？现在我们的节奏稍微放缓一点，但只要你坚持玩下去，之后还会有更多精彩体验。"游戏在任何时候都不会打断玩家或中断游戏来进行教学。老玩家重玩此关时仍能获得完整体验。

这一关卡是玩家进入游戏 *Rogue Leader* 的传送门：它初步呈现了构成游戏的核心概念，并预示了后续体验。其他游戏也遵循了这一思路：每一部游戏 *God of War* 都以与巨大的神话生物或神灵的战斗开始，游戏 *Super Mario Odyssey* 中的早期区域则允许玩家操控恐龙。然而，并非所有游戏都包含这种大型场景片段。早期的 *Mario* 系列游戏，其关卡以轻松的方式介绍游戏机制，同时通过奖励高水平的操作来提升玩家的兴奋感。游戏 *Super Mario World* 的 Dinosaur Island 1 关卡让新玩家在没有重大挑战的情况下熟悉 Mario 的移动操作。而熟悉角色技能的玩家会发现一些秘密，如能将玩家像炮弹般发射的管道和能提供三条额外生命的道具。

尽管这些首个关卡来自不同类型、不同机制的游戏，但它们有一些共同点：让玩家能在安全的环境中熟悉游戏机制；通过营造紧张感或设置奖励，让游玩过程充满乐趣；必要时采用非强制性或可选的引导内容；会提前铺垫后续游戏中将要深入展开的核心概念。正如我们之前简要介绍的建筑案例一样，这些游戏的首个关卡通过展示而非告知的方式，让玩家能以自主探索的方式获取信息。在本章中，我们将深入探讨优秀的首个关卡设计的各个要素，首先从那些能为游戏打造令人兴奋的入口的空间元素开始。

8.2 教学设计的构建模块

尽管场景片段有其自身的规划和工作——特别是编写巨型怪物、移动的车辆或环境元素等独特元素的脚本——但本章的主要关注点是如何通过首个关卡来教会玩家玩游戏。社会学家 David Sudnow 在他的 *Pilgrim in the Microworld* 一书中，描述了他学习如何玩游戏 *Breakout* 与使用其控制器的感受。

“短短 15 分钟内，我便不再留意旋钮的传动装置，也不再因过度用力而摇晃。整个过程十分顺畅。我逐渐放慢节奏，摒弃外界纷扰，探寻着属于自己的操作韵律。没过多久，我的双眼与双手之间便建立起了一种默契无间的协作关系。调整动作很快就变得无意识，在节奏舒缓的阶段，游戏体验变得轻松惬意……”[5]

这段引文揭示了游戏中一个简洁的学习环境可以多么引人入胜。Sudnow 从未提到游戏 *Breakout* 会弹出窗口向你解释游戏的环节，也没有提到任何会强行夺走玩家控制权的部分。和许多早期的主机游戏一样，该游戏存储容量有限，无法加入复杂的教学，因此设计师不得不摸索出能支持玩家学习的游戏设计方式。虽然许多早期游戏都附带说明手册，但很少有玩家会真正去读（至少我小时候听朋友说的是这样）。因此，设计师必须让游戏既能教学，又能吸引玩家的兴趣。

对于 Sudnow 和其他玩家来说，游戏 *Breakout* 呈现了一个能够让他们与游戏互动并快速掌握操作的环境。Sudnow 在书中用好几段文字描述了他如何找到操作控制器的合适手位。该游戏的内存限制和简单的玩法，使它成为一个易于学习的系统：初玩受挫的玩家可轻松重生，而无须重复观看教学。同样，游戏 *Super Mario Bros.* 的初始画面将游戏中大部分关键的环境符号集中呈现在单一屏幕空间内，并促使玩家与敌人互动，从而实现教学。这个画面具有信息性，因为它向玩家展示了相关信息；同时它也很有吸引力，因为新玩家会在踩扁敌人、吃到超级蘑菇而变大时感到愉悦。

这些案例凸显了游戏设计师 Matthew M. White 在其著作 *Learn to Play: Designing Tutorials for Video Games*[6] 一书中推崇的有趣的首个关卡设计范式。描述一种有趣的体验是一回事，而分析这些关卡为何有效又是另一回事。在本节中，我们将通过回顾一些之前讨论过的概念和教学方法，探讨如何创建有趣且信息丰富的首个关卡的构建模块。

8.2.1 空间构建模块

在阐述如何借助游戏空间元素来构建有效引导关卡之前，我们有必要先对游戏空间的结构进行剖析。整本书中，我们深入探讨了旨在达成各类体验目标的空间设计，涵盖了便于玩家高效导航的空间和能够营造或打破特定情绪氛围的空间。在本节内容中，我们将着重聚焦于那些以直观易懂的方式向玩家或新访客介绍信息、呈现内容的空间设计。尽管以下列举不能涵盖所有可能，但它确实回顾了我们在教学相关章节中曾探讨过的易于运用的空间特征。

（1）场景

首先，或许也是最重要的，我们将重温 Anna Anthropy 提出的场景概念。场景指的是经过设计的关卡空间中单个屏幕大小的区域，它对应着玩家在游戏过程中通过屏幕看到的内容。通过在设计时考虑玩家当下关注的内容或他们在游戏瞬间需要处理的信息，你可以将关卡划分为易于理解的片段。

在 *Origins of Architectural Pleasure* 一书中，Grant Hildebrand 提到秩序与复杂性是空间的美学构成要素，它们可以使空间愉悦或压抑。[7] 这些要素帮助人类对诸如建筑（或游戏）中呈现的大量视觉信息进行分类和区分。[8] Hildebrand 强调了建筑中秩序与复杂性共存的多种方式，同样也介绍了建筑是如何被设计得能让观察者区分其各个元素的。Louis Kahn 设计的埃克塞特学院图书馆的立面就有着微妙的对比，使其既有序又易于理解，同时又具有复杂性，让人想要反复审视。外立面看起来像是一个简单的矩形网格，但每个窗户顶部都带有轻微的弧度，实际上这是拱形结构 [9]（图 8.4）。Hildebrand 还认为，重复或以视觉节

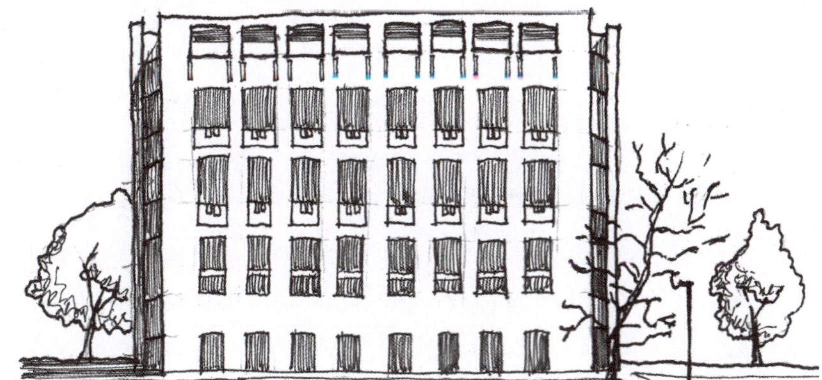

图 8.4　埃克塞特学院图书馆的立面设计简洁且富有韵律，但设计师在每扇窗户的顶部加入了几乎难以察觉的弧线造型，这一处理为建筑增添了丰富的细节，吸引来访者反复驻足观赏

奏出现的元素有助于在混乱的元素中梳理出秩序。他以法国哥特式教堂（建于12 ~ 13 世纪的拉昂大教堂）为例。教堂的塔楼装饰着复杂的石雕、拱门、小柱子和滴水嘴兽。然而，这些元素的尺寸相似，并以有规律的间隔重复出现，创造出一种易于普通观察者理解的模式。

在游戏中，对视觉信息进行分类和区分是克服挑战和实现高水平游戏操作的关键。这些处理过程在首次向玩家呈现玩法信息的关卡中尤为重要，因为玩家需要时间将符号反应内化为本能操作。基于场景的设计是实现这一目标的重要工具，这种设计要求设计师在地图区域内精炼地呈现游戏信息。与 Hildebrand 所倡导的对比手法相似，场景化设计能让你在适合教学的小空间里，将教学中的重要机制与常规场景结构进行对比。教学场景中的对比还可以增加这些场景的趣味性。例如，游戏 *Death Star Attack* 的“死星攻击”关卡中远处密集的激光炮火，其功能与 Louis Kahn 设计的拱形结构如出一辙：两者皆为原本相对简单的场景增添了视觉复杂性。场景设计还有助于建立教学节奏。与其试图在一个场景中放入所有教学元素，不如将它们分散到多个场景中，让玩家在每个屏幕中都能学到新东西。通过重复“一个场景对应一个机制”的模式，并结合多个供玩家熟练掌握新机制的练习场景，设计师便能轻松设计出体验丰富的完整关卡（图 8.5）。

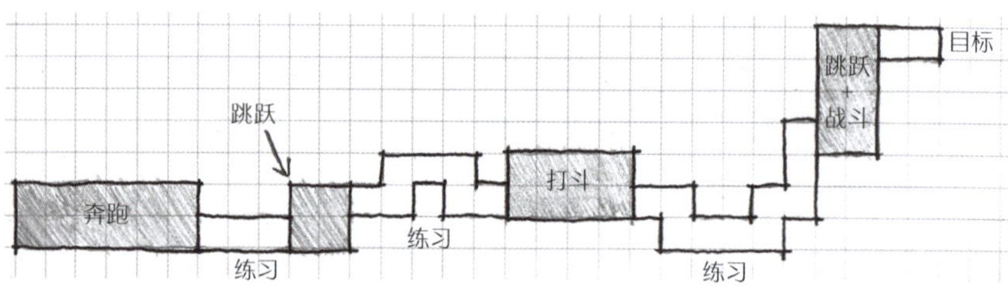

图 8.5　间隔排布教授新机制或展示其运用方法的场景，可能会让设计师突然发现自己已然完成了整个关卡的构建

不过，设计师需要注意：虽然在一个关卡中放入所有复杂机制的想法很诱人，但这样会让新玩家感到不知所措。设计师在设计教学关卡时，应当考虑同一时间呈现的游戏玩法信息的数量和类型。游戏 *Super Mario Bros.* 中那个著名的初始画面便是一个场景，它在一个屏幕内，几乎呈现了游戏所需的全部关键信息。与之不同的是，现代独立游戏通常将教学信息分散到多个场景或不同的关卡中，比如游戏 *Celeste* 中的新游戏机制通过单屏场景逐一引入，每次只介绍一个新机制（图 8.6）。在场景中引入的新物体或机制的数量可能取决于其复杂程度。由

于游戏 *Super Mario Bros.* 中的物体较为简单（例如静态的砖块、问号方块等），因此与现代游戏中的高度互动环境机制相比，该游戏的场景可以包含更多物体。

再次强调，场景是向玩家传递信息的重要工具。在这种情况下，我认为基于场景的设计是设计引导或教学关卡时的首要原则。场景为设计师提供了一种结构，促使他们以有序的方式在屏幕上展示信息，进而让玩家能够对游戏机制进行分类，以便在后续游戏中有效使用这些机制。

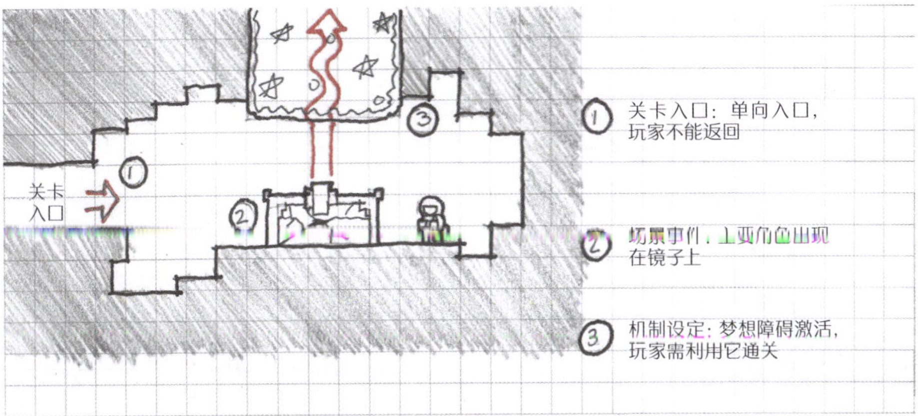

图 8.6 这幅独立游戏 *Celeste* 的示意图，典型地展现了该游戏引入新关卡机制的方式：在单一屏幕空间内，且不与其他机制混杂

（2）传送门与过渡区域

在前文关于场景的讨论中，我们了解到场景设计的下一阶段是控制玩家接触场景的方式。尤其是在三维游戏中，场景首次呈现给玩家的方式，决定了这个场景是易于理解的还是令人困惑的。这意味着传送门、过渡区域及其与抵达相关的设计，是教学设计构建模块中的重要组成部分。

此前我曾提到，在游戏 *Horizon: Zero Dawn* 中，玩家进入布满敌人的房间这一设计，会让玩家在进入前，先有机会观察空间布局与敌人的位置等信息。在该案例中，玩家进入房间时可以在小楼梯处稍作停留，从而扫描房间并规划行动。此处的核心原则是“可读性”，即空间元素在玩家进入时能被快速评估的程度[10]（图 8.7）。虽然该游戏中的过渡区域主要服务于战略规划：让熟悉游戏的玩家规划后续行动。但在教学关卡中，过渡区域的首要任务是教学，而不是提供深度策略的机会，因为这些过渡区域服务的对象是那些对游戏不熟悉的玩家。

该游戏的早期过渡空间出色完成了这一使命。游戏初期，玩家操控的游戏角色 Aloy 还是个六岁的孩子。这段情节允许开发者以不会破坏游戏叙事逻辑的方式展示她作为猎人的成长过程。在游戏主线剧情中，Aloy 已经掌握了高级技巧和敏捷的动作——如果在此时进行诸如拉弓、瞄准等基础动作的教学，那就显得不太合理了。在这两个场景中，教学内容既以屏幕上的弹窗形式呈现，也以角色间的对话形式传递。例如 Aloy 的导师 Rost 和 Aloy 本人的台词会告诉玩家当前需要完成的目标，而屏幕上的文字则会说明执行这些动作所需的按键组合。这段教学被拆分为两个关卡：一个是洞穴关卡，玩家在这里学习如何使用游戏的环境扫描功能；另一个是狩猎关卡，玩家在这里学习如何与机械生物战斗。

在每个环境中，过渡区域在教学中发挥着多项重要作用（图 8.8）。在早期的洞穴部分，过渡区域是人工制作的门、平台和楼梯，它们让玩家可以在完全进入一个房间之前暂停并四处查看。虽然在这个区域没有直接的危险，但场景通过光线营造了一种不确定的氛围，促使玩家保持谨慎。当玩家找到焦点设备（允许他们扫描环境的工具）后，过渡区域又为玩家提供了观察并扫描环境中可交互物体的机会，而扫描这些物体会为玩家解锁故事内容。洞穴还包含一些玩家无法穿过但可以看见的过渡区域，它们被用来向玩家展示下一个目标，或者在锁定谜题的情况下，让玩家能在解谜过程中观察自己正试图打开的门发生了怎样的变化。后来的狩猎场景发生在一个开阔的户外区域，因此过渡区域的表现形式比洞穴等空间的表现形式更为含蓄。虽然这个区域较为开放，但 Rost 通过引导玩家跟随他前进，创造了一条“线性”路径。他将玩家带至悬崖等制高点，玩家在此练习拉弓瞄准、扫描机

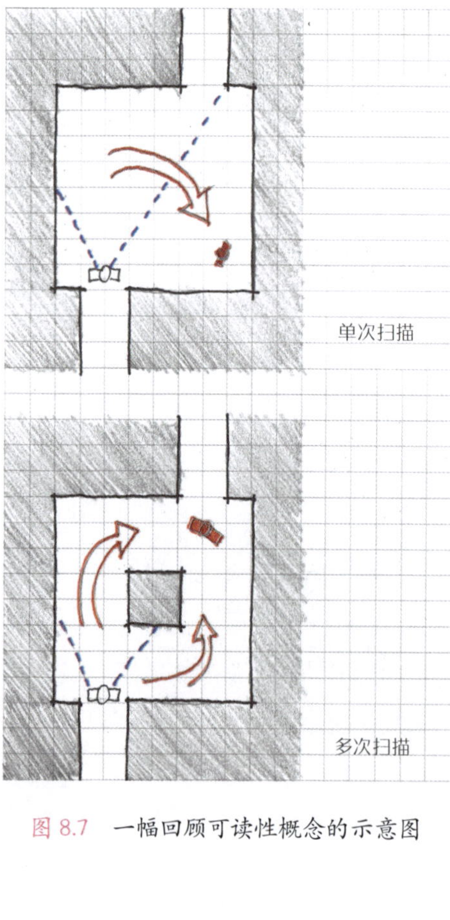

图 8.7 一幅回顾可读性概念的示意图

械猎物等狩猎技能。教程的最后是一段紧张的剧情：Aloy 必须运用学到的技能从危险的敌人手中拯救一个男孩。玩家在进入救援区域前，可短暂地从悬崖上观察敌人的分布与行动规律。

过渡区域不必是字面意义上的门或建筑结构。与整体关卡设计一样，悬崖、山谷、山脉、洞穴、树木等自然景观也可以成为设计的一部分。在 *Portals: Gates, Stiles, Windows, Bridges, & Other Crossings* 一书中，Philippa Lewis 不仅列出了人造建筑，还提及了山谷、峡谷、海湾及其他地形特征 [11]（图 8.9）。在游戏 *The Legend of Zelda: Breath of the Wild* 中，游戏开场就用这样一个自然过渡区域引出了整个游戏世界。游戏主角 Link 在沉睡百年后，从神庙的洞穴中醒来并离开洞穴，玩家会被引导到一处悬崖边，俯瞰整个游戏世界，游戏中的多个地标清晰可见。

图 8.8 游戏 *Horizon: Zero Dawn* 的教学关卡中的过渡区域设计，让玩家能够提前观察环境、定位目标、了解环境机制的功能、安全地练习新技能并制定策略

图 8.9 过渡区域可以是人工建造的，也可以是自然形成的景观，它们能勾勒并展示你希望玩家在游戏中看到的事物

这个悬崖就作为过渡区域，提前向玩家呈现了一些后续游戏进程中会用到的信息。

（3）可控路径

在 *101 Things I Learned in Architecture School* 一书中，建筑师 Matthew Frederick 描述了人们移动的空间和他们停留的空间类型："我们通过负空间移动，而在正空间驻留"[12]（图 8.10）。在本节之前的讨论中，我们了解到玩家学习新机制的场景不必连续出现，而是被玩家练习新技能的场景间隔开。这与建筑师 Christopher Alexander 的观点类似，即构建路径与目标网络，引导使用者穿过空间。

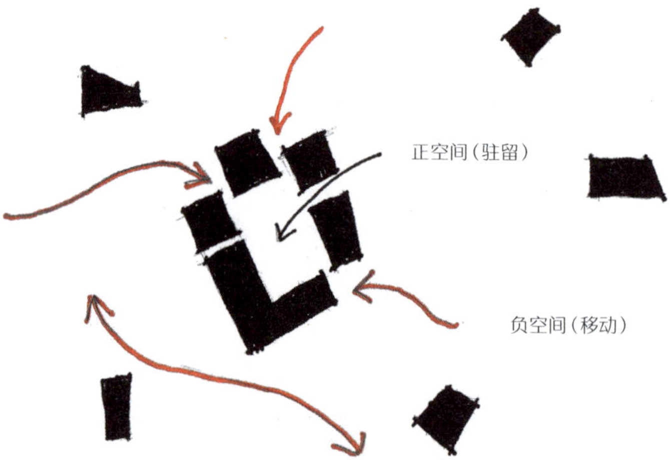

图 8.10 Matthew Frederick 关于正空间、负空间及抵达空间概念的示意图

这些概念对于各种关卡设计都很有用，但在教学关卡中，我们可以将玩家主动学习新信息的场景视为"正空间"，而将玩家练习技能的路径视为"负空间"。Frederick 在描述进入一个空间的体验时说："我们对一个建筑空间的体验，极大程度上受抵达方式的影响。"[13] 我们已经看到，路径与抵达后的场景之间的对比可以产生多种体验：从较小的空间进入高天花板的空间，会让高大的空间更显壮观；从明亮空间进入黑暗空间，会让黑暗空间更具恐惧感。玩家学习所在的正空间与练习所在的负空间之间的对比，也会产生类似的体验强化效果。

但问题在于，我们该在何处设置学习场景，又该在何处设置练习场景呢？在一些游戏中，学习场景会设置在那些挑高开阔、极具仪式感的空间里。*The Legend of Zelda* 系列游戏将教学空间打造成目的地：向老大师学习的道场、向英雄学习的空灵空间等。而 *God of War* 系列游戏则反其道而行之：在游戏 *God of War II*[14] 中，玩家沿着通往强敌的路径，逐步掌握游戏主角的移动技能与物体交互机制。尽管我们仍然可以称玩家学习的空间为正空间，而练习的空间为负空间，但在这款游戏中，用于练习的负空间，反而成了枯燥教学内容之外的奖励。

（4）会面空间

我最后要简要描述的一个空间构建模块是会面空间。这些空间非常直观地体现了 Frederick 在他的书中描述的"正向会面空间"理念——供人们停下来与他人社交的场所。在现实世界中，这些会面空间可能是庭院、广场、绿地、会议室或教室。当遇到必须中断玩家进程进行演示的特殊教学环节时，这类空间的设计尤为重要。

例如，游戏 *Half-Life 2: Episode 2*[15] 中玩家迎战敌人入侵前的会议场景就是这样的典型案例。当玩家走过白森林基地时，他们会遇到一场关于如何使用重要炸弹道具的演示会。Valve 公司经过多次测试发现，要阻止玩家直接穿过房间的最佳方案就是将场景模拟成现实中的办公室演示或课堂讲座（图 8.11）：演示者站在房间前方且靠近出口，而玩家从后方进入房间，这样他们就能立即意

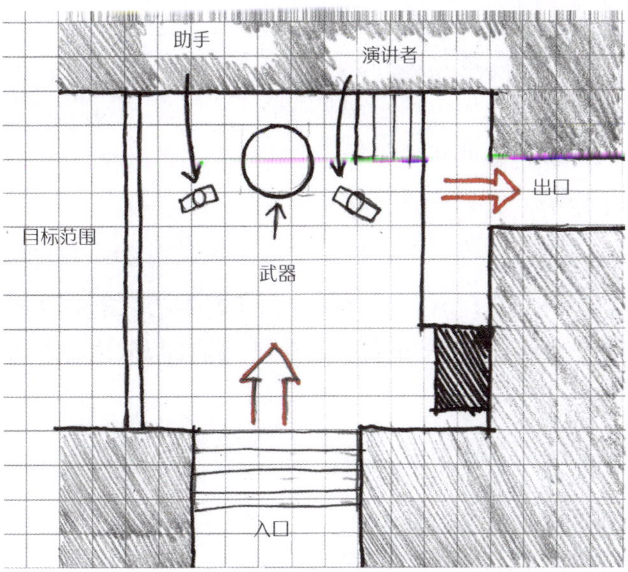

图 8.11 Valve 的测试团队发现，在游戏 *Half-Life 2: Episode 2* 中，将玩家的学习空间设计成玩家迟到的讲座场景，能有效阻止玩家直接跑过场景而错过关键信息

识到场景的社交语境。这个案例的巧妙之处在于，它在程序层面赋予玩家直接离开的完全权限时，却通过场景设计成功留住了玩家。该场景没有剥夺玩家的控制权，而是通过游戏测试与人类心理学原理促使玩家主动聆听。让玩家参加这场单人演讲会也契合游戏叙事——演讲者正是发明对抗巨型强敌的特殊炸弹的科学家。

会面空间另一类有用的场景，出现在多人在线游戏中，玩家可以在这里聚集并讨论策略，再出发参与突袭或其他对战。在 *Left 4 Dead* 系列游戏中，每个战役都有若干这样的空间，这样的空间通常出现在僵尸大潮来袭之前。玩家可以在这里停留并制定战术。这些游戏的每个关卡也都会以僵尸无法进入的安全屋开始和结束。这些安全屋的核心功能与上述会面空间一致，均为玩家提供策略讨论的场所。而在大型多人在线游戏中，玩家可以在类似 Frederick 所描述的正空间中（例如广场、酒馆等）会面。

现在我们已经探讨了几种对教学关卡设计有用的空间类型，接下来将结合教学设计的具体语境，重新审视之前讨论过的教学方法。

8.2.2 行为构建模块

游戏教学与行为主义理论的结合历来毁誉参半。一方面，在免费游戏和游戏化平台（将游戏奖励系统应用于现实行为）中，利用行为主义原理通过奖励驱动操作的做法常被视为肤浅的设计。另一方面，当行为主义游戏元素与其他教学模型结合使用时，它们就成了激励玩家行为的强大工具。深入理解第 7 章探讨的不同类型奖励，可以帮助我们界定可用于规划教学关卡的行为主义构建模块。在本节中，我们将深入探讨这些奖励在教学场景中的具体运用方式，同时详细阐述游戏设计师在关卡设计中可灵活运用的各类奖励资源。

（1）教学中的奖励

任何基于行为主义的系统，奖励都是核心要素。如前所述，奖励是引导玩家推进游戏的常见方式。我们还发现优秀的游戏会将奖励融入一个更庞大的系统中。这个系统包含视觉符号、非语言联想构建等多种方式，形成设计师与玩家之间复杂的交互机制。

书中提到的游戏 *Rogue Leader*、游戏 *Super Mario Bros.*、游戏 *Horizon: Zero Dawn* 及 *God of War* 系列游戏等，其教学关卡中都运用了多种类型的奖励。滥用行为主义机制的游戏与善用行为主义的游戏，关键区别之一就在于：即使是在短时间的游戏进程中，后者也会注重丰富奖励类型。这里所说的奖励类型是指第 7 章中讨论的荣誉奖励、权限奖励、叙事奖励等，而不是不同类型的枪支或帽子这类奖励（枪支或帽子本质上都属于权限奖励）。

让我们回到游戏 *Rogue Leader* 中。由于其首个关卡基于电影中的经典场景而设计，因此玩家能通过观看逐步展开的剧情，直接获得奖励（这属于叙事奖励）。此外，由于这个场景描绘的是一场高潮战役，玩家摧毁敌方塔楼等操作会得到强烈的反馈：巨大声响和爆炸效果。这些是简单的荣誉奖励，对游戏玩法本身影响不大，但它们是现代"游戏手感"研究的重要组成部分。游戏手感是指游戏对玩家的操作有意义且有效的反馈。[16] 粒子效果（游戏引擎中用于模拟水、火、爆炸、灰尘等的系统）、屏幕震动效果、音效等元素旨在提升玩家的满足感。在教学关卡中，这些虚拟感官刺激既能吸引玩家沉浸于游戏，同时在玩家操作出色时给予强化——让玩家清晰感知到自己做得对。

God of War 系列游戏前三部同样通过强烈的感官刺激体验为开场赋予分量：巨大的首领战、崩塌的场景及玩家获得的额外能力。正如之前所讨论的，这些设计与正负空间概念相反：与巨型怪物战斗的环节通常穿插在学习阶段之间。此外，游戏还提供了其他更微妙的奖励。例如，在 *God of War* 系列游戏的教学关卡中，玩家首次击败敌人获得其掉落的资源。这些资源维持着玩家的状态，并帮助他们解锁新能力。这些生存奖励在许多游戏中都很常见，但该游戏将其融入教学中，成为玩家后续必须掌握的内容。

游戏 *Super Mario Bros.* 的设计虽然只包含一些细微的游戏手感元素（可以说 *Mario* 系列游戏的核心"游戏手感"不在于反馈效果，而在于玩家操控时的流畅体验）。尽管如此但游戏仍会对玩家探索游戏符号的尝试提供奖励：如玩家踩扁第一个敌人，将获得悦耳的音效、敌人被压扁的视觉效果及 100 分的奖励。同样，在第一个场景中探索问号方块的玩家会获得能增强能力的超级蘑菇和额外分数。尽管现代游戏较少采用计分系统，但在 20 世纪 80 年代中期，玩家会被高分机制吸引，即使游戏玩法不一定围绕这种机制设计。

游戏 *Horizon: Zero Dawn* 的开篇场景将游戏主角 Aloy 的背景故事与重要的叙事紧密交织在一起。她与导师 Rost 都是局外人，不允许与附近部落的成员互动。教学发生在 Aloy 6 岁时，那时她首次从情感上理解自己作为被排斥者的处境。这一设定为教学赋予清晰的叙事动机：教学场景先始于一个满是远古科技的洞穴，随后转移到 Aloy 与部落男孩相遇的地方。在这些关卡中，玩家通过叙事奖励获得提示，这些叙事奖励也暗示着未来会有更大的揭秘。在洞穴中，玩家需要学习使用游戏的扫描系统来解读环境。当玩家学习这一机制时，他们会得到前居住者留下的文字日志，这些日志暗示了大规模的灾难性事件（图 8.12）。在后续的关卡中，玩家观察部落成员与 Aloy 的互动：孩子们被告诫不要与她玩耍，而在潜行教学中她救下的那个男孩则因感谢她而受到责骂。这些叙事片段在玩家完成特定机制教学后才陆续呈现。虽然这些故事内容没有那么高潮迭起，但这些关卡仍然提供了贯穿主线的有趣的叙事线索。教学内容与揭示 Aloy 动机的叙事奖励巧妙结合，使这部分成了游戏中的必玩环节。

从这些案例研究中能够清晰地发现，教学中的奖励机制绝非仅是给予玩家一个简单奖品以表彰其完成正确操作。要记住，游戏中的奖励类型丰富多样，而且这些奖励能够组合运用，从而为玩家打造出值得反复体验的首个关卡。教学关卡不仅是设定游戏核心冲突和角色行动动机的绝佳载体，也是通过高潮内

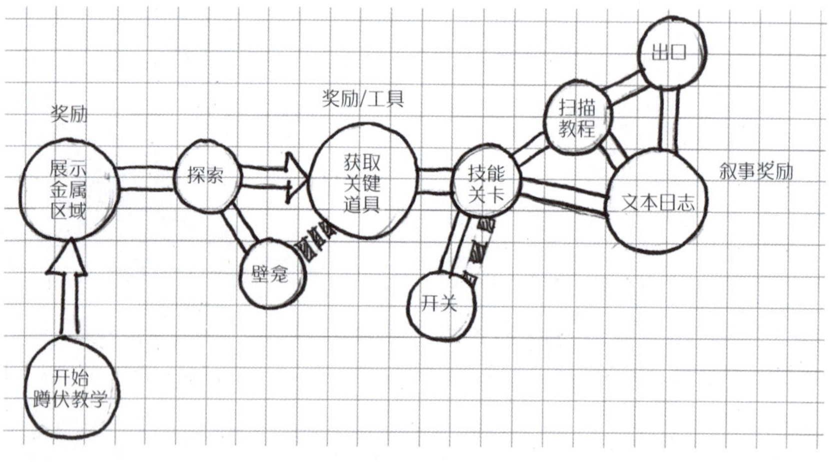

图 8.12 游戏 *Horizon: Zero Dawn* 教学关卡中洞穴区域的分子结构图，呈现了新的学习空间与叙事奖励空间的紧密关联。这类分子结构图是帮助设计师在关卡中规划学习内容与奖励布局的有效工具

容向玩家展示游戏魅力、让玩家感受到力量的绝佳场景。即使提供的是物品奖励或资源奖励，也应借此向玩家清晰地阐释这些资源在整个游戏体系中所扮演的重要角色。

（2）作为首个关卡奖励的权限奖励

我想花点时间详细描述一下游戏教学中如何运用权限奖励。设计师 Salen 和 Zimmerman 将权限奖励描述为能让玩家在有限范围内推进游戏的元素，通常是一把钥匙或其他一次性使用的资源。[17] 我们可以将此概念抽象化，进而讨论作为有效教学机制的技能关卡。技能关卡是指关卡中那些要求玩家成功执行某项游戏内动作才能继续推进的部分。[18] 有些技能关卡设有真实的实体门，需要通过钥匙或其他符合 Salen 和 Zimmerman 定义的权限奖励来解锁。这类设计可见于游戏 *The Legend of Zelda: A Link to the Past* [19] 中的地下城等关卡：玩家在学习如战斗、使用开关和点燃火把等技能的过程中，会逐步解锁相应的门。

在现代游戏中，技能关卡依然会在玩家掌握重要游戏机制（如奔跑、跳跃、冲刺等）前阻挡其前进，但不再依赖实体钥匙。例如，2016 年的游戏 *Hyper Light Drifter* [20]，虽然在可探索世界规模和近战战斗机制上与游戏 *A Link to the Past* 类似，但其简短教学中的许多技能关卡却不再采用钥匙作为阻挡机制。取而代之的是玩家必须冲刺才能越过的沟壑、用于延伸桥梁的开关及必须攻击摧毁的挡路箱体（图 8.13）。这种设计使得游戏世界更加自然和开放，而不是依赖传统的游戏逻辑。当游戏确实使用了实体门来阻挡玩家前进时（如玩家首次遇到敌人的场景），此门也会在无须钥匙解锁的情况下即刻坠落。

这并不是说游戏中的钥匙设计不好，而是指出权限奖励这一概念可以被进一步抽象化，而不仅仅是字面上的锁和钥匙机制。像 *Braid* 和 *Super Meat Boy* 这样的游戏就将微妙的关卡几何结构用作技能关卡：一个小悬崖阻挡了玩家的进度，直到玩家跳过悬崖为止（图 8.14）。虽然这种奖励不是最令人兴奋的奖励（玩家获得的奖励仅仅是能够继续推进游戏）但对于设计游戏首个关卡的设计师而言，它仍是一种重要的工具。

在下一节中，我们将从奖励话题转向行动与奖励关系的另一面，探讨如何设计玩家与教学关卡的互动。

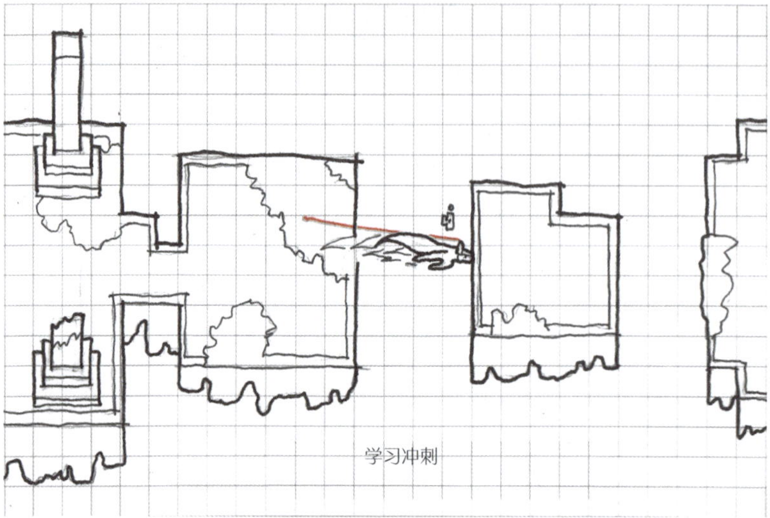

图 8.13 游戏 *Hyper Light Drifter* 的教学区域会阻挡玩家前进，以此设置技能关卡和奖励，但它并非采用锁和钥匙机制，而是借助环境元素来实现这一目的

图 8.14 游戏 *Braid* 的首个关卡将教学提示图形融入场景环境中，引导玩家跳过一个小悬崖，营造出毫无突兀感的学习体验

8.2.3 蒙台梭利积木式教学法

奖励本身如果运用得当，就能帮助游戏设计师打造愉悦的教学体验，但我们同样需关注玩家与教学关卡的互动方式。在设计引导关卡或教学关卡时，为关卡构思一份教学计划至关重要（图 8.15）。你需要考虑在关卡中向玩家传授的内容，例如游戏机制或与特定图形、符号的关联。当你为后续关卡进行设计时，还应基于之前关卡的教学内容进行延伸。这听起来像是在设计课程大纲——事实也确实如此！对于每一项教学内容或每一个关卡，重要的是不要向玩家灌输过多信息，而是要逐渐提升游戏难度和信息量。

根据我的教学经验，我发现，在课程开始时为学生列出当日要讲的概念是很重要的。这不仅有助于传达将要讨论的内容，还可以为课程内容设定界限。

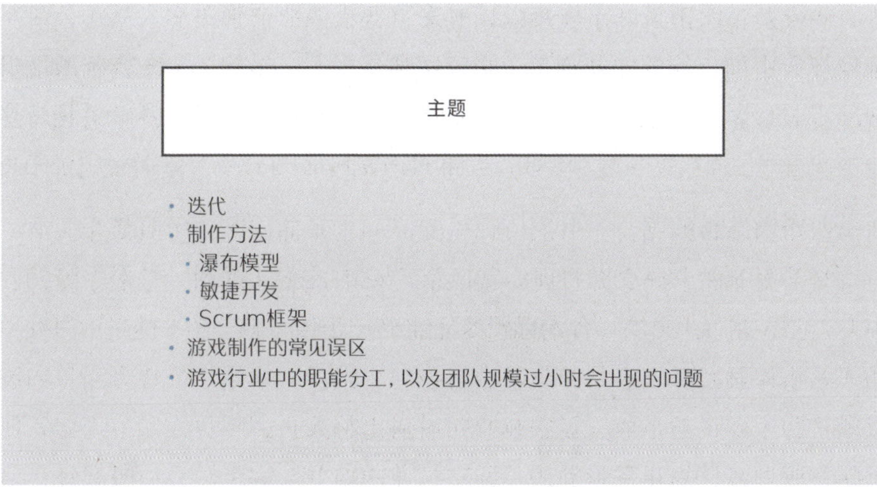

图 8.15 这是我为一门游戏制作课程制作的 PPT 幻灯片之一的截图。在每节课开始时，我会列出当天要涵盖的主题。设计教学关卡时，列出要教授的游戏机制清单，同样有助于明确关卡目标

在第 5 章中，我们讨论了游戏如何使用蒙台梭利教学方法来建立和扩展玩家对游戏玩法的认知。简而言之：在游戏早期，玩家将学会一项技能，并使用该技能的基础版本克服多个挑战。随着游戏进程的推进，玩家将面临更复杂的挑战。这些挑战可能需要玩家熟练掌握技能的高级应用，例如通过连续多次的墙壁跳跃到达更高的平台；或需要巧妙组合多项技能才能突破，例如在墙壁跳跃的瞬间精准射击敌人（图 8.16）。

为这类交互制订教学计划的理念是本章的核心内容，这也是本章安排在全书较后位置的原因。关卡设计师，尤其是新手设计师，往往会倾向于在关卡中加入各种挑战。在 2013 年手机游戏 *SWARM!*[21] 的开发初期，我因完成关卡机制开发而兴奋不已，于是将首个关卡设计为全面应用这些机制的关卡。结果虽然有趣，但测试玩家却很难通过关卡——他们的技能还没熟练到能应对这些挑战。最终，我们没有放弃这个关卡，而是将它移到了第三关，并新增了两个前置关卡帮助玩家逐步掌握通关所需的技能。同样，在我的游戏 *Lissitzky's Revenge*[22] 中，我以俄罗斯构成主义艺术家 El Lissitzky 的作品为灵感，设计了每个世界——共享同一主题的一系列关卡。但游戏测试表明我的游戏难度曲线存在异常：第一世界介绍了基础机制，而第二世界引入了移动彩色方块的谜题，新增内容过多，导致难度

骤升。而倒数第二个世界虽然再次用到了基础机制，但加入了对基础内容延伸的谜题后，难度反而比前面的关卡更低（图 8.17）。于是，我调整了游戏世界的顺序：将原本的第二世界变成第三世界，第三世界（拥有更复杂的方块谜题）变成第四世界，而第四世界则变成第二世界。这使得游戏的难度曲线更为平缓，玩家就能为后续的谜题做好准备了。

当我评估教学关卡时，我会关注关卡对教学计划的聚焦程度，以及它们如何限制玩家的选择范围。这类教学关卡通常采用的设计方式是使用线性空间

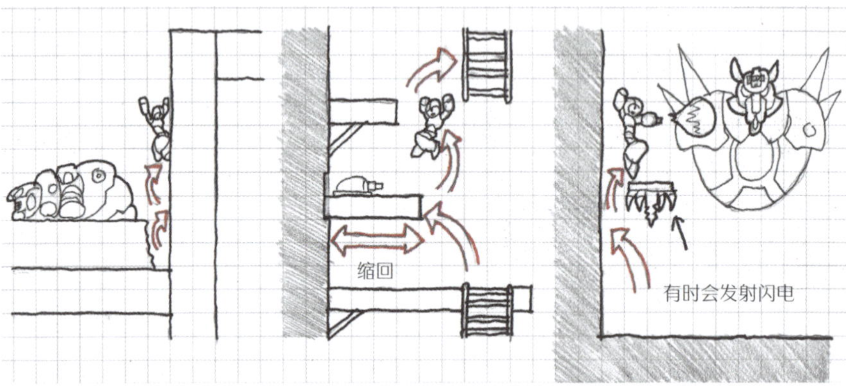

图 8.16　一项技能的练习过程可能需要跨越多个关卡。以游戏 *Mega Man X* 的教学关卡为例，玩家首次在这里学习墙壁跳跃技能。在游戏后续进程中，玩家会遇到不同版本的墙壁跳跃挑战来提升这项技能，最终在与首领的战斗中，需将墙壁跳跃技能与其他技能融合运用。这也是检验玩家学习成果的“终极考核”。设计师通过避免将所有的墙壁跳跃玩法集中在一个关卡内，而是让这项基础技能贯穿了整个游戏体验

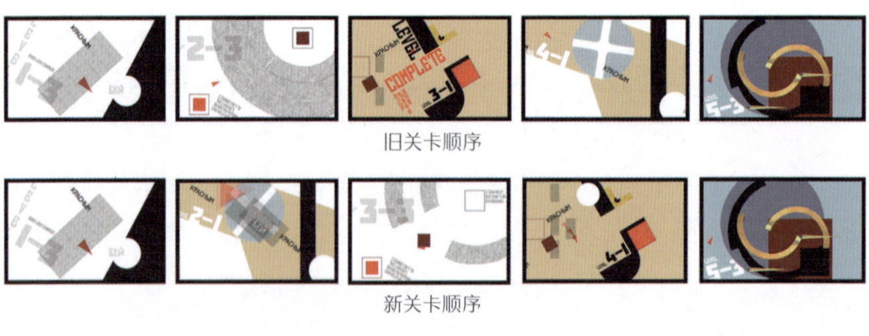

图 8.17　我在 *Lissitzky's Revenge* 游戏的第二世界中引入了过多的新机制，导致难度突然急剧增加，之后通过调整关卡顺序使机制复杂度与挑战难度逐步提升，游戏体验因此得到了改善

布局，或通过非空间手段强制玩家遵循预设的线性操作流程。例如，在游戏 *Horizon: Zero Dawn* 中，洞穴中首个关卡不仅不向玩家提供能触发战斗机制的武器和其他道具，还严格遵循线性路径推进。对于这款以广阔开放世界为核心卖点的游戏而言，这种线性设计有效聚焦了玩家行为，直至他们掌握全部基础技能。同样，在第二个教授狩猎技巧的关卡中，游戏角色 Rost 会引导主角 Aloy 穿越环境。如果玩家偏离关卡路径，Aloy 会被 Rost 责骂——即使在一个更为开放的环境中，设计师也找到了限制玩家行为可能性的方法。

有些游戏也通过让某些区域变得危险来限制玩家。例如，游戏 *The Legend of Zelda: Breath of the Wild* 与游戏 *Horizon* 一样具备开放世界生存机制，但其教学部分更为开放，同时通过其他方式限制玩家行动。首先，玩家被限制在地图的一个小区域内——他们身处无法逃离的高原，从边缘跳下会导致死亡。其次，该区域的每座神庙都围绕 Link 的某一样工具设计专属教学内容。此外，在游戏的这一阶段，Link 的生命值和体力值都处于较低水平，因此他的探索范围受到敌人和环境的制约。初始高台是一个开放的教学空间，既给玩家营造了开放世界的假象，又严格遵循了游戏的教学计划。一旦玩家完成高原上的所有挑战，他们就会获得滑翔伞，这样就可以安全地飞离此地。

正如游戏 *Breath of the Wild* 的新玩家所体验的，高台作为教学区域并不能阻止玩家失败——游戏初期，玩家操控的游戏角色会频繁死亡。这种教学的开放性允许失败存在，但仍然具有极强的吸引力。在首个关卡设计中，将蒙台梭利教学法的互动性与挑战性相平衡，对我们重新审视第三种教学方法——建构主义——至关重要。

8.2.4 建构主义构建模块

在前文讨论建构主义学习理论时，我们着重介绍了游戏如何通过让玩家在挑战中失败并重新挑战来掌握游戏技巧。与行为主义系统（通过反应或物体给予奖励）和蒙台梭利系统（通过线性设计或限制角色能力来控制可能性）一样，建构主义理念也能自然融入玩法系统——尤其是在“失败处理”与“关卡重开”的设计中，这种转化体现得尤为明显。

检查点的间距设置

有时，失败是学习的一部分。游戏的一大吸引力在于，失败并非永久性状态。那些未能成功通关的玩家，通常都能获得再次挑战的机会。在早期的游戏中，失败的惩罚极为严苛：玩家常常需要从游戏或关卡的起点重新开始。这种情况在 20 世纪 70 ~ 80 年代颇为常见，但如今这让部分经典游戏难以被现代玩家接受。再加上“生命值”机制（玩家仅拥有有限次挑战机会，用尽则需重新开始）的叠加影响，早期游戏的失败体验往往令玩家沮丧。随着街机式机制（通过定期付费获取续关机会的设计模式）逐渐淡出历史舞台，设计师们正在探索新的失败机制，以鼓励玩家继续游玩。

对于关卡设计师而言，确保玩家能以快速且愉悦的方式经历失败与重试，关键在于关卡长度或检查点的设置。独立游戏在技能型游戏领域有着悠久历史，玩家失败往往意味着掉入障碍或“死亡”。*Celeste* 就是这样一款游戏：玩家操控的游戏角色攀登一座高山，直面心魔并证明自己能够达成目标。失败通常意味着掉进深渊、触碰尖刺或者被恶魔敌人击杀。每个关卡都很长，但被分解为几个屏幕大小的场景，其中许多是单屏场景。每个场景都设有检查点——玩家失败时将从此处重启，因此当玩家在某个区域失败时，可以迅速重新开始并尝试新的策略。游戏甚至特意告诉玩家“为你的死亡次数自豪吧”，因为“死亡越多，你学到的就越多”。游戏的加载速度极快，使得死亡和重试的循环变得像一种冥想，甚至让玩家对游戏角色的困境产生共鸣。游戏 *Celeste* 是一系列采用“房间串联”式关卡设计游戏的最新代表。这种设计不仅符合内存优化需求（一次加载的内容较少），也为检查点的间隔设置提供了便利。其他采用类似设计的游戏包括 *Portal*（每个关卡都是独立的“测试室”）、*Super Meat Boy* 及 *SUPERHOT*（其关卡是一系列类似动作电影的短场景，如“交易取消”）。[23]

这并不意味着每个使用建构主义教学方法的游戏都必须采用单房间场景结构。游戏 *Owlboy*[24] 构建了可自由探索的宏大世界，包含高难度潜行挑战、障碍赛道及与敌人的战斗。游戏通过频繁设置检查点，确保挑战失败不会造成重大挫折。整体上，这款游戏风格轻松明快，即使陷入困境，也不会对整体氛围造成太大影响。

在本节中，我们探讨了帮助开发者在入门关卡或教学关卡中教授和强化游戏机制的设计要素。通过遵循特定的设计原则或运用空间建构手法，关卡可以以易于理解的方式向玩家展示必备的游戏知识。借助本书前文讨论过的经典教学理论来强化这些机制，玩家可以练习并掌握相关知识。不过你可能会疑惑，设计师是如何确定需要教给玩家哪些知识的呢？制作游戏时，如何判断哪些机制需要教给玩家，而哪些机制可以默认玩家已经掌握？在下一节中，我们将探讨设计师如何深入了解玩家及其需求。

8.3 确定玩家需求

在上一节中，我们深入探讨了如何借助教学计划与构建模块，精心规划并打造卓越的教学关卡。了解教学的构建模块，以及如何使用它们固然重要，但如何确定这些技巧的使用场景呢？如果你花费大量时间为一项大多数玩家凭直觉就能掌握的技能开发教学，结果会怎样？这会不会导致游戏中出现一段冗长乏味的玩法体验？

这恰恰也是你可能倾向于在开发周期的后期再设计首个关卡的重要原因之一：如此一来，你便拥有充足时间去了解玩家已经掌握了哪些知识，以及他们需要学习哪些与你的游戏相关的内容。在本节中，我们将探讨设计师对玩家做出的一些常见假设，以及这些假设如何影响游戏玩法。我们还将研究一些近期的教育类游戏案例，看看它们的设计师是如何根据玩家的已有知识调整内容的。最后，我们将了解设计师如何巧妙运用测试流程，通过邀请众多玩家在开发阶段参与游戏试玩，以此确定入门关卡的结构。

确定玩家需求的第一步是在游戏的创意阶段明确目标受众。目标受众是你将主要面向其进行游戏推广的群体。虽然现有大量网络与纸质媒体会从市场营销角度探讨这个话题，但我们将从教学角度展开剖析。在规划教学关卡时，玩家的经验是最重要的：玩家在玩你的游戏之前具备什么样的知识？从市场营销的角度来看，这正是设计师需要判断的关键——游戏应面向休闲玩家（那些不常玩游戏并且想要简单体验的玩家）还是硬核玩家（那些寻求更深度体验的玩家）。尽管这些分类可能过于简化了玩家实际的游戏行为，但玩家对计算机操作、控制器使用及游戏交互惯例的熟悉程度，对于我们思考教学应包含哪些内容至关重要。即便你对游戏的目标受众已有清晰构想，也应通过测试来验证你的假设。

例如，在我们开发的僵尸生存冒险游戏 *Dead Man's Trail* 中，错误的假设导致多次试玩体验不佳。游戏有两种模式："旅行模式"让玩家在跨国旅程中管理资源分配，而"掠夺模式"则让玩家进入一个城镇并搜集物资。由于设计了复杂的武器道具系统，我们将目标受众定位为硬核玩家，这影响了对展会试玩观众的引导设计和教学构建。例如，我们假设大多数玩家会使用流行的"WASD"操控方式，即左手手指停留在标准英文键盘的 W、A、S、D 键上。但测试显示：虽然大多数玩家确实使用了"WASD"操控方式，但也有相当多的玩家尝试使用键盘另一侧的方向键。因此，我们决定同时支持两种操控方式。更糟糕的是，我们对射击机制只做了简单的引导：玩家点击左键攻击僵尸。然而，一位试玩者误以为点击屏幕任意位置即可触发攻击。他反复抱怨"我觉得你们的游戏有问题"，从而导致排队等待试玩的人纷纷离去。在这个案例中，我们假设自己的游戏会吸引硬核玩家，从而没有提供细致的操作教学，但这种预设最终影响了游戏体验。

这并不是说假设总是错误的。事实上，游戏 *Dead Man's Trail* 借鉴了游戏 *The Oregon Trail*[25]，这使得熟悉这款经典游戏的玩家很容易上手。如果你是一名能够自主确定营销策略的开发者，那么你对游戏目标受众的选择，将使你获得关于玩家的、具有实际价值的"既定认知"。独立游戏 *20XX*[26] 在很大程度上模拟了 *Mega Man X* 系列游戏。该游戏最初名为 *Echoes of Eridu*，但在发布前更名为"*20XX*"。这种命名方式能够吸引 *Mega Man X* 系列的粉丝玩家，从而减少必要的解释说明。即使你的游戏并非模仿复古游戏或经典系列，了解核心受众也能让你预判玩家可能具备的游戏技能基础。

这一切都表明，你可以将假设作为出发点，但在通过游戏测试确认或证伪之前，应当以审慎的态度对待这些假设。在下一节中，我们将研究一些以学习为核心设计目标的游戏，分析它们是如何确定要向玩家传授哪些信息的。

8.4 游戏内教学的测试

本节将探讨教育类游戏，包括其设计师如何确定玩家的知识水平，以及如何为对游戏主题知之甚少的玩家进行设计。到目前为止，你可能已经猜到，本节并非探讨如何打造教育类游戏，此类内容已有大量详尽且成熟的论述。然而，通过研究教育游戏的设计，以及游戏测试与设计如何协同作用以促成其成功，我们能学到很多关于如何在游戏中传授概念的知识。本节通过三个典型案例，生动展示了教育类游戏的设计师如何借助测试来评估新玩家接触游戏时的知识储备量，并详细阐述了每位设计师如何对游戏进行优化，以应对玩家对游戏主题完全不熟悉的情况。这将让我们深入了解如何通过设计使游戏能够适应任何经验水平的玩家。

8.4.1 为没读过原著的人设计的文学游戏

第一个案例研究涉及一款非数字游戏，其核心机制是简单的卡牌叙事。2017 年，我所在的桌面游戏小组的朋友发起了一项挑战：设计一款游戏并带到下一次聚会上。我刚刚读完 Miguel de Cervantes 的《堂吉诃德》，于是想以此为主题制作一款游戏。《堂吉诃德》讲述了一名厌倦平凡生活的人，在骑士与骑士精神早已被遗忘的时代，决定成为骑士的故事。我觉得这是一个设计桌面游戏的好机会，所以我设计了 *La Mancha*，这是一款卡牌游戏，玩家借助带有书籍语录的骑士精神卡牌讲述关于骑士的故事（图 8.18）。游戏的故事引子均基于平凡的场景，而玩法目标是使用骑士精神卡牌将这些场景转变为史诗般的冒险叙事。第一次测试很有趣，但也让许多玩家感到困惑——测试者不理解平凡的提示如何与史诗般的引文融合。Cervantes 的小说非常有趣，因为堂吉诃德试图用非常不寻常的方式解决普通问题，但这款游戏并没有体现出这种基调。为什么出现这样的问题？我该如何解决呢？

虽然这不是一款数字游戏，但简单的桌面游戏非常适合观察游戏设计问题，而无须承担大型数字项目带来的额外负担。在这个案例中，我们能通过一个易于理解的示例，看到设计师如何解决玩家缺乏前置知识的问题。在游戏 *La Mancha* 中，许多测试者之前并没有阅读过近 1000 页的《堂吉诃德》小说。通过询问测试者对小说的理解，我发现很多人误以为《堂吉诃德》是一个普通的幻想故事，而不是一部讽刺作品。意识到这一点时，我发现解决方案十分简单：将故事提示文本改为小说中的真实场景，以此解释其中的喜剧背景。例如，第一版卡牌描绘了堂吉诃德攻击风车的著名场景，卡牌上仅写着“你看到风车”，并默认玩家会自行明白，要将风车想象成怪物。修改后的版本不仅告诉玩家他们发现了风车，还提示他们要将风车想象成巨人（图 8.19），然后让玩家向在座的人

图 8.18 *La Mancha* 是一款基于小说《堂吉诃德》改编的教育类卡牌游戏。我的任务是找到最合适的卡牌文字表述方式，确保没有读过小说的玩家也能享受游戏，关键经验是：解释得越详尽越好

图 8.19 卡牌游戏 *La Mancha* 原型的遭遇卡和最终版“闪亮头盔”遭遇卡。测试显示，没有读过《堂吉诃德》的玩家难以理解为何骑士会将平凡事物幻想成奇幻事物，这限制了他们在游戏中讲述幽默故事的能力。修改卡牌设计后，这款游戏具备了更多作为教育游戏的价值

讲述这场战斗的经过。这个改动让游戏不仅更有趣，而且更具戏剧性。几个未读过小说的测试者表示，在玩了这款游戏后，他们想读读这本书，而且通过这款游戏了解了很多关于这部小说的内容。因此，我将其作为教育游戏进行推广，并在多个教育游戏节上获得了多个奖项。[27]

从这些教育游戏案例研究中我们得到的第一个启示是：你可能需要向玩家解释的内容，往往比最初设想的更多。很多人都知道《堂吉诃德》中“对抗风车”的场景，但了解小说整体设定与该场景上下文的人却少得多。我原本以为，通过解释或引导玩家按特定方式讲述故事（例如，告诉玩家将风车想象成巨人）会限制他们所能讲述的故事类型。但事实恰恰相反，这种做法反而为缺乏《堂吉诃德》背景知识的玩家提供了必要信息，使他们能在游戏中获得最佳体验。

8.4.2 仅用四个关卡教授分子免疫学

第二个案例研究来自生物学家 Melanie Stegman 博士及其工作室 Molecular Jig Games 开发的一款游戏 *Immune Defense*[28]。这是一款教育策略游戏，玩家通过操控白细胞在模拟人体免疫系统的真实环境中对抗病原体[29]（图 8.20）。游戏的目标在于既能真实还原人体抵御病原体的机制，又能提供令人兴奋的游戏体验。显然，游戏 *Immune Defense* 涉及的教育内容是复杂的，许多游戏玩家对这类专业知识并不熟悉。然而，我在多个游戏展会上看到过这款游戏，其展台前总能围满兴致勃勃的孩子与家长。它究竟是如何做到让复杂知识变得易于接受的呢？

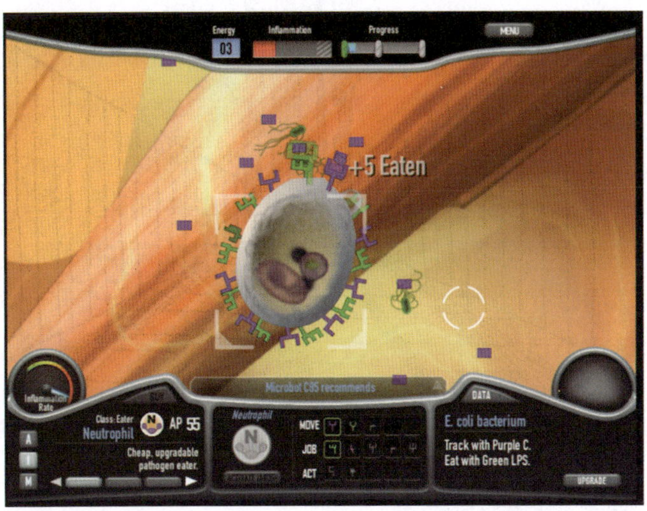

图 8.20 游戏 *Immune Defense* 通过精心设计的教学关卡，将复杂的免疫学知识拆解为循序渐进的模块。当进入第四关时，玩家可以完全控制目标锁定和攻击病原体的全过程

开发者告诉我，引导玩家理解游戏的关键在于设计一系列循序渐进的挑战。游戏的官方网站也指出，游戏的核心目标是让玩家持续探索免疫系统的不同功能。[30] 因此，首个关卡聚焦于创造直观且令玩家满意的场景，例如让免疫系统中的部分细胞吞噬细菌。细菌在酸液中溶解的动画被尽可能具象地呈现出来，视觉冲击力十足，从而让这些场景具备了出色的“游戏手感”。前几关逐步引导玩家了解锁定病原体、调遣细胞摧毁病原体的整个流程。在第四关，玩家可以完整地执行整个流程，此后便能自由地与游戏中的免疫系统互动，进而规划自己的策略。

虽然 *Immune Defense* 是一款设有关卡的数字游戏，但它确实印证了分关卡渐进教学的有效性：在每个关卡中，每次仅教授少量机制，并通过多个关卡逐步提升玩家技能。像 *Super Meat Boy*、*Portal* 和 *Celeste* 这样的热门游戏也采用了相同的设计思路。虽然它们所教授的内容远不如生物学知识复杂，但它们通过精准控制新机制的解锁节奏，让玩家逐步掌握通关所需的反应类技能。

8.4.3 将概念转化为数学游戏中的挑战

在众多案例中，最后一个研究案例独具特色：该游戏面向的是具备特定专业知识的受众群体，它也是众多案例中最具典型空间关卡特征的游戏，使设计师能够直接将关卡设计应用于教学实践。游戏 *Function Force* 最初是 2014 年白宫教育游戏开发大会的成果，后来通过与美国教育考试服务中心（ETS）的合作进行了迭代开发。这场由科学技术政策办公室组织的活动，邀请游戏工作室开发“与顶尖电子游戏同样引人入胜”的教育软件。[30] 开发团队可以根据美国共同核心教育标准选择主题方向，最终开发团队选择了 6 ~ 8 年级数学标准中关于三角函数图像与变换的内容。[31] 由此诞生的游戏是一款“射击游戏”，这类游戏的典型特点是飞船在布满障碍的环境中自动前进，并向敌方战机射击。同时，该类型游戏极度注重游戏操作手感的设计，比如夸张的特效（激光和爆炸），这些元素天然契合游戏化学习的行为特征。在游戏 *Function Force* 中，玩家可以通过改变屏幕上显示的数学函数值或选择新函数，来改变飞船武器的形状和方向。通过使用不同类型的函数，玩家可以改变激光的形状，以破解不同类型的环境谜题（图 8.21）。这种设计将复杂的数学概念转化为有趣的交互系统，玩家可以在其中互动和练习，直到掌握这些内容。

图 0.21 游戏 *Function Force* 的初代原型允许玩家改变武器的方向和形状，以此解决谜题

在美国教育考试服务中心的指导下，我们继续与几名学生（Dan Petricca、Kirby Cofino 和 Gray Leonard）一起开发这款游戏。此时，游戏的目标从单纯的教学转变为能力评估（测试用户是否已经掌握了某个主题）。因此，我们可以假定玩家已经具备一些函数图像绘制的基础。除了设定游戏的评估目标外，我们的设计目标还包括探索关卡设计是否可以成为结构化教育内容的有效媒介。

（1）将谜题视为问题，将关卡视为课程

基于美国教育考试服务中心的学习模型与共同核心课程的教学步骤，我们决定将关卡结构设计为教学计划的形式。共同核心包含了"主题集群"，每个集群涵盖一个主题（在我们的案例中是三角函数），而该主题下的每个概念都对应一个独立的课时。我们从微观到宏观的角度来思考，认为谜题场景相当于数学问题，而关卡则是包含多个与同一概念相关的谜题的课程单元。整个游戏相当于一个主题集或教科书里的一章。[32] 这也印证了游戏 *Immune Defense* 和 *Celeste* 所采用的关卡组织方式：通过一系列场景，分别教授掌握某个完整概念所需的各个步骤。在游戏 *Immune Defense* 中，前四个关卡分步骤教授玩家掌握攻击敌人的操作（玩家借此理解细胞攻击病原体的机制）。而在游戏 *Celeste* 中，关卡中的早期场景会教授核心机制，同一关卡的后期场景则用于检验玩家的掌握程度。

（2）四步教学关卡设计法

由于 *Function Force* 兼具评估目标，它让我们能够测试一种名为“起承转合”的概念——一种用于引入新游戏机制的关卡设计理念，并将其作为教育工具。起承转合基于日本漫画的叙事技巧，广泛用于任天堂的游戏中，尤以游戏 *Super Mario 3D World* 和游戏 *Donkey Kong Country：Tropical Freeze* 为典型代表。[33,34] 这一方法包含四个步骤。

① 在安全环境中引入概念，供玩家练习。

② 通过添加或引入更复杂的迭代形式来深化该概念。

③ 对概念进行变式设计（引入转折）。

④ 测试玩家对该概念的掌握情况。

这种方法是许多现代任天堂平台跳跃类游戏的核心设计思路[35]（图 8.22）。在第 3 章中，我们讨论了游戏 *Donkey Kong Country：Tropical Freeze* 如何引入新机制，然后在熟悉概念的基础上搭建新内容，逐步将其发展为挑战关卡。该游戏的关卡会分别引入诸如大金刚可投掷的注水果实或燃烧的平台等机制，随后通过将这些机制组合来设计挑战。

许多独立游戏也遵循了这种模式。除了本章已经讨论的那些平台游戏，游戏 *Golf Story*[36] 也运用“起承转合”设计了各具特色的关卡。玩家可访问的每个高尔夫球场都有特殊机制：一个球场是乡村俱乐部，年长的会员会因为你打球过于激进而指责你；而另一个球场则有彩色的鸟将你的球带到不同的地形。当玩家首次进入球场时，他们会遇到一些游戏角色，这些角色会根据球场条件提供小规模的高尔夫挑战。这样一来，玩家可以学习并练习这些新机制。随着玩家探索球场，这些挑战的难度通常会逐渐升级，因此早期的挑战涵盖起承转合的前两步。接着，一位对手会向玩家发起全场对抗赛，通常附带特殊比赛规则：这便引入了转折与变化，对应着“起承转合”中的“转”。最终，玩家可参与球场锦标赛，这相当于玩家对球场机制掌握程度的终极考核。

在游戏 *Function Force* 中，“起承转合”结构不仅帮助我们设计了游戏玩法教学，还将数学课程转化为检验玩家游戏掌握程度的挑战关卡（图 8.23）。第一关先让玩家以常规方式射击敌人，使其熟悉基础机制——这是起承转合的第一阶段。接着，游戏强制玩家收集改变激光斜率的道具——这是第二阶段。然后，玩家必须用改造后的激光对抗敌人，但可以继续收集道具并进一步调整激光斜率——这是第三阶段。最后，玩家遇到一扇上锁的门，必须射击目标才能将其开启。为了瞄准目标，玩家需要收集足够道具来转换函数，使激光达到合适的斜率。这个转折将之前可以自由尝试的机制，变成了更传统的数学问题——这是第四阶段。

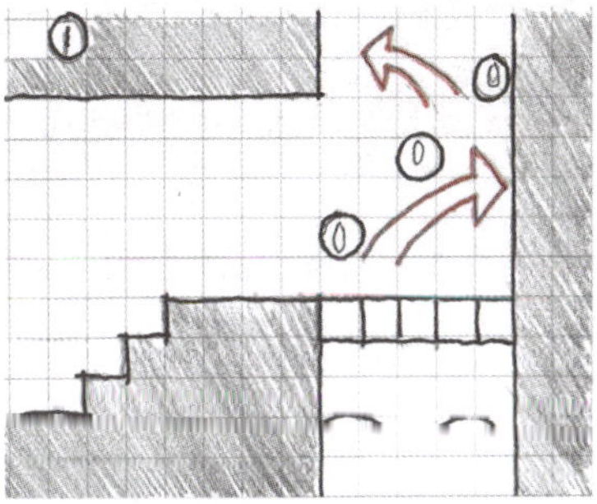

（a）技能关卡示意图，玩家需要通过墙壁跳跃继续前进，但失败不会受到惩罚

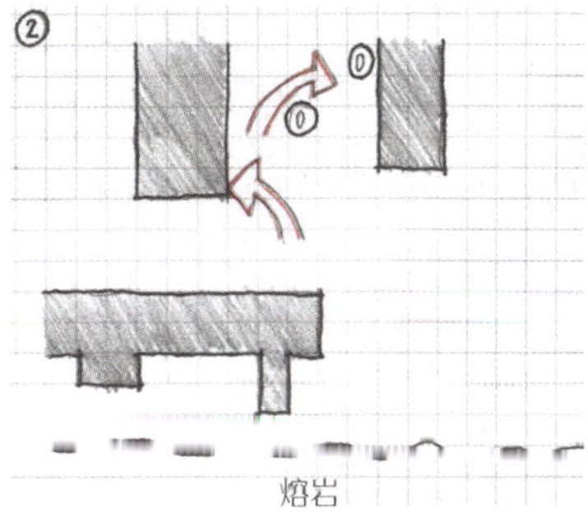

（b）玩家在熔岩上进行墙壁跳跃：机制依然简单，但风险显著提升

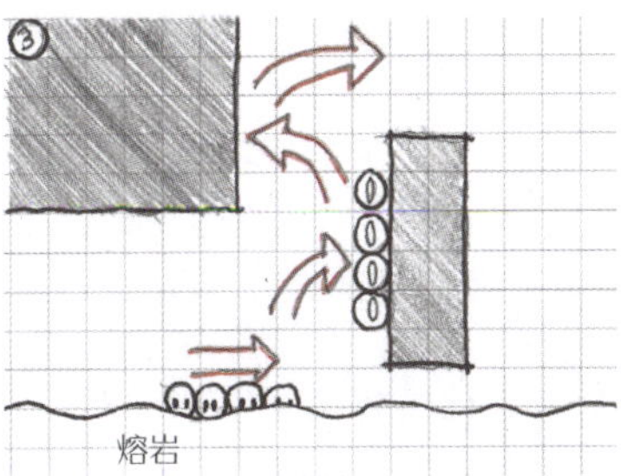

（c）玩家要连续完成墙壁跳跃，同时引入了漂浮的木筏

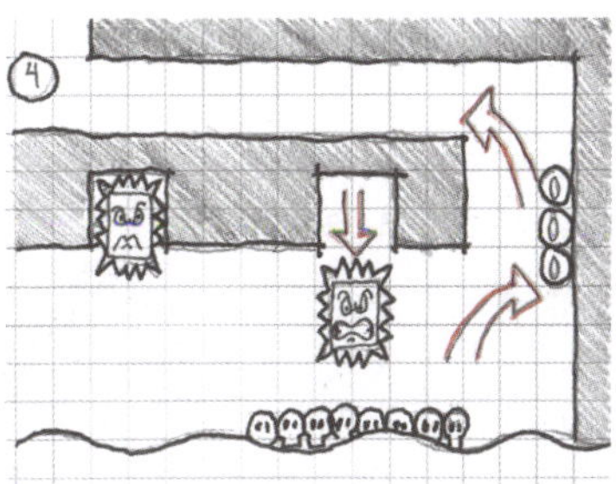

（d）玩家的“终极考核”，要求玩家在漂浮的木筏上躲避敌人，同时精准完成跨越熔岩的挑战

图 8.22 游戏 *Super Mario Maker* [37] 的关卡示意图，该关卡是专为练习“起承转合”结构而设计的。关卡基于墙壁跳跃机制设计，即游戏角色 Mario 跳向墙壁，随后迅速朝反方向发起第二次跳跃

（a）玩家以常规方式射击敌人

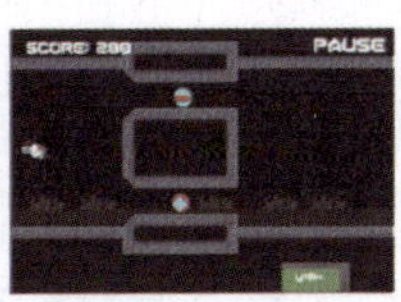

（b）强制改变激光的发射方向

（c）玩家用改造后的激光对抗敌人

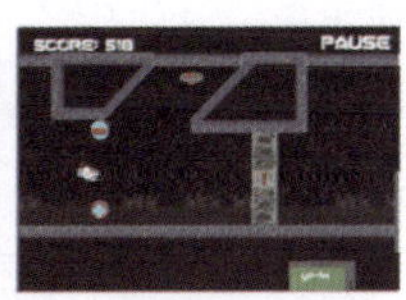

(d)通过解谜关卡检验玩家操控激光斜率的能力

图 8.23 游戏 *Function Force* 的首个关卡采用“起承转合”的设计结构，既教授游戏玩法，也评估玩家对线性函数变换的掌握程度

目标受众测试完成后，结果证实这些游戏都能有效地传授相关主题知识。尽管本章乃至整本书的目标并非探讨教育游戏领域，但这些游戏向玩家传递信息的方式，也能适用于以娱乐为核心的游戏。在实际游戏体验中，有时玩家需要更为详尽、具体的游戏玩法信息，这或许超出了你最初的设想。同样，某些游戏机制可能极为复杂，因此需要给予玩家足够的时间去掌握，无论是在一个关卡内还是多个关卡中。如果你要传授的内容极为复杂，可以将关卡规划成教学计划，分步骤引导玩家逐步掌握。按步骤引导玩家，还有助于将教学转化为挑战。场景会以蒙台梭利式的渐进方式变得越来越复杂，直至向玩家呈现某个机制最进阶、最有趣的迭代形式。贯穿所有这些的核心是测试：让目标受众多次试玩游戏，是设计师了解玩家需要知道什么，以及如何为他们设计最佳教学关卡的唯一途径。

到目前为止，我们重点关注了游戏教学构建的设计要素。那么支撑这些教学系统所需的资源（如图像、音频、界面图形等）又该如何制作呢？在下一节中，我们将探讨可用于支持教学设计的各类媒体形式。

8.5 教学资源与媒介

本章前文对游戏 *Rogue Leader* 中“死星攻击”关卡的描述，凸显了使其成为出色教学关卡的几个要素，其中就包括该关卡对玩家的引导方式。许多游戏会中断游戏进程来传递教学指令，然而，“死星攻击”关卡让玩家一直沉浸在战斗的紧张氛围中。在视觉上，该关卡通过微妙的提示引导玩家，并且只在必要时通过游戏的常规界面显示弹出式图形。游戏还使用了电影中的音频，甚至复刻对白台词来传递玩法指令。尽管有些游戏因偏好文本而非音频传递指引而备受诟病，但并非所有游戏都有充足内存来承载完整的配音脚本。在条件允许的情况下，尽可能使用音频能够带来更加流畅的体验。游戏设计师兼大学教授 Matthew M. White 对游戏教学进行了广泛的研究，并在其著作 *Learn to Play* 中描述了利用媒体传递教学内容，以及使其成为游戏有机 组成部分的方法。

White 的主要观点包括多个关于信息处理过程的理论，阐释了如何通过有效教学将知识转化为学习者的长期记忆。他引用了 Bruce Mann 的多媒体学习注意力控制理论，该理论认为多媒体通过调动多种感官来实现有效的学习[38]（图 8.24）。

White 书中的后续理论进一步指出，音频和视频结合使用比单独使用效果更好，[39] 并且设计师不应让玩家一次接收过多需要学习的内容。对于后一个观点，我们之前主要将其描述为良好的设计原则，而 White 的论点是，我们应该避免超出玩家的认知负荷，即理解某事物所需的努力。[40] 这与我们之前讨论的 Hildebrand 关于分类与差异化的理念相呼应：当人类没有被信息过载时，他们会感到更加舒适。

我不会在这里详述他的所有观点，但上面列出的观点已经在本章中以某种形式涉及（尤其是关于教学节奏的部分）。本节将探讨如何将他的某些方法应用于关卡构建中。

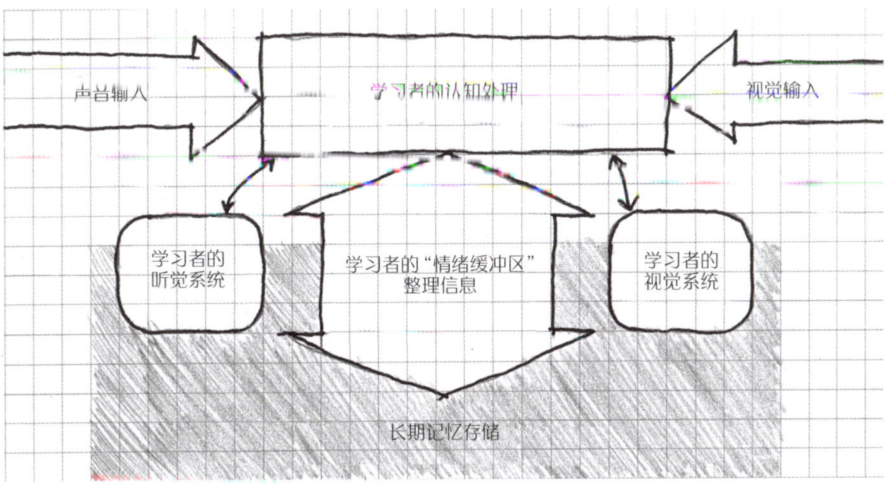

图 8.24 一幅改编自 Bruce Mann 的多媒体学习注意控制理论的示意图

8.5.1 有效的视觉元素

Matthew M. White 在他书的开篇就批评了那些仅依靠界面弹窗来教授游戏机制的做法。他轻蔑地称这些为"闪卡式教学"，[41] 认为这种方法试图用极其简单的方式来描述复杂信息。这种方法或许与本章中描述的某些有效教学类似，但前文讨论的所有案例都存在使其奏效的关键差异。例如，有些教学会与其他多媒体资产配合使用，尤其通过配音对话传递相同信息。声音与视觉的结合以更有效的方式将信息传递给我们的感官。

让我们重新审视游戏 *Horizon: Zero Dawn*。游戏教学关卡中的角色会用符合游戏世界观的语言，向玩家传递需要执行的操作信息。在首个关卡中，当玩家启用扫描系统时，游戏角色 Aloy 会自言自语，并描述下一步该做什么，以及她的所见所感。这不仅与游戏画面相配合，还辅以强化信息的弹窗图形——这意味着弹窗并非唯一的信息传递方式。在第二关中，Rost 会向 Aloy 下达指令、传递信息，目的是让玩家学习并练习 Aloy 的动作。将 Rost 设定为导师，正符合 White 所倡导的另一个要素：让游戏角色向玩家示范动作。[42]Rost 带领 Aloy 穿越环境，并在此过程中向玩家展示了许多即将需要执行的动作。与此类似的是，游戏 *Rogue Leader* 中的队友会飞向目标并攻击敌人，以此向玩家传递行动信号。该游戏的界面弹窗被控制在最低限度，仅在符合情境需求时才会出现。

当然，并非所有游戏都有足够的预算：配音会大大增加文件大小，聘请演员成本高昂，额外的动画制作可能意味着需要多花数月时间。在这种情况下，将简单的图形以有趣的方式呈现，能帮助它们摆脱“闪卡式教学”的局限。我在开发抽象艺术游戏 *Lissitzky's Revenge* 时，就遇到了这些挑战。这款游戏每个关卡的目标是操控红色楔形在特定安全区内蓄力，随后攻击并摧毁白色圆形。未经充能的攻击只会推开障碍物，但无法对白色圆形造成伤害。这些机制借鉴了游戏 *Yar's Revenge*[43]——这也是游戏的灵感来源，因此我不愿改动这些机制，希望能保留这种关联。最终解决方案是增加一个教学环节，但我只能承担为游戏添加简单图像的成本。为了不破坏游戏的美感，我将文本融入游戏的图形设计中（图 8.25）。我还决定让这些文字以“极权指挥官”的口吻呈现——通过下达指令、向红色楔形灌输宣传思想的方式，为游戏增添故事性。游戏中还隐藏着一些颠覆这种霸权的文字，这些文字用粗糙的字体写成，暗示着反抗者的存在。其余的教学则依托本章前文所述的教学理论，借助游戏玩法来完成：成功时会有强烈的视觉效果，场景也可设置丰富的互动元素，玩家在失败后可快速重新载入关卡。测试表明，这种设计既能有效教学，而且文本的叙事风格也广受玩家好评。

热门游戏如 *Portal* 和 *Dishonored*[44] 等也以类似的方式使用环境文本。虽然游戏 *Portal* 中的大部分剧情通过邪恶电脑 GLaDOS 的音频来呈现，但游戏中的环境文本则揭示了游戏设定中其他角色的信息。虽然这些文本不具有指导性，却奠定了游戏基调，并为玩家与 GLaDOS 的冲突做了铺垫。游戏 *Dishonored* 中的涂鸦也为游戏世界增添了特色，并对角色（如神秘的“局外人”）进行了拓展，补充了

图 8.25　游戏 *Lissitzky's Revenge* 首个关卡的截图。这款游戏制作仓促且预算有限，因此我无法在教程的配音上额外投入。我将教学文本融入到游戏的图形设计中，并赋予其“声音”，让它听起来像是来自游戏内某个角色的提示，而其余的教学内容则由游戏玩法来完成

玩家在过场动画中看不到的内容。这些文本可以被绘制在纹理上，或者作为纹理贴块放置在环境美术中。游戏 *The Stanley Parable*[45] 则使用醒目的黄色大字，玩家无法不注意到它。这些文本具有欺骗性：它们引导玩家按照游戏的路径前进，但实际上希望玩家偏离这条路径，以此调侃游戏引导玩家的常规方式。一款需要玩家主动抵制环境教学文本的游戏的出现，恰恰说明了这种方式的有效性。

8.5.2 音频元素

并不是所有开发者都有预算聘请演员并安排录音棚。如果有这种能力，音频会是传递故事内容和强化教学信息的极佳方式。单就音频本身而言，它是通过广播剧和录音来丰富游戏世界的得力工具，且无须依赖视觉或动画元素。这使得它比过场动画或特殊动画等其他多媒体形式成本更低、耗时更少。正如前文所述，音频与视觉信息相结合，能让游戏中的学习过程更高效。

从关卡设计的角度来看，音频的呈现需要设计师进行周密规划。大多数游戏引擎允许设计师进行这样的设置：当玩家角色进入触发器（一种隐形物体，玩家穿过它时会启动脚本事件）时，音频就会播放。正如我之前在谈论我们开发的游戏 *Dead Man's Trail* 时提到的，我们进行了大量的测试，以确定玩家需要在游戏中

学习的内容。最终，我们的教学关卡是一系列小场景。在这些场景中，玩家可以学习游戏的基本机制，并参与到游戏故事的开端。将关卡设计成多个场景，有助于开发团队之间就音频提示的投放位置保持简洁统一的沟通语言。这些场景的最终脚本既像是游戏玩法的描述文档，又像是演员朗读台词所用的剧本（图 8.26）。

游戏 Dead Man's Trail 教学大纲

游戏介绍 / 掠夺关卡

场景设定：在一个戒备森严的小镇中，类似于 Woodbury 的小镇，但不存在大量反社会行为。
区域（场景）：兵营、射击场、外部围栏、主街、逃生区域。

游戏 / 关卡以“角色选择窗口”开始，窗口标题为“选择你的第一个队员”，背景为黑屏。在玩家选择一名队员后，队伍成员窗口消失，画面中逐渐显出以下文字：

“阿什兰，弗吉尼亚州
距离里士满爆发区以北约 24 千米”

注：本文档中的教学设计基于 Matthew M. White 在 *Learn to Play* 一书中提出的情境敏感功能准则设计——通过音频旁白配合简易视觉提示传递信息，且仅在玩家需要时触发（避免对已掌握操作的玩家造成冗余指导）。关卡中的第一条教学台词是：

“嘿，又是我。我找到了一些旧的操作手册。这些对你有帮助吗？”

所有需要引用“教程起始文本”的地方，请统一使用标记“【教程起始文本】”

所选角色初始位于兵营区的小型营房外。游戏开始两秒后，隐形角色 Norm 会发出首条行动指引：

“嘿，我是 Norm。你需要去射击场练习一下。”

所需输入：WASD 移动键或点击移动操作

图 8.26　游戏 Dead Man's Trail 教学脚本的一页。虽然这个格式不是行业标准，但它帮助我们的团队梳理出了触发每句对话所需的游戏流程步骤

根据测试中了解到的玩家所需的教学内容，我们最终撰写了详细的指令。这些指令将通过一个名为 Norm 的隐形角色，以对讲机广播的形式传递。Norm 会阅

读旧操作手册，并呼叫玩家询问其对“按 WASD 键移动”等怪异指令的理解。通过这种方式，我们将通常生硬的教学信息融入音频中，使其与游戏的虚构设定与略带调侃的基调相契合。我们设定了一些台词（如前述有关如何移动的台词），如果玩家在音频教学播放之前已经执行了相关操作，这些台词就不会播放——玩家没必要听已经掌握的内容。同样，当玩家在一定时间内没有执行某项操作时，其他台词会频繁播放。比如，如果玩家没有前往射击训练场开启射击教程，Norm 会调侃道：“你的枪法是不是生疏了？”（图 8.27）。

图 8.27 游戏 *Dead Man's Trail* 教学关卡中的射击场部分包含多个音频记录，其触发设定取决于玩家是否在特定时间内完成某些动作。如果玩家未能在规定时间内拿起武器、装备武器或开枪，便会听到隐形角色发出的操作指引。如果这些动作完成得很快，一扇门就会立即开启，引导玩家推进剧情

一旦玩家拿起枪、装备好枪并向训练假人开枪后，下一区域就会开放，Norm 会询问玩家是否能去检查一下堡垒的外墙。他派去的人还没有回来。此时，玩家已经掌握了游戏中掠夺模式的主要机制，因此音频会通过设置在特定重要剧情地点的触发器来播放，以此营造紧张氛围。当玩家发现了墙上的破洞与 Norm 派出的队伍后，游戏就会切换到逃生环节，玩家要与一群僵尸战斗（图 8.28）。Norm 会指引玩家向关卡出口撤离，但此时的指令不再是冷漠的命令，而是急促的求生催促。这让玩家明白，游戏 *Dead Man's Trail* 的核心玩法在于从僵尸身边逃跑，而不是将它们消灭。

图 8.28　游戏 *Dead Man's Trail* 的教学关卡在平静的开场之后，最终通过僵尸群的追逐让玩家瞬间被带入剧情高潮。这同时也为技术娴熟的玩家提供了机会——如果他们在关卡中选择一些充满风险的路线，就能获得额外的补给。这是对那些可能正在重玩这部分内容的资深玩家的一种奖励

进一步的测试表明，该教学不仅有效地教授了游戏机制，还为玩家构建了游戏故事的背景。尽管这样的关卡制作工作量繁重，但它很好地展示了音频资源在教学关卡中的强大作用：相较于生硬的叙述，根据玩家操作动态触发特定台词，能让语音提示与玩家行为自然融合。这个关卡还融入了我们在本章讨论过的其他设计方法，例如，通过隐藏额外奖励（本例中的补给物资）来奖励技术娴熟的玩家，以及利用早期动作序列成功调动了玩家的兴奋情绪。

当然，并不是每个开发者都能获得教学所需的各类多媒体资源，但通过仔细规划，再加上对零散多媒体素材的有效整合，仍可最大化其效用。在本章的最后一节中，我们将探讨广告商用来描述产品并引发消费者反应的方法。这些方法将为我们提供更多思路，指导我们如何将视觉、音频和交互元素融入教学环节中，同时与游戏的环境资源建立强有力的关联。

8.6　通过广告式方法教授游戏玩法

在 *Persuasive Games* 一书中，游戏设计师 Ian Bogost 探讨了如何利用广告领域的方法来帮助设计师通过视觉和程序化的方式与玩家进行沟通。[46] Bogost 提出

了三种方法：演示性广告、说明性广告和联想性广告。这些方法对于关卡设计师来说非常重要，因为它们阐述了向玩家传递信息的不同方式。在本节中，我们将探讨每种广告方法的具体内容，以及它们各自代表的不同沟通模式。

8.6.1 利用脚本事件和触发器的演示性广告

Bogost 提出的第一种方法是演示性广告。这种类型的广告通常会展示产品、说明其使用方法，并告知它能为消费者带来的益处（图 8.29）。例如，在为电子游戏做宣传时，这种广告风格通常体现为游戏包装盒背面的说明，上面会介绍关卡数量或罗列游戏特色。汽车、工具等产品也常借助演示性广告来向用户展示产品的实用性。

图 8.29 演示性广告通过文案展示产品并介绍其实用或吸引人的特点

演示是向玩家传递游戏玩法信息的强大工具。我们通过控制玩家与游戏内物体的互动，可以在游戏符号和操作行为之间建立关联。让玩家观看（而非直接互动）某一特定游戏元素的演示，也是介绍潜在危险障碍或敌人遭遇战的重要方式。这类演示通常在玩家能看到危险的障碍物，但又足够远以至于无法干扰演示行为时发生。例如，*Half-Life* 系列游戏通常使用演示来向玩家介绍藤壶怪敌人——这是一种静止的外星生物，它会吞噬任何不幸被其长舌缠住的生物。设计师没有选择让玩家直接落入陷阱，而是让玩家先观看其他生物被藤壶捕获的过程，这样做不会让玩家感到困惑，也不会带来负面的游戏体验（图 8.30）。

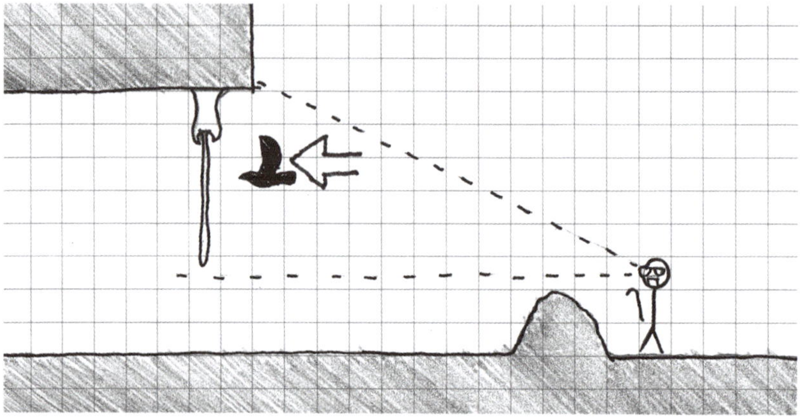

图 8.30　游戏内的演示性场景以安全的方式向玩家展示危险玩法元素的运作机制，从而帮助玩家建立认知关联

在游戏 *SWARM!* 中，消灭敌人的方法——引诱他们进入带电陷阱——是通过将陷阱设置在通往房间的路径与敌人生成点之间的方式来引入的（图 8.31）。在游戏引擎中，构建这些演示，需要精心设置脚本化游戏事件——通过游戏引擎的内部逻辑语言控制和激活的游戏玩法事件。与许多游戏内的脚本事件一样，

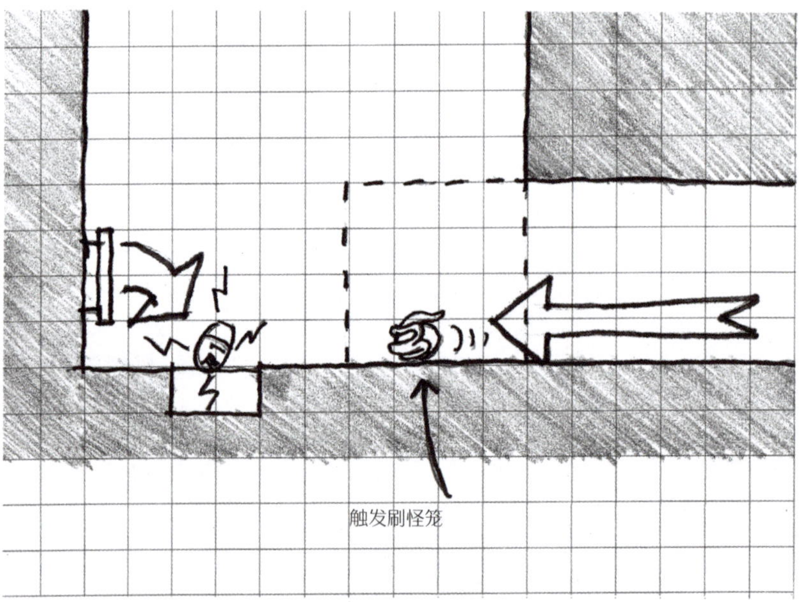

图 8.31　游戏 *SWARM!* 通过将陷阱设置在玩家进入房间的入口与敌人生成点之间，向玩家演示间接消灭敌人的方法。许多演示内容都基于脚本事件的精确计时与事件触发器的巧妙布局

演示内容也需要触发器。这是一种无形的碰撞体，当玩家角色穿过时，就会激活脚本事件。与其他游戏玩法元素一样，精准理解或定义触发器和脚本事件的运作参数（根据事件触发时长调整触发器距离、校准触发器尺寸等）对于成功设置游戏演示至关重要。

尽管游戏内演示需要精心构建相关物体来创造特定的游戏体验，但其他广告式教学方法则以更抽象的形式与玩家互动。

8.6.2 通过环境叙事实现的说明性广告

与演示性广告类似，说明性广告也会在广告中展示产品。然而，与演示性广告不同的是，说明性广告并不会提及产品的使用方式或哪些功能对消费者有用，而是将产品置于一个富有吸引力的场景中呈现。这是一种“性感营销”式的广告手段——通过展示产品使用者因此获得他人青睐的场景来塑造吸引力。这类广告主要是通过塑造产品的形象来进行推广。例如，这款车能让你在高端俱乐部引人注意，那款香水能吸引美丽的女性，我们的洗涤剂将为你的家庭带来幸福（图 8.32）。

图 8.32 说明性广告是将产品置于具有吸引力的场景中呈现，使观者在产品与其渴望拥有的形象之间建立认知关联

游戏设计师通过打磨环境叙事细节来构建符号系统，从而形成说明性广告效应。例如，在游戏 *Half-Life 2*[47] 中，λ 符号与英勇的抵抗运动之间的关联，就是通过环境和上下文线索建立的——该符号出现在玩家角色的盔甲上、友军基地中等。随着游戏进程的推进，玩家会多次在补给箱附近或战斗间隙遇到此种符号。类似地，游戏 *Resident Evil 4* 在敌人区域、陷阱或遭遇战前设置的警示牌：在多次经历“路标 = 危险”的场景后，玩家逐渐理解这是关卡设计师发出的危险预告。就像游戏 *Half-Life 2* 对 λ 符号的运用一样，设计师通过说明性的方式塑造了视觉符号，强化了路标与危险的关联。当与行为教学法和蒙台梭利教学法结合使用时，这些通过说明性方式构建的符号会成为游戏中强大的教学工具。

8.6.3 作为解构手段的联想性广告

联想性广告是 Bogost 所探讨的广告方法中最不具体的一种。与说明性广告类似，它通过将产品与富有吸引力的环境关联，来塑造产品形象。然而，联想性广告只展示场景，而将产品的使用方式留给受众自行想象。这类广告在汽车、啤酒、烈酒和香烟公司中非常流行，其广告内容往往是潜在用户与朋友欢聚、参加时尚派对或实现男性力量幻想的场景（图 8.33）。

联想性广告是广告策略历经百余年发展的产物。19 ~ 20 世纪初的许多广告都包含大量文字描述产品的使用方法。随着时间的推移，广告商开始将重点从描述性广告转向快速、抢眼的形象建构主义广告，这是因为消费者在单个广告上的停留时间日益缩短。[48] 同样，游戏中的联想性方法源于设计师在整个游戏进程中构建的一套信息系统。当玩家通过演示、强化或其他方式，建立起符号、声音或游戏物体与游戏玩法之间的对应关系后，他们就会掌握游戏的视觉和听觉语言。通过蒙台梭利教学法，玩家能够内化游戏符号传播系统的运作机制，即使遇到既定模式出现细微变化的情况，只要识别出熟悉的元素，也能做出解读。游戏中的联想性，让设计师只需展示符号，即可传递“附近有相关玩法”的信息，即使设计师在符号和相关元素之间不断增设障碍（图 8.34）。这一点与游戏 *Half-Life 2* 和 *Resident Evil 4* 的设计方式相似，它们不仅能建立“符号 = 玩法”的关联，还可以解构熟悉的游戏元素或颠覆既定模式。

图 8.33 联想性广告与说明性广告相似，但它会完全省略所宣传的产品，转而致力于为产品塑造形象

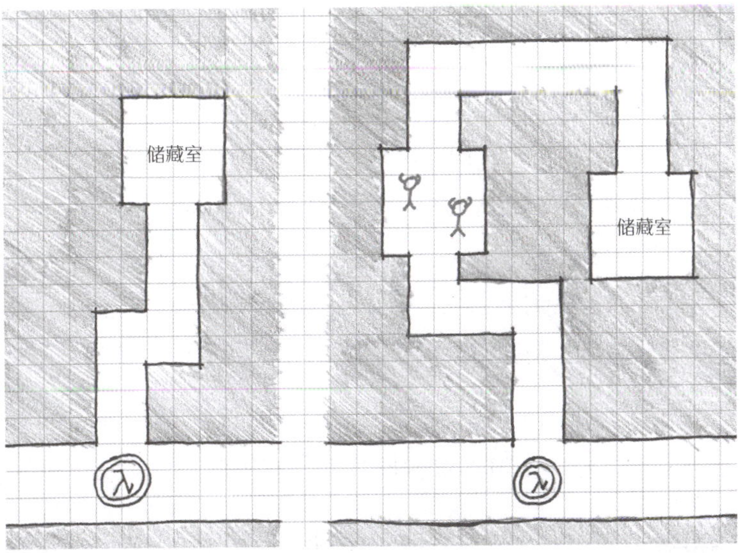

图 8.34 在游戏中建立强烈的关联，能让设计师逐步建立“符号 = 玩法”的对应关系。在此案例中，指示附近有奖励的符号，会被放置得与实际奖励的距离越来越远。而通过构建这种关联，游戏元素可以与其他谜题或危险因素灵活组合搭配

游戏 *Limbo* 在这类玩法解构上表现出色，它巧妙运用剪影艺术风格，打破玩家对固有游戏玩法惯例的认知。在早期的谜题中，玩家会遇到一台大型压力机，其正下方似乎有一个凸起的按钮。按照游戏惯例，这个凸起的部分应该是操控压

力机的按钮，玩家为了保命应当避开它。然而，当玩家靠近按钮准备跳过时，才会发现按钮旁边那块凹陷的地面，才是启动致命压机的机关（图 8.35）。

图 8.35 在一款或多款游戏中建立的关联，能让游戏设计师创作出重新组合先前谜题或颠覆公认游戏惯例的玩法场景。像 *Limbo* 这类游戏，就善用玩法套路，促使玩家重新思考自己早已习惯的解谜方式

这种颠覆手法甚至可应用于游戏的玩法叙事中。设想在游戏 *Half-Life 2* 的某个地图中，玩家遇到一处看似友好的基地，必须决定是否信任其中的角色。然而通过缺失 λ 符号这类语境线索，观察敏锐的玩家可以很快识破基地实为陷阱的真相。这类场景通过让玩家判断游戏情境是否与游戏的视觉语言系统相符，为玩家带来了激动人心的选择。

8.7 总结

在本章中，我们回溯到游戏设计的起点，探讨如何引导玩家掌握游戏机制。精心设计的教学关卡能够以一种有趣且不突兀的方式，激发玩家的兴趣，吸引他们参与，并让他们做好运用游戏机制的准备。教学设计虽看似神秘，却并非无迹可寻。通过体验大量教学环节，或观察玩家与教学的互动过程，我们能理解帮助玩家内化游戏技能的心理逻辑。通过结构化的教学框架与渐进式的内容编排，我们可以向玩家传授各种游戏机制。视觉传达也发挥着重要作用：通过使用重复出现的象征性元素，可以建立强烈的关联，从而影响玩家的行为并引导他们的互动。

当玩家真正掌握了游戏机制后，他们能做出许多精彩的事，比如利用游戏讲述自己的故事。在下一章中，我们将进一步探讨游戏空间如何成为叙事载体：既包括设计师预设的剧情框架，也涵盖玩家互动生成的即兴叙事。

8.8 练习

① 游戏测试练习：选择一款带有不中断玩家操作的教学关卡的热门商业游戏。让一名玩家玩游戏，观察他们在与教学互动时的行为，以及掌握游戏机制的速度。如果该玩家没有迅速掌握游戏，游戏结束后询问其卡关的方式和原因。

② 游戏测试练习：选择一款带有会中断玩家操作的教学关卡的热门商业游戏。让一名玩家进行游戏，观察他们在与教学互动时的行为。游戏结束后询问其对这些打断的感受。

③ 绘图练习：设计一个玩家角色在关卡中必须做出反应的游戏机制（比如游戏 *Donkey Kong Country:Tropical Freeze* 中的倾斜花朵或滚动的带刺果实）。为每个场景绘制关卡的具体区域：a. 在安全环境中向玩家介绍该机制；b. 让玩家操控角色在轻度危险的情况下对该机制做出反应；c. 对该机制进行变形——以新的方式呈现它；d. 终极考验，即让玩家在非常危险的情况下对变形后的机制做出反应。

④ 数字制作练习：构建一个将机制从安全教学状态发展至最终测试状态的灰盒关卡（至少包含 4 ~ 5 个不同场景）。添加间隔较远的检查点（整个关卡中可能只有 1 ~ 2 个），并让一名玩家进行测试。观察玩家在挑战性谜题中失败并不得不返回时的感受。随后以更高频率（在每个挑战场景的开头）设置检查点并重新测试。询问玩家在快速重试与导航返回挑战性区域的体验差异。

⑤ 游戏测试练习：让一名不经常玩游戏的玩家体验一款带有教学关卡的热门商业游戏。哪些内容玩家觉得难以学习？游戏对玩家的游戏背景做了哪些假设？玩家是否在游戏常规操作（例如使用 W、A、S、D 移动）上受阻？

⑥ 纸上原型练习：制作关卡纸质原型，并为移动设计一些规则。将这些规则写下来，让一名玩家阅读并执行。哪些内容清晰易懂，哪些内容玩家理解错了？之后尝试向玩家口头宣读这些规则，观察情况是否有变化。思考如何修改规则的措辞才能使其更有效？

⑦ 数字制作练习：构建一个灰盒关卡，玩家需要在其中学习 2 ~ 3 种机制（包括如何移动玩家角色），并在玩家进入关卡的教学区域时触发声音和图形。分别测试只显示图形、只播放声音及两者同时出现的情况。让多名玩家进行测试并记录结果：哪种单一方式（声音或图形）效果更好？而两者结合使用，在多少比例的测试中效果最好？

⑧ 绘图练习：绘制一个游戏关卡或场景的草图，其中运用了本章所介绍的广告式方法作为教学工具。尝试标注事件触发器（如果场景中有触发器）的可能位置。

参考文献

[1] Koster, Raph. *A Theory of Fun for Game Design*. Sebastopol, CA: O'Reilly Media, 2004.

[2] *Celeste*. Matt Thorson (Designer). January 25, 2018. Indie game for Nintendo Switch.

[3] Lewis, Philippa. *Portals: Gates, Stiles, Windows, Bridges, & Other Crossings*. New York, NY: Bloomsbury US, 2018, p. 1.

[4] *Star Wars Rogue Squadron II: Rogue Leader*. Factor 5 (developer) and Lucasarts (developer and publisher). November 18, 2001. Nintendo GameCube game.

[5] Sudnow, David. *Pilgrim in the Microworld*. New York, NY: Warner Books, 1983, p. 39.

[6] White, Matthew M. *Learn To Play: Designing Tutorials for Video Games*. Boca Raton, FL: CRC Press, 2014.

[7] Hildebrand, Grant. *Origins of Architectural Pleasure*. Los Angeles, CA: University of California Press, 1999. p. 91.

[8] Hildebrand, Grant. *Origins of Architectural Pleasure*. Los Angeles, CA: University of California Press, 1999. p. 92.

[9] Hildebrand, Grant. *Origins of Architectural Pleasure*. Los Angeles, CA: University of California Press, 1999. p. 126.

[10] Yoder, Andrew."The Holy Grail of Multiplayer Level Design". Conference presentation. Game Developers Conference 2018, San Francisco, CA.

[11] Lewis, Philippa. *Portals: Gates, Stiles, Windows, Bridges, & Other Crossings*. New York, NY: Bloomsbury US, 2018, pp. 4 – 5.

[12] Frederick, Matthew. *101 Things I Learned in Architecture School*. Cambridge, MA: MIT Press, 2007, p. 6.

[13] Frederick, Matthew. *101 Things I Learned in Architecture School*. Cambridge, MA: MIT Press, 2007, p. 10.

[14] *God of War II*. SCE Santa Monica Studio (developer) and Sony Computer Entertainment (publisher). March 13, 2007. Sony Playstation 2 game.

[15] *Half-life 2: Episode 2*. Valve Corporation (developer and publisher). October 10, 2007. PC game.

[16] Swink, Steve. *Game Feel: A Game Designer's Guide to Virtual Sensation*. Burlington, MA: Morgan Kaufmann, 2008.

[17] Salen, Katie and Eric Zimmerman. *Rules of Play: Game Design Fundamentals*. Cambridge, MA: MIT Press, 2003, p. 346.

[18] Kremers, Rudolf. *Level Design: Concept, Theory, and Practice*. Wellesley, MA: A.K. Peters, 2009, p. 33.

[19] *The Legend of Zelda: A Link to the Past*. Nintendo EAD (developer) and Nintendo (publisher), November 21, 1991. Super Nintendo game.

[20] *Hyper Light Drifter*. Heart Machine (developer), March 31, 2016. Downloadable indie game on Steam.

[21] *SWARM!*. E4 Software (developer), January 2013. Indie mobile phone and tablet game.

[22] *Lissitzky's Revenge*. Pie for Breakfast Studios (developer), March 2015. Downloadable indie game on GameJolt.

[23] *SUPERHOT*. Superhot Team (developer), February 25, 2016. Indie game on Steam.

[24] *Owlboy*. D-Pad Studio (developer), November 1, 2016. Indie game on Steam.

[25] *The Oregon Trail*. Minnesota Educational Computing Consortium (developer) and The Learning Company (publisher), 1985. Apple II game.

[26] *20XX*. Batterystaple Games and Fire Hose Games (developers), August 16, 2017. Indie game on Steam.

[27] At the time of this writing, *La Mancha* has earned a bronze medal in the 2018 International Serious Play Educational Game Awards and was an official selection in the 2018 Meaningful Play educational game showcase.

[28] *Immune Defense*. Molecular Jig Games (developer), 2015. Downloadable Indie game on GameJolt.

[29] Stegman, Melanie."*Immune Defense*". MolecularJig.com. http://www.molecularjig.com/

[30] DeLoura, Mark. "The White House Education Game Jam". The Obama White House Archive. Created October 4, 2014. https://obamawhitehouse.archives.gov/blog/2014/10/06/white-house-education-game-jam (accessed May 19, 2017).

[31] McREL International, 2014. "Common Core Mathematics 6 - 8". Content Knowledge: A Compendium of Standards and Benchmarks for K-12 Education: Online Edition. Retrieved from: http://www2.mcrel.org/compendium/standardDetails.asp?subjectID=34&standardID=23

[32] Treanor, Mike and Christopher W. Totten, Joshua McCoy, and G. Tanner Jackson, 2018. "Merging Education, Assessment, and Entertainment in Math Games: A Case Study of *Function Force*". *International Academic Conference on Meaningful Play*, October 11 - 13, 2018, East Lansing, Michigan.

[33] Nutt, Christian. "The Structure of Fun: Learning from *Super Mario 3D Land's* Director". Gamasutra, April 13, 2012. http://www.gamasutra.com/view/feature/168460/the_structure_of_fun_learning_.php (accessed September 2, 2018).

[34] Brown, Mark. "*Super Mario 3D World's* 4 Step Level Design". March 16, 2015. https://www.youtube.com/watch?v=dBmIkEvEBtA (accessed September 2, 2018).

[35] Totten, Christopher. "Day 4: Wall Jump Keep". *Adventures in Mario Maker*, September 15, 2015. https://30daysofmariomaker.tumblr.com/post/129145992339/day-4-wall-jump-keep-course-id (accessed September 2, 2018).

[36] *Golf Story*. Sidebar Games (developer), September 28, 2017. Nintendo Switch game.

[37] *Super Mario Maker*. Nintendo EAD (developer) and Nintendo (Publisher), September 10, 2015. Nintendo Wii U game.

[38] White, Matthew M. *Learn to Play: Designing Tutorials for Video Games*. Boca Raton, FL: CRC Press, 2014, pp. 41 - 42.

[39] White, Matthew M. *Learn to Play: Designing Tutorials for Video Games*. Boca Raton, FL: CRC Press, 2014, p. 98.

[40] White, Matthew M. *Learn to Play: Designing Tutorials for Video Games*. Boca Raton, FL: CRC Press, 2014, p. 99.

[41] White, Matthew M. *Learn to Play: Designing Tutorials for Video Games*. Boca Raton, FL: CRC Press, 2014, p. 27.

[42] White, Matthew M. *Learn to Play: Designing Tutorials for Video Games*. Boca Raton, FL: CRC Press, 2014, p. 115.

[43] *Yar's Revenge*. Atari (developer and publisher), 1982. Atari 2600 game.

[44] *Dishonored*. Arkane Studios (developer) and Bethesda Softworks (publisher), October 9, 2012. Playstation 3 game.

[45] *The Stanley Parable*. Galactic Café (developer). October 17, 2013. Downloadable indie game on Steam.

[46] Bogost, Ian. *Persuasive Games: The Expressive Power of Videogames*. Cambridge, MA: MIT Press, 2007, pp. 153 - 162.

[47] *Half-Life 2*. Valve Corporation (developer and publisher), November 16, 2004. PC game.

[48] McKenna, Stephen. History of Advertising. Class lecture, The Rhetoric of Advertising. Catholic University of America, Washington, DC, January 2009.

行业视角：游戏 *Immune Defense* 案例研究

Melanie Stegman 博士

项目背景

我一直热衷于向人们传授分子细胞生物学知识。人们应该了解营养学、净化环境及疫苗接种的基本知识，不仅为自己，也为他人着想。人们应该明白当前医学研究领域正充满令人振奋的突破，而更多的资金投入将带来更多新发现。人们应当在首次陷入抑郁之前，更要在面临化疗等生死抉择之前，了解自己奇妙的身体是如何运作的。

美国科学家联合会（FAS）在 Henry Kelly 博士的领导下，开发了一款第三人称射击游戏 *Immune Attack*[1]。在游戏发布前三个月，我偶然在网上看到了游戏的预告片。当时我是一名生物化学博士后，正在研究结核杆菌如何逃避免疫系统的攻击。我一直在寻找一种方法来向非专业人士普及分子生物学的知识——生物医学研究依赖于资金支持，其效用则取决于人们对它的接受程度。游戏 *Immune Attack* 为公众学习分子细胞生物学基础知识提供了绝佳范例。于是在观看预告片两周后，我受雇于美国科学家联合会，担任游戏 *Immune Attack* 项目的负责人。

我的目标是评估游戏 *Immune Attack* 作为教学工具的效果，并基于我的研究成果开发更多的游戏。我入职时约定，在一年内获得外部资金来支持我的工作。游戏 *Immune Attack* 于 2008 年春季正式发布后，美国国家癌症研究所的资深免疫学家 Howard Young 博士便联系了我，表示愿意提供帮助。美国首个一对一笔记本电脑项目的发起者 Bette Manchester 也打来电话，称她负责的 4 万名学生都配备了笔记本电脑，询问能否将游戏 *Immune Attack* 安装到这些电脑上。通过搜索生物学和免疫学游戏，我发现了莱斯大学的 Leslie Miller 博士开发的 *MedMyst* 系列游戏。在这些合作者的支持下，我撰写并成功申请到了美国国家过敏与传染病研究所（NIAID）的 R25 研究基金，用于评估学生玩游戏 *Immune Attack* 获得的学习成效，并根据我的研究进一步完善这款游戏。

我针对 6 ~ 12 年级学生在课堂环境里玩游戏 *Immune Attack* 后的学习效果与信心提升情况进行了为期 3 年的定量对照研究。研究得出的重要结论为我基于研究设计的游戏 *Immune Defense*[2] 奠定了基础。学生通过游戏掌握了分子细胞生物学知识，并对理解分子细胞生物学图表的能力更有信心。自认为是游戏玩家和非游戏玩家的两组学生在游戏完成度、操作难度评价、分子生物学知识获取及信心提升方面均无显著差异。虽然有些学生反馈游戏不易操作，但他们学到的知识仍显著多于对照组。不过，与对照组同学相比，他们的信心并未提升。值得注意的是，他们的信心也没有下降。如果游戏中要求使用某些细胞和蛋白质，学生就会记住它们的名称、功能及现实对应物。

研究证实，游戏可以教授抽象的复杂概念（比如分子细胞生物学），而且一款"容易上手"的游戏可以让新手对学习更多知识充满信心。我的目标非常明确：创造一款易于上手的休闲游戏，吸引广泛的受众，并且能让玩家在游戏中运用细胞和蛋白质的相关知识。

倾听受众的声音

对我影响最深的是我的受众群体。每当有人问我"你是怎么让孩子们愿意玩这些游戏的？"时，我总是感到措手不及。老实说，我对这个问题没有标准答案。孩子们看到游戏 *Immune Defense* 或 *Immune Attack* 的初始界面就会直接开始游玩：他们会开心地大笑，会隔着房间互相提示，偶尔抱怨控制方式，但始终乐在其中。我曾经询问过大约1000个孩子，询问他们游戏*Immune Attack*中最有趣的部分是什么。两个最常见的答案是“看到身体内部”和“飞行射击”。当然也有学生坚持要我确认游戏的科学准确性后才愿意尝试，这证明年轻受众渴望接触真实的科学。

游戏*Immune Attack*的奇妙之处在于它将玩家置于人体内部，而不是实验室场景。我很幸运能以这样的创意开始创作。科学家们进行实验室工作不是因为喜欢烧瓶，而是为了探索蛋白质与细胞的运作机制。我们可以在脑海中具象化蛋白质的形态，而我想通过游戏传递这种能力。

自从我开始这段研究以来，其他研究者的开创性研究不断印证了一个事实：成功的游戏会将玩家置于谜团的核心。Soren Johnson关于主题和意义的探讨[3]，Diane Ketelhut在项目*Sheep Trouble*上的研究[4,5]，Cornielia Brunner在游戏*The Ruby Realm*上的成果[6,7]，以及Jodie Jenkinson向学生展示蛋白质行为的视频研究[8]。这些不同领域的研究共同表明：玩家会记住并从游戏机制中学习；如果设计合理，学生不会回避需要解决的“难题”；增加关键细节有助于加深理解。这些研究坚定了我的决心：要打造一款让玩家可以操控真实细胞和蛋白质的游戏。

另外三分之一的影响来自游戏*Plants vs Zombies*，它让我感受到设计的精妙。显然，很多人都喜欢这款游戏，而这正是我需要的易于操作的休闲游戏风格。后来，我在游戏开发者大会的现场听到George Fan谈论如何制作一款易于操作、广受欢迎的休闲游戏。第一步，他建议从容易理解的角色开始，比如发射豌豆的豌豆射手。听到这里我几乎落泪——所有的蛋白质看起来都像一团团凝胶状物质，没有人能从它们的外观猜测到它们的功能。George Fan的其他建议还包括：尽快让玩家接触核心机制；分小步骤介绍游戏玩法，每个步骤的说明不超过8个字。我尽力遵循这些建议，并将这些建议付诸实践。值得一提的是，我采用的蛋白质图示方法（图1）正是生物化学家绘制模型的方式，也是科学文章中呈现科学内容的方式。

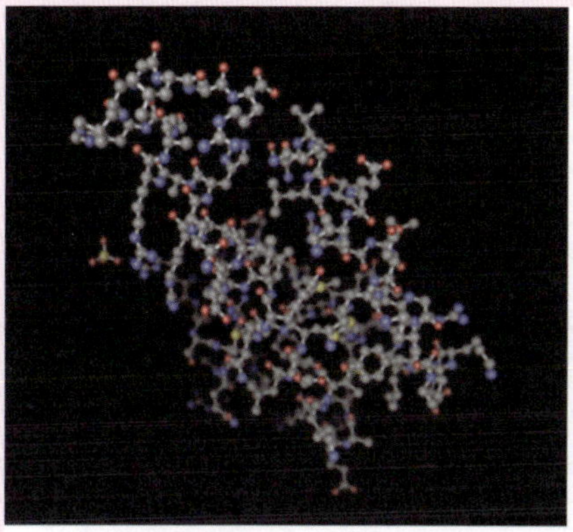

（a）游戏中的蛋白质的表面结构图

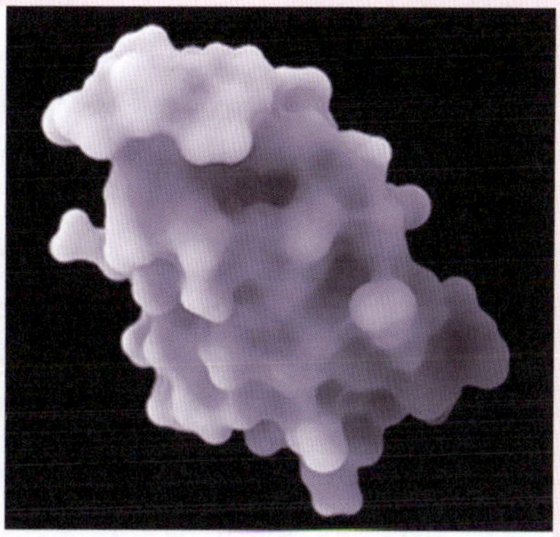

（b）同一蛋白质的另一种常见呈现形式

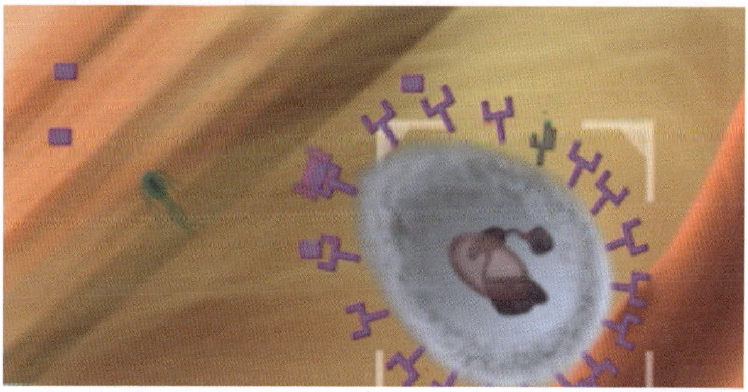

（c）该蛋白质在游戏中的作用场景：矩形代表蛋白质，与其结合的受体被巧妙地画成了叉子，显然能与矩形相契合

图 1　游戏 *Immune Defense* 中的蛋白质结构与功能的可视化呈现

游戏的开发阶段

以下是游戏 *Immune Defense* 开发过程中的一些关键阶段。

① 第一阶段：倾听测试者的反馈，并愿意做出改变。

在纸原型阶段，*Immune Defense* 是一款塔防游戏。玩家将细胞布置在伤口附近，而细菌则从伤口侵入。和其他合理、直接的塔防游戏一样，玩家可以在可用区域放置细胞。在我们的设计中，这些可用区域由细胞因子分子云界定——细胞因子是将白细胞吸引到伤口的蛋白质。在纸质原型上，这些放置区域用一堆小圆点标记。然而，在第一个数字原型中，我们让细胞因子处于移动状态，结果测试玩家立刻被这些移动的蛋白质所吸引，甚至试图点击并抓住这些分子。显然，与布置细胞相比，操控分子更有趣。于是，我们开始设计让玩家能操控分子的方式，同时将细胞视为即时战略游戏中的部队：与其将细胞放在固定位置，不如让细胞跟随特定细胞因子，并为其设定大致的移动方向。

第一阶段结束时，游戏 *Immune Defense* 发展成了一款实时战略（RTS）风格的游戏。实时操作让游戏更贴近真实的人体环境。我还选择了即时战略游戏的界面风格，以便那些熟悉这类游戏的人能够更快地上手。

② 第二阶段：想要打造一款受欢迎的游戏，就得在玩家可以随时离开的场景中进行测试。

当我们在初中、高中的生物课及其他学科课堂上测试游戏 *Immune Defense* 时，发现这款游戏颇受好评。但当我在玩家可以自由来去的展会，以及学生可以做其他事情的课后活动中展示同一版本时，我很快发现：玩家没有足够的耐心去深入体验游戏。许多玩家会问："这是什么？""我该做什么？"于是我第一次尝试制作游戏介绍时，做了一个教学环节，向玩家展示细胞、受体和蛋白质的名称。但玩家匆匆点完教学环节，简单说了句"挺酷的"，就放下了游戏。

我们的改进方案是让玩家直接操控这些物体，并给予明确的功能反馈。关键一步在于，用游戏内的方式（而非现实中的方式）描述每个物体。最初，我写的是"这是一种受体"，后来我改写为"这将帮助细胞捕捉细菌"。这种专注于游戏内功能的描述让玩家更乐意在游戏环境中学习，并提升了他们的参与感。我了解到，当玩家问"这是什么？"时，他们的真正意思是"在这个游戏中，我能用它做什么"。我们在游戏过程中展示的所有信息都与当前关卡的游戏策略直接相关。玩家玩过几个关卡后，才开始问："这些是真的吗？"这时，他们才准备好阅读数据库中的更多信息了——这些信息在游戏暂停时可查看。即使是在数据库中，大多数文字和图片也围绕如何使用这些物体来赢得游戏展开。图 2 展示了该游戏中某类细胞的数据库条目。

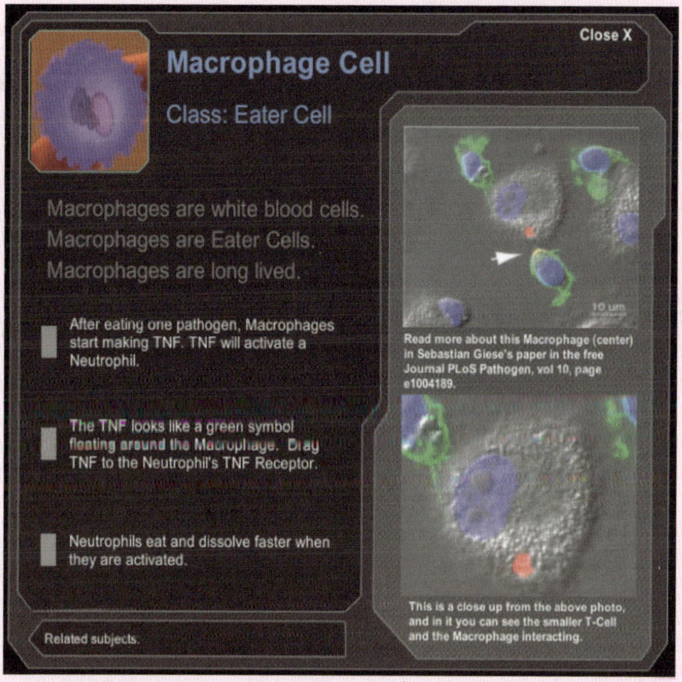

图 2 数据库既为玩家提供了一些提示，也包含了相关的现实背景知识

游戏初期设计极其简单的步骤，并引导玩家参与游戏互动，这是我们成功的关键。我花了 3 年时间才让这些步骤变得足够简单。部分原因在于：生物化学对我来说非常熟悉，因此我总是高估了玩家的理解程度；当许多人听说这是一款学习游戏时，甚至不看一眼就走开了；许多人在开始玩之前就感到焦虑，觉得“这是科学内容，我应该早就懂了”。但坦率地说，这是每款游戏都要面对的问题：如何在玩家决定放弃之前教会他们游戏的玩法。应用商店中的休闲游戏需要在大约 30 秒内吸引玩家。而设计用于课堂的游戏则有 5 ~ 10 分钟的时间让学生阅读并尝试理解游戏规则。

③ 第三阶段：让所有内容都清晰可见，并且反复强化这种清晰度。游戏场景需要有边界。大多数游戏都需要有边界，通常也必须设有边界。在游戏的首个关卡中，屏幕宽度和可玩区域的宽度是一样的，这样玩家就不需要缩放或环顾四周，所有互动都应该呈现在玩家正前方。游戏 *Immune Defense* 的核心游戏循环是细胞追踪、结合、吞噬细菌，然后分解细菌。但有时，结合和吞噬的过程会发生在屏幕外：细胞会追踪细菌到屏幕边缘，然后伸展身体去捕捉细菌，但此时细菌已被推出屏幕，导致核心循环中的结合与吞噬过程偶尔在视野之外发生。

解决办法听起来理所当然：强制所有动作在屏幕内发生。但存在几个问题：这种情况并非一直发生，玩家仍有机会在其他时刻观察结合与吞噬过程；我不想使用隐形边界，因为在这款游戏中，所有元素对玩家来说都是全新的，他们不会知道现实中白细胞是否有边界。那么，在人体内，什么样的可见边界才合理呢?

为了解决这个问题，我最终将边界向内调整，使游戏区域小于屏幕尺寸，确保细菌结合和吞噬的过程总能在屏幕内进行——这确实提升了玩家对正在发生的事情的理解。随后，我决定使用游戏引擎中原本存在的白线来标记边界。我特意将这些白线设计为游戏内已有的雷达系统的一部分。这个方法奏效了，因为白线像雷达网格一样忽隐忽现，虽然它看起来很突兀，却像纳米机器人电脑生成的人工投影。我认为它能很好地帮助玩家理解游戏规则，又不会误导他们对细胞定位细菌能力的认知。

科学类游戏

本章只是简要列出了设计过程中促成重大调整的关键节点，其实可列举的启示远不止于此。但所有的经历都让我意识到，*Immune Defense* 是一款科学类游戏。作为科学家，最大的乐趣之一就是提出问题并寻找答案。自然世界是不可预测的，其功能无法被任何网站完整收录，而解答自然奥秘的研究方法，甚至可能需要由你亲自开创，之后才能着手解答相关问题。因此，科学类游戏需要一些非常独特的机制。那么，对于想要设计游戏机制来阐释特定科学概念的人来说，我能给出哪些建议呢？

创造一款出色的科学类游戏的核心是让玩家成为一名科学家。玩家需要能够完成收集数据、提出假设、进行实验并观察反馈这一系列操作。实际上，每个游戏中的玩家都在不断进行试验：下一步我该做什么？我该去哪里？这个房间的秘密是什么？哪些元素可以互动？这很重要吗？玩家始终在收集数据，而设计精良的关卡会为他们提供相应的反馈。科学游戏与商业游戏的主要区别在于，其游戏机制以我们所处的真实世界为基础。因此，设计时可遵循通用的游戏设计步骤：为玩家设置有趣且有意义的问题，并通过确保他们随时能做出猜测并获得清晰的反馈来帮助他们找到答案。清晰的反馈有时需要通过简化屏幕上的内容来实现，有时则需要通过增加提示来实现。一定要尽早且频繁地在目标受众中进行测试！

参考文献

[1] Kelly, H., Howell, K., Glinert, E., Holding, L., Swain, C., Burrowbridge, A., and Roper, M. (2007). How to build serious games. *Commun. ACM*, *50*(7), 44 - 49.

[2] Stegman, M. (2014). *Immune Attack* players perform better on a test of cellular immunology and self confidence than their classmates who play a control video game. *Faraday Discussions*, *169*, 403 - 423.

[3] Soren Johnson,Game Design Blog. https://www.designer-notes.com/?p=237.

[4] Ketelhut, D.J., Dede, C., Clarke, J., and Nelson, B. (2006). *A multi-user virtual environment for building higher order inquiry skills in science*. Paper presented at the 2006 AERA Annual Meeting, San Francisco, CA, April. Available: http://muve.gse.harvard.edu/rivercityproject/documents/rivercitysympinq1.pdf [accessed March 2009].

[5] Ketelhut, D.J. (2007). Th e impact of student self-efficacy on scientific inquiry skills: an exploratory investigation in River City, a multi-user virtual environment. *Journal of Science Education and Technology*, *16*(1), 99 - 111.

[6] Digital game: *The Ruby Realm*, the *adventure* game about photosynthesis. https://educators.brainpop.com/lesson-plan/ruby-realm-game.

[7] Photosynthesis lesson plan: *The Ruby Realm* game, by BrainPOP Educators, Retrieved August, 2018.

[8] Jenkinson, J. and McGill, G. (2012). Visualizing protein interactions and dynamics: evolving a visual language for molecular animation. *CBE life sciences education*, 11(1), 103 - 110.

第 9 章

游戏空间中的叙事

正如我们已经看到的，游戏是一种强大的媒介，设计师能通过视觉传达、反馈和空间对比与玩家展开深度交流。游戏是创造意义的系统——通过游戏，设计师能够塑造体验和情感。情感在吸引玩家回归游戏并使其体验难以忘怀方面发挥着重要作用。迄今为止，我们已经了解到情感可以通过空间的特质（如大小、方向、照明和视野等）来唤起。在本章中，我们将探讨如何运用这些方法，借助游戏空间来展开叙事。

游戏区别于其他媒介形式的独特之处，在于其高度的互动性，它赋予玩家在故事体验中一定程度的自主权，使玩家不再仅仅是故事的被动接受者。为了与玩家建立有效的对话，关卡设计师可以充分利用游戏所提供的独特机会：不仅可以通过关卡传达预先设定的故事，更为玩家通过游戏玩法创造属于自己的故事提供了无限可能。

在本章中，我们将深入剖析游戏机制与美术元素如何创造叙事机会，同时，我们也会研究不同类型的叙事空间结构，以及如何利用模块化资源构建环境叙事，甚至展现叙事的推进过程。通过整合这些元素，我们将重新审视叙事奖励，以此说明叙事可通过何种方式为玩家提供探索、发现的机会，并让玩家能借助游戏玩法构建属于自己的叙事内容。

在本章，你将学到以下内容：

富有表现力的设计；

机制与主题；

叙事空间；

环境美术叙事；

物质性与英雄之旅；

节奏与叙事奖励。

9.1 富有表现力的设计

1607年，莫卧儿王朝的王子Shah Jahan与波斯贵族的孙女Arjumand Banu Begum订婚。五年后，当两人结婚时，沙贾汗皇帝赐予她“Mumtaz Mahal”的封号，并称她为“万里挑一的女人”。[1]1631年，她因难产去世，Shah Jahan悲痛欲绝。经过两年的哀悼，他下令在印度北方邦的阿格拉为她修建陵墓。为了永恒铭记她的美丽，建筑师和工匠们以精确的比例和《古兰经》（*Qur'an*）经文的书法装饰打造了这座陵墓。[2] 周围的花园采用波斯“四分式花园”的布局，[3] 种植了大量的树木、花卉，并大量运用水体象征天堂的四条河流。最终落成的泰姬陵成为人类历史上最具意义和感染力的建筑作品之一（图9.1）。通过泰姬陵的设计，Shah Jahan将他心中妻子的绝世之美具象化，以此表达对她的挚爱。

与之类似但更为寻常的例子是，设计大师Donald Norman在*Emotional Design: Why We Love (or Hate) Everyday Things*一书中讨论了他收藏的三款特别的茶壶，每一款都有独特的叙事或体验。[4] 其中第一款茶壶是法国艺术家Jacques Carelman的作品，壶嘴和壶柄位于同一侧，根本无法使用。第二款茶壶是建筑师Michael Graves设计的，透明玻璃制成的球形造型，能够清晰展示茶叶在水中浸泡的过程，壶内的茶球可以通过曲柄升降。第三款茶壶由Ronnefeldt设计，可通过向后倾斜来浸泡茶叶，再直立起来以便倒茶（图9.2）。Norman将这些茶壶展示出来，因为它们分别体现了产品设计的不同维度。然而，每个茶壶也通过泡茶的体验呈现了独特的故事：一个展现了带点戏谑的不实用的设计，一个以吸引人的形式让人直观感受水到茶的转变，另一个则通过壶本身的实用变形来体现茶的冲泡状态。

就像这些经典的建筑设计和产品设计案例一样，游戏也拥有表达叙事、情感和思想的力量。早在电子游戏获得如今所具备的表现力（高端的图形、大容量的存储、多样的音效设计等）之前，包括非数字游戏在内的各类游戏已经通过其机制和视觉元素承载了丰富的思想。纵观历史，游戏的创作往往是为了模拟其起源文化中的重要元素。例如，国际象棋起源于印度笈多王朝时期（约 320 ~ 550 年），当时被称为“Chaturanga”，意为军队的四个兵种。[5] 美国南部的奴隶儿童则通过音乐、合作和角色扮演游戏（不同于角色扮演类游戏），应对压迫性的环境。[6] Elizabeth Magie 于 1904 年创作了游戏 *Landlord's Game*（也就是后来游戏 *Monopoly* 的前身），以体现她关于税收和财富的政治理念。[7]

我们已经探讨了作为玩家沟通工具的关卡设计，也将游戏关卡视为用于教学或唤起恐惧、兴奋或喜悦等情感反应的媒介。而泰姬陵、Norman 的茶壶及历史上的各类游戏案例则向我们表明：设计亦能成为叙事与文化的物质载体。

图 9.1 泰姬陵及其周围的花园通过装饰、比例及景观设计，承载了一段历史悠久的爱情故事，也展现了长眠于此的女子的美丽

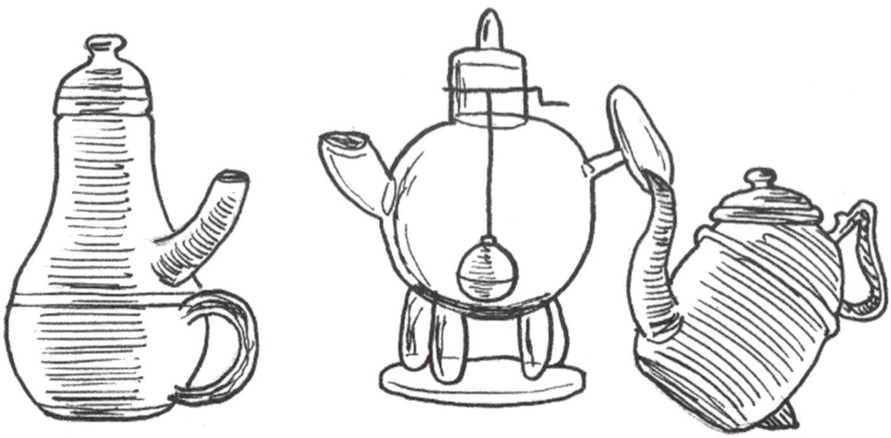

图 9.2 Donald Norman 在 *Emotional Design: Why We Love (or Hate) Everyday Things* 一书中展示的三款茶壶的示意图

9.1.1 叙事设计与世界构建

作为关卡设计师，我们应当关注叙事发展、文化理念的体现及可交互游戏空间之间的联系。这些要素的常见体现形式是世界构建，即虚构的世界、地理环境和文化的创造。[8] 对于游戏开发者而言，一个重要的范例来自 J.R.R.Tolkien 的作品。通过 *The Lord of the Rings*[9] 和 *The Silmarillion*[10] 等著作，Tolkien 创造了一个丰富的奇幻的中土世界：这一世界从独特的语言体系起步，随后衍生出政治结构与地貌景观。作为一名语言学家，Tolkien 专门研究古英语和日耳曼语言，并且通晓多种其他语言。[11] Tolkien 承认语言是他作品的核心，因为中土世界本质上是为使用他自创语言的居民而存在的[12]。他塑造的文明形态，最终影响了故事的走向，也塑造了中土世界的地理格局。

Tolkien 以语言为根基的创作展示了世界构建的一种方法：人们可以选择围绕政治、特定故事舞台或角色的家园来设计世界。就中土世界而言，其地理环境是由 Tolkien 所创造的不同文化及其相互关系的衍生舞台。中土世界在视觉与文化上的设计，是促成 *The Lord of the Rings* 及其衍生作品成功的关键要素。通过作者详尽的文字描绘，读者可以在脑海中构想中土世界的景象，最终通过动画和电影等大众媒介将其具象化。Tolkien 的作品与其他同类作品对叙事驱动类游戏产生了深远影响，这种影响既体现在世界观设定层面，也体现在通过设计虚构元素构建完整世界的能力层面。

9.1.2 游戏中的叙事世界构建

如今许多玩家通过游戏 *Dungeons & Dragons*[13] 或游戏 *Call of Cthulhu*[14] 了解角色扮演游戏——这两者分别受作家 Tolkien 和科幻作家 H.P.Lovecraft 的影响。这些游戏最基础的物理组件包括玩家记录其角色能力的角色卡、骰子，以及负责主持游戏的“地下城主”使用的指南。游戏过程主要由地下城主描述事件和玩家做出回应构成，由此衍生出宏大的叙事。虽然这些游戏没有现代电子游戏那般华丽的视觉效果，但它们却风靡数十年，销量达数百万份。尽管这些游戏的呈现形式是抽象的或基于文本的，但它们借助玩家的想象和互动，仍然能构建出富有意义的叙事世界。这些世界的历史与事件，往往取决于玩家在游戏过程中的行动。[15]

20 世纪 70 年代末至 20 世纪 80 年代初的个人电脑革命时期，许多角色扮演游戏爱好者将电脑视为实现游戏场景的理想载体：电脑可以完成运行游戏所需的计算工作，玩家则可以专注于享受故事。设计师将自己设计的场景移植到电脑中，创造了早期的电子角色扮演游戏，例如游戏 *Dungeon*[16] 和游戏 *Akalabeth: World of Doom*[17]，后者甚至融入了设计师 Richard Garriott 创作的角色“不列颠之王”。同一时期，*Zork I*[18] 等冒险游戏也开始流行，这类游戏仅通过文字就描绘出了复杂的世界（图 9.3）。

图 9.3 游戏 *Zork I* 的局部地图。游戏通过文字描述和基于基本方向移动的指令系统，创造出一个细节丰富的游戏世界

几十年后，独立开发者以不同方式将文字冒险游戏重新塑造为一种空间媒介。Chris Klimas 开发的 Twine 游戏引擎广受欢迎，它通过“选择你自己的冒险”机制和超链接，让交互式故事的创作变得轻松易行。在 Twine 中进行创作时，创作者可以将故事拆解为一个个房间——Twine 故事的流程图被称为“地图”，玩家可以像在建筑空间中穿行一样浏览这些内容。虽然不是必需的，但像游戏 *This Book Is a Dungeon*[19] 和游戏 *The Uncle Who Works for Nintendo*[20] 则利用了 Twine 的这一特性，创建出可绘制地图的空间——分别是地下城和郊区住宅。另一方面，Simogo 工作室的手机游戏 *Device 6*[21] 则将文本冒险重新构想为电子书：玩家可以像翻阅数字小说一样阅读故事。最终，当游戏角色 Anna 在她醒来的神秘城堡中探索时，文本逐渐以地图的形式展现，并随着通道的扭曲而改变方向。为此，玩家必须朝不同方向滑动手指，甚至旋转移动设备才能在这个世界中导航。在某些区域，玩家需要在房间之间来回穿梭，文字正着读与倒着读竟完全一致。游戏 *Device 6* 中的城堡是一座由思想具象化而成的记忆宫殿。

虽然角色扮演游戏、冒险游戏和文字冒险类游戏画面表现力有限，但它们凭借引人入胜的叙事，能有效引导玩家的想象力，从而填补所有空白。虽然本书主要探讨基于游戏机制的关卡设计，但值得注意的是，叙事和故事本身是强大的空间创造引擎。在创建既体现游戏机制又包含故事的游戏关卡时，达到玩法核心与叙事元素之间的平衡至关重要。在接下来的章节中，我们将探讨如何通过机制、游戏空间特质和资源布置来实现这一目标。

9.2 机制与主题

许多游戏设计师从核心机制入手展开工作，核心机制也就是玩家在游戏中执行的基本操作。在数字游戏中，许多这样设计的游戏最终成为动作类游戏，即玩家通过某些动作来击败敌对实体或规避危险。[22] 然而，游戏历史上也有许多相反的设计例子：机制是为了支持现有故事而编写的。我用一个简化的术语来区分这两种设计思路，即“机制”与“主题”的对立。[23]

9.2.1 叙事作为设计的生成器

一个常被提及的、由叙事驱动的游戏设计范例是游戏 *Final Fantasy*[24] 的创作，这款游戏如今已发展成利润丰厚的游戏系列的首部作品。1986 年，设计师 Hironobu Sakaguchi 受命开发这款游戏来拯救濒临破产的游戏工作室。由于可以自由创造他想要的内容，Hironobu 坦言："我认为自己没有能力制作一款优秀的动作游戏，我更擅长讲故事。"[25] 他从故事出发，嵌入一套支撑游戏叙事结构的规则体系，并允许游戏包含史诗文学中的传统元素。而游戏 *Final Fantasy* 的游戏空间特质通过环境美术得以展现，这也对游戏的叙事起到了辅助作用。

在建筑领域，许多建筑的美学和叙事能力之间存在矛盾。在前文，我们讨论了"设计理念"这一诸多建筑设计的形式生成器。从设计理念出发的设计方法，是后现代主义注重形式而非建筑叙事体验的产物。与此同时，对历史建筑乃至现代主义建筑案例的研究表明，人们始终相信空间蕴含着创造富有表现力体验的力量，例如通往雅典卫城的路径、哥特式教堂中模拟的天堂王国，或是 Le Corbusier 在萨伏伊别墅中体现的人类超越自然的概念。

Frank Lloyd Wright 著名的流水别墅和游戏 *Final Fantasy* 的开发过程有着异曲同工之妙——两者皆是通过叙事生成设计的典范。这座建筑是为匹兹堡附近一家连锁百货公司的老板 Kaufmann 建造的。Kaufmann 一家经常在宾夕法尼亚州费耶特县的熊溪附近度假，并聘请 Wright 为他们在此建造一个周末度假别墅，因为 Kaufmann 对瀑布情有独钟，最爱在瀑布顶端的巨岩上享受日光浴。Wright 决定把别墅建在瀑布之上，并以日光浴巨石作为别墅壁炉的基座。Kaufmann 一家希望在别墅中招待众多客人，因此 Wright 设计了带有宽敞悬挑结构的流水别墅。Wright 的设计始于对 Kaufmann 度假故事的表达，并让建筑的形式从叙事中升华出来。

实际上，在游戏设计中，无论是从机制还是叙事出发；在建筑设计中，无论是从形式还是表达出发，这些设计方式都同样具有合理性。然而，当二者相辅相成时，它们都会更为强大，例如 Hironobu 为支撑游戏 *Final Fantasy* 的故事而设计游戏机制，以及 Wright 围绕客户的度假故事设计别墅。正因如此，设计师应当努力在游戏的机制与其主题（视觉主题或叙事模式）之间找到平衡。为此，关卡设计师可以像 Wright 那样，通过设计来体现现有叙事和空间使用方式所构成的功能性叙事。

9.2.2 游戏机制与故事叙事

设计师首先需要平衡的一种叙事类型是嵌入式叙事，即游戏中预设的故事情节。[26] 这种叙事类型可以作为游戏的设计生成器。正如我们所见，许多设计源于嵌入式叙事：失去挚爱之人的体验、一处喜爱的度假胜地，或者是四位勇士试图拯救世界的故事。

游戏中的叙事呈现形式丰富多样。部分游戏借助与核心玩法相剥离的过场动画或文本来传达叙事；而另一些游戏则巧妙地运用游戏内的艺术风格或包装上的艺术设计来传达叙事。Salen 与 Zimmerman 将此类叙事手法统称为“叙事性描述符”——通过将游戏界面元素与视觉符号巧妙融入故事情境之中，为其赋予意义。[27] 许多游戏将机制与叙事分割开来，以至于它们可以独立存在：故事最终沦为游戏机制的背景。在我教授游戏设计时，我会让学生做一个练习：反转游戏的叙事元素。例如，将粗犷的动作游戏变成童话故事，或者将儿童友好型游戏扭转为恐怖、惊悚的游戏。通过这个练习，新手设计师会发现，即使是制作精良的游戏，其故事与玩法之间依旧存在着明显的割裂。

真正出色的游戏，其玩法机制本身就是叙事体验的核心部分。例如，独立游戏 *Thomas Was Alone*[28] 的创作初衷就是为了强调友谊这一主题。游戏开发者 Mike Bithell 通过关卡设计和具有不同移动能力的角色，强化了这一主题，要求玩家协同运用每个角色的能力才能完成关卡（图 9.4）。同样，由 Patrice Désilets 主导开发的游戏 *Assassin's Creed*[29] 的核心概念源自 11 世纪的传教士兼刺客 Hassan-i-Sabbah 的生活经历。[30] 从这个叙事概念出发，开发团队最终为游戏设计出了能体现刺客工作特征的机制与关卡：在人群中隐秘移动、侦察地形，以及通过灵巧的动作逃脱。

无论是以游戏机制还是叙事主题作为游戏关卡设计的基础，都必须在两者之间建立关联与呼应。对于那些有足够时间和资源进行此类开发的设计师而言，值得思考的问题包括：游戏中重要的叙事元素是什么？哪些行动能够支撑这一叙事？这些行动能否转化为游戏玩法机制？例如，如果要在日式角色扮演游戏中塑造一个黑客角色，设计师应首先明确黑客会采取哪些类型的行动，而不是让黑客角色沦为传统日式角色扮演游戏中常见的刻板角色（如法师、战士或盗贼）。假设黑客的专长是破解电子门，并让机器人敌人自相残杀，那么设计师就必须围绕这种能力来设计关卡：黑客可以隐秘地在关卡中移动，让机器人为自己作战。黑客是否可以打开其他角色无法进入的通道以获取奖励？此外，如果游戏的背景设定在未来，这将如何影响游戏世界，以及玩家与世界的互动方式？如果游戏的外部场景设定在太空，传统的随机遇敌战斗模式是否仍然适用，还是说设计师应当设计一种替代方案？机制和叙事元素的平衡是确保两者和谐统一的关键。

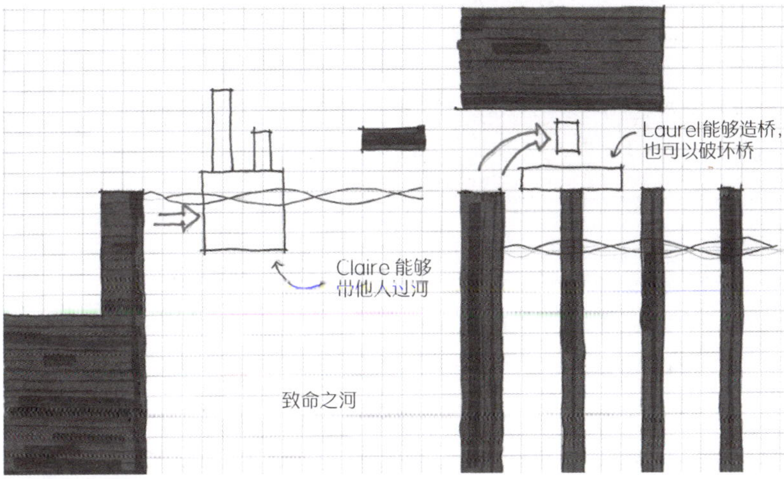

图 9.4　游戏 *Thomas Was Alone* 以极简的美术风格呈现，但友谊这一叙事主题主要通过游戏机制来强化，同时辅以旁白实现角色的深度塑造

9.2.3　游戏机制与玩法叙事

游戏的交互性使得游戏中出现了另一种叙事形式——涌现式叙事，当玩家与游戏系统的规则互动时，他们会创造出属于自己的一系列事件，从而推动游戏的发展。一名玩家采取的一系列行动通常与他的朋友或世界各地的其他玩家采取的行动不同。在本书中，我们多次将游戏描述为二阶设计问题——用户的直接行为虽受设计师的引导，却不受其控制。虽然这为希望在游戏空间中创造特定体验的设计师带来难题，但并非无法解决。设计师可以引导玩家产生预期的情感反应，即使每个玩家的具体体验有所不同。为关卡建立游戏玩法叙事，是奠定预期用户体验基础的有效方法。

游戏玩法叙事通过设想玩家与关卡互动时的体验，来应对游戏叙事中的涌现性问题。例如，上一节中构想的“未来太空日式角色扮演游戏”，其关卡的嵌入式叙事可能是这样的。

这个关卡设定在Majon星球上，这里有一座敌方军事基地及其周围的贫民窟。关卡从玩家所乘飞船降落的市中心广场开始，随后进入复杂的水处理系统。玩家需悄悄穿过这里，进入基地的主塔楼。最终，玩家到达塔楼中的一间大型实验室，实验室内的某项实验体冲破其容器装置，由此触发了一场小战斗。战斗结束后的过场动画会揭示，游戏的主要反派就在这座基地中，玩家必须奋力登上塔顶。最终玩家与反派交战却难以取胜，乘飞船侥幸逃脱并昏迷。至此，本关卡的故事告一段落。

这类关卡概述包含几项重要信息：关于场景和地点的基本信息，通过动词（从“潜行”到“战斗”描述了通过关卡的行动流程）呈现的节奏设计，以及关卡本身的情节。然而，玩法叙事不仅会暗示这些叙事元素，还会包含玩家与游戏互动时可能获得的理想体验的相关信息。

关卡开始时会出现“Majon”的文字提示。玩家选择两名队友一同进入本关卡，游戏在一个破旧、肮脏的贫民窟市场中开始。玩家可向北前往地图上的目标点；向西或向东探索市集，那里有物品商店；向南则返回飞船。向北行进会靠近大片水域，水面上立着向上延伸的管道，这些管道最终接入一座极具垂直感的大型塔楼的侧面。进入水中和管道后，玩家将穿过一个光线昏暗的迷宫，需通过开关阀门才能抵达塔楼内部。进入塔楼后，玩家可以悄悄地消灭守卫，直至抵达触发小战斗的实验室。此战之后，敌人出现的频率会增加，并且无法潜行躲避，这迫使玩家进行直接战斗。到达塔顶时，玩家会发现一个装有大窗户的房间，窗外是赏心悦目的景色，而本关卡的叙事结局也将在此呈现。

这类概述不仅关注叙事事件，还从玩法角度阐述了玩家的部分行动，并解释了关卡各环节的机制，以及可供探索的空间和隐藏内容。如“破旧、肮脏的贫民窟市场”和“昏暗的迷宫”这样的表述，暗示了这些区域的空间特质，说明关卡设计师可以利用照明、材质、音效或其他环境元素强化氛围。这种叙事甚至可以进一步扩展，纳入玩家在关卡特定部分游玩时应产生的情感（例如玩家穿过黑暗、狭窄的走廊时应该感到恐惧），或是机制之外的体验（例如从悬崖跳向下方色彩明亮的平台时应该感到愉悦）。

这两种叙事类型为关卡设计师提供截然不同却同样实用的规划工具。叙事能够为丰富游戏情节中的创意想法提供契机，还能通过描述不同类型玩家可能做出的选择，帮助设计师设身处地站在潜在玩家的角度思考问题。在下一节中，我们将进一步探讨有助于在游戏空间中呈现这类叙事的空间类型。

9.3 叙事空间

到目前为止，我们已经将游戏空间视为支撑游戏叙事的工具，或是由游戏叙事作为设计源头所产生的结果。然而，关卡设计本身也可以用来讲述游戏叙事。在第 7 章中，我们讨论了叙事舞台——那些呈现重要叙事事件的特定奖励空间。但这只是游戏中运用的一种叙事空间类型。设计师应熟悉以下 4 种叙事空间类型，以及它们如何体现并支撑不同类型的游戏叙事：

唤起性空间；

舞台化空间；

嵌入式空间；

资源供给空间。

通过这些空间类型，关卡设计师能够打造极具表现力的游戏世界。

9.3.1 唤起性空间

第一种叙事空间由美国媒体学者 Henry Jenkins 在他的论文 *Game Design as Narrative Architecture* 中定义。Jenkins 指出，某些游乐园景点以人们熟悉的节目、电影或类型题材为主题，例如迪士尼的影片 *Haunted Mansion*、*Back to the Future*[31] 等，这些景点的作用是唤起观众对熟悉媒介的记忆。他还以游戏 *American McGee's Alice*[32] 为例，指出该作品在重现 Lewis Carroll 笔下的“爱丽丝梦游仙境”经典意象的同时，也融入了自身独特的噩梦式诠释。唤起性空间通过熟悉的元素营造氛围并构建游戏故事的虚构背景，或传递正面或负面的信息。以“仙境”为例：原作中它虽荒诞却充满欢乐，而游戏 *American McGee's Alice* 通过对经典场景的扭曲化重现，构建出“红心女王统治下的仙境”这一叙事设定。同样，前文讨论的概念（如象征性元素、私密空间等），也能通过唤起性手法来展现游戏的叙事状态。在游戏 *BioShock Infinite*[33] 中，游戏角色拥有创造游戏世界平行版本等能力。在某个场景中，玩家从原本由极端主义政府控制的世界，跳跃到由叛军占领的平行世界。为了在不影响游戏体验的情况下建立这种转变，游戏仅将宣传海报从以政府为焦点变为以叛军为焦点，而城市建筑则保持不变（图 9.5）。这种设计快速实现了从枪战到革命的氛围转变——通过少量的视觉变化处理，环境的意义与基调便从负面转变为正面。

图 9.5 游戏 *BioShock Infinite* 通过在熟悉的场景中替换纹理，呈现出情节的骤然转变

唤起性空间之所以有效，是因为我们对某些地方的建筑语言有一定的理解，这种理解是通过符号构建逐步形成的。美国大屠杀纪念博物馆使用欧洲火车站和贫民窟的建筑语言，来唤起人们对大屠杀受害者故事的记忆（图 9.6）。Michael Graves、Robert Venturi 等后现代主义建筑师，以在自己的作品中借鉴历史建筑与媒体元素而闻名。例如 Graves 设计的位于美国加利福尼亚州的华特迪士尼公司总部大楼，其装饰细节既唤起了人们对迪士尼公司的历史记忆，也融入了古典建筑风格。在建筑立面设计中，Graves 采用了以七个小矮人为原型的雕像，这些雕像共同托举着巨大的三角楣饰（图 9.7）。

建筑语言有助于在场景中对比不同的唤起性艺术元素，以此表现衰败、腐化或时光的流逝。游戏 *The Last of Us*[34] 通过城市环境与过度生长的森林的对比，创造了一个经历了 20 年僵尸末日的世界：安全区以城市为主，遍布军事哨所；非安全区则通过建筑与植被的对比，营造出长期废弃的氛围。

唤起性建筑语言对于构建故事、奠定基调，以及让玩家理解某个地方曾经发生过什么事件而言，至关重要。例如，在一款僵尸游戏中，小镇街道上散落的坦克和车辆可能暗示这里曾经发生过混乱。废墟上爬满藤蔓，则表明这座建筑已被废弃许久。然而，当故事需要传递更具体的信息时，这种微妙的环境叙事可能就不够了，这时我们就需要引入下一种叙事空间——舞台化空间。

图 9.6 美国大屠杀纪念博物馆建于 1995 年，由 James Ingo Freed 设计。其建筑设计风格模仿了二战时期后的德国建筑

图 9.7 美国加利福尼亚州的华特迪士尼公司总部大楼，于 1990 年建成

9.3.2 舞台化空间

在第 7 章中，我们将叙事舞台描述为兼具吸引力又能带来回报的空间。在这些空间中，玩家会感到重要的游戏事件即将发生。舞台化空间通常是独特且规模宏大的。玩家靠近时极易察觉它们的存在，因为空间中标志性建筑或独有的特征往往引人注目。这些空间承载着游戏玩法事件（如高潮战斗）、叙事事

件（如过场动画），或脚本事件（即玩家在进行游戏时，游戏角色在其周围活动）。例如，游戏 *The Last of Us* 的开场部分就包含了预设的背景脚本事件，玩家穿过线性城市街道时，周围上演着僵尸末日的脚本事件。

在许多方面，对游戏玩法至关重要的舞台性空间在氛围上可能具有模糊性。这些空间可能是玩家获得重要物品的地方（如 *The Legend of Zelda*[35] 系列游戏中大师剑的基座），也可能是大型战斗的舞台。例如，游戏 *Metal Gear Solid 3: Snake Eater*[36] 中有一个独特的舞台区域，专门用于呈现游戏中两个可能不同的战斗事件——玩家要么与首领进行狙击对决，要么遭到精锐军事团队的伏击。为了适应这两种不同的战斗风格，关卡既要设置大范围瞭望点供玩家和首领角色使用狙击步枪，也要布局较小的隐藏空间供玩家在与精锐军事团队进行战斗时躲藏（图 9.8）。

图 9.8 游戏 *Metal Gear Solid 3: Snake Eater* 中的某片区域，展现了该空间是如何为两种不同规模的战斗搭建舞台的：一种是大范围的狙击对决，另一种是近距离的边跑边打式的动作战

舞台化空间不一定要包含游戏内动作，也可以如其名称所示——仅仅是舞台。舞台化空间设置类似电影或戏剧的布景，用于支撑游戏角色的行动。游戏 *Half-Life 2*[37] 便通过舞台化空间讲述故事，并缓解紧张的游戏节奏。游戏开篇附近的实验室就是一个舞台化空间，非玩家角色在其中四处游走，并与玩家互动，进行叙事性对话。这个场景的设置旨在通过散落的物品和机械零件，营造忙碌的氛围，并为特定情节事件提供发生的场所。这样的舞台化空间往往是玩家需要抵达的目标，既能作为奖励，也能用于调控游戏的节奏。以实验室为例，玩家在离开实验室后，会被引导逃离城市，前往下一个舞台化空间——东黑山基地。

虽然游戏中的实验室具备舞台化空间的特征，但也有一些游戏物品，暗示了玩家到达前发生的实验，甚至与游戏 *Half-Life* 剧情有关。这类环境中的暗示将我们引向下一种叙事空间。

9.3.3 嵌入式空间

游戏中不仅存在嵌入式叙事——构成游戏主要叙事弧线的预先编写的故事和场景——同样也存在嵌入式叙事空间，也就是在建筑本身中包含叙事信息的空间。在建筑中嵌入叙事是一种古老的传统。在发明印刷机之前，书籍价格昂贵，通常只有贵族才能拥有。因此，西方国家的大多数人都是文盲。宗教官员需要找到一种方式，向普通民众和贵族展示《圣经》中的故事，于是他们规定，教堂的建造应通过雕塑、马赛克和彩色玻璃窗等，将《圣经》中的故事嵌入建筑中。同样，古希腊神庙的立面通常在三角楣饰部分设置浮雕（图 9.9）。伊斯兰教建筑则在许多重要建筑中使用了书法装饰，例如印度泰姬陵和耶路撒冷的圆顶清真寺。圆顶清真寺本身是一个嵌入式叙事空间，它环绕着摩利亚山，这里是所罗门圣殿的旧址。

图 9.9 将叙事元素融入宗教建筑是延续千年的建筑传统。这种设计往往是为了应对当时民众普遍不识字的情况，旨在让尽可能多的人能够理解宗教叙事

游戏可通过环境美术创建嵌入式叙事空间，留存游戏角色使用痕迹或该空间中先前发生的事件的证据。例如，游戏 *Portal*[38] 和游戏 *Left 4 Dead*[39] 分别在侧室和安全屋中运用了嵌入式叙事。在游戏 *Portal* 中，一个角色躲起来后，玩家可以找到他留下的食物容器和杂乱的涂鸦。这些微妙的叙事线索塑造了一个完全未曾露面的角色，并为主线叙事中的许多事件埋下伏笔。游戏 *Left 4 Dead* 的玩家可以看到之前通过安全屋的幸存者留下的文字，这些文字包含关于僵尸瘟疫的信息，既揭示了疫情的范围，也塑造了其他未曾露面的角色。

游戏设计师会确定这类叙事空间与它们所包含的信息。然而，正如我们已经阐明的，游戏中不仅存在嵌入式叙事，还有涌现式叙事。接下来要探讨的叙事空间类型，将让玩家在游戏中尽情创造自己的故事。

9.3.4 资源供给空间

前文提到的叙事空间案例，展示了如何通过环境美术、空间特质或角色对话，来创造体现叙事背景的空间。如果脱离互动叙事的语境，这些案例可能会显得被动。即使在原始创造者逝去许久后，建筑和游戏空间的优势在于它们的互动性——用户的互动正是其意义的来源。即使在原始创作者逝去许久之后，建筑也常常会被重新赋予新的用途。例如，这座位于伊斯坦布尔的圣索菲亚大教堂，建于 532 ~ 537 年，被认为是世界上最美丽的建筑之一，几个世纪以来经历了多次改造（图 9.10）。圣索菲亚大教堂最初是作为拜占庭基督教教堂建造的，但在 1453 年，它被改建为清真寺，内部的装饰也随之调整以符合伊斯兰文化传统。自 1935 年以来，它成为展示其历史文物与艺术的博物馆。这座建筑作为重要的文化和历史地标，随着时间的推移，不断适应城市里人们的需求，甚至还在电影 *From Russia with Love* 中出现过。其他建筑的适应性再利用还可见于城市更新项目中——将原本用于某一用途的建筑改作他用。

这些案例之所以能为涌现式叙事提供支撑，核心在于它们具备某种可识别的特质，并且本质上具有互动性。圣索菲亚大教堂是一种地位的象征。那些被改造用于新用途的建筑通常具有一些可市场化的特质，例如靠近水岸或附近有便利设施。在游戏中，地标与互动元素激励着玩家不仅仅将关卡空间用于移动。在许多角色扮演游戏和大型多人在线角色扮演游戏中，城镇是结构化用户互动的重要空间。例如，游戏 *World of Warcraft*[40] 中的“闪金镇（Goldshire）”，凭借其中心位置与丰富的任务与互动机会，成为玩家活动的枢纽。而 *Ultima Online* 这类游戏，则通过设置道德体系来促进玩家互动。如果一个玩家对其他玩家表现出敌对行为，那么他会被禁止进入某些城镇。这营造出一种游戏中存在旅行不安全区域的感觉。

涌现式叙事空间并非大型多人在线角色扮演游戏或其他能让大量玩家相互交互的游戏所独有。那些提供丰富交互机会的环境（比如可互动物理元件或其他环境组件），都能催生极具影响力的涌现式叙事。在游戏 *Half-Life 2* 的测试阶段，测试者发现可以用这样的方式杀死藤壶怪：让藤壶怪用舌头卷起爆炸桶，等爆炸桶送到它嘴边时引爆。设计师对这一发现十分满意，以至于在多个关卡中布置了爆炸桶、下斜坡及坡底的一群藤壶怪，并将此玩法命名为“藤壶保龄球[41]”。多人派对格斗游戏如 *TowerFall*[42] 通过在紧凑的竞技场中设置许多可互动对象（图 9.11），为玩家提供了除了核心机制之外的全新对抗方式。这些可互动对象的使用让玩家能够创造丰富的元游戏叙事，即使玩家早已结束游戏，这些叙事仍会被津津乐道。有些涌现式叙事甚至流传了多年，例如在游戏 *Ultima Online* 测试阶段，游戏角色遭遇意外刺杀事件[43]，或是游戏 *World of Warcraft* 中的 Leeroy Jenkins[44] 事件：一名玩家不顾劝阻，独自冲进本需团队协作攻略的首领房间。

到目前为止，我们主要聚焦于空间叙事的理论和规划阶段，偶尔提及模块化资产、空间特质等实际构建元素。在接下来的部分中，我们将讨论通过模块化资产创建叙事空间的具体方法。

图 9.10 圣索菲亚大教堂（建于 532 ~ 537 年）的内部视角，由 Anthemius of Tralles 和 Isidore of Miletus 设计。这座建筑卓越的建筑风格及其重要的文化地位，使其成为伊斯坦布尔征服者眼中极具价值的财富

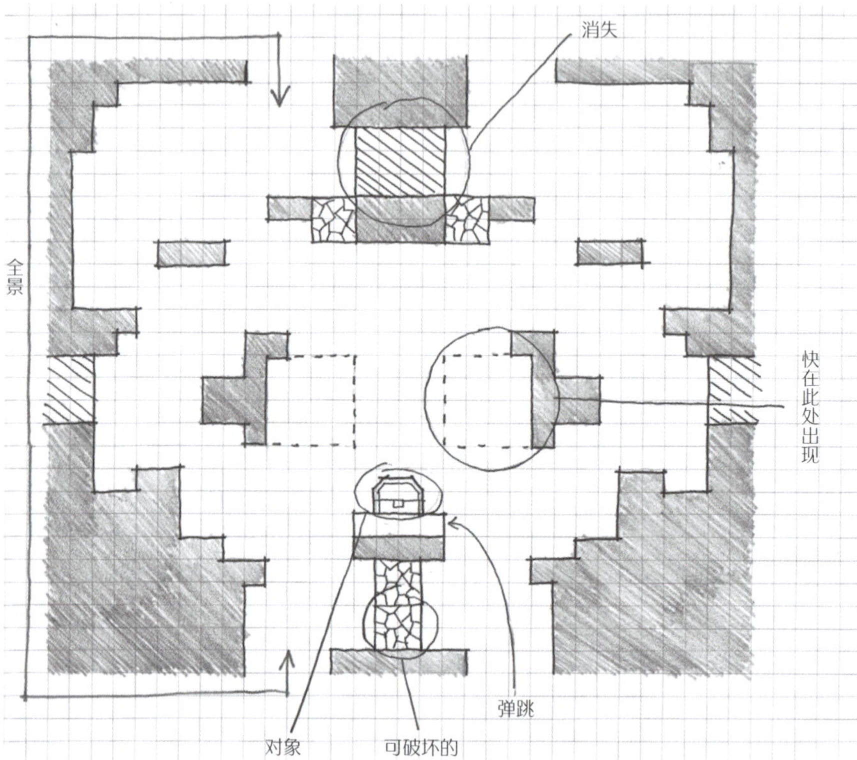

图 9.11 格斗游戏 *TowerFall* 的竞技场，在有限空间内包含了许多互动对象，为涌现式叙事提供了丰富的可能性

9.4 环境美术叙事

想象一下，你正在玩这样一款游戏：玩家操控的游戏角色缓慢地走在一条昏暗的走廊上，脚下的碎石发出嘎吱嘎吱的声响。你走进了一个看似曾是小休息室的房间。桌子上放着一把遗弃的枪，弹夹里还有半匣子弹，子弹散落四周，有些滚到了地板上，旁边是一瓶被打翻的威士忌。桌子旁边的一把翻倒的椅子下面，有一条被拖动的血迹，一直延伸到被聚光灯照亮的门口（图 9.12）。作为玩家，你会怎么想？接下来你想做什么？这个场景给你带来了怎样的感受？

9.4.1 利用模块化资产叙事

这个场景可能与游戏的主线剧情有关，也可能无关。玩家打开血迹延伸向的那扇门，可能会发现某些东西，也可能什么都找不到。然而，这个场景通过环境美术构建了一个微型叙事。不难想象，玩家或许能收集桌上的枪和弹药来补充自己的储备，而这些资源与游戏中通用的弹药资源完全相同。然而，这些资源的放置和排列却在讲述一个故事：某人在匆忙装弹时被袭击，随后被暴力拖走。威士忌瓶则为游戏角色塑造提供了一点线索，也引发了疑问：此人是因为醉酒而被袭击，还是因为遇到了极其可怕的事情，才借酒壮胆？这些物品所讲述的故事没有只言片语，却有助于奠定基调、制造紧张感，并为玩家后续可能遇到的情节埋下伏笔。

由此可见，模块化资产不仅是讲述环境叙事的有效工具，还能在设计师与玩家之间搭建沟通的桥梁。正如我们在探索叙事空间时所看到的，嵌入游戏空间中的资产可以塑造未曾露面的角色，或为游戏行动提供叙事线索。在游戏中，模块化资产具有唤起情感的力量。以游戏 *Dead Man's Trail*[45] 为例，我们通过环境美术资产、可拾取物品和僵尸生成点的混合搭配与位置调整，在关卡中创建了微型叙事。玩家在搜刮补给品时，会遇到一些区域。这些区域的设计让人联想到曾有不幸的角色经过。其中一个例子是：在带有徒步小径的关卡中，设计师在帐篷和遗弃车辆的附近散落了猎枪弹药，同时将僵尸生成点设置在森林中，让僵尸看起来是从树林中涌出——这暗示了那群帐篷被搜刮者的命运（图 9.13）。

图 9.12　从叙事角度来看，这类场景极具感染力，可以通过以特定方式排列预制的环境美术资产来构建。即使玩家在游戏的其他地方见过类似的资产，这种排列方式也能让场景富有感染力

图 9.13　游戏 *Dead Man's Trail* 的截图展示了如何通过环境美术暗示场景中发生的故事：车辆和路障的排列方式，营造出一名惊慌失措的公交车司机试图冲破封锁线的画面；帐篷、猎枪和僵尸生成点的并置则暗示了一群不幸者的遭遇

9.4.2　环境美术与电影化叙事

对比元素的并置——枪支与庇护所、车辆与屏障等——会对所构建场景的风格产生重大影响。而玩家观察这些元素的视角至关重要。镜头是游戏叙事中需要重点考量的要素，因为关卡设计师可以利用游戏的镜头语言来突出空间叙事。电影化叙事是对电影技术的研究，尽管它通常用于讨论电影中的场景构图。对于游戏设计师来说，镜头与物体位置之间的关系可能成为一种强大的设计工具。

当讨论游戏中的镜头运用时，我们发现关键目标是吸引玩家的注意力，使玩家关注设计师希望其看到的环境元素。在第一人称游戏中，通常通过线条、对比色或光线等视觉元素引导玩家的视线聚焦于特定物体。在二维游戏或俯视视角游戏中，电影化手法可用来向玩家展示其角色可能未察觉的事物，例如逼近的怪物或与关卡剧情相关的重要物体。

现代电影化叙事技术的创新者之一是 Orson Welles，他在 1941 年的经典电影 *Citizen Kane*[46] 中使用了深焦镜头技术。在深焦镜头中，前景和背景的物体都保持清晰对焦，这一效果通过将不同的胶片层叠在一起实现。[47] 电影 *Citizen Kane* 中有两个重要场景使用了深焦或类似深焦的效果来传递叙事，而这些叙事如果仅仅通过对话表达就显得单调。第一个场景中，Kane 的父母在争论：是将 Kane 交给一位富有的银行家照顾，还是让他在科罗拉多的贫困小镇长大。当大人在房间两侧争论孩子的未来时，透过他们之间的窗户可以看到 Kane 在外面的雪地里玩耍（图 9.14）。另一个场景则通过对同一画面进行两次曝光拍摄，同时捕捉前景和背景的清晰画面：Kane 和一位助手发现 Kane 的妻子晕倒，他们讨论着妻子的病情，但前景中的药瓶和勺子揭示这是一起自杀未遂事件（图 9.15）。这样的场景展示了如何通过物品的特定位置的安排，讲述场景中即时行动之外的环境叙事。

图 9.14　电影 *Citizen Kane* 中的早期场景，将争吵的双方分别置于镜头两侧，而争吵的对象——年轻的 Kane——则透过他们中间的窗户，呈现在观众眼前

图 9.15　电影后续的另一个场景：其他角色发现 Kane 的妻子失去意识，而场景中精心摆放的一个药瓶，向观众揭示了她曾试图自杀

虽然并非所有游戏都能达到电影 *Citizen Kane* 那般精妙的环境叙事水准，但有些游戏通过前景、背景甚至游戏内的动作元素，向玩家传达各类叙事信息。在横向卷轴游戏 *Another World*[48] 中，每个场景都如同一个电影镜头，通过动态切换共同构建出完整的电影化体验。游戏初期，玩家能在多个画面的背景中看到一只巨型怪物正悄悄跟踪自己。当主角与外星盟友被迫分离时，侧向镜头会用来展示这位外星盟友在其他走廊躲避追捕者的场景（图 9.16）。游戏 *Sonic the Hedgehog 3 and Knuckles*[49] 的“发射基地区”第二幕，通过将博士的超级武器“死亡之蛋”置于关卡背景中，并让它在关卡末尾发射，以此呈现该武器的发射过程。从某种程度上说，游戏将这次发射作为玩家成功通关的奖励性景观，让他们能在与首领战斗之前的游戏间隙，观赏到这一高潮式的发射场面。即使是没有固定镜头的游戏（例如第一人称或第三人称的三维游戏），玩家何时接触到嵌入式环境物体叙事，以及该物体如何通过阴影、光照和环境对比等元素被突出显示，都至关重要。

在本节中，我们探讨了如何通过布置单个环境美术元素来构建环境叙事。还研究了镜头位置在这类叙事中的影响：通过对镜头框架内外物体的精妙排布，使游戏在呈现基本操作之余，能额外向玩家传达叙事信息。接下来，我们将借助游戏中常见的叙事结构，阐述运用环境美术进行叙事的方法。

图 9.16 利用横向卷轴视角，来展现与玩家角色分离的友方角色所遭遇的状况

9.5 物质性与英雄之旅

Joseph Campbell 在 *The Hero with a Thousand Faces*[50] 一书中提出了“单一神话”的概念——世界上许多英雄叙事都遵循的基本模式。Campbell 总结了不同文化中英雄叙事的核心要素：“英雄从平凡的日常世界出发，进入一个超自然的奇迹之地，在那里遭遇强大的力量，并赢得决定性的胜利；英雄从这次神秘的冒险中归来，带回能赐福同胞的力量。”[51]

在这一结构中，英雄会经历某种形式的冒险的召唤（往往最初会遭到拒绝），随后踏上充满考验与敌人的征途。之后，英雄会遇到某种超自然的仁慈力量（常被称为女神），要么意识到这是自己一直拥有的庇护，要么获得新的庇护并受到祝福。英雄必须面对强大的邪恶力量，既要战胜对方，也要克服自身的心魔。最后，英雄必须获得某种恩赐（重要的任务物品）并成功带着它逃离，随后回到自己原来的世界——凭借新获得的力量过上和平的生活（图 9.17）。

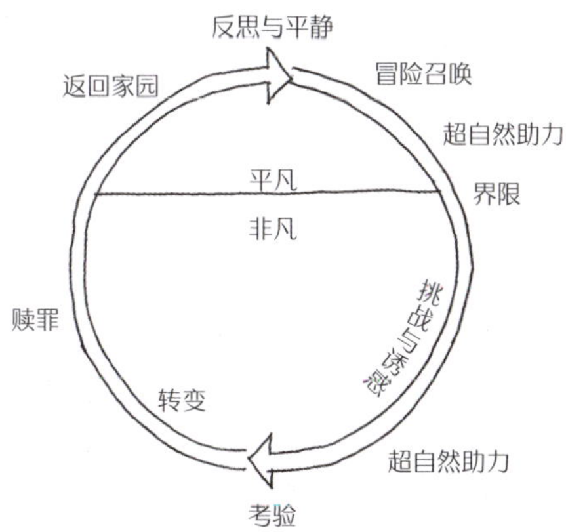

图 9.17　英雄之旅是人类历史上众多文化叙事中常见的一种模式，也是现代电子游戏中受欢迎的叙事结构

英雄之旅在文学或游戏设计中并不是什么新鲜事，在许多方面，它几乎成了陈词滥调。但就我们的研究目的而言，它仍可作为一种隐喻，帮助我们理解如何利用环境美术元素支撑游戏叙事。Grant Hildebrand 在 *Origins of Architectural Pleasure* 一书中提出，建筑可以通过空间特质与物质性体现英雄之旅的各个阶段。[52] Hildebrand 认为，在许多英雄叙事中，景观会以“在某种程度上缺乏支撑或慰藉”的方式，直观地向英雄展现其挑战。[53] 他以迈锡尼堡垒的废墟和美

国西部的地貌为例，指出这些景观的视觉特征本身就有助于构建英雄叙事。Hildebrand 还指出，由 Louis Kahn 设计的埃克塞特学院图书馆和索尔克研究所，通过“安全”的学习空间与“危险”的公共过渡空间之间的对比，具象化了英雄之旅：建筑的学习空间使用了舒适的木材、地毯和砖块装饰，而公共空间则使用了冰冷的混凝土[54]（图 9.18）。对英雄叙事作品的研究证实了 Hildebrand 的观点：奥德修斯从绿色、安全的家园出发，经历特洛伊战争，遍历爱琴海、地中海和爱奥尼亚海（这些水域如同没有沙子的沙漠），最终回归故土。[55] 同样，在 *The Lord of the Rings* 一书中，主角 Frodo Baggins 也从舒适的农田出发，穿越荒凉的土地到达末日山，最终在那里摧毁了魔戒。物质性甚至可以暗示叙事预期即将被颠覆：电影 *Star Wars：The Last Jedi*[56] 中的最终战役刻意复现电影 *The Empire Strikes Back*[57] 中的霍斯雪地战役，但次要角色提到星球表面覆盖的是白色盐粒而非积雪。虽然视觉呈现与英雄败北的经典战役相似，但一系列巧妙的反转最终让英雄们赢得了胜利。

游戏经常通过关卡表面的贴图或纹理设计等，暗示某个场景特质及其在英雄之旅中的位置。游戏 *Super Mario Bros.* 在每个世界都呈现了一段微型英雄之旅。游戏角色 Mario 始于音乐欢快、植被丰茂、陷阱稀少的友好关卡，继而潜入充满新威胁的地下世界，那里充满了狭窄的空间、更具攻击性的敌人和阴暗的色调。离开地下世界后，Mario 将进入地面关卡，但面临更多的危险（更宽的间隙、移动的平台或狭窄的桥梁）。最后，他必须进入城堡，面对冰冷的石头、沸腾的熔岩，并进行一场战斗。而当千辛万苦抵达终点时，他却只得到“公主在另一座城堡”的消息，随即再度启程（图 9.19）。游戏 *The Legend of Zelda*[58] 中的环境也遵循类似的模式：玩家从海拉鲁林木葱郁、商铺遍布的区域开始，穿越荒凉险恶的旷野，最终进入昏暗的地下城。

在你为游戏设计关卡时，若遵循类似设计思路，可以利用不同的贴图组合和色彩来创造理想的环境效果。安全或温馨的场所应该使用自然或富有质感的材料，例如草地、木材、砖块、石头等天然材料。而随着英雄之旅的推进，可逐渐使用更粗糙或带有战斗痕迹的材料，例如更大或更粗糙的石块、机器、外星科技、铁、岩浆、酸液等（图 9.20）。现代游戏中流行使用脏旧的纹理——通过污渍表现磨损、撕裂或破坏的贴图。这种纹理非常适合展示曾经安全但现在已被腐蚀或破坏的区域，以此与干净、整洁且诱人的安全区域形成对比。

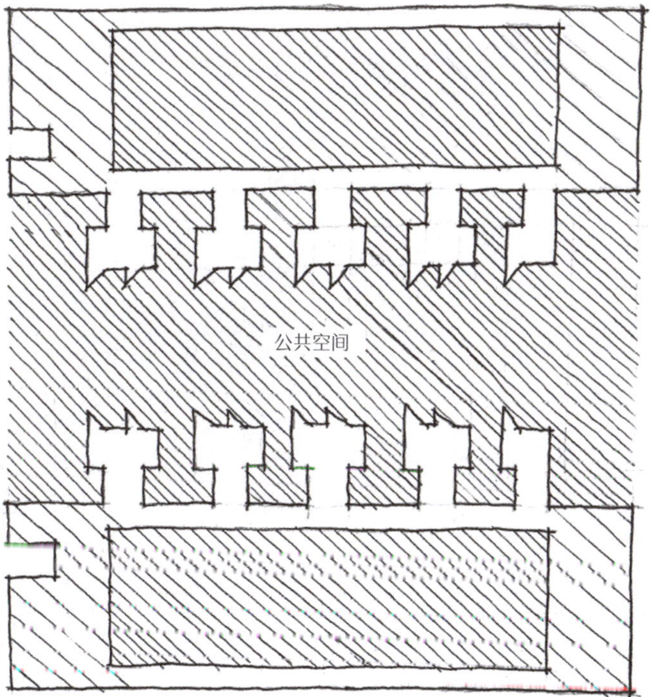

索尔克研究所平面图

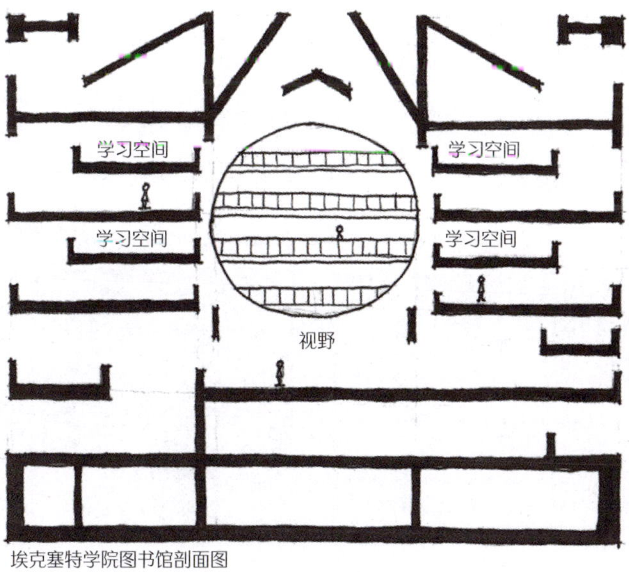

埃克塞特学院图书馆剖面图

图 9.18 Louis Kahn 设计的埃克塞特学院图书馆和索尔克研究所，分别在私密的学习空间中使用了木材和石材等天然材料，而在公共空间则使用了混凝土等材料

图 9.19 游戏 *Super Mario Bros.* 的每个世界都包含微型英雄之旅：游戏角色 Mario 从相对友好的场景出发，进入与先前舒适环境隔绝的更黑暗的地下世界，随后重返地面接受环境的考验，最终通过高潮决战成功解救被囚者

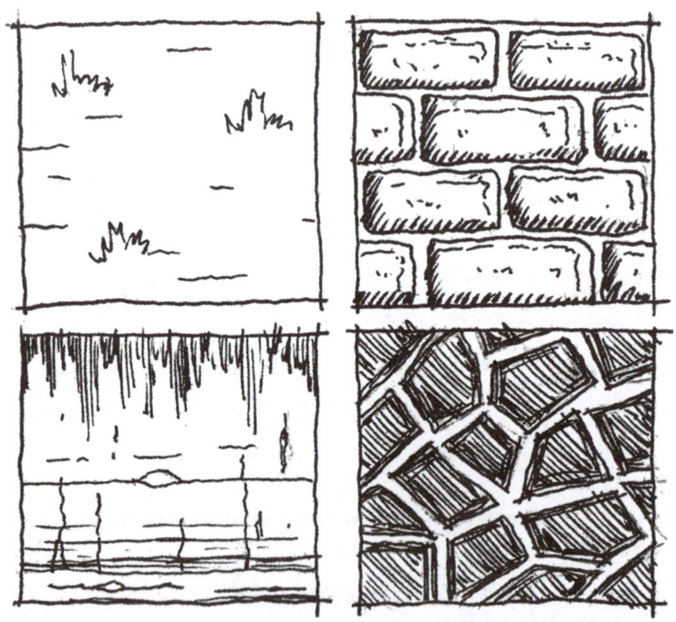

图 9.20 贴图和纹理在塑造游戏环境的地域感方面作用显著。随着玩家在英雄之旅中推进，周边的环境应该从友好宜人逐渐转变为严酷或腐化

在许多方面，推进游戏叙事的过程本身就是一种奖励。虽然一个出色的故事无法使一款糟糕的游戏变得优秀，但它能让糟糕的游戏体验变得可以忍受。在本章的最后部分，我们将探讨扩展叙事如何被用作游戏内的奖励，以及叙事奖励如何帮助我们调控游戏关卡的节奏。

9.6 节奏与叙事奖励

尽管我们在本章与前文多次探讨了叙事空间，但对叙事作为奖励的讨论一直相对简略。我们曾将叙事阶段作为游戏中的奖励进行讨论：这些是故事事件发生的场所，也是玩家可以远远望见的目标地点。虽然我们已经从探索的角度分析了这类叙事空间的体验，但尚未从游戏节奏调控的角度审视它们。

9.6.1 作为节奏调控工具的戏剧弧线

1863 年，德国小说家和剧作家 Gustav Freytag 在其著作 *Die Technik des Dramas* 中提出，戏剧故事可分为五幕：开端、情节发展、高潮、情节回落和结局。[59] 这一结构形成了如今广为人知的“戏剧弧线（叙事弧线）”，通常被形象地称为“弗赖塔格金字塔”（图 9.21）。

戏剧弧线是贯穿虚构叙事的有效分析工具。叙事整体可包含单一弧线，也可嵌套多个弧线。以文学作品 *The Lord of the Rings* 为例，这部作品被分为

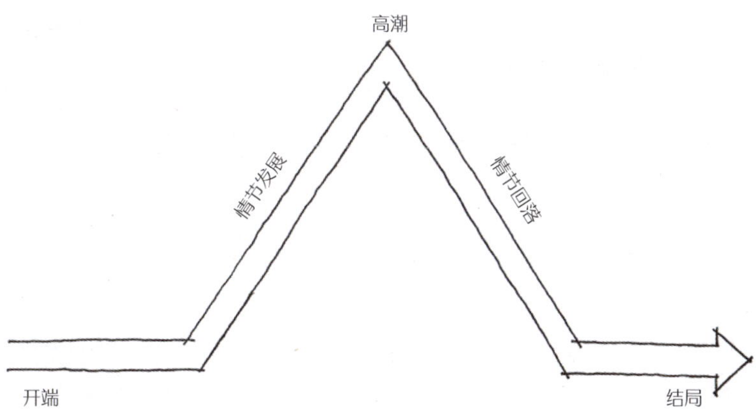

图 9.21 弗赖塔格金字塔展示了戏剧弧线的各个阶段

The Fellowship of the Ring、*The Two Towers* 、*The Return of the King* 三部，每部都有自己独立的戏剧弧线。同样，每一部中的每一章往往也遵循自身的戏剧弧线。例如，弗罗多和他的伙伴在风云顶被戒灵袭击时：开端交代人物处境，戒灵逼近推动情节发展，弗罗多被刺形成高潮，赶走戒灵与事件的后续影响则构成情节回落与结局。

游戏也运用戏剧弧线来讲故事。例如，游戏 *Donkey Kong*[60] 在其四个剧情关卡中对戏剧弧线的运用如下：故事开端是开场画面中游戏角色被绑架的场景；情节发展表现为游戏主角攀爬越来越复杂的摩天大楼；高潮出现在第四关，游戏主角必须移除支撑平台的铆钉使平台坍塌；游戏中敌对角色坠落与恋人重逢则构成情节回落与结局。[61]

在许多游戏空间中，玩法行动往往通过地理区域进行组织，比如世界、领地等，这些区域具有共同的主题。例如，*Super Mario Bros.* 系列游戏通常包含 8 个世界，每个世界由一系列子关卡和一个作为终点的城堡关卡组成。又如游戏 *Batman：Arkham City*[62] 拥有一个大型开放世界，其中的区域分属各个角色，因此每个区域都体现了对应角色的特色：冰、植物、马戏团等。在这两种情况下，每个区域都遵循一条戏剧弧线：游戏角色 Mario 必须穿越难度递增的关卡，最终摧毁每个世界中的敌人城堡；而游戏角色 Batman 则要在每个反派的藏身处完成任务，其中包括复杂的谜题，最终以一场高潮对决收尾。

9.6.2 以嵌入式叙事奖励探索行为

这些游戏中逐级递进的戏剧弧线使玩家能够顺畅地推进游戏进程。如第 3 章所述，保持高强度与低强度行动的对比对合理掌控游戏节奏至关重要。通过戏剧弧线结构构建游戏关卡——进入关卡、克服障碍和挑战、面对大型挑战或战胜敌人、达成关卡目标、取得胜利，玩家能获得显著的成就感。

对游戏设计师而言，情节回落和结局是这一结构中的重要元素，因为它们为玩家提供了喘息与调整的机会。这些部分也是设置玩家奖励的理想节点：可能是一场惊险的逃亡、一件补充消耗资源的道具，或是一件梦寐以求的宝物。在戏剧弧线尾声处呈现的嵌入式叙事——无论通过环境叙事、脚本化游戏事件还是过场动画实现——都能让玩家清晰地感受到自己在游戏进程中的推进。

这种节奏设计也将叙事结构与游戏中的长期与短期目标相衔接：在更大的长期弧线结构中，每一个短期目标的追寻过程本身就可成为一个令人满足的独立戏剧弧线，并在完成暂停后自然过渡至下一个征程。

9.6.3 用可选叙事和彩蛋奖励探索行为

虽然戏剧弧线能够帮助我们构建游戏关卡，并通过推动剧情来奖励玩家，但也可以用可选叙事来奖励那些自主探索游戏空间的玩家。可选叙事对游戏而言意义重大：它们能激励玩家试探游戏空间的边界，还能让玩家产生掌握独家信息的特权感。这类叙事可以作为关卡中的荣誉奖励，其发现过程能加深玩家与游戏空间的互动。

可选叙事的呈现方式通常取决于开发工作室的资源或项目的管理模式。例如，游戏 *The Legend of Zelda：Majora's Mask*[63] 在遵循经典叙事框架的同时，设计了收集面具的可选任务。这些任务多与帮助非玩家角色相关。许多支线任务都蕴含独立的叙事，例如，其中一个任务要求玩家帮助一对疏远的恋人重归于好。每个面具的任务都配有独特的角色、文本、元素和动画，比其他游戏的支线任务更加丰富。

游戏 *Majora's Mask* 这样的案例得益于大型开发团队的支持，而小型工作室可能没有足够的资源在三维游戏中制作同等规模的额外内容。然而，即使采用简单的叙事方式，也能打造可选的叙事奖励。游戏 *Portal* 中角色的藏身处在技术上就是可选的：它们并非主线通关的必要元素，即使未被发现，也不会影响对主线故事的理解。不过，设计团队将这些叙事点设置在离主游戏空间很近的地方，方便玩家发现。其呈现形式也很简单，只是在游戏几何结构上应用特殊贴图。对许多游戏而言，美术师都能快速制作这类贴图，再由关卡设计师将其放置在不起眼的角落。另一款独立游戏杰作 *Undertale*[64]，它包含多重结局、基于角色的支线任务和迷你游戏。该游戏采用了简洁明快的视觉风格，模仿了 8 位机游戏的画面，这让开发者得以将重心放在打造丰富的故事体验上。

在游戏 *Half-Life 2* 中有一个较难发现的可选角色。在游戏早期关卡中，玩家进入一个布满放射性废料的隧道后就可以找到这个角色。这个角色以神秘的语言谈论游戏内的事件，并在火上炙烤一只猎头蟹。这类角色的创作与构建纹理化可选叙事的逻辑相似：设计师使用了常规元素——外星人、猎头蟹和火焰粒子特效，以及为外星人录制的几句新台词。

这种隐藏的内容被称为“彩蛋”，指的是通过仔细探索而发现的隐藏在作品中的玩笑、信息或其他奖励。彩蛋广泛应用于艺术、电影、软件等多种媒体中，创作者通常会把自己的痕迹藏在作品的某处。“彩蛋”这一术语由游戏公司员工创造：1979 年，游戏设计师 Warren Robinett 在游戏 *Adventure* 中加入了一个隐藏房间，里面写着“由 Warren Robinett 创作”。这是他对公司禁止游戏设计师在作品上署名的抗议。

在游戏关卡中发现这样的奖励——无论是冒着极大的风险找到的隐藏角色，还是通过复杂的谜题发现的隐藏信息——都可以成为玩家向朋友们炫耀的内容。在关卡中隐藏这些叙事元素，能让你的游戏空间充满互动乐趣。

9.7 总结

在本章中，我们从意义与叙事的角度探讨了关卡设计。我们发现，设计绝非仅仅是机械性提示的产物，而是蕴含着丰富故事的精妙创造。我们进一步了解到，无论是数字空间还是建筑空间，都能借助建筑语言、场景构建和美术资源等来讲述故事。同时，设计的空间会随着不同使用者的互动而发生变化。这些互动可能会改变空间的用途，或以令人意想不到的方式与空间产生关联。

在关卡构建的具体实践中，我们深入探讨了如何巧妙运用环境美术与预制模块化资产来构建叙事，以及游戏镜头的精准定位如何为叙事的传递提供契机。我们还了解到环境美术能暗示玩家在游戏叙事中的推进进度，例如那些遵循英雄之旅模式的叙事，为玩家提供了清晰而富有吸引力的游戏路径。最后，我们探究了戏剧弧线这类故事结构如何被用作节奏调控机制，以及在这种节奏体系下，叙事如何转化为目标和奖励——无论是针对必需的游戏操作，还是针对玩家对游戏世界边界的探索。

在第 10 章中，我们将继续探讨玩家如何试探游戏世界的边界，以及如何通过向玩家传达这些边界来构建可能性领域。

9.8 练习

① 写作练习：为你正在设计的关卡或一款热门商业游戏中的关卡撰写游戏叙事（以设计师的角度编写）。描述玩家在屏幕上看到的内容及其需要做出的选择。并分析理论上的玩家可能对这些提示产生的反应。玩家在关卡的不同阶段应产生怎样的情绪体验？

② 写作练习：玩一款至少运用了 Henry Jenkins 所描述的四种叙事空间类型中三种的游戏。分析该游戏如何运用这些叙事空间类型，并阐释这种运用如何传递游戏故事或世界观的信息。

③ 数字制作练习：围绕书架、桌子或其他带有摆放物品的家具创建场景。使用模块化的环境美术资产来表达以下叙事主题："匆忙离开""有人居住过""表里不一""年久失修"。

④ 数字制作练习：为某个关卡或游戏（无论是你正在制作的，还是热门的商业游戏）制作"材质故事板"。通过游戏每个部分使用的材质类型来规划故事的进展。

⑤ 写作练习：深度体验某款游戏直至完成多个任务或关卡。分别描述每个任务或关卡的戏剧弧线。分析它们是如何体现（或未体现）体现弗赖塔格金字塔的故事结构类型。

参考文献

[1] Koch, Ebba, and Richard André Barraud. *The Complete Taj Mahal: And the Riverfront Gardens of Agra*. London: Thames & Hudson, 2006.

[2] Fazio, Michael W., Marian Moffett, and Lawrence Wodehouse. *A World History of Architecture*. 2nd ed. Boston, MA: McGraw-Hill, 2008.

[3] In most Charbagh, the tomb is at the crossing of the canals, since the rivers of Paradise are said to start at a central mountain. Koch suggests that the Yamuna River, which is next to the tomb, and the gardens across from the tomb are integral parts of the Charbagh plan in addition to the garden's canals.

[4] Norman, Donald A. *Emotional Design: Why We Love (or Hate) Everyday Things*. New York, NY: Basic Books, 2004, pp. 3 – 6.

[5] Murray, H.J.R. *A History of Chess*. Oxford: Clarendon Press, 1962.

[6] Wiggins, David K. The Play of Slave Children in the Plantation Communities of the Old South, 1820 - 1860. *Journal of Sport History* 7, no. 2 (1980): 21 - 39. http://library.la84.org/SportsLibrary/JSH/JSH1980/JSH0702/jsh0702c.pdf (accessed July 1, 2013).

[7] Pilon, Mary. "The secret history of Monopoly: the capitalist board game's leftwing origins". *The Guardian*. April 11, 2015. https://www.theguardian.com/lifeandstyle/2015/apr/11/secret-history-monopoly-capitalist-game-leftwing-origins. Accessed June 25, 2018.

[8] Wolf, Mark J.P. 2014. *Building Imaginary Worlds: The Theory and History of Subcreation*. Abingdon, United Kingdom: Routledge.

[9] Tolkien, J.R.R. *The Lord of the Rings*. 2nd ed. Boston, MA: Houghton Mifflin, 1967.

[10] Tolkien, J.R.R. *The Silmarillion*. Boston, MA: Houghton Mifflin, 1977.

[11] Jeffrey, Henning. On Tolkien: Growing Up with Language. *Model Languages* 1, no. 8 (1996). http://www.langmaker.com/ml0108.htm.

[12] Tolkien, J.R.R., Humphrey Carpenter, and Christopher Tolkien. *The Letters of J.R.R. Tolkien*. Boston, MA: Houghton Mifflin, 1981.

[13] *Dungeons & Dragons*. Gary Gygax and Dave Arneson (original designers), 1974. Role-playing game.

[14] *Call of Cthulhu*. Sandy Peterson (original designer), 1981. Role-playing game.

[15] Kushner, David. *Masters of Doom: How Two Guys Created an Empire and Transformed Pop Culture*. New York, NY: Random House, 2003.

[16] *Dungeon*. Don Daglow (designer), ca. 1975. Computer role-playing game on a PDP-10 computer.

[17] *Akalabeth: World of Doom*. Richard Garriott (developer), California Pacific Computer Co. (publisher), ca. 1979. Computer role-playing game on Apple II.

[18] *Zork I*. Infocom (developer and publisher), 1980. Computer text *adventure*.

[19] *This Book Is a Dungeon*. Nathan Meunier (author), 2015. *Twine* game.

[20] *The Uncle Who Works for Nintendo*. Ztul (author), 2014. *Twine* game. Accessed at ztul.itch.io/the-uncle-who-works-for-nintendo

[21] *Device 6*. Simogo (developer and publisher), 2013. Mobile text *adventure* game.

[22] The term *action game* is also often understood as a game with guns or other trappings of action movies, such as explosions, intense combat, etc. Action games,

as a broad genre, is separated into the sub-genres of shooters, platformers, and many others.

[23] I wanted to note that I'm specifically not using the terms"narratology"and "ludology"here, lest any reader think that I'm not aware of them. First, I wanted to avoid them since they usually refer to how games are understood and analyzed by game studies academics instead of designed by game industry developers. Secondly, at the time of this writing (2018), the debate between those schools of thought has largely been resolved and is years behind us so it doesn't warrant additional commentary here.

[24] *Final Fantasy*. Square (developer and publisher), December 17, 1987. Nintendo Entertainment System game.

[25] *Final Fantasy*. Retrospective: Part I. GameTrailers. http://www.gametrailers.com/full-episodes/bx14k1/gt-retrospectives-final-fantasy-retrospective--part-i (accessed July 1, 2013).

[26] Jenkins, Henry. Game Design as Narrative Architecture, MIT—Massachusetts Institute of Technology. http://web.mit.edu/cms/People/henry3/games&narrative.html (accessed July 2, 2013).

[27] Salen, Katie, and Eric Zimmerman. *Rules of Play: Game Design Fundamentals*. Cambridge, MA: MIT Press, 2003, pp. 399 - 401.

[28] *Thomas Was Alone*. Mike Bithell (developer and publisher), July 24, 2012. PC game.

[29] *Assassin's Creed*. Ubisoft Montreal (developer), Ubisoft (publisher), November 13, 2007. Xbox 360 game.

[30] The Making Of: *Assassin's Creed*. *Edge Magazine*. http://www.edge-online.com/features/the-making-of-assassins-creed/ (accessed July 2, 2013).

[31] *Back to the Future*. DVD. Directed by Robert Zemeckis. Universal City, CA: Universal Studios Home Entertainment, 1985.

[32] *American McGee's Alice*. Rogue Entertainment (developer), Electronic Arts (publisher), October 6, 2000. PC game.

[33] *BioShock Infinite*. Irrational Games (developer), 2K Games (publisher), March 26, 2013. Xbox 360 game.

[34] *The Last of Us*. Naughty Dog (developer), Sony Computer Entertainment (publisher), June 14, 2013. Playstation 3 game.

[35] *The Legend of Zelda*. Nintendo EAD (developer), Nintendo (publisher), February 21, 1986. Nintendo Entertainment System game.

[36] *Metal Gear Solid 3: Snake Eater*. Konami Computer Entertainment Japan (developer), Konami (publisher), November 17, 2004. Playstation 2 game.

[37] *Half-Life 2*. Valve Corporation (developer and publisher), November 16, 2004. PC game.

[38] *Portal*. Valve Corporation (developer and publisher), October 9, 2007. PC game.

[39] *Left 4 Dead*. Turtle Rock Studios/Valve South (developer), Valve Corporation (publisher), October 2008. PC game.

[40] *World of Warcraft*. Blizzard Entertainment (developer and publisher), November 23, 2004. PC game.

[41] Jacobson, Brian, and David Speyrer. Valve's Design Process for Creating *Half-Life 2*. Speech, Game Developers Conference from UBM, San Jose, CA, March 2006.

[42] *TowerFall*. Matt Thorson (developer and publisher), June 25, 2013. Ouya game.

[43] Donovan, Tristan. *Replay: The History of Video Games*. East Sussex, England: Yellow Ant, 2010.

[44] Leeroy Jenkins—YouTube. YouTube. http://www.youtube.com/watch?v=LkCNJRfSZBU (accessed July 4, 2013).

[45] *Dead Man's Trail*. Pie For Breakfast Studios and e4 Software (developers), upcoming. Indie game on Steam.

[46] *Citizen Kane*. DVD. Directed by Orson Welles. Burbank, CA: Warner Home Video, 1941.

[47] Ogle, Patrick L., and Bill Nichols. Technological and Aesthetic Influences upon the Development of Deep Focus Cinematography in the United States. In *Movies and Methods*. Berkeley, CA: University of California Press, 1985, p. 73.

[48] *Another World*. Delphine Software (developer and publisher), 1991. Amiga game.

[49] *Sonic the Hedgehog 3 and Knuckles*. Sonic Team (developer), Sega (publisher), October 18, 1994. Sega Genesis game.

[50] Campbell, Joseph. *The Hero with a Thousand Faces*. Princeton, NJ: Princeton University Press, 1949.

[51] Campbell, Joseph. *The Hero with a Thousand Faces*. Princeton, NJ: Princeton University Press, 1949, p. 23.

[52] Hildebrand, Grant. *Origins of Architectural Pleasure*. Berkeley, CA: University of California Press, 1999, pp. 84 - 88.

[53] Hildebrand, Grant. *Origins of Architectural Pleasure*. Berkeley, CA: University of California Press, 1999, p. 84.

[54] Hildebrand, Grant. *Origins of Architectural Pleasure*. Berkeley, CA: University of California Press, 1999, p. 87.

[55] Fagles, Robert. *The Odyssey*. New York, NY: Viking, 1996.

[56] *Star Wars: The Last Jedi*. Blu-ray. Directed by Rian Johnson. Los Angeles, CA: Walt Disney Home Video, 2017.

[57] *Star Wars: The Empire Strikes Back*. Blu-ray. Directed by Irvin Kershner. 20th Century Fox Home Video, 1980.

[58] *The Legend of Zelda*. Nintendo (developer and publisher), February 21, 1986. Nintendo Entertainment System game.

[59] Freytag, Gustav, and Elias J. MacEwan. Freytag's Technique of the Drama: An Exposition of Dramatic Composition and Art. Internet Archive: Digital Library of Free Books, Movies, Music and Wayback Machine. http://archive.org/details/freytagstechniqu00freyuoft (accessed July 6, 2013).

[60] *Donkey Kong*. Nintendo (developer and publisher), July 9, 1981. Arcade game.

[61] Fullerton, Tracy, Christopher Swain, and Steven Hoffman. *Game Design Workshop: A Playcentric Approach to Creating Innovative Games*. 2nd ed. Amsterdam: Elsevier Morgan Kaufman, 2008.

[62] *Batman: Arkham City*. Rocksteady Studios (developer), Warner Bros. Interactive (publisher), October 18, 2011. Xbox 360 game.

[63] *The Legend of Zelda: Majora's Mask*. Nintendo EAD (developer), Nintendo (publisher), October 26, 2000. Nintendo 64 game.

[64] *Undertale*. Toby Fox (developer), September 15, 2015. Steam PC game.

行业视角：*Halo* 系列游戏关卡中的角色心理塑造

Kelli Dunlap，心理学博士
游戏设计师和心理学家

当你设计一个游戏世界时，你会将自己的价值观、视角与个人特质投射到设计中。这堪称一场由代码和艺术而非墨迹构成的罗夏测试。因此，游戏作为文化产物，反映着其创作者所在社群内社会规范。当设计这些世界时，至关重要的是思考你的设计要传递什么信息，以及你在宣扬、忽视或挑战社会的哪些方面。这种内化社会价值观的传导在涉及心理健康的叙事与环境构建中尤为显著。在社会层面，我们对于精神疾病患者存在某些固有观念与刻板印象，而这些认知框架常被用作游戏中情感与主题表达的捷径。例如，恐怖游戏经常利用精神病院或精神诊疗场景来预示玩家即将面临的恐怖体验。虽然设计师可能并非有意通过设计来延续关于精神疾病的有害刻板印象，但很多游戏如 *Outlast*、*The Evil Within*、*Sanitarium*、*Injustice：Gods Among Us*、*Asylum*、*Shutter Island*、*Dementium II*、*Hitman：Codename 47*、*American McGee's Alice* 等都采用相关意象，这并非偶然。

然而，比夸张的精神病院刻画更值得关注且更普遍的是对精神疾病的另一种刻画——这类刻画与社会规范的契合度极高，以至于设计师和玩家几乎都察觉不到其存在。

Halo 系列游戏案例研究

在游戏 *Halo：Combat Evolved* 中，玩家操控的游戏角色“士官长”是一名经过人工强化的超级士兵，他的任务是拯救宇宙免受外星狂热分子和星际僵尸的威胁。在探索某一关卡时，士官长遇到了一个名为“AWOL Marine（逃兵陆战队员）”的非玩家角色。这个非玩家角色蜷缩在地板上，一旦玩家进入视野，他就会开始大喊大叫并向士官长开枪。他的台词既威胁了玩家又透露了自己装死逃生的可怕经历。只要玩家在他的视线范围内，他就会继续朝玩家射击，甚至有能力杀死士官长。玩家此时有两个选择：忽视他并继续前进，或者射杀他。如果玩家选择射杀他，只需一枪便能致其死亡。

在 *Halo* 系列游戏中，陆战队员通常被塑造为友善、可靠、值得尊重的队友。玩家可以选择攻击他们，但会付出代价。如果玩家伤害了一名陆战队员，其他陆战队员会转而攻击玩家并最终杀死玩家。游戏中还有一些非玩家角色，他们的死亡是游戏中的重大事件。例如，玩家必须保护非玩家角色船长 Keys 免受攻击。如果船长在此期间死亡，玩家必须从上一个检查点重新开始游戏。事实上，在游戏 *Halo：Combat Evolved* 或任何 *Halo* 系列游戏的战役中，玩家从未被要求或鼓励杀害人类，但这名逃兵陆战队员是个例外。值得注意的细节是，这名逃兵陆战队员并不会出现在玩家的雷达上。玩家屏幕右下角的圆形雷达仪器会将敌人显示为红点，友军显示为黄点，而他不在此列。

玩家与这名逃兵陆战队员的互动虽仅持续几秒钟，却传递出几种不同的文化观念与价值观。显然，这个角色经历了某些可怕的事情，并且正处于极度痛苦之中。他对玩家的暴力反应几乎是瞬间的，而玩家已被游戏机制训练成会对任何攻击士官长的目标射击。此外，尽管玩家可以与其他陆战队员进行积极互动（如交换武器、在战车中调换座位、召集陆战队员加入士官长的战车等），却没有任何选项可以帮助这名逃兵陆战队员。而且，即使射击的是脚部等非致命部位，一发子弹也能击毙这名逃兵陆战队员；而杀死其他陆战队员，即便是射击头部，也至少需要两发子弹。从这个角度来看，这名逃兵陆战队员被明确描绘成比其他陆战队员更弱小的存在，且杀死他无须承担任何后果。

评估玩家与这名逃兵陆战队员互动的另一种方式是，杀死他几乎不需要任何成本。只需一发子弹就能杀死他，因此玩家在资源上浪费极少，几乎不需要再三斟酌是否要杀死他。例如，如果需要 10 颗子弹才能杀死他，玩家将有机会重新考虑他们的决定，并且很可能会决定不杀死这名逃兵陆战队员，哪怕仅仅是因为不愿意浪费如此多的资源。此外，这一场景的设计使得杀死这名逃兵陆战队员几乎带有一种“怜悯”的意味。最后，这名逃兵陆战队员没有出现在玩家的雷达上。由于不在雷达显示范围内，他既非友方也非敌方，仿佛成了一个“无足轻重”的存在。

在游戏 *Halo：Combat Evolved* 的开发过程中，设计团队决定塑造这样一个角色：他表现出心理困扰，行为带有攻击性，并且在生理、心理与行为上都与其他所有陆战队员完全隔离开来。尽管有些游戏设计决策是对文化价值观的有意识应用，但这名逃兵陆战队员非玩家角色的存在揭示了一些潜藏的意识形态，可能连开发者自身都未完全察觉。

在游戏 *Halo 3* 的关卡中有一名被称为“自杀陆战队员”的士兵。他也蜷缩在角落里自言自语，更不会出现在玩家的雷达上。尽管他不会向士官长开枪，但他有时会把枪口对准自己的头，并说出诸如“哦，天哪！他们的声音！哦，天哪！让它们停下来！我帮了他们一个忙……对，就是这样，我帮了他们！也许……也许我也该帮自己一个忙……”他周围躺着其他几名陆战队员的尸体，且没有任何被感染的迹象。玩家也没有任何选项可以帮助他，而且杀死他比杀死其他陆战队员更容易。尽管他最终会自行进入战斗准备状态，但他不会像其他陆战队员那样与士官长交换武器。

游戏设计再次阻止玩家与这个明显处于痛苦中的角色进行任何有意义的互动。不让他与士官长交换武器这一设定，或许象征着他与外界隔绝、毫无回应。和那名逃兵陆战队员一样，他也不在雷达上显示，形同“隐形”，但当武器准星对准他时会变成绿色，表明他是友方，而非敌人或身份不明者。从归属关系来看，他至少被认定为队友，并非完全孤立。

第 10 章

可能性空间与世界构建

你应当精心设计庭园的每一处细节，唤起记忆中自然万物呈现的本来面貌……细思这片土地上闻名遐迩的美景，并仿效这些场所的整体气韵，以和谐之意境来设计你的庭园。——摘自 *Sakuteiki*，传为 Tachibana Toshitsuna 所著[1]

欣赏风景既不会让心灵感到疲惫，又能使其得到锻炼；既能安抚心灵，又能使其焕发活力。因此，通过心灵对身体的影响，为整个身心系统带来焕然一新的休憩感和再生力。——美国景观设计师 Frederick Law Olmsted[2]

涌现式叙事是帮助玩家创作专属故事的强大工具。拥有丰富交互机制体系、多样化物件及支持不同游玩风格空间的关卡，为玩家提供了在游戏中进行故事创作的机会。除了前文讨论过的嵌入式叙事元素外，设计师还能通过构建游戏世界的运行规则，并借助玩法向玩家传达这些规则，从而完善游戏世界。

空间设计师——包括建筑设计师、景观设计师与园林设计师——都有通过布局调整与材质运用来构建世界的独特方法。本章，我们将探索如何将这些经典设计领域的方法融合到数字游戏世界中。我们将探索玩家如何理解交互空间中存在的可能性，以及设计师如何向玩家传达这些空间的边界信息。此外，我们还将重新审视沟通、决策与选择等元素，以解读设计师如何构建可探索的世界。最后，我们将观察这些世界的设计师如何打破自己制定的规则，为玩家创造值得发现的惊喜体验。

在本章，你将学到以下内容：

理解沉浸感与玩家个体差异；

建筑现象学与游戏行为；

涌现式空间；

微缩庭园美学；

日本庭园设计与游戏世界构建的融合；

提供体验式选择；

退化策略。

10.1 理解沉浸感与玩家个体差异

我曾多次提到，关卡设计是一个二阶设计问题。设计师无法直接控制用户的行为，但可以控制用户所交互的系统规则。已故影评人 Roger Ebert 曾以此为依据，提出游戏并非艺术的观点。他认为玩家对游戏体验的控制权削弱了设计师的主体创造性。[3] 然而，游戏设计师却将这种特性作为构建产品可重玩性的手段——让玩家在重复交互中获得多样化的游戏体验。一些设计师认为，这种可重玩性及用户自主塑造体验的潜力，能够营造沉浸感——玩家完全将虚拟的游戏世界当成现实。但另一些设计师则认为，游戏既然承诺为不同个体提供体验感，那么完全沉浸这一概念本身就与其相悖。正如我们将要看到的，这场争论及建筑领域的类似讨论，能帮助我们理解不同玩家如何使用空间。作为设计师，我们的目标应是促成用户与空间独特品质之间的对话。

沉浸感是游戏行业的热门术语，用来描述游戏对玩家的吸引力。它常被设计师奉为游戏创作的目标，或被视作游戏的重要品质。然而和多数热门术语一样，其真正含义在过度使用中逐渐模糊。Katie Salen 和 Eric Zimmerman 借鉴了 François Dominic Laramée 在 *Immersion* 一文中的研究，重新阐释了“沉浸感”的真正含义：“在这种状态下，玩家的大脑会忘记自己正在接受娱乐，转而将所感知到的内容当作现实。”[4]

10.1.1 沉浸谬论

Salen 和 Zimmerman 针对 Laramée 的沉浸感定义提出了“沉浸谬误”。“沉浸谬论”否定了“完全沉浸”的可能性，并主张游戏实际上处理的是一种元传播——即那些自身就包含着非现实特质的表达方式。他们引用了英国人类学家Gregory Bateson的例子：玩耍中的一只狗咬了另一只狗，咬的动作既象征着真实的咬，却又并非真正的攻击，只是一场模拟的撕咬游戏。Salen和Zimmerman以游戏*Spin the Bottle*和游戏*Quake*为例展开说明：游戏*Spin the Bottle*中玩家的亲吻并非表达爱意，游戏*Quake*中玩家不是因为仇恨而互相射击。[5] 虽然玩家可能会沉浸在这些游戏及其戏剧元素中，但他们始终清醒意识到：游戏既存在于现实世界的框架之内，也隶属于自身生活经验的范畴。

正如我们在探索玩家如何在游戏空间中学习时所看到的，空间内容对玩家理解游戏机制至关重要。经验丰富的玩家会带着之前同类游戏的经验：加载一款新的第一人称游戏时，他们会默认沿用经典操作模式，如用W、A、S、D键来控制角色移动，用鼠标移动实现环视与瞄准。许多玩过老式任天堂娱乐系统游戏的玩家，在租用到使用B键而不是传统A键实现跳跃的游戏时，曾感到强烈不适。新手玩家可能需要针对复杂操作的引导，但他们很可能也具备一些其他能力，能以独特方式理解游戏体验。无论哪种情况，游戏玩家总会或多或少地将先前的外部认知经验带入游戏中，这与完全沉浸相矛盾。

10.1.2 玩家个性

在打造游戏体验时，玩家个性往往是需要考虑的因素，这进一步偏离了完全沉浸于游戏的理念。诸如游戏*Dragon Quest III*[6] 和游戏*Ultima IV: Quest of the Avatar*[7] 等，会在开局让玩家回答一系列问题，以此决定玩家角色的属性。许多研究和出版物都提及了游戏中的玩家类型。Richard Bartle提出了著名的四种玩家类型，即“成就者、探索者、社交家和杀手”，用来描述1978年他与Roy Trubshaw共同创建的多用户地下城游戏中的玩家。[8] 游戏*Dungeons & Dragons*中的指导手册*Dungeon Master's Guide*详细阐述了常见的玩家动机，以及身为地下城主（负责设计游戏场景并化身游戏叙事者的玩家）如何吸引不同类型的玩家。[9]

Ubisoft创意总监Jason VandenBerghe在2013年游戏开发者大会的演讲*Applying the 5 Domains of Play*[10] 中将Bartle的玩家分类理论进行了扩展，纳入了五种个性特质：经验开放性、尽责性、外向性、宜人性和神经质。他将这些特质与演讲中提及的五大游戏领域——新奇、挑战、刺激、和谐、威胁——进行对应，以此判断玩家在前四大领域（威胁被单独列出，适用于另一套标准）构成的图中所处的位置，并且每个领域又细分为四个象限（图 10.1）。玩家通过回答自己在每个象限中的定位，就能在 4×4 的网格图中直观看到自己的玩家个性类型。VandenBerghe 建议将这一测试作为实现“精准共情”的设计工具，让设计师在设计过程中能站在不同类型玩家的角度思考问题。他通过举例将不同的玩家风格，类比为“知名虚构角色玩知名游戏”的状态，并说道：“要像这些角色一样去体验这些游戏。”

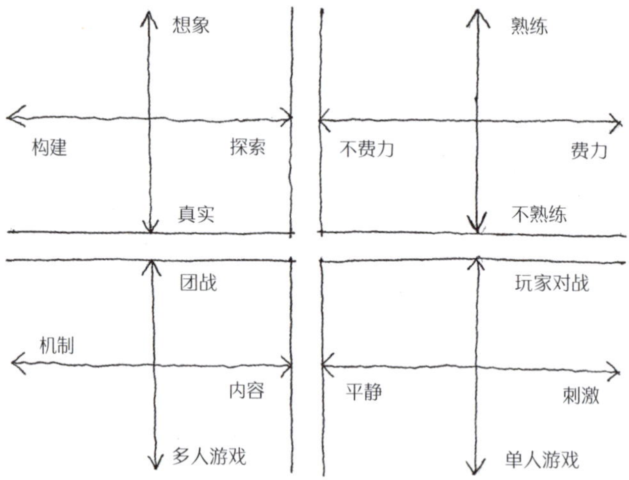

图 10.1 Jason VandenBerghe 的玩家个性类型图，旨在追踪玩家个性对不同游戏领域（新奇、挑战、和谐、刺激）的反应。玩家在每个象限中对偏好选项的选择结果会生成简明的玩家个性分析图

玩家的个性极大地影响着他们在游戏中塑造的角色类型，甚至决定了他们所玩的游戏类型。这违背了“完全沉浸于游戏”的理念。虽然 Bateson、Bartle 与 VandenBerghe 的理论深刻影响了游戏本体的设计理念，但它们几乎未涉及玩家如何与游戏空间互动这一核心问题。建筑师们也长期纠结于“完全空间沉浸”与“元交流”之间的矛盾。而正是这种矛盾，将帮助我们探索如何将特定游戏空间的特质与玩家个性协同发挥作用。

10.2 建筑现象学与游戏行为

在第 4 章中，我们探讨了“场所精神”这一概念。这一建筑设计要素要求设计师们赋予场所独特的个性，或通过独特的空间体验传递意义。在罗马文化中，场所精神最初指代城镇的守护神，而如今的含义则源于将现象学哲学理念应用于建筑学的实践。

建筑现象学深受德国哲学家 Martin Heidegger 著作的启发。他在其现象学的应用中主张，不应以科学或客观抽象的方式理解世界，而应基于人在特定时刻的感官信息，从经验角度去认识世界。[11] 建筑师 Christian Norberg-Schultz 将 Heidegger 的思想应用于建筑空间，认为应根据空间本身的元素来理解空间，而不是通过先前经验来理解空间。[12] 因此，建筑现象学的实践者往往致力于创造具有强烈体验感的空间，或是在最大限度利用建筑场地特定要素的同时，隔绝外部干扰与符号影响。著名的建筑现象学家 Peter Zumthor 曾表示，他在开展项目时，首先会思考希望传达的情感或体验，同时忠实于建筑场地与材料的特性。[13] 比如在瑞士格劳宾登州的教堂（图 10.2）中，他特意添加了一块嘎吱作响的地板，以此强调建筑所用的木材。Zumthor 称这种设计“存在于潜意识感知层面之下”。[14]

图 10.2 Peter Zumthor 设计的教堂于 1989 年在瑞士格劳宾登州建成。教堂依山而建，与周围乡土建筑形成鲜明对比。教堂内部特意设置了一块翘曲的地板，以此突出建筑材料的质感

现象学的支持者认为，像 Zumthor 这类建筑师的作品，其价值应源于自身，而非受先验知识的影响。这种理念与游戏中的沉浸感相似：玩家不受外部世界干扰，纯粹享受游戏本身。有些人在游戏中会全身心投入角色扮演，体验现实中不会有的行为，例如成为邪恶的军阀、与强大的敌人作战或扮演异性角色。此外，Salen 和 Zimmerman 的“沉浸谬误”也指出，即便是这类游戏行为，本质上依然在与游戏的元元素（meta-elements）进行互动。

游戏空间的现象学，是自成体系的元素与玩家、文化之间元对话的结合体。一方面，我们已经探讨了游戏如何利用符号资源来改变玩家的行为，或与玩家、游戏外部的其他文化元素产生关联；另一方面，关卡设计强调游戏的独特机制，就像现象学建筑师强调建筑的独特材质和体验一样。因此，那些用于强调游戏独特性的元素（例如用于改变行为的模块化资产、传递信息的资产布局等）同样能与游戏的元元素产生互动。游戏世界中的建筑不仅能促进玩家互动，更能通过向不同类型的玩家提供资源，构建令人惊喜的游戏事件。

从这个意义上说，游戏空间与建筑现象学背道而驰。同一游戏空间会被不同玩家以千差万别的方式体验——即便是性格相似的两位玩家，其与关卡的互动方式也会截然不同，除非开发者强制限定单一玩法。尽管此类游戏通过剥夺玩家的选择权，强化了游戏体验的“作者性”，但它们往往难以被长久记住，也缺乏玩法的持久性——即重玩价值。当玩家开始游玩一款游戏时，他们希望能与游戏建立情感联结。那些无法抓住玩家注意力的游戏，往往被束之高阁，成为玩家“羞耻待玩清单”中未完成的游戏之一。哲学家 Heidegger 曾用栖居概念描述人与空间的这种类似联结——在空间中为自身找到“存在的立足点”。[15] 玩家在游戏空间中获得栖居感，找到产生情感联结的立足点，对于塑造关卡的记忆点与营造真实场所感至关重要。这种情感联结会吸引玩家再次回归。

即便是 *Final Fantasy*[16] 系列游戏这样本质线性化的游戏，也会为玩家提供一些选择：角色定制、职业选择、支线任务等。当这些选择被剥夺、游戏玩法变得单调时，玩家的反馈往往不那么积极，他们也更难与游戏产生情感联结。游戏 *Final Fantasy XIII*[17] 就是典型案例。就关卡和游戏世界设计而言，该游戏的线性程度超出了一些玩家的接受范围，一些评论家甚至将其描述为“冗长的走廊”[18]。现代第一人称射击游戏的关卡设计也同样被诟病：不少作品被指由一连串过场动画与高强度战斗场景，通过单调的走廊串联而成（图 10.3）。虽然这类空间在强化游戏机制上可能很成功，但它们很少为玩家创造属于自己的独特体验，也就难以与他人的体验进行比较。因此，我们必须寻求一种同时兼具现象学和元交流的关卡设计方法，以帮助玩家与游戏空间建立起情感联结。

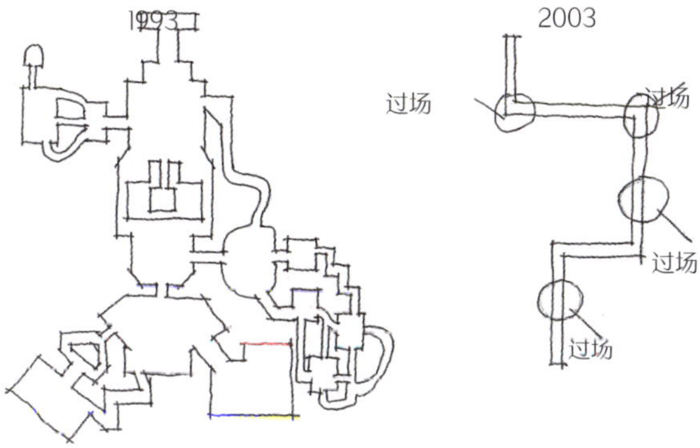

图 10.3 一幅对某张热门网络图片的复刻——该图片展现了早期第一人称射击游戏地图看似复杂的结构，并与现代地图的线性本质形成对比

在接下来的章节中，我们将进一步探讨游戏空间的构成要素，这些要素让不同类型的玩家都能在游戏空间中获得专属体验。同时，我们也会了解游戏空间如何通过其现象学元素催生涌现式体验。

10.3 涌现式空间

在本书中，我们始终将复杂性视为不同特征相互对照、彼此作用而产生的副产品——正如 Robert Venturi 所描述的。我们主要用此理论来说明对比如何为空间增添戏剧性，然而我们还可以将其延伸至支持不同玩法风格的机制与空间：那些能对不同类型玩家给予回报的游戏世界更为丰富，也更能让玩家产生情感联结。Venturi 曾描述，当多个系统被并置或相互叠加时，就会产生令人满意的复杂性。[19] 我们也已将游戏视为一种系统。在 *Rules of Play* 一书中，Salen 和 Zimmerman 借助 *Grammatical Man*[20] 一书作者 Jeremy Campbell 的视角探讨了系统的复杂性。Campbell 将系统的复杂性描述为“正是复杂性，使系统能够完成我们未曾预料的事情，成为我们未曾想象的存在”。[21] 游戏的独特之处之一在于，人类玩家及其千差万别的个性，本身就是游戏与空间互动系统的一部分。因此，让玩家置身于能对不同行为给予奖励的多样化空间中，是创造复杂性的有效方式。正是这种复杂性，催生了一个系统要素。这一要素对于理解系统如何对玩家产生意义至关重要[22]——这便是涌现。

10.3.1 涌现

前文我们探讨了玩家与游戏的互动如何创造出涌现式叙事——通过游戏过程产生的故事。作为一种概念，涌现指的是系统中独特组件相互作用时产生的意外结果。计算机科学领域最著名的涌现式案例之一就是 John Conway 于 1970 年设计的游戏 *The Game of Life*（又称 “细胞自动机”）。在模拟运行过程中，遵循模拟规则会涌现出仅靠阅读规则无法预测的几何图案：有些是暂时的，有些则会形成新的细胞结构[23]（图 10.4）。

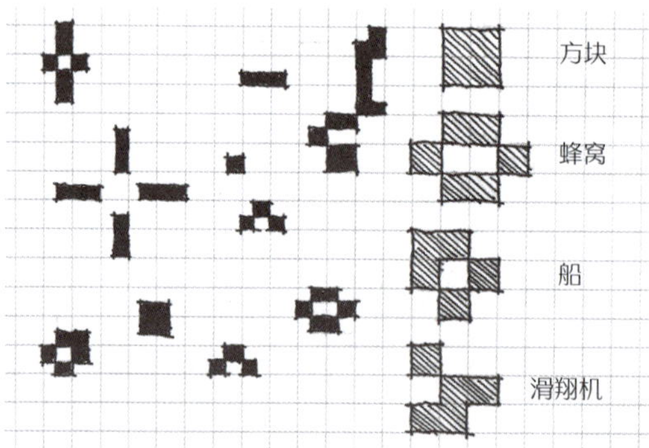

图 10.4　游戏 *The Game of Life* 的示意图，展示了由其产生的各种涌现式图案

规则和交互使得建筑和游戏等系统中的涌现结果成为可能。以第 9 章提到的圣索菲亚大教堂为例，文化与地理因素使其成为该地区征服者的重要地位象征。这些因素虽然存在于建筑本身的结构体系之外（就圣索菲亚大教堂而言，其结构系统本身也创造了自身的涌现式叙事：中央穹顶已坍塌两次），却仍是其历史的重要组成部分。

桌面游戏设计师 Jason Morningstar 将诸如游戏、建筑这样的系统，称为“富有成效的空白”——这一概念指的是游戏规则与玩家个性的交汇地带。[24] 从更广泛的意义上说，艺术或设计作品在时光流转中，会被人类文化不断赋予新解与想象——此时“富有成效的空白”便会发挥作用。就建筑而言，文化因素会影响建筑的命运，为其赋予新的意义，甚至让人们对其产生情感依恋。而那些拥有丰富涌现潜力的游戏也具备同样的特性：玩家通过游戏过程将游戏转化为属于自己的体验。即使两位玩家讲述的是同一场击败怪物的英勇事迹，内容也往往大相径庭。通过其规则和设计，游戏空间为玩家提供了多种游玩方式的可能性。

10.3.2 可能性空间

我们已经从理论角度——通过玩家个性、现象学及涌现本身——探讨了游戏空间作为涌现世界的理念。现在的问题是，如何凭借本书至今贯穿始终的、以现象学为主的思维模式（即通过模块化资产强调游戏的规则与表现元素），创造出适合涌现行为的世界。曾参与 *Deus Ex*、*System Shock* 和 *Wing Commander* 等游戏的设计师 Warren Spector 提出，游戏创造了可能性空间。这类空间的特点是：在宏大的故事框架中设置极具吸引力的难题，为玩家提供用创意解决问题的机会，并且玩家的每一个选择都会引发有意义的、有实际影响的结果。[25]

游戏是玩家通过创造性方案解决问题的空间，这一理念对于我们界定“如何将游戏世界视为涌现式空间”具有重要意义。正如游戏 *The Game of Life* 所展示的，预定义的规则或具有程序化行为的组件可以产生不可预测的结果。但这类案例与类似例证，是通过几乎无交互性的计算机模拟来体现涌现的。而可能性空间虽同样涉及游戏预设元素的涌现特性，却以一种将玩家纳入其中的方式来实现。我设计的卡牌游戏 *La Mancha*[26]，便以可能性空间对经典文学进行重新诠释。玩家从“旅程”卡组中抽取卡牌，这些卡牌包含基于小说的故事提示，如人物、地点与物品等。随后，玩家使用手中的“骑士精神”卡牌（印有骑士文学中的经典语句）上的语句来创作故事。这款游戏的机制简单，但通过引导玩家扮演荒诞角色，构建出了丰富的可能性空间。在游戏过程中，玩家甚至会用新的方式重述故事内容，例如让原本毫无关联的人物相爱，或为经典情节设计不同结局等。在第 9 章中，我们已经讨论过能为涌现式叙事提供资源的游戏空间，也分析过游戏 *Half-Life 2*[27] 的测试者利用爆炸桶消灭藤壶怪的案例。这种行为之所以能发生，是因为开发者设计了允许此类操作的程序，将元素置于鼓励探索的环境中，并赋予玩家操作权限。这些案例证明，即使仅提供少量深度交互元素的游戏，也能构建出丰富的可能性空间。

为世界设定规则，再让玩家探索其可能性，这是游戏内世界构建的有力工具。借助可能性空间进行世界构建，能够催生出丰富的可交互元素。这些元素又能通过艺术、文字及其他表现形式，被赋予鲜活的叙事语境。由此构建的世界，不仅能像J.R.R.Tolkien笔下的中土世界那样具有叙事表现力，更能凭借交互设计赋予的独有方式，在互动中展现出极强的感染力。在下一节中，我们将继续探讨此类世界的具体构建方式，以及设计师如何引导玩家进入这些世界。

10.4 微缩庭园美学

游戏*Spore Creature Creator*的设计师Chaim Gingold在其论文*Miniature Gardens and Magic Crayons: Games, Spaces, and Worlds*[28]中，探讨了传奇设计师Shigeru Miyamoto作品中的空间美学。他特别阐释了Shigeru Miyamoto世界中一个常被提及却从未得到详细说明的方面，即庞大的自然景观被创建于易于探索的游戏空间之中，并将其解读为微缩庭园。据Gingold所述，微缩庭园反映了日本庭院的设计原则：在微型化的世界中，居住者能在较短时间内探索多样的景观。[29]例如*Zelda*系列游戏中的海拉鲁大陆（图10.5）、*Super Mario*系列游戏中的各类场景，以及游戏*Pikmin*[30]中可探索的外星行星。他强调，这些世界是完整且自成体系的，并指出其令玩家感到易于掌控又真实可信的三个要素：

清晰的边界；

全景视野；

一致的抽象性[31]。

Shigeru Miyamoto所构建的世界及其向玩家的呈现方式，是其成功的关键因素。作为可能性空间，这些世界中玩家可交互的规则与对象数量有限且明确。为便于设计师构建、玩家理解（更不用说受限于游戏的存储容量），这些游戏空间并非完全定制，而是由交互性丰富的模块化资产构成。这使得世界及其可能性对玩家而言易于理解：模块化资产及其变体形成了一套丰富的沟通系统，玩家会将其视为游戏机制的具象化表现。同样，将世界限制在清晰的边界内并搭配数量有限的资产，也能让玩家更高效地学习和运用这套符号系统（图 10.6）。

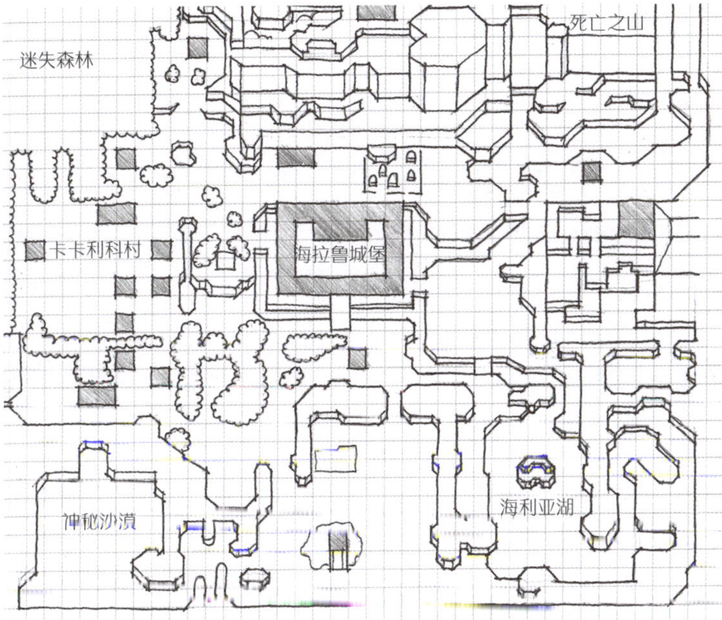

图 10.5　游戏 *The Legend of Zelda* 中海拉鲁地图包含多种可供玩家探索的环境。这些环境具有快速可达、边界清晰的特性，并且因其由模块化资产构建而成，呈现出高度抽象的特质

图 10.6　游戏 *The Legend of Zelda: A Link to the Past* 中一些模块化资产。这些物品有着明确含义，因此在整个游戏中重复出现，以便向玩家传递游戏玩法的可能性

Shigeru Miyamoto 的微缩庭园为玩家提供了涌现式体验的可能。但 Gingold 也指出，这些空间会通过线性引导的方式，向玩家逐步呈现这些体验机会。正是这种线性设计与涌现的结合，为我们打造自身游戏世界的玩法提供了重要启示。

10.4.1 全景视野

在微缩庭园中，呈现可能性空间的第一种方式是全景视野。正如 Gingold 所言："微缩庭园是更大现象的比例模型。鱼缸和园艺都是比人类更宏大的系统的比例再现。"[32] 游戏世界的微缩特性在游戏发展史上其实早有体现。1983 年，David Sudnow 在 *Pilgrim in the Microworld*[33] 一书中，这是一部"意识流[34]"作品，记述了他玩游戏 *Breakout*[35] 的内心体验。Sudnow 花了数月疯狂练习这款游戏，直至达到精通水准。书中满是日益复杂的玩法机制图表，尤其详细描绘了球与挡板之间的物理交互原理。[35] 该书标题暗指游戏现实的微缩特质——一个存在于口袋大小的卡带中的单屏世界，也体现了 Sudnow 为掌握这个丰富却有限的可能性空间所付出的努力。

游戏 *Breakout* 与 1970 ~ 1980 年单屏时代的许多游戏，都极好地展示了即使是单个屏幕或场景，也能提供极具信息量的全景概览。游戏 *Super Mario Bros.*[36] 的初始画面亦是如此：它不仅呈现了场景本身，还向玩家暗示了更广阔的世界。玩家可以在此看到游戏中的多种重要符号，以及敌人和道具。这实际上是对游戏 *Super Mario Bros.* 可能性空间中诸多规则的初次呈现，这些规则将在后续的屏幕和关卡中反复出现。

（1）经典游戏中的全景视野

游戏 *Breakout* 和 *Super Mario* 均采用从游戏世界外部俯瞰游戏动作的视角。"鱼缸"这个比喻对 1970 ~ 1980 年的游戏尤为贴切：玩家以一种近乎全能的视角与游戏世界互动，他们能看到的范围，远超游戏角色在理论上的可见范围。这种视角在 *The Secret of Monkey Island*[37] 等点击式冒险游戏中同样效果显著：玩家必须在细节丰富的剧情画面中寻找物品，而任何谜题的解法通常都藏在可见元素中（图 10.7）。

The Legend of Zelda 和 *Dragon Quest* 等俯视视角游戏同样充分利用了这一特

性：设计师不必局限于角色的视野，可以直接展示或暗示当前区域之外的秘密。从微缩庭园角度来看，这种视角还能让玩家对游戏的可能性有一个整体认知。在很多情况下，我们可以像用奖励吸引玩家那样，用新的可能性激发他们的探索欲：在玩家必须亲自探索才能抵达的地方，展示一些他们此前从未见过的事物。

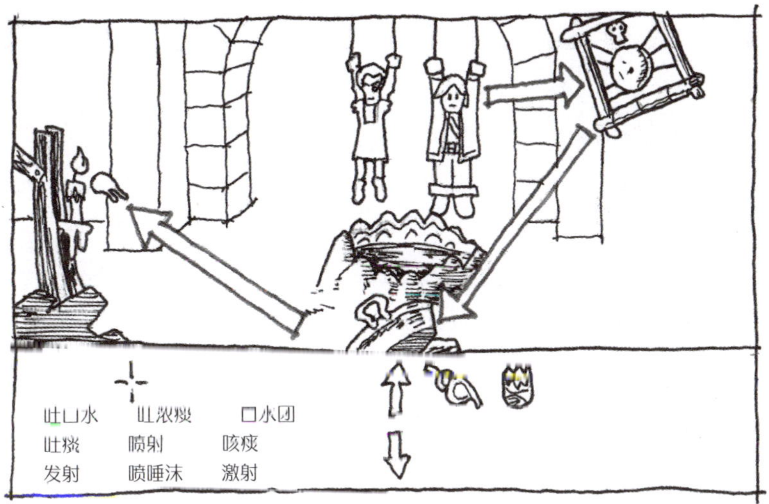

图 10.7　在 *The Secret of Monkey Island* 这类冒险游戏中，每个场景或地点都承载着其独有的可能性空间。谜题的解法通常有两个来源：一是谜题出现时屏幕上可见的物品，二是玩家在遇到该谜题之前获得的背包物品

（2）三维游戏中的全景视野

在第一人称或第三人称三维游戏中，玩家以贴近角色的视角观看游戏，这为全景视野的融入带来了独特的挑战。一些游戏会在开始游玩前插入一段飞越关卡的过场动画，这种设计在某些情况下很实用：比如在允许大量自由探索的游戏世界中，它能提前向玩家展示即将遇到的内容，或标出任务关键地点。但这类设计也可能显得刻意，破坏玩家身处空间时可能产生的惊喜感。

华裔建筑师贝聿铭的作品，为三维空间如何实现经典电子游戏中常见的全景视野提供了启示。以摇滚名人堂为例，贝聿铭在建筑设计中采用玻璃幕墙作为外立面，使来访者从外部便能看到内部的景象。当进入建筑后，来访者会发现展品分布在层层相连的楼层中，整体排布宛如收藏家的陈列架（图 10.8）。这种设计既通过直观呈现对建筑内容做了概括，又能为深入探索的人提供更丰富的信息作为奖励。

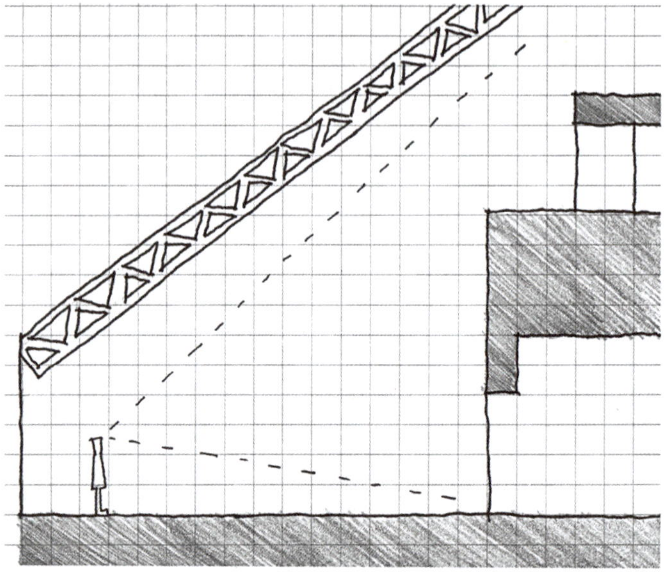

图 10.8 摇滚名人堂由贝聿铭设计，于 1995 年开放，其楼层布局能让来访者一进入大厅就对馆内展品有一个整体概览

贝聿铭设计的美国国家美术馆东馆同样如此：当来访者走进巨大的中庭时，便能意识到可供探索的方向（图 10.9）。棱角分明的阳台和步道向中庭空间延伸，让来访者可以瞥见其中的展品，但来访者需要亲身探索才能获得完整的体验。就像摇滚名人堂一样，这种全景视野概括了建筑各区域的内容 ，但只有深入探索空间，才能全面了解建筑。这两座建筑都将入口空间精心设计为一个场景，通过引导来访者的路径，确保他们在继续前行前，能获得全景视野。

正如贝聿铭的建筑所展示的那样，通过打造全景视野，即使在第一人称或第三人称视角下，也能清晰展现空间全貌。这些视野让游戏中的玩家得以俯瞰游戏世界，从而感知可能性空间的边界。这也再次印证了高度设计在关卡中的价值，因为高度可以让玩家对三维游戏世界形成整体认知。在游戏 *Dragon Quest VIII: Journey of the Cursed King* [38] 中，玩家经常可以从悬崖顶端俯瞰下面的世界，从而看到远处的地标。游戏 *Super Mario 64* [39] 中的许多世界也设有一个制高点，玩家可以从那里眺望环境，看到红色金币、物品箱、敌人、障碍及其他游戏元素。这类视野不仅是奖励、战术工具或场景装饰，更能让玩家对三维世界的可能性空间有一定了解。这些视野与地标、边界和可识别的区域等空间元素相结合，能帮助玩家在探索中做出明智的路径选择——就像摇滚名人堂的来访者可以规划先看哪些展品一样。

尽管基于视野的全景概览是呈现游戏可能性空间的有效方式，但它也可能成为一种被动的体验。如果使用频率过高，就会导致游戏节奏显得拖沓。不过，Gingold 也强调了另一种全景视野形式，这种形式能更好地利用游戏的交互性。

图 10.9 位于华盛顿的美国国家美术馆东馆中庭的草图——由贝聿铭设计，建于 1978 年。此空间让来访者能对美术馆其余区域的空间布局形成整体概览，但来访者只有深入探索，才能完全走进那些区域

10.4.2 引导式体验

在微缩庭园中，向玩家呈现可能性空间的另一种方法是引导式体验。这是一种通过线性关卡设计，让玩家初步了解游戏空间及其机制的体验。这类引导通常还会向玩家展示未来可能会接触的游戏机制或元素，为后续玩法埋下伏笔。[40] 以摇滚名人堂为例，其建筑结构要求来访者在看完大厅全景视野后、真正开始探索那些已预览过的展区之前，必须先经过一个关于摇滚音乐历史的线性展览。这样的引导式体验为那些“被预告的展区”赋予了历史背景，而能够自由探索这些展区则成为一种对完成引导的奖励。

游戏设计师 Doug Church 认为游戏 *Super Mario 64* 中也有类似的体验。他提到，游戏中多数关卡的目标是收集“力量之星”，而首颗力量之星的获取路径，往往会覆盖整个关卡环境（图 10.10）。就像从高处获得全景视野一样，这些挑战揭示了玩家后续将遇到的其他挑战。Church 认为，当玩家再次进入这个世界时，由于已见过这个世界的大部分内容，他们会知道去哪里寻找其他星星或挑战。[41]

就像贝聿铭为摇滚名人堂设计的线性历史展区一样，引导式体验也能在不采用生硬教学的情况下，向玩家介绍游戏的诸多机制。在游戏 *The Legend of Zelda: A Link to the Past*[42] 中，游戏角色 Link 必须跟随其叔叔进入地下城的开篇情节，这一过程就巧妙地融入了战斗、开门、躲避陷阱、推拉物品和解谜等诸多机制。同样，游戏 *The Last of Us* 的第一章，通过一系列挑战，引导玩家掌握环境解谜、战斗、潜行及应对不同类型的僵尸等核心机制。这两个例子都将教

图 10.10　游戏 *Super Mario 64* 中许多世界的首颗力量之星往往要求玩家探索游戏空间的大部分区域，并为后续挑战埋下伏笔。其中一些关卡就以类似导览的方式引导玩家探索整个场景，最终在一个制高点获得全景视野

学融入叙事场景，而不是让玩家在训练关卡中被动接受其他角色的机制讲解。这种设计让玩家能立即投入游戏的实际行动中，同时逐步熟悉游戏的机制系统与符号系统。

10.4.3 可能性空间与程序素养

到目前为止，应当明确的是，微缩庭园的核心设计目标，是让玩家通过充分理解空间内的可行操作，从而最大化其探索与实践的可能性。因此，在本章中，我们已探讨过如何构建空间，以呈现游戏空间内的各种可能性。在可能性空间中引入游戏机制，有助于培养设计师 Ian Bogost 提出的“程序素养”。[43] 程序素养是指玩家对游戏规则与这些规则在既定可能性空间中运作方式的理解。具有一致性和传达性的元素是程序素养的组成部分：玩家会逐渐知晓，带特定纹理的表面是坚实的，而其他表面可能会造成伤害或导致滑倒等。他们会辨识出物品属性、闸门机制、解谜元素、可充当配重物的物体等。就纯粹的机制而言，这还包括对角色能力数值、技能特性及障碍出现时机的把握。这些元素既是关卡的构建模块，也是游戏空间的程序化语言。

Bogost 强调了此类因果程序的传递能力。他认为培养玩家的程序素养不仅能提升玩家的游戏水平，还有助于形成“程序修辞”—— 将游戏规则转化为一套传播交流系统。游戏规则的设定，以及将游戏空间打造为设计师与玩家之间的交流系统，正是本书的核心主题：设计师必须与玩家建立对话，这样才能创造最佳的游戏体验。

培养程序素养和程序修辞可以帮助玩家更好地理解游戏空间及其可能性。在游戏 *Super Mario 64* 和游戏 *The Legend of Zelda: A Link to the Past* 中，教学关卡系统地引导玩家掌握贯穿整个游戏的核心机制，同时游戏还会通过全景视野的设计，让玩家提前看到这些机制将在哪些其他游戏空间中发挥作用。

培养玩家的程序素养并穷尽其可能性，能创造出极具冲击力的游戏体验。以游戏 *Don't Look Back*[44] 为例，玩家必须在没有任何指引的情况下跳下悬崖，这种玩家对如何应对游戏场景毫无头绪的感受，即“不确定性”。这个案例也展示了设计师如何利用穷尽游戏可能性来引导玩家推进游戏进程。当玩家到达悬崖边时，他们清楚自己已完成之前每个场景中所有能做的事，因此明白自己唯一的选择就是跳下悬崖（图 10.11）。游戏 *The Stanley Parable*[45] 则通过操纵这种程序素养，对游戏与游戏设计进行了尖锐讽刺。在游戏中，玩家面临的选择（例如有两扇门可走）与游戏给出的指引（“通过左门”）往往相互矛盾。通过这种设计，玩家会开始思考游戏中的选择、象征意义与自由的本质。最令我印象深刻的一个案例是：玩家发现一个艺术游戏，里面只有一个按钮，而旁白会用长篇大论来阐释其深刻寓意。这种修辞（堆砌了大量生硬的象征意义）与程序（按下一个按钮）之间的反差，揭示了某些机制可能被过度赋予修辞意义。

设计师必须注意，过于成熟的程序素养可能会破坏游戏体验。当玩家过于清晰地识别游戏系统的元素时，他们可能会无视关卡中那些本可以有效营造氛围的区域。例如，在游戏 *Dead Space*[46] 中，玩家必须频繁穿越狭窄的通风管道，而在管道中无法发起攻击。经验丰富的玩家会发现：尽管自己处于易受攻击的被动状态，但除了少数非对抗性的突发惊吓外，从未在管道中遇到敌人。正如游戏 *The Stanley Parable* 所呈现的，当这种“逻辑脱节”打破玩家的游戏沉浸感时，他们会迅速察觉到问题的核心所在。在游戏 *Dead Space* 中，这种设计是为了博人一笑，但在游戏 *The Stanley Parable* 中，它能通过破坏恐怖氛围给予玩家安全感。

将关卡设想为可能性空间，是向玩家传递游戏机制的有效方式。优秀的可能性空间会通过象征性元素的重复运用，让玩家逐步理解游戏机制。当玩家具备程序素养后，他们能通过测试游戏空间的边界创造属于自己的涌现式叙事。在下一节中，我们将聚焦游戏中微缩庭园的美学元素，以及如何利用它们构建精彩的游戏世界。

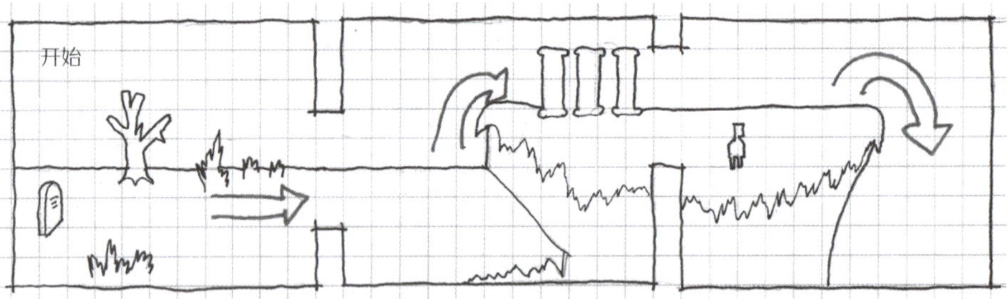

图 10.11 游戏 *Don't Look Back* 中的悬崖场景出现在一系列简单的平台跳跃场景之后，玩家已经轻松完成了这些关卡中的所有操作。因此，当玩家抵达悬崖时，他们清楚当前已没有其他游戏可能性可供探索，唯一的选择便是跳下悬崖

10.5 日本庭园设计与游戏世界构建的融合

根据 Gingold 的解读，Shigeru Miyamoto 的微缩庭园美学大量借鉴了日式传统庭园的设计理念，尤其体现在日本庭园对边界与抽象手法的运用上。在 *Secret Teachings in the Art of Japanese Gardens*[47] 一书中，David Slawson 在更广泛的日本文化框架下探讨了这些庭园的设计目的。他观察到，在西方，许多日式庭园使用了大量的本土元素，如宝塔、鸟居、灯笼等，这让庭园具有“迪士尼乐园般的品质”。[48] 然而，这类庭园的设计目标是在一片小型、可探索的区域中营造出自然景观的意境。根据设计师想要呈现的空间尺度感，这些庭园通过对各种造景元素的抽象化处理来模拟自然形态：岩石可摆成山峰、悬崖或陆地；耙制过的砂石或小池塘则代表水体（图 10.12）；植被也会依据庭园的尺度调整：苔藓用于表现远景中的树木，青草则用于表现近景中的植被，而小型松树常被用来营造森林般的区域。这类庭园能让观赏者在短暂的游赏时，仿佛置身于眼前环境之外的景观之中。

在电子游戏领域，Shigeru Miyamoto 设计的蘑菇王国和海拉鲁大陆是这种设计理念的典型体现。早期的 *The Legend of Zelda* 系列游戏中，玩家能以高度非线性的方式探索海拉鲁大陆，可自由探访游戏边界内各类不同的地貌：沙漠、

图 10.12 一块形似乌龟的岩石，静卧于小池中央，苔藓覆于其上，象征着浩瀚海洋中的一座岛屿。这种造景手法充分展现了日本庭园如何通过设计模拟自然景致

湖泊、森林、山岳及其他景观。而 *Super Mario Bros.* 系列游戏则让玩家穿梭于以草地、沙漠、热带、冰雪等不同主题构建的世界中，领略风格各异的景观。游戏 *New Super Mario Bros. U*[49] 甚至借鉴了中国传统赏石的形态——那些具有天然不对称形态与孔洞的奇石（图 10.13）——并将其作为山岳主题世界的背景。在这些游戏世界中，有些（如海拉鲁）以高度互动性为核心，另一些（如 *Super Mario Bros.* 系列游戏中的世界）则更像是互动空间的概览。这种设计差异，让我们可以探究日本庭园对视觉焦点的处理方式，以及这种处理方式能为我们理解游戏世界带来哪些启示。

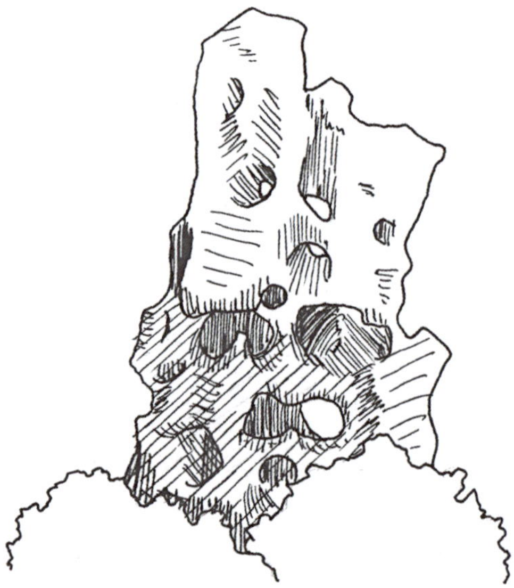

图 10.13 赏石，中国园林的传统元素，由沿海地区的水流与气候条件自然雕琢而成。游戏 New Super Mario Bros. U 将此类赏石作为山岳主题世界的背景，进一步强化了游戏空间的微缩庭园特质

10.5.1 日本庭园中的视角设计

Slawson 在他的书中描述了两种类型的日本庭园：一种是从建筑的固定视角观赏的庭园，另一种是允许观赏者进入其中互动的庭园（图 10.14）。与游戏里的镜头角度类似，在讨论如何观赏庭园的微缩世界时，这两类庭园各有其优缺点。具有固定观赏视角的庭园让观赏者能从外部欣赏异域景观，一览庭园内全貌。类似于二维俯视视角或横向卷轴游戏，它们通过受控的视角来展现世界，让观赏者得以聚焦于各个兴趣点。*Super Mario* 系列游戏中的世界地图就类似这种全景式庭园，它提供了景观的整体概览，并向玩家暗示其中可能包含的冒险类型。在游戏 *Super Mario Bros. 3*[50] 中，每个世界都配有专属地图，并运用模块化资产向玩

家传达每个关卡的内容：带数字的方块代表常规障碍关卡，堡垒是布满骷髅和幽灵的小型要塞，蘑菇屋会提供强化道具，而城堡则是与首领战斗的场所。在游戏 *Super Mario World*[51] 中，各个世界的地图相互连接，构成一个连续的整体，让玩家能同时纵览不同景观的全貌（图 10.15）。

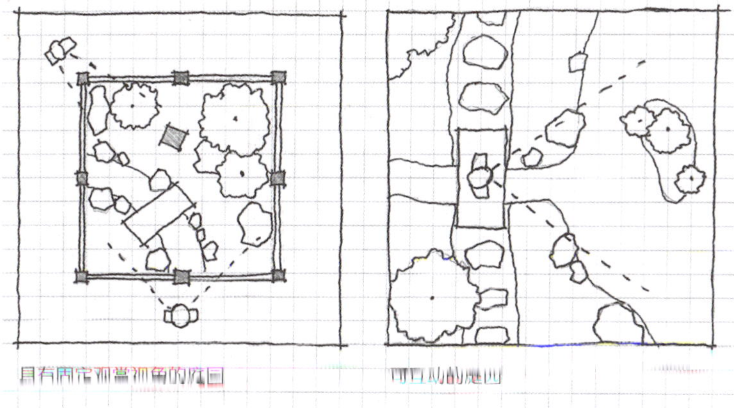

图 10.14　日本庭园主要分为两类：一类是供人们从外部观赏的，另一类是人们可进入其中互动体验的

图 10.15　游戏 *Super Mario World* 中的世界地图结构与具有固定观赏视角的日本庭园类似，展现了虚构的“恐龙岛”群岛。我们可以将其想象成这样一幅景象：一系列长满苔藓的岩石和小型松树错落分布，周围是耙制过的砂石

另一方面，可互动的庭园或漫游式庭园允许来访者探索其模拟的环境。这使得设计师可以通过具有传达性的景观来引导人们游览庭园。游戏 *The Legend of Zelda* 中的海拉鲁大陆，就融合了具有固定观赏视角的庭园与可互动的庭园的特点。这些早期游戏提供了全景视野，使玩家可以看到其操控的游戏角色本身无法看到的事物。随着游戏进化到三维时代，它们成为更纯粹的探索空间，设计师能够在其中运用更传统的、基于视角的吸引策略。例如，在游戏 *The Legend of Zelda: Ocarina of Time* 中，[52] 海拉鲁大陆运用地标设计，吸引玩家前往与叙事相关的重要任务地点。而游戏 *Breath of the Wild* 也采用了类似的地标设计逻辑，同时还设计了要求玩家根据历史照片的拍摄角度寻找地点的谜题。这些照片中可见的地标是解谜的关键线索，帮助玩家解锁游戏的完整背景故事。

最重要的是，Slawson 与延续千年的庭园设计研究成果，为游戏设计师提供了启示：如何通过人造景观与受控的用户互动，创造出具有广阔感的游戏世界的可能性空间。Slawson 提出了两种对关卡设计师极为重要的设计范式：景观效应与感官效应。接下来我们将简要探讨这两种范式，以理解日本庭园设计对构建涌现式游戏世界的借鉴意义。

10.5.2 景观效应

Slawson 提到的日本庭园设计第一范式是景观效应，即塑造具有记忆点的自然景观视觉意象的能力。他在书中写道，从历史角度看，庭园设计中的这一元素对唐朝曾游历中国和朝鲜的日本贵族而言意义非凡[53]——它让贵族们得以重现旅途中所见的景致。他认为，这催生了一种“以特征为导向”的设计美学。这种设计美学旨在通过重现特定的自然景观元素，唤起人们在观赏自然时产生的真切感受。[54]

因此，设计师往往力求以契合自然规律的方式营造景观效应。Slawson 以造型奇特的松树为例：

> 一棵来自山野的虬曲松树（或苗圃中形态相似的松树），在庭园中不仅仅是饱经风霜的树木；它与岩石的特定布局，更使其成为有力的媒介，唤起人们对远离尘嚣的崎岖山峦的联想。[55]

遵循自然规律构建景观，有助于赋予景观独特的个性。设计师所运用的岩石、植物、水体与土壤等元素，构成了一种象征语言——日本庭园设计师通过这种语言向观赏者传递其所要营造的庭园类型。

这些理念对于营造可能性空间世界至关重要——使其既能作为某种景观的再现，又具备自身独特的场所精神。在将游戏世界构建为具象化景观时，设计师可通过对美术资源的布局来实现环境叙事，从而确立游戏世界叙事的真实性。一个具有强烈场所感的游戏世界，能让玩家学会探索、产生情感联结，并将其视为自己到访过的、难以忘怀的地方。正如前文所述，始终如一的象征性元素有助于在设计师与玩家之间建立丰富的交流机制。而在微缩庭园中为该体系设定边界，则能进一步界定游戏空间的可能性边界。

Gingold 指出，清晰的边界能使微缩庭园具有可理解性与可塑性。[56] 一款可能性范围明确的游戏，能让玩家轻松上手。游戏 *Minecraft*[57] 正是此类世界的典范：由定义清晰的方块构成世界的几何形态，方块之间的互动关系也明确可知。基于这些关系，材料由此衍生出无穷的组合可能。在线玩家在游戏中创造了从巨型 8 位像素图像，到对现实世界与游戏中著名建筑的完整复刻。

这些元素既能在庭园与可能性空间中创造出引人入胜的景观，又能用于创造有趣的空间体验。Slawson 在其接下来提出的设计范式中对此进行了深入探讨。

10.5.3 感官效应

Slawson 对日本庭园感官效果的描述，与本书的核心思想不谋而合。他探讨了如何将景观元素作为媒介，以引导观赏者的体验，并提出通过听觉刺激（如流水声）与动觉感受（如触觉反馈、空间移动体感等）来引导观赏者穿行园中。然而，在他关于庭园布局的讨论中，日本庭园与 Gingold 所提出的微缩庭园中的可能性空间之间的界限已趋于模糊。

正如前文所述，明确定义可能性空间的边界能有效引导玩家参与游戏。Slawson 用“卷轴式庭园”来比喻具有固定观赏视角的庭园，他将早期日本庭园的游览体验比作展开一幅卷轴并从上方向下观赏。他指出，这样的庭园必须容纳于单一的画面框架内，并将其比作电影中的镜头构图。[58] 而在游戏的可能性空间中——无论是三维还是二维——设计师框定视角的方式会极大地影响玩家对自身任务的理解。

这种对场景构图的重视，解决了许多新手设计师在设计微缩庭园空间、开放环境和大型游戏世界时遇到的一个问题：感知到的随机性。在自然界中，树木、岩石、悬崖等自然元素的分布是随时间以无计划的方式自然形成的。新手设计师经常会将树木、岩石甚至建筑随机放置，忽视其布局的重要性。然而，引导玩家关注精心布置的景观元素，这才是帮助他们理解我们所构建的世界的有效途径。

正如前文所述，许多三维微缩庭园会通过精心选择的制高点或入口来引导玩家的视线，以便他们能够从这些位置俯瞰整个世界。在构建此类视图时，理解如何在整个场景中引导玩家的视线至关重要。Slawson 提到，可利用水平和垂直两个视觉平面实现这一目标，并建议同时运用这两个视觉平面（图 10.16）。他还阐述了庭园中的物体垂直力、水平力和对角线作用力，这些力决定了景观元素的“能量流向”，进而决定了它引导视线指向特定方向的能力。从视觉平面的角度来看，我们已经了解了游戏世界地面的纹理元素是如何引导玩家视线的，如游戏 *Half-Life 2* 利用阴影将视线引向门廊的设计。而对角线作用力在日本庭园中象征着人类的视觉引导力，从玩家视角来看，既能向上引导视线，对角线元素（例如景观设施或散落的碎石），既能构成场景的视觉框架，也能成为指向重要地标的视觉起点。这些地标通常是垂直元素，例如高层建筑、山脉等[59]（图 10.17）。

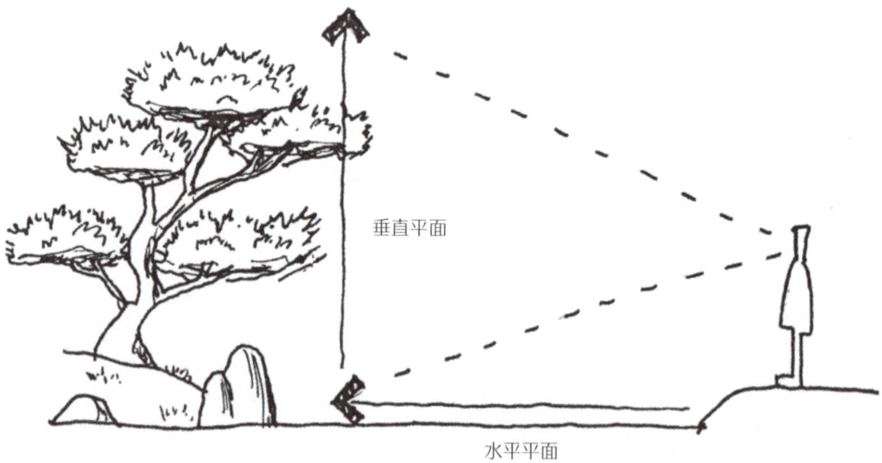

图 10.16 微缩庭园中的景致引导着玩家的视线在水平与垂直平面间自然移动

图 10.17 在日本庭园中，景观元素因其形态对视线的引导作用而被赋予“力”的属性。在游戏设计中，水平力引导视线沿环境平面横向延展，垂直力牵引视线向上延伸，对角线作用力则从玩家角色位置向斜上方辐射发散

处理好地标元素与视图中不太显眼的元素之间的关系，才能真正提升设计师引导玩家穿梭于游戏世界的能力。对这些设计师来说，最显眼元素的朝向与较不起眼元素的朝向具有同等重要性。例如，庭园中的岩石通常以水平三石组（图 10.18）和佛教三石组（图 10.19）的形式布局。水平三石组布局形式：每组石块相互指向，且整体呈三角形以暗示稳定性，这类组合强调水平方向的动态。佛教三石组则通过矮小的岩石组衬托中央主石，突出其垂直方向的动态。Slawson 曾观察 Kinsaku Nakane 教授建造庭园的过程，并以此佐证了这一观点。Kinsaku Nakane 先放置一块中等高度的岩石，以确立构图的基准高度，再在其右侧放置一块最高的岩石。[60] 15 世纪文献 *Senzui Narabi ni Yagyo no Zu* 中记载的“主从石”布局进一步印证了这种形式：主石是构图中心最高的元素，从石在其两侧，高度较低，仿佛低头恭敬地向主石禀报事情的人。[61] 对于环境美术师来说，先以一个中等大小物体的尺寸构建场景的常规比例，再进一步设计更具层级重要性的物体，这是一种有效的方法。在任何游戏项目中，都要先确立空间的度量参数。如果不确立常规基准，游戏玩法或视觉元素可能会出现不匹配的情况，甚至导致游戏无法正常进行。

通过对垂直作用力、水平作用力及地标元素与其周边环境关系的探索，我们可以理解设计师如何引导玩家穿梭于大型游戏世界。无论是全景视野、引导式体验，还是普通游戏视角，通过特定方式设计这些视角来突出玩家可采取的行动选择，能够让玩家清晰感知到游戏可能性空间内的可用行动（图 10.20）。当这种视角设计与“能让玩家了解自身游戏内行动边界”的环境相结合时，两者的搭配便能产生显著效果。游戏 *Journey*[62] 的关卡设计就营造了这种效果。玩家可以在游戏中奔跑、跳跃与滑翔，以抵达通往下一个区域的入口。这些入口通常位于垂直突出的山坡或通道处。在了解了自己操控的游戏角色能力与目标后，玩家便可以在高度开放的关卡空间中自由探索，并借助建筑、悬崖、岩石等可见的环境线索获得引导。

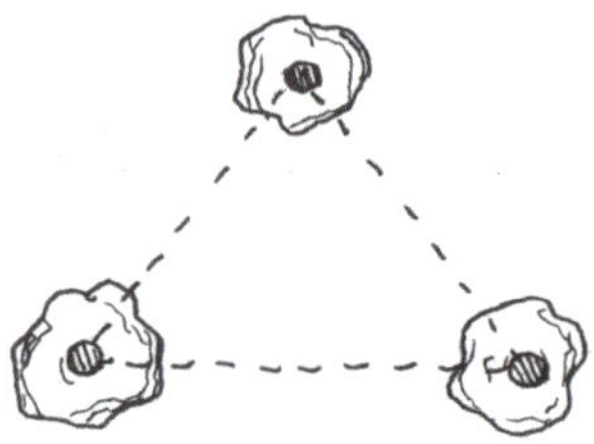

图 10.18 水平三石组。这类石组主要作用于水平平面，强调水平方向的动态

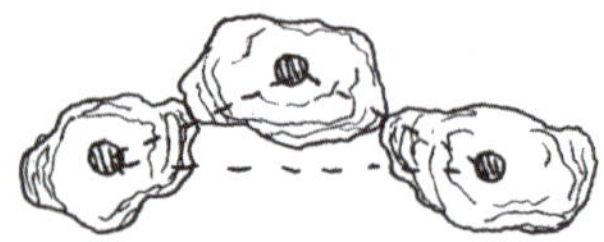

图 10.19 佛教三石组。这类石组在水平面上呈次要的三角布局，但整体向垂直方向延伸，其形态类似传统佛教神祇：两位次要神祇分列两侧，簇拥着一位主要神祇

图 10.20 在这种理论化的游戏视图中，景观元素及其方向力被用于突出垂直平面上的地标。当这些力结合在一起时，就形成了 Slawson 所说的主作用力向量

玩家的选择是游戏世界构建的另一个要素：提供选择或对选择的感知使我们能够打造出更具冲击力的游戏世界。在下一节中，我们将进一步探讨如何突出玩家的选择，并讨论那些既限制探索范围，又不强行规定探索方向的空间设计。

10.6 提供体验式选择

游戏玩法的涌现可能源于两方面：一是现象学元素（如某些游戏特有的标志性资产），二是每位玩家赋予所有游戏的独特性。我们已经了解了微缩庭园是如何促成这种涌现式玩法的——这类空间通过向玩家展示玩法的可能性，提供探索多样景观的可能，同时引导玩家关注重要特征。现在我们将研究有助于增强玩家选择意识的空间导向设计，并分析那些在可探索世界中为玩家提供定向选择权的游戏空间类型。

10.6.1 引入选择机制

当玩家开启游戏 *Minecraft* 单人模式时，他们会苏醒在一座资源匮乏的岛屿上，必须在夜幕降临和敌人出现之前找到庇护所。初始阶段玩家只能移动、跳跃和徒手击打（但可击打任意物体）。在玩家击打环境中的方块后，他们会发现这些方块可以被收集，并能被重置于世界别处。由于第一天收集资源的时间有限，成功的玩家会寻找易于获取的资源，并用这些资源搭建简易的庇护所，通常是简陋的小屋或洞穴。随后的日子里，玩家会逐步扩充资源储备并制作工具。这些工具能帮助玩家获取更稀有的资源，从而打造出更高级的工具。随着时间的推移，游戏世界逐渐开放，玩家的目标也不再是在夜间突袭中生存下来，而是变成自行定义的内容：在这个沙盒世界里，玩家可以创造任何自己想要的东西。

游戏 *Minecraft* 的单人体验与贝聿铭的建筑设计理念在诸多方面有相似之处。就像摇滚名人堂一样，游戏 *Minecraft* 的体验始于线性探索，而后转变为在特定世界中自由探索。这两个作品均展现了如何在游戏中引入选择元素：先以有引导或有限制的方式让体验者熟悉规则，再允许他们自主探索。在游戏 *Minecraft* 中，这一过程让玩家逐步理解方块符号系统——每个方块都有其用途，可以与其他物体组合，并通过统一的美术风格呈现。同时，这一过程还调动了玩家的先验知识：收集木材、锻造剑或镐在人类社会中本就有明确的用途联想。获得新镐的玩家自然会寻找岩石进行开采。这种线性引导与自由探索的平衡、独特符号与先验知识的结合，有助于引导玩家完成游戏。通过这种方式，那些支撑玩家选择的符号在被引入时，既具有现象学特征，也包含元交流逻辑：玩家不仅接触可交互的独特符号，这些符号更主动唤起玩家与熟悉事物的关联认知。

视觉符号背后的深层意义在于：这种受限的引入方式不仅揭示了游戏 *Minecraft* 中微缩庭园世界的边界设定逻辑，更有助于我们理解如何将庞杂的选择系统有机地融入玩家的认知体验中。

10.6.2 可理解的选择

为了让玩家适应庞大的可能性系统，游戏 *Minecraft* 通过这样一种方式来构建选择机制：初期为玩家提供有限的选项，随着玩家不断学习新知识，再逐步扩展选项范围。游戏初期，玩家的行动受限于能快速收集到的资源，因此他们能够进入的区域十分有限。随着玩家创造新工具并进一步了解世界，他们就能够进入岛屿的更多区域，并获得更多资源，从而感觉到自身的可能性空间在不断拓展。

Minecraft 和 *Grand Theft Auto IV*[63] 等沙盒游戏，在游戏初期就会严格限制玩家选择，等玩家掌握游戏各部分内容后再逐步解锁新的可能性。这类微缩庭园空间秉承 Gingold 提出的关于设定清晰边界的理念，这种设计进而被转化为教学方法：初期设定有限的边界，随着玩家熟悉游戏，再逐步扩大边界范围。如果这些游戏一开始就向玩家开放全部可能性空间，那么这个空间会因过于庞大而变得难以理解。将游戏世界和可能性空间划分为若干区域，能帮助玩家先掌握一些指令，待准备就绪后再突破边界探索新内容。

Lyndon 与 Moore 在 *Chambers for a Memory Palace*[64] 一书中探讨了建筑边界的设定与突破。人类通过设置边界来组织空间、标记领地。正如城市规划理论家 Lynch 所指出的，许多领地都有其独特特征。Lyndon 与 Moore 进一步分析了日式设计元素，如可滑动以显露室外景观的障子，以及榻榻米地板上几乎不放置家具所形成的室内连续空间。每张榻榻米的边缘与水平阴影的作用颇为相似，它们引导着使用者的视线沿地板水平面延伸至障子开启后所展现的室外景象（图 10.21）。

用游戏设计术语来说，游戏玩家如同置身榻榻米房间的人：他们必须先完成当前房间的操作，之后障子才会被推开，进而呈现出环境的下一部分。不同区域之间的关联需要被建立——就像榻榻米的水平线将视线引向室外那样，这既实现了向新区域的过渡，又构成了玩家在获得进入资格前的一种暂时不可达的暗示。这为玩家的探索过程提供了一个充满吸引力的目标。

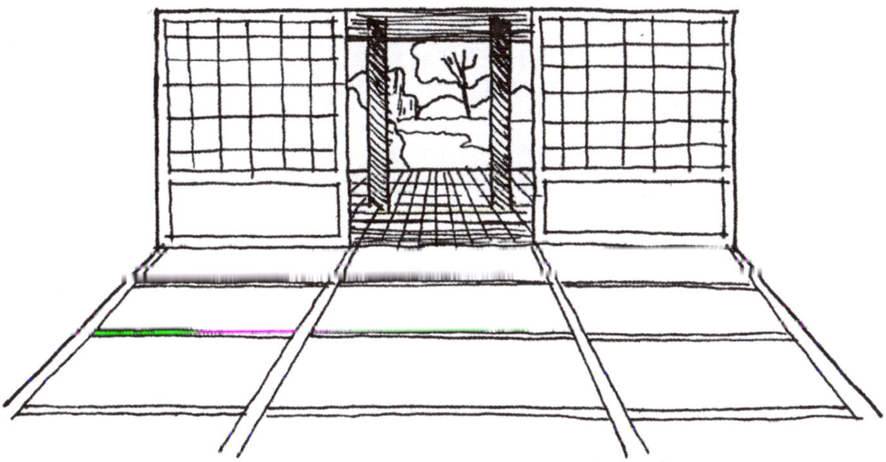

图 10.21 日式住宅以一层薄薄的障子作为室内与室外的过渡标志。两个区域通过特定的建筑细节形成视觉关联。这些细节引导视线从一个区域自然流向另一个区域

10.6.3 塑造选择、风险和奖励

室内与室外这两个截然不同区域之间的边界，为使用者提供了选择：是留在室内从内部观察，还是探索新展现的外部环境。相比此前室内空间的局限，室外往往能提供更多移动可能性。沙盒游戏的环境正是对这一现实体验的虚拟再现。例如，在游戏 *Grand Theft Auto IV* 中，玩家最初只能在自由城的有限区域内执行任务，随着游戏进程的推进，新的区域会逐步解锁。而当他们掌握了一个区域内所有可选内容后，新的区域和新的选择便会开启（图 10.22）。

在设计这类环境时，游戏设计师通常将各区域之间的边界设定为技能关卡——在玩家学会第一个区域的所有技能之前，这些边界始终处于封闭状态。而当玩家掌握了该区域的最后一项技能，便会触发机制，开启通往下一区域的路径。游戏 *Earthbound*[65] 以一种有趣的自我调侃方式呈现了这种机制：在游戏

中，警察角色会在城镇间的道路上设置路障，并宣称这是他们的“成名之路”。这些路障只有在玩家完成城镇主线任务，或是将自身能力提升至足以在后续区域生存的水平后，才会被移除。一旦突破所有路障，整个游戏世界才真正变得自由可探索。在沙盒世界中，这通常意味着玩家获得了试探整个游戏边界的主权：例如在 *Grand Theft Auto* 系列游戏中，玩家可以花几个小时驾驶船只或直升机；在游戏 *Minecraft* 中，玩家则可以自由建造各种结构等。

行为生物学家 Karen Pryor 将这种在既定动作基础上逐步引入新信息的过程称为“行为塑造”。她认为，行为塑造是将复杂动作的组成部分拆解为可单独掌握并逐步进阶的步骤。这种方法的核心在于：随着新动作的掌握，正向反馈的标准会不断提高——最初因简单动作获得奖励，随后需要完成渐趋复杂的步骤才能获得奖励。她主张，每个动作都应单独、逐一地进行教授。她将这种方法比作学习高尔夫挥杆：玩家先学习如何握杆，继而学习挥杆动作的后续环节。奖励最初用于激励掌握握杆动作，接着是奖励正确的握杆与后摆动作，然后是奖励从握杆、后摆到正确重心转移的完整流程，以此类推。为了保持学习过程的趣味性，训练任务始终稍超出学习者当前的水平——每学会一个动作就立即教授下一个，而非停留在已掌握的内容上。[66]

在游戏设计中，精心塑造的选择，有助于玩家理解游戏世界中的确定、不确定及具有风险的元素。通过了解可选择的行为，玩家在面临抉择时能判断最优路径——熟悉的元素引导他们走向可进行理性冒险或执行有把握行动的路径。然而，这类游戏空间也能通过隐藏多路径信息来颠覆玩家的选择判断依据，比如在多条路径前几乎不给出任何提示。以游戏 *Earthbound* 为例，洞穴与地下城场景常在同一画面中呈现多条路径（图 10.23），但并不会提示哪条才是通向终点的正确路径。在这些情况下，尽管游戏已经帮助玩家构建了对其可能性空间的认知，但玩家反而会受到激励去探索所有通道——即使可能遭遇敌人袭击，也要搜寻隐藏的额外宝藏。

除了在角色扮演类和沙盒类游戏世界中的应用，行为塑造、多重选择机制同样构成了那些兼具线性进程与探索自由的游戏世界的基础。这些游戏世界值得单独研究，因为它们通过奖励机制和不断拓展的可能性，创造出极具动态感的空间。

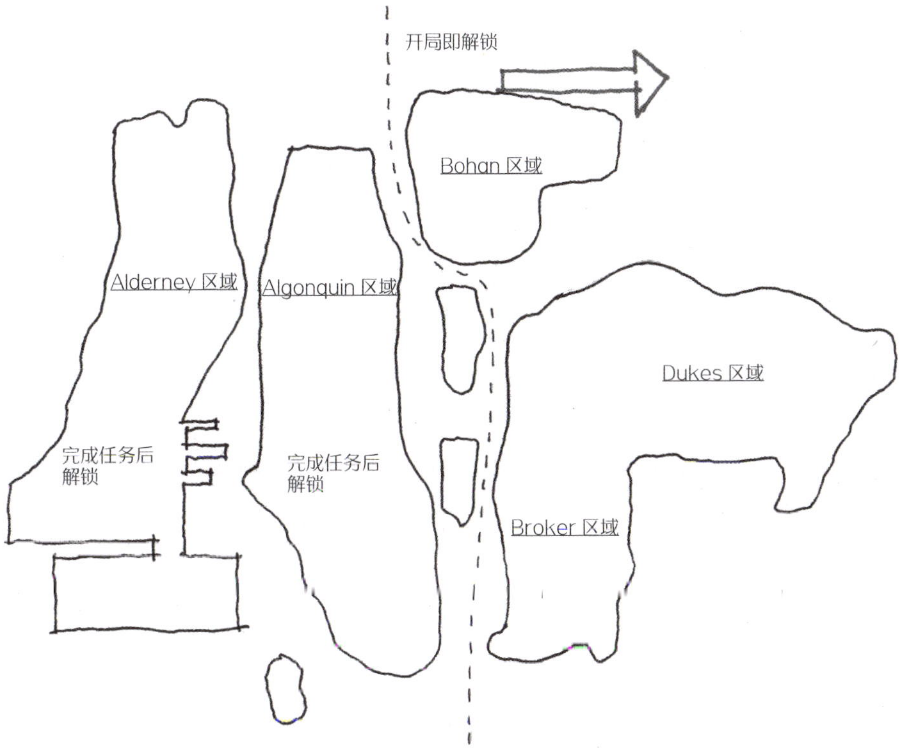

图 10.22 游戏 *Grand Theft Auto IV* 的每个区域都设有固定数量的任务，只有完成这些任务后，新区域才会开启。这就迫使玩家必须先掌握当前区域的所有可能性，才能进入提供更多选择的下一区域

图 10.23 游戏 *Earthbound* 的关卡示意图，展示了玩家在关卡中会面临多条未标注导向的通道。如果玩家已理解了游戏的可能性空间，就不会因不知如何推进游戏而感到困扰，反而会受到激励去探索所有路径——即使需要冒险在地下城中花费额外的时间和资源，也要争取潜在的奖励

10.6.4 “类银河恶魔城”：奖励与可能性的世界

本书此前已探讨过 *Metroid* 与 *Castlevania* 系列游戏，以及它们独特的游戏空间风格——这种风格通常被称为“类银河战士恶魔城”，其命名源于这两个系列游戏对该风格的典型应用。在普遍定义中，类银河战士恶魔城是一种玩家通过平台跳跃在连续且持久的游戏空间中移动的动作游戏。要在这类游戏中达成进程推进，玩家需要收集物品、扩展角色的能力，最终抵达游戏终点。[67] 关于哪些游戏属于此种类型，这一直存在分歧。有些人认为，此类游戏必须包括许多角色扮演游戏中那种基于等级的角色成长机制；还有人认为，这类游戏必须是二维的，不应将含有世界地图、等距空间或在三维世界中进行持续探索的游戏归入这一类型。但若将其视为关卡设计风格而非游戏类型分类，那么它便是一个有用的术语，可以很好地描述一种特别的移动和探索模式（无论是否包含角色扮演元素）。

正如第 4 章所论述的，这种类型的游戏空间通常被设计为迷宫结构，它们包含多条分支路径和死胡同。此外，它们也像微缩庭园一样，拥有明确的区域和边界，玩家有机会探索多种环境类型。此外，它们还借鉴了沙盒世界中塑造并拓展可能性空间的设计：玩家从受限区域开始游戏，随着新技能的掌握逐步解锁新区域（图 10.24）。

在此类游戏世界中，移动通过探索与奖励机制实现。关卡大量运用阻隔手段刺激探索：在迷宫中探索的玩家会获得跳跃能力提升、更精良的护甲或新武器等能力提升奖励。这些正是开启新区域的关键。

由于游戏进程依赖奖励机制，找到奖励便成为推进游戏进程的核心环节。因此，这类游戏常采用“风险 – 回报”设计：为玩家提供多个路径选择，却不明确指示哪一条是通往目标的正确路径。我们可称此类设计为“不确定性节点”。Lyndon 与 Moore 在描述建筑师 Eliel Saarinen 设计的克兰布鲁克艺术学院时曾提及类似节点：在校园重要轴线的尽头，建筑师设置了一个门廊，其北侧通向池塘，东侧连接克兰布鲁克艺术博物馆，西侧延伸至克兰布鲁克艺术学院图书馆（图 10.25）。这个位于重要轴线的门廊并非指向单一明确的空间，而是提供了多重选择，每条路径都蕴含着独特的探索可能性而非限定单一方向。[68]

类银河战士恶魔城风格的游戏世界借助不确定性节点鼓励玩家回溯探索。

当玩家选择某条路径并在途中获得新能力后，往往会被引导带着新能力重返此前探索过的区域。许多空间具有特定方位特征或视觉符号标识。例如，在游戏 *Super Metroid*[69] 中，玩家从游戏初期就能发现绘有武器符号的隐藏方块（图 10.26）。这些元素在整个游戏过程中重复出现，向玩家暗示：他们最终会找到能够打破这些方块的道具。一旦玩家获得所需的对应能力，游戏就会向玩家展示他们的新能力可以破坏特定类型的方块，以此鼓励玩家回溯先前无法进入的区域。游戏 *Batman: Arkham Asylum*[70] 则将关卡几何结构本身作为需要使用特定工具的符号。例如，游戏角色的抓钩发射器可以使其跨越那些常规滑翔无法逾越的横向深坑，而这些深坑会在玩家获得发射器前就已出现。当最终获得抓钩发射器时，玩家会立即意识到那些曾经神秘且不可逾越的深坑，如今已完全处于其行动能力的掌控范围之内。

玩家对类银河战士恶魔城风格的游戏世界与微缩庭园的理解，在很大程度上取决于设计师如何向他们传达这些游戏世界的规则。不过，在某些情况下，打破规则也可能带来新的体验。在本章的最后一节中，我们将讨论确定规则与打破规则所带来的益处。

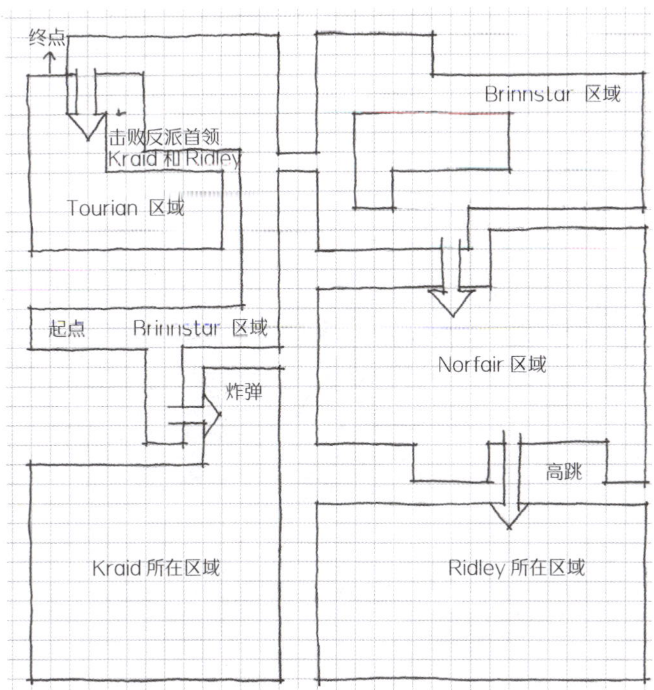

图 10.24 *Metroid* 系列游戏的地图示意图，展示了游戏区域如何被划分为多个独立区域。这些区域在玩家未获得特定能力前是无法进入的。这类游戏世界兼具微缩庭园与行为塑造空间的特质——随着玩家获得新能力，整个世界会不断拓展

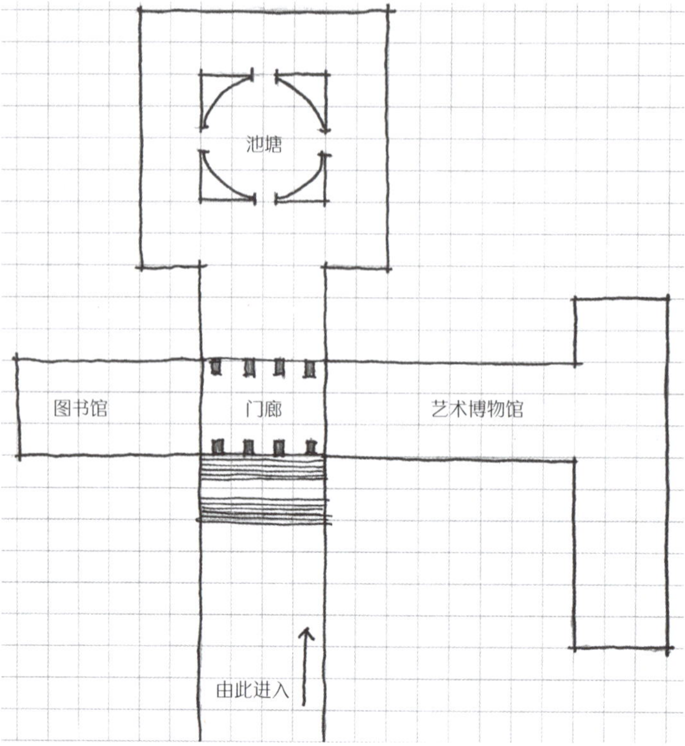

图 10.25 Eliel Saarinen 设计的克兰布鲁克艺术学院，于 20 世纪 40 年代建于美国密歇根州。这些草图展示了位于校园重要轴线尽头的门廊，如何为人们提供多种空间体验的选择。每一种选择在层级上都是平等的，因此，最终选择完全取决于身处其中的人

图 10.26 游戏 *Super Metroid* 中使用视觉符号标识，在玩家获得相应道具之前便预先展示破解障碍所需的道具。当最终获得所需的道具并明白这类道具适用于破坏哪类墙体后，玩家便能通过回溯探索开启新区域

10.7 退化策略

我们已经探讨了设计师如何通过明确定义游戏世界的规则，并将其传达给玩家，来构建可能性空间，继而允许玩家自由探索这些空间。这种空间可为玩家提供丰富的体验内容。然而，正如前文所述，在既定游戏空间边界之外设置隐藏的惊喜，能为那些本在试探游戏世界极限却毫无收获的玩家带来惊人的发现。

在本章和其他章节中，我们探讨了多种鼓励玩家探索游戏的方式：通过限制激发探索欲、设置奖励、设计不确定性节点等。第 7 章开篇引用的 Shigeru Miyamoto 在的那句话在此也同样适用："如果出现了本不该存在的事物呢？"[71] 这就是退化策略的目的——打破游戏和游戏空间的既定规则。

Salen 和 Zimmerman 使用"退化策略"这一术语来描述通常所说的"作弊"：玩家利用游戏规则中的漏洞获取优势。从某种意义上来说，这种行为可能会破坏游戏世界的真实性，使玩家进入原本不应进入的区域，或揭露游戏世界的人为构造性。这也可能使这些玩家相对于遵守规则的玩家获得不公平的优势，进而破坏游戏体验。[72] 不过，退化策略为游戏规则内的创造性玩法提供了可能，如游戏 *Half-Life 2* 中的藤壶保龄球、*Metroid* 系列游戏中的炸弹跳跃等。这些玩法最终都成为深受玩家喜爱的部分。

Gingold 在讨论隐藏与揭示这一概念时提到了退化策略——当玩家试图触碰微缩庭园边界时，新空间会随之显现。他以 Shigeru Miyamoto 的游戏作品为例，强调其拥有"挑逗、激励与引诱"玩家的能力，促使玩家在其游戏世界中不断发现意料之外的区域。[73]

游戏 *Super Mario Bros.* 就是隐藏与揭示的典型案例。这部游戏在游戏史上的地位，以及与同期作品在空间设计上的对比，足以彰显其退化策略的强大魅力。该游戏是最早采用横向卷轴关卡的游戏之一，许多玩家此前从未见过这样的游戏空间。其左右滚动屏幕的能力本身已突破了许多既往游戏的边界。而蹲伏管道发现的地下通道、特定位置的跳跃动作、看似普通砖块中隐藏的秘密宝藏或通向云端秘密世界的豆茎都在打破既定规则的同时为玩家带来惊喜。Shigeru Miyamoto 先确立了"屏幕可左右滚动""问号方块含道具而普通砖块没有"等规则，随后又彻底打破这些规则，为玩家带来惊喜与愉悦。当这些规则成为该系列游戏的既定逻辑后，后续作品又引入了新的逻辑：例如在游戏 *Super Mario Bros. 3* 中玩家可以蹲下躲在其后的白色方块后，或发现流沙下的捷径路径等。因此，设计师在确立规则的同时，也应该乐于接受以不破坏游戏逻辑的方式打破规则，为玩家提供激动人心的发现。

10.8 总结

在本章中，我们探讨了玩家、游戏设计师及空间设计师，对“设计空间如何呼应现实世界”的不同预设。我们了解到，前几章所述的设计元素既支撑着游戏作为“自给自足的沉浸式系统”这一理念，又因对玩家的依赖而使其成为元交流系统。我们研究了这些相互制衡的关系如何催生出独特的玩法风格与由游戏规则引发的“涌现”（即规则作用下产生的独特现象）。游戏中的涌现特性表明，游戏并非单纯承载线性故事的容器，而是为玩家提供互动可能性的空间。

将游戏空间具象化为微缩庭园，能丰富其内涵——这类世界包含无数可供玩家探索的环境。借鉴日本传统庭园的设计理念，我们获得了向玩家呈现可能性的指导原则：全景视野、引导式体验及明确但不断扩展的边界。日式庭园设计也为我们引导玩家穿越这些空间提供了思路：通过精心设计和布置景观元素与关卡几何结构，突出并强调关键兴趣点。

这类微缩庭园和可能性空间的设计，得益于设计师会限制玩家的互动范围，直到玩家做好准备、能够进一步了解世界更多可能性为止。我们将这种思路理解为“行为塑造”，即在空间中逐步引入可能性元素来实现教学。既通过指引进行教学，又利用不确定性吸引玩家探索，这正是类银河战士恶魔城风格的典型特征。这类游戏通过奖励机制强化探索行为，并在玩家获得奖励前限制新区域的准入，同时还会提供多条同样诱人的路径，以此鼓励玩家的冒险行为。

最后，我们认识到，尽管我们讨论了通过规则来设置机制、教学和创造可能性，但设计师也应乐于打破自己设定的规则。这种突破往往能以令玩家愉悦的方式拓展游戏的可能性空间，并奖励那些试探游戏世界边界的玩家。

通过本章及前几章的学习，我们已经了解了构建游戏世界的多种空间类型、导向方式、方法和技巧。在第 11 章中，我们将进一步探讨这些已构建的空间如何形成模式，以及这些模式在计算机生成的游戏世界中的具体应用。

10.9 练习

① 绘图练习：基于 Jason VandenBerghe 的玩家分类理论，标出你自己的玩家个性类型。

② 写作练习：构建三种理论上的玩家个性类型，并为每种玩家设计一款游戏，描述每款游戏的机制、主题和深度等。

③ 绘图练习：玩一款具有微缩庭园空间的游戏，绘制这个游戏世界的示意图，展示不同区域与对应的景观类型。

④ 数字制作练习：制作一个能提供概览的灰盒关卡。这个概览向玩家展示了什么，又如何帮助玩家为后续与该关卡的互动做好准备？

⑤ 绘图练习：在游戏世界中找一处能眺望大部分场景的视野（常见于开放世界游戏和角色扮演游戏）。分析某一视角中的元素如何形成吸引玩家目光的视觉力量，并寻找以三联组形式布置的环境美术资源。

⑥ 游戏测试练习：创建一个引导玩家前往特定地点的灰盒关卡（或使用你在先前练习中创建的关卡），测试你的环境美术、全景视野、路径规划是否能有效指引玩家到达目标位置。

⑦ 写作练习：玩一款类银河战士恶魔城风格的游戏。分析这款游戏如何限制或引导你的探索？它如何运用象征性元素建立关联，帮助你规划后续行动？游戏又如何运用选择机制来鼓励探索？

⑧ 游戏测试练习：找一个之前没玩过类银河战士恶魔城风格游戏的玩家进行试玩。游戏是否有效向玩家传递了潜在探索路径？若玩家经常陷入困境，分析游戏可采取哪些措施以更有效地传递潜在探索路径信息。

参考文献

[1] Tanaka, Tan. Early Japanese Horticultural Treatises and Pure Land Buddhist Style: Sakuteki and Its Background in Ancient Japan and China. In *Garden History: Issues, Approaches, Methods*, ed. John Dixon Hunt. Washington, DC: Dumbarton Oaks Research Library and Collection, 1992, p. 79.

[2] Slawson, David A. *Secret Teachings in the Art of Japanese Gardens: Design Principles, Aesthetic Values*. Tokyo: Kodansha International, 1987, p. 125.

[3] Ebert, Roger. Games vs. Art: Ebert vs. Barker | Roger Ebert's Journal | Roger Ebert. Movie Reviews and Ratings by Film Critic Roger Ebert | Roger Ebert. http://www.rogerebert.com/rogers-journal/games-vs-art-ebert-vs-barker (accessed July 14, 2013).

[4] Salen, Katie, and Eric Zimmerman. *Rules of Play: Game Design Fundamentals*. Cambridge, MA: MIT Press, 2003, p. 450.

[5] Salen, Katie, and Eric Zimmerman. *Rules of Play: Game Design Fundamentals*. Cambridge, MA: MIT Press, 2003, p. 449.

[6] *Dragon Quest III*. Chunsoft (developer), Enix (publisher), June 12, 1991. Nintendo Entertainment System game.

[7] *Ultima IV: Quest of the Avatar*. Origin Systems (developer and publisher), September 16, 1985. PC game.

[8] Bartle, Richard. Hearts, Clubs, Diamonds, Spades: Players Who Suit MUDs. MUSE: Multi-Users Entertainment Limited. www.mud.co.uk/richard/hcds.htm (accessed July 14, 2013).

[9] Wyatt, James. *Dungeon Master's Guide*. Renton, WA: Wizards of the Coast, 2008, pp. 8 - 10.

[10] VandenBerghe, Jason. Applying the 5 Domains of Play. Speech given at Game Developers Conference from UBM, San Francisco, CA, March 27, 2013.

[11] Heidegger, Martin. *Being and Time*. New York, NY: Harper, 1962.

[12] Norberg-Schultz, Christian. *Genius Loci: Toward a Phenomenology of Architecture*. New York, NY: Rizzoli, 1980.

[13] Buchanan, Peter. The Big Rethink: Lessons from Peter Zumthor and Other Living Masters | Campaign | Architectural Review. *The Architectural Review*. http://www.architectural-review.com/the-big-rethink-lessons-from-peter-zumthor-and-other-living-masters/8634689.article (accessed July 14, 2013).

[14] Kimmelman, Michael. The Ascension of Peter Zumthor. *The New York Times*. http://www.nytimes.com/2011/03/13/magazine/mag-13zumthor-t.html?pagewanted=all&_r=0 (accessed July 15, 2013).

[15] Norberg-Schulz, Christian. *Genius Loci: Towards a Phenomenology of Architecture*. New York, NY: Rizzoli. 1979. Print. p. 5.

[16] *Final Fantasy*. Square (developer and publisher), December 17, 1987. Nintendo Entertainment System game.

[17] *Final Fantasy XIII*. Square Enix (developer and publisher), March 9, 2010. Playstation 3 game.

[18] Glasser, A.J. *Final Fantasy XIII* Review. Game Pro. http://www.gamepro.com (accessed July 18, 2013).

[19] Venturi, Robert. *Complexity and Contradiction in Architecture*. Second Edition. New York, NY: Museum of Modern Art Department of Publications, 1977, pp. 56 - 68.

[20] Campbell, Jeremy. *Grammatical Man: Information, Language, and Life*. New York, NY: Simon and Schuster, 1982.

[21] Campbell, Jeremy. *Grammatical Man: Information, Language, and Life*. New York, NY: Simon and Schuster, 1982, p. 102.

[22] Salen, Katie, and Eric Zimmerman. *Rules of Play: Game Design Fundamentals*. Cambridge, MA: MIT Press, 2003, p. 158.

[23] Salen, Katie, and Eric Zimmerman. *Rules of Play: Game Design Fundamentals*. Cambridge, MA: MIT Press, 2003, p. 162.

[24] Morningstar, Jason. Tabletop Design Principles. Speech at East Coast Game Conference from IGDA, Raleigh, NC, April 24, 2013.

[25] Squire, Kurt, and Henry Jenkins. Henry Jenkins. MIT—Massachusetts Institute of Technology. http://web.mit.edu/cms/People/henry3/contestedspaces.html (accessed July 18, 2013).

[26] *La Mancha*. Pie for Breakfast Studios (developer and publisher), 2018. Tabletop literature card game.

[27] *Half-Life 2*. Valve Corporation (developer and publisher), November 16, 2004. PC game.

[28] Gingold, Chaim. Miniature Gardens and Magic Crayons: Games, Spaces, and Worlds. Master's thesis, Georgia Institute of Technology, 2003.

[29] Gingold, Chaim. Miniature Gardens and Magic Crayons: Games, Spaces, and Worlds. Master's thesis, Georgia Institute of Technology, 2003, p. 7.

[30] *Pikmin*. Nintendo EAD (developer), Nintendo (publisher), December 2, 2001. Nintendo GameCube game. It is worth noting that this game was inspired by Miyamoto's own gardening hobby. In many ways, the comparison to a miniature

garden is very literal here, as the environments in *Pikmin* are conceived as gardens where the miniaturized player and Pikmin can explore.

[31] Gingold, Chaim. Miniature Gardens and Magic Crayons: Games, Spaces, and Worlds. Master's thesis, Georgia Institute of Technology, 2003, pp. 7 - 8.

[32] Gingold, Chaim. Miniature Gardens and Magic Crayons: Games, Spaces, and Worlds. Master's thesis, Georgia Institute of Technology, 2003, p. 9.

[33] Sudnow, David. *Pilgrim in the Microworld*. New York, NY: Warner Books, 1983.

[34] Anthropy, Anna. Pilgrim in the Microworld. Auntie pixelante. http://www.auntiepixelante.com/?p=1244 (accessed July 19, 2013).

[35] *Breakout*. Atari (developer and publisher), 1978. Atari 2600 game.

[36] *Super Mario Bros*. Nintendo (developer and publisher), September 13, 1985. Nintendo Entertainment System game.

[37] *The Secret of Monkey Island*. Lucasfilm Games (developer), Lucasarts (publisher), October 1990. PC game.

[38] *Dragon Quest VIII: Journey of the Cursed King*. Level–5 (developer), Square Enix (publisher), November 15, 2005. Playstation 2 game.

[39] *Super Mario 64*. Nintendo EAD (developer), Nintendo (publisher), September 26, 1996. Nintendo 64 game.

[40] Gingold, Chaim. Miniature Gardens and Magic Crayons: Games, Spaces, and Worlds. Master's thesis, Georgia Institute of Technology, 2003, p. 12.

[41] Church, Doug. Formal Abstract Design Tools. Gamasutra. http://www.gamasutra.com/view/feature/131764/formal_abstract_design_tools.php?print=1 (accessed July 20, 2013).

[42] *The Legend of Zelda: A Link to the Past*. Nintendo EAD (developer), Nintendo (publisher), November 21, 1991. Super Nintendo game.

[43] Bogost, Ian. *Persuasive Games: The Expressive Power of Videogames*. Cambridge, MA: MIT Press, 2007, p. 64.

[44] *Don't Look Back*. Distractionware (developer), Kongregate (publisher), 2009. Internet Flash game. http://www.distractionware.com/games/flash/dontlookback/

[45] *The Stanley Parable*. Galactic Cafe (developer and publisher), October 17, 2013. PC Steam game.

[46] *Dead Space*. Visceral Games (developer), Electronic Arts (publisher), October 14, 2008. Xbox 360 game.

[47] Slawson, David A. *Secret Teachings in the Art of Japanese Gardens: Design Principles, Aesthetic Values*. Tokyo: Kodansha International, 1987.

[48] Slawson, David A. *Secret Teachings in the Art of Japanese Gardens: Design Principles, Aesthetic Values*. Tokyo: Kodansha International, 1987, p. 15.

[49] *New Super Mario Bros. U*. Nintendo EAD Group No. 4 (developer), Nintendo (publisher), November 18, 2012. Nintendo Wii U game.

[50] *Super Mario Bros. 3*. Nintendo EAD (developer), Nintendo (publisher), October 23, 1988. Nintendo Entertainment System game.

[51] *Super Mario World*. Nintendo EAD (developer), Nintendo (publisher), November 21, 1990. Super Nintendo game.

[52] *The Legend of Zelda: Ocarina of Time*. Nintendo EAD (developer), Nintendo (publisher), November 21, 1998. Nintendo 64 game.

[53] Slawson, David A. *Secret Teachings in the Art of Japanese Gardens: Design Principles, Aesthetic Values*. Tokyo: Kodansha International, 1987, pp. 56 – 57. This is around the same time that the board game Go, originally known in China as Weiqi, is said to have appeared in Japan.

[54] Slawson, David A. *Secret Teachings in the Art of Japancse Gardens: Design Principles, Aesthctic Values*. Tokyo: Kodansha International, 1987, p. 58.

[55] Slawson, David A. *Secret Teachings in the Art of Japanese Gardens: Design Principles, Aesthetic Values*. Tokyo: Kodansha International, 1987, p. 60.

[56] Gingold, Chaim. Miniature Gardens and Magic Crayons: Games, Spaces, and Worlds. Master's thesis, Georgia Institute of Technology, 2003, p. 23.

[57] *Minecraft*. Mojang (developer and publisher), November 18, 2011. PC game.

[58] Slawson, David A. *Secret Teachings in the Art of Japanese Gardens: Design Principles, Aesthetic Values*. Tokyo: Kodansha International, 1987, p. 82.

[59] Slawson, David A. *Secret Teachings in the Art of Japanese Gardens: Design Principles, Aesthetic Values*. Tokyo: Kodansha International, 1987, p. 102.

[60] Slawson, David A. *Secret Teachings in the Art of Japanese Gardens: Design Principles, Aesthetic Values*. Tokyo: Kodansha International, 1987, p. 92.

[61] Slawson, David A. *Secret Teachings in the Art of Japanese Gardens: Design Principles, Aesthetic Values*. Tokyo: Kodansha International, 1987, pp. 92 – 93.

[62] *Journey*. Thatgamecompany (developer), Sony Computer Entertainment (publisher), March 13, 2012. Playstation 3 game.

[63] *Grand Theft Auto IV*. Rockstar North (developer), Rockstar Games (publisher), 2008. Xbox 360 game.

[64] Lyndon, Donlyn, and Charles Willard Moore. *Chambers for a Memory Palace*. Cambridge, MA: MIT Press, 1994, pp. 83 - 86.

[65] *Earthbound*. Ape and Hal Laboratory (developers), Nintendo (publisher), June 5, 1995. Super Nintendo game.

[66] Pryor, Karen. *Don't Shoot the Dog! The New Art of Teaching and Training*. Rev. ed. New York, NY: Bantam Books, 1999, pp. 35 - 67.

[67] Parish, Jeremy, Benj Edwards, and Chris Sims. "Metroidvania Origins: Vol. 1" *Retronauts*. Podcast Audio. June 19, 2017. https://retronauts.com/article/405/retronauts-episode-104-chronicling-metroidvania

[68] Lyndon, Donlyn, and Charles Willard Moore. *Chambers for a Memory Palace*. Cambridge, MA: MIT Press, 1994, pp. 7 - 10.

[69] *Super Metroid*. Nintendo R&D1 (developer), Nintendo (publisher), March 19, 1994. Super Nintendo game.

[70] *Batman: Arkham Asylum*. Rocksteady Studios (developer), Eidos Interactive (publisher), August 25, 2009. Xbox 360 game.

[71] Sheff, David. *Game Over: Press Start to Continue*. New York, NY: Cyberactive, 1999.

[72] Salen, Katie, and Eric Zimmerman. *Rules of Play: Game Design Fundamentals*. Cambridge, MA: MIT Press, 2003, pp. 271 - 274.

[73] Gingold, Chaim. Miniature Gardens and Magic Crayons: Games, Spaces, and Worlds. Master's thesis, Georgia Institute of Technology, 2003, p. 18.

第 11 章

关于程序化生成关卡的实践

每种模式都描述了我们所处环境中反复出现的问题，继而阐释了解决该问题的核心方案——这种阐述方式能让你将此方案运用无数次，且每次的实现方式都可以各不相同。

——*A Pattern Language*，Christopher Alexander[1]

我们不需要另一个廉价的奇幻世界，我们只需要一个廉价的奇幻世界生成器。

——游戏 *Creator of Dwarf Fortress* 的创作者 Tarn Adams[2]

本书聚焦于人工关卡设计，这有何不可呢？正如我们已经看到的，游戏及其关卡设计是一门高度以人为中心的学科：设计师为玩家打造的游戏体验，能够影响玩家并使他们在丰富的微观世界中拥有自主决策的能力。人工制作的关卡可以成为极具感染力的艺术作品与架构设计，但有时，纯人工制作关卡的效率低下：它们耗费太多开发时间，而聘请专业关卡设计师的成本也很高。在这类情况下，计算机程序化内容生成游戏关卡便应运而生。尽管程序化生成的关卡有时被认为与精心打磨的手工关卡体验相悖，但它们可以快速生成大量内容，甚至赋予游戏无限的可重玩价值——每次开启游戏，都能迎来一套全新的关卡！

在本章中，我们将探讨基于模式和程序化内容生成的关卡设计方法，这些方法契合以人为本的关卡设计理念。我们将研究建筑领域中以模式为核心的设计案例。这些案例能为我们提供启发，帮助我们理解如何开发出符合人类需求的程序化生成系统。接下来，我们将借助这些设计案例，分析关卡设计师如何以程序化方式对已制作的关卡元素进行组合与搭配。最后，我们将回归模块化资产设计的理念，展示设计师如何组织资产以供程序化系统使用。

在本章，你将学到以下内容：

如何停止焦虑并接纳程序化内容生成；

模式语言；

人工设计与程序化内容生成的融合。

11.1 如何停止焦虑并接纳程序化内容生成

不得不承认，在程序化内容生成（PCG）领域，我还是个新手。所谓程序化内容生成，即通过人工智能计算机程序构建游戏中的部分内容，其中就包括游戏环境。[3] 除了在游戏 *Diablo* 的程序化生成的地下城中体验过几次冒险，或是尝试了解具有计算机生成历史功能的奇幻世界模拟游戏 *Creator of Dwarf Fortress* 之外，程序化内容生成对我而言曾经完全是个陌生领域。作为一名长期从事人工关卡设计的从业者，我一开始对程序化内容生成持怀疑态度：怎么会有人想让美术师和关卡设计师失业呢？

然而，这种对程序化内容生成的看法完全是错误的：程序化内容生成并不是为了取代艺术创作或环境设计中的人类创作部分，而是为了拓展人类创造数字世界的能力。程序化内容生成无须设计师亲自制作成千上万的关卡，却能让游戏具备极强的重玩价值。真正让我转变观念的，是我与设计师 Mike Treanor 和 Josh McCoy 的几次合作——他们在 2012 年参与过游戏 *Prom Week*[4] 的开发。在这款游戏中，玩家通过安排高中生们在毕业舞会前一周的社交互动来推动剧情。这些互动虽然由玩家选择，但背后有一套社交模拟程序在运行，确保玩家每次游玩都能体验到不同的故事线。与 Treanor 和 McCoy 的合作，让我深入了解了人工创作内容与人工智能之间的交集。同样，通过他们，我也有机会与 Anne Sullivan 和 Gillian Smith 这两位程序化内容生成研究者合作——她们的研究专注于人工智能、电子媒介和人工艺术创作的交叉领域（图 11.1）。

讲述这些经历是为了说明，程序化内容生成设计师将其工作应用于人工创作领域，旨在扩展和增强人工制作的内容价值。Gillian Smith 在 *Procedural Content Generation: An Overview* 一文中，介绍了多种程序化内容生成方法，包括基于模拟、建构主义、约束驱动和优化驱动的方法。基于模拟的方法通过构

图 11.1 游戏 *Addie's Patchwork Playground* 是我与 Anne Sullivan 共同开发的一款游戏原型。玩家通过一个由导电面料制成的拼布控制器，控制屏幕上的角色。在游戏中，玩家可以通过收集和放置拼布碎片，控制环境变化

建基础环境并运行影响其布局与几何结构的模拟程序来生成世界（图 11.2）。Smith 以大陆地块为例，演示了如何通过模拟侵蚀作用和气候变迁来塑造地形。模拟系统的模拟时间量（可能长达数百或数千个数字年份）决定了玩家准备进入游戏时游戏世界所处的状态。建构主义系统通过对手工制作的环境模块进行随机排列，构建出不同类型的关卡（图 11.3）。游戏 *Canabalt*[5] 和游戏 *Spelunky*[6] 就采用了这类系统，它们的游戏环境是由人工制作的平台、房间构建而成的随机生成结构。约束驱动系统则通过排列资产来生成环境，其中资产间的相互关系由设计师预先定义（图 11.4）。Smith 以“环境生成式人工智能知道桌子类物体周围应搭配椅子类物体”为例，形象地解释了这类系统的核心逻辑——资产的摆放必须满足设计师设定的约束条件。最后，优化方法让终端用户层面的人类参与其中：通过玩家的游戏行为或评级系统来指导游戏后续的内容生成方向（图 11.5）。

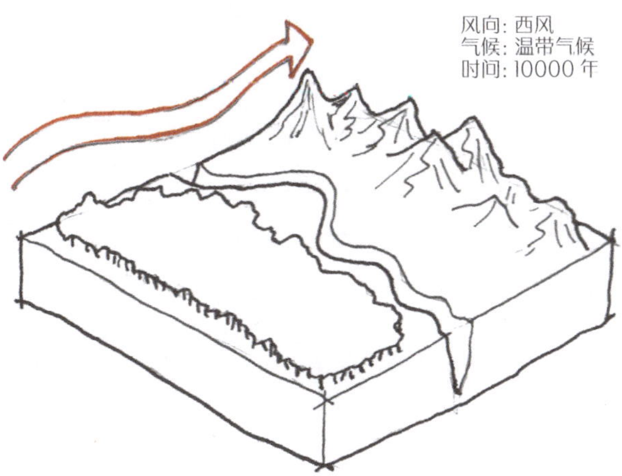

图 11.2 一幅展示基于模拟的程序化内容生成系统基本概念的示意图

以上这些方法虽未穷尽所有可能，却展示了人工设计与程序化关卡设计的融合方式：美术师和关卡设计师负责构建关卡模块，而程序化内容生成设计师则制定这些模块的组合规则。Smith 还指出，程序化内容生成关卡设计系统中使用的资源可分为多个层级：从大型体验式关卡模块（包含完整几何结构的大型关卡区域），到细分组件（独立的美术资源等）。系统的粒度决定了关卡设计师需要创作的内容层级。在粒度较低的系统中，设计师可能需要制作完整的关卡段落；而在粒度较高的系统中，设计师则需创作带有脚本定义约束条件的资源（图 11.6）。

需要再次说明的是，本章节并非对程序化内容生成关卡设计系统的详尽阐述——许多杰出学者已发表过更为详细的论著。但上述这些示例，至少能让你为了解本章将如何探讨该主题做好准备。本章将主要聚焦于程序化内容生成中的建构主义方法。这类系统尤其与建筑模式语言相契合。借助这些工具，关卡设计师或程序化内容生成设计师能够在关卡设计层面，采用建筑学方法论来构建程序化生成的关卡系统。

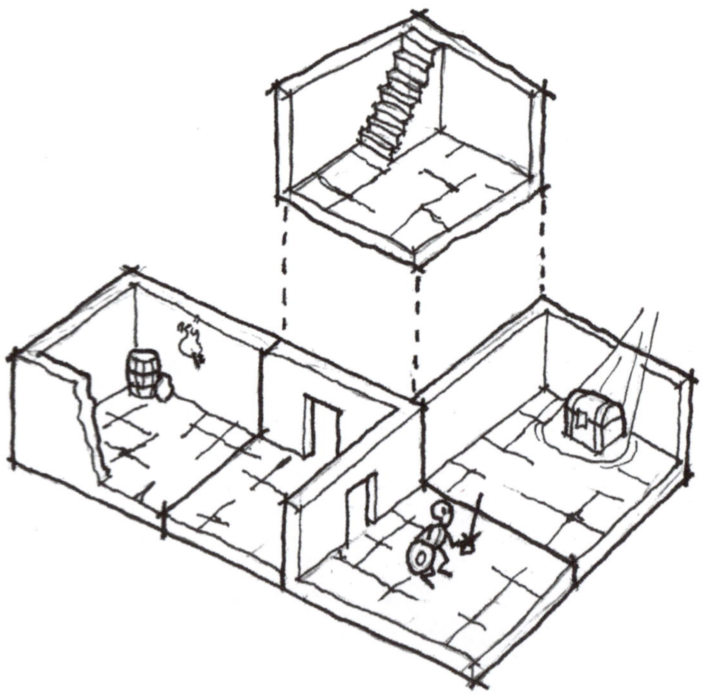

图 11.3　一幅展示建构主义程序内容生成系统基本概念的示意图

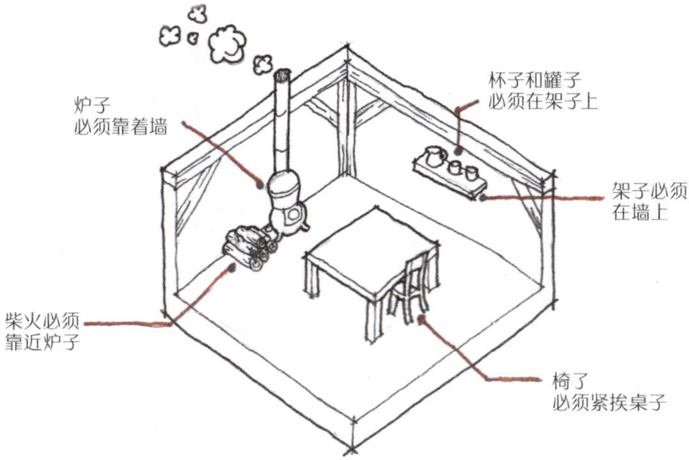

图 11.4 一幅展示约束驱动程序内容生成系统基本概念的示意图

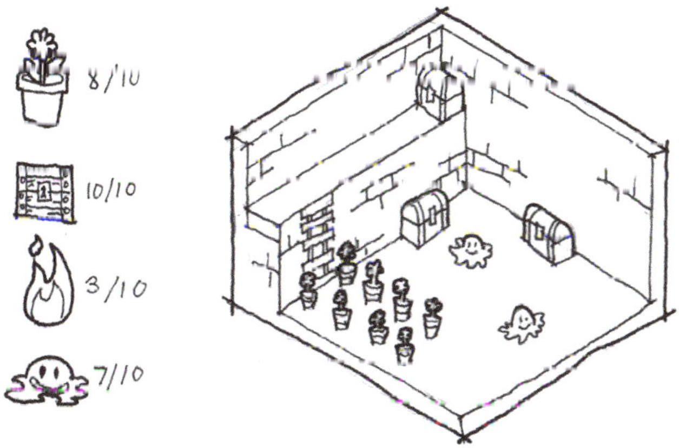

图 11.5 一幅展示优化驱动程序内容生成系统基本概念的示意图

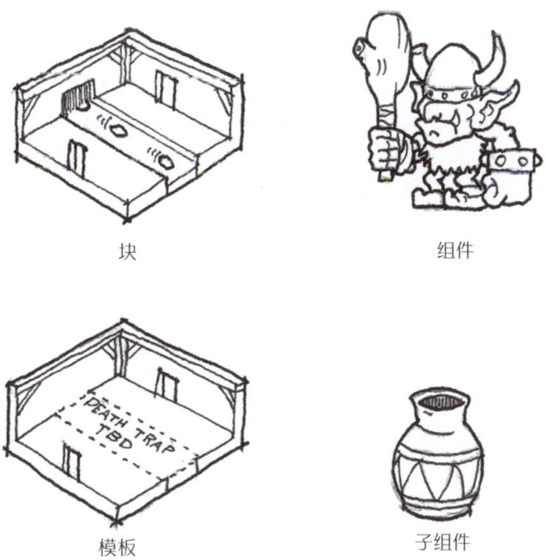

图 11.6 程序内容生成关卡系统中，不同的粒度需要关卡设计师准备不同类型的资产，并采取不同的制作方式

11.2 模式语言

1977年，具有开创性意义的著作 *A Pattern Language: Towns, Buildings, Construction* 问世。在该书的封面上，作者 Christopher Alexander 指出，这本书的目标之一是提供空间元素及其相关阐释，以帮助读者自行设计住宅。[7] 这一目标通过描述“模式”——即能为居住者创造特定生活体验的空间与物质形态配置——来实现。例如，其中一种模式阐述了设计师应努力将居住空间的高度控制在四层以内，因为研究表明，楼层越高，居住者的焦虑感可能越强。书中其他部分提到的“禅意景观”和“打造光线充足的路径”等模式，都是 Alexander 模式语言的典型例证。

正如后续著作 *The Oregon Experiment*[8] 中所记载的那样，Alexander 的这些模式已经被纳入建筑规范中，甚至影响了俄勒冈大学的校园规划。此外，这些模式还对建筑与城市规划领域之外的行业产生了影响，例如网页开发和计算机科学领域。

11.2.1 游戏设计中的模式

作为深受设计史影响的领域，游戏开发同样借鉴了 Alexander 的模式理论。抛开本书不谈，Katie Salen、Eric Zimmerman[9] 和 Jesse Schell[10] 等具有重要影响力的游戏设计师都将 Alexander 的模式理论作为游戏设计分析的重要参考。此外，Kenneth M. Hullett 和 Denise Bacher 在各自的论文中专门探讨了关卡设计中的“模式”。Hullett 在 *The Science of Level Design: Design Patterns and Analysis of Player Behavior in First-Person Shooter Levels*[11] 一文中，提出了一套适用于第一人称竞技游戏的组件系统，并分析了它们如何满足不同类型玩家的需求。而 Bacher 在 *Design Patterns in Level Design: Common Practices in Simulated Environment Construction*[12] 一文中，则分析了包括动作类、策略类、角色扮演类、冒险类与体育类等多种游戏类型的共有模式，总结出它们共有的核心元素。这些研究为设计师提供了“设计手册”[13]，设计师可在工作中借鉴、复用这些已有模式。

在2018年游戏开发者大会上的 *The Nature of Order in Game Narrative* 演讲

中，Jesse Schell 选取了 15 种他认为能体现“生命基本元素”的模式，并将其与常见的游戏叙事进行对比。他从 Alexander 的著作 *A Timeless Way of Building* 出发，描述了构建优质空间的特质，如完整性、舒适性、精确性与无自我性等。这些空间让居住者感到舒适，其本身也有存在的价值，不会像其他地标或富有表现力的空间那样吸引注意力。结合前文提到的 Hildebrand 关于“建筑愉悦感”的研究来看，这些空间特征与“庇护所”概念有诸多共通之处，即这些空间为人类提供安全感与舒适感。由此，Schell 强调了 Alexander 的设计方法，这种方法中的模式与游戏设计师后来描述的游戏测试和迭代技术如出一辙。Schell 对 Alexander 模式理论的解读，侧重于如何为空间使用者打造最佳设计，以及如何构建满足使用者需求的空间语言。

游戏设计师兼教育家 Chris Barney 以 Alexander 的模式理论为基础，于 2018 年春季在美国西北大学开设了空间与时间设计课程。该课程旨在为关卡设计建立一种模式语言，让学生学会识别游戏世界中的模式，并自行应用。在博客 *Perspectives in Game Design*[14] 中，Barney 像 Schell 一样，不仅分析模式本身，还深入探究了 Alexander 提出这些模式的原因。他的目标之一是应用模式的规则构建一套设计语言，从而让模式的应用方式更加灵活多变。本章开篇引用的 Alexander 的话——将模式描述为解决问题的方案——是 Barney 研究的核心。Barney 的研究与先前的研究成果形成了鲜明区别：他不再寻找设计套路，而是探究关卡设计模式所要解决的负面玩家体验。因此在定义模式时，学生必须阐明三个要素：问题、模式本身及模式实例。Barney 在文章中提到了一名学生提出的模式——限时可用空间模式。该模式旨在解决“建筑结构固定的关卡会因为可预测而显得乏味，致使玩家失去兴趣”的问题。该模式的核心是：空间仅在特定时间对玩家开放，从而创造出比静态空间更有趣的导航谜题。例如，移动的平台或潜行游戏中守卫视线移开时的可通行区域。[15]

11.2.2 关卡设计中的模式应用

以上所有讨论都是有价值的，但这些模式如何成为程序化内容生成关卡的工具呢？从表面上看，这些可重复使用的空间模型的模式是程序化内容生成系统的优质资源。回顾 Smith 对程序化内容生成系统的概述，诸如禅意视野这类模式可以作为一个体验模块预制为三维模型，以此作为关卡设计系统调用的体验模块。然而，这种方式无法体现模式语言的核心优势，即通过组合模式来解决问题并进行设计表达。根据你与程序化内容生成设计师的技术背景，这个问题有多种解决方案：从由模式构件组成的简单建构主义系统，到以模式语言作为语法规则的复杂系统。

对设计师而言，明确建模人员或传统关卡设计师需要为基于模式语言的系统创建的内容类型和数量，这一点至关重要。虽然本书无法全面描述 Alexander 或其他设计师提出的所有模式，但对于探索模式语言的关卡设计师而言，掌握将这些模式转化为游戏可用形式的方法至关重要。有些模式是非常具体的空间结构，仅允许有限解读；而另一些则是模糊概念，支持多种阐释方式。

我们将以“禅意视野”和“限时可用空间”这两种模式为案例进行说明。就前者而言，能实现这类结构的方式非常有限（其变量可能仅限于孔洞位于地板上、墙上或天花板上）。然而，要创造相同的体验，可通过多种形式实现：窗户、表面孔洞、植被间隙等。通过这种方式，设计师可以创建能够多次复用而不失新鲜感的变体（图 11.7）。此类模式的阐释相当固定，允许的变体形式有限：它需要在界面上设置一个小开口，通过这个开口提示后方的景象。你可以通过不同的资源或主题构建多个版本，从而增添趣味性。相比之下，限时可用空间模式的解读更具灵活性：在某种变体中，它可以是一个在深坑上方来回移动的平台；在另一种变体中，它可能是探照灯视野之外的区域——存在诸多实现可能（图 11.8）。通过这种模式解构方法，我们会逐渐发现：某些模式会演变为较大的模块（如禅意视野所需的墙体与通向它的路径），而另一些则由小型组件和子组件构成（如探照灯、守卫、移动平台等）。理解这些组件的运作原理后，就能构建出多种系统：从简单的建构主义系统到更复杂的基于语法规则的系统。同样，你可以明确资产需要达到的粒度层级：像禅意视野这样的模式可由大型关卡模块组成，而像房间两侧的灯具等小型资源，则可用单个资源（例如一盏灯的模型）配合编程规则（与另一灯具相对放置）来构建。

模式为构思程序化内容生成系统提供了创新思路。我所见过的许多程序化内容生成关卡系统，往往仅专注于关卡构建本身，却忽略了为玩家创造有趣体验的本质目标。而我所认识的优秀的程序化内容生成系统设计师都怀有共同的追求：致力于突破简单的内容生成，力求打造出能让玩家感到兴奋的关卡。在接下来的部分，我们将探讨这些设计师如何将传统的人工关卡设计理念与程序化内容生成系统相结合，创造出充满趣味性的作品。

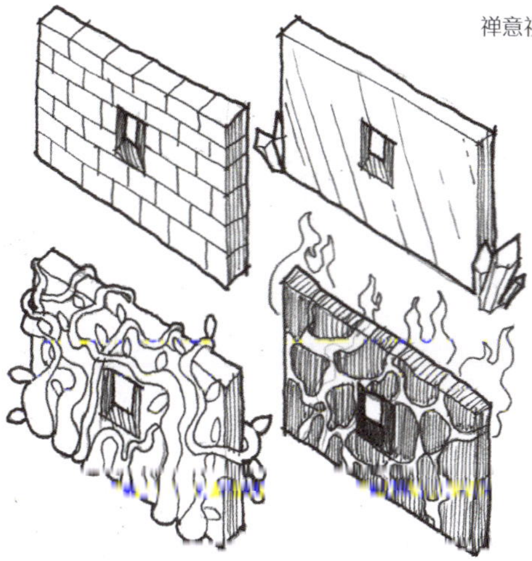

图 11.7 在模式语言中，有些模式的定义非常具体，其允许的空间变体形式有限。如果玩家会多次接触到某一模式，那么用不同类型或不同主题的组件来构建该模式，就能增加变化性，从而让模式始终保持新鲜感

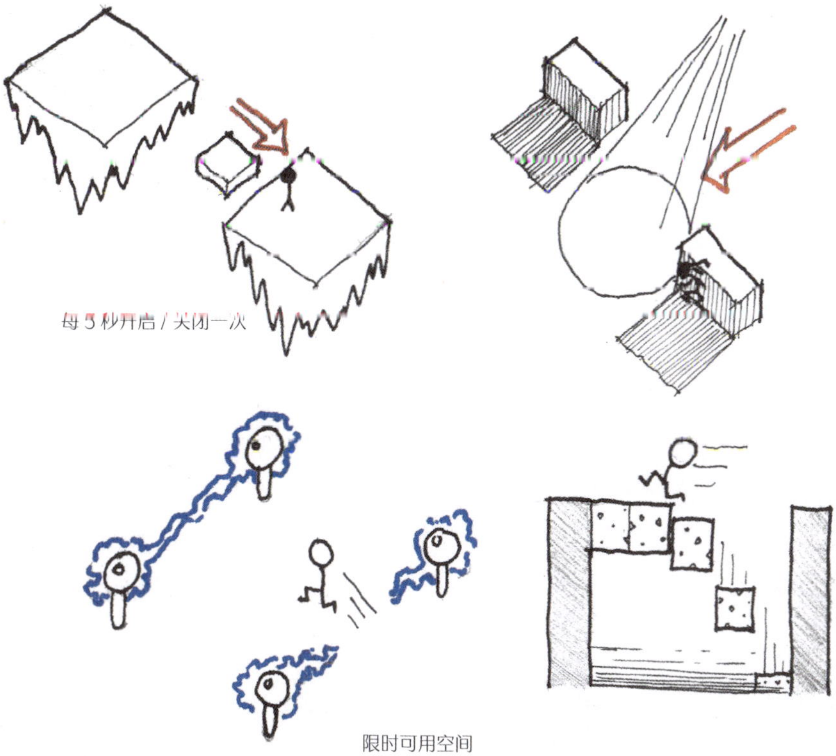

图 11.8 在模式语言中，另一些模式则描述了可通过多种方式进行解读的通用概念

11.3 人工设计与程序化内容生成的融合

到目前为止，我们已经了解了程序化内容生成关卡设计系统的功能、类型及它们用于构建关卡的元素。同样，我们也探讨了支撑这类设计的建筑理论，并解决了一个关键问题：如何创建一种计算机算法来处理人类的空间体验？

模式语言固然是卓越的理念，但若不能付诸实践，其价值便大打折扣。本节将通过寻找建筑设计理论与程序化内容生成系统实现之间的联结路径，尝试解决这一问题。在本章前文部分，我曾提到，论述的重点会放在建构主义系统上，因为我本人在这类系统上积累了较多实践经验。然而，对于设计更复杂系统的设计师而言，他们也能从本节的概念中找到启发，将这些理念拓展应用到自己的工作中。

11.3.1 场景即模式

我们先把本章中的概念与本书其余部分所采用的方法联系起来：通过模式来设计关乎人类体验的关卡部分，本质上与我们一直关注的基于场景的设计一脉相承。Alexander 著作中的许多模式具备优秀场景的核心要素：一个易于理解且给人完整独立感的空间。将模式视为场景，对于完整保留模式语言设计中的问题解决属性与语言属性至关重要。同时，将模式与场景关联，也能够帮助我们以更具实用性的视角理解这些模式，即把它们视为单屏幕大小或房间大小的游戏玩法模块。

Smith 在描述建构主义系统时，提到了游戏 *Canabalt* 和游戏 *Spelunky*。这两款游戏的生成器会选取预制的关卡模块并进行排列组合。这两款游戏中的大多数模块本质上也都是场景：它们的尺寸约为一个屏幕大小，且在如何引导玩家运用各自游戏的核心机制方面设计精妙。在这样的系统中，玩家可能会多次遭遇相同的场景，但通过以玩家体验为核心的设计方式，这些关卡至少能保持趣味性。基于场景的设计旨在为玩家打造契合游戏核心机制与预期体验的氛围，因此，将模式视为场景，恰好填补了计算机算法的冰冷感与人类设计的情感温度之间的鸿沟。

正如我们所见，将模式视为场景，能为模式赋予变化的空间，即使是相似的场景，也能呈现差异化体验。例如，在游戏 *No Man's Sky*[16] 中，设计师频繁使用高丘地标的模式：通常表现为矿藏丰富的岩石（图 11.9）。虽然这种模式在多种环境中都具有可识别性，但由于总能提供宝贵的资源和制高点视野，因此它依然深受玩家欢迎。

在本书中，我们已多次探讨重复性关卡架构的优势：从具备信息传达功能的模块化资产到能够让玩家逐步掌握技巧的重复性挑战。而在场景、模式与程序化内容生成关卡设计系统的语境下，重复的性质会随设计思路的不同而变化：如果关卡模块设计缺乏考量，重复可能会成为短板，但只要模块能满足玩家需求，重复则能转化为优势。以游戏 *Canabalt* 和游戏 *Spelunky* 为例，这两款游戏均采用大型模块生成关卡（图 11.10）。*Spelunky* 是一款二维独立游戏，玩家作为探险家潜入程序化生成的洞穴，与怪物战斗并寻找宝藏。该游戏采用了建构主义系统：关卡模块预先设计完成后，再由算法进行排列组合。尽管建构主义系统存在固有短板，但仍有诸多元素能改变单个关卡模块的体验感：敌人的位置（在程序化内容生成系统中，敌人被视为一种组件）、模块周边的关卡几何结构及关卡设定的主题。游戏 *Spelunky* 的关卡几何结构有时会重复出现，但诸如敌人等未知变量元素的存在，足以让每次体验都有所不同。根据程序员 Darius Kazemi 的介绍，该游戏的关卡生成系统机制如下：先规划出一条通往关卡终点的通关路径和一系列设有死路的房间。在这一步骤完成后，系统会进行二次处理，并增加敌人和危险元素。[17]

图 11.9 在游戏 *No Man's Sky* 中，程序化生成的宇宙里会呈现各类模式，例如高丘地标。这类模式既为玩家提供了宝贵的资源，又为玩家提供了俯瞰星球地貌的场所。通过这种方式，该模式为探索这一核心玩法提供了支撑

在 *Canabalt* 这类“无尽跑酷”游戏中，玩家将操控一名西装男子在不断崩塌的屋顶上奔跑——其关卡元素的重复反而成了体验中备受期待的部分。凭借街机风格的玩法，该游戏鼓励玩家深入熟悉游戏机制，并通过练习逐步精通核心操作。学习如何应对特定场景正是这种体验的关键环节，因此，当玩家再次遇到已经掌握应对方法的建筑时，会获得强烈的正反馈与兴奋感。

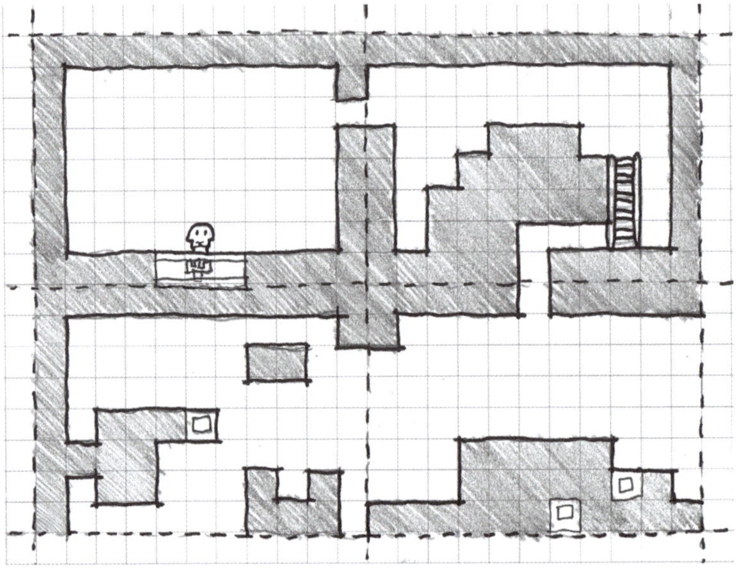

图 11.10　游戏 *Spelunky* 采用大型模块生成关卡（本图仅展示了部分模块的可能形态），这些模块带来的体验感会根据关卡设定的主题和关卡中的敌人类型而发生变化

11.3.2　人工设计与程序化内容生成的结合路径

Mark R. Johnson 是一位专门研究人工设计与程序化内容生成系统交叉领域的学者。在 *Integrating Procedural and Handmade Level Design*[18] 章节中，Johnson 介绍了多款将人工关卡设计内容融入程序化内容生成系统中的游戏，其中包括游戏 *FTL*[19]、游戏 *Spelunky* 和他自己设计的几款游戏。Johnson 认为，除了简单复用人工关卡美术资源之外，还有很多方法可以将人工设计的内容与程序化内容生成系统结合起来。例如，游戏 *FTL* 是一款程序化生成的太空冒险类游戏，玩家需指挥一艘星际飞船。游戏的地图和事件的顺序皆由计算机生成。玩家必须应对这些随机事件才能推进游戏进程，但游戏设计师会在特定节点插入预制剧情片段来推动叙事发展。

我们已经介绍过游戏 *Spelunky*，但 Johnson 还特别强调：该游戏在环境中加入了特殊的任务道具，这些道具的出现顺序由游戏设计师 Derek Yu 确定。这一设计为游戏增添了叙事维度——若单纯采用程序化内容生成关卡设计系统，这种叙事原本是无法实现的。在 Johnson 设计的游戏 *Ultima Ratio Regum* 中，他采用基于标签化关卡元素的系统来生成关卡。他以许多关卡中常见的元素祭坛为例说明：祭坛的设计既满足了关卡中特定区域的功能需求，又与关卡主题相契合。与纯程序化内容生成系统简单放置祭坛的方式不同，该游戏注重建筑风格的一致性，因此主题元素与统一设计规范也被编入生成系统中。

11.3.3 人工设计与程序化内容生成融合的案例探讨

Johnson 表示，在设计程序化内容生成关卡设计系统时，设计师必须记住关卡不仅仅是单纯的几何结构。以下两个研究案例（巧合的是，两者均以僵尸为核心元素），从不同角度印证了这一观点：分别是 Valve 公司开发的 *Left 4 Dead*[20] 系列游戏和我自己设计的游戏 *Dead Man's Trail*。

（1）游戏中的程序化生成替代性架构

Left 4 Dead 是一款在线射击游戏，玩家四人一组穿越僵尸横行的区域（部分模式允许另外四名玩家扮演僵尸）。与 Valve 公司开发的多数游戏一样，其关卡采用大量人工设计，包含大量视觉指引元素，从而帮助玩家辨别行进方向。游戏的程序化内容生成体现在“导演系统”中——这是一个能评估玩家表现，并据此布置僵尸与资源的人工智能系统。尽管关卡布局不会改变，但玩家每次的游戏体验却有很大差异。按照 Smith 对程序化内容生成系统的分类，敌人属于非空间性组件，正是这类元素为程序化内容生成的环境增添了多样性。

在游戏 *Left 4 Dead* 中：当玩家处于困境时，通常不会遇到大量的僵尸；但当玩家熟练掌握游戏技能后，僵尸群可能会频繁出现。此外，游戏中还有具备独特能力的特殊僵尸，为关卡增添挑战。例如，Tank 是一种体型庞大且力大无穷的僵尸，通常会在战役末尾的高潮部分出现。然而，Tank 也可能出现在普通僵尸群中，或是狭窄区域里。这会极大改变玩家与该敌人对抗的本质：通常情况下，这种僵尸出现在视野开阔的空间，玩家有足够空间拉开距离；而在狭窄空间中，躲避其攻击则变得困难得多（图 11.11）。另一种特殊僵尸 Witch 同样会改变玩家利用关卡的方式——它拥有被剧烈声响惊扰后瞬间击杀玩家的能力，因此玩家必须缓慢移动以避免遭遇攻击。需记住，敌人是关卡设计的重要组成部分，它们可成为一种“替代性架构”：这些与玩家体型相近的元素，会影响玩家在关卡中的行进路线。敌人与关卡几何结构共同塑造空间：玩家会通过改变行为模式来应对或规避强大敌人的威胁。在以敌人为核心设计重点的程序化内容生成系统中，这一点能极大影响关卡设计给玩家带来的体验。

图 11.11 程序化内容生成系统不仅包含关卡几何结构的排列方式，还涉及敌人等动态组件的放置逻辑。游戏 *Left 4 Dead* 将特殊僵尸作为基础组件，为玩家带来在熟悉的人工制作关卡中获得全新体验的可能。玩家遭遇敌人的空间场景，会极大地改变其与该敌人战斗时的体验感受

（2）游戏中的多种方法整合

游戏 *Dead Man's Trail* 是我和朋友在业余时间开发的一款僵尸生存冒险游戏，我们在游戏的多个部分使用了程序化内容生成系统，以提升游戏的重玩价值。在游戏的旅行模式中，玩家需要驾驶满载幸存者的卡车穿越美国，同时维持幸存者的健康状态、物资储备和车辆完好度。旅行模式融合了随机事件（通常包含道德困境），从而丰富了游戏体验（图 11.12）。这些事件采用人工设计，包含分支结局、对话框和手绘美术元素。我们使用 Unity 引擎开发这款游戏，在该引擎中，每个事件都通过包含了对应事件脚本与美术资源（图 11.13）的游戏对象来呈现。驱动旅行模式的脚本会像洗牌一样将这些游戏对象打乱，并按照开发者设定的时间间隔触发它们。

图 11.12　游戏 *Dead Man's Trail* 中的旅行事件

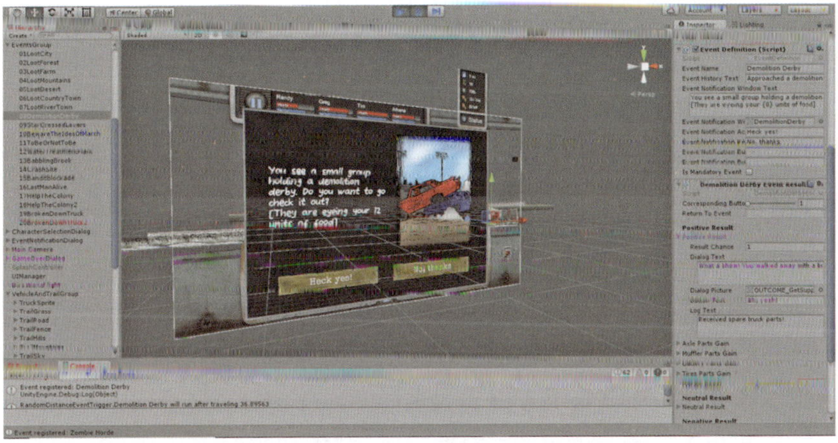

图 11.13　这幅图展示了承载同一旅行事件的脚本与资源的游戏对象。事件列于屏幕左侧的层级列表中，其属性列于右侧的检视窗口中。这些游戏对象被打乱顺序，从而使每次旅程都独一无二

在这些事件中，还包括一些掠夺事件，它们会将玩家带入游戏的第二个主要模式——掠夺模式。在这个模式中，玩家需要在三维等距视角的城市里寻找物资，并在僵尸大军到来之前撤离。掠夺模式采用简易的建构主义系统进行关卡组装。每个关卡被分割成若干区块，并在掠夺模式开始时加载。每个区块对应一个 Unity 场景文件（即包含独立游戏片段的资源文件），其游戏空间大小相当于一个城市街区（图 11.14）。当玩家到达一个区块的出口时，新的文件会被加载，游戏进程

得以延续。每个区块都是大型的体验式关卡空间，其设计目的是让玩家为获得有价值的物品而冒险。掠夺模式的核心机制是让玩家在躲避僵尸群的同时快速进出并寻找物资，因此，关卡设计会刻意拖延玩家时间：大多数物品生成点都设置在狭窄区域。

通过游戏测试，我们总结出多种模式，既能优化玩法，也能防止玩家因设计缺陷而遭遇不公平的死亡。其中一种模式是带有两个出口的狭窄空间。即使僵尸堵住了某个区域，玩家也总有办法从困境中逃脱（图 11.15）。另一种模式是带循环路径的空间，玩家可以利用关卡中的几何结构阻挡僵尸并寻找其他出口。有时，单个关卡的几何结构能同时实现这两种模式。这些模式驱动了我们对关卡人工制作部分的设计：每个区块可以被分解为九个理论意义上的场景单元，每个单元分别对应一种有趣的模式。在大多数区块中，其中四个场景单元仅承担区域连通功能（空通道），而其余五个场景单元（包括四个角落和一个中心区域）则完美适配游戏玩法模式（图 11.16）。

正如我在本章开头所提到的，我在程序化内容生成关卡设计方面的经验仍然有限，目前仍在摸索最佳的设计方法。在游戏 *Dead Man's Trail* 中，我们通过创作大量不同关卡主题（如小城镇、农场、森林、山川等）的区块，在一定程度上减少了内容重复这一问题。然而，当玩家反复体验同一主题区块时，重复感依然会显现。未来优化这一系统的方法可能是不再将完整区块作为关卡构建单元，而是采用我们提出的基于九场景单元的组合方法——让系统将九个更小的场景片段组合成一个关卡区块，从而提升关卡内容的多样性。与游戏 *Left 4 Dead* 类似的是，僵尸在地图中的程序化生成机制为游戏玩法增添了额外层次的随机性，尤其考虑到我们的游戏设定本就要求玩家躲避僵尸（图 11.17）。测试者确实会注意到重复出现的区块，但由于不同区域的僵尸数量不同，他们每次的体验仍会有所差异。例如，当一大群僵尸逼近时，原本容易抵达的出口可能会突然变得无法通行。

这两款游戏展示了人工制作内容与程序化内容生成系统结合的多种实现方式。虽然人工制作的关卡片段可能存在重复，但通过程序化排列组合，能创造出更多变化。同时，通过添加敌人、资源及其他玩法元素，可以改变重复空间的实际体验：当在狭窄的走廊中生成巨型怪物或成群的小型怪物时，这条走廊给玩家带来的体验会发生根本性改变。

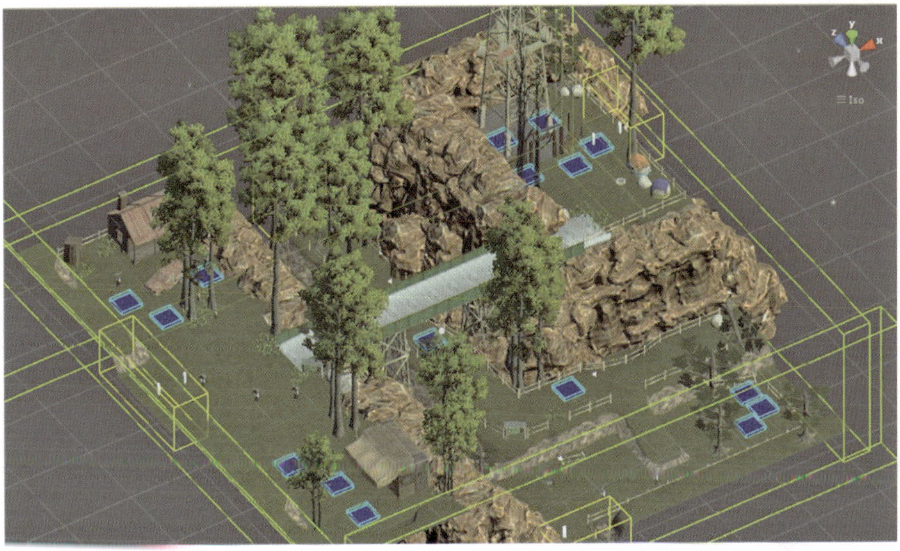

图 11.14 游戏 *Dead Man's Trail* 中的一个关卡区块，是其建构主义关卡系统的基础组成单元

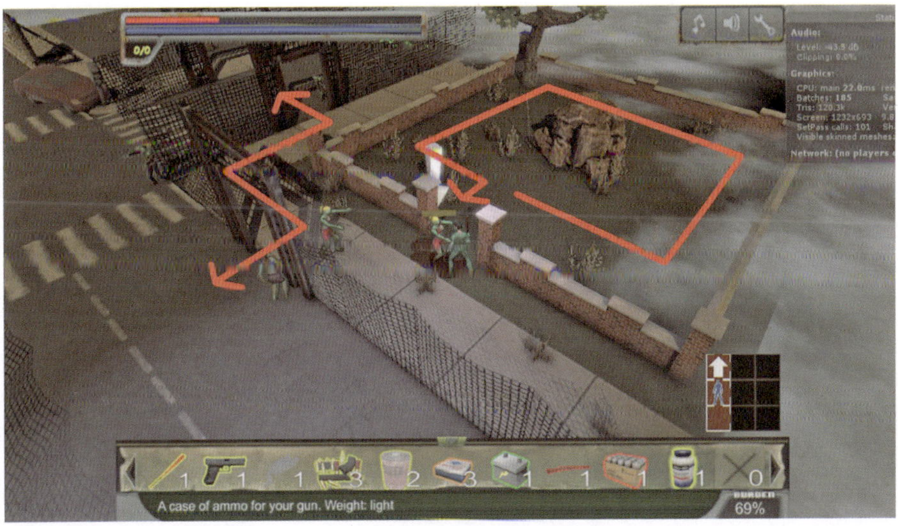

图 11.15 明确设计模式有助于规避游戏玩法层面的问题，并打造出更贴合玩法需求的关卡区块。这个模式呈现的是带有两个出口的狭窄通道与包含循环路径的空间

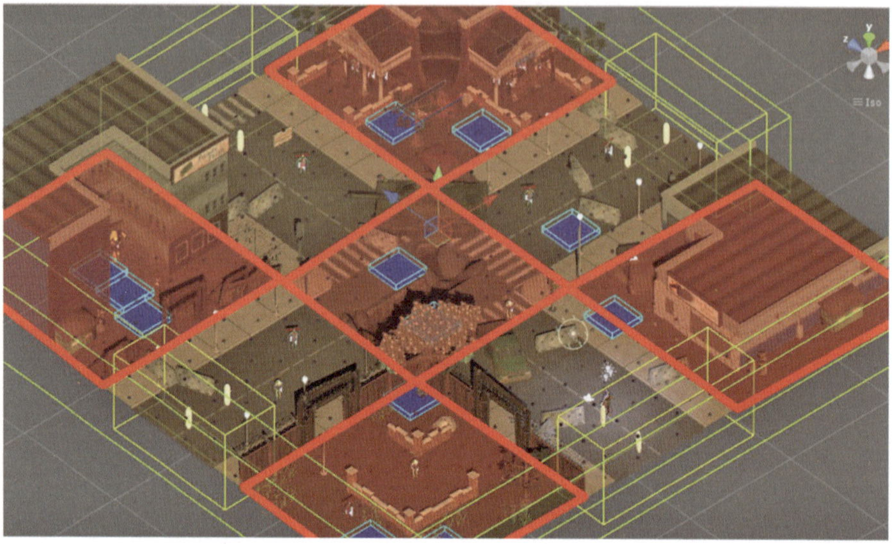

图 11.16 游戏 *Dead Man's Trail* 中的一个区块被分解为九个场景单元。其中红色阴影部分为专门设计的玩法场景

图 11.17 游戏 *Dead Man's Trail* 中的僵尸为游戏体验增添了额外的随机性。即使测试者遇到重复的关卡区块，也会因僵尸对区域通道的不同封锁方式而产生截然不同的体验感受

11.4 总结

本章探讨了关卡设计中的项重要技术手段——程序化内容生成。程序化内容生成系统不仅能提升了游戏的重玩价值，还能减少关卡设计团队的工作量。尽管在传统认知中，程序化内容生成系统和人工关卡设计常被视为相互对立，但通过应用建筑模式理论，两者可以实现和谐共存。模式作为一种可互换的空间设计思路，其核心目的是解决玩家在游戏空间中的体验问题，因此非常适合为程序化内容生成构建设计内容。此外，可通过程序进行编排的资源类型也十分多样：有些游戏通过程序生成整个宇宙，而有些游戏则通过差异化排列敌人与物品，为玩家熟悉的场景带来新鲜感。对于人工关卡设计师来说，了解程序化内容生成及其设计方法是一项值得尝试的挑战，因为它可以带来许多新颖且有趣的设计成果。

如果你认为程序化内容生成系统只是随机生成的，那么下一章将带你探讨游戏世界中更难以预测的元素：使用这些世界的玩家与他们之间的社交互动。在后续章节中，你将学习如何运用城市设计原则，在支持多玩家的大型世界中规划社交互动框架。

11.5 练习

① 写作练习：结合你正在开发的游戏或一款你玩过的商业游戏，定义 5 种你观察到的或可用于解决游戏设计问题的关卡设计模式。思考这些模式的解读方式是多样的，还是仅限少数几种解释呢?

② 数字制作练习：创建一系列人工设计的场景单元，要求这些场景可以通过建构主义程序化内容生成系统进行组合生成。

③ 绘图练习：玩一款采用程序化内容生成关卡设计系统的游戏。绘制你观察到的重复出现的场景或环境区块。记录这些场景的不同之处（如敌人位置、主题等）。

参考文献

[1] Alexander, Christopher, Sara Ishikawa, Murray Silverstein, Max Jacobson, Ingrid Fiksdahl-King, and Shlomo Angel. *A Pattern Language: Towns, Buildings, Construction*. New York, NY: Oxford University Press, 1975.

[2] Adams, Tarn. Re: *Adventure* Mode Gripes [Online forum comment], August 12, 2006. Message posted to http://www.bay12forums.com/smf/index.php?topic=948.msg12375#msg12375.

[3] Smith, Gillian. "Procedural Content Generation: An Overview". In *Game AI Pro 2*, ed. Steve Rabin. Boca Raton, FL: CRC Press, 2015.

[4] *Prom Week*. Josh McCoy, Mike Treanor, Ben Samuel and Aaron A. Reed, 2012. Social simulation game.

[5] *Canabalt*. Adam Saltsman, 2009. Browser game on Kongregate.

[6] *Spelunky*. Derek Yu, 2008. Indie game on Steam.

[7] Alexander, Christopher, Sara Ishikawa, Murray Silverstein, Max Jacobson, Ingrid Fiksdahl-King, and Shlomo Angel. *A Pattern Language: Towns, Buildings, Construction*. New York, NY: Oxford University Press, 1975. Front book flap.

[8] Alexander, Christopher, Sara Ishikawa, Murray Silverstein, Shlomo Angel and Denny Abrams. *The Oregon Experiment*. New York, NY: Oxford University Press, 1975.

[9] Salen, Katie and Eric Zimmerman. *Rules of Play: Game Design Fundamentals*. Cambridge, MA: MIT Press, 2004. pp. 4 – 5.

[10] Schell, Jesse. "The Nature of Order in Game Narrative". Conference talk, San Francisco, March 20, 2018. Game Developers Conference.

[11] Hullett, Kenneth M. "The Science of Level Design: Design Patterns and Analysis of Player Behavior in First-Person Shooter Levels". PhD diss., University of California Santa Cruz, 2012.

[12] Bacher, Denise. "Design Patterns in Level Design: Common Practices in Simulated Environment Construction". Master's thesis, Iowa State University, 2008.

[13] Rogers, Scott. *Level Up! The Guide to Great Video Game Design*, 2nd edition. San Francisco, CA: Wiley, 2014.

[14] Barney, Chris. "A Pattern Language for Games". *Perspectives in Game Design* (blog) Medium.com, May 21, 2018. https://perspectivesingamedesign.com/a-pattern-language-for-games-3d1c6849a3cd

[15] Chang, Zhihui. "Design pattern for Temporally Available Space". From Barney, Chris. "A Pattern Language for Games". *Perspectives in Game Design* (blog) Medium.com, May 21, 2018. https://perspectivesingamedesign.com/a-pattern-language-for-games-3d1c6849a3cd

[16] *No Man's Sky*. Hello Games (developer), August 9, 2016. Playstation 4 game.

[17] Kazemi, Darius. "*Spelunky* Generator Lessons". *Tiny Subdiversions* (blog). http://tinysubversions.com/*spelunky*Gen/

[18] Johnson, Mark R. "Integrating Procedural and Handmade Level Design". In *Level Design: Processes and Experiences*, ed. Christopher W. Totten. Boca Raton, FL: CRC Press, 2016, pp. 218 - 242.

[19] *FTL*. Subset Games (Developer), 2012. Indie game on Steam.

[20] *Left 4 Dead*. Valve South (developer) and Valve Corporation (publisher), 2008. PC game on Steam.

行业视角：采访Chris Pruett

2013年，我采访了Chris Pruett，他是Oculus VR公司的第三方发行部门负责人，也是Robot Invader工作室的创始人兼首席执行官。访谈正值其公司发布游戏*Wind-Up Knight*之后。他曾是谷歌的高级开发者倡导者，负责推动游戏在安卓平台的落地，也曾在Activision公司旗下的工作室担任高级程序员。他同时也是在线博客Chris's Survival Horror Quest的作者，在该博客中，他会对知名与小众恐怖游戏进行深度分析。

你能说出一款令你印象深刻的游戏、关卡或关卡设计师吗？为什么？

游戏*Resident Evil*中那座洋馆mansion的设计，一直令我印象深刻。虽然游戏的即时玩法包含射击僵尸、寻找钥匙与破解谜题等内容，但其核心玩法则是在迷宫般的洋馆中规划路线、寻找捷径并拓展可探索空间的范围。在早期的*Resident Evil*系列游戏中，玩家的任务是通过递归解锁机制逐步开启洋馆的各个区域，直到整个空间变得复杂且相互连通。玩家需要尽可能高效地穿越这些区域，避免过多地遭遇僵尸。本质上，最考验脑力的部分是基于（起初简单、后期复杂）地图的路径规划，而僵尸和谜题只是沿途需要完成的具体任务而已。这种设计并非游戏*Resident Evil*独有，但我认为很少有游戏能将其做得如此出色。设计这样的空间非常困难，但*Resident Evil*系列游戏却让它看起来仿佛轻而易举。

除了玩游戏之外，还有哪些媒介能为你的工作带来灵感？

我是村上春树小说的忠实粉丝。我喜欢他笔下的事件往往发生在叙事表层之下的深邃之处——这种叙事手法让我着迷。

我也非常喜欢看电影，尽管现在看得比以前少了。偶尔我也会发现一本让我久久沉浸其中、心绪难平的漫画。最近，我沉迷于两部日本漫画：一本是 *Nijigahara Holograph*，另一本是 *Sayuri*。

请描述一下你的关卡设计流程：你如何开始？会使用哪些工具？

游戏的类型不同，设计流程也大不相同。以 *Wind-Up Knight* 这类平台跳跃游戏为例，在核心机制完全确定之前，设计师根本无法进行关卡设计。因此，我们会用悬空的方块制作大量的测试关卡，直到能够确定一些核心动作。在此基础上，我们再用方块（通常还会搭配占位用的敌人模型）构建出所有关卡的大致框架。只有当所有关卡的框架都接近完成时，我们才会将它们分类（通常按主题和难度划分），此后才开始添加正式的美术资源。在整个过程中，我们会不断舍弃一些内容，并重新设计。游戏 *Wind-Up Knight* 光是在迭代测试上就花了好几个月，之后开发团队才开始制作最终会出现在游戏里的正式关卡。

至于我们尚未公布的新项目，其设计流程则完全不同。这款游戏有点类似我之前提到的游戏 *Resident Evil*：它是一个随时间推移逐步解锁、供玩家探索的游戏世界。在这种情况下，我的设计起点是绘制一份合理的地图布局（类似房屋的建筑平面图），然后规划玩家在整个游戏过程中的行进路径。接下来，我采用了一种名为“谜题依赖图”的方法，用以记录谜题在空间中的流程（例如，谜题 C 需要在谜题 A 和谜题 B 完成之后才能解锁）。因此，地图设计和房间内容在项目初期就已确定，现在我们主要的工作是确保进程节奏符合我们想要为玩家提供的体验。

你采用怎样的流程进行关卡试玩测试?

我们会尽量让更多游戏团队以外的成员参与测试。观察测试者的实际操作很有价值，但我们也采用自动化数据分析来发现问题。在开发游戏 *Replica Island* 时，我会在服务器上记录玩家死亡的位置，并利用这些数据生成关卡几何结构上的热力图，从而快速定位让玩家受挫的区域。

你认为美术设计和氛围效果是与玩家沟通的重要工具吗？有没有具体例子可以分享?

这很大程度上取决于游戏风格，但总体而言，你必须利用一切可用的工具来与玩家沟通。向玩家传递信息的难度，往往比你最初设想的要大得多——即使是屏幕上闪烁的文字提示，也可能被部分玩家忽略（或无视、误解）。因此，我们会利用美术、音效、振动反馈、动画和用户界面等所有手段来穿透屏幕传达信息。

更具体地说，游戏 *Amnesia: The Dark Descent* 的设计师 Thomas Grip 提出的“临场感”理念，对注重氛围营造的游戏尤为适用。这种理念的核心是尽可能移除所有可能破坏玩家沉浸感的元素。这通常意味着要完全去掉屏幕抬头显示元素，但远不止于此。Grip 认为，应尽可能移除所有不合逻辑或与场景脱节的游戏元素，不惜一切代价维持玩家的临场感。例如，有些开发者喜欢在游戏的背景美术中加入趣味彩蛋（比如印有开发者名字的电影海报），但遵循临场感原则就必须移除这些元素。

你如何在不借助图形用户界面的情况下，引导玩家理解并利用关卡?

用图形用户界面或更广义的非世界元素来确保与玩家的沟通并无不妥。例如，在游戏 *Metal Gear Solid* 中，如果没有敌人头顶的二维问号图标，玩家就无法继续游戏。与其坚持某种真实感，不如确保信息被玩家理解。

真正优秀的关卡设计师会在不知不觉中引导玩家穿越空间。例如，

游戏 *Halo 1* 在这方面就做得非常好，尤其是在户外场景中：通过微妙的地形起伏和具有引导性的山谷轮廓，就能让玩家自然而然地遵循设计师预设路径，而无须依赖标志物或图形界面。

在我们当前的神秘项目中，我们尝试通过在特定路径上设置目标任务来引导玩家。例如当玩家获得钥匙且只发现一扇锁着的门时，他们大概率会先尝试开门而非探索其他区域。如果门后存在有趣的内容，我们预期玩家会穿过门继续探索。通过这种方式，我们不用强行把玩家限制在固定路径上，却能引导玩家推进游戏进程。我们也允许玩家在抵达某个关键节点（也就是我之前提到的“谜题依赖图”里所描述的节点）之前，按任意顺序探索某些区域。游戏 *Gone Home* 便是近期采用这种方式的优秀范例。

你如何在不借助图形用户界面的情况下，吸引玩家探索游戏关卡？

在像 *Wind-Up Knight* 这类线性强、无须探索即可推进的游戏中，我们通过展示难以获取的物品和隐秘通道来激发玩家的探索欲，但并不直接告诉玩家它们的确切位置。例如玩家可能发现脚下地铁通道有可收集物品，为了进入这个区域，玩家需要返回去仔细搜寻入口，但对于只想前进的玩家来说，他们可以跳过这个环节继续前进。

然而，在我们的新项目中，探索本身就是游戏的核心玩法。因此，我们默认玩家会带着探索的意愿投入体验。为此，我们运用叙事手段（在玩家解决其他问题时提供线索供其思考）、关键物品（其获取与使用均遵循前述的递归解锁机制）及谜题（通常需要搜索特定区域才能完成）来促进探索行为并给予相应奖励。

当玩家在关卡中迷失方向时，设计师应如何在不借助图形用户界面的情况下帮助玩家重返正确路径？

在游戏 *Wind-Up Knight* 中，迷路的情况基本不可能发生。这是一款平台跳跃游戏，玩家只能在二维空间中移动，要么选择前进，要么选择死亡。

但在我们的新游戏中，我们通常会通过限制可探索空间的范围，来避免玩家迷路。玩家最终会解锁更广阔的区域，但这些区域是由他们已探索过的区域集合而成，其边缘处仅包含少量新增的区域。尽管空间在逐渐扩大，但玩家对其中大部分区域已很熟悉。我们会努力确保，玩家在任何时刻需要前往的新区域最多只有一到两个。这样一来，如果玩家迷路，他们只需找到尚未探索的区域进行探索即可——这个方向始终是通往后续内容的正确路径。

在关卡设计中，你是如何引导玩家行动的？又如何鼓励玩家进行自由探索？

在新游戏中，我们采用了冒险游戏中常见的设计框架：先向玩家抛出零散的任务目标，再允许玩家不按顺序去解决这些目标。例如，在任意时刻，玩家最多同时面临三个待解决的谜题（一扇上锁的门、一个密码锁或某个物品的定位等）。这些谜题可以按照任意顺序解决，当它们被解决后，系统会自动推送新一批任务。一般来说，每个谜题本身都需要通过一系列步骤才能完成，如果玩家在某个步骤卡住，可以选择转而处理其他谜题的解决步骤。这种设计的目的是避免玩家陷入只有唯一正确操作才能推进游戏的困境。即使出现这种关键节点，我们也会尽力让下一步操作足够明确。

通过这种方式，玩家可以按照自己的节奏和顺序解决问题，同时始终处于我们设计的进度框架之内。

你自身工作中总结了哪些关卡设计法则值得所有设计师了解？又有哪些误区是他们应当避免的？

对于平台跳跃类游戏而言，我们需要明确设计标准并严格遵循。所有跳跃距离应保持一致，或仅采用少量预设尺寸。平台的高度、预警标识与敌人出现的间距、挑战关卡之间的最小间隔等，所有这些元素都必须经过严谨定义，且在各个关卡间保持一致性。玩家会试图寻找设计中的规律，而设计师的职责就是提供这种规律。

对于冒险类游戏而言，任何时候都不要让玩家同时面对超过三个待解决的问题。需要调查的区域应当从背景中凸显出来，挑战的重点应该是“到达这里后该做什么”，而不是“找到精确到像素的点击位置”。不要将“下一步该做什么”的目标导向型挑战与“执行操作本身难度极高”的操作型挑战混为一谈。如果玩家试图深入调查某个事物时，应该为他们提供额外的信息，同时，要关闭那些与当前游戏进程不再相关的路径。

对于所有类型游戏而言，检查点和存档重新加载后，玩家的朝向必须与存档时保持一致。可穿越区域和不可穿越区域之间的区别应该明显且易于识别。

你在自己的博客中做过大量的游戏分析。在多款游戏中，你发现了哪些共同的空间元素或类型（如房间大小、房间类型、建筑元素等）？

在恐怖游戏中，一个常见的空间主题是“向下深入”。几乎所有的恐怖游戏都涉及不断向地下更深处探索的设定。其核心逻辑在于构建没有明确逃生路径的场景。这类设计常与单向通道（例如跳入深渊的设定）相结合。这种空间布局传递给玩家的信息很简单：你无法逃脱，只能继续向前。这是一种极具压迫感的心理暗示。

你如何将对其他游戏的研究成果应用到自己的设计中？

对于某些类型的游戏而言（比如我们目前正在做的项目），恐怖游戏能带来直接的启发。我现在做的虽然不是恐怖游戏，但它或许可以算是与恐怖游戏相近的游戏。因此，诸如递归解锁机制这类源自恐怖游戏的设计思路就非常有价值。但更广泛地说，我认为对游戏的深入思考，特别是思考设计师做出某种决策的原因，能够帮助我以更批判性的视角审视自己的游戏设计。有意思的是，相比成功的游戏，我从失败的游戏中学到的东西反而更多。

环境美术在营造环境氛围方面能发挥什么作用？它又如何帮助设计师与玩家沟通？

我认为这正是 Grip“在场感”理论的重要组成部分。如果美术元素分散了玩家对游戏世界的注意力，就会破坏这种在场感，从而削弱游戏的整体表现力。反之，如果美术元素能将玩家吸引到游戏世界中，就能达到相反的积极效果。例如游戏 *Silent Hill* 通过将常规场景几何结构转化为地狱般的“里世界”，这种极具沉浸感的呈现方式堪称该手法运用的典范。

在确定游戏角色的移动方式与操作反馈后，应如何优化游戏环境设计以适配这些角色的能力？

玩家操作方式与核心玩法机制是首要考量。一旦确定了这些内容，我们就可以开始定义关卡的基本度量参数，例如坑洞的大小、平台的高度等。完成这些步骤后，我们就可以组合各种元素，设计出需要玩家完成复杂连续操作才能通过的场景。这个过程颇具挑战，但也充满乐趣！

在游戏 Wind-Up Knight 中，玩家可以使用的动作相当丰富，包括跳跃、攻击、举盾和翻滚。你是如何引导玩家在关卡中正确使用这些动作的，并在整个游戏过程中强化他们对这些动作的掌握的呢？

我们从单一动作（跳跃）开始教学，然后随着游戏进程逐步引入新动作。到了第 9 关，玩家已经掌握了 4 种基础操作，但要到第 16 关或第 17 关时，玩家才能真正解锁骑士的所有动作。这种设计需要微妙的平衡：我们既希望玩家能轻松上手，又希望尽快让他们接触到复杂的动作组合，因为真正有趣的关卡设计恰恰体现在这些内容中。

第12章

利用关卡设计影响社交互动

一个优良的城市街道社区，能在保证居民对基本隐私的需求，与他们同时渴望从周围人那里获得不同程度的接触、愉悦感或帮助的愿望之间，实现一种奇妙的平衡。——*The Death and Life of Great American Cities*，Jane Jacobs[1]

你需要采用不同的设计和编程思路。大型多人在线游戏的战斗玩法，与第一人称射击游戏的战斗玩法截然不同。——John Romero[2]

到目前为止，我们已经基于通用视角探讨了关卡的设计，并未聚焦于任何特定的游戏类型或玩法风格。相反，我们关注的是游戏如何利用建筑设计原则，以及如何通过空间设计调动玩家的认知参与。虽然多人游戏环境（即多个玩家同时活跃在同一空间环境中）不是一种特定的游戏类型，但它值得我们单独研究。

像所有游戏关卡一样，多人游戏空间的存在也是为了承载游戏机制。无论是第一人称射击游戏还是大型多人在线角色扮演游戏，其空间都必须承载玩家在其中的所有行为，例如射击、奔跑、探索、地牢探险等。然而，这类游戏的空间设计还需满足支持多名玩家共存的需求：无论玩家是同步互动还是轮流行动，无论是竞争关系、协作关系，还是单纯共处同一空间。除了让玩家处于同一游戏空间，游戏设计师还必须解决如何让这些空间中的玩家进行有意义的互动的问题。

几十年来，城市设计领域的专业人员一直致力于解决这类难题。在本章中，我们将探讨几类城市设计的理念和先例，剖析多人游戏世界的结构如何促进玩家互动。

在本章，你将学到以下内容：

涌现现象与社交互动；

从城市涌现现象中学习；

出生点和任务枢纽的重要性；

游戏中的房屋、家园和故乡。

12.1 涌现现象与社交互动

没有什么比人与人之间的互动更具涌现特性的了。如果说游戏 *The Game of Life* 这类涌现系统是计算机严格运行规则的结果，那么这类系统与人类之间的互动相比，其戏剧性要逊色得多。人类拥有情绪起伏、健康波动、身体不适，以及各不相同的个人经历——这些都会影响他们与他人互动或共同游戏的效果。

让我们再次回顾 Jason VandenBerghe 在演讲 *Applying the 5 Domains of Play* 中提出的玩家分类理论。[3] 他提出的玩家个性特质包括经验开放性、尽责性、外向性、宜人性和神经质，而游戏设计的五大领域则对应为新奇、挑战、刺激、和谐与威胁。这些玩家个性特质分别与以下设计维度相对应：玩家对进入游戏体验的感受，玩家处理游戏中任务的方式，玩家更适合独自游戏还是群体协，玩家是否在意游戏中更宏大的叙事背景，玩家对游戏事件的敏感度。

相应地，游戏领域也与游戏世界的建构要素相对应，具体通过以下问题体现。

有多少有趣的内容值得探索？

挑战是即时的，还是需要长期练习才能应对的？

遇到障碍时，需要采取何种强度的行动来应对，以及需要与多少人协作？

与他人是合作关系，还是将他人视为障碍？

我们在游戏中的行为是否会影响游戏世界的宏观叙事，还是说当前的游戏章节是独立存在的？

遏制不良行为的规则是什么？

仅凭这些因素，我们便能看出多人游戏世界的设计理念是如何生成的。当带着明确目标进行设计时，我们就能围绕预期的玩家互动方式构建游戏世界。

在前几章中，我们也介绍了 Jason Morningstar 提出的“富有成效的空白”[4]这一概念，即明确的游戏规则与玩家个性之间产生的互动。他认为，游戏规则只是多人游戏这一整体社交体系中的一小部分，它们既约束玩家，又激发玩家潜能，只是对玩家本就可能因个性而产生的互动起到促进与聚焦的作用。

Morningstar 的理念与我们在关卡设计中秉持的体验至上的理念高度契合。除了核心机制之外，多人游戏的空间设计更需要核心共享体验的驱动。如果以多人游戏——射击游戏、大型多人在线角色扮演游戏、持久虚拟世界等——的核心机制或类型为基础，并结合前文提出的设问进行审视，就能找到构建游戏世界的设计准则。VandenBerghe 提出的玩家个性特质，能帮助我们站在不同类型玩家的角度思考。例如，我们的任务可能是设计一个供多名玩家游玩的第一人称射击死亡竞赛关卡。这类关卡面向哪类玩家？参照 VandenBerghe 的玩家分类理论，我们可以构建目标玩家的偏好画像：他们追求新奇象限中的真实感与探索，规避挑战象限中的任务导向与技巧依赖，钟情于和谐象限中的机制设计与玩家对抗，并渴望刺激象限中的多人互动与感官冲击（图 12.1）。既然明确了理论上的玩家形象或玩家类型，我们就能设计出一幅能有效承载此类玩法的地图。那么我们可以提出以下基于游戏领域的问题来构思我们的第一人称射击死亡竞赛地图。

有多少有趣的内容值得探索？游戏中可以设置有趣的元素，但玩家往往不会花太多时间关注它们。

挑战是即时的，还是需要长期练习才能应对的？挑战是即时的，因为玩家会迅速进入互相射击的状态，而技能练习则需通过多场比赛逐步积累。

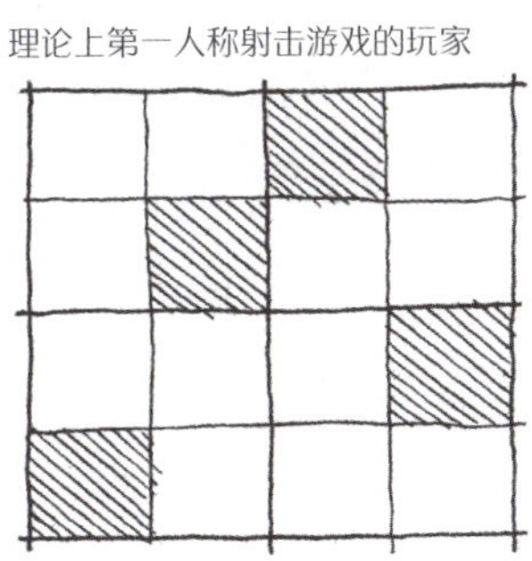

图 12.1 针对理论上的第一人称射击死亡竞赛玩家所做的图表映射分析。为这样的玩家设计地图，能让我们深入理解：我们究竟借助关卡设计，为玩家打造出何种类型的体验

遇到障碍时，需要采取何种强度的行动来应对，以及需要与多少人协作？假设玩家的技能水平相当，那么拥有更优射击位置或更强武器的玩家将获胜。

与他人是合作关系，还是将他人视为障碍？在死亡竞赛中，其他所有玩家都是敌人。

我们在游戏中的行为是否会影响游戏世界的宏观叙事，还是说当前的游戏章节是独立存在的？当前的游戏章节是独立存在的。

遏制不良行为的规则是什么？玩家可能会被禁止进入游戏。

尽管这一过程的技术性不强，但我们已明确应打造何种类型的地图。这类地图无须设置大量趣味场景或内嵌叙事内容，但其导航性必须良好：空间应过渡通畅，尽量少设死胡同，多设置环形路径。设计师应确保玩家能快速遭遇对手，并设置引导玩家活动、支持大规模对战的核心节点区域——或许可在这些节点区域加入一些趣味场景或更明亮的灯光设计。此外，关卡应包含多层结构，让玩家能借助“前景 - 庇护所”的优势相互牵制。最后，关卡中不应设置过多其他障碍，因为游戏的核心目标是让玩家专注于彼此间的对抗（图 12.2）。

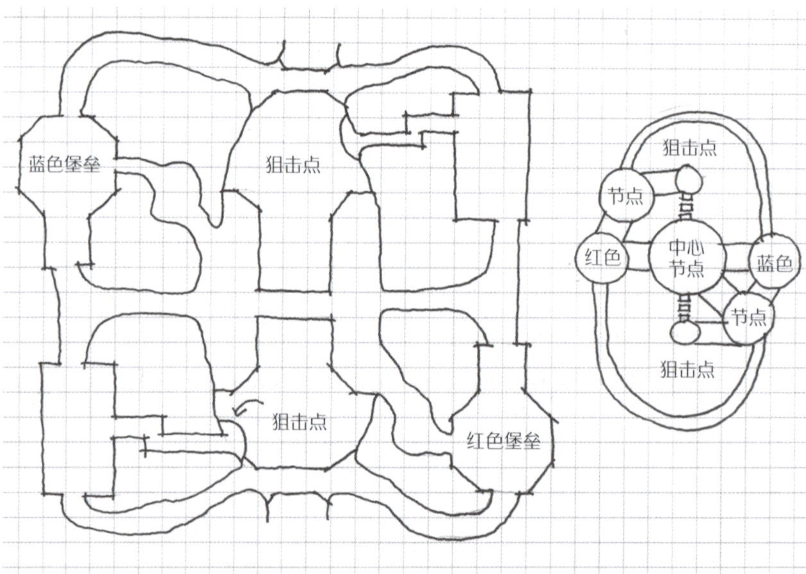

图 12.2　基于第一人称射击死亡竞赛游戏机制，结合图 12.1 的玩家类型与五大游戏领域的问题，所绘制出的关卡概念草图

基于这些初步构想，我们可以按照第 3 章中概述的步骤进行设计，包括面向目标玩家群体的灰盒测试。我们围绕目标体验和目标玩家展开设计，让关卡能够达成设计目标，从而获得成功。

正如这个案例所展示的，玩家的个性和游戏玩法目标可以为我们提供大量关键信息，让我们明确地图的创作方向。如果我们着眼于打造高质量的体验，关卡设计就能将玩家带入“富有成效的空白”之中，创造出让他们难忘的游戏瞬间。这种方法可以应用于许多不同类型的游戏玩法和玩家群体，为我们构建各类多人游戏关卡提供了坚实的起点。在下一节中，我们将分析在城市设计中促进社交互动的案例，并了解关于城市规划的激烈争论能为我们构建游戏关卡提供哪些启示。

12.2 从城市涌现现象中学习

城市始终是各类重要影响力的实体体现，这些影响力包括经济影响力、社会影响力与环境影响力。

> “城市吸引我们的地方在于那些不期而遇的瞬间：你知道可以从‘这里’出发，抵达‘那里’，之后还能再回到‘那里’——但沿途总会发生一些意想不到的事情。”
>
> ——引用自 Gary Hustwit 执导的纪录片 *Urbanized*[5]

从诸多方面来看，城市都是极致的涌现系统：成千上万甚至上百万人聚集于同一空间。正如 2011 年的纪录片 *Urbanized* 所强调的，城市的建立与变迁源于居民意愿、服务于居民需求，有时甚至与居民的意愿相悖。事实上，城市的命运是由市民、特殊利益群体、政府官员、各类法规及经济和社会力量共同塑造的。正因如此，游戏设计师通过研究城市本身、城市设计、城市规划发展史，能更好地理解空间如何促进社会互动，从而使玩家在多人游戏空间中获得对环境条件的掌控权。

正如我们在探索 Kevin Lynch 的城市设计原则时所发现的，城市会运用一系列明确的空间元素——地标、路径、节点、边缘和区域——来促进城市内部的流动。当考虑到环境中人的因素时，Lynch 的空间规则似乎也能促进人际互动：人们聚集在地标周围，在地标之间的路径上相遇，不同区域则能支撑各类不同的活动。也许更重要的是社区能赋予人们家的归属感，它们还能促进人际关系的建立，让人们在一定程度上免受城市负面涌现效应的影响，如犯罪、破坏公物和暴力行为。而允许人类活动以自然的方式交融，能为这类社区创造更多互动的可能。城市设计的历史甚至向我们展示了反面案例：当城市规划未能促进居民之间的积极互动时，将会引发怎样的后果。

12.2.1 现代主义和非涌现性城市

19 世纪末到 20 世纪初，城市正处于动荡变革之中。工业化浪潮促使人们涌入城市寻找工作，城市因此变得拥挤不堪。富裕的地产商为了满足工业区附近的住房需求，将尽可能多的人安置在出租公寓以牟取高额租金，由此催生了 Charles Dickens 与其他 19 世纪作家笔下所哀叹的那种城市贫民窟。

1898 年，城市学家 Ebenezer Howard 在其著作 *Garden Cities of To-Morrow* 中提出了田园城市构想。[6]Howard 的规划方案是将城市划分为同心圆区域，使城市的居住、工作、集会、交通等功能相互分离（图 12.3）。这一城市构想的核心是：工业区用于开展工作，而住宅区则建在宽阔的乡村绿地中以维持低租金；各区域之间与相互连接的田园城市之间的通行，则是依靠从圆心向外辐射的林荫大道实现的。

田园城市运动对现代建筑设计产生了巨大影响，建筑师 Le Corbusier 便是其“功能分区”理念的坚定倡导者。1922 年，他提出了“当代城市”（图 12.4）方案：居民在位于城市中心的摩天大楼中生活和工作，摩天大楼被公园和大型高速公路环绕，而高速公路外围则被行政建筑和大学环绕。[7] 他设想通过“当代城市”规划将城市打造成大型花园，并开创一个以汽车和飞机为常用交通工具的时代。他将建筑和城市规划视为社会变革的工具。1928 年，他与 Gerrit Rietveld、Karl Moser 等多位著名建筑师一起创立了国际现代建筑协会（CIAM）。[8] 该协会不仅确立了现代主义建筑风格的规范，还积极倡导将建筑作为推动社会与政治变革的手段。与 Le Corbusier 一样，协会成员主张在城市规划中将城市功能拆解为独立分区。 建筑师 Ellen Dunham Jones 将其描述为“如同现代平面设计般追求整齐划一的排列”。

国际现代建筑协会于 1959 年解散，但其对现代建筑的影响广泛存在。尽管多数构想停留在理论层面，但仍有部分城市由国际现代建筑协会的建筑师或受其理念影响的建筑师规划。Le Corbusier 本人就主持了印度昌迪加尔的城市规划，这是印度 1947 年独立后的首座规划城市。[9] 与 Le Corbusier 诸多理论规划方案类似，昌迪加尔被划分为不同的独立区域，如公园用地、工业区、政府设施区块等。建城初期街道空旷、人口稀少，如今虽有所改观，但来访者表示该城

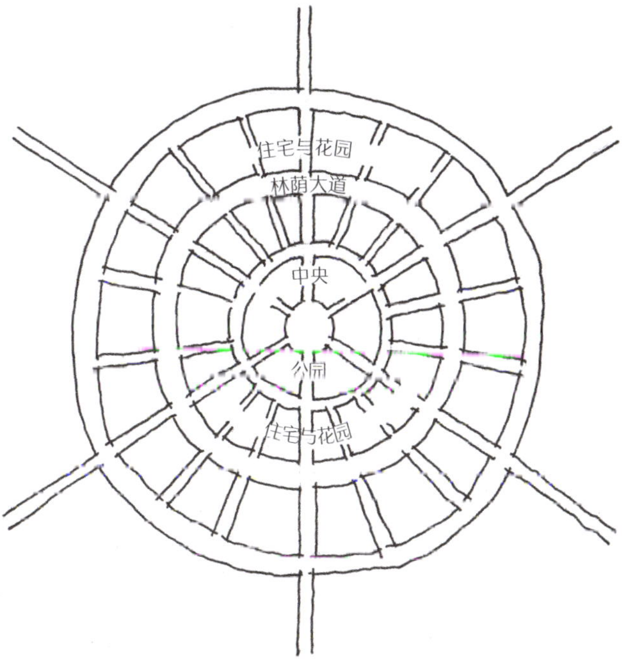

图 12.3 1898 年 Ebenezer Howard 的花园城市规划图草图的复刻版，其中城市的每一环都有一个独立的功能区

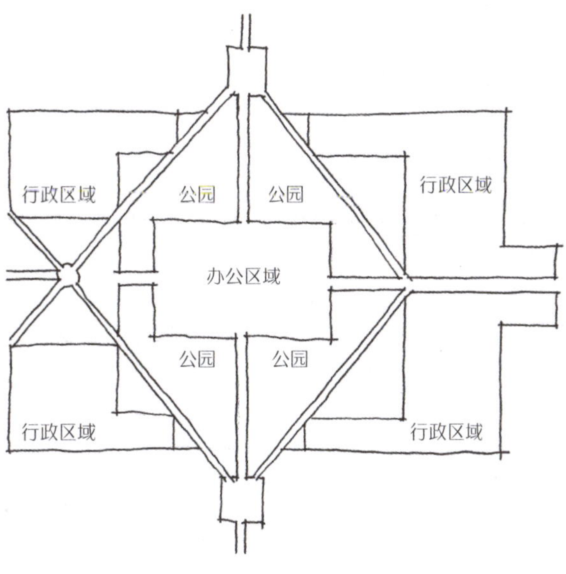

图 12.4 这是 Le Corbusier 1922 年设计的理论城市方案的规划草图。该方案将城市功能严格分区，交通主要依靠汽车和飞机实现

市的行人数量仍然稀少。[10]像“张开的手”雕像等地标很难吸引来访者，但人们认为这主要是由于政府对这些景点的参观设置了限制。[11]

另一座采用城市功能分区设计的城市是巴西的巴西利亚，这一案例更为尖锐地暴露出现代主义城市规划的弊端。这座城市被描述为“从飞机上看很美，但步行体验却一塌糊涂”。由 Lucio Costa 规划的这座城市将居住、工作和行政设施分散在由高速公路连接的大型超级街区中，街区之间是按汽车通行尺度设计的大片绿地，最终导致居民之间几乎没有互动的机会。[12]

或许，最常被引用的反现代主义城市规划案例是美国密苏里州的普鲁伊特－伊戈住宅项目。该项目于 1954 年竣工，由 Minoru Yamasaki 设计，包含 33 栋公寓，楼与楼之间被街道和大片绿色草坪隔开。该项目最初被规划为公共住宅综合体，计划依靠中低收入群体租户的租金收入来进行设施维护。后来，新建的郊区社区吸引中产阶级和中低收入群体搬离市区，这里只剩下无力承担维护费用的最贫困租户。[13]建筑日渐破败，随之而来的是居民数量减少和犯罪率上升。1972 年，这个被大规模遗弃的项目开始被拆除，拆除工作于 1976 年完成。[14]现代主义城市规划的批评者指出，该项目的设计理念将居住功能与城市其他功能隔离开来，片面追求大面积草坪，这是导致其衰败的主要原因。小说家 Tom Wolfe 是这样评论的：

“每一层都有带顶棚的走道，这与 Le Corbusier 的‘空中街道’理念相契合。由于项目中缺乏其他公共活动空间，那些原本可能发生在酒吧、社交俱乐部等地的事情现在都转移到了这些空中街道上。[15]”

这些案例揭示了当空间互动元素被相互分离或元素之间存在大片空白区域时，会引发怎样的问题。在城市中，这种设计会导致居民彼此隔绝，甚至滋生犯罪。而在游戏空间中，它同样可能造成玩家彼此隔绝，或使不同玩法风格区域之间缺乏过渡。虽然在第一人称射击地图中，对部分游戏机制进行适当隔离是有益的，但若出生点与弹药补给区相距甚远，致使游戏体验沦为机械奔波，这该如何忍受？你又能想象这样的在线世界（要去一个城镇买护甲，去另一个城镇买药水，再去另一个城镇接任务）会带来怎样的体验吗？

缺乏严格定义的互动机制会导致反社会行为。在 *Ultima* 系列游戏的早期，设计师 Richard Garriott 一直在苦苦思考：如何在给予玩家角色扮演自由的同时，鼓励他们在自己的世界里做出积极的社交行为。在单机游戏 *Ultima IV*[16] 中，Garriott 通过设定“成为美德化身”的主题来解决这个问题。后来，Garriott 在野外遇到一位“入戏太深”的盗贼玩家，正是这次经历启发他为游戏 *Ultima Online*[17] 设计了声望系统：该系统能将有暴力倾向的玩家排除在城市之外，同时允许玩家进行自我管理（即玩家自主维护秩序）。[18]

虽然这些关于互动隔离与玩家行为的问题看似棘手，但 Garriott 为应对游戏问题而设计的玩家自治机制，与一位著名的美国作家、母亲和街区保护倡导者所推崇的城市设计原则有着异曲同工之妙。

12.2.2 混合功能型涌现社区

经济大萧条后的纽约市，Robert Moses 对该市破败基础设施的重建工作产生了深远影响。这位城市规划师常被称为“纽约总建筑师”。他负责修建了许多贯穿城市的大型公路和桥梁。这些建筑设施导致多个社区被分割，居民彼此隔离。他还反对公共交通和隧道项目，即使其他方案对城市周边地区的破坏性较小，他也经常选择建造桥梁和公园道路。

最坚定的反对者之一是 Jane Jacobs。她是一位从 1935 年起就居住在格林尼治村的作家。20 世纪 50 年代，Jacobs 开始为 *Architectural Forum* 杂志撰稿，专注城市发展议题。在一次前往费城报道开发商 Edmund Baco 及其城市设计项目的行程后，她开始质疑当时的城市设计实践。她注意到，Baco 的规划更注重地块上的高层建筑开发，而不是人们使用这些建筑的便利性，这与她自己的城市理念相悖：她的理念侧重于营造邻里关系紧密的社区，从而促进居民互动。她后来在哈佛大学的一次演讲中说道：“至少我们能做的，是从最深刻的层面去尊重那些看似混乱的区域，它们自身蕴含着一种奇特的智慧，而这种智慧尚未被我们纳入对城市秩序的认知范畴。”[19]

Jacobs 的观点在杂志上发表后，她成了社区保护的主要倡导者。20 世纪 50 年代末，她成功地阻止了 Robert Moses 修建穿越格林尼治村高速公路的计划。在接下来的十年中，每当 Moses 的计划再次出现时，她都会与之展开斗争。Jacobs 在城市设计领域最有影响力的著作是 *The Death and Life of Great American Cities*[20]，该书表达了她本人对当代城市设计原则的反感，转而倡导营造邻里关系紧密的社区和社交空间。Jacobs 的理论体系的核心，是她提出的城市多样性四大生成要素：

① 能吸引人们持续使用的多功能区域；

② 便于人们抵达各类生活设施且方便探索的短街区；

③ 可实现经济因素多样化的不同年代的建筑；

④ 人口密度[21]。

Jacobs 提出的四大生成要素，能为多人游戏空间的设计提供重要指导，有助于我们打造能凸显多用户互动价值的涌现式游戏空间。她认为，在某一空间发生的人际社交活动，既能带来社会效益，也能产生经济效益。[22]她举例说明，公共场所中一定的人口密度既能提升该场所的安全性，又可促进使用者之间关系的建立——即便只是擦肩而过的短暂交集。最终，Jacobs 的观点，以及其他以用户为中心的城市规划学者的理念，共同成为新城市主义运动的核心思想。新城市主义运动重点强调打造适宜步行的社区和多功能区域。

根据本书提出的关卡设计术语体系，我们可以说 Jacobs 的观点与游戏设计师在多人游戏空间中追求涌现式玩法的目标高度契合。她的设计理念非常注重为人类使用者着想，这对多人游戏空间的设计师而言，具有极强的借鉴意义。

12.2.3 将城市设计融入多人游戏空间

关卡设计师在思考玩家如何使用多人游戏空间的问题时，可以借鉴现代主义城市设计的失败教训与新城市主义的理念。基于 Jacobs 的多样性生成要素，同时规避现代主义功能分区的弊端，我们完全可以为多人游戏空间打造出四大涌现式生成要素：

① 多功能游戏空间，为玩家提供多种机制功能的使用权限（如购物、对话、战斗、补给等）；

② 确保功能空间之间保持紧密相邻；

③ 为不同风格、类型或阵营的玩家提供专属空间；

④ 与玩家密度适配。

我们再次以多人第一人称射击游戏为例，来探讨如何依据这些原则设计夺旗模式的关卡。夺旗模式的游戏会将玩家分成两支队伍，双方相互竞争，夺取敌方旗帜并将其带回自己的基地。这种游戏的地图通常呈对称设计：两支队伍的基地分别位于地图两端，基地之间是宽阔的战斗区域。游戏 *Halo 3*[23] 中的地图正是这种风格的极佳范例：地图两端各设有一座基地，中间是一片宽阔的峡谷，峡谷内错落分布着岩石与悬崖，既可作为掩护，也可用于狙击（图 12.5）。

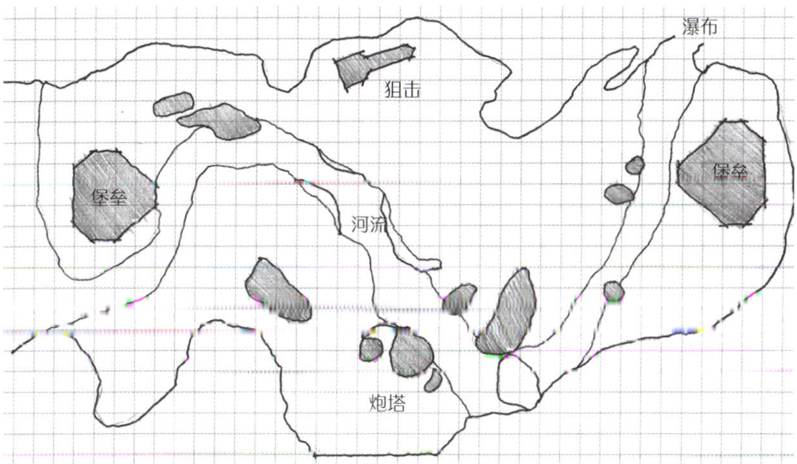

图 12.5 该地图展示了夺旗模式地图的典型结构：地图两端对称分布着两支队伍的基地，基地之间则是一片开阔的大型战斗区域

夺旗模式地图是将四大涌现式生成要素融入多人游戏世界的典型案例。其游戏规则决定了特定的玩法风格：防守己方旗帜的玩家需采用防御性射击策略，试图夺取敌方旗帜的玩家则要发起进攻性突袭，而成功夺旗后，玩家还需从敌方基地向己方基地转移。这些要求也为独特玩法创造了可能：部分玩家可能倾向于隐蔽起来，并在基地间的过渡区域狙击；另一些玩家则会选择直接冲锋，与敌人正面交锋。游戏 *Halo 3* 的布局示意图（图 12.6）正是这种设计理念的体现：两座基地均设置了多层通道，而非直达旗帜的单一路径。旗帜位于每个基地的底层，防守方可以选择在基地内部隐蔽待命，或者从能俯瞰峡谷的上层区域进行狙击。这些基地还为玩家提供了各种武器，如步枪、炸药等。

两个基地之间的峡谷同样具备多种功能：玩家既可将悬崖顶部用作狙击点，也能在基地间潜行，或躲藏在河流的底部。地图中部的炮塔为玩家提供压制对手的战略优势。当旗帜在两基地间运送时，这座炮塔将成为攻守双方争夺的重要地标。虽然整个地图面积较大，但穿越所需的时间并不长，这使得突袭节奏紧凑，战斗几乎持续不断。这种广阔空间既支持 *Halo* 系列游戏标志性的载具玩法，也能满足多人对战需求，最终催生出极具涌现特性的多样化玩法风格。

World of Warcraft (WoW)[24] 等大型多人在线角色扮演游戏中的城镇和城市，同样是催生涌现式社交玩法的典范。在该游戏中，城镇提供多种与玩法相关的服务，这些服务由相应的非玩家角色承担，包括出售物品的商贩、帮助玩家学习新技能的训练师等。这些提供服务的设施通常坐落于通往大型定居点或团队副本区域（玩家需组队对抗游戏内环境威胁与敌人的区域）的必经之路上。同样，城市不仅包含城镇所具备的各类设施，还提供了更多促进社交互动的玩法功能（这些功能通过专属空间实现）：供玩家休息的旅馆、用于社交的酒馆、与其他玩家交易物品的拍卖行及存储物品的银行。此外，城市还可以为特定的公会（由玩家角色组成的有组织团体）提供聚会场所。

这些游戏空间在很大程度上遵循了新城市主义原则，因此也符合我们提出的以玩法为核心的涌现式设计逻辑。它们融合了多种对玩家的玩法体验至关重要的功能类型，包括训练、购物、社交和任务推进。各空间之间的距离很近，使得玩家在不同地标间往来频繁；而任何特定城镇中商贩或训练师的多样性，也促进了不同等级和职业的玩家相互交流（图 12.7）。从场景构建来看，游戏内城市空间中的商贩店铺都采用了统一的标志性元素：特定的建筑类型和标志。通过这种方式，不同职业的玩家都能形成一套以这些标志为核心的认知语言，并主动寻找这些标志性地点。当不同类型的建筑交错分布时，涌现式社交便应运而生。

像 *Fortnite* 这样的大逃杀游戏中的岛屿地图，将大型多人在线角色扮演游戏式的广阔空间与竞技游戏的玩法融合在一起。该游戏中的岛屿包含地标、区域、节点等城市元素，这些元素促进玩家间的社交互动，同时其建筑类型也适配不同竞技风格（图 12.8）：钟情狙击的玩家可占据制高点，擅长游击战术的玩家可利用掩体丰富的空间，而专注生存或建造机制的玩家则能寻找到僻静区域。由于每场比赛都在同一座岛屿上进行，玩家也会像熟悉社区一样熟悉这座岛屿的空间布局。再加上玩家进入游戏环境的独特方式——从飞行的“战斗巴士”上跳下，得以在空中俯瞰整个岛屿——玩家有很多机会找到适合自己玩法风格的熟悉空间。

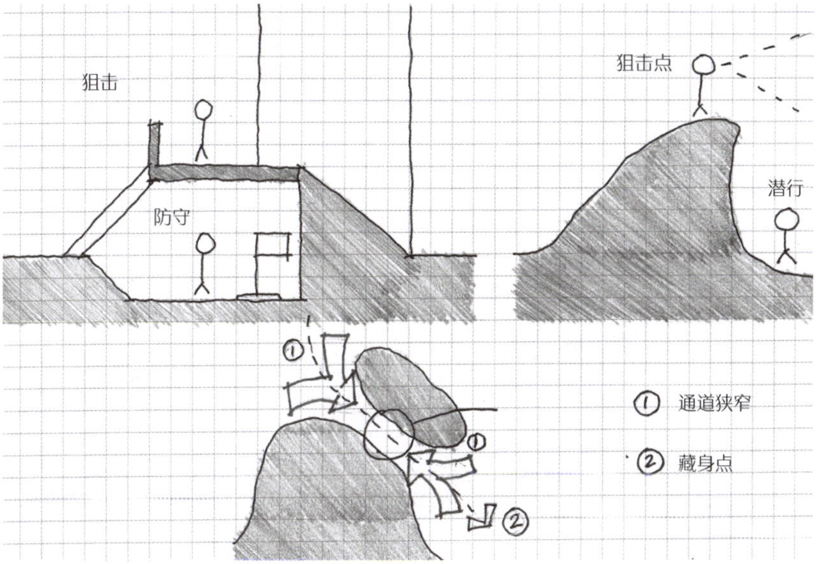

图 12.6 游戏 Halo 3 的布局示意图展示了各独立设计元素如何为涌现式玩法提供支持：基地内配备多种类型的武器，同时鼓励玩家采用不同的防御策略；开阔战斗区域内的地形变化，则为玩家提供了多种战斗方式的可能，包括狙击、载具作战、潜行作战、利用炮塔作战及正面强攻等

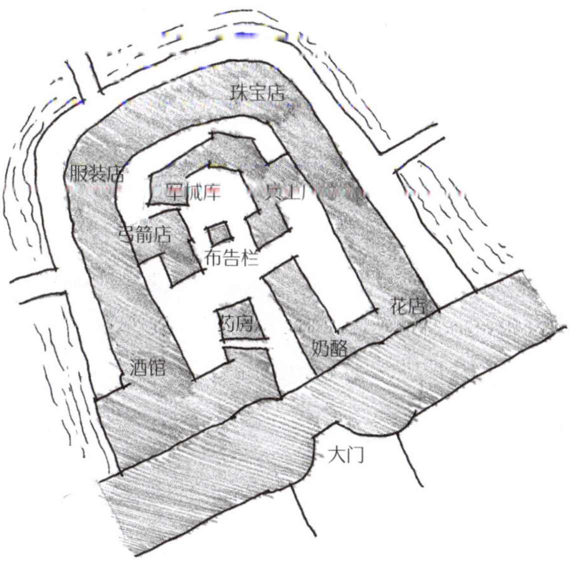

图 12.7 大型多人在线游戏 World of Warcraft 中的城市区域，这些区域在很小的范围内为不同类型的玩家提供了多种玩法活动，从而促进社交互动

图 12.8 游戏 *Fortnite* 中的岛屿地图遵循新城市主义原则，打造出类似大型多人在线游戏世界的空间，不过该空间是为竞技生存类多人玩法设计的。通过这种设计，它既平衡了社交互动，又融入了能激发不同竞争玩法的小规模形式元素。玩家在每场比赛中借助空中俯瞰的方式熟悉这座岛屿，这种独特的体验方式让他们对这片游戏空间产生了别样的归属感

当多人游戏空间的设计及其包含的功能类型，遵循新城市主义的混合功能开发理念时，就能有效促进不同类型玩家的互动。虽然功能分区设计可打造精彩的单人体验，但对多人游戏地图而言，只有当它能满足不同类型玩家的需求时，其价值才会得以凸显。从许多方面来看，玩家初次接触游戏场景的空间，与他们为多人涌现式玩法所做的准备密切相关。在下一节中，我们将深入探讨这类场景——即出生点和任务枢纽，并分析它们如何引导玩家踏上涌现式体验之路。

12.3 出生点和任务枢纽的重要性

在整本书中，我们多次强调了把控游戏节奏的重要性——交替设置高强度与低强度行动环节，创造出张弛有度的玩法体验，并凸显游戏中的精彩瞬间。

虽然许多多人游戏会刻意避开单人游戏中常见的平静时刻，但让玩家调整状态、恢复精力的阶段，仍然是游戏体验中的重要组成部分。因此，玩家在多人地图中出现的位置（即出生点），以及玩家开始任务的出发地（我们称之为任务枢纽）具有极其重要的意义。

12.3.1 通过出生点塑造体验

在之前对涌现式玩法和可能性空间的探索中，我们讨论了像 *Minecraft*[25] 这样的游戏会通过游戏开局阶段的受控体验，引导玩家逐步熟悉游戏的核心机制。正如单人游戏通过初始关卡确立世界规则并传达给玩家一样，玩家首次接触多人游戏空间的位置也会对其可能采取的策略产生重大影响。出生点和任务枢纽所具备的各种可能性，直接影响玩家参与多人游戏的方式：出生时附近有哪些武器？可以进入哪些商店？有哪些提升等级或提升技能的机会？

游戏 *Fortnite* 采用了一种独特的出生机制：玩家从飞行的“战斗巴士”上跳伞降落，并可自行选择降落到游戏岛屿环境中的任意位置。这就为出生环节增加了风险与回报的权衡——玩家可以选择偏僻的区域，逐步升级装备；也可以选择资源丰富但竞争激烈的城市区域。跳伞所赋予的全景视野可以让玩家评估风险，进而决定进入游戏空间的初始位置。

出生点空间的规模能极大地影响游戏节奏。在死亡竞赛射击等以动作为导向的多人游戏中，出生点空间通常狭小且附近配置有少量武器，促使玩家迅速投入战斗。游戏地图上的出生点通常设于可防守区域，这些位置既与主要交战区隔离，又足够接近，以便重生玩家能快速重返战斗。

在多人合作射击游戏 *Left 4 Dead*[26] 中，玩家每关都始于安全屋——这些受保护的空间配置有额外弹药和医疗包。这些空间在很多方面与其他射击游戏中的出生点类似，允许玩家快速补给后离开。但不同之处在于，它们几乎完全隔绝了电脑控制的僵尸入侵，因此玩家可在此停留并规划下一步行动。通过这种方式，这些空间鼓励玩家进行社交互动并共同制定穿越游戏世界的策略。该游戏还在各关卡中（尤其是重要大规模战斗前）设置了武器与医疗物资储存点，这不仅能控制游戏节奏，还能让玩家根据自身优势与玩法风格自主决定如何应对即将到来的挑战。

在开放世界或大型多人在线游戏中，玩家也有类似的机会——例如恢复状态、装备整理、社交互动、战略规划等，但这些活动发生在更广阔的空间内。这些我们称之为任务枢纽的空间，对玩家探索和了解多人游戏世界产生了深远的影响。

12.3.2 通过任务枢纽促进玩家互动

在许多大型多人在线游戏和在线世界中，玩家通常从中心城镇或指定的新手区域进入游戏空间。在持久的在线世界 *ActiveWorlds*[27] 中，玩家默认出生在世界地图的坐标（0,0）附近，并可以由此向外探索。由于大量玩家在这一区域移动，这里逐渐成为游戏内重要的商业中心。游戏 *World of Warcraft* 的玩家则根据自己所选的部落从相应的起始点或城镇开始游戏。这些城镇为所有职业配备训练师，并提供针对玩家所选部落的引导性任务。这些设计不仅让玩家初步体验可选择的职业类型并学习游戏基本玩法，还通过开放所有职业选项帮助玩家确立独特的游戏风格。

与多人动作游戏中的出生点相比，游戏 *World of Warcraft* 的初始区域节奏更为缓慢且更具规划性。这些空间更为广阔，需要玩家仔细探索，其布局通常包含大量可交互元素和待完成的任务，以此促进玩家之间的互动。多用户地下城游戏 *Federation II*[28] 精心策划了玩家与游戏世界的初次接触，向玩家传授游戏机制的同时，也引导玩家塑造互动模式。新玩家在获得飞船之前仅能探索初始星球，而获得飞船需要通过通信指令获取许可证和银行贷款。这套机制在向玩家介绍基础游戏系统的同时，确保他们在掌握这些机制后才能进一步冒险。由于许多推动游戏进程的经济体系由玩家控制，这个世界的社会等级结构自然促进了玩家间的互动。

在 *Quests: Design, Theory, and History in Games and Narratives* 一书中，Jeff Howard 探讨了大型多人在线游戏或多用户地下城游戏中的任务枢纽，以及单人游戏中的类似空间。[29] 他指出，这些任务枢纽借助非玩家角色赋予的任务或使命，推动玩家向更广阔的世界地图探索。其中许多任务要求玩家前往其他城镇，而这些城镇本身就是任务枢纽。因此，这些游戏利用任务引导玩家游览其可能性空间。随着玩家能力的提升，他们在任务枢纽之间的移动和任务选择也会变得更为自由，从而获得对游戏体验更强的自主权。玩家还可以在完成任务的过程中解锁新机制。

游戏 *Federation II* 的等级体系就是基于这种旅行、学习和解锁新能力的体验而设计的。游戏中的每次晋级都会开启新区域的探索和新机制的体验。例如，完成前文提到的获得飞船的初始任务之后，玩家必须通过为公司运输货物来偿还飞船的贷款。这些运输任务不仅让玩家熟悉游戏早期的星球，还为其创造了去酒吧等社交热点的机会。完成了运输任务后，玩家就可向宇宙更深处冒险并邂逅其他玩家。最终，随着等级的提升，他们会解锁股票交易、公司管理乃至政府治理等游戏机制。至此，这些资深玩家成为新手们主动寻求帮助的重要影响者。

12.3.3 通过支线任务激发探索欲

即使玩家仅以主线任务为目标，游戏过程中仍有可能催生出涌现式玩法体验。但若要玩家获得更有意义的体验，就必须允许玩家自行规划探索路径。因此，设计师应在玩家的主线任务路径上，设置易于发现的可选任务。在许多开放世界游戏中，主线任务之间的路径上分布着支线任务。这类任务能为愿意额外探索的玩家提供奖励。这种结构在 Bethesda Softworks 公司的游戏中十分常见，例如游戏 *Elder Scrolls V: Skyrim*。在该游戏中，玩家在主要任务枢纽之间移动时，设计师会用洞穴、坟墓、塔楼及其他支线地标来吸引玩家（图 12.9）。

多人在线角色扮演游戏的任务结构与单人游戏不同：其核心剧情通常由任务驱动。多人在线角色扮演游戏中的一些任务或玩家自定义的任务，在耗时、所需玩家数量、行程距离及奖励收益等方面可能存在差异。因此，规模更大的任务在任务层级中可能更重要。像游戏 *World of Warcraft* 中声望任务这类可重复的小型任务，实则服务于更宏大的长期目标。在游戏 *Federation II* 中，前往酒吧为众人买一轮酒虽然不是特定任务，但这种行为可能会获得社交奖励，因此可以被视为玩家自定义的支线任务。多人游戏场景既应提供大规模的主线目标，也需为玩家创造设定小型自定义目标的机会。这些设计能让玩家自主决定在游戏世界中如何分配时间。

任务枢纽是大型游戏世界的重要核心区域。玩家从枢纽出发前往各类任务点，完成任务后返回枢纽补充物资、获得新武器或接收新任务。在拥有公会系统的游戏中，任务枢纽可能是玩家与社群共同建设的集体家园。接下来，我们将探讨游戏中“家园”的概念，并分析玩家拥有个性化领地所能获得的益处。

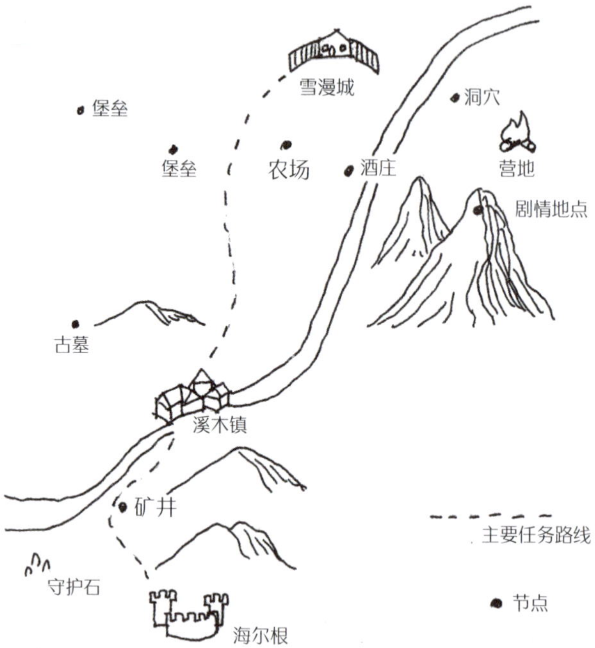

图 12.9 游戏 *Skyrim* 的示意图，展示了玩家在不同城镇之间的移动路径设计。支线任务设置在主要任务枢纽之间的路径上，易于被玩家发现。正因如此，主线任务会引导玩家前往游戏世界的不同地方，在这些地方，玩家可以自由体验支线任务

12.4 游戏中的房屋、家园和故乡

尽管任务枢纽是推动玩家在游戏世界中探索的重要节点，但许多玩家可能会根据自身等级、游戏剧情进度或常聚集于特定区域的社交群体，选择自己偏爱的特定区域。有些游戏进一步拓展了这个理念，允许玩家拥有可自定义的专属空间。前文提到的游戏 *ActiveWorlds* 便是典型案例，该游戏允许玩家搭建自己的房屋和商店，这有助于创建世界入口周围的商业中心（图 12.10）。另一款游戏 *Second Life*[30] 同样支持玩家打造专属房屋与商店，甚至允许玩家在游戏内出售各类物品。

玩家对游戏元素的自定义能力，能让他们在游戏体验中获得更强的掌控感。自定义功能早就是游戏设计的重要组成部分，其历史至少可追溯至现代商业战争游戏的兴起——通常以 1913 年 H.G.Wells 创造的游戏 *Little Wars* 这一开创性作品为起源。[31] 例如 *Warhammer*[32] 系列游戏，支持玩家通过涂装或其他改造方式自定义模型外观，即便模型的属性数值仍需遵循通用规则。在免费的手机游戏和在线游戏中，自定义功能已被证明是具有强大盈利能力的商业机会。据透露，2011 年，游戏 *Team Fortress 2*[33] 中虚拟帽子的交易总额已突破 3.5 亿元。[34]

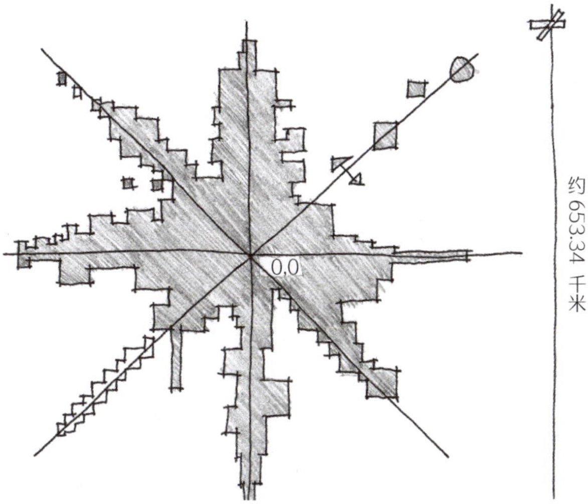

图 12.10 游戏 *ActiveWorlds* 的地图示意图，展示了该游戏世界以坐标（0,0）为中心向外扩散的城市扩张形态。坐标 (0,0) 周边区域因玩家流量密集而发展成重要商业中心。游戏中 X 轴、Y 轴或沿对角线分布的坐标点，也因其易于记忆，变得和坐标（0,0）周边区域一样有价值

除了为发行商带来经济收益外，允许玩家自定义多人游戏空间还具有社会价值。Jacobs 曾强调与邻里保持持续熟悉感的重要性，她认为，店铺老板等公共人物的持续存在，既能增强社区互助，又能为志趣相投的居民搭建社交桥梁。[35]稳定的玩家社群有助于构建玩家共同经历的涌现式游戏历史（即由玩家互动自发形成的独特游戏事件记忆）。游戏可通过设置城镇、酒馆等社交空间，为公会或氏族提供聚集场所。此外，游戏外的辅助空间（如聊天室、论坛）同样能助力玩家组织竞赛、组建氏族或形成阵营对抗，这些活动都为多人游戏赋予了更丰富的意义。

如前所述，部分游戏世界允许玩家在其中自主设计和建造，打造可供他人访问的专属家园。这种设计在以玩家社交为主要核心机制的游戏中尤为适用，游戏 *Second Life* 便是典型案例，该游戏允许玩家亲手塑造游戏世界：玩家创作的内容既可以成为吸引他人的特色场景，也能通过访问彼此空间的方式实现社交互动。这种游戏空间的自由度，催生出多个亚文化群体：有人利用这个可自定义世界重现历史场景、举办文化活动、开展艺术展览，乃至进行体育活动。

游戏 *Animal Crossing: New Leaf*[36] 则借助游戏内的家园促进玩家间的互动。在游戏中，玩家是自己小镇的镇长，可按照个人意愿自定义小镇风貌、玩家形象及自家房屋。借助任天堂 3DS 的社交功能，玩家能探访彼此的城镇，交换物品或互赠礼物。这些特性不仅让玩家可以分享游戏中的成就，更能通过共享资源帮助对方推进游戏进度。

12.5 总结

在本章中，我们探讨了在为多人游戏设计场景时，如何通过理解玩家个性为设计决策提供依据。相较于单纯关注游戏机制的执行，聚焦玩家互动的构建能让游戏体验进入“富有成效的空白”，从而产生有趣而难忘的游戏事件。

我们还探讨了历史上城市设计的实例，以了解如何管理大型人群间的互动。我们比较了强调功能分区的现代主义设计原则与倡导混合功能、以使用者为中心的新城市主义设计原则。我们认识到，不应在多用户游戏世界中重蹈现代主义的覆辙，而混合功能的游戏空间能够有效促进不同技能、风格与类型的玩家之间的互动。

此外，我们分析了玩家进入多人游戏世界的初始空间结构——出生点和任务枢纽——对玩家与游戏世界互动的影响：出生点为玩家提供了一个在进入激烈的多人战斗前快速补充资源的机会；任务枢纽则会通过精心设计的引导任务，鼓励玩家探索、社交，并逐步介绍游戏机制。同时，任务枢纽还能促使玩家探索更大的游戏世界——任务引导玩家前往其他中心（如城市、城镇、星球等），从而让玩家游览整个游戏世界。这些旅程也为玩家提供了自主互动与目标设定的机会。

最后，我们讨论了玩家如何通过与特定玩家建立关系或自定义周围环境打造专属空间，从而增强归属感。这些游戏内的专属“家园”，还会通过访客互动或赠送礼物等方式，为游戏社交提供动力，助力玩家在游戏中相互帮助、共同推进游戏进程。

在最后一章，我们将探讨声音设计如何影响我们对游戏空间的感知，包括建筑节奏、环境音效及几乎无声音或完全静音的空间等。

12.6 练习

① 写作练习：根据 Jason VandenBerghe 的玩家分类理论，划分出三种理论玩家类型。结合本章开篇提出的基于游戏领域的问题，为这三种玩家类型设计关卡框架，并形成文字说明。

② 绘图练习：体验任意一款多人在线游戏，至少绘制三种不同空间的示意图，要求这些空间能催生出独特游戏策略或适配特定玩法风格。

③ 绘图练习：使用空间关系示意图，为以下不同类型游戏绘制融合多元玩家风格的地图：多人第一人称射击游戏、包含多种职业角色（法师、野蛮人、盗贼、牧师等）的大型多人在线角色扮演游戏、玩家可以选择进攻或防守的大逃杀游戏。

④ 绘图练习：体验一款大型多人在线游戏或开放世界游戏，沿两个主线剧情事件之间的主要路径行进，并用地图记录行进路径。标记出沿途发现的所有潜在支线任务或其他兴趣点。观察它们是如何分布的，分析其如何吸引玩家探索或延长游戏时长。

参考文献

[1] Jacobs, Jane. *The Death and Life of Great American Cities*. New York, NY: Random House, 1961, p. 59.

[2] Romero, John. John Romero at BrainyQuote. Famous Quotes at BrainyQuote. http://www.brainyquote.com/quotes/quotes/j/johnromero483970.html (accessed July 30, 2013).

[3] VandenBerghe, Jason. Applying the 5 Domains of Play. Speech at Game Developers Conference from UBM, San Francisco, March 27, 2013.

[4] Morningstar, Jason. Tabletop Design Principles. Speech at East Coast Game Conference from IGDA, Raleigh, NC, April 24, 2013.

[5] *Urbanized*. DVD. Directed by Gary Hustwit. S.l.: Swiss Dots, 2011.

[6] Jacobs, Jane. *The Death and Life of Great American Cities*. New York, NY: Random House, 1961, p. 17.

[7] Jacobs, Jane. *The Death and Life of Great American Cities*. New York, NY: Random House, 1961, pp. 21 - 22.

[8] Fazio, Michael W., Marian Moffett, and Lawrence Wodehouse. *A World History of Architecture*, 2nd ed. Boston, MA: McGraw-Hill, 2008, p. 507.

[9] Business *Portal* of India: Investment Opportunities and Incentives: State Level Investment: Chandigarh. Business *Portal* of India: Government of India, Indian Economy, Investment, Incentives, Trade, Infrastructure, Legal Aspects. http://business.gov.in/investment_incentives/chandigarh.php (accessed August 1, 2013).

[10] Morshed, Adnan. Chandigarh. *Class lecture, Advanced Architectural Theory*. Washington, DC: Catholic University of America, February 7, 2008.

[11] Nangia, Ashish. The Town That Corbusier Built. Change Observer: Design Observer. http://changeobserver.designobserver.com/feature/the-town-that-corbusier-built/15028/ (accessed August 1, 2013).

[12] Morshed, Adnan. Brasilia. *Class lecture, Advanced Architectural Theory*. Washington, DC: Catholic University of America, February 14, 2008.

[13] Husock, Howard. The Myths of the Pruitt-Igoe Myth. *City Journal*. http://www.city-journal.org/2012/bc0217hh.html (accessed August 1, 2013).

[14] *The Pruitt-Igoe Myth: An Urban History*. DVD. Directed by Chad Freidrichs. New York, NY: First Run Features, 2011.

[15] Wolfe, Tom. *From Bauhaus to Our House*. New York, NY: Farrar, Straus, & Giroux, 1981, pp. 63 - 64.

[16] *Ultima IV: Quest of the Avatar*. Origin Systems (developer), Electronic Arts (publisher), September 16, 1985. PC game.

[17] *Ultima Online*. Origin Systems (developer), Electronic Arts (publisher), September 24, 1997. PC game.

[18] Donovan, Tristan. *Replay: The History of Video Games*. East Sussex, England: Yellow Ant, 2010.

[19] Alexiou, Alice Sparberg. *Jane Jacobs: Urban Visionary*. New Brunswick, NJ: Rutgers University Press, 2006.

[20] Jacobs, Jane. *The Death and Life of Great American Cities*. New York, NY: Random House, 1961.

[21] Jacobs, Jane. *The Death and Life of Great American Cities*. New York, NY: Random House, 1961, p. 151.

[22] Jacobs, Jane. *The Death and Life of Great American Cities*. New York, NY: Random House, 1961, p. 138.

[23] *Halo 3*. Bungie (developer), Microsoft Game Studios (publisher), September 25, 2007. Xbox 360 game.

[24] *World of Warcraft*. Blizzard Entertainment (developer and publisher), November 23, 2004. PC game.

[25] *Minecraft*. Mojang (developer and publisher), November 18, 2011. PC game.

[26] *Left 4 Dead*. Turtlerock Studios/Valve South (developer), Valve Corporation (publisher), October 2008. PC game.

[27] *ActiveWorlds*. *ActiveWorlds* (developer and publisher), 1997. Online virtual world.

[28] *Federation II*. IBGames (developer and publisher), 2003. Multi–User Dungeon.

[29] Howard, Jeff. *Quests: Design, Theory, and History in Games and Narratives*. Wellesley, MA: A.K. Peters, 2008, pp. 47 – 49.

[30] *Second Life*. Linden Research (developer and publisher), June 23, 2003. Online virtual world.

[31] History of Wargaming. HMGS. http://www.hmgs.org/history.htm (accessed August 4, 2013). Military strategy games, in reality, date as far back as Wei–qi (known commonly as Go) in 2000 BC, and others. Miniature wargames were also utilized throughout the nineteenth century by armies to practice battle strategies. However, Wells is one of the first to offer the games commercially.

[32] *Warhammer Fantasy Battle*. Games Workshop (developer and publisher), 1983. Tabletop wargame.

[33] *Team Fortress 2*. Valve Corporation (developer and publisher), October 9, 2007. PC game.

[34] Good, Owen. Analyst Pegs *Team Fortress 2* Hat Economy at $50 Million. Kotaku. kotaku.com/5869042/analyst–pegs–team–fortress–2–hat–economy–at–50–million (accessed August 4, 2013).

[35] Jacobs, Jane. *The Death and Life of Great American Cities*. New York, NY: Random House, 1961, p. 68.

[36] *Animal Crossing: New Leaf*. Nintendo EAD Group No. 2 and Monolith Soft (developer), Nintendo (publisher). June 9, 2013. Nintendo 3DS game.

第 13 章

关卡设计中的声音、音乐和节奏

我在以前的一堆纸中发现一页笔记，上面写着曾将建筑称为凝固的音乐。这句话很有道理，建筑带给我们的感染力，与音乐颇为相似。

——*Conversations with Goethe: in the Last Years of His Life*，Johann Wolfgang von Goethe[1]

在为游戏创作配乐时，我从不以独立音乐人自居，而只是把自己视作开发团队的一员。我始终在思考：为什么样的声音或背景音乐才能凸显游戏特色，营造独特氛围呢？我希望玩家能感受到音乐与氛围中的阴郁和压抑，体会那种恐惧与不确定感。而当通关游戏后，玩家又能获得满满的成就感与欢欣。

——著名游戏作曲家 Hirokazu Tanaka 谈为 *Metroid* 系列游戏创作音乐的过程与思路[2]

提到关卡设计，很多人会想到视觉信息、可交互的游戏机制或需要思考解决的谜题。本书此前对关卡设计的探讨也多围绕这些方面展开：强调视觉符号、空间叙事和动觉交互。然而，音频元素虽常被忽视，却在我们理解游戏空间的过程中发挥着关键作用。

游戏音频为关卡设计师提供了另一种为游戏空间补充信息的方式。音频可引导玩家移动，帮助营造游戏氛围，或奖励玩家的成就。游戏中的声音设计可以调节动作节奏，从而影响玩家与游戏互动时的行为选择。在本章中，我们将探讨游戏关卡中的声音设计，揭示声音如何成为吸引玩家沉浸于我们所构建的游戏世界中的关键要素。

在本章，你将学到以下内容：

节奏在游戏和建筑中的作用；

用环境音效完善关卡设计；

通过声音设计提升游戏体验。

13.1 节奏在游戏和建筑中的作用

在我们关于游戏节奏和架构的讨论中，节奏——即元素或运动的定时重复——始终是核心议题。在游戏玩法层面，节奏体现为游戏体验中高潮与低谷的稳定交替、危险区域与安全区域的轮换，或挑战与奖励的循环（图 13.1）。这些节奏上的变化和对比，为游戏世界增添了复杂性。每个节奏元素都为玩家构建了内在化的时间规律，进而成为吸引玩家探索游戏空间的强大动力。在建筑领域，有节奏地运用视觉元素（如构造、阴影等），能引导人们的视线在空间中移动。节奏元素也暗示着空间的划分——将单一空间划分为多个区域（图 13.2）。

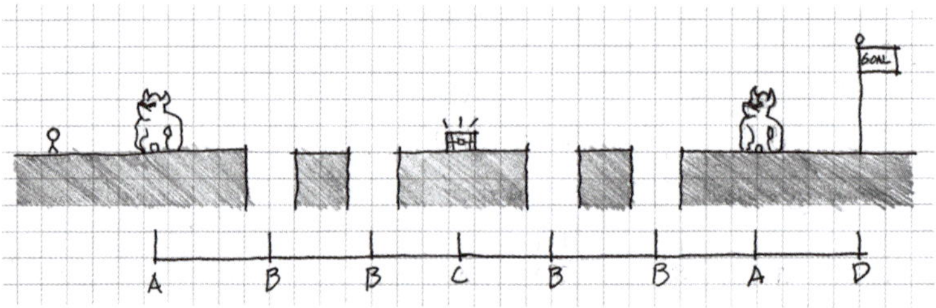

图 13.1 游戏空间中节奏把控示例

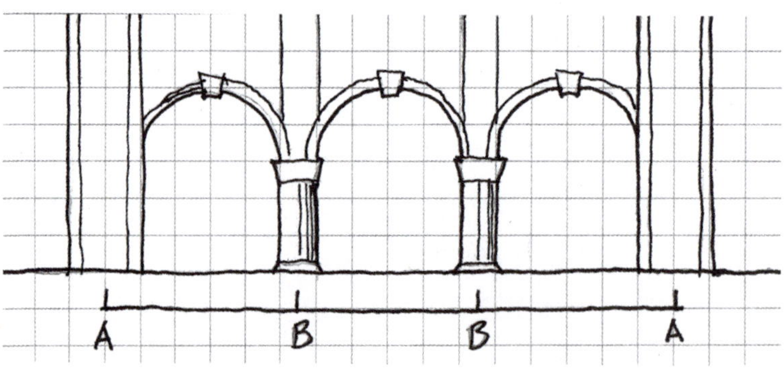

图 13.2 建筑中的节奏元素示例

节奏也是音乐和声音设计的关键要素。在西方音乐理论中，节奏关乎音符在时间中的长短组织模式，而节拍则构成了组织这些节奏的基础框架——它通过规定每小节的拍数和重音循环，为音乐提供稳定的律动结构。音乐学者 Justin London 指出：节拍是乐曲中重复出现的节奏元素，它会先让听众形成初始认知，随后使听众对其重复规律产生预期。[3]

由此可见，游戏、建筑与音乐中的节奏元素并非毫无关联。节奏不仅为这些媒介提供内在结构（游戏的节奏把控、立柱的间距安排、节拍的重复规律），还能引发受众的认知反应。在本节中，我们将探讨节奏元素影响我们对游戏空间认知的几种方式。

13.1.1 氛围与音乐

在探讨游戏中的声音及其对玩家的情绪与行为的影响时，大多数人会想到游戏声景（即游戏中构成听觉环境的所有声音）的核心部分——游戏音乐，事实上，游戏音乐是游戏体验中最常被注意和记住的元素之一。游戏 *Mass Effect* 的作曲家、巡回电子游戏音乐会“电子游戏现场”联合创始人 Jack Wall 提到，“音乐是看不见的角色，它承载着玩家行为背后的情感脉络。它悄然展现游戏设计师的意图，其创作过程是与开发团队深度协作的成果。”[4] 正如前文 Tanaka 所言，游戏音乐对虚拟世界的构建至关重要。尽管玩家会与游戏机制、叙事及游戏世界的其他元素产生互动，但他们并非真正身处那个空间之中。音乐能为玩家提供情感线索，优秀的游戏音乐能像游戏空间一样，巧妙地引导玩家的情绪。

1998 年，美国心脏数理研究院和美国海军研究生院的研究人员开展了一项实验，测试特定类型的音乐对听众情绪的影响。[5] 研究团队选择了四种类型的音乐：古典音乐、新世纪音乐、垃圾摇滚音乐及当时新兴的设计师音乐（以特定方式影响听众的音乐）。其中，设计师音乐尤为值得关注，它不仅与当代游戏音乐最为契合，还拥有明快的节奏与氛围感十足的乐器编排。研究人员通过一份包含 45 个问题的问卷，评估了这四种音乐类型对以下情绪维度的影响：关怀感、思维清晰度、放松感、活力感、敌意、疲劳感、悲伤感和紧张感。[6]

测试结果验证了所有四种音乐类型都会影响听众情绪状态的假设。古典音乐除了能缓解紧张感外，对其他情绪无显著影响；新世纪音乐能带来放松感，缓解敌意和紧张感，但也会削弱思维清晰度和活力；垃圾摇滚则会增强敌意、疲惫感、悲伤感与紧张感，同时降低关怀感、放松感、思维清晰度与活力。而最终数据显示，设计师音乐不仅能增强关怀感、放松感、思维清晰度与活力，还可以缓解敌意、疲惫感、悲伤感与紧张感。[7]

这样的研究强调了音乐能够影响听众并使他们沉浸在特定情绪中。如前所述，为了创造虚拟的互动体验，游戏能够将我们带到其他媒介通常避免涉及的领域，如恐惧、紧张、攻击性等。游戏设计师通常会使用复杂的灯光或艺术手法来营造这种紧张感。然而，音乐才是真正巩固视觉元素所暗示氛围的元素。即使在无法实现复杂视觉效果的情况下，音乐也可能是营造氛围的关键元素。

黑白屏 GameBoy 游戏机上的游戏 *Metroid II: The Return of Samus*[8] 就是一个典型案例：它证明了即使没有复杂的图形，音乐也可以作为一种工具来营造紧张的氛围。在这款游戏中，玩家必须探索一个遥远星球的地下墓穴，以猎杀外星人。由于缺乏色彩和高分辨率图形，开发者转而通过其他方式来体现初代游戏的孤独氛围。在视觉层面，设计师在游戏主角获得能力时改变了她的轮廓，而不是像初代游戏那样改变她的颜色。游戏主角的精灵图像也被放大以显示更多细节，但这一设计的副作用是让多数关卡空间在视觉上显得更为狭窄（图 13.3）。

从多个角度来看，该游戏的配乐强化了狭窄空间带来的压迫感。Tanaka 在谈及初代游戏的配乐创作时提到：他希望创作模糊游戏音乐与世界声音界限的乐曲。[9] 而 Ryoji Yoshitomi 为游戏 *Metroid II: The Return of Samus* 创作的配乐则将这一理念推向新高度——游戏全程采用极简风格的音乐。这些音乐更像是有节奏的环境声景，如用电子合成的洞穴回声和生物的嘶吼作为乐器。当玩家遭遇敌人时，音乐就会切换为强烈的重复段。这增强了玩家在狭窄空间中与强大的敌人战斗的紧张感。每当玩家用导弹击中敌人时，敌人就会发出尖啸声。这一设计尤为精妙：尖啸声的频率与玩家和敌人之间的距离相关联。当玩家射击出现短暂停顿时，敌人会逐渐逼近，尖啸声的频率也随之加快，从而进一步增强场景的紧张感，让玩家更敏锐地感知游戏中的战斗动态。

音乐创作并不一定要与声音设计割裂。在我工作室开发的生存游戏 *Dead Man's Trail*[10] 中，我有幸与几位优秀的作曲家合作：Chris Kukla 和 Akash Thakkar。Akash Thakkar 以自己的拟音工作（录制日常环境声音）为素材创作了音乐曲目。在某一段配乐中，他融入了多种声音：关门的巨响、霰弹枪打空最后一发子弹的声音，以及用大提琴弓在各类家居物品上拖动的声响。[11] 这些声音呼应了僵尸末日题材故事中常见的经典元素：与大群僵尸展开的远程战斗、弹药耗尽的绝望、建筑内传来的不明移动声响。这些既强化了关卡的紧张感，也让玩家清晰意识到，为了生存必须采取哪些行动。同样，Chris Kukla 为玩家驾驶卡车穿越全国的场景创作了南方摇滚风格的背景音乐，从而将美国公路旅行的传统意象与游戏中的恐惧感形成了鲜明对比。

而游戏 *Flower*[12] 的配乐则采用简洁的吉他与钢琴编曲，旨在唤起人们放松和快乐的感受。游戏中持续吹拂的风声也作为专属声音，为音乐注入自然气息。游戏过程中的互动音效也兼具音乐性：当玩家触碰花朵使其绽放时，钢琴声与小提琴声会随之响起，与简单的背景音乐融为一体。随着玩家能力提升与移动速度加快，音乐的节奏会相应加快。

图 13.3 游戏 *Metroid II：The Return of Samus* 通过视觉元素和富有创意的声景设计，重现了初代游戏 *Metroid* 所特有的孤独感。游戏主角的精灵图像被放大后，许多关卡空间在视觉上显得更为狭窄。而音乐创作则通过营造置身巢穴般的压抑感，进一步强化了游戏关卡空间的局促与封闭

正如前文美国心脏数理研究院与美国海军研究生院对情绪和音乐的研究所示，像游戏中这类经过刻意设计的音乐，能对听众的积极情绪产生促进作用。节奏明快的乐曲能提升思维清晰度，而舒缓的旋律有助于放松或专注。压抑的旋律和节奏缓慢的音乐（如研究中提到的垃圾摇滚），则会对听众的情绪状态产生负面影响。

作曲家 Chanel Summers 将音乐在游戏和媒体作品中引导情绪的方式定义为共情式和非共情式。[13] 共情式音乐指的是为屏幕画面提供符合预期情绪的音乐，如为大规模战斗搭配高潮迭起的主题曲，为沉思场景搭配舒缓的音乐等。非共情式音乐所表达的情绪与屏幕画面中的动作不同，有时甚至完全相反。游戏 *Final Fantasy VII* 中“与 Jenova 生命体的战斗”场景就是一个典型的例子。游戏没有采用节奏明快的战斗音乐，而是采用悲伤的主题曲，以凸显游戏剧情中同伴的死亡，也反衬出敌人攻击的残酷性。微型纪录片 *The Marvel Symphonic Universe*[14] 论证了出人意料的音乐或非共情式音乐的影响力。该纪录片认为，漫威电影宇宙系列的配乐，不如其他电影系列的配乐令人印象深刻，原因在于其配乐与场景的契合度过高。那些出现在非预期场景中的音乐往往能给人留下深刻印象，而那些与场景情境、画面音效契合度过高的音乐，反而会因融入背景音，变得不易被察觉。这并不是说共情式音乐不好，而是说它应该被用于完善情绪的构建，而不仅仅是支撑已有的画面情绪。

对于游戏中的音乐与氛围的探讨，还为游戏关卡的音乐运用提供了另一种可能：实现音乐的交互性。理解游戏的交互节奏概念，将深刻影响我们对玩家与游戏空间节奏之间关系的认知。

13.1.2 节奏与交互音效

游戏音乐常常模糊音效和音乐之间的界限，例如游戏 *Metroid II: The Return of Samus* 和游戏 *Dead Man's Trail* 将音效融入音乐，创造出“声景 - 歌曲”的混合听觉体验。而游戏 *Flower* 则采用音乐化的音效，使玩家通过交互行为既影响游戏进程，又参与音乐创作。交互音频研究者 Karen Collins 将这种交互音乐现象称为多模态体验——即涉及多种感官体验。Collins 认为，游戏同时涉及三种感官模态：听觉、视觉和触觉。[15]

在 *Simon* 这类电子记忆玩具——玩家需通过按键重复电子灯光与音调的模式——的机制启发下，[16] 20 世纪 90 年代中期兴起了一种新型游戏（节奏游戏）并逐渐流行：玩家根据按钮提示进行操作以触发音乐播放。游戏 *PaRappa the Rapper* 是该类型的早期代表作之一。玩家需配合音轨节奏，按特定顺序按下按钮，若玩家操作失误，音乐便会错误播放。通过这种方式，玩家获得了掌控游戏背景播放效果的主动权。

由 United Game Artists 公司制作的游戏 *Rez*[17] 则采用了另一种设计思路。与让玩家跟随音乐提示来产生正确音效不同，该游戏是一款第三人称轨道射击游戏，其音效本身就是游戏音乐的一部分。当玩家在关卡中射击敌人时，音乐会变得丰富，各种色彩也会弥漫在游戏场景中——游戏场景从空白网格逐渐构建成一系列复杂的建筑形态（图 13.4）。玩家行为与游戏声音、视觉发展的同步性被描述为联觉体验，[18] 即单一感官输入引发多重感知体验。拥有联觉能力的人可能会将字母或数字感知为特定颜色。

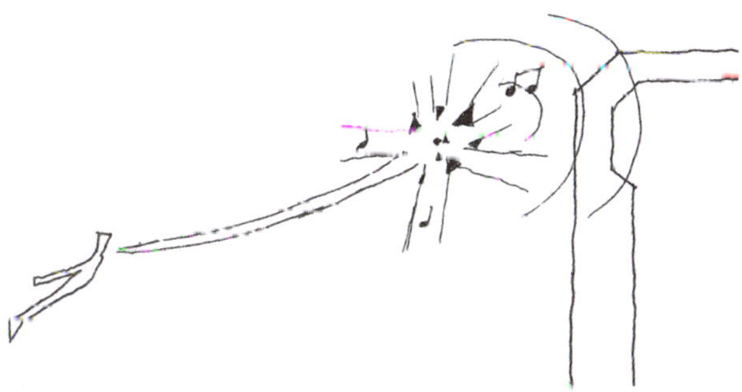

图 13.4 游戏 *Rez* 的玩家通过移动和射击敌人，与游戏中设计声音和关卡设计产生交互。声音丰富度与空间复杂性的逐级提升，正是对玩家游戏内行为的实时反馈

在这类玩法中，玩家的输入与操作会对游戏元素产生影响，从而为玩家带来独特的体验。*Bit.Trip* 系列游戏如 *Bit.Trip Beat*[19] 和 *Bit.Trip Runner*[20] 具有与游戏 *Rez* 相似的效果。玩家在关卡中持续前进，并且需根据游戏机制以不同方式响应音乐指令：游戏 *Beat* 要求玩家移动挡板击打圆点，玩法类似游戏 *Pong*（图 13.5），而 *Runner* 则是一款持续奔跑类游戏，玩家需控制角色跳跃或蹲下以躲避障碍。由于游戏会自动推动玩家前进，因此各关卡的节奏与音乐轨道的节奏完全同步（图 13.6）。同样，玩家需要依照音乐的节拍，在准确的时机与游戏 *Beat* 中的特定子弹或游戏 *Runner* 中的机制互动。随着游戏进程的推进，玩家会逐渐对每段音轨中的这些音效形成预期，并会主动通过操作触发它们。久而久之，玩家甚至难以分辨究竟是自己在操控游戏，还是游戏在操控自己。

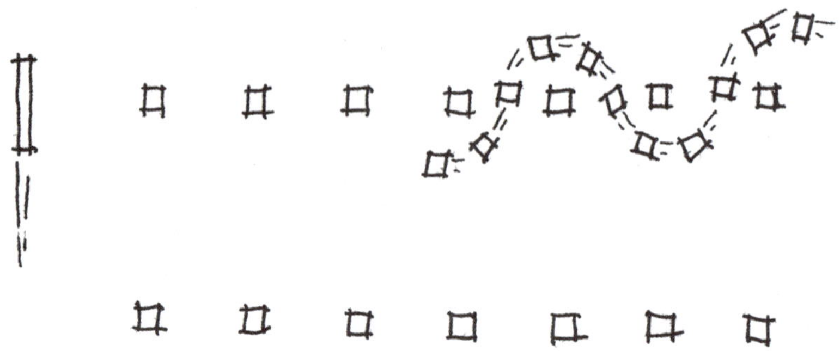

图 13.5　游戏 *Bit.Trip Beat* 中，射向玩家的子弹以波浪形式出现，而且每一波的出现节奏都与音乐提示同步。玩家会逐渐形成条件反射，对音乐中特定的节奏元素产生预期，进而让操控的挡板随着音乐节奏移动

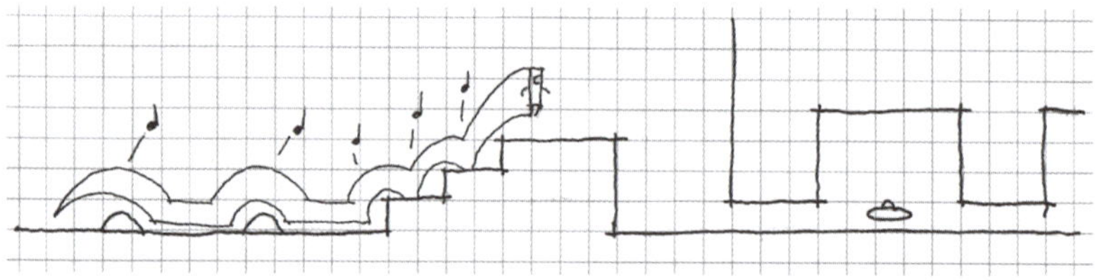

图 13.6　游戏 *Bit.Trip Runner* 的关卡示意图，展示了游戏中特定障碍如何以节奏性方式排布，并形成重复的移动模式。而场景中的道具，则为音乐提供了可选择触发的音符

从设计层面来看，这些游戏空间将关卡的几何结构作为激活特定音效的媒介。游戏 *Rez* 和 游戏 *Bit.Trip* 的玩家，在进行游戏操作时，既丰富了游戏空间音乐，又对音乐作出反应。但有时，由于玩家预判了特定节奏，他们会感觉游戏在暗示下一步操作。

13.1.3　游戏与空间中的节奏同步

正如我们在本章与其他章节中所探讨的，游戏声音、物体或游戏体验模式的重复出现，能够让玩家逐渐预判事件的发生，或理解应采取何种策略。从这个角度来说，我们可以认为，整款游戏或游戏世界都可能具备节奏。通过对游戏 *Rez* 和游戏 *Bit.Trip* 等节奏联觉游戏的研究，我们发现与节奏交互的玩家会逐渐学会预判特定动作的时机。这种节奏同步现象同样可能以更宏大的尺度呈现于游戏节奏与空间元素之中。

生物音乐学中存在同步化的概念：有机体通过调整自身节奏与外部节奏或其他有机体保持同步的过程。[21] 早期的街机游戏就采用这种同步机制来增强吸引力：如果玩家知晓每通过两关便会出现奖励，那么即便游戏失败，他们也愿意投入额外的游戏币继续游玩。这种同步模式在以奖励为核心、聚焦短期与长期目标的游戏中极为常见。玩家清楚，在许多游戏的开放世界中完成少量任务后，就能进入地下城，那里往往会有新武器和关键的道具。游戏 *Zelda* 玩法节奏推动玩家不断前进，而且这种节奏还常被其他元素强化，使其更突出。例如，每个地下城相关的嵌入式叙事事件往往遵循戏剧弧线发展：玩家了解进入特定地下城的原因，随后进入其中，经历高潮战斗，最终收获奖励。这类游戏的状态界面通常会显示待收集的关键道具数量，进而暗示玩家还需探索多少个地下城。这类游戏通过这种方式，让玩家对游戏的节奏系统有整体认知，并引导玩家学会识别这种节奏。

纯粹从空间角度看，建筑和游戏关卡也可以运用节奏。科尔多瓦大清真寺就是这样的案例。一方面，它利用阴影营造出模糊的氛围，这种光影条件能有效引导人们在空间中移动；另一方面，其富有节奏感的拱廊和红白相间的双拱门结构，借助向大厅各个方向延伸的物理形态，吸引来访者探索。在建筑中，立柱、楼梯、阴影、门洞、露台或其他有韵律感的构件都能营造出动感和连续性。它们引导来访者在空间中穿行的方式，与哥特式教堂或游戏 *Half–Life 2*[22] 中的那些线性引导元素的作用原理一致。

建筑中节奏元素的间距会影响人们在空间中的移动方式。例如，在百货商店和购物中心的设计中，昂贵商品附近的地砖通常会采用较小的尺寸。这种设计会让购物者的购物车在地砖上滚动时发出更快的“咔嗒”声。这种高频声响会让顾客感觉自己移动过快，从而放慢脚步。[23] 购物中心内部的地砖往往尺寸很大，人们的步幅会不自觉地与这种更宽的地砖排布节奏同步。而当购物者走到店铺门口时，入口处的地砖就会变小，人们需调整步幅以适应新的短节奏模式，从而无形中降低了移动速度（图 13.7）。这种设计逻辑同样可应用于游戏空间：在远景的开阔区域空间采用间距更宽的节奏性建筑元素，这样可以引导玩家沿着宽阔的通行路径移动；而当玩家进入由细密节奏元素构成的区域时，他们往往会先停下脚步探索该空间，之后再继续前进。

图 13.7　即使是购物中心地砖间距这类微小的建筑细节，也会对人们的步行节奏产生很大影响：在宽大的地砖上，人们会放大步幅、加快行走速度，而在较小的地砖上，他们会缩小步幅，放慢行走速度

13.1.4　多变的结构节奏

尽管游戏玩法以富有节奏的方式展开，并能通过节奏同步引导玩家持续向前，但要让玩家始终沉浸于富有节奏的游戏结构中，另一个关键元素在于将多种节奏层层叠加。这种叠加方式在设计师为玩家设置一系列长期和短期目标时体现得尤为明显。长期目标构成“重大事件”的独立节奏，例如与首领的战斗、过场动画、剧情事件等——这些元素构成了游戏的基础结构，比如“这款游戏有 8 个关卡”或“这款游戏的故事分为 4 章”。而在这些宏观的结构中，还包含着独立关卡（如世界 1–1、1–2、1–3）、任务、谜题或敌人遭遇战等内容，它们又对应更为短期的目标。

若将这些目标用图表形式呈现，它们就会呈现出清晰的节奏模式：主要的游戏节奏可以用更粗的线条标注，而其他目标则根据其重要性用越来越细的线条表示（图 13.8）。在建筑立面设计中，这种由分层结构元素形成的模式被称为“格纹图案”，该术语源自苏格兰服饰中常见的织物图案。[24] 建筑领域的格纹由不同层级重要性的结构或立面元素交替构成：小到窗框大到立柱（图 13.9）。就游戏场景节奏而言，可能存在基于大型开阔空间节奏元素与更私密空间元素共同构成的“同步格纹”。游戏 *BioShock Infinite*[25] 在哥伦比亚的战斗场景中出色地运用了这类格纹：建筑与岛屿构成大规模节奏，将玩家从一场高潮战斗引向另一场；而探索单个建筑的玩家则会发现精心设计的奖励空间与嵌入式叙事空间（图 13.10）。在游戏空间中构建格纹节奏模式，既能影响游戏的整体结构，也能丰富单个关卡空间。这种宏观与微观结合的玩法叠加，会让游戏体验远比仅从外部规划单一节奏更加丰富。

图 13.8 像图中这样的建筑格纹，可以呈现不同层级结构元素的叠加关系。了解这类立面的分层特征，有助于设计师打造出视觉上更具复杂性的建筑外观

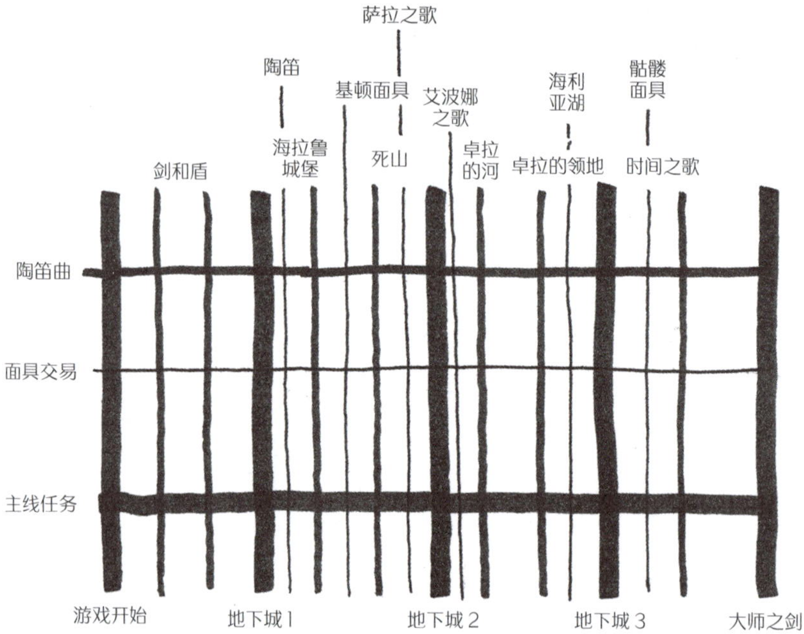

图 13.9 这幅图展示了游戏 *The Legend of Zelda: Ocarina of Time* 中节奏的层级叠加关系。游戏的重大事件与核心目标用更粗重的线条表示，而其他目标则根据其重要性层级，依次用越来越细的线条标注

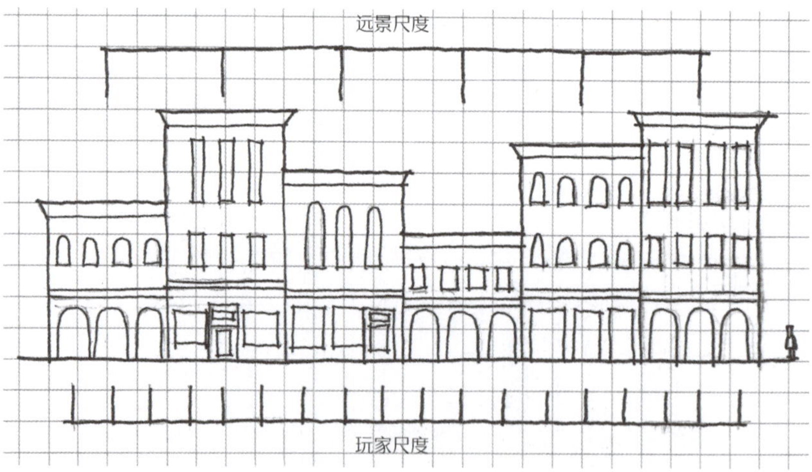

图 13.10 游戏 *BioShock Infinite* 以其多层级的玩法结构体验而闻名。哥伦比亚的外部空间以岛屿与建筑构成宏观格局，促使玩家在不同战斗场景间快速移动。而热衷探索的玩家则会发现尺度更私密的可探索区域与任务，由此形成了类似格纹的结构

尽管节奏是音乐帮助我们理解建筑与游戏空间的主要方式，但游戏声音设计还为提升关卡体验提供了其他可能。在下一节中，我们将探讨游戏引擎中两种声音实现方式的区别，以及如何利用这些方式引导玩家在关卡中行进。

13.2 用环境音效完善关卡设计

我们已经讨论了游戏声景的主要组成部分——音乐。不过，还有其他一些因素对构建游戏的听觉模态起着关键作用。环境音效便是其中之一——即构建环境背景的声音效果。在本节中，我们将探讨运用环境音效的方法，以及它们如何帮助我们更好地理解游戏空间。我们所使用的术语借鉴自 Unity 引擎对声音空间的建模方式，即二维声音与三维声音。

13.2.1 二维声音

在我们将要探讨的两种声音模型中，二维声音是更简单的一种。音乐和具有场景背景属性的环境音效（如风声、树叶的沙沙声或遥远的城市声响），都可归为二维声音。这类音效在场景中播放时，不考虑声源与游戏视角之间的距离。例如，玩家角色或非玩家角色的对话通常会使用二维声音，以确保对话能被清晰听到。游戏音乐通常作为场景背景音乐播放，而非由特定声源发出。虽然这些声音缺乏实际的空间定位，但它们在营造环境背景或氛围方面具有独特的作用。

游戏 *Slender: The Eight Pages*[26] 是通过二维声音构建环境的典型案例。该游戏的开发者 Mark Hadley 本身就是一名声音设计师，他利用环境噪声的变化来体现玩家在游戏进程中的状态变化。游戏初期，玩家可以听到典型的夜晚森林声音：蟋蟀的鸣叫声、风吹过树叶的沙沙声等。而随着玩家收集纸张数量的增加，环境音效会变得越来越阴森——先是出现持续的鼓声，最终还会混入各种令人不安的音调。这款游戏的一大特色在于对负空间的运用：浓密的黑暗笼罩着开阔的前景空间，营造出玩家置身其中时孤立无援的氛围。这款游戏的二维声音也强化了这种氛围。那些鼓声可以解读为游戏中的反派角色在跟踪玩家的脚步声，也可以视为纯粹的恐怖音效。无论如何，这些音效都表明玩家已经被反派角色盯上了，既传递出遥远感，又暗示迫近感。设计师通过声源的模糊性强化了负空间与反派随机生成机制；同时，二维声音没有音量的强弱变化，这也让反派角色在游戏空间中显得无所不在，进一步烘托出紧张的氛围。

游戏 *Dead Man's Trail* 则通过音效确立游戏状态，并暗示游戏空间之外的世界。在游戏的许多掠夺关卡中，设计师都采用自然环境音效来构建场景。然而，随着僵尸群的逼近，这些自然音效会迅速消失，取而代之的是僵尸低沉的嘶吼。在这款游戏中，音效主要承担三个功能：构建场景、将当前关卡置于更宏大的游戏世界语境中，以及提示玩家剩余的掠夺时间。每个掠夺关卡都有时间限制——僵尸群会在一段时间后抵达，游戏并未设置计时器，而是通过环境音效让玩家判断僵尸群的距离，进而调整掠夺策略。

二维声音适用于需要建立广阔空间感或必须确保玩家听到关键声音的场景。此外，还有一类音效会随玩家距离的变化而增减音量，这类音效能进一步强化游戏空间的沉浸感。

13.2.2 三维声音

不同于二维声音单一的音量呈现，三维声音的特点是，玩家越靠近声源，听到的声音就越响亮。如果说二维声音擅长营造游戏空间的氛围，那么三维声音则更善于将玩家的注意力引导至关卡中的特定区域。这种特性可用于增强游戏空间的纵深感、引导玩家移动，或作为暗示秘密通道的音频线索。

在景观设计领域，关于场景设计中的音效运用，David Slawson 曾指出："听觉效果（如瀑布被遮蔽后产生的遥远回响）可被用于强化空间远近感知。"[27] 这类音效能通过建立与特定物体或区域的邻近感知来引导玩家。在游戏 *The Legend of Zelda: Twilight Princess*[28] 中，游戏前期就运用此效果引导玩家穿越森林。玩家必须跟随关键角色的歌声前进，才能抵达推动剧情的重要区域，并学会如何骑马。而在游戏 *The Legend of Zelda: Ocarina of Time*[29] 的迷失森林区域，设计师通过音乐引导玩家穿越复杂迷宫：迷宫的每个房间都有四个出口，玩家需在每个出口附近停留，通过判断音乐音量的强弱来选择前进方向（图 13.11）。游戏 *Portal*[30] 也采用了类似的策略来提醒玩家注意隐藏线索：关卡中散落着多台收音机，持续播放 Jonathan Coulton 创作的主题曲的器乐版。设计师通过设置寻找这些音乐片段的成就奖励，将通过声音寻找目标转化为独特的探索游戏。

音效还能以有趣的方式警示危险或打破玩家的常规体验。在设计强力敌人或布置其位置时，可为其赋予独特音效，以增强玩家遭遇他们时的紧张感。在游戏 *Half-Life 2*[31] 中，敌人的攻击会大大削弱玩家的攻击力，而且它们会发出独特的声响。Valve 公司的员工曾提到，在测试阶段，测试者如果听到这种声响，就会停止其他一切操作，集中精力消灭敌人。同样，游戏 *The Last of Us*[32] 中的循声者（clickers，其名称便来源于自身音效），同样以专属的标志性声音提示自身位置。这些循声者看不到玩家，但听觉却很灵敏。因此，玩家需放缓移动速度。由于它们可以瞬间杀死玩家，因此它们也成为阻碍玩家推进游戏进程的强大障碍，其巡逻路线往往极大影响玩家的通关路径。它们的咔嗒声能让玩家察觉这些生物何时靠近，并相应地调整战术（图 13.12）。

二维声音与三维声音的协同运用能显著影响玩家对游戏空间的感知体验。设计师可以借助二维声音营造游戏氛围，或表现笼罩整个游戏空间的力量，而三维声音则可作为引导玩家的“听觉指引”，或是提示危险、关键信息的预警机制。

在下一节中，我们将探讨对玩家行为反应更强烈的游戏音效，并了解这类音效如何进一步强化前几章所探讨的游戏空间设计原则。

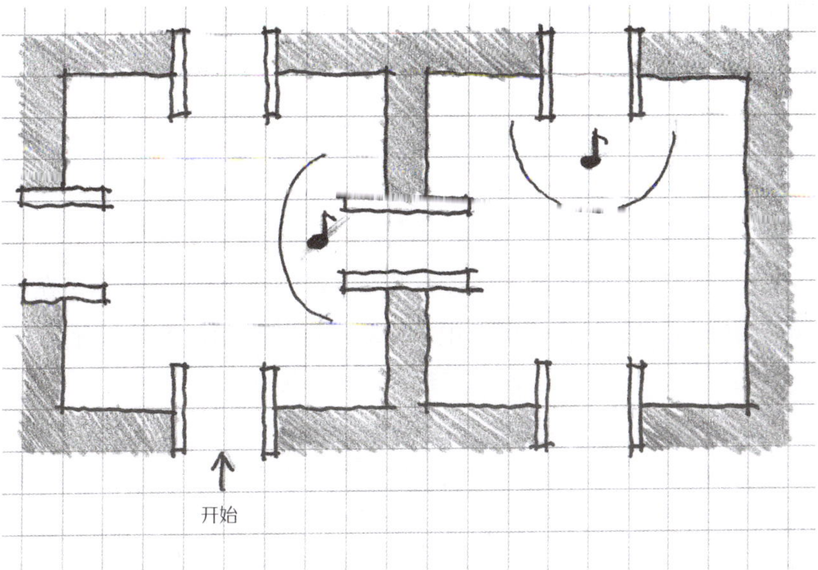

图 13.11　在游戏 *The Legend of Zelda: Ocarina of Time* 中，音乐用于引导玩家穿过游戏中的森林区域。玩家在正确的迷宫出口处可以听到比其他出口更为响亮的音乐

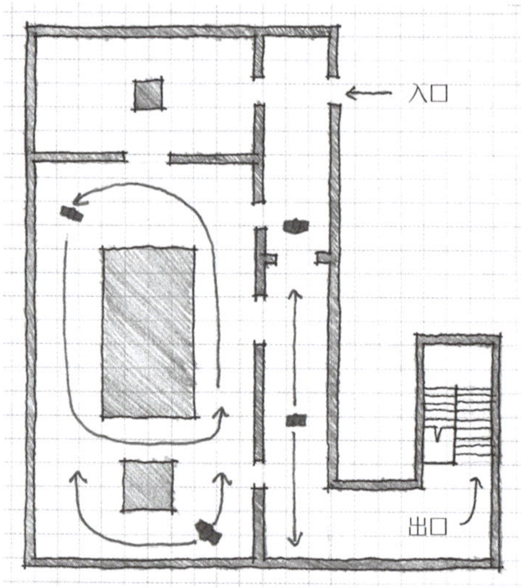

图 13.12 游戏 *The Last of Us* 中的“循声者”会通过独特的声音提醒玩家它们在靠近。这样玩家就可以调整游戏策略来应对它们。由于循声者具备瞬间击杀能力，它们也成为“将敌人视作替代性建筑”的典型案例——敌人的移动方式会极大地影响玩家在空间中的行进路径

13.3 通过声音设计提升游戏体验

无论是将声音用作敌人逼近的警示信号，还是作为路径标记，都向我们揭示了一个核心特点：与美术资源类似，声音资源也可具备符号属性。例如，在游戏 *Half-Life 2* 中，玩家在游戏过程中会逐渐形成条件反射——听到咔嗒声，便知晓敌人就在附近。与游戏 *Half-Life 2* 中多数敌人的初次登场设计一致，玩家与该敌人的首次遭遇被设置在孤立的场景中：该房间内仅有一种敌人，玩家既能清晰观察其攻击造成的效果，也能专注记住它发出的声音（图 13.13）。在游戏 *The Last of Us* 中，玩家可以通过一段过场动画了解循声者：动画清晰地展示了循声者与其他敌人的视觉区别。随后，玩家还可以在一场难度较低的遭遇战中熟悉循声者发出的声音（图 13.14）。

Karen Collins 在探讨游戏声音设计时提到：“交互式声音的事件驱动特性意味着事件可重复触发——重复特定动作必将获得相同反馈”。[33] 她指出，这种可重复性对于为玩家的游戏行为提供反馈至关重要。事实上，正是因为游戏中的声音资源可被赋予符号意义，它们才能成为训练玩家、奖励玩家或为其行为提供其他反馈的工具。她认为，即使在声音设计依赖随机变体（如枪声或角色的脚步声）的情况下，声音反馈仍能让玩家感受到自己的行为对游戏世界产生了影响。[34] 为此，设计师可通过多种方式运用符号化声音资源，进一步丰富游戏世界的体验感。

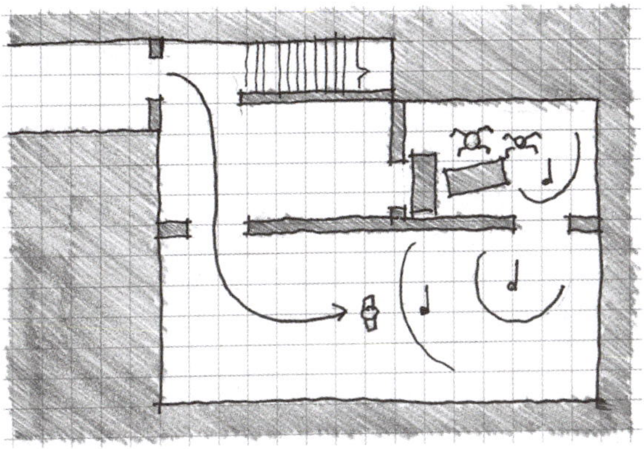

图 13.13　敌人的初次遭遇被设计为孤立场景，这样玩家既能看清其攻击效果而不至于死亡，也能听清它们的警示音

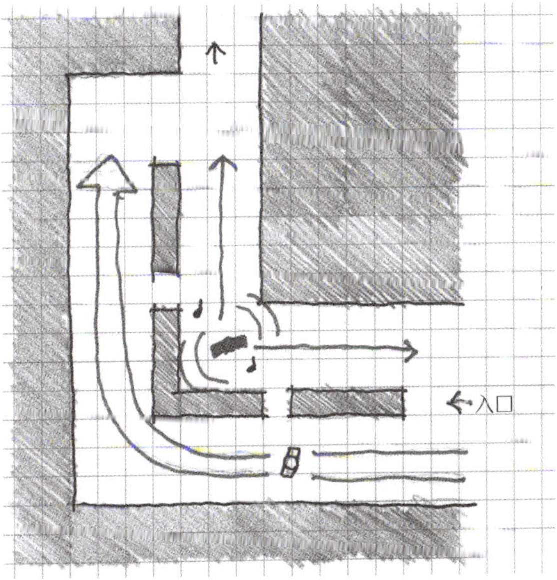

图 13.14　游戏 *The Last of Us* 中玩家首次遭遇循声者的场景，被设计在一个既能观察到它们、又可轻松避开的区域，同时玩家还能清晰听到它标志性的声音

13.3.1　作为玩法反馈的声音设计

此前我们已探讨过，玩家与游戏空间中元素的交互，往往会触发声音或音乐音调。在游戏 *Flower* 中，玩家与闭合的花朵互动时，会触发音符声音，这些音符还会融入游戏的背景音乐中，形成动态的音乐层次（图 13.15）。许多游戏中的武器在使用时往往会发出逼真的声音，例如枪械射击的轰鸣声、火箭筒的爆炸声、刀剑挥舞的碰撞声等，这些声音能直接强化玩家的操作反馈。

若将游戏中的声音视为符号资源，我们就必须理解它们如何让玩家感受到自身行为的影响力。就角色动作而言，跳跃时悦耳的声音和角色被击中时刺耳的蜂鸣声，分别构成对玩家行为的正向强化和负面惩罚。在游戏中，跳跃通常代表积极行为，而遭受攻击则属于负面体验。在 *Bit.Trip* 系列游戏中，成功穿越特定游戏环境会触发悦耳的电子音，而错失机会则会响起生硬的咔嗒声或撞击声。这种声音设计与前文探讨的利用象征性资源和奖励进行训练的方法相辅相成。当玩家逐渐掌握特定动作与对应声音的关联时，他们就学会了如何正确进行游戏。

声音反馈在引导玩家空间行为方面同样有效。设计师可通过脚本设置，让玩家在特定区域执行操作时，触发该区域的触发器并播放悦耳的旋律。在游戏 *Year Walk*[35] 中，玩家在某个关卡必须从一系列完全相同的通道中做出选择，以穿越洞穴。此时，玩家需要通过聆听各通道发出的特定音符来判断前进方向：悦耳的大调能引导玩家选择正确的路径，而刺耳的小调则会将玩家带回洞穴。

在 *Slender* 系列游戏中，每当反派角色进入玩家视野时，玩家就会听到刺耳的静电爆鸣声。对玩家而言，这是一个重要的触发信号——游戏核心机制要求玩家避免直视反派角色，否则玩家就会死亡，游戏也随之结束。尤其是在游戏初期，反派角色有可能出现在玩家的正前方，但因其距离较远或被树木、黑暗所遮蔽而难以察觉。这种情况下，声音就发挥了关键作用：它能让玩家知道反派角色就在附近，从而意识到自己不能再继续朝该方向前进了。声音不仅决定了玩家与反派角色的互动方式，还能向玩家发出警告，避免玩家不必要的死亡。

游戏中具有象征意义的物体也可拥有专属的象征性声音，例如，拉动杠杆时清脆的咔嗒声、开门时的沉重的嘎吱声等。当玩家在某个关卡内执行操作，触发这些声音时，会产生一种自己的行为对游戏空间产生了重大影响的直观感受。当交互物体直接处于屏幕视野时，物体发出的声音与角色发出的声音有着相似的功能，即提供令人满意的反馈。但这些声音同样可以暗示关卡其他区域的变化，这种设计在地下城探索类游戏中尤为常见（图 13.16）。

13.3.2 作为奖励的声音

在完成重要事件或破解困难谜题时触发的声音反馈，会进一步激活更具胜利感的声音资源。在此场景中，声音反馈被用作对玩家游戏内行为的奖励。在 *Zelda* 系列游戏中，每当玩家解开房间的谜题或获得新物品时，就会响起一段轻快的短曲。大多数动作冒险游戏也是如此，当玩家取得胜利时，会播放一段独特的提示音或旋律。奖励往往是游戏中最常见的多模态体验之一。就交互性而

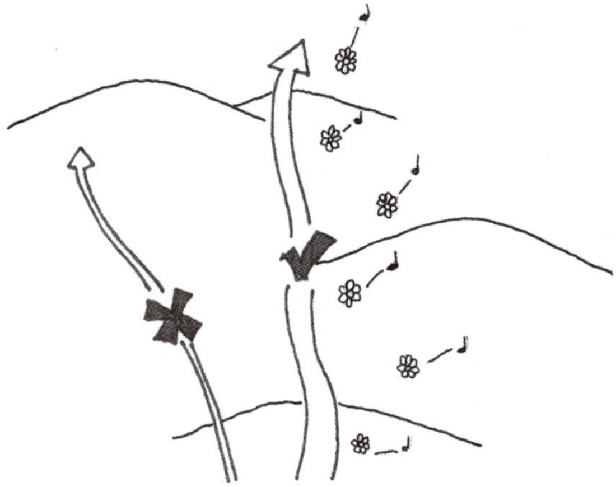

图 13.15　在游戏 *Flower* 中，玩家的移动会生成音乐律动，这强化了玩家的互动体验

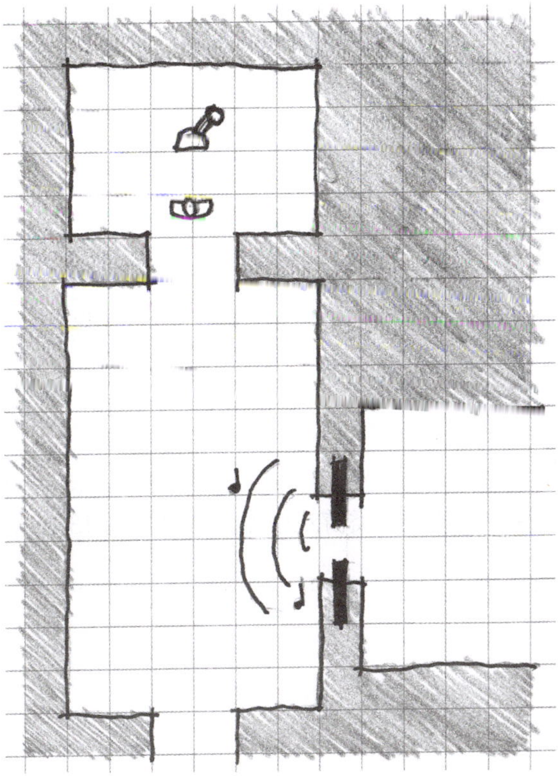

图 13.16　环境中的声音既能为玩家互动提供反馈，也能提醒玩家他们的行为正对关卡中其他位置的某个事物产生影响

言，奖励通常在玩家克服挑战或完成游戏内重要操作后出现。这类奖励通常包含一些视觉元素，可能是奖励物品的二维精灵图像、三维模型，也可能是某个视觉上极具满足感的场景。而音频则通过欢快的庆祝旋律将游戏体验串联起来。正如交互模式与视觉模式的关联，特定声音与可重复游戏事件的结合，也让声音与游戏事件形成了紧密的联结。这种设计对于强化玩家对自身在游戏中的能动性的认知，以及提升整体游戏手感而言，都至关重要。

游戏中的音频奖励本身未必是一种独立的奖励形式，但它既能够增强其他类型奖励的效果，也能够在奖励场景中引导玩家情绪。当玩家获得新武器或新能力时（按 Salen 和 Zimmerman 的说法，这属于能力奖励[36]），玩家可能会听到一段英勇激昂的旋律。相较于此前挑战环节中可能伴随的紧张节奏，玩家在奖励宝库或冥想空间中听到的声音，更可能是令人放松的舒缓旋律。通过这些方式，游戏中的声音能够引导玩家沉浸于单个游戏挑战的戏剧化体验中。

13.3.3 作为叙事指示器的声音

声音能够提示玩家感知游戏的叙事状态。如前所述，游戏中的声音在很大程度上是附带性的，其设计目的是为所呈现的事件提供伴奏。然而，声音也能让我们深入了解游戏空间的元素，而这些元素本身就是叙事指示器。

在第 9 章中，我们讨论了如何通过纹理质感反映英雄之旅的叙事情境。随着游戏进程的推进，通过美术资源所呈现的物质形态的状态或类型，通常会逐渐恶化：如绿色的田野被潮湿的石块、火山熔岩或外星城市的异样金属所取代。由于玩家无法实际触碰游戏空间，声音恰好能填补玩家对游戏空间物质性理解的空白。它可以用回声凸显场景的广阔，用沙沙声让田野中的草地显得柔软，或者用浓重的溅水声增强沼泽的阴森感——让玩家一想到角色踏入的环境时就浑身不适。

即使是游戏空间的音乐，也可以成为一种物质性指示器。在游戏 *Superbrothers: Sword & Sworcery EP*[37] 中，Jim Guthrie 创作的音乐不仅能引导玩家的情绪，还能强化玩家在特定场景中对物质环境的感知。梦幻世界中的音乐旋律舒缓、回声微弱，使整个空间显得缥缈虚幻；在与游戏主要反派的战斗中，沉重而尖锐的打击乐让人联想到盔甲和骨骼碎裂的声响。这些令人回味的音乐与声音资源的精心运用，极大地增强了游戏空间的物质真实感，以及玩家与这些空间互动的沉浸体验。

13.4 总结

尽管关卡设计师更关注空间的视觉和交互元素，但电子游戏还允许我们通过音频优化来丰富设计。在本章中，我们探讨了音乐、声音和节奏如何影响玩家的情绪，以及如何利用它们强化玩家对游戏空间的情感反馈。我们还发现，游戏中的声音可以构建出特定节奏，若运用得当，这些节奏可让玩家形成心理预期。而音乐创作、游戏结构与关卡设计中的这类预期节奏，既能影响玩家与游戏互动的速度，也能通过不同难度层级的挑战为玩家打造多维度的游戏体验。

此外，我们还分析了电子游戏中声音的存在模型：叠加式的二维声音和特定位置的三维声音。这些声音为从不同维度诠释游戏玩法元素与游戏空间的本质提供了可能，例如，某些元素会占据整个空间（就像恐怖游戏中充斥整个关卡的怪物声音），另一些则成为引导玩家前行的路标。同时，通过模糊的特定位置声音或微弱的二维声景，这类声音还能营造出强烈的距离感。

最后，我们探讨了特定声音如何增强本书前文所提及的游戏空间体验：声音既能作为特定机制的反馈，也可以作为重要游戏任务的奖励，从而优化游戏空间对玩家的引导方式与玩家获取奖励时的体验。此外，声音还能通过诠释空间的物质属性，为其赋予叙事背景。在与物质的视觉呈现相结合后，即使玩家无法亲身置身于游戏空间，也能真切地体会到身处其中的感受。

13.5 练习

① 绘图练习：绘制游戏关卡地图（可以是商业游戏，也可以是你正在设计的关卡），并突出标注重要的游戏玩法区域。这些区域之间的间距是多少？用字母标注不同类型的元素或挑战（物品、敌人、障碍等），观察它们的分布情况。

② 写作练习：聆听三段游戏音乐，描述每段音乐唤起的情绪类型。观看这些音乐所属关卡的游戏实玩画面：音乐的情感基调是与游戏的动作场景相匹配，还是形成了反差？你是否觉得对比强烈的部分令人难忘？

③ 数字制作练习：用灰盒搭建一个包含节奏元素的关卡（利用建筑元素、阴影、纹理等制作）。让他人测试游玩该关卡，观察节奏元素对游戏玩法有什么影响：它们是否改变了玩家的节奏，以及玩家是否被这些元素所吸引。

④ 绘图练习：绘制游戏目标结构的格纹图案。观察短期目标与长期目标的分布方式，你发现了什么规律？

⑤ 数字制作练习：创建一个在不同尺度下采用不同节奏的灰盒环境，例如在玩家视角层面设置排列紧密的立柱，而在俯视视角层面设置大型建筑群。这种设计对玩家探索行为产生了什么影响？在不同的条件下测试游戏，观察玩家在哪些情况下会遵循宏观节奏，又在哪些情况下会遵循微观节奏。

⑥ 数字制作练习：在你正在设计的关卡中使用二维声音和三维声音。通过观察玩家行为分析这些声音对游戏体验的影响——特别是三维声音如何引导玩家路径，以及二维声音如何塑造玩家对关卡的感知。

参考文献

[1] Goethe, Johann Wolfgang von, and Johann Peter Eckermann. *Conversations with Goethe: in the Last Years of His Life*. Boston, MA: Hilliard, Gray, and Co., 1839. http://books.google.com.br/books?id=pN1M2653ViAC&pg=PA282#v=onepage&q&f=false

[2] Parish, Jeremy. A Conversation with Hip Tanaka from 1UP.com. 1UP.com. http://www.1up.com/features/conversation-hip-tanaka (accessed August 5, 2013).

[3] London, Justin. *Hearing in Time: Psychological Aspects of Musical Meter*. Oxford: Oxford University Press, 2004, p. 4.

[4] Lane, Rick. Different Keys: How Music Works in Games. IGN. http://www.ign.com/articles/2012/07/30/different-keys-how-sound-works-in-games (accessed August 5, 2013).

[5] McCraty, Rollin, Bob Barrios-Choplin, Mike Atkinson, and Dana Tomasino. The Effects of Music on Mood, Tension, and Mental Clarity. *Alternative Therapies* 4, no. 1 (1998): 75 - 84. http://www.musicontap.co.uk/downloads/Music_Mood_Effects.pdf (accessed August 5, 2013).

[6] McCraty, Rollin, Bob Barrios-Choplin, Mike Atkinson, and Dana Tomasino. The Effects of Music on Mood, Tension, and Mental Clarity. *Alternative Therapies* 4, no. 1 (1998): 75 - 84. http://www.musicontap.co.uk/downloads/Music_Mood_Effects.pdf (accessed August 5, 2013), pp. 75 - 77.

[7] McCraty, Rollin, Bob Barrios-Choplin, Mike Atkinson, and Dana Tomasino. The Effects of Music on Mood, Tension, and Mental Clarity. *Alternative Therapies* 4, no. 1 (1998): 75 - 84. http://www.musicontap.co.uk/downloads/Music_Mood_Effects.pdf (accessed August 5, 2013), p. 79.

[8] *Metroid II: The Return of Samus*. Nintendo R&D1 (developer), Nintendo (publisher), November 1991. Nintendo Game Boy game.

[9] Brandon, Alexander. Gamasutra—Features—Shooting from the Hip: An Interview with Hip Tanaka. Gamasutra. http://www.gamasutra.com/view/feature/2947/shooting_from_the_hip_an_.php (accessed August 6, 2013).

[10] *Dead Man's Trail*. Pie For Breakfast Studios (developer), upcoming. Indie game on Steam.

[11] Thakkar, Akash. Akash Thakkar: PAX East 2013 Game Audio panel. SoundCloud. https://soundcloud.com/athakkar/pax-east-2013-game-audio-panel (accessed August 5, 2013).

[12] *Flower*. Thatgamecompany (developer), Sony Computer Entertainment (publisher), February 12, 2009. Sony Playstation 3 game.

[13] Summers, Chanel. "Making the Most of Audio" . In *Level Design: Processes and Experiences*, ed. Christopher W. Totten. Boca Raton, FL: CRC Press, 2016, p. 152.

[14] Every Frame a Painting. "The Marvel Symphonic Universe" . YouTube video, 13:34. Posted Sept. 12, 2016. https://www.youtube.com/watch?v=7vfqkvwW2fs

[15] Collins, Karen. *Playing with Sound: A Theory of Interacting with Sound and Music in Video Games*. Cambridge, MA: MIT Press, 2013, p. 22.

[16] Graft, Kris. Before There Was Guitar Hero… — Page 6 of 6 | Features | Edge Online. *Edge Magazine*. http://www.edge-online.com/features/there-was-guitar-hero/6/(accessed August 6, 2013).

[17] *Rez*. United Game Artists (developer), Sony Computer Entertainment (publisher), January 7, 2002. Sony Playstation 2 game.

[18] Borries, Friedrich von, Steffen P. Walz, and Matthias Böttger. *Space Time Play Computer Games, Architecture and Urbanism: The Next Level*. Basel: Birkhauser, 2007, p. 115.

[19] *Bit.Trip Beat*. Gaijin Games (developer), Aksys Games (publisher), March 16, 2009. Nintendo WiiWare game.

[20] *Bit.Trip Runner*. Gaijin Games (developer), Aksys Games (publisher), May 17, 2010. Nintendo WiiWare game.

[21] Clayton, Martin, Rebecca Sager, and Udo Will. In Time with the Music: The Concept of Entrainment and Its Significance for Ethnomusicology. *ESEM CounterPoint* 1 (2004): 1 - 45.

[22] *Half-Life 2*. Valve Corporation (developer and publisher), November 16, 2004. PC game.

[23] Dan, Lockton. Controlling Shoppers. Architectures | Dan Lockton | Design & human behaviour. http://architectures.danlockton.co.uk/2006/05/12/-controlling-shoppers/ (accessed August 7, 2013).

[24] Jenkins, Eric. Diagramming Architectural Tartans. *Class lecture, Design Thinking*. Washington, DC: Catholic University of America, 2004.

[25] *BioShock Infinite*. Irrational Games (developer), 2K Games (publisher), March 26, 2013. Xbox 360 game.

[26] *Slender: The Eight Pages*. Parsec Productions (developer and publisher), June 26, 2012. PC game.

[27] Slawson, David A. *Secret Teachings in the Art of Japanese Gardens: Design Principles, Aesthetic Values*. Tokyo: Kodansha International, 1987, p. 106.

[28] *The Legend of Zelda: Twilight Princess*. Nintendo EAD Group No. 3 (-developer), Nintendo (publisher), November 19, 2006. Nintendo Wii game.

[29] *The Legend of Zelda: Ocarina of Time*. Nintendo EAD (developer), Nintendo (publisher), November 23, 1998. Nintendo 64 game.

[30] *Portal*. Valve Corporation (developer and publisher), October 9, 2007. PC game.

[31] *Half-Life 2: Raising the Bar*. Roseville, CA: Prima Games, 2004.

[32] *The Last of Us*. Naughty Dog (developer), Sony Computer Entertainment (publisher), June 14, 2013. Playstation 3 game.

[33] Collins, Karen. *Playing with Sound: A Theory of Interacting with Sound and Music in Video Games*. Cambridge, MA: MIT Press, 2013, p. 33.

[34] Collins, Karen. *Playing with Sound: A Theory of Interacting with Sound and Music in Video Games*. Cambridge, MA: MIT Press, 2013, p. 34.

[35] *Year Walk*. Simogo (developer and publisher), February 21, 2013. iPad game.

[36] Salen, Katie, and Eric Zimmerman. *Rules of Play: Game Design Fundamentals*. Cambridge, MA: MIT Press, 2003, p. 346.

[37] *Superbrothers: Sword & Sworcery EP*. Capybara games (developer and publisher), March 24, 2011. Apple iPad game.

结论

随着游戏行业的不断发展，我们正逐步构建一套理解游戏设计的批判性框架，而在此过程中，绝不可忽视关卡设计等游戏开发中的关键要素。在游戏设计中，我们必须学会平衡游戏设计的稳定性、实用性和愉悦性，即平衡功能需求、可用性和愉悦感，而不是忽视某一方面去专注于另一方面。

在本书中，我们探讨了建筑和游戏的诸多共通之处。我们从这两者的历史根基出发，分析了它们如何应对技术与社会因素，进而创造富有意义的体验。在此基础上，我们进一步探索了空间设计的分析方法，以及如何通过平面图、剖面图、立面图等表现形式记录这些分析过程。此外，我们不仅研究了基于传统游戏设计方法的关卡设计工具与技术，也探索了融合建筑学核心关注点的创新手段。

掌握这些工具后，我们深入探究了游戏中传统空间的组织方式——其逻辑与传统建筑形式相通。我们发现，空间的尺度与布局会显著影响玩家的体验。从这些实际问题出发，我们探讨了如何通过空间设计实现关卡设计的核心目标，即调控玩家的行为、传递游戏意义并拓展游戏空间。为此，我们发现游戏空间可以利用美术资源——我们可以为这些资源赋予游戏行为或关联意义，使它们成为象征性的美术资源。借助这些资源，我们能够教会玩家如何玩我们的游戏。我们还认识到，对空间的布局和呈现方式进行简单的处理，就能营造出悬念、恐惧、抗拒和奖励等多样情感体验。此外，我们探讨了如何在关卡空间中建立目标节奏以吸引玩家推进游戏进程，以及如何利用这些目标和奖励来辅助教学。我们还讨论了美术资源如何标记玩家在叙事进程中所处的位置。环境美术中的纹理和材质尤其如此，它们能成为有力的描述工具，用于展现如“英雄之旅”这类传统叙事结构。

在对空间体验导向进行阐述之后，我们进一步探索了如何通过空间叙事，或为玩家提供自主创造故事的工具。许多游戏通过环境中的规则构建了可能性空间，这使我们能够深入理解游戏如何通过规则来构建世界。同时，我们掌握了相应的系统方法——能在自动生成关卡的同时，仍运用以人为主导的设计方法。通过回归空间学习理论，我们发现这些可能性空间通过渐进式地引入游戏机制，逐步引导玩家行为，最终让玩家能够自由探索。这种机制的探索有助于我们研究多人游戏空间。我们借鉴城市主义理论，证明混合功能的空间布局（而非将游戏功能拆分隔离）更能创造充满活力的多用户世界。为了完善游戏玩法如何被引导的讨论，我们进一步探索了游戏中的节奏——包括建筑空间中的节奏和声音资产中的节奏。通过这些探索，我们发现声音和节奏在营造游戏氛围与引导游戏进程方面具有重要作用。

关卡设计是游戏产业中一个发展迅速的领域。随着越来越多的设计师记录和分享他们的设计过程，深入理解设计思维在游戏创作中的作用显得尤为重要。这些理念不仅局限于技术层面。虽然它们直接影响着我们运用二维美术软件、三维建模软件、游戏引擎中间件或专有软件制作关卡的方式，但它们有着更深远的意义。我们在博物馆和文化机构中看到游戏被作为独立的艺术作品展出，但我们不应忘记，游戏是多个领域的艺术家共同创作的成果，凝聚了数代人的艺术智慧。若将关卡设计视为一种独特的艺术形式，我们便能够创造出如伟大建筑般拥有永恒魅力的游戏世界。本书提及的许多颇具影响力的作品已有逾五十年的历史，有些甚至承载数千年前的智慧。这些作品通过空间布局所创造的体验，既经受住了时间的考验，也成承载住了因密集的人类互动而产生的新兴叙事的考验。我们希望通过遵循这些永恒的空间设计原则，打造出永恒的游戏体验。

索引